普通高等教育“十二五”计算机类规划教材

网页设计与制作应用教程

第2版

Adobe Dreamweaver CS5
Adobe Fireworks CS5
Adobe Flash CS5

主　编　王任华
副主编　韩　华　曹金璇
参　编　杨　明　张建岭　张　民
主　审　刘　舒

机 械 工 业 出 版 社

本书是在第1版的基础上，更新了技术，使其内容更加先进和实用。本书分为四大部分，共22章。内容涵盖了互联网基础知识和Adobe公司的Dreamweaver CS5、Flash CS5 、Fireworks CS5三大软件的主要功能及应用技巧。本书从应用的角度由浅入深、循序渐进地介绍了网页的规划设计和制作应用的内容，其中包含丰富的网页设计实例和完整、清晰的演示。通过对本书的学习，读者能够全面掌握网站建设及网页设计的思路与方法。

本书可作为高等院校本、专科计算机多媒体和网页设计课程的教材，也可作为网站建设技术人员、网站管理人员的全程培训教材，以及广大网页设计爱好者理想的入门教材。为方便教师教学，本书配有教学课件，欢迎选用本书作为教材的老师登录 http：//www. cmpdeu. com 注册下载或发邮件至 llm7785@ sina. com 索取。

图书在版编目（CIP）数据

网页设计与制作应用教程/王任华主编. —2版. —北京：机械工业出版社，2013. 2（2019. 8重印）
普通高等教育"十二五"计算机类规划教材
ISBN 978-7-111-40667-9

Ⅰ. ①网…　Ⅱ. ①王…　Ⅲ. ①主页制作－高等学校－教材
Ⅳ. ①TP393. 092

中国版本图书馆CIP数据核字（2012）第293218号

机械工业出版社（北京市百万庄大街22号　邮政编码100037）
策划编辑：刘丽敏　责任编辑：刘丽敏　罗子超
版式设计：霍永明　责任校对：王　欣
封面设计：张　静　责任印制：张　博
三河市国英印务有限公司印刷
2019年8月第2版第8次印刷
184mm×260mm · 22. 5印张 · 628千字
标准书号：ISBN 978-7-111-40667-9
定价：43. 00元

凡购本书，如有缺页、倒页、脱页，由本社发行部调换

电话服务
服务咨询热线：010-88379833
读者购书热线：010-88379649

网络服务
机 工 官 网：www. cmpbook. com
机 工 官 博：weibo. com/cmp1952
教育服务网：www. cmpedu. com
金 书 网：www. golden-book. com

第2版前言

随着计算机技术的普及，Internet迅速走进了各企事业单位和家庭。网站开发与网页设计技术迅速发展，企业和个人已经不再满足于仅仅在网络上浏览信息，而是希望更多地参与其中，越来越多的公司、机构乃至个人都拥有了自己的网站。在纷繁的互联网世界中，如何设计出与众不同的网站及网页，使自己的网站页面精美清晰、内容丰富、风格独特，是每一个网页制作设计师最关心的问题之一。

网页设计与制作是一门综合信息技术的应用与体现，主要包括：网站的规划、创建与维护、图像的设计和处理、网页动画效果制作和网页的排版等。Adobe公司推出的Dreamweaver CS5、Fireworks CS5和Flash CS5是制作网页和网络动画的必备利器，这三款软件以其专业性、完备性、易操作性和协作性而备受网页设计专业人士的青睐，同时，它们也是网页设计爱好者的首选软件，为其个人的生活或事业提供方便而有效的帮助。

全书内容在第1版的基础之上进行了大量的改进，在融入CS5版本的新功能的同时，对知识结构也进行了部分调整，其中第8章为新增内容，介绍建立动态Web站点，使全书的知识结构更完整、丰富。全书分为四大部分共22章，第一部分是网页设计基础（第1~2章），介绍了Internet和WWW的基本知识、网站建设的基础知识以及制作网页的XHTML语言基础；第二部分是Adobe Dreamweaver CS5网页制作（第3~8章），介绍了应用Dreamweaver创建和维护网站、设计与布局网页、添加页面元素、创建超链接等基本网页设计及动态网页设计知识；第三部分是Adobe Fireworks CS5网页图片处理（第9~16章），介绍了应用Fireworks设计与制作Web精美图片的方法，包括对象操作、矢量与位图工具、文本编辑、图层与蒙版应用以及与其他软件组合应用的导入/导出方法等内容；第四部分是Adobe Flash CS5网页动画制作（第17~22章），介绍了应用Flash软件制作Web动画的基本方法和应用技巧，包括编辑图形对象、元件和库、应用时间轴特效和行为、配音动画以及动画的发布与导出等内容。

本书采用作者一贯的创作风格，以实例的形式让读者一步步领略各个软件的风采，列举大量实例作品，具有很强的实用性，能为读者提供帮助，以制作出精美的网页。同时，配有电子资料，包括电子教案、素材图片、动画源文件以及脚本代码等丰富的资源，帮助读者学习和使用软件，以提高网页设计的应用与创作能力。

本书的编写是在多位老师的辛勤努力下共同完成的，其中杨明编写了第1~2章内容；韩华编写了第3~5章和第8章内容；张建岭编写了第6~7章内容；曹金璇编写了第9~10章内容；张民编写了第11~13章内容；王任华编写了第14~22章内容。此外，陈长海、刘永祚在上一版教程的部分章节中参与了编写工作，在此表示感谢。刘舒教授在百忙中审阅了本书的全部书稿，并提出了宝贵的修改意见。

由于作者水平所限，加之时间仓促，书中不免有错漏之处，敬请广大读者给予批评指正、不吝赐教。

编 者

2012年6月

第1版前言

随着网络的飞速发展，网络应用在社会的方方面面已经占据了不可替代的地位，具有越来越重要的作用。很多企业和个人已经不再满足于仅仅在网络上浏览信息，而是希望更多地参与其中，越来越多的公司、机构乃至个人都拥有了自己的网站。在纷繁的互联网世界中，如何设计出与众不同的网页及网站，使自己的网站页面精美清晰、内容丰富、风格独特，这是每一个网页制作设计师最关心的问题。

网页设计与制作是一门综合技术的应用与体现，主要包括：网站的规划、创建与维护、图像的设计和处理、网页的动画效果和网页的排版等。在众多的网页和网站设计开发工具中，Adobe 作为行业领先的权威公司，其系列软件中的 Adobe Dreamweaver CS3、Adobe Fireworks CS3 和 Adobe Flash CS3 可称做是网页制作领域的佼佼者，这三款软件以其专业性、完备性、易操作性和协作性而备受网页设计专业人士的青睐，同时，它们也是网页设计爱好者的首选软件，为其个人的生活或事业提供方便而有效的帮助。

本书内容包括了目前较新版本的网页设计三大软件 Adobe Dreamweaver CS3、Adobe Fireworks CS3 和 Adobe Flash CS3 的操作与应用。全书分为四大部分共22章：第一部分是网页设计基础篇（第1、2章），介绍了 Internet 和 WWW 的基本知识、网站建设的基础知识，以及制作网页的 XHTML 语言基础；第二部分是 Adobe Dreamweaver CS3 应用篇（第3~8章），介绍了应用 Dreamweaver 创建和维护网站、设计与布局网页、添加页面元素、创建超链接等基本网页设计知识，以及添加脚本代码等高级网页设计知识等内容；第三部分是 Adobe Fireworks CS3 应用篇（第9~16章），介绍了应用 Fireworks 设计与制作 Web 精美图片的方法，包括对象操作、矢量与位图工具、文本编辑、图层与蒙版应用，以及与其他软件组合应用的导入/导出方法等内容；第四部分是 Adobe Flash CS3 应用篇（第17~22章），介绍了应用 Flash 软件制作 Web 动画的基本方法和应用技巧，包括编辑图形对象、元件和库、应用时间轴特效和行为、配音动画，以及动画的发布与导出等内容。

本书以实例带动知识介绍的独特风格，在讲授软件的应用方法的同时，列举大量实例作品，具有很强的实用性。同时，提供了大量的素材图片、动画源文件，以及脚本代码等丰富的资源，帮助读者学习和使用软件，以提高网页设计的应用与创作能力。

本书的编写是在多位老师的辛勤努力下共同完成的，杨明老师编写了第1、2章；陈长海老师编写了第3~5章；张建岭老师编写了第6、7章；张民老师编写了第9、11、13、16章；刘永祚老师编写了第10、12、15章；王任华老师编写了第8、14、17~22章。此外，参与编写工作的老师还有韩华、宋雯、赵百强等。刘舒教授在百忙中审阅了本书的全部书稿，并提出了宝贵的修改意见。

由于作者水平所限，加之时间仓促，书中不免有错漏之处，敬请广大读者给予批评指正、不吝赐教。

编 者

2009年1月

目 录

第三部分 Adobe Fireworks CS5网页图片处理

第四部分　Adobe Flash CS5 网页动画制作

第一部分
网页设计基础

第 1 章 Internet 与网页设计基础

网页制作是一门综合艺术。对于网页设计开发人员来说，在动手制作网页之前，应该了解网络的基础知识，主要包括 Internet 基本概念、工作原理以及网络提供的服务等。其次，要对网站设计的基础内容有一定的了解，包括要设计网站的类型、网站的规划及相关技术。最后，还要掌握网站制作的基础知识，包括构成网页的基本要素、网页的布局、网页设计与制作的工具软件等。本章从 Internet 与网页设计的基础讲起，带领读者跨入网页设计与制作之门。

本章要点：

- Web 网页的基本概念
- 网站规划的基本内容
- 网页布局的类型

1.1 Internet 概述

1.1.1 Internet 与 TCP IP

计算机网络是指将地理位置不同的多个计算机系统，利用通信线路连接起来而形成的计算机集合。计算机网络是计算机应用的高级形式，它充分体现了信息传输与分配手段、信息处理手段的有机结合。

在计算机网络中，为了使计算机之间能正确传输信息，必须有一套关于信息传输顺序、信息格式和信息内容等的约定，这些规则、标准或约定称为网络协议。计算机之间使用相同的网络协议，借助通信线路交换信息，共享软件、硬件和数据等资源。

Internet 即国际互联网，在我国也称为因特网或万维网，是由符合 TCP/IP 等网络协议的网络组成的互联网。它是目前全世界最大的网络，包含着丰富多彩的信息，并提供方便、快捷的服务。它缩短了人们之间的距离。通过 Internet，用户可以与接入 Internet 的任何一台计算机进行交流，如收发电子邮件、聊天、通话等。

为了实现全球范围内的网络互联，国际标准化组织（ISO）制定了开放系统互联（OSI）参考模型，这是一个计算机互联的国际标准。OSI 参考模型将数据从一个站点到达另一个站点的工作按层分割成 7 个不同的任务，即分为 7 层，分别是应用层、表示层、会话层、传输层、网络层、数据链路层和物理层。物理层的功能是正确利用媒介，数据链路层是走通每个节点，网络层选择走哪条路，传输层找到对方主机，会话层指出对方实体是谁，表示层决定用什么语言交谈，应用层则指出做什么事。

在实际应用中，对 OSI 参考模型进行了简化和改进，形成了目前被广泛应用的 TCP/IP 模型。TCP/IP 模型采用 4 层模型，从上到下依次是应用层、传输层、网际层和网络接口层。TCP/IP 模型和 OSI 参考模型对照关系见表 1-1。

表 1-1 TCP IP 模型和 OSI 参考模型对照关系

OSI 参考模型	TCP/IP 模型
应用层	应用层 Telnet、SMTP、FTP、DNS
表示层	
会话层	
传输层	传输层 TCP、UDP
网络层	网际层 IP
数据链路层	网络接口层
物理层	

目前，TCP/IP 已成为互联网通信的标准，作为互联网上传输的协议，使得全球范围内数以百万的计算机互相通信。TCP/IP 是一种分层协议，大约包含近 100 个非专有的协议，通过这些协议，可以高效、可靠地实现计算机系统之间的互联。TCP/IP 协议簇中的核心协议主要有传输控制协议（TCP）、用户数据报协议（UDP）和网际协议（IP）。对主要协议起补充作用的应用协议有文件传输协议（FTP）、远程登录协议（TELNET）、简单邮件传输协议（SMTP）、域名服务（DNS）、简单网络管理协议（SNMP）和远程网络监测（RMON）等。

1.1.2 IP 地址和域名

1. IP 地址

在计算机技术中，地址是一种标识符，用于标记某个设备在网络中的位置。联入 Internet 的每一台计算机都被分配了一个地址，称为 IP 地址。IP 地址是唯一的，能唯一标识联入 Internet 中的是哪一台计算机。

（1）IP 地址的格式

IP 地址采用层次方式按网络的结构进行划分。一个 IP 地址由网络地址（Netid）和主机地址（Hostid）两部分组成。网络地址标识了主机所在的逻辑网络，主机地址则标识网络中的一台主机。

IP 地址是一个 32 位的二进制数，为了便于记忆，分成 4 组，每组 8 位二进制数。但通常采用十进制表示，即每字节的二进制数转换成十进制数，每个十进制数之间用圆点“.”隔开，这叫作“点分法十进制”。例如：

11001010 11001110 11000000 01000010 表示成

202 . 206 . 192 . 66

（2）IP 地址的类型

IP 地址中的网络地址是由 Internet 网络中心来统一分配的。为了根据不同的网络规模来合理分配 IP 地址，IP 地址分为 A、B、C 这 3 个格式，如图 1-1 所示。

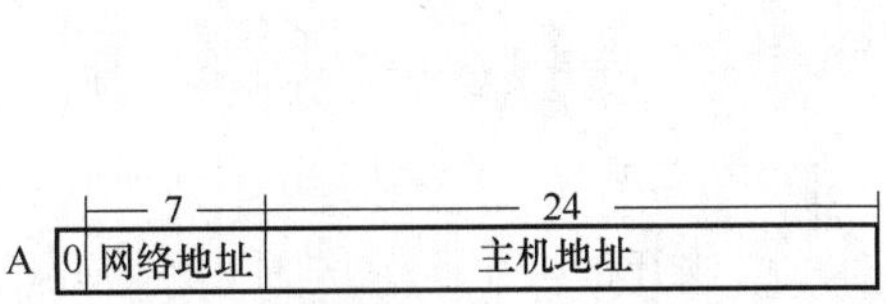

图 1-1 IP 地址的 3 种格式

1）A 类地址。A 类地址中表示网络地址有 8 位，最高位总是 0，第一个字节对应的十进制数范围是 0～127，主机地址有 24 位。由于 0 或 127 有特殊的用途，因此，有效的地址范围是 1～126，即有 126 个 A 类网络。A 类地址适用于大型网络，可拥有 $2^{24}-2=16\ 777\ 214$ 台主机（全 0 或全 1 不能用于普通地址）。例如：美国麻省理工学院的

IP 地址是 18.181.0.21。

2）B 类地址。B 类地址中表示网络地址有 16 位，最左边的两位是 10，第一个字节对应的十进制数范围是 128～191，主机地址有 16 位。B 类地址适用于中型网络，可拥有 $2^{16}-2=65\ 534$ 台主机。例如：166.111.8.248。

3）C 类地址。C 类地址中表示网络地址有 24 位，最左边的 3 位是 110，第一个字节对应的十进制数范围是 192～223，主机地址有 8 位。C 类地址适用于小型网络，可拥有 254 台主机。例如：210.33.80.200。

在 A、B、C 类 IP 地址中，按表 1-2 所示的范围保留部分地址，保留的 IP 地址段不能在 Internet 上使用，而只能使用在局域网内。

表 1-2 保留的 IP 地址段

网络类别	地址段	网络数
A 类	10.0.0.0～10.255.255.255	1
B 类	172.16.0.0～172.31.255.255	16
C 类	192.168.0.0～192.168.255.255	256

2. 域名

IP 地址虽然可以唯一标识网上的主机地址，但用数字的方式来表示不便于记忆，为此提供了一种域名系统（DNS）。在网络通信时，域名服务器通过 DNS 域名服务协议自动将登记注册的域名转换成对应的 IP 地址，从而找到这台计算机。域名和 IP 地址之间存在一一对应的关系，它们都需要注册。域名由 4 个部分组成，其间用"."分隔，即

计算机名．组织机构名．二级域名．顶级域名

（1）顶级域名

为了保证域名的通用性，Internet 规定了正式的通过标准区域名。区域名用两个字母表示世界各国或地区，表 1-3 列出了部分国家或地区域名代码。

表 1-3 国家的域名代码

国家	域命名约定	国家	域命名约定
澳大利亚	au	莫桑比克	mz
加拿大	ca	尼日利亚	ng
中国	cn	波兰	po
芬兰	fi	卡塔尔	qa
法国	fr	萨摩亚群岛	ws
匈牙利	hu	瑞典	se
意大利	it	阿拉伯联合酋长国	ae
日本	jp	英国	uk
约旦	jo	美国	us

（2）二级域名

我国互联网的域名体系中二级域名有 40 个，其中行政区域名有 34 个和类别域名有 6 个。行政区域名采用两个字符的汉语拼音，如 bj（北京）、sh（上海）等。6 个类别域名见表 1-4。

表 1-4 我国互联网的二级类别域名

组织类型	域命名约定
工商金融	com
教育机构	edu
政府部门	gov
科研机构	ac
网络机构	net
非营利性组织	org

（3）三级域名

三级域名是在二级域名下划分的子域，一般根据二级域名管辖的机构进行划分。

例如：公安大学域名为

www. cpp8uc	.	edu	.	cn
主机名	三级域名	二级域名		顶级域名
	公安大学	教育机构		中国

1.1.3 Internet 提供的主要服务

Internet 提供了信息获取、发布和交流的渠道，其服务功能包括以下几个方面。

1. WWW 服务

WWW 是 World Wide Web 的缩写，又称为 3W 或 Web，中文译名为万维网。它通过超文本（HyperText）与超媒体（Hypermedia）的信息组织形式来实现服务，用户看到的是文本信息本身，在浏览文本信息的同时，随时可以选中其中的“热字”，跳转到其他的文本。

2. 电子邮件

电子邮件（E-mail）是利用计算机网络交换的电子媒体信件，是 Internet 上使用最多的信息服务之一。电子邮件利用计算机的存储和转发原理，通过计算机终端和通信网络进行信息的传送。它不仅能传送普通的文字信息，还可以传送图像、声音等多媒体信息。

3. 文件的下载和上传

下载（Download）是指把网上的信息复制到用户使用的计算机中，而上传（Upload）则正好相反，是上网者把自己计算机中的信息复制到服务器或主机中。Internet 上有许多共享的免费软件，允许用户无偿使用或复制。这样的免费软件种类繁多，从普通的文本文件到多媒体文件，从大型的工具软件到小型的应用软件和游戏软件，应有尽有。

4. FTP（文件传输）服务

文件传输是一种实时的联机服务，它几乎可以用来传送任何类型的文件，如文本文件、二进制文件、图像文件、数据压缩文件等。无论两台计算机的地理位置相距多远，只要两者都支持 FTP 且加入了 Internet，用户就能将文件从一台计算机传输到另一台计算机上，并且保证传输的可靠性。

5. Usenet News（新闻组）和 BBS（电子公告牌）服务

Usenet News 是一种邮件列表服务，它可以给用户提供最新的信息，也可以将用户组织起来进行某个专题的讨论。BBS 是一种非常热门的信息服务系统。在这种系统中，注册用户可以在线阅读、回复、发表文章、即时讨论、聊天、发信、留言等。随着服务功能的不断扩展，Usenet

News 和 BBS 两种服务相互取长补短，功能上的差别已经很小了。

6. Telnet（远程登录）服务

Telnet 可以帮助用户实现对计算机的远程控制。本地计算机连接到远端的计算机上去，作为这台远程主机的终端。它可以实时地使用远程计算机上对外开放的全部资源，也可以查询数据库、检索资料或利用远程计算机完成大量的计算工作。

7. 网上游戏

游戏是一种休闲娱乐的方式。在 Internet 上，由于联网游戏给人一种参与感和神秘感，因而越来越受到人们的欢迎。

8. 个人主页空间

在浏览 Internet 上五彩缤纷的网站之后，用户一定希望拥有自己的个人主页。现在很多服务器都提供免费的个人主页空间，而且制作网页的软件越来越多，功能也越来越强大，制作个人主页已经成为一种时尚。

9. 电子商务

Internet 上的电子商务作为一种新兴的技术，在全球范围内已经成为引人注目的焦点。它是一种新型的商业模式，不论在经营思路方面还是在商品营销方面，都与传统的商业模式有着较大的差别，它的出现意味着一个全新的全球性网络经济的诞生。

1.1.4 WWW 简介

1. 浏览器与网页

WWW 作为 Internet 的一部分，给用户提供了一个精彩的信息世界，浏览器则是实现对 WWW 信息访问的重要工具。

浏览器在网络上与 Web 服务器联系，可以从服务器上传和下载文件，并实现格式间的转换。常见的浏览器有两种类型：IE（Internet Explorer）浏览器和 Netscape Navigator 浏览器，目前 IE 浏览器应用较为广泛。

WWW 通过网页将信息提供给用户。网页是 WWW 浏览的最基本单位，网页中可以包含大量的文字、图片、表格、声音、动画或多媒体内容，以表达丰富多彩的信息。按照网页功能的简单划分，可以分为首页和普通页面，并构成多级的网络结构。体现不同信息的主题被分别创建、存储和管理，具有一定网络结构的多个网页就构成了一个网站。

2. 统一资源定位器（URL）

URL（Universal Resource Locator）是"统一资源定位器"的英文缩写，每个站点及站点上的每个网页都有一个唯一的地址，这个地址被称为统一资源定位地址。用户在浏览器中输入 URL 地址，就可以访问其指向的网页。

URL 的基本结构为

通信协议：//服务器名称［：通信端口编号］/文件夹 1［文件夹 2…］/文件名

各部分含义如下所述：

（1）通信协议

通信协议是指 URL 所链接的网络服务性质，如 HTTP 代表超文本传输协议，FTP 代表文件传输协议等。

（2）服务器名称

服务器名称是指提供服务的主机的名称。冒号后面的数字是通信端口编号，因为一台计算机常常会同时作为 Web、FTP 等服务器使用，为了便于区别，每种服务器要对应一个通信端口。

（3）文件夹与文件名

文件夹是存放文件的地方，如果是多级文件目录，必须指定是第一级文件夹还是第二级、第三级文件夹，直到找到文件所在的位置。文件名是指包括文件名与扩展名在内的完整名称。

3. 超文本

超文本（HyperText）技术是把一些信息根据需要链接起来的一种信息管理技术，用户可以通过一个文本的链接指针打开另一个相关的文本。只要单击页面中的超链接（通常是带下画线的条目或图片），便可跳转到新的页面或另一位置，从而获得相关的信息。

4. 超文本标记语言

网页是 WWW 的基本文档，它是用超文本标记语言（HyperText Markup Language，HTML）编写的。HTML 严格来说并不是一种标准的编程语言，它只是一些能让浏览器看懂的标记。当网页中包含正常文本和 HTML 标记时，浏览器会“翻译”由这些 HTML 标记提供的网页结构、外观和内容的信息，从而将网页按设计者的要求被显示出来。

5. 超文本传输协议

协议（Protocol）是关于信息格式及信息交换规则的正式描述。每个国家都有自己特定的交流准则和交流方式，而在 Internet 上，协议统一了用户在网上的交流方式。

超文本传输协议（HyperText Transfer Protocol，HTTP）是在 Internet 上传送超文本的协议，它是运行在 TCP/IP 协议簇之上的应用协议。它可以使浏览器更加高效，使网络传输量减小。HTTP 就是专门为 WWW 设计的协议。

6. 主页

主页是某个节点的起始点，就像一本书的封面。每个网页都包含 Web 上的超级文本和链接的“主页”，主页是链接到一个 Web 服务器上时显示的第一个网页，而且拥有一个被称为 URL 的唯一地址。

7. 搜索引擎

搜索引擎本身是一个网络站点，它能够在 WWW 上主动搜索其他 Web 站点中的信息，记录下各个网页的 Internet 地址（也称为 URL 地址），并按要求进行排列，存放在可供查询的大型数据库中。这样，用户可以通过访问搜索引擎网络站点对所需信息进行查询。查询结果是一系列指向包含用户所需信息的网页的网络地址，通过单击超链接，就可以查看需要的信息了。

在 Internet 上，提供信息查询服务的搜索引擎有很多，它们一般分为两类：中文搜索引擎和英文搜索引擎。著名的中文搜索引擎有 http：//cn. yahoo. com（中文雅虎）、http：//www. sohu. com（搜狐）、http：//www. baidu. com（百度）等。著名的英文搜索引擎有 http：//www. yahoo. com、http：//www. Infoseek. com、http：//www. alltheweb. com 等。

1.1.5 浏览器 服务器模式

随着 Internet 和 Intranet 的迅速发展，网络已经成为人们获取和交换信息的最有效的途径之一。同时，应用程序的设计已经由传统的客户/服务器（Client/Server，C/S）模式逐渐向浏览器/服务器（Browser/Server，B/S）模式过渡。

C/S 模式是大家熟知的软件系统体系模式，通过将任务合理分配到客户端和服务器端，降低了系统的通信开销，可以充分利用两端硬件环境的优势。

B/S 模式是随着 Internet 技术的兴起，对 C/S 模式的一种变化或者改进的模式。在这种模式下，用户界面完全通过 WWW 浏览器来实现，一部分事务逻辑在前端实现，但是主要事务逻辑在服务器端实现。B/S 模式利用浏览器技术实现原来需要复杂专用软件才能实现的强大功能，并节约了开发成本，是一种全新的软件系统构造技术。这种模式更成为当今应用软件的首选体系模式。

1.2　网站规划设计概述

网站规划设计是指在网站建设前对市场进行分析，确定网站的目的和功能，并根据需要对网站建设中的技术、内容、费用、测试、维护等做出规划。网站规划设计对网站建设起到计划和指导作用，对网站的内容和维护起到定位作用。

1.2.1　网站设计的流程

随着技术的不断发展和用户对网站功能性需求的不断提高，如今网站的设计与最初由一两名网页设计师自由创作相比，网站的设计和开发越来越像一个软件工程，也越来越复杂。网站设计的主要任务包括网站架构设计，以浏览器为客户端的 Web 应用程序开发（如新闻中心、网上商店等），系统测试及网站发布等。

设计过程大体上分为以下 10 个阶段：

1）编写网站设计的计划书。

2）确定网站设计的总体思想，即网站设计如何能实现网站规划中提出的目标，以及网站的风格和特点，网页的外观与使用方面的特点。

3）确定网站提供的内容。

4）网站交互设计，如信息反馈、意见调查等。

5）对网站的内容进行分类。

6）设计网页必有的内容，如公司标志、联系方法和导航条等。

7）制作网页的模板。

8）检查网页的链接。

9）根据需要修改不合适的内容。

10）正式发布网站。

1.2.2　确定网站的类型

随着 Internet 的飞速发展，网络已经走入人们的学习、工作和生活中。各种各样的网站如雨后春笋般建立起来，综观数以百万计的网站，按照其功能和结构形式大体上可以分为以下几种类别。

（1）门户网站

门户网站集合了众多内容，提供多样服务，并使其尽可能地成为网络用户的首选。通过建立按目录分类的网站链接列表来提供信息服务。用户可以不必进行关键词查询，仅靠分类目录找到需要的信息。典型的门户网站，如搜狐、YAHOO（雅虎）、新浪等。

（2）搜索引擎

搜索引擎网站是通过在互联网上提取各个网站的信息来建立自己的数据库，并向用户提供查询服务。这种搜索引擎网站收集 Internet 上数以亿计的网页数量，并且每个网页上的每个词都被搜索引擎收录，也就是全文检索。典型的搜索引擎，如百度、ALTAVISTA 等。

（3）电子商务网站

电子商务网站分为 B2B（商家对商家）和 B2C（商家对个人）两种，是以网上营销为主要盈利手段的网站。此类网站一般是基于传统的产业市场或企业模式，并分阶段地为其提供有针对性的服务，这些服务包括网上信息交换、网上销售系统、资本流通系统和物流配送系统等。

（4）数据中心

数据中心往往是大型教育科研机构、大型 ISP 提供商、网络接入代理商的前端窗口网站，专业性很强，拥有强大的机构、人员和技术支持。典型的数据中心，如中国期刊网（http：//www. cd. cnki. net），它以中国学术期刊电子杂志社编辑出版的《中国学术期刊（光盘版）》全文数据库为核心数据库，目前已收录了 5 300 种期刊的全文，在 Internet 上的任何注册用户都可以通过网络进行文献的检索、浏览、下载和打印。

（5）主题信息网站

主题信息网站集中了大量的主题信息，包括科技、教育、财经、军事、文化、娱乐、体育等各个方面，几乎涵盖了所有的人类活动。用户可以通过搜索引擎和门户网站找到自己感兴趣的主题网站，得到相关信息。

（6）团体网站

越来越多的公司、企业、政府机关、科研教育机构、协会等团体组织已经加入到 Internet 中，为团体和企业进行更广泛的宣传形象。这类网站往往拥有自己的服务器和技术支持，网站上有大量相关团体的信息。

（7）个人网站

利用 Internet 空间，以鲜明的个性展现出自我形象，已成为虚拟世界中的又一道流行风景线。很多网络服务商可以提供租用的虚拟主机或接受个人主页网站的下挂。

1.2.3 网站的建设技术

网站的建设技术大体可以分为两类，即静态网页技术和动态网页技术。

所谓静态网页是指客户端的浏览器发送 URL 请求给 WWW 服务器，服务器查找需要的超文本文件不加处理地直接返回客户端，运行在客户端的页面是事先已制作完成并存放在服务器上的网页。制作静态网页主页使用 HTML，配合客户端 JavaScript 也能产生丰富的动态效果。

目前网站上常见的计算器、聊天室、论坛、网上购物等服务必须用到动态网页技术的支持。动态网页技术根据程序运行地点的不同又分为客户端动态技术与服务器动态技术。

客户端动态技术不需要与服务器交互，实现动态功能的代码往往采用脚本语言形式直接嵌入在网页中。服务器发送给用户后，网页在客户端的浏览器中直接响应用户的动作。常见的客户端动态技术包括 JavaScript、JavaApplet、DHTML、ActiveX、Flash 和 VRML 等。

服务器端动态技术需要服务器和客户端的共同参与。用户通过浏览器发出页面请求后，服务器根据 URL 携带的参数运行服务器端程序，产生结果页面再返回客户端。一般涉及数据库操作的网页，如注册、登录、查询、购物等应用都需要服务器端动态程序。典型的服务器动态技术有 ASP、PHP、JSP 和 CGI 等。

1.3 网页设计基础

1.3.1 网页设计规划

设计一个网页首先要规划网页由哪几部分组成，要考虑主页的整体风格、颜色的搭配、页面的布局等诸多因素，因此，要设计出吸引人浏览的网页，创建 Web 站点的第一步就是网页规划。

1. 确定网页的整体风格

风格是指站点的整体形象给访问者的综合感受，这个“整体形象”包含了许多因素。诸如：站点的 CI（标志、色彩、字体、标语），版面布局，浏览方式，交互性，文字，语气，内容价值，存在意义和站点荣誉等诸多因素。众多的网站都流露出其特有的风格，例如：网易是平易近人的，迪斯尼是生动、活泼的，IBM 是专业、严肃的，百度是简约而又高效、快捷的。

习惯上网站标志要放在较醒目的位置，如页面的左上角；使用动态文字概括网络主题；导航栏一般放在各页面相同的位置上；网页颜色的搭配要让人感到舒适；页面布局一般采用左边导航、右边文字或上面导航、下面文字的格局；内容要简洁、精练，易于理解。

2. 设计网页框架

设计网页首先要设计网站的大致框架，框架要根据网页的内容来确定。例如要设计一个个人主页，主要展示的内容包括个人档案、我的自传、我的相册、我的 Flash 作品，根据这些内容进行分类，画出网站的设计草图，如图 1-2 所示。

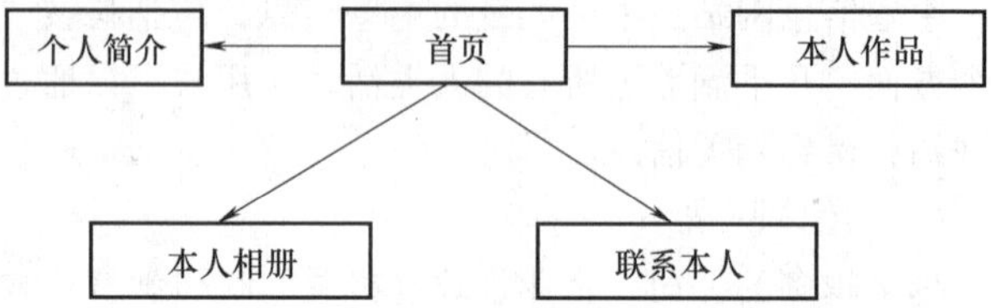

图 1-2　网页框架草图

根据上面的草图就可以创建网站的基本框架了，当然这只是一个大概的轮廓，设计者还还可以根据需要进一步扩充内容。

1.3.2 网页的基本元素

网页文件是构成网站最主要的文件类型。网页一般包含文字、图像和表格等内容。网页文件通常是用 HTML 设计，其他附属文件，如图像、声音等以独立文件方式存在，并通过在网页文件中设置一些链接形成引用关系。常见的网页元素包括文本、图片、超链接、表格、导航栏、动画和交互表单等。图 1-3 是一个网站的首页。

图 1-3　网页的基本元素

1. 文本

文本是最重要的信息载体与交流工具。网页中的信息一般以文本为主，因为它能准确地表达信息的内容和含义。但与图片相比，它不如图片那样能够很快引起浏览者的注意。为了克服文本固有的缺点，人们通过改变网页中文本的字体、字号、颜色、底纹和边框等属性，突出显示重要的内容。用户还可以在网页中设计各种各样的文字列表，以此来清晰地表达一系列项目，这些功能都给网页中的文本赋予了新的活力。

2. 图片和动画

图片在网页中具有提供信息、展示作品、装饰网页、表现个人情调和风格的作用。用户在网页中使用的图片格式主要包括 GIF、JPEG 和 PNG 等，其中使用最广泛的是 GIF 和 JPEG 两种格式。在网页中，为了更有效地吸引浏览者的注意，许多网站的广告都做成了动画形式。

3. 声音和视频

声音是多媒体网页的一个重要组成部分。网络的声音文件的格式非常多，常用的有 MIDI、WAV、MP3 和 AIF 等。设计者在使用这些格式的文件时，需要加以区别。很多浏览器不要插件也可以支持 MIDI、WAV 和 AIF 格式的文件，而 MP3 和 RM 格式的声音文件则需要专门的浏览器播放。一般来说，尽量不要使用声音文件作为背景音乐，那样会影响网页下载的速度。设计者可以在网页中添加一个打开声音文件的链接，让音乐播放变得可以控制。

视频文件的格式也非常多，常见的有 RealPlayer、MPEG、AVI 和 DivX 等。视频文件的采用会让网页变得精彩而富有动感。

4. 超链接

超链接是从一个网页指向另一个目的端的链接。例如，指向另一个网页或者相同网页上的不同位置。目的端通常是另一个网页，也可以是一幅图片、一个电子邮件地址、一个程序或者本网页中的其他位置。

热点通常是文本、图片或图片中的区域，也可以是一些不可见的程序脚本。当浏览者单击超链接热点时，其目的端将显示在 Web 浏览器中，并根据目的端的类型以不同方式打开。超链接已成为网页不可缺少的一部分。

5. 表格

表格用来控制网页的布局方式，包括两个方面：一是使用行和列的形式来布局文本和图像及其他列表化数据；二是可以使用表格来精确控制各种网页元素在网页中出现的位置。

6. 表单

网页中的表单通常用来接收用户在浏览器端的输入，然后将这些信息发送到用户设置的目标端。表单一般用来收集联系信息，接收用户要求，获得反馈意见，设置来宾签名簿，让浏览者注册为会员并以会员的身份登录站点等。根据表单功能与处理方式的不同，通常可以将表单分为用户反馈表单、留言簿表单、搜索表单和用户注册表单等类型。图 1-3 中左边的“登录名”栏和上边的“搜索”栏都是交互表单。

7. 导航栏

导航栏就是一组超链接，这组超链接的目标就是本站点的主页及其他重要网页。导航栏的作用就是引导浏览者游历站点。一般情况下，导航栏放在网页中较引人注目的位置，通常是在网页的顶部或 侧。导航栏既可以是文本链接，也可以是一些图形按钮。

8. 其他的常用元素

网页中除了以上几种最基本的元素之外，还有一些其他的常用元素，包括 Java 特效、ActiveX 等各种特效。它们不仅能点缀网页，而且在网上游戏、电子商务等方面也有着不可忽视的作用。

1.3.3 网页布局

网页是网站构成的基本元素，当用户浏览网页时，除了色彩的搭配、文字的变化、图片的处理等因素外，网页能否吸引用户的另一个非常重要的因素就是网页的布局。

网页的布局是指页面的版面设计形式，即如何将页面中的文本、图片和动画等内容按照一定的次序进行摆放和布局，使之有机地结合在一起，体现出完美的界面效果。

1. 网页布局的常用技术

（1）CSS（层叠样式表）布局

CSS是一种格式化网页的标准方式，它扩展了HTML的功能，使得网页的设计者能够以更有效的方式设置网页格式，从而大大增强了网页的格式化能力。使用CSS样式的另一个优点是可以使用同一个样式表对整个站点的具有相同性质的网页进行格式化修饰。

（2）表格布局

表格是页面布局常用的方式，目前许多网页都是用表格布局的。在设计页面时，使用表格可以导入表格化数据、设计页面分栏、定位页面上的文本和图像等。表格布局的优势在于它能对不同的对象加以处理，而又不用担心不同对象之间的影响，而且表格在定位图片和文本上比用CSS更加方便。

（3）框架布局

框架结构也是一个好的布局方法。框架的作用就是把浏览窗口划分为若干个区域，每个区域可以分别显示不同的网页。框架由框架集和单个框架组成。框架结构如同表格布局一样，可以把不同的对象放置到不同的页面加以处理，并且因为框架可以取消边框，所以一般不会影响整体美观。

2. 网页布局的原则

在构思和设计网页布局的过程中，设计者还必须要掌握以下5项原则。

（1）平衡性

一个好的网页布局应该给人一种安定、平稳的感觉，它不仅表现在文字、图像等要素在空间占用上的分布均匀，而且还要注意色彩的平衡，要给人一种协调的感觉。

（2）对称性

对称是一种美，生活中有许多事物都是对称的，但过度的对称就会给人一种呆板、死气沉沉的感觉，因此要适当地打破对称，制造一点变化。

（3）对比性

通过让不同的形态、色彩等元素的相互对比，来形成鲜明的视觉效果。例如，黑白对比、圆形与方形对比等，它们往往能够创造出富有变化的效果。

（4）疏密度

网页要做到疏密有度，不要整个网页都是一种样式，要适当进行留白，运用空格，改变行间距、字间距等，制造一些变化。

（5）比例

比例适当，这在网页布局中非常重要，虽然不一定都要做到黄金分割，但比例一定要协调。

3. 网页布局的类型

网页布局大致可分为“国”字形、拐角形、标题正文型、左右框架型、上下框架型、封面型、Flash型和变化型等几种。

（1）“国”字形布局

“国”字形也可以称为“同”字形，是一些大型网站经常使用的类型。这种布局最上面是网站的标题及横幅广告条，接下来就是网站的主要内容，左右分列一些小条内容，中间是主要部分，与左右一起罗列到网页底端，最下面是网站的一些基本信息、联系方式、版权声明等。这种布局是网上最常见的一种布局类型。

（2）拐角形布局

拐角形布局与“国”字形布局只是形式上的区别，其实是很相似的。该布局一般上面是标题及横幅广告条，接下来的左侧是一窄列链接等内容，右面是很宽的正文，最下面也有一些网站的辅助信息。在这种布局中，左侧一般是导航链接，如图 1-4 所示。

（3）标题正文型布局

标题正文型布局的最上面是标题，下面一般是正文，例如，一些文章页面或注册页面等就属于这种类型，如图 1-5 所示。

图 1-4　拐角形布局

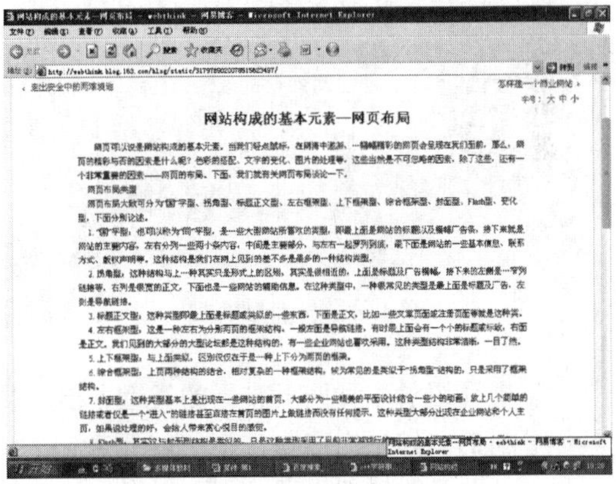

图 1-5　标题正文型布局

（4）左右框架型布局

采用左右框架型布局的网页分为左、右两部分，一般左边是导航链接，有时最上面会有一个小的标题或标志，右边是正文。这种布局结构非常清晰，一目了然，如图 1-6 所示。

（5）上下框架型布局

上下框架型布局与左右框架型布局类似，其区别仅仅在于上下框架布局分为上、下两部分，如图 1-7 所示。

图 1-6　左右框架型布局

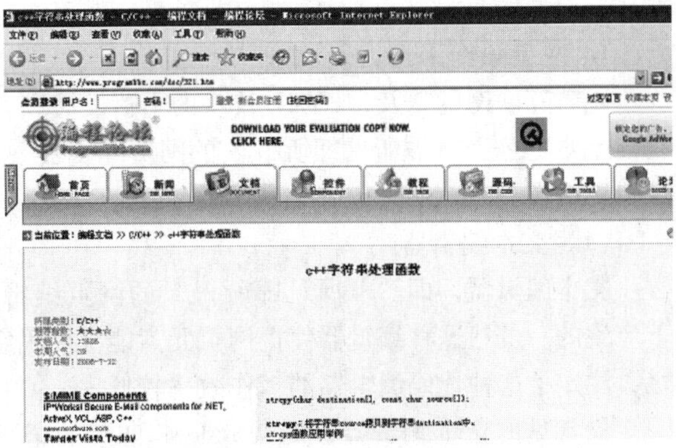

图 1-7　上下框架型布局

（6）封面型布局

封面型布局一般出现在一些网站的首页，由一些精美的平面设计结合一些小的动画组成，在页面中放上几个简单的链接或者仅仅是一个“进入”的链接，甚至直接在图片上加上链接而没有任何提示。这种布局需要精心设计，能给人带来赏心悦目的感觉，如图1-8所示。

（7）Flash型布局

Flash型布局其实与封面型布局类似，只是这种布局采用了目前非常流行的Flash技术。由于Flash功能强大，页面所表达的信息更丰富，因此其视觉效果和听觉效果更能吸引浏览者的访问，如图1-9所示。

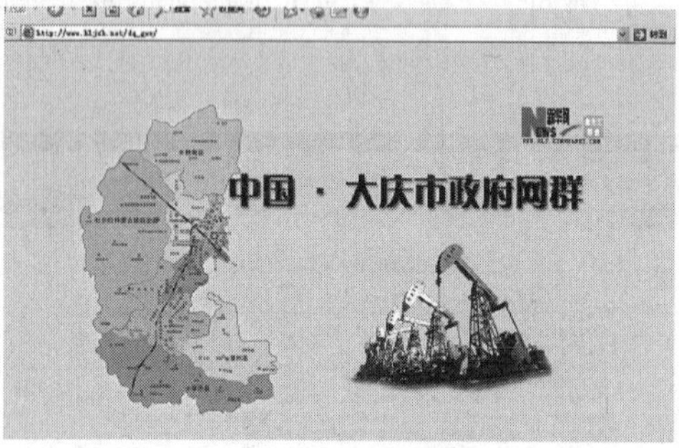

图1-8　封面型布局

图1-9　Flash型布局

以上介绍了多种网页布局的类型，至于什么样的布局是最好的，其实是要根据具体情况进行具体分析的。如果内容非常多，就要考虑用“国”字形或拐角形布局；如果内容不算太多，而且只是一些说明性的内容，则可以考虑标题正文型布局；框架结构布局的一个共同特点就是浏览方便、速度快、但结构变化不灵活；封面型布局适用于展示企业形象，或者个人主页风采；Flash型布局更灵活一些，好的Flash使网页充满活力。在实际设计中，设计者只有不断地尝试，才能提高网页布局技术。

1.3.4　网页设计工具简介

网页设计的第一件事就是选择网页设计软件。虽然直接用记事本也能写出网页，但是要求网页制作者必须具有一定的HTML基础，且效率低。如果要制作美观、不同风格的网页，就必须要选择一些合适的设计工具，网页设计工具包括网页制作工具、网页图形图像处理工具及网页动画制作与特效工具等。

1. 网页制作工具

随着互联网的普及，HTML技术的不断发展和完善，随之产生了众多的网页编辑器。网页编辑器基本上分为“非所见即所得”的网页编辑器（即源代码编辑器）和“所见即所得”的网页编辑器两类。

（1）文本编辑器

文本编辑器，即“非所见即所得”的网页编辑器，是以HTML代码为基础，在用户的监控下产生的。虽然这种编辑器使得网页元素能被精确定位，但是由于源代码的数量较多，不便于记忆，注定了这种代码编辑器的工作效率较低。

最常见的文本编辑器就是Windows自带的记事本。由于记事本的功能太少，远远不能满足程序编写的要求。EditPlus是目前非常流行的一款功能强大的文本编辑器，该软件功能强大、易于使用、兼容性强，支持几乎所有程序语言的代码色彩显示。它的缺点是不支持程序的调试。

（2）FrontPage

FrontPage 是最流行的网页制作编辑软件之一。它是 Microsoft 公司专门开发的网页制作专业工具。FrontPage 2003 是“所见即所得”的网页编辑软件，它方便用户在制作网页过程中，随时观察，大大提高了网页的制作效果。它具有新建和修改一个网页，新建一个 Web 站点，在网页中插入图片、多媒体、设置动态效果、设置过渡效果和直接调用 ODBC 数据库及网页管理的功能，是 Web 站点发布管理的强有力的工具。

（3）Dreamweaver

Dreamweaver 是一款“所见即所得”的 HTML 网页编辑器，是一个集网页创作和站点管理两大利器于一身的网页制作工具，它支持 XHTML 和 CSS 标准。Dreamweaver 采用了多种先进技术，能够快速、高效地创建极具表现力和动感效果的网页，使网页创作过程变得非常简单。Dreamweaver 不仅提供了强大的网页编辑功能，而且提供了完善的站点管理机制，借助 Dreamweaver 还可以使用服务器语言（例如 ASP、ASP. NET、JSP 和 PHP）生成支持动态数据库的 Web 应用程序。

（4）Adobe Pagemill

Pagemill 功能不算强大，但使用起来很方便，适合初学者制作较为美观，但不是非常复杂的主页。如果用户的主页需要很多框架、表单和 ImageMap 图像，那么 Adobe Pagemill 3.0 是首选。

2. 网页图形图像处理工具

图片是构成网页的基本元素，为了有效地吸引浏览者的注意力，精美的图形和图像是关键。现在已有多种网页图形图像设计工具可供设计者选择，既能帮助用户快捷地制作图形，又能增强艺术效果。

（1）Fireworks

Fireworks 是一款优秀的网页图形图像处理应用软件。使用它可以在一个专业化的环境中创建和编辑网页图形、对其进行动画处理、添加高级交互功能以及优化图像。在 Fireworks 中，可以在单个应用程序中创建和编辑位图和矢量两种图形。此外，还可以随时导入或导出图形。

（2）Photoshop

Photoshop 是 Adobe 公司推出的功能强大的平面图像处理软件。由于 Photoshop 在图像编辑、桌面出版、网页图像编辑、广告设计、婚纱摄影等各行各业中广泛应用，它已成为许多涉及图像处理行业的事实标准。

（3）CorelDraw

CorelDraw 是 PC 平台上历史最悠久的绘图软件之一。CorelDraw 12 绘图套件包含了用于绘图和排版的 CorelDraw、用于图像编辑的 Corel Photo-Paint 及用于制作矢量动画的 CorelR. A. V. E。CorelDraw 还不断向新的领域进军，使其成为专业的网页图形图像处理工具。

3. 网页动画制作与特效工具

随着网络速度的提高，越来越多的网页中使用了动画效果，这些动态显示的画面不仅吸引了浏览者的注意，而且也给网页增添了不少生机。多姿多彩的动画设计已成为 Internet 中最为绚丽的一部分。

（1）Flash

Flash 是一款优秀的网页动画制作软件，它是 Web 设计人员、交互式媒体专业人员或开发多媒体内容的理想工具。它注重于创建、导入和处理多种类型的媒体，如音频、视频、位图、矢量、文本和数据。使用它制作出来的动画声音、动画效果都是其他软件无法比拟的。Flash 不仅功能强大、易于使用，而且它和 Fireworks 也能很好地兼容搭配，制作出精美的动画。

（2）Ulead Gif Animator

Ulead GIF Animator 是 Ulead 公司发布的是一款简单、快速、灵活、功能强大的 GIF 动画编辑软件，使网页设计者可以快速地轻松创建和编辑网页动画文件。同时，Ulead GIF Animator 也是一款不错的网页设计辅助工具，还可以作为 Photoshop 的插件使用。它具有丰富而强大的内置动画选项，让设计者能够方便地制作出符合要求的 GIF 动画。

4. 网页三剑客

Adobe 公司的 Dreamweaver、Fireworks 和 Flash 系列产品（前身为 Macromedia 公司产品），素有“网页三剑客”之称。它们是专门用于网页制作和站点管理的软件。其中，Dreamweaver 被大家称为“织梦者”，众多专业网站和个人主页都把它列为首选工具；Flash 是“网页三剑客”中的“闪电”，其以网上动画为特长，动画效果精美致极；Fireworks 是“网页三剑客”中的“火焰”，它以处理页面图片为特长，并可以轻松制作 GIF 动画。应用这套软件来进行网站网页设计，几乎可以达到无所不能的境界，为此越来越受到广大网页制作专业人员和爱好者的青睐。

本章小结

本章介绍了网页设计的入门知识，主要包括了解 Internet 与网页设计的基本概念，如 Internet 的概念、网络提供的服务；了解网站设计的基础，如设计网站的类型、网站的规划及相关技术；掌握网站制作的基础知识，如构成网页的基本要素、网页的布局；网页设计与制作的工具软件等知识。

思考与练习

1. 简述你所了解的网站就功能实现所涉及的类型有哪些？
2. 网站主页的布局有哪些风格？
3. 简述“网页三剑客”软件中 Dreamweaver、Fireworks、Flash 软件的功能特点。

第 2 章 XHTML 基础

XHTML 是制作网页的基础语言，是初学者必须掌握的内容。虽然有许多“所见即所得”的网页制作工具（如 Dreamweaver、FrontPage 等），但是这些工具生成的代码仍然是以 XHTML 为基础的，学习 XHTML 代码对网页设计非常重要。

本章要点：

- XHTML 代码规范
- XHTML 语法结构
- XHTML 标记与属性

2.1 XHTML 概述

2.1.1 XHTML 的产生

HTML（超文本置标语言）是 HyperText Markup Language 的缩写，它是表示 Web 页面的符号标记语言，其目的在于运用标记（Tag）对文件达到预期的效果。通过 HTML，将所需表达的信息按某种规则写成 HTML 文件，再通过专用的浏览器来识别，并将这些 HTML 文件翻译成可以识别的信息，就是所见到的网页。

HTML 最早源于标准通用化标记语言（Standard General Markup Language，SGML）。WWW 协会作为制定 HTML 标准的国际性正式组织，于 1993 年正式推出 HTML 1.0 版，提供简单的文本格式功能。1997 年 12 月，W3C（World Wide WebConsortium）联盟发布了 HTML 4.0 版，其中增加和增强了许多功能。

HTML 是建立网页的规范或标准，从它出现、发展到现在，规范不断完善，功能越来越强。但是 HTML 依然有缺陷和不足，人们仍在不断地改进，以使它更加便于控制和富有弹性，以适应网络的应用需求。2000 年，W3C 组织公布发行了 XHTML 1.0 版本。

XHTML 1.0 是一种在 HTML 4.0 的基础上优化和改进的新语言，其目的是实现基于 XML 的应用。XHTML 是一种增强了的 HTML，它的可扩展性和灵活性更适应未来网络应用的需求。但是，由于人们已经习惯使用 HTML 作为设计语言，而且已经有数以百万计的页面是采用 HTML 编写的，所以现在仍然需要使用 HTML。XHTML 恰恰就是 HTML 4.0 的重新组织（确切地说，它是一个 HTML 4.0 的修正版本，只不过以 XHTML 1.0 命名发行）。它们依然非常相似，可以把 XHTML 看做是在 HTML 4.0 的延续，XHTML 最终将取代 HTML。

2.1.2 XHTML 的优点

XHTML 1.0 作为一种语言，它的内容符合 XML，并且如果依照一些简单的指导方针，也能被 HTML 4.0 用户代理程序识别。开发者将它们的文档移植成为 XHTML 1.0，会得到以下好处。

1. XHTML 文档遵从 XML 标准

XHTML 文档遵从 XML 标准，用标准的 XML 工具很容易查看、编辑和检验它们。XHTML 文档既可以在现有的 HTML 4.0 代理用户程序中使用，也可以在新的 XHTML 用户代理程序中使用，在后者中使用可以达到与前者同样或更好的效果。

2. 在 XHTML 文档中可使用更多的应用程序

XHTML 文档中使用的应用程序（如 Script 和 Applet）既可以是 HTML 的文档对象模型 DOM（Document Object Model），也可以是 XML 的文档对象模型。随着 XHTML 家族的发展，遵从 XHTML 1.0 标准的文档更有可能运用在各种 XHTML 环境下。XHTML 家族是 Internet 发展的下一步目标。现在将文档移植成 XHTML，开发者在确保文档向前、向后兼容的同时，还能享有进入 XML 世界带来的好处。

2.1.3 XHTML 代码规范

1. 所有的标记都必须有一个相应的结束标记

以前在 HTML 中，用户可以打开许多标签，如 <p>，而不一定写对应的 </p> 来关闭它们，但在 XHTML 中这是不合法的。XHTML 要求有严谨的结构，所有标签必须关闭。如果是单独不成对的标签，则在标签最后加一个“/”来关闭它，例如：

```
<img  src="公安大学.JPG"  width="10%"  height="40%"  hspace="50"  vspace="20"/>
```

2. 所有标签的元素和属性的名字都必须使用小写

与 HTML 不一样，XHTML 对大小写是有严格规定的，<title> 和 <TITLE> 是不同的标签。XHTML 要求所有的标签和属性的名字都必须使用小写字母。例如，<BODY> 必须写成 <body>，大小写夹杂也是不可以的。

3. 所有的标记都必须合理嵌套

XHTML 要求有严谨的结构，所有的嵌套都必须按顺序嵌套，例如：

```
<p><b></b>/p>
```

就是说，一层一层的嵌套必须是严格对称的。

4. 所有的属性必须用引号括起来

在 HTML 中，用户可以不用给属性值加引号“""”，但是在 XHTML 中，它们必须被加引号。例如，在 HTML 中可写为

```
<input name=ok  type=submit  value=提交>
```

而按照 XHTML 的要求必须修改为

```
<input name="ok"  type="submit"  value="提交"/>
```

5. 特殊符号“<”、“>”和“&”用编码表示

特殊符号“<”、“>”和“&”用编码表示的规则如下：

1）任何小于（<）号，不是标签的一部分的，都必须被编码为 &It。

2）任何大于（>）号，不是标签的一部分的，都必须被编码为 &gt。

3）任何与（&）号，不是实体的一部分的，都必须被编码为 &amp。

6. 每个属性必须赋值

XHTML 规定所有的属性都必须有一个值，没有值的就重复本身。例如：

```
<input name="xb"type="radio"  value="男"checked>男
```

按照 XHTML 的要求必须修改为

```
<input name="xb"type="radio"  value="男"checked="checked">男
```

2.2 创建简单的网页文件

创建一个简单的网页，可以通过网页编辑器来编辑并保存网页，生成 XHTML 文件。用户也可以使用文本编辑器直接编写网页文件。下面介绍使用最简单的“记事本”来编辑网页文件的方法。

1）打开“记事本”程序。单击 Windows 中的“开始”按钮，在“程序”菜单的“附件”子菜单中单击“记事本”命令。

2）创建新文件，并按 XHTML 语言规则进行编辑。在“记事本”窗口中输入 HTML 代码，代码内容如图 2-1 所示。

3）保存网页。打开“记事本”中的“文件”菜单，选择“保存”命令。此时将出现“另存为”对话框，在“保存在”下拉列表框中选择文件要存放的路径，在“文件名”文本框中输入以“html（或 htm）”为扩展名的文件名，如“ex1. htm”（否则默认为“. txt”文件），最后单击“保存”按钮，生成网页文档。

4）在“资源管理器”窗口中找到网页文档，双击文档图标，随即在打开的 IE 浏览器窗口中可以浏览到如图 2-2 所示的网页内容。

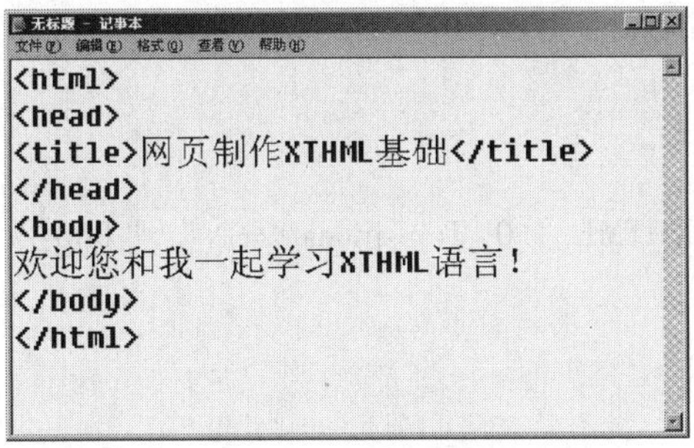

图 2-1　用记事本编写 HTML 代码

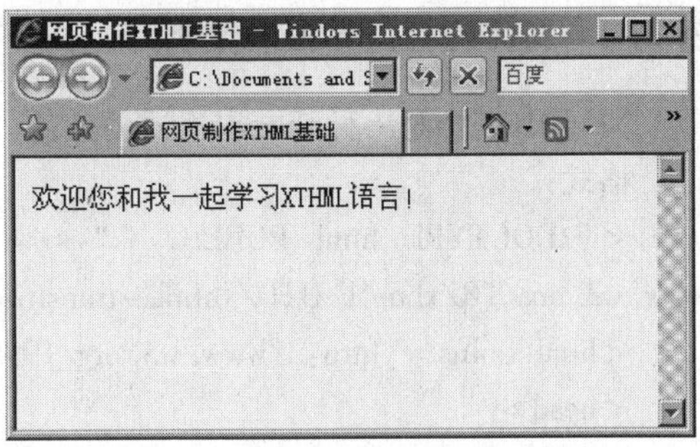

图 2-2　浏览网页

除了使用“记事本”编辑网页以外，还可以使用常用的文本编辑器 Editplus 或者“所见即所得”的网页制作工具 Dreamweaver 编辑网页。

2.3 XHTML 文档的基本结构与标记

每个网页都有其基本的结构，包括 XHTML 的结构、标记的格式等。

2.3.1 基本标记及其属性

1. 标记

XHTML 文档由标记和被标记的内容组成。标记能产生所需要的各种效果。其功能是将网页的内容排成理想的效果。这些标记名称大都为相应的英文单词首字母或缩写，例如，img 表示 image（图像），p 表示 paragraph（段落），大多数都成对出现。

格式：

<标记>受标记影响的内容</标记>

例如：<hl>欢迎访问主页！</hl>

说明：

1）每个标记都要用“<”和“>”括起来，如<p>、<table>，注意，“<”、“>”与标记名之间不能留有空格或其他字符。

2）在标记名前加上符号“/”便是其结束标记，表示该标记内容的结束，如</hl>。标记也有不用</标记>结尾的，称为单标记。

2. 标记的属性

标记规定的是信息的类型，信息的类型可能是文本，也可能是图像，但是要显示这些信息，就需要在标记后加上相关的属性。每个标记都可能有一系列的属性。标记通过属性来显示出各种效果。

格式：

```
<标记  属性1="属性值1"  属性2="属性值2"…>被标记的内容</标记>
```

例如：

```
<hl align="center">欢迎您！</hl>
```

说明：

1）不是所有的标记都有属性，如换行标记就没有。

2）可以根据需要使用该标记的几个属性，在使用的属性之间没有先后顺序之分。

3）属性名和标记名，都必须用小写字母表示，属性值都要用双引号括起来。

2.3.2 XHTML的基本结构

XHTML文档是一种纯文本格式的文件。

格式：

```
<!DOCTYPE html PUBLIC "-//W3C//DTD XHTML 1.0 Transitional//EN" "http://www.w3.org/TR/xhtml1/DTD/xhtml1-transitional.dtd">
<html xmlns="http://www.w3.org/1999/xhtml">
<head>
<meta http-equiv="Content-Type" content="text/html;charset=gb2312"/>
<title>我的网页标题</title>
</head>
<body>
网页内容
</body>
</html>
```

说明：

1）第1、2行代码称为DOCTYPE声明，DOCTYPE是Document Type（文档类型）的简写，用来声明使用的XHTML的版本。DOCTYPE必须为大写。其中，DTD叫做文档类型定义，里面包含了文档的规则。浏览器根据定义的DTD来解释页面的标记，并显示出来。要建立符合标准的网页，DOCTYPE声明是必不可少的关键组成部分。DOCTYPE声明必须放在每一个XTHML文档的最顶部，在所有代码和标记之前。

2）第3行的作用是声明网页使用的名字空间。“xmlns”是XHTML Namespace的缩写，称为“名字空间”。由于XHTML是HTML向XML过渡的标记语言，它需要符合XML文档规则，因此也需要定义名字空间。又因为XHTML 1.0不能自定义标记，所以它的名字空间都相同，就是http：//www.w3.org/1999/xhtml。

3）第5行定义语言编码。为了被浏览器正确解释和通过W3C代码校验，所有的XHTML文档都必须声明它们所使用的编码语言。一般使用 GB2312（简体中文）。

1. XHTML 文档标记 <html>… </html>

格式:

<html xmlns = "http://www. w3. org/1999/xhtml" >HTML 文档的内容 </html>。<html>处于文档的最前面,表示 XHTML 文档的开始,即浏览器从 <html>开始解释,直到遇到 </html>为止。

2. XHTML 文档头标记 <head>… </head>

XHTML 文档包括头部(Head)和主体(Body)。

头标记的格式:

<head>头部的内容 </head>

说明:

文档头部内容在开始标记 <html>和结束标记 </html>之间定义，其内容可以是标题名或文本文件地址、创作信息等网页信息说明。

3. XHTML 文档标题标记 <title>… </title>

格式:

<title>标题名 </title>

说明:

在文档头部定义的标题内容并不在浏览器窗口中显示，而是在浏览器的标题栏中显示。尽管头部定义的信息很多，但能在浏览器的标题栏中显示的信息只有标题。

标题会给浏览者带来方便。首先，标题概括了网页的内容，能使浏览者迅速了解网页的内容。其次，如果浏览者喜欢该网页，将它加入书签中或保存到磁盘上，标题就作为该页面的标志或文件名。另外，使用搜索引擎时显示的结果也是页面的标题。可见，标题是相当重要的。

4. XHTML 文档主体标记 <body>… </body>

格式:

<body bgcolor = "色彩值" background = "图像文件名" text = "色彩值" link = "色彩值" vlink = "色彩值" alink = "色彩值" leftmargin = "像素值" topmargin = "像素值" >
网页的内容…
</body>

说明:

1）主体位于头部之后，以 <body>为开始标记，</body>为结束标记。它定义网页上显示的主要内容与显示格式，是整个网页的核心，网页中要真正显示的内容都包含在主体中。

2）<body>标记有很多属性，可以定义页面的背景图像、背景色彩、文字色彩、超文本链接的色彩等。这些属性用于设定网页的总体风格。

- bgcolor：设置网页的背景色。
- text：设置非可链接文字的色彩。
- link：设置尚未被访问过的超文本链接的色彩，默认为蓝色。
- alink：设置超文本链接在被访问瞬间的色彩，默认为蓝色。
- vlink：设置已被访问过的超文本链接的色彩，默认为蓝色。
- background：设置网页的背景图像，bgproperties = "fixed" 可使背景图像固定。
- leftmargin：设置页面左边的空白，单位为像素值。
- topmargin：设置页面上方的空白，单位为像素值。

2.3.3 段落标记

1. 注释标记<! --……-- >

XHTML 文档提供注释功能。浏览器会忽略此标记中的文字而不显示。一般使用注释标记的目的是为文档中不同部分加上说明，方便以后阅读和修改。

格式：

<! --注释内容-- >

注释并不局限于一行，长度不受限制。

**2. 强制换行
**

在 XHTML 文档中，无法用多个<Enter>、空格、<Tab>键来调整文档段落的格式，要用 XHTML 的标记来强制换行、分段。

将
放在一行的末尾，可以使后面的文字、图像、表格等显示于下一行，而又不会在行与行之间留下空行，即强制文本换行。由于浏览器会自动忽略 XHTML 文档中的空白和换行部分，这使
成为最常用的标记之一。

格式：

文字

3. 段落标记<p>…</p>

段落标记放在段落的头部和尾部，用于定义一个段落。<p>…</p>标记不但能使后面的文字换到下一行，还可以使两段之间多加一空行，相当于两个

标记。

格式：

<p align="对齐方式">文字</p>

说明：

属性 align 用来设置段落文字在网页上的对齐方式，取值为 left（左对齐）、center（居中）和 right（右对齐），默认为 left。

4. 定位标记<div>…</div>

定位标记用来设定文字、图像、表格的摆放位置。在多个段落中设置对齐方式时，常使用<div>…</div>标记。

格式：

<div align="对齐方式">文本、图像或表格</div>

说明：

属性 align 用来设置文本块、文字段或标题在网页上的对齐方式，取值为 left、center 和 right，默认为 left。

5. 水平线标记<hr/>

在页面中插入一条水平标尺线（Horizontal Rules），可以将不同功能的文字分隔开。当浏览器解释到 HTML 文档中的<hr/>标记时，会在此处换行，并加入一条水平线段。线段的样式由标记的参数决定。

格式：

<hr align="left|center|right" size="横线粗细" width="横线长度" color="横线色彩" noshade="noshade">

说明：

1）size：设定线条粗细，以像素为单位，默认值为2。

2）width：设定线段长度，可以是绝对值（以像素为单位）或相对值（相对于当前窗口的百分比）。所谓绝对值，是指线段的长度是固定的，不随窗口尺寸的改变而改变。所谓相对值，是指线段的长度相对于窗口的宽度而定，窗口的宽度改变时，线段的长度也随之增减，默认值为 100%，即始终填满当前窗口。

3）color：设定线条色彩，默认为黑色。色彩可以用相应的英文名称或以“#”引导的一个十六进制代码来表示，见表 2-1。

表 2-1　色彩代码

色　彩	色彩英文名称	十六进制代码
黑色	block	#000000
蓝色	blue	#0000ff
棕色	brown	#a52a2a
青色	cyan	#00ffff
灰色	gray	#808080
绿色	green	#008000
乳白色	ivory	#fffff0
橘黄色	orange	#ffa500
粉红色	pink	#ffc0cb
红色	red	#ff0000
白色	white	#ffffff
黄色	yellow	#ffff00
深红色	crimson	#cd061f
淡紫色	lavender	#dbdbf8

4）noshade：设定线条为平面显示（没有三维效果），若省略则有阴影或立体效果。

6. 段落标记综合实例

[例 2-1]　创建网页文档“段落标记 1. htm”，实现代码如下：

```
<html>
<head>
<meta http-equiv = "Content-Type" content = "text/html;charset = gb2312"/>
<title>段落标记综合应用</title>
</head>
<body leftmargin = "50"   topmargin = "80" > <! --设置页面左边和上面的空白-->
<p align = "center" >段落标记应用</p>
<hr/>
<div align = "left" >左对齐</div>
<div align = "center" >居中</div>
<div align = "right" >右对齐</div>
<hr  align = "center"   size = "8" width = "60%"  color = "red"/>
<p  align = "center" >强  制<br/>换  行</p>
</body>
</html>
```

网页“段落标记1. htm”显示效果如图2-3所示。从本例可以看出，XTML忽略多余的空格，最多只空一个空格。在需要空格的位置，可以用“ ”插入一个空格，或者输入全角中文空格。

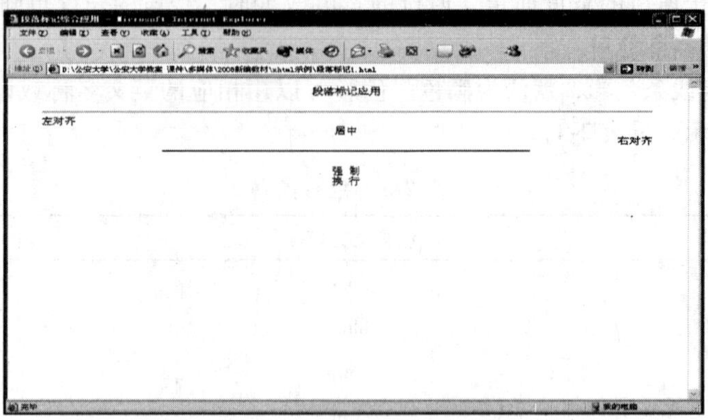

图2-3　段落标记综合实例

2.3.4　设置文字格式

1. 标题文字标记 <h#>… </h#>

在页面中，标题是一段文字内容的核心，所以需要用加强的效果来表示。网页中的信息可以分为主要点、次要点等，可以通过设置不同的标题级别，增加文章的条理性。

格式：

<h#　align = "对齐方式" >标题文字 </h#>

说明：

1）“#”用来指定标题文字的大小，取1~6的整数值，取1时文字字号最大，取6时文字字号最小。

2）属性align用来设置标题在页面中的对齐方式，取值为left（左对齐）、center（居中）、right（右对齐），默认为left。

3）<h#>… </h#>标记默认显示宋体，在一个标题行中无法使用不同大小的字体。

4）与用 <title>… </title>定义的网页标题不同，标题格式显示在浏览器窗口内，而不显示在浏览器的标题栏中。

2. 设置文字的大小

在网页中为了增强页面的层次，其中的文字可以用不同的大小、字体、字型、颜色，这些可用 <font>标记来设置。<font>标记可设定文字的字体、字号和颜色。

格式：

<font　size = "数字"　face = "字体名"　color = "颜色" >被设置的文字 </font>

说明：

1）size用来设置文字的大小。取值范围为1~7，size取1时文字字号最小，取7时文字字号最大。

2）face用来设置字体。当文字是汉字时，格式中的“字体名”可以为黑体、宋体、楷体_GB2312、仿宋_GB2312和隶书等。当文字为英文时，字体名可以为Times New Roman等约50种字体。

3）color用来设置文字的颜色。

4）<font>和 <hn>标记都可以设置文字的大小，两者的区别见表2-2。另外，当 <font>中的size取7时的文字比 <h1>要大。

表 2-2 <font>与<hn>的比较

标记	对象	用法	n 的取值
<font>	一段文章、语言、短语	<font size = 数字>文字</font>	n = 1 ~7，取 1 时最小
<hn>	标题	<hn>文字</hn>	n = 1 ~6，取 6 时最小

3. 设置文字的颜色

设置文字的颜色可以用<body>标记或者<font>标记。

（1）<body>标记中的 text 属性

格式：

<body text = "颜色">文字</body>

说明：

<body>与</body>标记所包含的内容是 HTML 文件的主体，所以它对整个文件起作用。

（2）<font>标记中的 color 属性

格式：

<font color = "颜色">被设置的文字</font>

说明：

<font>标记中的 color 属性可以作用于其后面的文字，可以在文件中多处被设定。

当<body>与<font>同时对文字颜色进行定义时，<font>标记优先。

4. 文字格式综合实例

［例 2-2］ 创建网页文档"文字标记.htm"，在浏览器中的显示效果，如图 2-4 所示，实现代码如下：

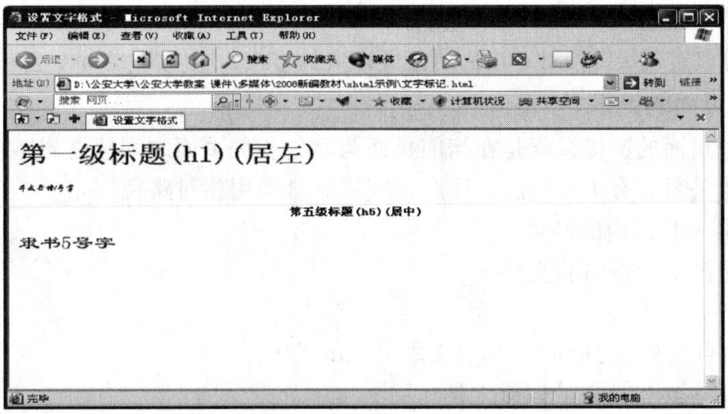

图 2-4 文字标记实例

```
<html>
<head>
<title>设置文字格式</title>
</head>
<body text = "blue">
<h1  align = "left">第一级标题(h1)(居左)</h1>
<font size = "1" face = "华文行楷" color = "#000000">华文行楷 1 号字</font><br/>
<h5  align = "center">第五级标题(h5)(居中)</h5>
```

<font size="5" face="隶书" color="green">隶书5号字</font>
</body>
</html>

说明：

1）<body text="blue">用于设置整个网页的文字颜色，故第一级标题和第五级标题的颜色为蓝色。

2）<font color="#000000">用于设定它所定义的文字的颜色，并且<font>优先，所以“华文行楷1号字”为黑色。

2.3.5 超链接

超链接（Hyperlink）是网页互相联系的桥梁。超链接可以看做是一个“热点”，它可以从当前网页定义的位置跳转到其他位置，包括当前页的某个位置、Internet、本地硬盘或其他文件，甚至跳转到声音、图像等多媒体文件。浏览网页是超链接最普遍的一种应用，通过超链接还可以实现文件下载、资料查询、电子邮件等。

1. 锚点标记<a>…</a>

锚点（Anchor）标记由<a>定义，它在网页上建立超文本链接。通过单击文本或图像，可以从此处转到另一个链接资源（目标资源），这个目标资源有唯一的地址（URL）。具有以上特点的文本或图像称为热点。

格式：

<a href="地址" target="打开窗口方式">热点</a>

说明：

1）href属性为超文本引用，它的值为一个URL，是目标资源的有效地址。如果要创建一个不链接到其他位置的空链接，可用“#”代替URL，即<a href="#">热点</a>

2）target属性设定超级链接被单击后所打开窗口的方式，取值为_blank、_parent、_self和_top。

2. 指向其他页面的链接

创建指向其他页面的链接，就是在当前页面与其他相关页面之间建立超链接。根据目标文件与当前文件的目录关系，有4种写法。注意，应该尽量采用相对路径。

（1）链接到同一目录内的网页文件

目标文件名是链接所指向的文件。

格式：

<a href="目标文件名.htm">热点文本</a>

（2）链接到下一级目录中的网页文件

格式：

<a href="子目录名/目标文件名.htm">热点文本</a>

（3）链接到上一级目录中的网页文件

格式：

<a href="../目标文件名.htm">热点文本</a>

说明：

“../”表示退到上一级目录。

（4）链接到同级目录中的网页文件

格式：

<a href="../子目录名/目标文件名.htm">热点文本</a>

说明：

表示先退到上一级目录，然后再进入目标文件所在的目录。

3. 指向本页中的链接

要在当前页面内实现超链接，需要定义两个标记：一个为超链接标记，另一个为书签标记。

1）**超链接标记的格式：**

<a href = "#记号名" >热点文本 </a>

说明：

单击热点文本，将跳转到记号名开始的文本。

2）书签就是用 <a> 标记对该文本做一个记号。如果有多个链接，则不同目标文本要设置不同的书签名。书签名在 <a> 的 name 属性中定义。

书签格式：

<a name = "记号名" >目标文本附近的字符串 </a>

4. 指向下载文件的链接

如果链接到的文件不是 HTML 文件，则该文件将作为可下载文件，格式为

<a href = "可下载文件名" >热点文本 </a>

5. 指向电子邮件的链接

单击指向电子邮件的链接，将打开默认的电子邮件程序，如 Foxmail、Outlook Express 等，并自动填写邮件地址。

格式：

<a href = "mailto:E-mail 地址" >热点文本 </a>

6. 超链接综合实例

[**例 2-3**] 超链接实例"超级链接.html"，实现代码如下：

```
<html>
<head>
<title>超级链接示例</title>
</head>
<body>
<h1  align = "center">超级链接实例</h1>
<center>
<div align = "center"> <font size = " +2"   color = "#FF0000">
<a href = "http://www.cppsu.edu.cn">链接公安大学主页</a> <br/>
<a href = "文字标记.html"   target = "_blank">指向其他页面的链接</a> <br/>
<a href = "#the_end">本页中链接跳到结尾</a> <br/>
<a href = "D:\多媒体新编教材\已校对.rar">下 载 文 件</a> <br/>
<a href = "mailto:yangming@cppsu.edu.cn">请 联 系 我</a> <br/>
</font>
</div>
<hr/>
<p align = "left"> 超链接(hyperlink)是网页互相联系的桥梁。超链接可以看做是一个"热点",</p>
<div align = "left">可以从当前网页定义的位置跳转到其他位置，包括当前页的某个位置、
```

```
Internet、本地硬盘或其他文件，甚至跳转到声音、图像等多媒体文件。浏览网页是超链接最普遍的一种应用，通过超链接还可以实现文件下载、资料查询、电子邮件等。</div>
    <p align="left">1. 锚点标记</p>
    <p align="left">2. 指向其他页面的链接</p>
    <p align="left">(1)链接到同一目录内的网页文件</p>
    <p align="left">(2)链接到下一级目录中的网页文件</p>
    <p align="left">(3)链接到上一级目录中的网页文件</p>
    <p align="left">(4)链接到同级目录中的网页文件</p>
    <p align="left">3. 指向本页中的链接</p>
    <p align="left">4. 指向下载文件的链接</p>
    <p align="left"><a name="the_end">5. 指向电子邮件的链接</a></p>
    </body>
    </html>
```

如图2-5所示，当单击指向其他页面的链接时，页面链接到“文字标记.html”网页。

如图2-6所示，当单击指向其他页面的链接时，页面链接到“下载文件.html”网页。

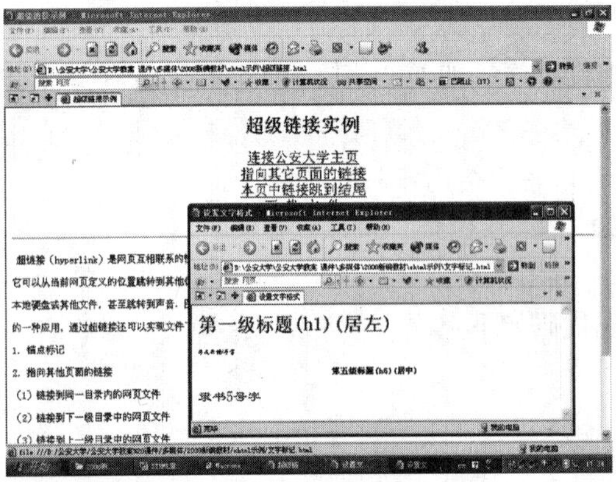

图2-5　指向其他页面的链接（一）

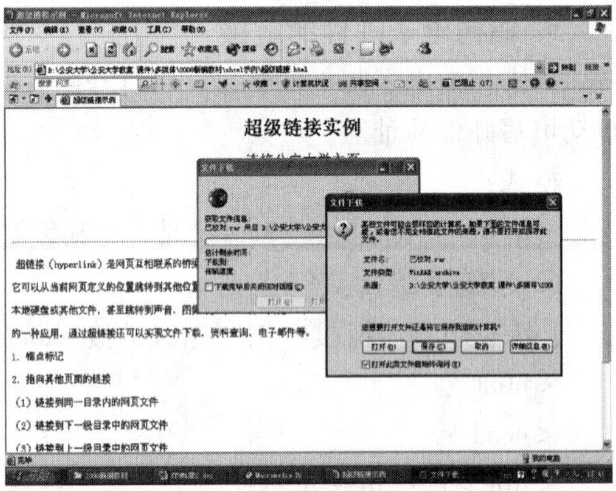

图2-6　指向其他页面的链接（二）

说明：

1）当把鼠标指针移到超链接上时，鼠标指针变为手形状，单击链接则打开指定的网页。如果在<a>标记中省略target属性，则在当前窗口中显示；当target="_blank"时（如文字标记.html），将在新的窗口中显示。

2）在图2-6所示的网页中单击“下载文件”，将打开“文件下载”对话框，将该文件下载到指定位置。

3）在前面用<a href="#the_end"></a>定义超级链接标记，在结尾用<a name="the_end">5. 指向电子邮件的链接</a>定义书签，则当单击“本页中链接跳到结尾”热点时，将跳转到书签标记开始的位置。

2.3.6　图像

1. 设置图像标记<img>

使用图像标记可以把一幅图像加入到网页中。用图像标记还可以设置图像的替代文本、尺寸、布局等属性。

格式：

<img src="图像文件名" alt="简单说明" width="图像宽度" height="图像高度" border="边框宽度" hspace="水平方向空白" vspace="垂直方向空白" align="环绕方式|对齐方式"/>

说明：

1）src：指出要加入图像的文件名，并且指出文件存放的路径，即“图像文件的路径/图像文件名”。

2）alt：在浏览器尚未完全读入图像时，在图像位置显示的文字。

3）width：设定图像的宽度（像素数或百分数），通常设为图像的真实大小，以免失真。若需要改变图像大小，则最好事先使用图像编辑工具。百分数是相对于当前浏览器窗口的百分比。

4）height：设定图像的高度（像素数或百分数）。

5）hspace：设定图像边沿空白，以免文字或其他图像过于贴近。设定图像左右侧在空间水平方向上的空白像素数。

6）vspace：设定图像上下的空间，空白高度采用像素作为单位。

7）align：图像与文本混合排放时，设定图像在水平（环绕方式）或垂直（对齐方式）方向上的位置，取值为left（图像居左，文本在图像的右边）、right（图像居右，文本在图像的左边）、top（文本与图像在顶部对齐）、middle（文本与图像在中央对齐）或bottom（文本与图像在底部对齐）。

2. 设置网页的背景

网页的背景既可以是某种色彩，也可以是图像。无论是图像，还是背景色，都使用<body>标记，只不过使用不同的属性。

（1）设置背景色

利用色彩作为背景，比较容易在色彩上进行协调，而且其下载速度比采用图像作为背景要快。网页背景默认为白色，<body>的bgcolor属性用于设置网页的背景色。

格式：

<body bgcolor="色彩值">…</body>

说明：

“色彩值”可以为色彩的英文名或相应的十六进制值。

（2）用图像作为背景

使用<body>标记的background属性，可以为网页添加背景图像。

格式：

<body background="图像文件名">…</body>

说明：

background取值为一个图像文件名，并且要指出文件存放的路径，既可以是相对路径，也可以是绝对路径。图像文件可以是GIF格式或JPEG格式的文件。

3. 用图像作为超级链接

图像也可作为热点，单击则跳转到被链接的文本或其他文件中。链接到的文件名和图像文件名中均需要写出路径。

格式：

<a href="URL"><img src="图像文件名"/></a>

4. 设置音频和视频

（1）加入背景声音

使用<bgsound>标记可以在网页中加入背景音乐。

格式:

<bgsound src="声音文件名" loop="播放次数">

加入背景音乐文件的格式有 *.wav、 *.au、 *.mid。播放次数可取 -1 或 INFINITE 时，声音将一直播放，直到关闭该网页为止。

例如：<bgsound src="夏天.mp3" loop="3">

(2) 加入视频剪辑

用<img>标记的属性可向网页中加入.avi 视频剪辑文件。

格式:

<img src="图像文件" dynsrc="视频剪辑文件.avi" loop="次数" loopdelay="时间" start="值" controls>

例如:

<img src="实训.jpg" dynsrc="实训.avi" loop="3" loopdelay="250">

说明:

1) dynsrc：用来指定播放视频文件存放的路径和文件名。

2) src：用来指定在浏览器尚未完成读入 AVI 文件时，先在 AVI 播放区显示的图像。

3) loop：用来指定播放的次数。

4) loopdelay：用来指定两次播放的间隔时间，单位为毫秒（ms）。

5) start：用来指定何时开始播放视频文件。

6) controls：用来在视频窗口下附加.AVI 播放控制栏。

5. 图像应用综合实例

[**例 2-4**] 图像应用实例“图像应用.html”，如图 2-7 所示，代码如下：

图 2-7 图像应用实例

```
<html>
<head>
<meta http-equiv="Content-Type" content="text/html;charset=gb2312"/>
<title>图像应用</title>
```

</head>

<body background = "../../杨明多媒体/ymsite1/images/uni-05.jpg">

<bgsound src = "爱.mp3" loop = "3"/>

<h4 align = "center">设置图像的尺寸及与文本之间的对齐方式</h4>

<a href = "http://www.cppsu.edu.cn"><img src = "公安大学.JPG"/>原始大小</a>

<img src = "公安大学.jpg" width = "10%" height = "40%" hspace = "50" vspace = "20"/>
宽 10% 高 40%

<img src = "公安大学.jpg" width = "150" height = "200" hspace = "20" vspace = "55"/>
宽 150 高 200

<hr color = "#CC0000"/>

<h3 align = "center">设置文本与图像在垂直方向上的对齐</h3>

学生刑侦实训<img src = "警察.jpg" align = "top"/>顶部对齐

学生刑侦实训<img src = "警察.jpg" align = "middle"/>中央对齐

  学生刑侦实训<img src = "警察.jpg" align = "bottom"/>底部对齐

</body>

</html>

说明：

1）<body background = "../../杨明多媒体/ymsite1/images/uni-05.jpg">

<bgsound src = "爱.mp3" loop = "3"/>用来设置背景图片和背景音乐。

2）<a href = "http://www.cppsu.edu.cn"><img src = "公安大学.jpg"/>原始大小</a>将公安大学.jpg 图片设置为超级链接，即单击图片将链接到公安大学的首页。

2.3.7 其他标记

1. 列表

列表分为无序列表和有序列表两类。带序号标志（如数字、字母等）的表项就组成有序列表，否则为无序列表。

（1）无序列表

无序列表中每一个表项的前面是符号。建立无序列表使用<ul>标记和<li>表标记。

格式：

<ul type = #>

<li>第一个列表项</li>

<li>第二个列表项</li>

…

</ul>

说明：

<ul>用来定义一个无序列表，<li>用来定义列表项，Type = #设置无序列表的符号样式，其取值有

type = disc（实心圆）、type = circle（空心圆）、type = square（方框）。

（2）有序列表

通过带序号的列表可以更清楚地表达信息的顺序。使用<ol>标记建立有序列表。

格式：

<ol type = # start = n>

```
<li>第一个列表项</li>
<li>第二个列表项</li>
…
</ol>
```

说明：

<ol>用来定义一个有序列表，<li>用来定义有序列表项，有序列表编号样式取值有Type=1、Type=a、Type=A、Type=I、Type=i。

有序列表整个表项与上下段文本间各有一行空白，表项向右缩进并左对齐，每行前面带序号。

2. 表格

表格将文本和图像按行、列排列，它和列表一样，有利于表达信息。表格在主页中常用来建立网页的框架，使整个页面中的图像和空白分布更规则，并使条目更清晰。

（1）简单表格

最简单的表格仅包括行和列。表格标记为<table>，行标记为<tr>，表项（单元格）标记为<td>。

格式：

```
<table border="n"  width="xlx%"  height="yly%"  cellspacing="i"  cellpadding="j">
<caption align="left|right|top|lbottom"  valign="top|bottom">标题</caption>
<tr>
<th>表头1</th><th>表头2</th><th>…</th><th>表头n</th>
</tr>
<tr>
<td>表项1</td><td>表项2</td><td>…</td><td>表项n</td>
</tr>
…
<tr>
<td>表项1</td><td>表项2</td><td>…</td><td>表项n</td>
</tr>
</table>
```

说明：

表格的整体外观由<table>标记的属性来决定。

1）border：定义表格边框的粗细，n取整数，单位为像素。如果省略，则不带边框。

2）width：定义表格的宽度，x为像素数或占窗口的百分比。

3）height：定义表格的高度，y为像素数或占窗口的百分比。

4）cellspacing：定义表项间隙，i为像素数。

5）cellpadding：定义表项内部空白，j为像素数。

<caption>标记用来给表格增加标题，其中，align属性用来设置标题相对于表格水平方向的对齐方式，valign属性用来设置标题相对于表格垂直方向的对齐方式。

表头看做一行，只不过使用的是<th>标记。在浏览器中显示时，<th>标记的文字按粗体显示，<td>标记的文字按正常字体显示。

（2）表格内文字的对齐方式

默认情况下，表项居于单元格的左端。用户可用列、行的属性设置表项数据在单元格中的位置。

表项数据的水平对齐用标记<td>的align属性。align的属性值有center（表项数据的居中）、left（左对齐）、right（右对齐）、justify（左右调整）。

表项数据的垂直对齐用标记<td>的valign属性实现。valign的属性值有top（靠单元格顶）、bottom（靠单元格底）、middle（靠单元格中）、baseline（同行单元数据项位置一致）。

（3）表格在页面中的对齐方式

与图像一样，表格在浏览器窗口中的位置分3种情况：居左、居中和居右。使用<table>标记的align属性进行设置。

格式：

<table align="left|right|top|bottom">

说明：

当表格位于页面的左侧或右侧时，文本填充在另一侧；当表格居中时，表格两边没有文本；当align属性省略时，文本在表格的下面。

（4）表格的色彩和图像背景

在<table>、<th>、<tr>、<td>标记中，使用下面属性可以改变表格的背景和边框的色彩、添加背景图像，也可以为行和单元格改变色彩、添加背景图像。

1）bgcolor：设置背景色彩。

2）background：设置背景图像。

3）bordercolor：设置表格边框的色彩。

4）bordercolorlight：设置表格边框亮部的色彩。

5）rules="row，cols或none"：设置表格内线的显示方法，none为无内线。

对表格进行格式设置时，可以对整个表格、行、单元格的属性进行设置。表格格式设置的优先顺序为单元格、行、表格。

（5）跨行、跨列表项设计

用<tr><td><th>标记中的colspan属性和rowspan属性，可以设置多行（合并行）多列（合并列）的表项。

跨多列表项的格式为

<th colspan="x">表项</th>

<tr colspan="x">表项</tr>

<td colspan="x">表项</td>

跨多行表项的格式为

<th rowspan="y">表项</th>

<tr rowspan="y">表项</tr>

<td rowspan="y">表项</td>

3. 框架

框架（Frames）也称为多窗口页面。它在同一浏览器窗口中显示多个相互隔离的XHTML页的结构，每个区域显示一个XHTML文件。利用框架结构可以在页面中同时浏览多个页面，还可以在一个区域中显示所有页面的总索引。

（1）建立框架

框架的建立需使用<frameset>和<frame>标记。用<frameset>标记取代<body>标记，来定义框架。<frameset>用来划分窗格，每一个窗格由一个<frame>标记来定义，<frame>必须在<frameset>范围中使用。<frame>标记用来声明其中框架页面的内容。

框架的基本结构为

```
<html>
<head>… </head>
<frameset>          <! --划分窗格-- >
<frame src = "url" > <! --定义第一个窗格-- >
<frame src = "url" > <! --定义第二个窗格-- >
</frameset>
</html>
```

说明：

<frameset>标记用来定义一个框架组的属性。

格式：

<frameset rows = "横向框架数" cols = "纵向框架数" border = "像素值" bordercolor = "色彩值" frameborder = "yes | no" framespacing = "像素值" >… </frameset>

属性含义如下：

- rows：用来设定横向分割的框架数目。
- cols：用来设定纵向分割的框架数目。
- border：用来设定边框的宽度。
- bordercolor：用来设定边框的色彩。
- frameborder：用来设定有边框或无边框。
- framespacing：用来设置各窗格间的空白。

<frame>是一个单标记，<frame>标记用于给各个框架指定页面的内容，也就是说，它将各个框架和包含其内容的那个文件联系在一起。

格式：

<frame src = "源文件名 . htm" name = "框架名" border = "像素值" bordercolor = "色彩值" frameborder = "yes | no" marginwidth = "像素值" marginheight = "像素值" scrolling = "yes | no | auto" noresize = "noresize" >

说明：

- src：表示该框架对应的源文件。
- name：指定框架名。框架名由字母开头，用下画线开头的名字无效。
- border：设定边框的宽度。
- bordercolor：设定边框的色彩。
- frameborder：设定有（yes）或无（no）边框。
- marginhwidth：设置框架内容与左右边框之间的空白。
- marginheight：设置框架内容与上下边框之间的空白。
- scrolling：设置是（yes）、否（no）或自动（auto）加入滚动条。
- noresize：不许浏览者调整窗格的大小，默认为允许改变窗格的大小。

（2）框架间的链接

网页中，在一个框架中显示所有网页内容的目录，而通过单击，在另一个框架中显示相应的内容。这些目录是热点文本，需要在框架之间建立超链接，并指明显示的目标文件的框架。

格式：

<a href = "目标文件名 . html" target = "框架名" >热点文本</a>

说明：

1） target = "_blank"：链接的目标文件被显示在一个新的没有名字的浏览器窗口中。

2） target = "_self"　：链接的目标文件被显示在当前框架窗口中，代替正在显示的热点文本所在的那个文件，是省略 target 属性的默认值。

3） target = "_top"：链接的目标文件被显示在整个浏览器窗口（取消了框架）。

4） target = "_parent"：当框架嵌套时，链接的目标文件被显示在父框架中；否则，被显示在整个浏览器窗口中。

4. 表单

表单是用于实现浏览者与网页制作者之间信息交互的一种网页对象。在 Internet 中，表单被广泛应用于各种信息的搜集与反馈。当访问者在表单中输入信息，然后单击“提交”按钮时，这些信息将被发送到服务器中，服务器端脚本或应用程序在该处对这些信息进行处理。

（1） <form>标记

格式：

```
<form name = "表单名"  action = "URL"  method = "get | post" >
<input type = "表项类型"  name = "表项名"  value = "默认值"  size = "x" maxlength = "y" / >
…
<form >
```

说明：

1） name：表示表单的名字，在一个网页中用于唯一识别一个表单。

2） action：表示表单处理的方式，往往是 E-mail 地址或网址。

3） method：表示表单数据的传送方向，是获得（GET）表单还是送出（POST）表单。

（2） <input>标记

<input>标记主要用来设计表单中提供给用户的输入形式，type 属性指定要加入表单项目的类型。

- type = text：单行文本框。
- type = textarea：多行文本框。
- type = password：密码框。
- type = radio：单选框。
- type = checkbox：复选框。
- type = file：文件框。
- type = submit：提交按钮。
- type = reset：重置按钮。
- type = button：普通按钮。

说明：

1） 文字和密码的输入。type 属性值为 text，则输入的文本以标准的字符显示；type 属性值为 password，则输入的文本显示为“ * ”。

2） 重置和提交。如果浏览者想清除输入到表单中的全部内容，可以使用<input>标记中的 type 属性所设的重置（Reset）按钮。当浏览者完成表单的填写，想要发送时，可使用<input>标记的属性 type 所设的提交（Submit）按钮，将表单内容送给 action 属性中设置的网址或函件信箱。

3） 复选框和单选钮。选择钮可以是复选框（Checkbox）或单选钮（Radio）。用<input>标记的 type 属性可设置选择钮的类型。value 属性用于设置该选择钮的控制初值。

(3) <select>标记

当浏览者选择的项目较多时，如果用选择钮来选择，占用页面的空间就会较大。用户可以用<select>标记和<option>标记来设置选择栏。

格式：

<select size="x" name="控制操作名" multiple>

<option select value="可选择的内容">…</option>

<option…>…</option>

</select>

说明：

1) size：取数字，表示在带滚动条的选择栏中一次可见的列表项数。

2) name：表示控制操作名。

3) multiple：不带值，加上本项表示可选多个选项，否则只能单选。

4) select：不带值，加上本项表示该项是预置的。

5) value：用来指定控制操作的初始值，默认的初值为（option）中的内容。

(4) <textarea>标记

多行文字输入标记可以输入较多的文字。使用<textarea>标记可以允许成段文字的输入。

格式：

<textarea name="控制操作名" rows="行数" cols="列数">

多行文本

</textarea>

说明：

行数和列数是指不用滚动条就可看到的部分。

5. 滚动字幕标记

在网页设计中，为了引起浏览者的注意，经常用设置滚动字幕的方法增强动态效果，使之更生动、更鲜活。

格式：

<marquee direction="方向取值" bgcolor="颜色" height="像素值" width="像素值" scrollamount="数值" scrolldelay="数值">…</marquee>

说明：

1) direction：用来设置滚动方向。其取值有 left、right、up、down。

2) bgcolor：用来设置滚动区域的背景色。

3) height：用来设置滚动区域的高度。

4) width：用来设置滚动区域的宽度。

5) scrollamount：用来设置字母移动的速度。

6) scrolldelay：用来设置移动每步的延时。

本章小结

本章主要介绍了网页代码标准 XHTML 语言的应用，包括 XHTML 文档的基本结构与标记，以及各种标记及属性的应用等。读者通过对本章的学习，可以了解和掌握 XHTML 代码编写的基本方法，能够利用文本编辑器编写网页内容。从代码的角度剖析一个网页的内容，使得多彩的网页不再神秘莫测，大家都可以试着用 XHTML 代码来设计一个图文并茂的网页。

思考与练习

1. XHTML 语言编写的基本环境是什么？你所了解的编辑器有哪些？
2. XHTML 文档的基本结构是什么？语法规范有哪些？
3. 阅读下面一段 XHTML 代码，说明代码能够实现的页面效果，并给相应代码行加注释。

```
<html xmlns="http://www.w3.org/1999/xhtml">
<head>
<title>网页示例</title>
</head>

<body>
<table width="100%" border="1" cellspacing="0" cellpadding="0">
<tr>
<td>图片示例</td>
<td><img src="012.jpg" width="120" height="79"/></td>
</tr>
<tr>
<td>XHTML 代码规范</td>
<td><a href="ch1.doc">说明文档</a></td>
</tr>
</table>
</body>
</html>
```

第二部分

Adobe Dreamweaver CS5 网页制作

第 3 章 Adobe Dreamweaver CS5 入门知识

Dreamweaver 用于对 Web 站点、Web 页和 Web 应用程序进行设计、编码和开发，无论是对于网页设计的初学者，还是高级网页设计人员，无论喜欢直接编写 HTML 代码，还是偏爱在可视化编辑环境中工作，这款软件都备受青睐。它具有功能强大、操作灵活、超强的扩展能力、强大的网站管理功能等特点。

本章首先简述 Adobe Dreamweaver CS5 的主要功能和工作区的组成及设置，然后介绍使用 Dreamweaver 创建站点的基本方法，以及查看站点信息的方法等，最后简单介绍新建、打开及关闭文档等针对文件的基本操作方法。

本章要点：

- Adobe Dreamweaver CS5 工作区的组成
- 站点的建立
- 站点文件的基本操作

3.1 Adobe Dreamweaver CS5 工作环境

Dreamweaver 工作区可用于查看文档和对象属性。工作区还将许多常用操作放置在工具栏中，以便快速更改文档。Dreamweaver 的工作区可以自由选择布局，便于用户制作网页，各个面板可以任意放置，方便用户操作。

3.1.1 工作界面的组成

在 Windows 中首次启动 Dreamweaver 时，会出现一个对话框，可以从中选择一种工作区布局，如图 3-1 所示。选择“编码器”方式表示供用户以代码方式设计网页，选择“设计器”方式表示允许用户以与一般编辑软件相同的方式设计网页，特点是所见即所得。

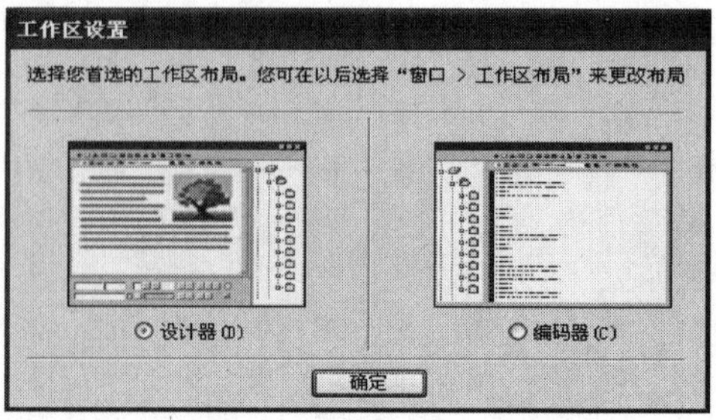

图 3-1 设计方式选择

Dreamweaver 提供了一个将全部元素置于一个窗口中的集成布局。在集成的工作区中，全部窗口和面板都被集成到一个更大的应用程序窗口中。建立新网页或者打开网页，会出现工作区窗口，如图 3-2 所示。

Dreamweaver 的工作区由“文档”窗口、“插入”工具栏、“文档”工具栏、面板组、标签选择器、“属性”面板和“文件”面板组成。下面介绍各个组成部分的功能及其设置。

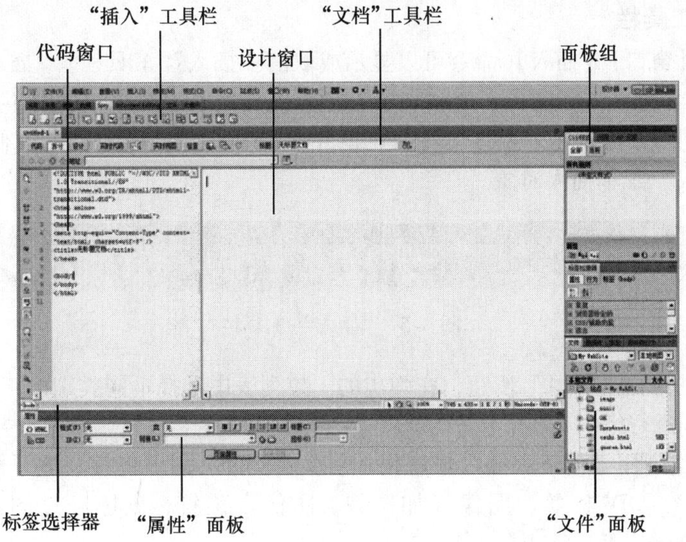

图 3-2 "设计器"工作区布局

1. "文档"窗口

"文档"窗口用来显示当前文档。用户可以选择下列任一视图:"设计"视图是一个用于可视化页面布局、可视化编辑和快速应用程序开发的设计环境。在该视图中,Dreamweaver 显示文档的完全可编辑的可视化表示形式,类似于在浏览器中查看页面时看到的内容。"代码"视图是一个用于编写和编辑 HTML、JavaScript、服务器语言、代码标记语言以及任何其他类型代码的手工编码环境。"拆分"视图可以同时看到同一文档的"代码"视图和"设计"视图。

2. "文档"工具栏

"文档"工具栏中包含如图 3-3 所示的按钮,这些按钮可以在文档的不同视图间快速切换:"代码"视图、"设计"视图以及同时显示代码和设计视图的"拆分"视图。该工具栏中还包含一些与查看文档、在本地和远程站点间传输文档有关的常用命令和选项。

图 3-3 "文档"工具栏

3. 状态栏

"文档"窗口底部的状态栏提供正在使用的文档有关的信息。标签选择器显示当前选定内容的标签的层次结构。单击该层次结构中的任何标签,可以选择该标签及其全部内容。如单击 <body> 可以选择文档的整个正文。

标签选择器是选择标签的首选方法,因为它可以确保始终准确地选择标签。"手形"工具可以用于选择文档并将其拖入"文档"窗口。单击"选择"工具可禁用"手形"工具。"缩放"工具和"设置缩放比例"弹出式菜单可以为文档设置缩放比。在"连接速度"下拉列表中可以选择传输速度,以适应不同的用户。状态栏如图 3-4 所示。

图 3-4 状态栏

4. “插入” 工具栏

选择主菜单【窗口】/【插入】命令可以显示或取消“插入”工具栏。“插入”工具栏包含用于将各种类型的“对象”（如图像、表格和层）插入到文档中的按钮，如图 3-5 所示。这些按钮被组织到几个类别中，可以在“插入”工具栏的左侧切换它们。用户可以不使用“插入”工具栏，而使用“插入”菜单插入对象。

图 3-5 “插入” 工具栏

单击工具栏左侧的“常用”按钮，在弹出的下拉列表中选择不同类别的工具栏，“插入”工具栏按以下的类别进行组织：

1）“常用”类别用于创建和插入最常用的对象，例如：超级链接、电子邮件链接、命名锚记、水平线、表格、DIV 标签、图像（如图像、图像占位符、鼠标经过图像等）、媒体（如 SWF、FLV、Shockwave 等）。

2）“布局”类别用于插入表格、div 标签、层和框架。用户还可以从 3 个表格视图中进行选择：“标准”（默认）、“扩展表格”和“布局”。当选择“布局”模式后，使用 Dreamweaver 布局工具，即“绘制布局单元格”和“绘制布局表格”。

3）“表单”类别包含用于创建表单和插入表单元素的按钮。

4）“数据”类别：可以插入 Spry 数据对象和其他动态元素，例如：记录集、重复区域以及插入记录表单和更新记录表单。

5）Spry 类别：包含一些用于构建 Spry 页面的按钮，包括 Spry 数据对象和 Widget。

6）InContext Editing 类别：包含供生成 InContext 编辑页面的按钮，包括用于可编辑区域、重复区域和管理 CSS 类的按钮。

7）“文本”类别用于插入各种文本格式设置标签和列表格式设置标签，例如：b、em、p、h1 和 ul。

8）“收藏”类别可以将“插入”工具栏中最常用的按钮分组或组织到某一常用位置。

5. “属性” 面板

“属性”面板用来显示和设置选定对象的属性，面板中的内容根据选定的元素会有所不同。例如，选择页面上的一个图像，则面板将改为显示该图像的属性（如图像的文件路径、图像的宽度和高度、图像周围的边框等），如图 3-6 所示。

6. “文件” 面板

“文件”面板可以管理文件和文件夹，无论它们是 Dreamweaver 站点的一部分还是在远程服务器上。“文件”面板可用于访问本地磁盘上的全部文件，非常类似于 Windows 资源管理器，如图 3-7 所示。

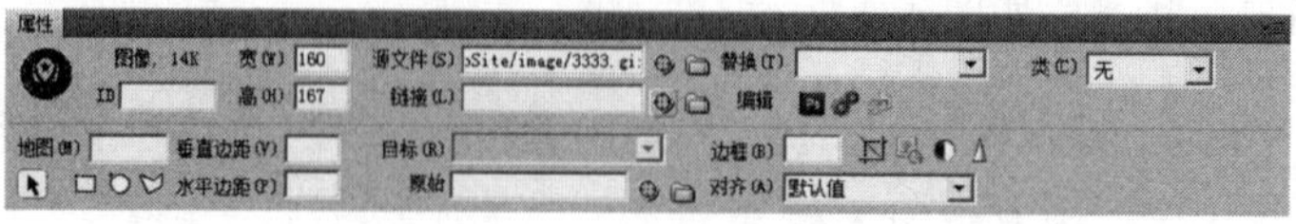

图 3-6 “属性” 面板

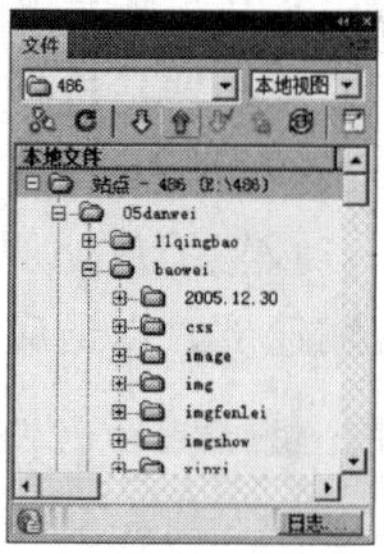

图 3-7 “文件” 面板

3.1.2 菜单功能简介

1.“文件”菜单

“文件”菜单的标准菜单项，例如“新建”、“打开”、“保存”、“保存全部”等。“文件”菜单还包含其他命令，用于查看当前文档或对当前文档执行操作，例如“在浏览器中预览”和“打印代码”等。

2.“编辑”菜单

“编辑”菜单包含选择和搜索命令，例如“选择父标签”和“查找和替换”。“编辑”菜单还包括许多 Windows 的常用命令，例如“复制”、“粘贴”、“撤销”等命令。

3.“查看”菜单

“查看”菜单用来查看文档的各种视图，例如“设计”视图和“代码”视图，并且可以显示或隐藏不同类型的页面元素和 Dreamweaver 工具及工具栏。

4.“插入”菜单

“插入”菜单提供“插入”工具栏的替代项，用于将对象插入到文档中。

5.“修改”菜单

“修改”菜单可以更改选定页面元素或项的属性，并且为库和模板执行不同的操作。

6.“格式”菜单

“格式”菜单提供各种编辑格式的操作选项，包括段落对齐、项目列表、字体设置、CSS 设置、颜色等。

7.“命令”菜单

“命令”菜单包括录制等命令。

8.“站点”菜单

“站点”菜单提供用于管理站点以及上传和下载文件的菜单项。执行其下的“新建站点”命令可以新建站点；执行“管理站点”命令可以管理已经存在的站点。关于站点的概念下面会详细介绍。

9.“窗口”菜单

“窗口”菜单提供对 Dreamweaver 中的所有面板、检查器和窗口的访问。选择“窗口”菜单下的相应命令，可以打开各种设计工具窗口和子窗口。

10.“帮助”菜单

“帮助”菜单提供对 Dreamweaver 文档的访问，包括关于使用 Dreamweaver 以及创建 Dreamweaver 扩展功能的帮助系统，还包括各种语言的参考材料。

11.“快捷”菜单

“快捷”菜单，又称为上下文菜单。Dreamweaver 广泛使用了快捷菜单，使用这种菜单可以很方便地访问与正在处理的对象或窗口有关的最有用的命令和属性。“快捷”菜单仅列出那些适用于当前选定内容的命令。

右键单击对象或窗口，选定对象或窗口的快捷菜单随即出现。

3.1.3 自定义 Dreamweaver CS5 工作区

在已有的工作环境下，用户可以随时根据需要调整工作区状态，或自定义工作区，包括：隐藏和显示欢迎屏幕、设置 Dreamweaver 的常规首选参数等。

1. 拖动面板

在设计网页时，有时想更好地看清自己设计网页的效果，可以拖动文档窗口右边工具面板的边框，随意改变工具面板的宽度，方便设计者查看设计效果，如图3-8所示。

对于“属性”面板的操作也可采用相同的方法。右边的面板组只有“文件”面板，在默认条件下是可见的。只要单击相应文字或单击折叠箭头就可以展开或关闭其他面板。

2. 设置Dreamweaver的首选参数

选择【编辑】/【首选参数】命令，即会弹出“首选参数”对话框，如图3-9所示。

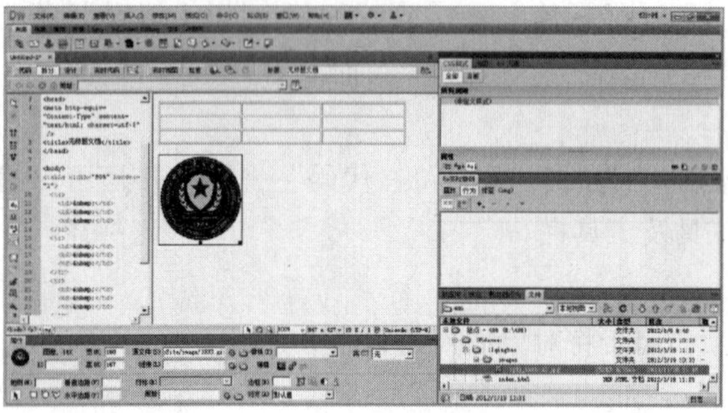

图3-8　拖动面板效果

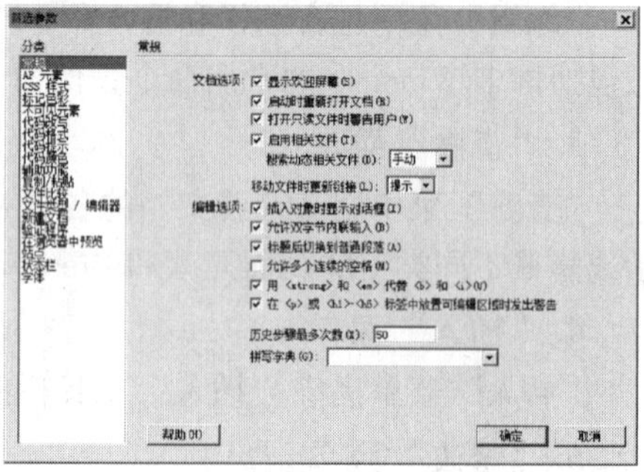

图3-9　“首选参数”对话框

该对话框按照分类，可以对各项信息的参数进行选择设置，重定义已有的工作区状态。

3. 隐藏和显示欢迎屏幕

在启动Dreamweaver时和在没有打开文档的任何时候，界面会显示欢迎屏幕，如图3-10所示。用户可以选择隐藏欢迎屏幕，并在以后再显示它。选中欢迎屏幕上的“不再显示”复选框，则在下次启动Dreamweaver时，欢迎屏幕即被隐藏。当欢迎屏幕被隐藏且没有打开任何文档时，文档窗口处于空白状态。

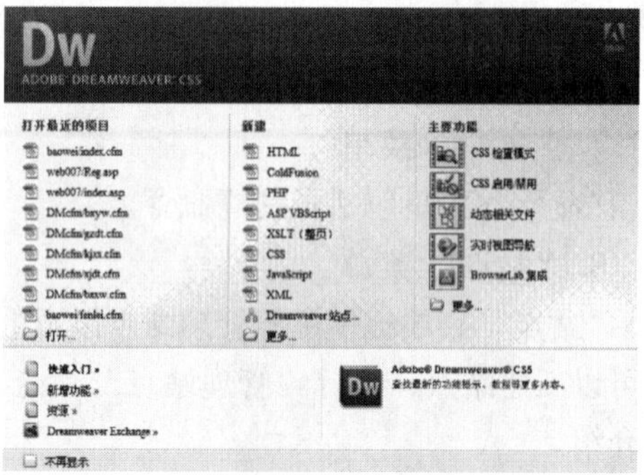

图3-10　欢迎屏幕

选择【编辑】/【首选参数】命令，即会弹出“首选参数”对话框，在对话框中选中“显示欢迎屏幕”复选框，单击“确定”按钮，则在下一次启动Dreamweaver时再次出现欢迎屏幕。

3.2　站点的建立

网页包含的元素有文本、图像、表格、表单、动画、视频等。如果这些元素不能有效地组织管理，将使网页设计很不方便。建立站点的目的就是为了有效地组织管理设计网页所需要的各种元素。

在设计网页之前，必须先建立一个站点，它实际是一个文件夹（或称为目录），该文件夹存放网站所需要的所有文档材料和网页文件，然后通过超级链接方式将它们有效地组织起来。站点需要一个名称和存储位置，它可以是磁盘的任何位置。下面介绍站点的创建过程。

3.2.1　创建站点

站点有网络服务器中的站点（即远程站点）和本地站点两种创建形式。通常情况下，首先在本地站点上完成网站的建设，形成本地站点，然后用 FTP 上传至 Internet 服务器上，形成最终可以在 Internet 上浏览的远程站点。

建立本地站点就是将本地主机磁盘（通常是硬盘）中的一个文件夹定义为站点，网页中的所有文档均放在该文件夹中，以便于管理。建立站点的方法如下：

1）在 Adobe Dreamweaver CS5 窗口中，选择菜单【站点】/【新建站点】命令，弹出“定义站点”对话框，如图 3-11 所示。

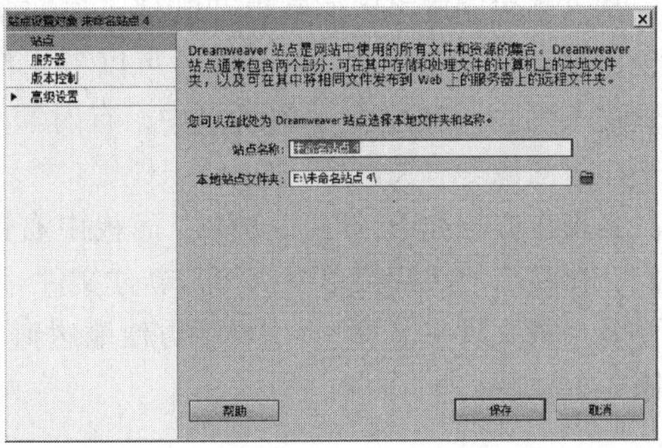

图 3-11 “定义站点”对话框之一

2）该对话框中的“站点”选项卡为默认选项卡，在文本框内输入站点的名称（如“My WebSite”）。通过单击“浏览文件夹”图标，选择本地站点文件夹（即新建的站点在本地计算机上的目录），再单击“服务器”选项，即出现如图 3-12 所示的对话框。

3）单击图标，添加新服务器，弹出添加服务器的界面。根据 Web 服务器的配置说明进行配置。一般包括服务器 IP 地址或者域名地址、用户名、密码、根目录以及连接方法。配置完成后，可以单击“测试”按钮，如果系统提示成功则连接表示配置成功。再单击“保存”按钮，如图 3-13 所示。

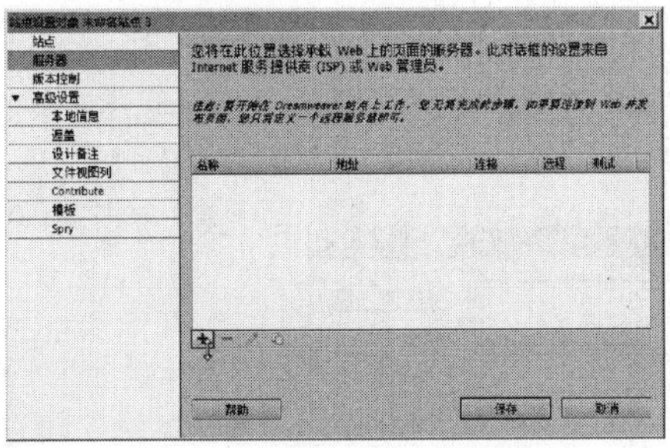

图 3-12 “定义站点”对话框之二

图 3-13 “定义站点”对话框之三

4）在“站点设置对象”界面中，还可以对站点进行“版本控制”、“高级设置”等配置。一般采用默认设置即可，如图 3-14 所示。

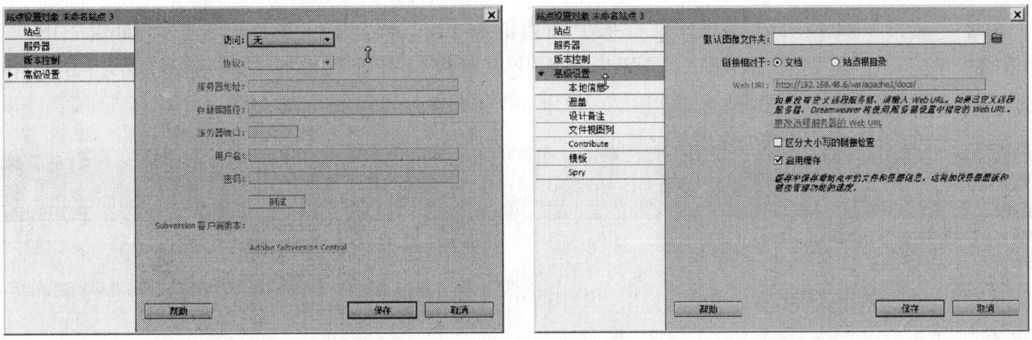

图 3-14 “定义站点”对话框之四

通过上面的几个步骤就完成了站点的创建。此时“文件”面板会显示出新创建的站点文件夹，如图3-15所示。文件夹内是空的，用户可在根文件夹下创建新的子文件夹和文件，相关操作将在站点管理的内容中进行介绍。

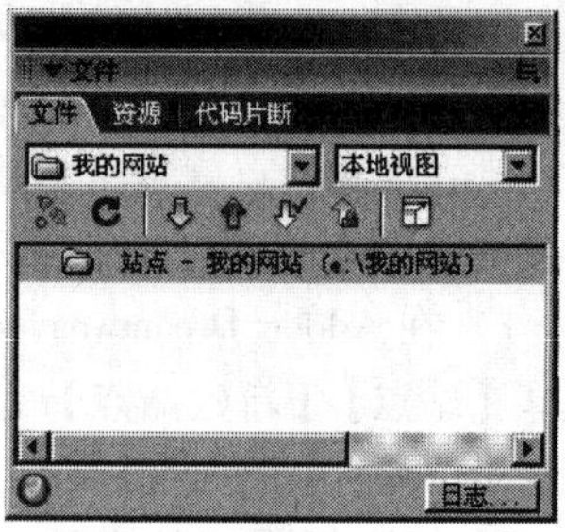

图3-15 “文件”面板

3.2.2 创建站点目录和文件

站点创建完成之后的编辑和管理工作非常关键，其中包括继续创建站点目录和文件。网页文件可以事先都建立好，然后分别编辑这些网页。在建立好的站点中，有时需要建立一些文件夹，用来存放图像等有关内容。

其操作方法如下：在“文件”面板中右键单击“我的网站”站点，在弹出的快捷菜单中执行“新建文件（或新建文件夹）”命令。在出现的文本框中重命名文件名（或文件夹名称），这样就方便地达到了有序管理所有站点资源的目的，创建的站点实例如图3-16所示。

3.2.3 修改站点信息

如果站点配置信息发生变化，可以随时进行修改。用户可以选择菜单【站点】/【管理站点】目录，弹出“管理站点”对话框，如图3-17所示。单击需要修改的站点名称，再单击“编辑”按钮，即可弹出“站点设置对象”对话框，然后重新进行站点设置。重新设置站点后需要再次测试站点连接能否成功。

图3-16 创建文件和文件夹

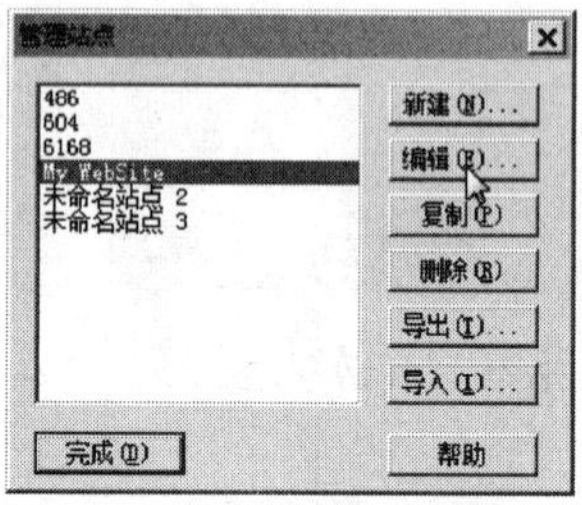

图3-17 “管理站点”对话框

通过“文件”面板可以打开和查看某个站点的文件和文件夹。单击“文件”面板中的“展开/折叠”按钮，将站点文件窗口展开为最大化。对窗口可以调整查看区域的大小，并利用该窗口更改站点视图方式。图3-18是以“站点文件”视图方式显示的效果。

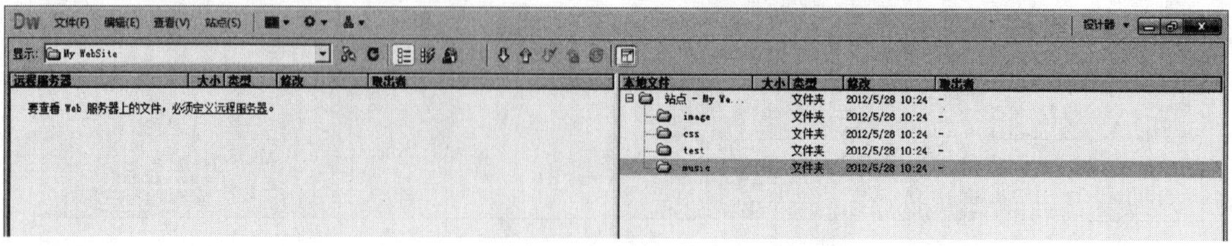

图3-18 站点视图窗口

3.3 站点文件的基本操作

使用 Dreamweaver 创建网页的最基本的操作是能够完成对文件的建立和打开。常用静态网页文件的扩展名是 . htm（或者 html），下面讨论如何建立和打开网页文件。

3.3.1 创建和打开文档

1. 新建文档

选择菜单【文件】/【新建】命令，即出现“新建文档”对话框，如图 3-19 所示。该对话框以 4 栏方式显示（此对话框为该版本的新增效果）。

Dreamweaver 为创建新文档提供了若干选项，在对话框的左侧提供了不同文档类型的选项，如空白页、空模板、模板中的页、示例中的页等项目。

在对话框的“空白页”类别中，从“页面类型”列表中选择要创建的页面类型。例如，选择 HTML 来创建一个纯 HTML 网页。

如果希望新页面包含 CSS 布局，从“布局”列表中选择一个预设计的 CSS 布局；否则，选择“无”。基于所选项目，在对话框的右侧将显示选定布局的预览效果和说明。

单击“创建”按钮，新文档在“文档”窗口中打开。

2. 打开文档

选择菜单【文件】/【打开】命令，弹出“打开”对话框。在对话框中选择文件的位置和名称，选择文件类型有利于查找符合条件的文件，单击“打开”按钮，即可将文件打开。

3. 保存文档

1）选择菜单【文件】/【保存】命令。最好将文件保存在 Dreamweaver 站点中。

2）在出现的对话框中，定位到要用来保存文件的文件夹。

3）在“文件名称”文本框中，输入文件名。

4）单击“保存”按钮。

3.3.2 管理文件和文件夹

Dreamweaver 中的“文件”面板（见图 3-20）功能十分重要，它可以用于访问站点、服务器和本地驱动器，查看文件和文件夹，管理文件和文件夹，以及使用站点的可视化地图等工作。

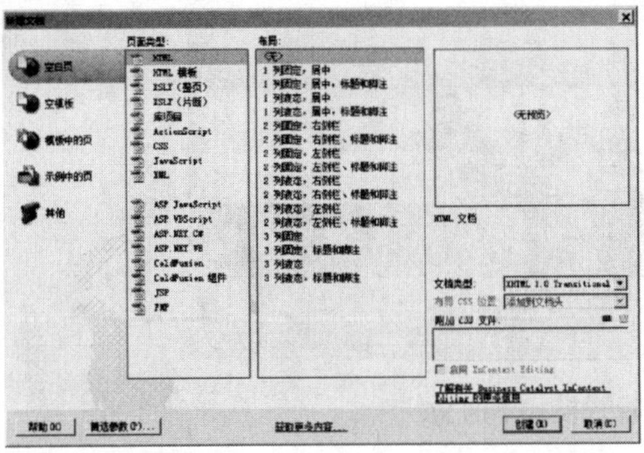

图 3-19 “新建文档”对话框

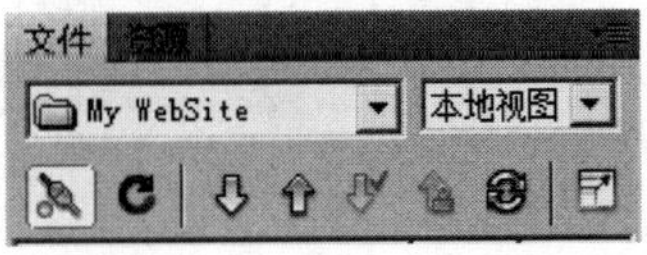

图 3-20 “文件”面板按钮

在“文件”面板中，可以及时处理站点文件和文件夹，如打开文件、更改文件名，添加、移动或删除文件，在进行更改后刷新“文件”面板。对于 Dreamweaver 站点，还可以确定哪些文件（本地站点或远程站点上）在上次传输后进行了更新。

创建文件和文件夹操作方法如下：在“文件”面板中，右键单击一个文件或文件夹，在弹出的快捷菜单中选择“新建文件”或“新建文件夹”命令，输入新文件或新文件夹的名称，按“Enter”键即可创建新的文件或文件夹。

3.4 边学边做（用 Adobe Dreamweaver CS5 打开并浏览网页）

本节在 Adobe Dreamweaver CS5 环境下打开一个标题为“我的第一个网页”的网页，并在浏览器中浏览效果。操作步骤如下：

1）单击“开始”按钮，在其中选择 Adobe Dreamweaver CS5，启动软件。

2）单击“欢迎”屏幕中“打开最近的项目”底部的“打开”按钮。

3）在“打开”对话框中选择“index1. html”文档，并确认打开，如图 3-21 所示，此时窗口默认以“设计”视图方式显示文档编辑内容。

4）在 Dreamweaver 中，单击“文档”工具栏中的“代码”视图按钮，窗口显示如图 3-22 所示。

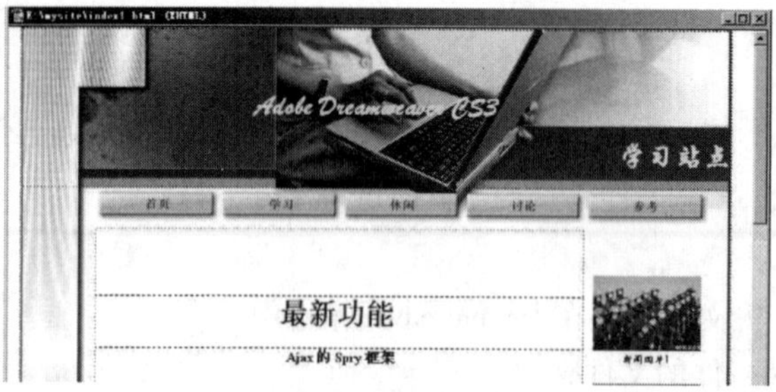

图 3-21 “设计”视图模式下的文档

图 3-22 “代码”视图模式下的文档

5）单击“拆分”视图按钮，窗口显示如图 3-23 所示。

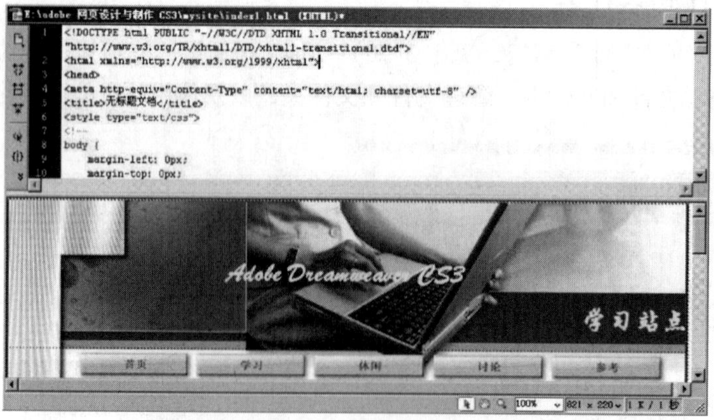

图 3-23 “拆分”视图模式下的文档

6）单击“文档”工具栏中的“预览”按钮，在浏览器窗口中获得网页效果。用户也可以按“F12”快捷键浏览网页。

本 章 小 结

本章首先介绍了 Adobe Dreamweaver CS5 的主要功能、界面构成和基本工作环境，然后介绍了在 Dreamweaver 编辑器中创建站点的操作方法，以及如何修改和查看站点信息等。这些内容是熟练使用 Dreamweaver 的基础，通过练习要很好地掌握网页文档的基本操作方法。

思考与练习

1. 简述改变面板的大小、位置的操作方法。
2. 简述属性面板的作用。
3. 简述文件打开、存储的操作过程。
4. 创建站点的基本步骤是什么。
5. 简述站点视图的几种查看方式。
6. 创建一个个人主页站点。

第 4 章 在网页中插入对象

Dreamweaver 是一个具有强大网页设计功能的可视化工具，使用 Dreamweaver，用户即便不熟悉 HTML 代码，也可以很方便地向 Web 页添加各种元素并设置元素的格式，网页包含的元素有文本、图像、表格、表单、颜色、影片、声音和其他媒体形式等。

本章首先介绍网页的页面属性设置方法，重点介绍如何在网页中插入各种常见的对象，并对这些对象的属性进行设置。

本章要点：

- 页面属性设置
- 插入文本
- 插入图像
- 插入表格
- 创建超链接

4.1 页面属性设置

用户可以为站点内创建的每个新 Web 页面指定其页面属性，也可以修改现有页面的属性，通常使用“页面属性”对话框指定布局和格式设置属性。

选择菜单【修改】/【页面属性】命令，会弹出“页面属性”对话框，如图 4-1 所示。在对话框中可以指定页面的默认字体和字体大小、背景颜色、边距、链接样式及其他页面设计选项。

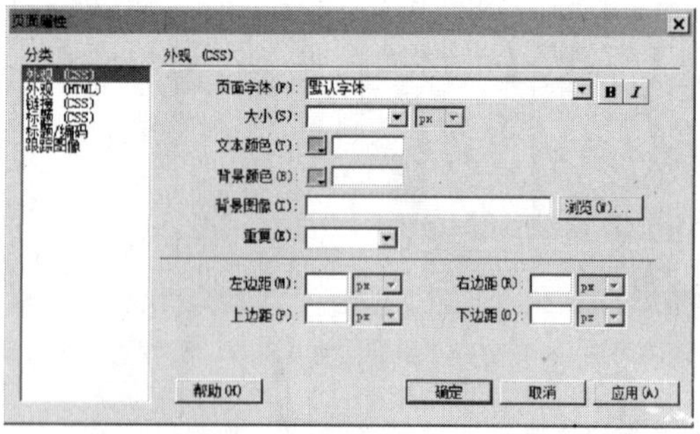

图 4-1 “页面属性”对话框

下面介绍给新建站点内的一个 Web 页面设置页面属性的操作。在本实例中，请关注页面属性设置给页面带来的直接变化。具体操作步骤如下：

1）在 Dreamweaver 窗口中新建一个名为“page1. html”的网页，在其“属性”面板中，单击“页面属性”按钮，即弹出“页面属性”对话框。

2）在该对话框中设置属性，设置背景图像、文本颜色、左边距、上边距等参数，如图 4-2 所示。

3）单击“确定”按钮，页面背景图像已经被加载进来。在光标插入点的位置输入文字后，页面效果如图 4-3 所示。

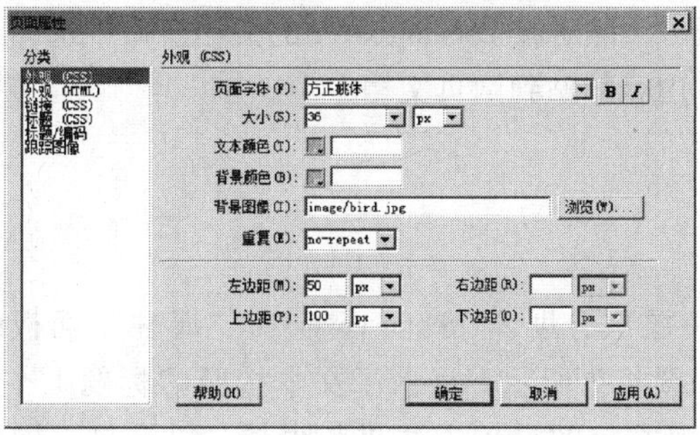

图 4-2　设置页面外观属性

图 4-3　页面效果

4.2　插入文本和编辑文本

4.2.1　在网页中插入文本

文本是网页中的重要元素，在 Dreamweaver 中既可以导入其他编辑器中的文档内容，也可以直接在页面上输入文字。

1. 导入 Word 文档

1）在 Adobe Dreamweaver CS5 的“欢迎”屏幕中，选择“新建 HTML”热键，即会打开一个空白文档窗口。

2）在新建文档窗口中，选择菜单【文件】/【导入】/【Word 文档】命令，弹出“导入 Word 文档”对话框，如图 4-4 所示。选择一个文档，单击“导入”按钮。

3）此时，新建文档窗口中显示出文本内容。该方法可以在网页中迅速生成大段文本信息。如果有图片，提示需要为每张图片进行描述。如图 4-5 所示。

4）注意：在新建站点时，需要设定默认图片保存目录，否则图片会保存在本地根目录下。导入文档后的页面，如图 4-6 所示。

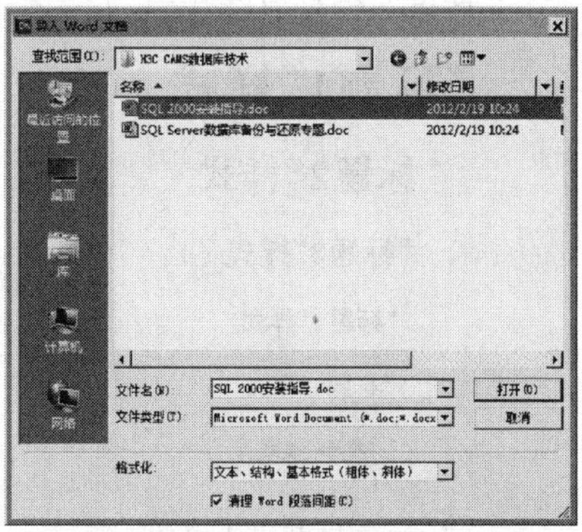

图 4-4　“导入 Word 文档”对话框

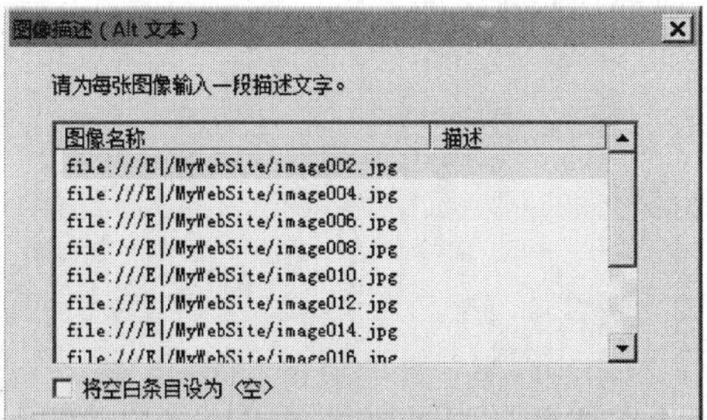

图 4-5　“图像描述”对话框

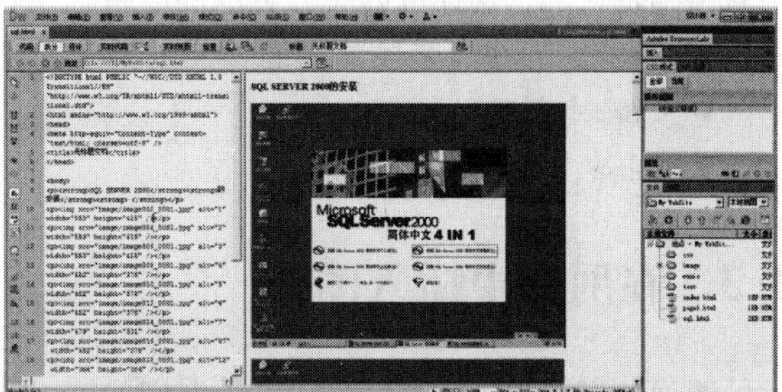

图 4-6　导入文档后的页面

2. 直接输入文字

在 Dreamweaver 中既可以直接通过键盘输入文字，也可以在其他程序或窗口中选择一段文字，按下“Ctrl + C”组合键，将文本复制到剪贴板中，然后在 Dreamweaver 的文档窗口中选择光标插入点的位置，按下“Ctrl + V”组合键，将文本内容粘贴到网页文档中。

4.2.2　设置文字格式

1. 设置标题格式

设计标题用来对内容进行概括或分类，以保持层次分明。Dreamweaver 在“属性”面板的“格式”栏列表中提供了段落和 6 种标题格式，如图 4-7 所示，显示了文本按照“标题 1”到“标题 6”的效果。当然，标题文字也可以按照一般文字的设置方法进行设置，以满足不同的需要。

2. 设置文字字体

Dreamweaver CS5 中的多种属性都采用 CSS 样式设定。建立字体 CSS 的过程可参见第 6 章。

4.2.3　设置段落格式

通过“属性”面板可以控制文本的段落属性，但一般采用键盘操作来设置文本的段落格式。按“Enter”键可以进行分段，且两个段落之间会产生一个空行，相当于插入 <p> 标记。按“Shift + Enter”组合键会产生换行符，使用换行符产生的折行文字被视为同一段落，相当于插入
 标记。设置情况如图 4-8 所示。

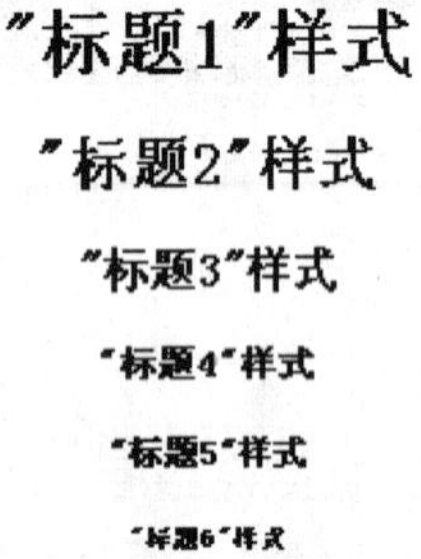

图 4-7　标题格式对比

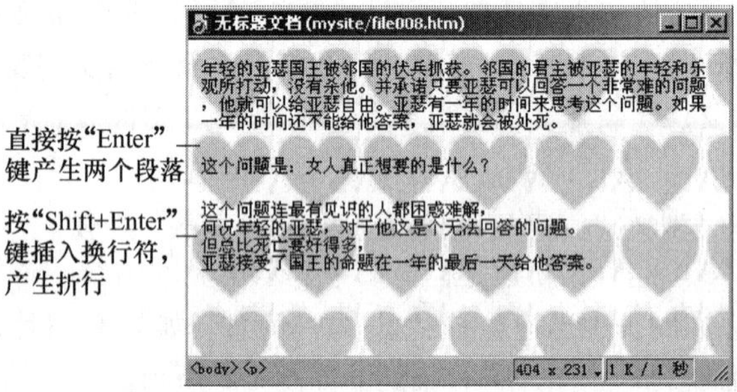

图 4-8　文本分段与折行效果

注意：熟悉 HTML 代码的读者在对文本和段落进行格式设置时，通常在文档的“代码视图”中直接编辑代码，这样可以获得更准确的格式化效果。具体代码含义如下：

- <p> … </p> 是段落标记。
-
 是换行标记。
-   是空格符标记。

4.3　在网页中插入图像

图像是网页内容重要的组成部分，图像可以更好地表现主题，同时可以吸引更多的访问者。Dreamweaver 既可以直接显示 GIF、JPEG 或 PNG 格式的图片，也可以插入 PSD 格式的图片（软件自动将其转换为 JPG 格式图片保存）。

4.3.1　在网页中加载图像

在 Dreamweaver 中，既可以使用菜单命令或快捷按钮将图像素材插入到当前网页，也可以使用鼠标拖动的方法将图像插入到页面文档中。

通过按钮加载图像的操作如下：

1）在网页中单击要插入图像的位置。

2）单击“插入”工具栏中的“图形”按钮，可以选择插入图像、图像占位符、鼠标经过图像、Fireworks HTML，还是进行热点编辑。下面以插入图像为例进行说明：选择图像，弹出如图 4-9 所示的“选择图像源文件”对话框。

3）选择要插入的图像文件，单击“确定”按钮，对“图像标签辅助功能属性”对话框（见图 4-10）进行定义，此处的“替换文本”既可以为空，也可以输入即将插入的图片的说明性文字；“详细说明”可以为空。单击“确定”按钮之后，文档窗口显示出图像插入的效果。

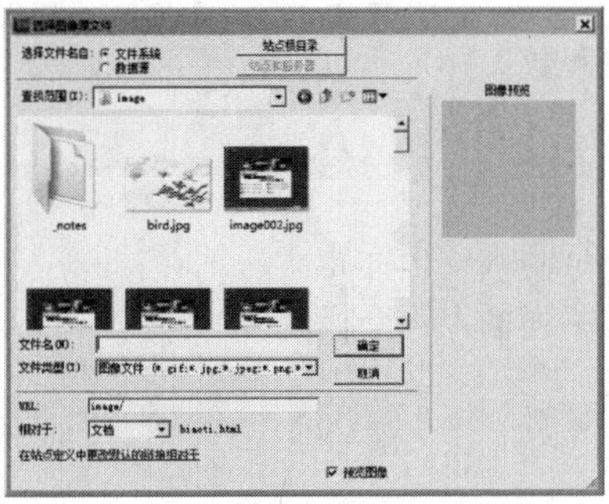

图 4-9　“选择图像源文件”对话框

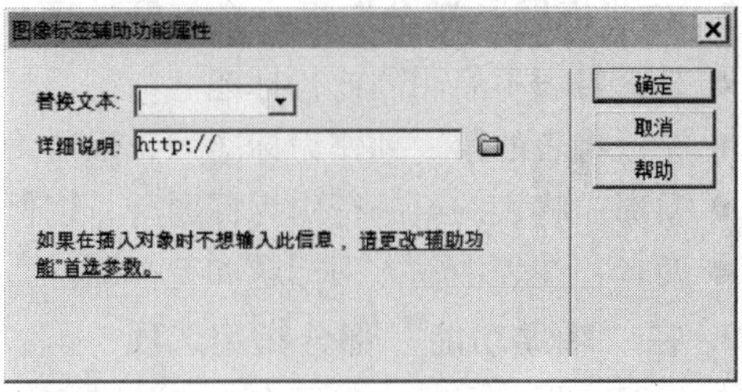

图 4-10　“图像标签辅助功能属性”对话框

4.3.2　在网页中编辑图像

插入图像后，单击选择图像，图像上会出现表示图像被选定的黑色方块，当鼠标指针指向黑色方块时，鼠标指针变成双向箭头，拖动鼠标可以改变图像的高度和宽度。用户也可以选定图像后，在图像属性面板中直接修改图像的高度和宽度数值改变图像，如图 4-11 所示。图像大小修改之后，图像属性中的“宽”和“高”的值将以粗体字显示，而且在“宽”和“高”之后有个“恢复”图标，单击“恢复”图标，可以将图片大小恢复到原始大小。

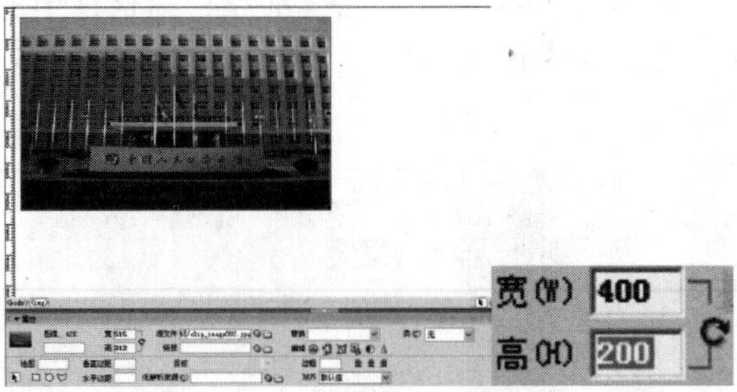

图 4-11　改变图像大小

4.4　在网页中插入表格

表格在网页制作方面有非常重要的作用。表格既可以作为网页输出内容表示信息，也可以用于网页内容的定位。表格主要由行、列和单元格组成。下面介绍表格的基本操作。

4.4.1　创建表格

在“文档”窗口的“设计”视图中，将光标置于页面需要插入表格的位置，选择“插入”工具栏中的“常用”选项中的“表格”按钮，弹出“表格”对话框，如图 4-12 所示。在“表格”对话框中，可以对表格大小、页眉及标题等选项进行设置。

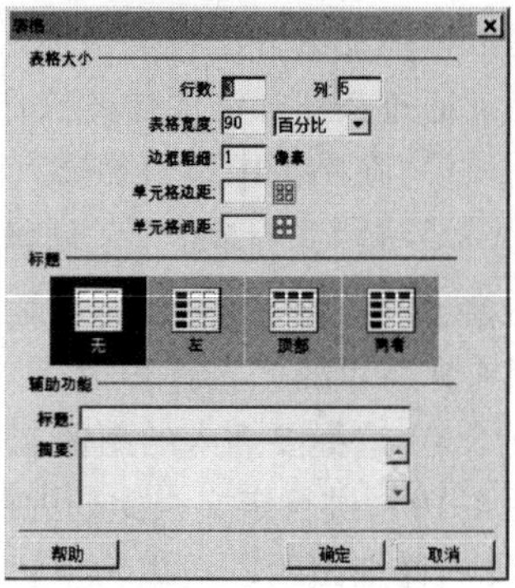

图 4-12 “表格”对话框

1. 在“表格大小”部分中指定选项

- 行数：用来确定表格中行的数目。
- 列数：用来确定表格中列的数目。
- 表格宽度：以像素为单位或按占浏览器窗口宽度的百分比指定表格的宽度（图例中修改为百分比宽度，不管网页打开多大或多小，表格总宽度按照网页的宽度比例显示）。
- 边框粗细：用来指定表格边框的宽度（以像素为单位）。表格用于布局时，该值设为 0。
- 单元格边距：用来确定单元格边框和单元格内容之间的像素数。
- 单元格间距：用来确定相邻的表格单元格之间的像素数。

2. 在“标题”部分选择一个标题选项

- 无：对表不启用列或行标题。
- 左：将表的第一列作为标题列，以便为表中的每一行输入一个标题。
- 顶部：将表的第一行作为标题行，以便为表中的每一列输入一个标题。
- 两者：在表中输入列标题和行标题。

3. 在“辅助功能”部分指定选项

- 标题：提供了一个显示在表格外的表格标题。
- 对齐标题：用来指定表格标题相对于表格的显示位置。
- 摘要：给出了表格的说明。屏幕阅读器可以读取摘要文本，但是该文本不会显示在用户的浏览器中。

通过以上设置后，单击“表格”对话框中的“确定”按钮，即可插入符合上述要求的表格。如图 4-13 所示的表格，其选项为：3 行、5 列、90% 表格宽度、1 像素边框粗细，其他参数默认。

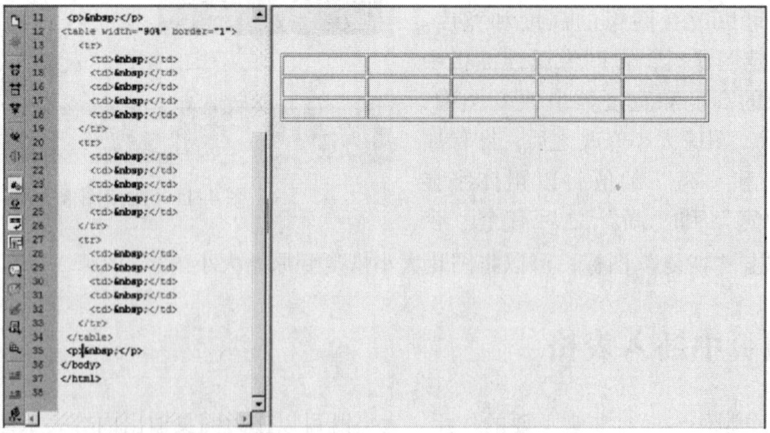

图 4-13 新建表格（左侧为源代码，右侧为显示效果）

4.4.2 调整和编辑表格

1. 选择表格与单元格

用户既可以一次选择整个表、行或列，也可以选择一个或多个单独的单元格。将鼠标指针移动到表格的外边框处，当鼠标指针呈两个双箭头状⇹时，单击表格的外边框，可选中整个表格，此时，表格右边、下边和右下角会出现3个方形的黑色控制柄。

选择表格或单元格时，除了鼠标直接选择的方法，还可以通过文档窗口底部的“标签选择器”来实现表格的选取。例如，要选中第2行第2列的单元格，将光标插入点确定在该单元格中，然后单击“标签选择器”中最近的“ <td> ”标签项即可，如图4-14所示。

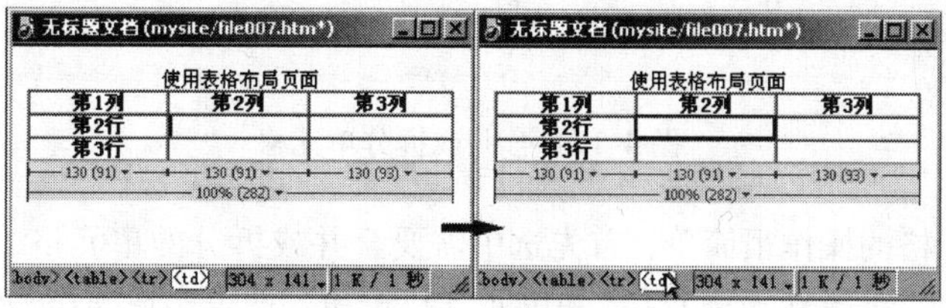

图4-14　选中单元格

2. 设置表格、单元格、行和列的属性

当在“设计”视图中对表格进行格式设置时，可以设置整个表格或表格中所选行、列或单元格的属性。在“属性”面板中查看要修改的表格、单元格、行和列的属性，选择对象，并根据需要更改属性，主要包括格式、字体、大小背景和边框等。

如果将整个表格的某个属性（例如背景颜色或对齐）设置为一个值，而将单个单元格的属性设置为另一个值，则单元格格式设置优先于行格式设置，行格式设置又优先于表格格式设置。表格格式设置的优先顺序如下：①单元格；②行；③表格。

例如，如果将单个单元格的背景颜色设置为蓝色，然后将整个表格的背景颜色设置为黄色，则蓝色单元格不会变为黄色，因为单元格格式设置优先于表格格式设置。

3. 在表格中插入/删除行或列

若要添加或删除行和列，可以选择【修改】/【表格】子菜单中的命令来插入或删除行和列。

提示：

1）在表格的最后一个单元格中按“Tab”键，即可在表格最后增加一个空行。

2）单击列上面的向下小三角图标，然后选择“在左侧插入”或“在右侧插入”，即可插入一个空列，如图4-15所示。

4. 在表格中插入对象

在表格中可以输入图像和文字：单击要插入图像或文字的一个单元格内部，在光标插入点直接插入图像和文字即可，如图4-16所示。

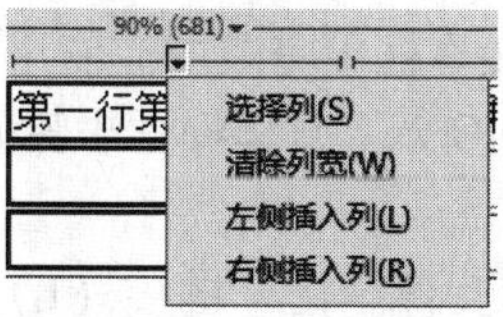

图4-15　列标题菜单

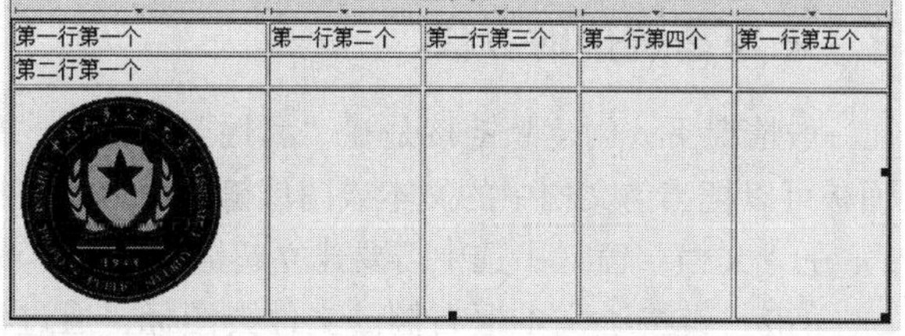

图4-16　单元格插入图片

在Dreamweaver的网页文档中，表格可以嵌套，即在表格的单元格中插入表格。单击要插入表格的单元格，在光标插入点，直接进行表格的插入操作即可。

5. 合并/拆分单元格

用户可以将单元格拆分成任意数目的行或列，或者将多个单元格合并成为一个单元格，如图4-17所示的表格效果。Dreamweaver可以自动重新构造表格，以创建指定的排列方式。

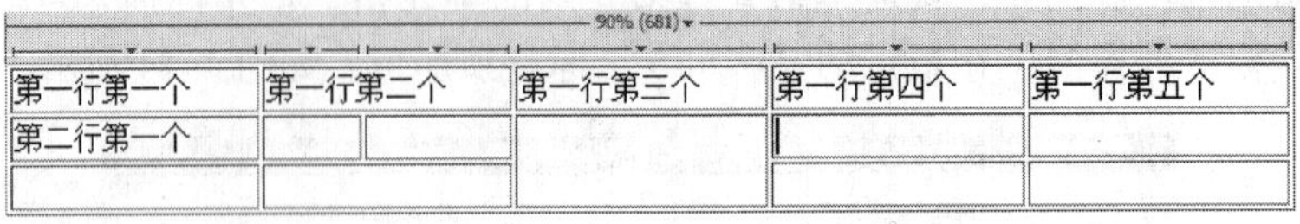

图4-17 合并或拆分单元格

合并和拆分单元格的操作很简单，首先选中需要合并或拆分的单元格，然后单击鼠标右键，在弹出的快捷菜单中，选择【表格】/【合并单元格】按钮，即可实现操作。用户也可以通过执行【修改】/【表格】子菜单下的命令（见图4-18）或者快捷键（Ctrl + Alt + M）实现操作。

6. 嵌套表格

嵌套表格是在另一个表格的单元格中的表格。可以像对任何其他表格一样对嵌套表格进行格式设置；但是，其宽度受它所在单元格的宽度的限制。

单击现有表格中的一个单元格，然后选择菜单【插入】/【表格】命令，设置表格选项，单击“确定”按钮，即可实现表格的嵌套。在表格页面布局中，经常用表格嵌套的方法来布局页面元素。图4-19就是一个嵌套表格的示例。

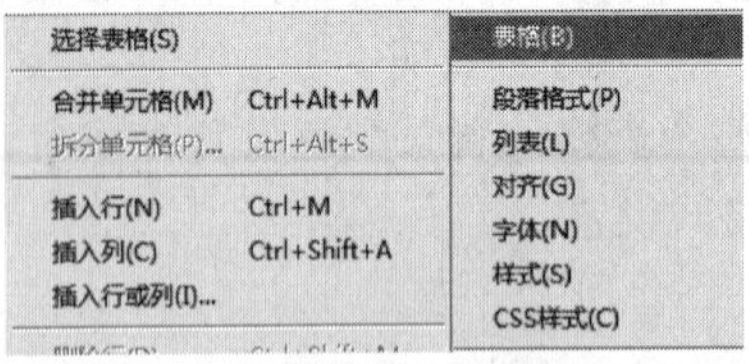

图4-18 快捷菜单截图

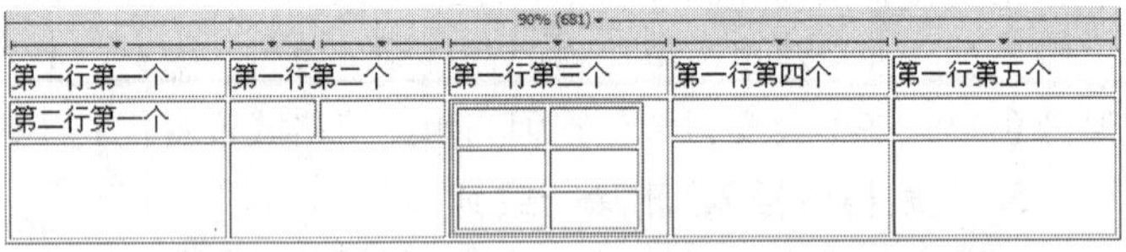

图4-19 嵌套表格的生成

4.5 超链接

在浏览网页时常用到超级链接（超链接）。所谓超级链接是指从一个网页指向一个目标的连接关系，这个目标可以是一个网页，也可以是相同网页上的不同位置，还可以是一个图片、一个电子邮件地址、一个文件，甚至是一个应用程序。可以说，超链接是互联网技术能够得以飞速普及的关键。

4.5.1 创建超链接的方法

在一般情况下，创建超链接是在“属性”面板的“链接（L）”文本框中完成的。使用“属性”面板可以把当前文档中的文本或图像链接到另一文档，如图4-20所示。具体操作步骤如下：

1）在“文档”窗口中选中需要建立超链接的文本或图像。

2）单击“链接”文本框右侧的文件夹图标，通过浏览选择一个文件。在“链接（L）”文本框中显示了被链接文档的路径。

3）从“目标”弹出菜单中，选择文档打开的位置。在弹出的菜单中选择一个选项：

- _blank（或者_new）：将链接的文档载入一个新的、未命名的浏览器窗口（_blank即将在新标准中被废除）。

- _parent：将链接的文档载入该链接所在框架的父框架或父窗口。如果包含链接的框架不是嵌套框架，则所链接的文档载入整个浏览器窗口。
- _self：将链接的文档载入链接所在的同一框架或窗口。此目标是默认的，所以通常不需要指定。
- _top：将链接的文档载入整个浏览器窗口，从而删除所有框架。

操作完成后，可以看到被选择的文本变为蓝色，并且带有下画线。

另一种创建超链接的操作方法，即使用“指向文件”图标链接文档的方法，同样能够实现超链接效果。如图 4-21 所示，选中网页中的图片作为链接对象，然后用鼠标拖动“属性”面板中“链接”栏后面的“指向文件”图标，将其移动到“文件”面板内要链接的目标文件位置上，此时会产生一个从图标指向目标文件的箭头。当目标文件名字上出现矩形框时，松开鼠标左键，即可完成链接。

图 4-20　超链接的页面效果

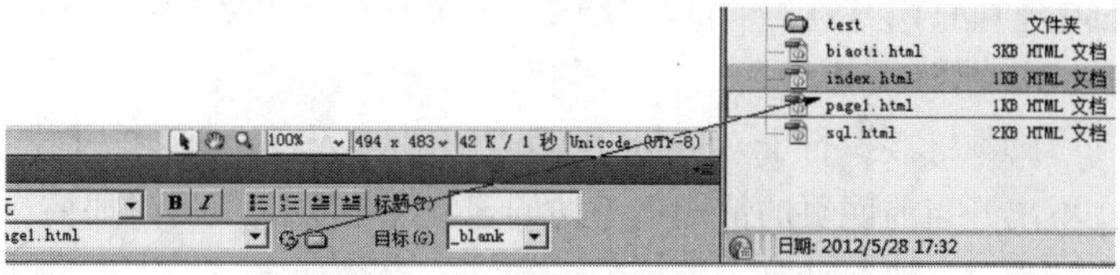

图 4-21　使用“文件”面板创建超链接

4.5.2　超链接的分类

在 Dreamweaver 中，一般有以下几种超链接类型。

1. 外部链接

外部链接是指在不同站点的文档之间创建链接。例如，在个人网站的页面中创建搜狐站点的相关链接。

2. 内部链接

内部链接是指在同一站点文档之间创建链接。例如，在网页中创建访问本网站主页的超链接。

3. 锚记链接

锚记链接是指在同一网页的不同指定位置创建链接。创建到命名锚记的链接的过程分为两步。首先，创建命名锚记，然后创建到该命名锚记的链接。具体操作如下：

图 4-22　“命名锚记”对话框

1）在“文档”窗口的“设计”视图中，将插入点放在需要命名锚记的地方。

2）在“插入”工具栏的“常用”类别中，单击“命名锚记”按钮，或者使用“Ctrl + Alt + A”组合键，弹出如图 4-22 所示的“命名锚记”对话框。

3）在“锚记名称”文本框中，输入锚记的名称，如“sc”，并单击“确定”按钮。锚记标记在插入点处出现。

提示：

如果看不到锚记标记，可选择菜单【查看】/【可视化助理】/【不可见元素】命令。

4）选择要创建链接的文本或图像。

5）在“属性”面板的“链接”文本框中，输入一个数字符号（#）和锚记名称，如“#sc”，则在浏览网页时，可以从该点链接到对应的锚记处。

4. E-mail 链接

E-mail 链接是指打开一个新的电子邮件的链接。使用“属性”面板创建电子邮件链接的操作如下：选中文本或图像，在“属性”面板的“链接”文本框中，输入“mailto:”，后面跟电子邮件地址。在冒号和电子邮件地址之间不能输入任何空格。例如，输入“mailto: rengewang@163.com”。

5. 空链接

空链接是指未指派的链接。空链接用于向页面上的对象或文本附加行为。创建空链接后，可向空链接附加行为，以便当鼠标指针滑过该链接时，交换图像或显示层。

建立空链接的操作如下：选中文本或图像，在“属性”面板的“链接”文本框中输入“javascript:;”（javascript 后紧接一个冒号和一个分号）。

6. 脚本链接

脚本链接执行 JavaScript 代码或调用 JavaScript 函数。在网页中建立脚本链接非常有用，能够在不离开当前网页的情况下为访问者提供有关某项的附加信息。脚本链接还可用于在访问者单击特定项时，执行计算、表单验证和其他处理任务。

4.6 插入多媒体对象

在 Dreamweaver 文档中不但可以插入文本和图片信息，还能将 Flash 影片或对象、QuickTime 或 Shockwave 影片、JavaApplet、ActiveX 控件或者其他音频或视频对象插入进来，以增加网页的多媒体效果。

下面以插入一个 Flash 动画为例，介绍插入媒体对象的操作。

1）在“文档”窗口中确定插入点位置。

2）在“插入”工具栏的“常用”类别中，单击“媒体”按钮，并选择要插入的 Flash 动画按钮，如图 4-23 所示。多数命令会引发显示一个对话框，可以选择源文件并为媒体对象指定某些参数。

3）弹出“选择 SWF”对话框，在对话框中完成选择文件操作后，单击“确定”按钮。这样一个 Flash 文件插入到页面中，如图 4-24 所示。

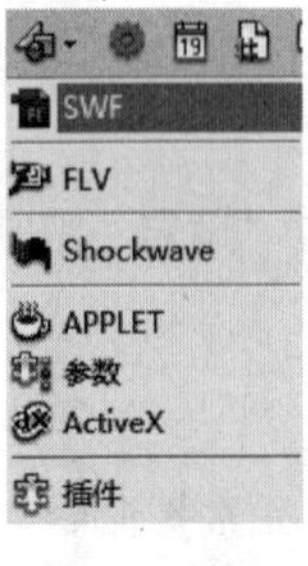

图4-23 插入“媒体”菜单项

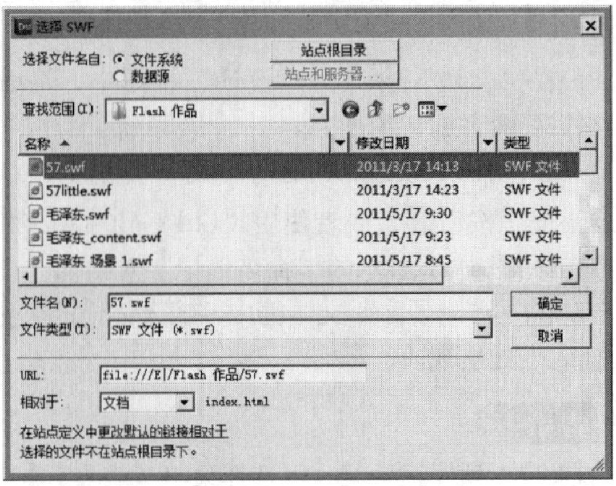

图 4-24 选择 SWF

4）在“文档”窗口的编辑状态，Flash文件不可见，按“F12”键预览网页可以查看插入的动画效果。或者通过选择该FlashID后面的眼睛图标，在编辑状态下浏览。

4.7　边学边做（“网上书店”网页制作）

本节就“网上书店”主页进行实例创作。主页页面包括图片和动画效果，页面采用表格进行布局，导航按钮直接导入了Fireworks和Flash作品（后面章节介绍相应内容），页面效果如图4-25所示。网页制作步骤如下：

1）在Adobe Dreamweaver CS5的“起始页”中，单击“创建新项目”栏中的“HTML”文件选项，打开一个新的文档窗口。

2）保存并选择站点。执行菜单【文件】/【保存】命令，打开“另存为”对话框，在站点文件夹中，输入文件名“book_store”，单击“保存”按钮。

3）单击“常用”工具栏中的“表格”按钮，在弹出的“表格”对话框中输入数值：6行、4列、表格宽度为600像素、边框粗细为0像素，单击“确定”按钮。

4）单击文档窗口底部的<body>标签，单击“属性”面板中的“页面属性”按钮，设置背景图像为“image/bg04.jpg”文件。

5）选中整个表格，在“属性”面板中的“对齐”栏中选择“居中对齐”方式，并选中第1行，将单元格合并，此时文档页面中表格效果如图4-26所示。

图4-25　“网上书店”主页

图4-26　插入表格

6）在单元格内输入“网上书店”文字，并在“属性”面板中设置格式为：标题1。选择网上书店文字后，单击鼠标右键，在弹出的快捷菜单中选择“对齐”中的“居中对齐”，使其居中显示。

7）在第2行单元格内单击鼠标，选择“插入”工具栏的“常用”类别，单击“插入图片”按钮旁的三角，在弹出的子菜单中选择“Fireworks HTML”，如图4-27所示。

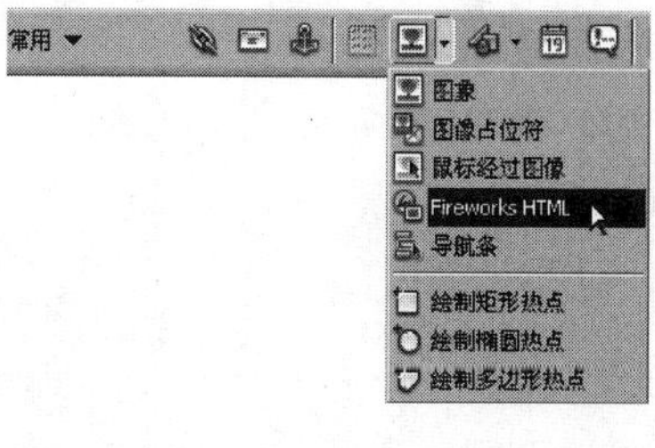

图4-27　选择插入“Fireworks HTML”

8）弹出如图4-28所示的“插入Fireworks HTML”对话框，单击“浏览”按钮，选择文件“button.html”，单击“确定”按钮。插入如图4-29所示的按钮图形。

图 4-28 “插入 Fireworks HTML”对话框

图 4-29 插入导航按钮效果

9）单击导航按钮下面的第 1 个单元格，插入一幅图片，并在相邻单元格内输入对应的文字。随后在其他单元格内插入图片及对应的文字，最后设计出一个图书列表的效果。

10）单击“保存”按钮，本例制作完成，按“F12”键预览页面效果。

本章小结

静态网页设计的基础工作不外乎是将文本、图像等信息添加到网页中。本章介绍了使用 Dreamweaver 在网页中插入各种类型页面元素的操作方法，主要包括文本和图像的插入、表格插入以及超链接的创建方法。在介绍插入网页对象的操作同时，还介绍了编辑对象的操作。

思考与练习

1. 网页文本处理方法有哪些？
2. 简述网页表格处理方法。
3. 简述超级链接的作用和建立过程。
4. 设计一个介绍自己的网站。

第 5 章 表单与框架

在网页中应用表单可以实现客户端与服务器端的交互，可以用来收集用户的信息，由服务器端处理并将结果返回客户端。框架可以划分网页页面，使不同的文件载入到页面的不同区域。

本章要点：

- 表单的插入与编辑
- 框架与框架集的创建和操作
- Spry 组件的创建和操作

5.1 表单的创建

使用 Dreamweaver 可以创建表单、向表单添加对象以及使用行为处理表单信息。表单包含标准对象，它们是文本域、按钮、图像域、复选框、单选按钮、列表菜单、文件域及隐藏域等。在“插入”工具栏中选择“表单”选项卡，右侧会显示表单对象的图标供网页设计者使用。

5.1.1 新建表单

用户可以通过以下几种方式在网页中创建表单。

1）将光标停放在网页中要插入表单的位置，然后执行“插入”菜单下的表单命令。

2）将光标停放在网页中要插入表单的位置，单击“表单”工具栏上的“表单”按钮。

3）拖动“表单”工具栏上的表单按钮到页面上。

4）如图 5-1 所示，新创建的表单域为一个红色虚线边框。选中表单后，可以在“属性”面板中设置表单属性，表单的“属性”面板如图 5-2 所示。

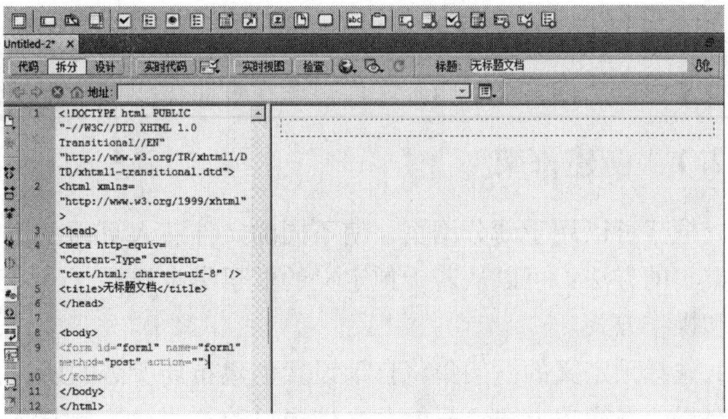

图 5-1　创建表单

图 5-2　表单“属性”面板

表单主要有下面一些属性。

1）表单 ID：为表单设置一个 ID，在本网页中为该对象的唯一标识符。

2）动作：编写服务器端表单处理程序。

3）方法：定义表单数据处理的处理程序，分为 Get 与 Post 方式。Post 方式不是所有用户都能看见表单内容，比较安全，一般使用 Post 方式。

4）编码类型：分为 application/x-www-form-urlencoded 和 multipart/form-data。默认设置 application/x-www-form-urlencode 通常与 Post 方法一起使用。如果要创建文件上传域，请指定 multipart/form-data MIME 类型。

5.1.2 添加表单对象

创建表单后，就要根据需要在表单中添加表单对象。插入对象的方法有以几种：

1）将光标停放在表单内，执行菜单【插入】/【表单】中下一级命令。

2）将光标停放在表单内，单击“表单”工具栏上的对象按钮。

3）将对象按钮拖动到表单内。

下面简单介绍表单对象的作用。

1）文本字段：可以接受任何文本、字母和数字类型。输入内容可设置显示为星号，单行显示。

2）文本区域：可以接受多行文本。

3）复选框：在选项中允许选择多个项目。

4）单选按钮：在选项中只允许选择一个项目。

5）按钮：用于执行提交或取消任务。

6）列表：列出一组可供用户选择的值。

7）文件域：允许从磁盘上选择文件。

5.2 应用框架

框架可以划分网页页面，使不同的文件载入不同页面的定义区域。框架一般包括框架集文件和框架内容文件，框架内容文件包含在页面框架中出现的内容，它们被组织在框架集文件中。

5.2.1 创建框架

框架可以用于划分网页，使不同的文件载入页面的不同区域。在 Dreamweaver 中有两种创建框架集的方法：可以从若干预定义的框架集中选择，也可以自己设计框架集。下面介绍框架的创建和操作方式。

选择预定义的框架集将自动设置创建布局所需的所有框架集和框架，它是迅速创建基于框架的布局的最简单方法。只能在文档窗口的“设计”视图中插入预定义的框架集。

1. 创建新的预定义框架集

1）选择菜单【文件】/【新建】命令。

2）在弹出的“新建文档”对话框中，选择“示例中的页”类别，如图 5-3 所示。在对话框的“示例文件夹”列表中选择“框架集”。

3）从对话框的“示例页”列表中选择一种框架集样式，其右侧预览区显示对应的框架效果。

4）单击“创建”按钮，弹出如图 5-4 所示的“框架标签辅助功能属性”对话框。单击“框架”下拉列表，可以看到有 3 个框架：topFrame、leftFrame 和 mainFrame，对应相同的标题。单击

“确定”按钮，则框架集出现在文档中。

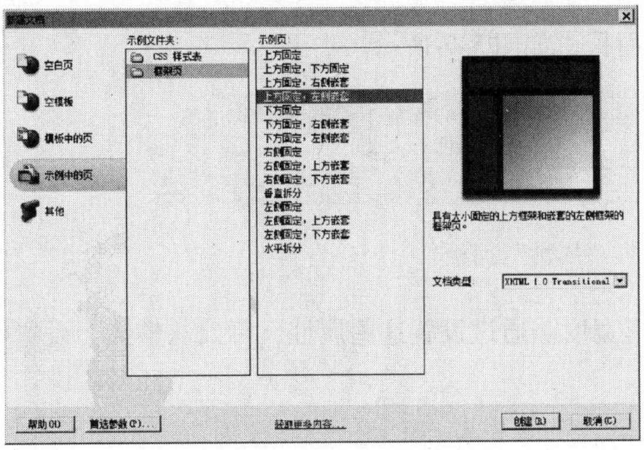

图 5-3　新建框架集文档

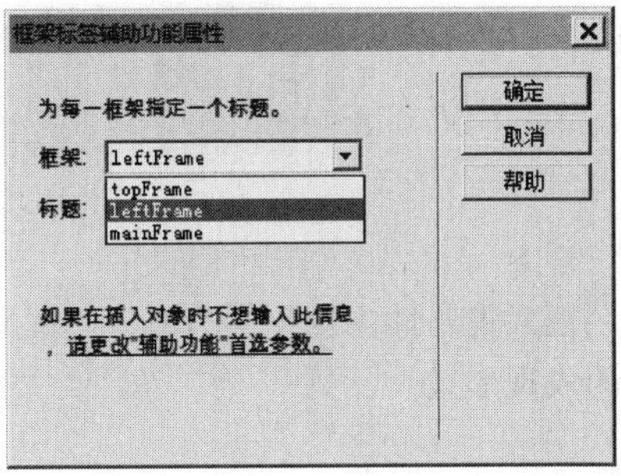

图 5-4　辅助功能属性对话框

5）此时，单击菜单【文件】/【保存框架集】命令，命名保存整个框架页面（此例为 frameset.html）；再用鼠标单击“设计”视图中的 3 个页面部分，发现页面文件还没有保存，按照头部、左侧、主要部分的顺序可以依次保存为 topFrame.html、leftFrame.html 和 mainFrame.html。

6）保存完成后，在【本地文件】中将增加了刚才的框架页面。

注意：框架页面是一个总页面，内嵌多个单页面。单页面具有实体效果，总页面就像一个包袱，只起到打包的作用，总页面的 title 作为显示内容。

在编辑完成每个单页面后，如果需要对总页面进行编辑，可以用鼠标靠近单页面的交界线上，当鼠标指针变成双箭头时，既可以拖动交界线大致调整各单页面相对显示大小，也可以通过代码视图进行各个单页面显示比例的微调。

2. 在文档中插入预定义框架集

用户可以将一个打开的 HTML 文档轻松地插入预定义框架集中。在 Dreamweaver 的文档窗口中，选择“插入”工具栏的“布局”类别，单击“框架”按钮的下拉箭头，即可选择提供的预定义框架集，如图 5-5 所示。

3. 自定义框架集

除了预定义框架集方式外，还可以采用自定义框架集方法来创建特殊样式的框架集效果。在菜单【修改】/【框架集】中有 4 个分割框架的命令，用户可以从上、下、左、右 4 个方向进行框架分割。

采用命令方式可以将具有框架集的网页进行不断地分割。或者使用鼠标直接在整个页面的框架边框上拖动，以得到适合的效果，如图 5-6 所示。

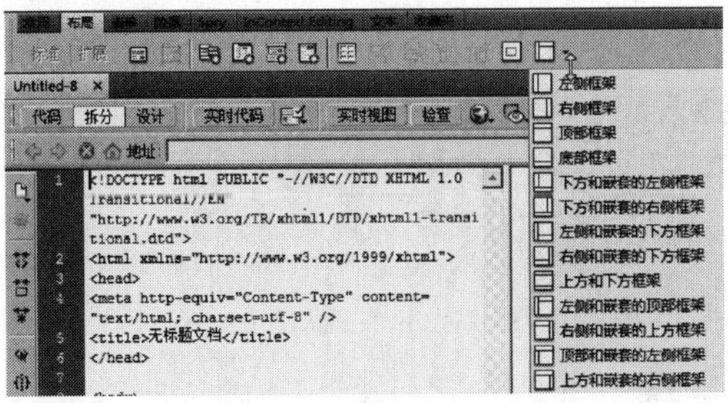

图 5-5　“框架”类型选项

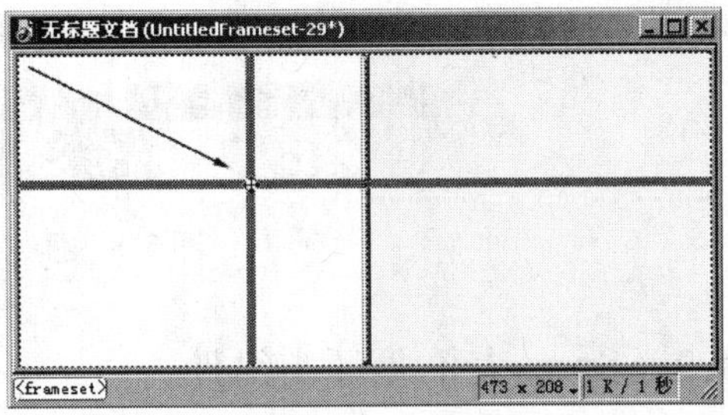

图 5-6　使用鼠标拖动出框架

5.2.2　设置框架集属性

单击框架边框，可以查看框架集“属性”面板，如图5-7所示。

图5-7　框架集“属性”面板

框架集属性主要包括边框、边框颜色和边框宽度。通过设置这些属性，可以从整体上设置框架的表现形式。

5.3　Spry组件

从Adobe Dreamweaver CS4开始，Adobe公司集成了AJAX框架Spry。Spry为Web设计人员在一个HTML页面中创建丰富的用户交互动作。本节将简单介绍AJAX和Spry，详细介绍Spry组件的建立和使用。

5.3.1　关于Spry框架

AJAX（Asynchronous JavaScript and，XML）是Web 2.0的核心技术之一。AJAX的特点是在不刷新整个页面的前提下实现页面数据变更，从而更加迅速地响应用户操作。它并不是一门新的语言或技术，实际上是几项技术按一定的方式组合在一起，发挥各自的作用。它包括使用XHTML和CSS标准化呈现、使用文档对象模型（DOM）实现动态显示和交互、使用XML和XSLT进行数据交换与处理、使用XMLHttpRequest进行异步数据读取、使用JavaScript绑定和处理所有数据。

Spry是实现AJAX的一种简单方式，对HTML、CSS和JavaScript体验具有入门级水平的设计人员应该能够发现，Spry是一种整合内容的简单方法。使用适合于AJAX的Spry框架，以可视方式设计、开发和部署动态用户界面，可以实现在HTML网页中展现XML数据、建立诸如炫酷菜单的一些界面，还有其他的一些页面特效。在减少页面刷新的同时，增加交互性、速度和可用性。

Spry框架主要面向专业Web设计人员或高级非专业Web设计人员。它不应当用做企业级Web开发的完整Web应用框架（尽管它可以与其他企业级页面一起使用）。

Dreamweaver CS5提供的Spry组件包括Spry数据集、Spry区域、Spry重复项、Spry重复列表，Spry验证文本域、Spry验证文本区域、Spry验证复选框、Spry验证选择、Spry验证密码、Spry验证确认、Spry验证单选按钮组，Spry菜单栏、Spry选项卡面板、Spry折叠式、Spry可折叠面板、Spry工具提示等3类16种，如图5-8所示。本节将重点介绍验证类和面板类组件。

图5-8　插入Spry组件快捷窗口

5.3.2　Spry表单验证类组件

表单验证类Spry组件可以对多种表单对象进行验证，从而能够保证表单采集信息的有效性，而且该验证是通过使用 JavaScript 语言在用户客户端的浏览器上实施的验证，从而能够减少服务器端的负载。

1. 验证文本域

验证文本域组件可以对文本框中输入的多种类型的信息进行实时验证，如电话号码、邮政编码、IP 地址、日期、时间、货币等，若输入的信息格式与指定信息不符或输入的字符数与规定字符数不符，则会出现提示信息。

插入验证文本域组件后，在“属性”面板中可以对验证文本域组件进行各种属性的设置；鼠标选择文本域之后，可以对文本域的属性进行设置。验证文本域的“属性”面板与文本域的“属性”面板如图 5-9 和图 5-10 所示。

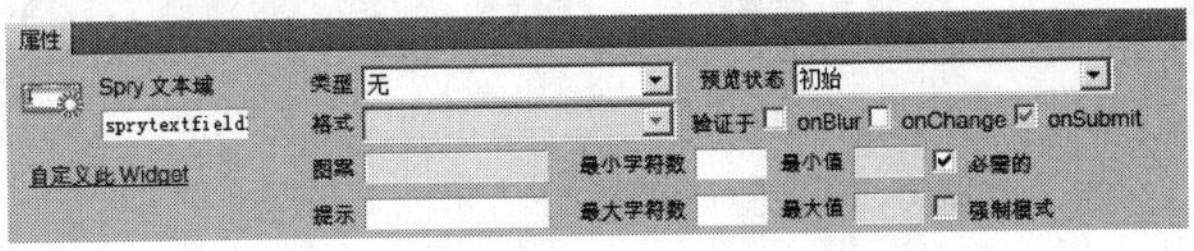

图 5-9　验证文本域的“属性”面板

图 5-10　文本域的“属性”面板

2. 验证文本区域

对输入到文本区域内的内容进行验证，与文本域的区别是文本区域输入的内容比较多。验证文本区域的“属性”面板与文本区域的“属性”面板如图 5-11 和图 5-12 所示。

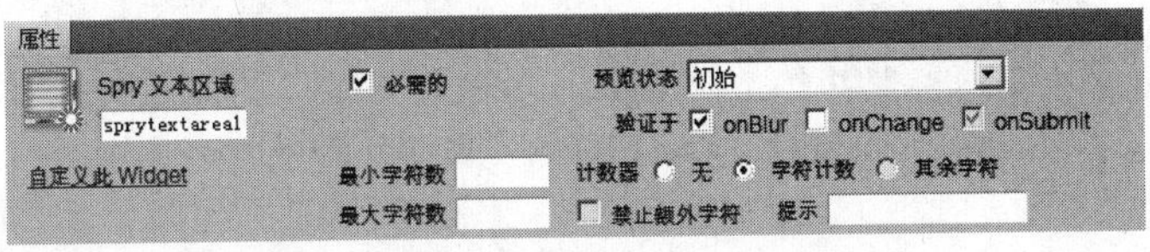

图 5-11　验证文本区域的“属性”面板

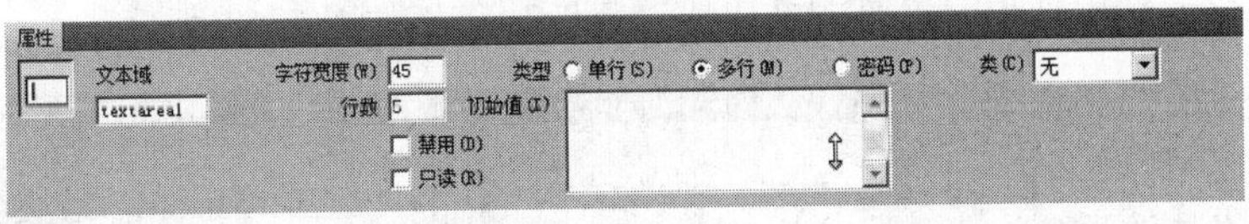

图 5-12　文本区域的“属性”面板

3. 验证复选框

针对复选框的内容进行验证。验证复选框的“属性”面板与复选框的“属性”面板如图 5-13和图 5-14 所示。

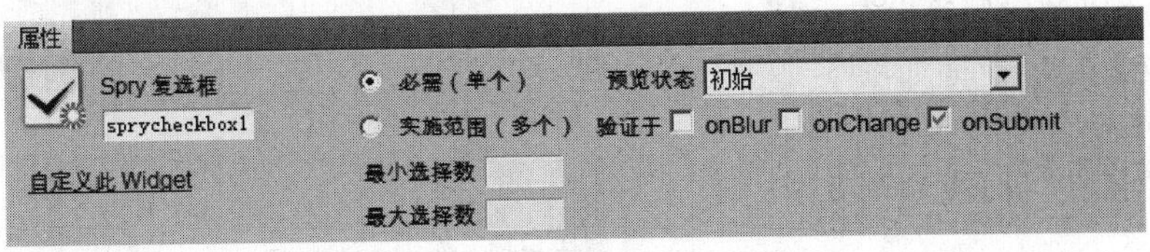

图 5-13　验证复选框的“属性”面板

图 5-14　复选框的“属性”面板

4. 验证选择

针对下拉列表或菜单项目的验证。验证选择的“属性”面板与选择（列表/菜单）的“属性”面板如图 5-15 和图 5-16 所示。

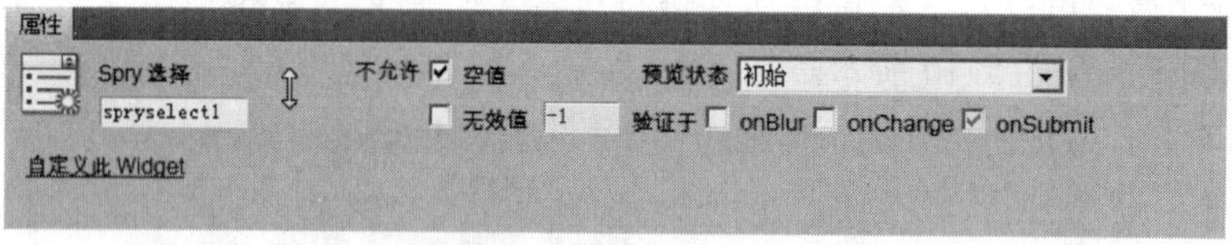

图 5-15　验证选择的“属性”面板

图 5-16　选择（列表/菜单）的“属性”面板

5. 验证密码

针对输入到文本域内的密码（以“＊”号表示）的验证。密码输入框是文本域，与文本域属性相同。验证密码的“属性”面板如图 5-17 所示。

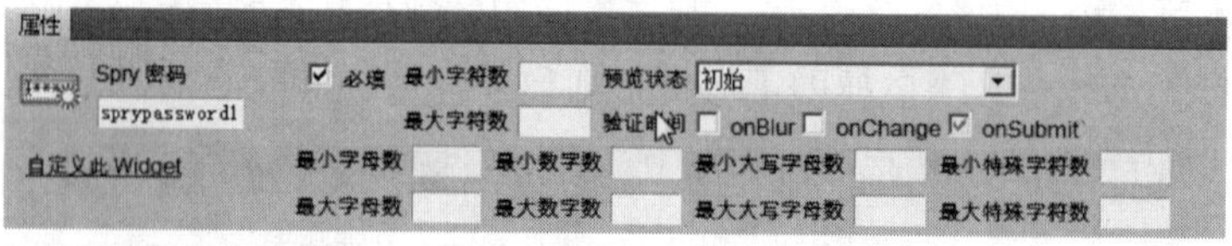

图 5-17　验证密码的“属性”面板

6. 验证确认

这是对确认的验证，确认需要有参照对象，一般是确认输入的密码是否相同。密码确认输入框是文本域，与文本域属性相同。验证确认的“属性”面板如图 5-18 所示。

图 5-18　验证确认的“属性”面板

7. 验证单选按钮组

这是对单选按钮组的验证。在插入验证单选按钮组时，可以对单选按钮进行增加、删除、调整顺序等操作。“Spry 验证单选按钮组”对话框如图 5-19 所示。验证单选按钮组的“属性”面板与单选按钮的“属性”面板如图 5-20 和图 5-21 所示。

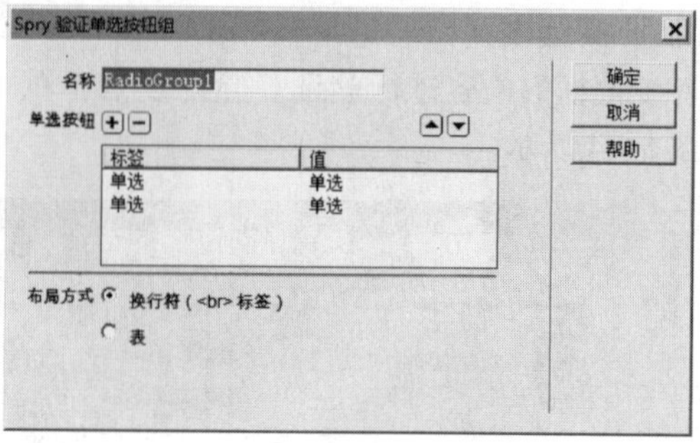

图 5-19　“Spry 验证单选按钮组”对话框

图 5-20 验证单选按钮组的“属性”面板

图 5-21 单选按钮的“属性”面板

5.3.3 Spry 表单验证类组件应用举例

本例要求制作两个页面，一个是申请页（shenqing. html），一个是确认页（queren. html）；申请页面输入信息全部符合验证要求，即可提交到确认页面。

申请页内包括标题（居中显示：参会申请，格式为标题1）、姓名（组件为验证文本域）、性别（组件为验证选择）、密码（组件为验证密码）、确认密码（组件为验证确认）、参会形式（组件为验证单选按钮组）、参会分会场（组件为验证复选框）、个人简介（组件为验证文本区域），此外，增加提交按钮（组件为：【插入】/【表单】/【按钮】），修改 form 对象的 action 属性值为 queren. html。

确认页仅提示“参会确认!”，演示信息确认的效果，对申请页面提交的数据不做处理要求。

操作步骤如下：

1. 新建 html 页面，保存为 shenqing. html

在设计视图输入文字：参会申请。选中文字，在“属性”面板中设置其“格式”为“标题1”；选中文字右键单击，在弹出的快捷菜单中选择“对齐”中的“居中对齐”。在“标题”处输入文字“参会申请页面”，单击“保存”按钮，效果如图 5-22 所示。

2. 插入 Spry 验证文本域组件

用鼠标单击图标，插入 Spry 验证文本域“姓名”，在弹出的菜单中设置属性：ID = xm，标签 = 姓名，如图 5-23 所示。完成属性设置后，单击“确定”按钮，系统提示“是否添加表单标签”，选择“是”，完成添加 Form 的操作。此时，可以通过“代码”视图发现增加了 ID 和 name 都是“form1”的表单（下文中“验证确认”处调用），其 method =“post”，action =“”（此处修改为 action =“queren. html”）。如果没有表单，则各个验证组件无法进行提交和验证。

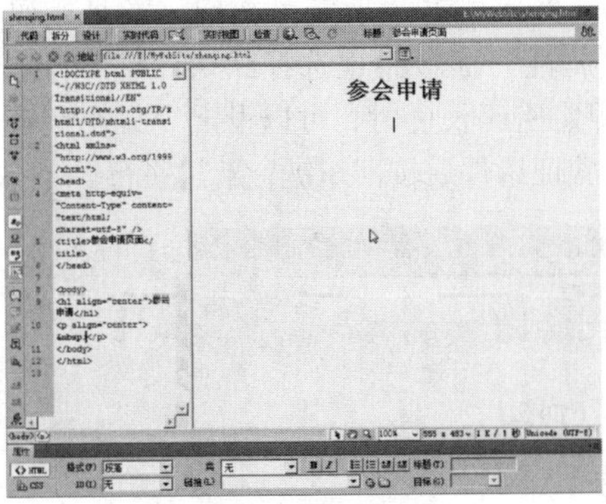

图 5-22 新建申请页面

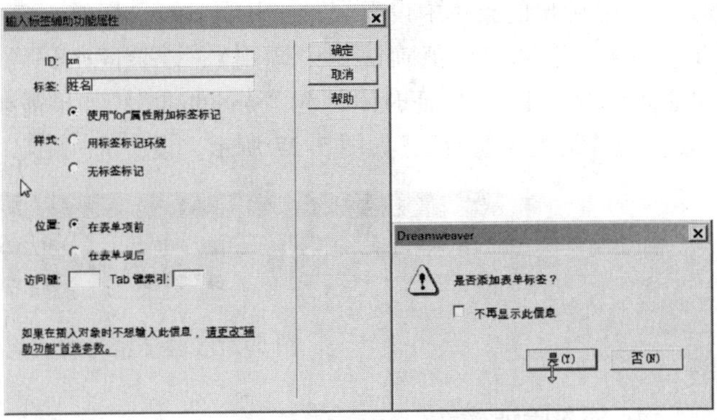

图 5-23 插入 Spry 验证文本域组件

此时，页面中出现一个红色虚框，框内包括一个姓名和文本输入区域，如图5-24所示。该红色虚框就是表单form，所有的验证组件必须包括在该红色虚框内才能在提交的时候，实现页面验证。

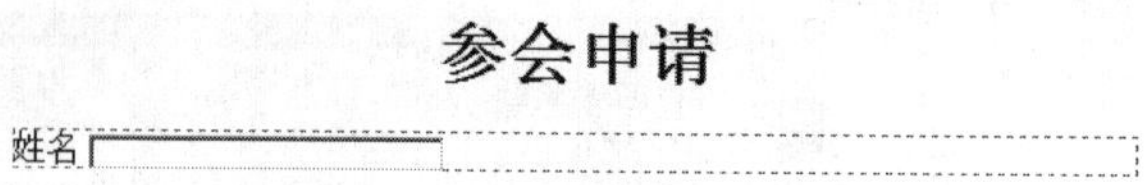

图5-24　红色虚框表示表单

将鼠标指针插入到姓名的文本输入区域后，按回车键，插入验证选择，在弹出的菜单中设置属性：ID = xb，标签 = 性别，然后单击“确定”按钮。

此时Spry验证选择“性别”被选中，在“属性”面板中可以设置验证动作发生的行为。如果需要在提交页面时，选择onSubmit；如果需要在修改时验证，选择onChange；在修改完成鼠标离开该组件后验证，选择onBlur。此处选择onSubmit，如图5-25所示，在页面提交时一并验证。

图5-25　Spry选择的“属性”面板

不过此时“性别”选择框中为空，需要自行添加。首先，鼠标右键单击“性别”选择框，在弹出的快捷菜单中单击“列表数值”；然后，在新弹出的“列表值”中单击“+”号，输入项目标签和值，完成后效果如图5-26所示；最后，单击“确定”按钮。

在完成验证选择“性别”之后，按回车键，新建一个空白行，准备插入新的验证组件。

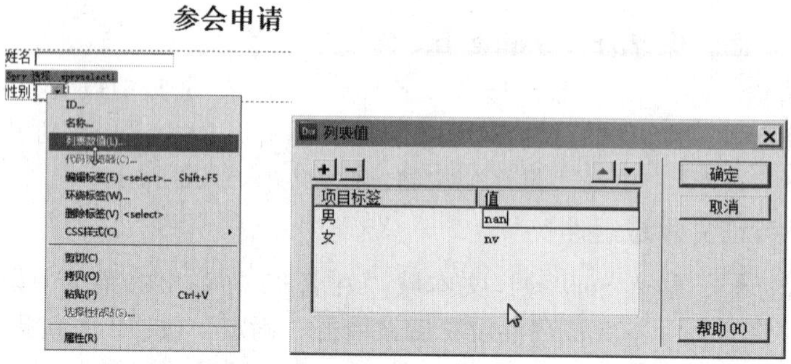

图5-26　添加选择列表项目

3. 插入验证密码组件

在新弹出的菜单中设置属性：ID = pass，标签 = 密码，然后单击“确定”按钮（验证密码ID = pass，下文“验证确认”中调用）。该验证密码的“属性”面板中也选择默认设置：勾选“必填”复选框，“验证时间”为“onSubmit”；如果需要限定密码长度时，可以设定“最小字符数”和“最大字符数”，如图5-27所示。设置完成后，在验证组件后按回车键，新建一行。

图5-27　验证密码的“属性”面板

4. 插入验证确认

在新弹出的菜单中设置属性：ID = pass2，标签 = 验证密码，然后单击“确定”按钮。该验证密码的“属性”面板中也选择默认设置：勾选“必填”复选框，“验证时间”为“onSubmit”，“验证参照对象”为“pass”在表单“form1”中（即针对 form1 中的 pass 为验证对象，其中 form1 是上文中添加“验证文本域”“姓名”时添加的表单 ID，pass 是上文中添加“验证密码”“密码”时的 ID），如图 5-28 所示。在验证确认组件后按回车键，新建一行。

图 5-28　验证确认的“属性”面板

5. 插入验证单选按钮组

在新弹出的菜单中设置属性：名称 = 是否宣读论文（此处一般应为英文小写字符），单选按钮中默认两个标签，如果不足可以单击“ + ”号增加。此处修改两对标签和值为：标签 = 宣读论文，值 = yes；标签 = 不宣读论文，值 = no，效果如图 5-29 所示。然后单击“确定”按钮。

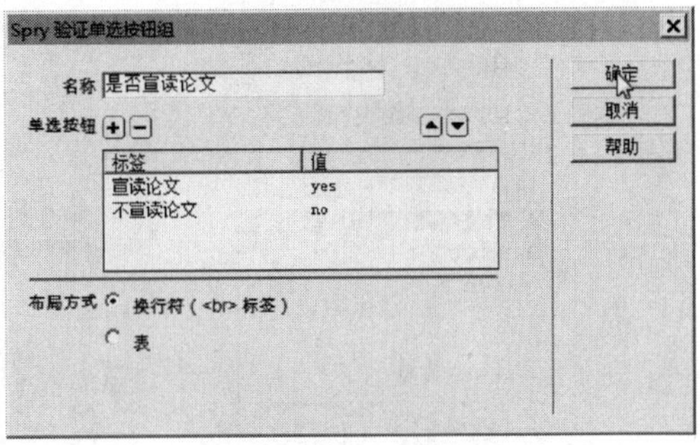

图 5-29　插入验证单选按钮组时编辑单选按钮

该验证单选按钮组的“属性”面板中也选择默认设置：勾选“必填”复选框，“验证时间”为“onSubmit”。因为验证单选按钮组占据整个行，无法在其后面通过插入鼠标光标，然后按回车键换行。可以在“代码”视图中，代码 </form> 之前输入一些任意字符，然后刷新“设计”视图，在输入的任意字符后按回车键，新建一行，并删除刚才输入的任意字符。此外，在验证单选按钮组之前，需要输入提示字符：是否宣读论文。

6. 插入验证复选框

在新弹出的菜单中设置属性：ID = anquan，标签 = 网络安全。

该验证组件仅能添加一个复选框，而实际添加多个的时候，需要针对代码进行操作。通过选择并复制代码区间 <input>…</label>（见图 5-30a 选中部分第 63 ~ 65 行），然后按回车键换行后粘贴代码（见图 5-30a 第 66 和 67 行）。然后修改“网络安全”的 input 属性：ID = anquan1，增加 value = “1”；修改粘贴代码文字为“信息安全”，并修改“信息安全”的 input 属性：id = anquan2，增加 value =“2”。完成后的效果如图 5-30 所示。

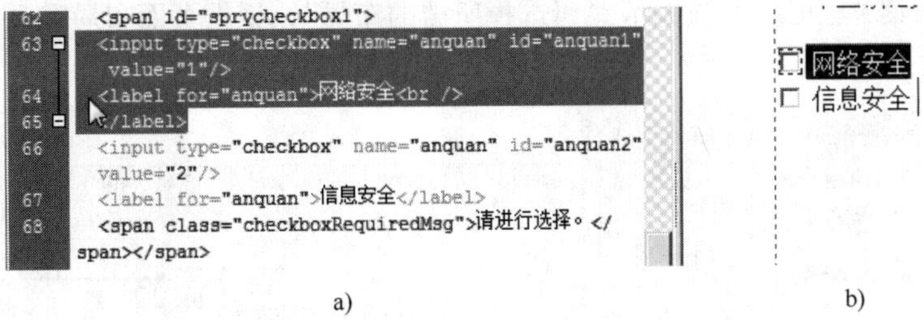

图 5-30　复制并粘贴复选框代码

说明：多选框中所有的元素都应该是一个 name，不同元素的 ID 和 Value 必须不同，否则无法区分不同的元素。

7. 插入验证文本区域

在新弹出的菜单中设置属性：ID = jieshao，标签 = 个人介绍。

8. 插入“提交”按钮

通过菜单【插入】/【表单】/【按钮】命令，插入确认按钮。

9. 保存页面

10. 制作确认页面

新建一个页面，输入文字“参会确认!”，然后保存为 queren. html。

11. 测试

在浏览器中打开 shenqing. html，直接单击“提交”按钮，系统提示如图 5-31a 所示；如果密码和确认密码不同，提示如图 5-31b 所示（注意页面没有转向到 queren. html）；如果全部验证通过，则转移到 queren. html 页面，如图 5-31c 所示。

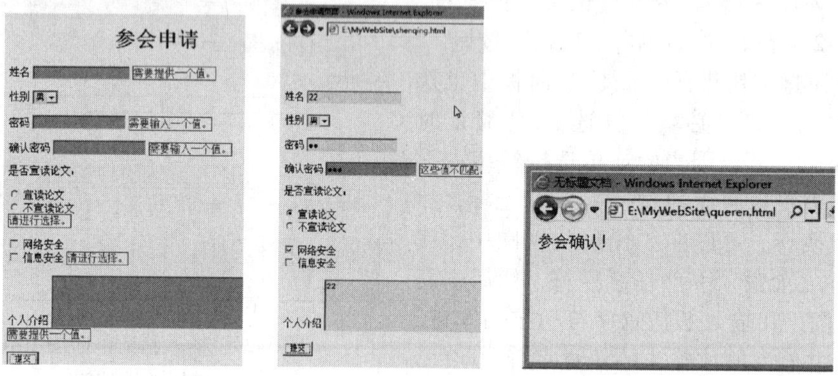

a)　　b)　　c)

图 5-31　测试的 3 种效果

5.3.4　Spry 面板类组件及应用举例

1. Spry 菜单栏

Spry 菜单栏是一组用于页面导航的菜单按钮。将鼠标指针置于某个按钮上时，将显示相应的子菜单。使用菜单栏可以在有限的空间中显示站点所有的导航信息，使用户直接通过菜单就能了解站点提供的所有栏目内容。

在插入 Spry 菜单栏时，系统提示“请选择所需的布局”，根据页面布局需要，可以选定水平菜单栏或者垂直菜单栏。插入 Spry 菜单栏及效果如图 5-32 所示。

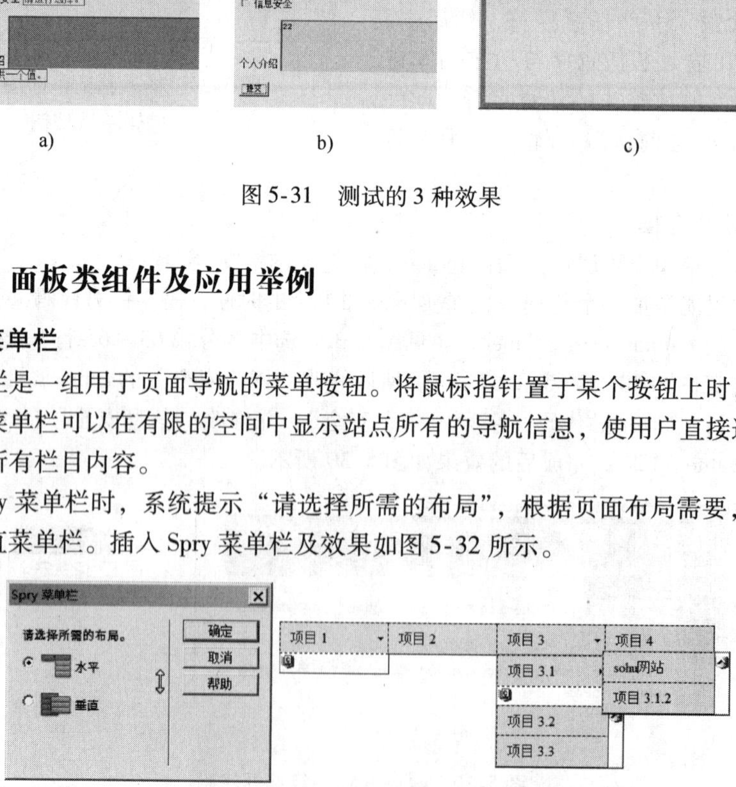

图 5-32　插入 Spry 菜单栏及效果

插入菜单栏后，可以在“属性”面板中对菜单栏进行修改。选中某一个菜单项后，在子菜单栏中自动显示子菜单项列表。系统默认最大支持三级菜单，可以对菜单栏进行菜单项增加、删除、排序等操作。

选中某一菜单项，即可对其菜单项属性进行修改，主要包括文本、链接、标题（当鼠标指针置于菜单之上时的提示）、链接目标。效果如图5-33所示。

图5-33　通过“属性”面板编辑Spry菜单栏

如果需要对其进行个性化的设置，先将Dreamweaver编辑界面设置为“拆分”视图，然后鼠标右键单击Spry菜单栏，在弹出的快捷菜单中选择“代码浏览器”，然后在弹出的代码浏览器中，鼠标双击带下画线的文字，最后，在“代码”视图部分可以对Spry菜单栏进行个性化修改。修改完毕需要选择【文件】菜单中的【全部保存】命令。

2. Spry选项卡式面板

选项卡式面板是一组面板，这些面板在网页中占用同一个显示区域，用来显示不同的多个内容。单击面板上不同的选项卡，对应选项卡中的内容随即展开，其他选项卡的内容随即隐藏。选项卡式面板中只有一个内容面板处于打开状态。如图5-34所示，“中国”选项卡面板处于展开状态。

在网页中插入Spry选项卡后，系统默认建立两个选项卡。用户可以通过“属性”面板对选项卡进行增加、删除、排序的操作，并设定默认面板为选项卡。

修改某个选项卡标签，可以直接选中文字后进行修改，包括在标签位置插入大小合适的图片、修改文字内容等。

修改某个选项卡内容，可以通过“属性”面板中选择某一个标签，然后在“设计”视图中显示出该选项卡内容，即可对该部分内容进行修改；或者在“设计”视图中，将鼠标指针置于某一选项卡标签位置，然后单击其右侧显现出来的眼睛图标，即可显示该选项卡的内容，然后进行内容部分的编辑修改。

注意：选项卡式面板中，每个选项卡内容部分占用网页的空间会根据内容的多少而不同，因此一般需要设计成多个选项卡的内容占用空间相同，整个选项卡效果才比较美观。

如果需要对其进行个性化的设置，先将Dreamweaver编辑界面设置为“拆分”视图，然后鼠标右键单击Spry选项卡式面板，在弹出的快捷菜单中选择“代码浏览器”，然后在弹出的“代码浏览器”中，鼠标双击带下画线的文字，最后，在“代码”视图部分可以对Spry选项卡式面板进行个性化修改。修改完毕需要选择【文件】菜单中的【全部保存】命令。

3. Spry折叠式

Spry折叠式是一组可折叠的面板，能将多个不同的内容通过固定的统一的位置显示出来。单击该面板上的选项卡，即能隐藏或显示存储在折叠面板中的内容。单击某个选项卡，该选项卡对应的面板会相应地展开或收缩。在Spry折叠式中，同一时间只能有一个内容面板被打开。

在“设计”视图中，选择整个折叠式，在“属性”面板中可以增加折叠式显示的标签个数并能够排序，如图5-35所示。当鼠标指针置于某一个未打开的折叠面板上，该折叠面板最右端显示图标，单击该图标，可以在“设计”视图中打开该折叠面板，进行内容的编辑（包括插入文字、图片、表格等各类对象）；鼠标直接选中某个折叠面板的标签，可以直接进行编辑（可以修改文字，插入合适的图片等）。

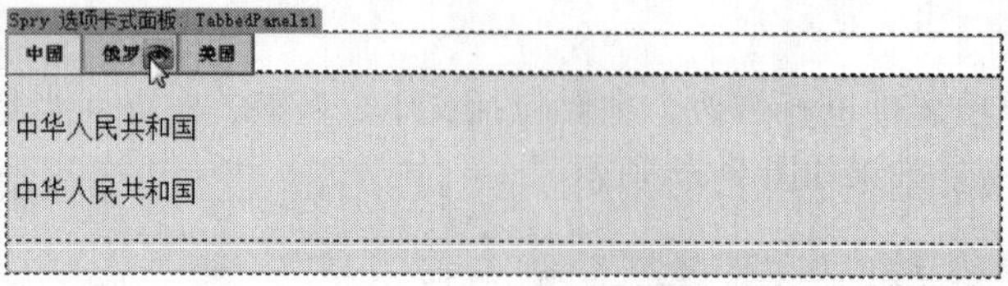

图 5-34　Spry 选项卡面板

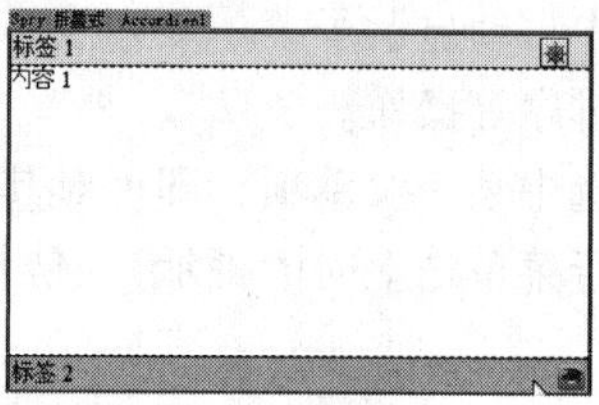

图 5-35　Spry 折叠式

如果需要对其进行个性化的设置，先将 Dreamweaver 编辑界面设置为“拆分”视图，然后鼠标右键单击 Spry 折叠式，在弹出的快捷菜单中选择“代码浏览器”，然后在弹出的“代码浏览器”中，鼠标双击带下画线的文字，最后，在“代码”视图部分可以对 Spry 折叠式进行个性化修改。修改完毕需要选择【文件】菜单中的【全部保存】命令。

4. Spry 可折叠面板

可折叠面板就像一个抽屉，将面板内容存储到紧凑的空间中。用户单击可折叠面板的选项卡即可隐藏或显示存储在可折叠面板中的内容。当可折叠面板位于网页顶部时，网页其他部分会随着可折叠面板的隐藏而上升，显示而下降。

插入可折叠面板后，在“属性”面板中，可以设置可折叠面板的属性，包括“显示”属性和“默认状态”属性。“显示”属性是网页处于设计视图中，是否显示可折叠面板内容，作用等同于标签尾部的眼睛图标；“默认状态”属性是表示网页在浏览状态中，用户是否能看到可折叠面板中的内容，该属性有两个可选值，“打开”表示抽屉是拉开的，用户能够看到内容；“已关闭”表示抽屉是关闭的，用户看不到内容，如图 5-36 所示。

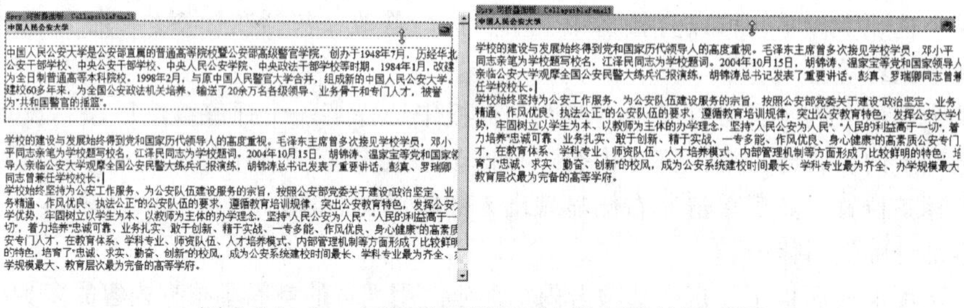

图 5-36　Spry 可折叠面板打开与关闭的效果对照

5. Spry 工具提示

该工具是针对以上 Spry 工具的各类提示语言，如图 5-37 所示。选中某个 Spry 工具，然后单击插入 Spry 工具提示的图标，即在该 Spry 工具下面附加了一行浅黄色的文字“此处为工具提示内容”，这些文字可以直接修改，而“Spry 工具提示”被选中。此时，通过 Spry 工具提示的“属性”面板可以设定以下属性值。

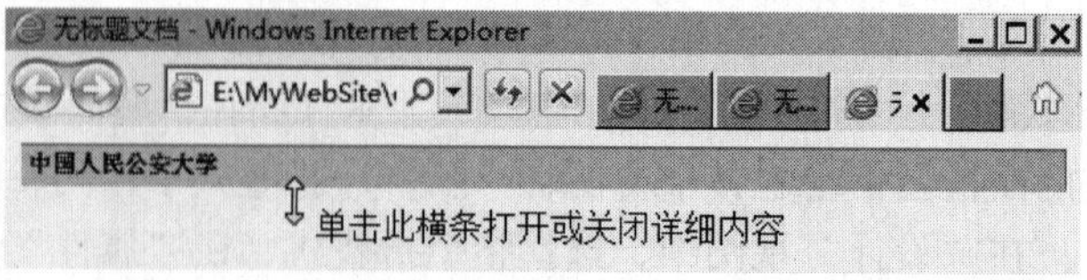

图 5-37　针对可折叠面板的 Spry 工具提示效果

触发器：该提示语言针对的是 Spry 工具对象名称。如果页面中有多个 Spry 工具对象，可以使用下拉选择。一般是选中工具对象设定提示，因此，此处一般选择默认值，不做修改。

跟随鼠标：该提示语言是否跟随鼠标光标移动。如果不选，提示语言则固定显示在工具外的某个位置。

鼠标移开时隐藏：鼠标移开 Spry 工具对象时，提示语言是否隐藏。

效果：有“无”、“遮帘”、“渐隐”3种效果。

水平偏移量、垂直偏移量：表示提示语言针对鼠标指针的偏移位置和大小。

显示延迟、隐藏延迟：表示提示语言针对鼠标指针置于Spry工具之上后的显示延迟时间或隐藏延迟时间。

5.4　边学边做（表单与框架创建实例）

5.4.1　表单实例应用

本节通过综合举例，复习前面的内容并说明表单的使用，创建一个用户登记表。具体操作步骤如下：

1）在页面中输入文字用户注册表，选择标题1，居中对齐。

2）插入一个表单。

3）在表单中插入一个表格。行数5，列数3，宽度为90%，，边框为1，如图5-38所示。

4）输入姓名，然后单击文本域按钮，如图5-39所示。

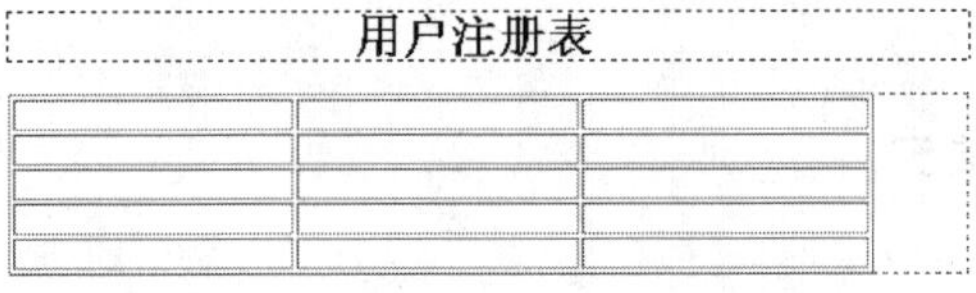

图5-38　在表单中插入表格

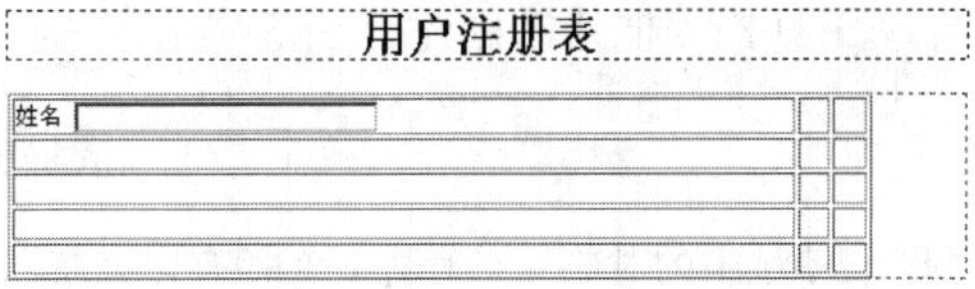

图5-39　插入文本域

5）按照同样的方法插入其他表单对象，效果如图5-40所示。

6）按“F12”键进行浏览，效果如图5-41所示。

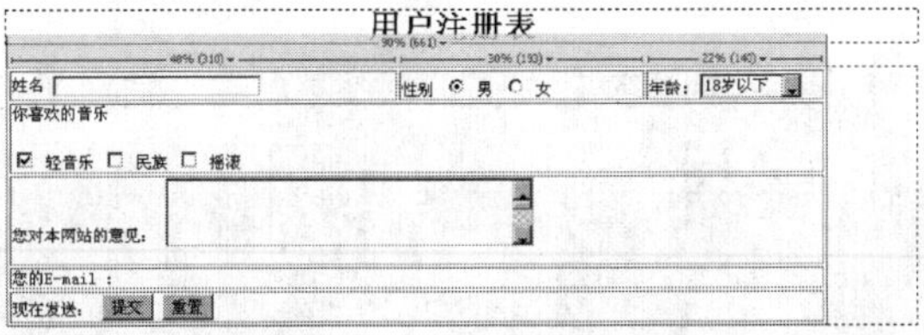

图5-40　插入表单对象效果

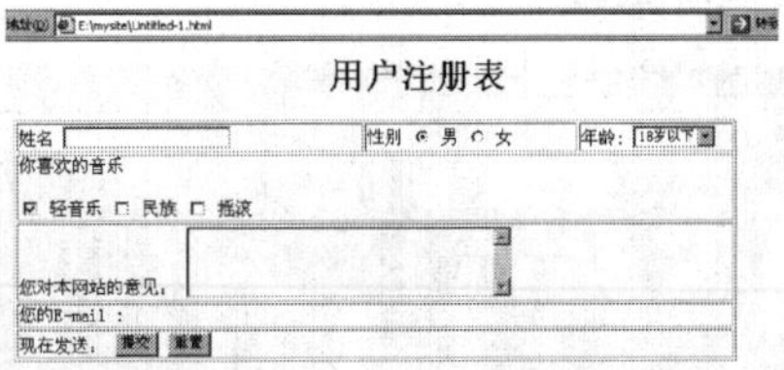

图5-41　浏览效果

5.4.2　制作框架页面举例

本节通过举例说明框架的应用。设计一个网页，左侧为导航，右侧为相应的内容。具体操作步骤如下：

1）在“插入”工具栏中单击左侧框架图标，如图5-42所示。

2）单击左侧框架选中框架，输入文字表格。

3）选中右侧框架，单击在“属性”面板中的文件夹，选择文件，如图5-43所示。

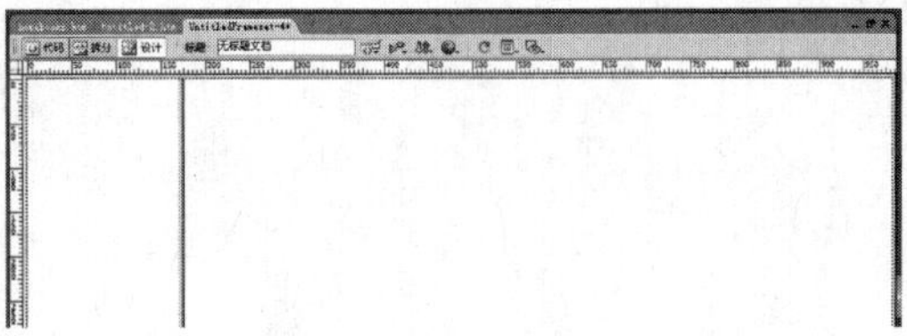

图5-42　制作效果

4）为文字建立超级链接。

5）按“F1”键浏览，如图 5-44 所示。

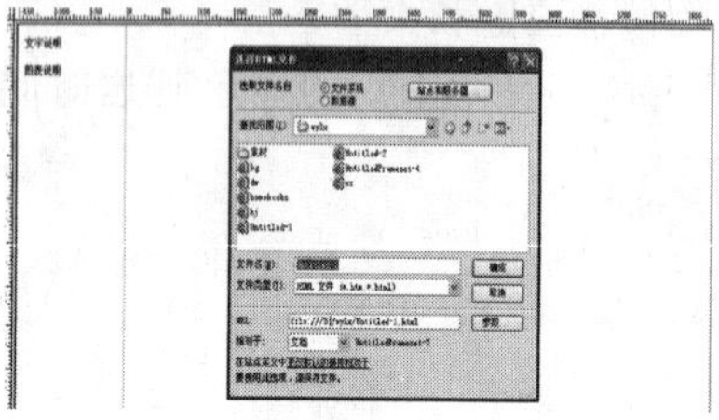

图 5-43　选择框架文件

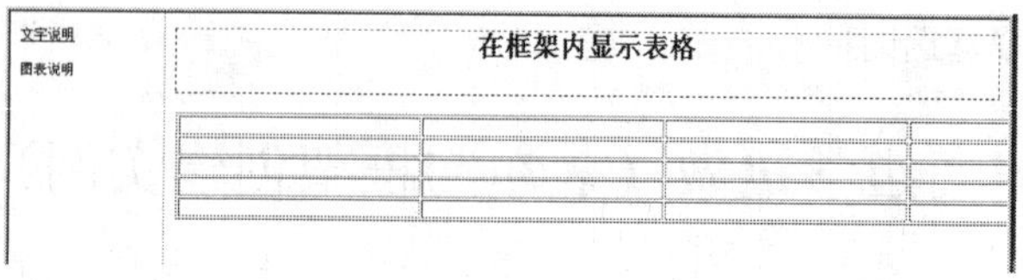

图 5-44　浏览效果

本章小结

本章介绍了网页设计中表单对象及验证表单组件的创建方法，设计者在表单设计中，通常要根据表单设计需求添加表单元素，并结合表格进行表单元素的布局；介绍了网页设计中框架与框架集的创建方法，设计者既可以从若干预定义的框架集中选择，也可以自己设计框架集；还介绍了 Spry 工具栏等框架的创建方法。

思考与练习

1. 表单域中的对象元素有哪些？各有什么特点？

2. 表单域与验证表单域有何区别和联系？

3. 设计制作一个网页，要求它有一个主页和 3 个子页，网页内要有文本、图像、表单、导航条、Flash 动画等页面元素。

4. 应用框架和框架集设计网页，页面显示如图 5-45 所示，即在网页右边框架页面内显示网页左边框架页面菜单的对应内容。

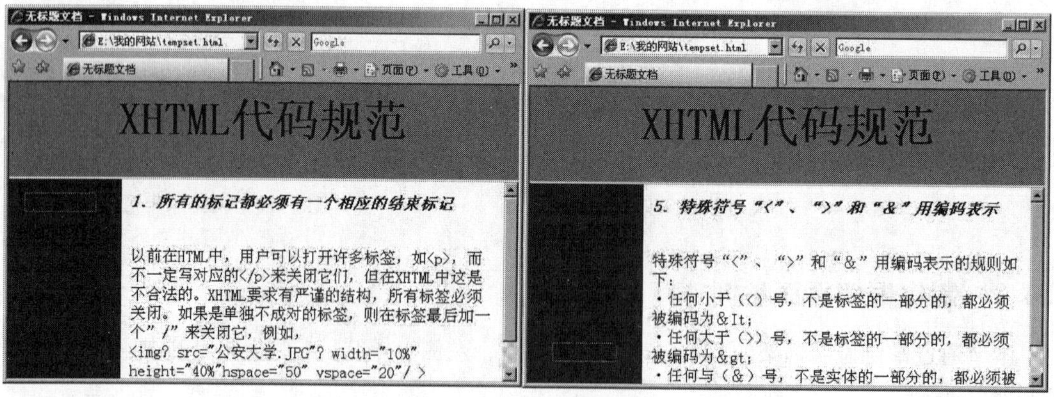

图 5-45　页面框架设计

第6章 使用CSS创建页面

CSS（Cascading Style Sheets，层叠样式表）是一种比较先进的网页控制技术，它的作用主要是设定网页对象外观的一系列属性。使用CSS可以非常灵活并更好地控制页面的外观，如设置文本格式、控制Web页面中块级别元素的格式和定位等。

Adobe Dreamweaver CS5中的时间轴是一种用来控制网页中AP元素的属性随时间变化而改变的工具。利用它可以产生网页动画效果。本章将介绍CSS样式的概念，创建和管理CSS的方法，使用CSS进行页面布局，以及制作AP元素动画等内容。

本章要点：

- 创建CSS样式
- CSS样式表的应用
- AP元素的应用
- 时间轴动画制作

6.1 层叠样式表

6.1.1 层叠样式表简介

CSS是一系列格式设置规则，使用CSS可以非常灵活地控制页面的外观，从精确的布局定位到特定的字体和样式等。

使用CSS设置页面格式时，内容与表现形式是相互分开的。页面内容（HTML代码）位于自身的HTML文件（通常为<body>）中，而定义代码表现形式的CSS规则位于另一个文件（外部样式表）或HTML文档的另一部分（通常为<head>部分）中。

使用CSS可以控制许多文本属性，包括特定字体和字号大小，粗体、斜体、下画线和文本阴影，文本颜色和背景颜色，链接颜色和链接下画线等。通过使用CSS控制字体，还可以确保在多个浏览器中以更一致的方式处理页面布局和外观。

除设置文本格式外，还可以使用CSS控制Web页面中块级别元素的格式和定位。块级元素是一段独立的内容，在视觉上设置为块的格式。例如，h1标签、p标签和div标签都在网页上生成块级元素。用户可以对块级元素执行以下操作：为它们设置边距和边框、将它们放置在特定位置、向它们添加背景颜色、在它们周围设置浮动文本等。对块级元素进行操作的方法实际上就是使用CSS进行页面布局设置的方法。

6.1.2 CSS样式的规则和类型

1. CSS样式的规则

CSS格式设置规则由两部分组成：选择器和声明。选择器是标识已设置格式元素（如P、

H1、类名称或 ID）的术语，而声明则用于定义样式元素。在下面的示例中，H1 是选择器，介于大括号（{}）之间的所有内容都是声明。

```
H1{
font-size:16 pixels;
font-family:Helvetica;
font-weight:bold;
}
```

声明由两部分组成：属性（如 font-family）和值（如 Helvetica）。上述示例为 H1 标签创建了样式：链接到此样式的所有 H1 标签的文本都将是 16 像素大小并使用 Helvetica 字体和粗体。

CSS 的主要优点是容易更新表现形式，只要对一处 CSS 规则进行更新，则使用该定义样式的所有文档的格式都会自动更新为新样式。

2. CSS 样式的类型

在 Dreamweaver 中可以定义以下 3 种规则类型的 CSS。

1）自定义 CSS 规则（也称为“类样式”）：可以将样式属性应用到任何文本范围或文本块。所有类样式均以句点（.）开头。例如，可以创建称为 .red 的类样式，设置规则的 color 属性为红色，然后将该样式应用到一部分已定义样式的段落文本中。

2）HTML 标签规则重定义特定标签（如 p 或 h1）的样式：创建或更改 h1 标签的 CSS 规则时，所有用 h1 标签设置了格式的文本都会立即更新。

3）CSS 选择器规则（高级样式）重定义特定元素组合的格式，或其他 CSS 允许的选择器形式的格式（例如，每当 h2 标题出现在表格单元格内时，就应用选择器 td h2）。高级样式还可以重定义包含特定 id 属性的标签的格式（例如，由#myStyle 定义的样式可以应用到所有包含属性/值对 id="myStyle" 的标签）。

6.1.3　为文档添加样式的方法

将样式信息添加到一个 HTML 文档中，有 3 种基本方法：外部 CSS 样式表、嵌入式 CSS 样式表和内联样式。此 3 类样式在网页中可以混合使用。如果同时使用了以上 3 种样式，Dreamweaver 会按照先采取内联样式表，再采用嵌入式输入样式表，最后采用外部样式表的顺序采用样式。

1. 链接外部样式表

用户可以将它输入到文档中，也可以将它链接到 HTML 文档。使用外部 CSS 样式表的优点在于可以通过一个样式表为多个文档设置样式，便于组织站点内相关文档的统一格式。但链接外部 CSS 样式表需要额外的下载样式表文件的时间，它可能延迟页面的显示。

一个外部 CSS 样式表是一个纯文本文件，其中包含了 HTML 标记或类指定的样式规则。CSS 样式表文件的扩展名为“.css”。如图 6-1 所示的窗口中显示了一个 CSS 样式文件的部分内容。

将一个样式表文件外部链接到 HTML 文件后，该 HTML 文件代码的 head 区中将有一段如下的代码内容：

```
<link href="style.css" rel="stylesheet" type="text/css" />
```

2. 嵌入式 CSS 样式表

将样式表嵌入到网页文档的 head 区，这样整个文档中都可以使用这些样式规则。这种应用的优点在于可以逐个文档方便地控制样式，不需要下载样式信息的额外时间。但对其他文档则需要再次应用样式信息。

包含一个外部样式表的另一种方法是将它嵌入到 HTML 文档。嵌入样式表的样式规则被直接写入 HTML 文档中；也可以将样式表规则写入一个文件中，然后将这些规则导入到 HTML 文档中。

每一种方式都要在 HTML 文档的 head 区使用 <style>元素，样式规则放置在标记对 <style>…</style>之间。如图6-2所示的窗口中显示了一个导入 CSS 样式文档的部分内容。

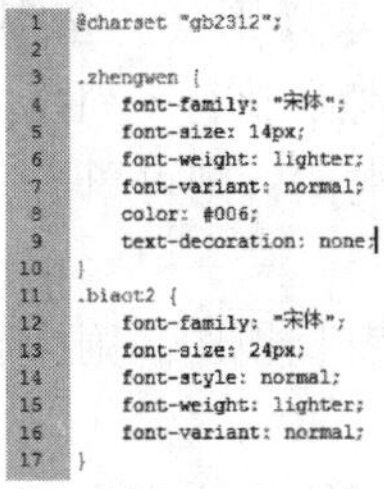

图6-1　外部样式表文件

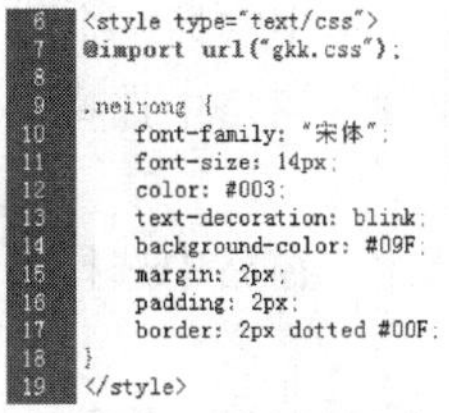

图6-2　导入 CSS 样式表

3. 内联样式

在要使用样式的地方插入内联样式规则。其优点是样式的内容可以应用到单个字符级别。但在文档中及其他文档都需要再次应用样式信息，而且内联样式和 HTML 绑定过于紧密，难于更新。

除了使用应用于整个文档的样式表之外，还可以为单个元素添加样式信息。如图6-3所示的例子显示了样式规则如何被应用到特定的标记元素的。

内联样式看起来是一种简便的方法，但由于规则和标记结合太紧密而导致不利于更新等问题的出现，因此这种样式的应用有局限性。

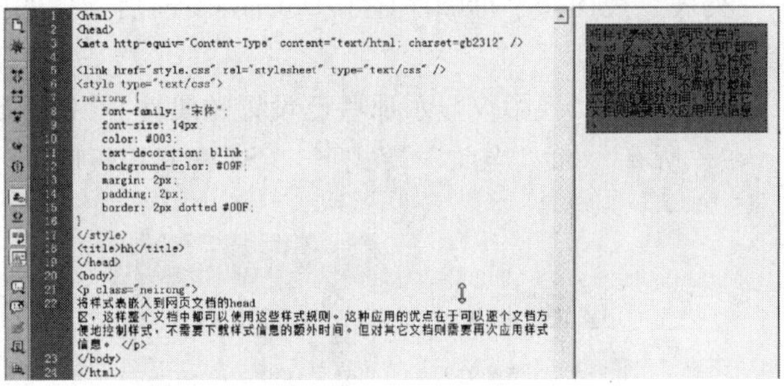

图6-3　使用内联样式

6.2　创建 CSS 样式

6.2.1　CSS 样式面板

使用 CSS 样式面板可以跟踪影响当前所选页面元素的 CSS 规则和属性，或影响整个文档的规则和属性。用户可以在 CSS 样式面板中查看、创建、编辑和删除 CSS 样式，并且可以将外部样式表附加到文档。

使用 CSS 样式面板还可以在“所有”和“当前”模式下修改 CSS 属性。单击 CSS 样式面板顶部的“正在”按钮，选择“正在”模式，然后选择当前页中的一个文本元素以显示它的属性，CSS 样式面板如图6-4所示。执行下列操作之一：

1）双击“所选内容的摘要”窗格中的某个属性，以显示“CSS 规则定义”对话框，然后进行更改。

2）在“所选内容的摘要”窗格中选择一个属性，然后在下面的“属性”窗格中编辑该属性。

3）在“规则”窗格中选择一条规则，然后在下面的“属性”窗格中编辑该规则的属性。

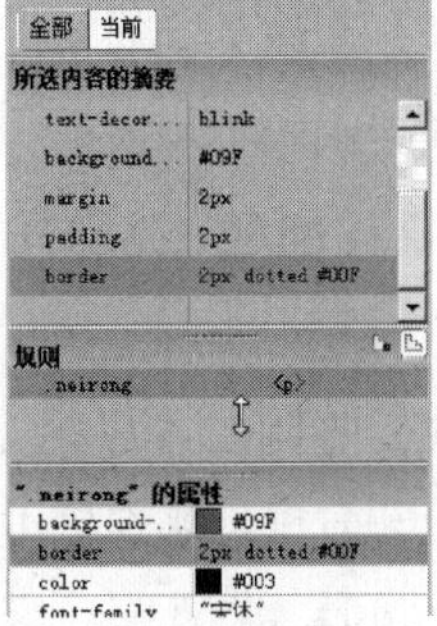

图6-4　“正在”模式下的 CSS 面板

单击 CSS 样式面板顶部的“全部”按钮，进入“全部”模式，然后就可以在 CSS 样式面板中编辑规则。

要向规则添加属性，可以在“所有规则”窗格中选择一条规则（“全部”模式），或者在“所选内容的摘要”窗格中选择一个属性（“正在”模式）。然后执行下列操作之一：

1）如果在“属性”窗格中选择了“只显示设置属性”视图，则可单击“添加属性”链接并添加属性。

2）如果在“属性”窗格中选择了“类别”视图或“列表”视图，则为要添加的属性填入一个值。

在“所有”和“当前”模式下，CSS 样式面板都包含 3 个允许在“属性”窗格（底部窗格）中改变视图的按钮，如图 6-5 所示。

“类别”视图将 Dreamweaver 支持的 CSS 属性划分为 9 个类别：字体，背景，区块，边框，方框，列表，定位，扩展和表、内容、引用。每个类别的属性都包含在一个列表中，用户可以单击类别名称旁边的加号（+）按钮展开或折叠它。“设置属性”（蓝色）的部分出现在列表顶部。

“列表”视图按字母顺序显示 Dreamweaver 所支持的所有 CSS 属性。“设置属性”（蓝色）将出现在列表顶部。

“设置属性”视图仅显示那些已设置的属性。“设置属性”视图为默认视图。

在“所有”和“当前”模式下，CSS 样式面板底部还包含下列按钮，如图 6-6 所示。

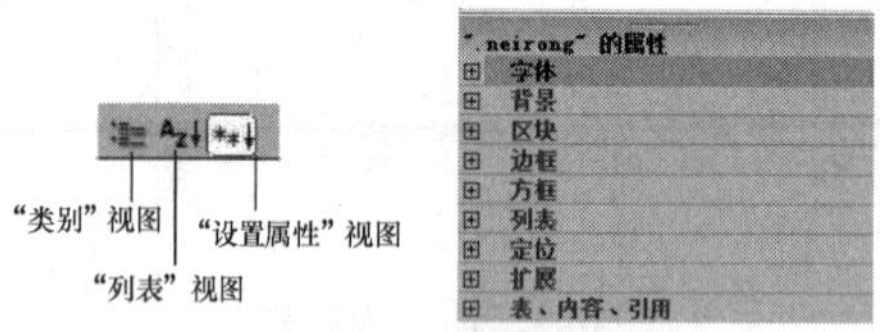

图 6-5　视图按钮功能

图 6-6　CSS 面板中的按钮

1）附加样式表打开“链接外部样式表”对话框，选择要链接到或导入到当前文档中的外部样式表。

2）新建 CSS 规则会打开一个对话框，可在其中选择要创建的样式类型（例如，创建类样式、重新定义 HTML 标签或是定义 CSS 选择器）。

3）编辑样式会打开一个对话框，可以在该对话框中编辑当前文档或外部样式表中的样式。

4）禁用/启用样式表：禁用或者启用样式中的具体属性定义。

5）删除 CSS 规则：删除 CSS 样式面板中的所选规则或属性，并从应用该规则的所有元素中删除格式。

6.2.2　创建 CSS 样式的过程

要新建一个样式信息，无论是哪种类型的样式，基本都需要以下几步创建工作。

1）将插入点放在文档中，然后选择菜单【窗口】/【CSS 样式】命令，或者按“Shift + F11”组合键，或者单击“属性”面板中的“CSS”按钮，打开“CSS 样式”面板，如图 6-7 所示。

2）单击面板右下角区域中的“新建 CSS 规则”按钮，“新建 CSS 规则”对话框随即出现，如图 6-8 所示。

图6-7 “CSS样式”面板

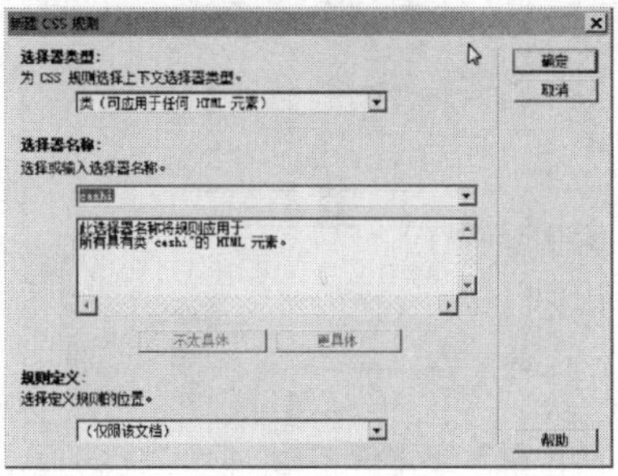

图6-8 “新建CSS规则”对话框

3）选择器类型：为CSS规则选择上下文选择器类型，包括类（定义的CSS选择器可以应用于所有具有该名称的HTML元素）、ID（仅应用于一个HTML元素，该元素ID为定义的选择器名称）、标签（重新定义HTML元素，选择器名称通过下拉菜单选择）、复合内容（主要用于定义超级链接对象显示的效果，包括a. link、a. hover、a. active、a. visited）。

如果想定义网页中所有的超链接不要显示下画线，就要定义复合内容（有关a的四项）的【类型】/【Text-decoration】选择none。

4）选择器名称：对定义的CSS样式进行命名。类、ID可以自行定义，而标签、复合内容需要通过下拉菜单进行选择。当明确选择器名称后，中间部分将显示该选择器应用范围的说明。

5）规则定义：设定选择器定义规则的位置。若要新建一个外部样式表，则选择“新建样式表文件”；若要在当前文档中嵌入样式，则选择“仅对该文档”；如果需要对原有CSS样式表进行补充，则选择那些样式表的名称，然后单击“确定”按钮。

如果是新建样式表，则提示“新建样式表文件另存位置”，按照实际情况命名一个样式表文件名称并保存。

6）随即出现“. abcd的CSS规则定义（在test. css中）”对话框（该例中，abcd为新定义的选择器，test. css为新建的样式表文件名称）。根据需要，通过对类型、背景、区块、方框、边框、列表、定位和扩展等进行定义。设置完样式属性后，单击“确定”按钮。

7）应用样式。对于标签样式和复合内容，样式是自动应用于网页的。对于自定义样式，需要选择设定对象，然后通过属性中的类，进行特别设定。

6.2.3 创建标签样式

需要重定义特定HTML标签的默认格式时，采用创建标签样式的方法新建样式。例如，要将当前网页上所有<p>标签内的字体设定为“新宋体”，行高设定为“正常”，颜色设定为“红色”，修饰选“下画线”。这时需要重定义<p>标签的样式。

1）在CSS样式面板中，单击“新建CSS样式”按钮，弹出“新建CSS规则”对话框。在对话框中设定，设定内容如图6-9所示。

选择“选择器类型”为“标签（重新定义HTML元素）”选项；单击“选择器名称”下拉列表按钮，在下拉列表中选择“p”标签；选择“定义在”为“仅对该文档”，表示CSS样式将定义在HTML文档内部。

2）单击“确定”按钮，弹出“p的CSS样式规则定义”对话框。在对话框的“类型”分类中进行设定，将“字体”选择为“新宋体”，“粗细”为“细体”，“样式”为“斜体”，“行高”为“正常”，“颜色”为“红色”，“修饰”为“下画线”。设定内容如图6-10所示。

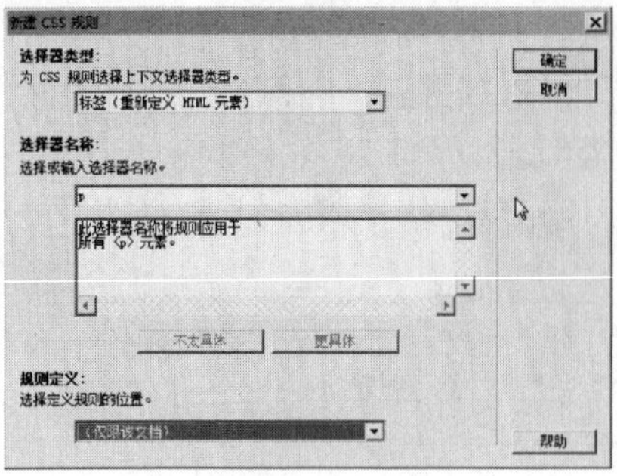

图 6-9　“新建 CSS 规则”对话框

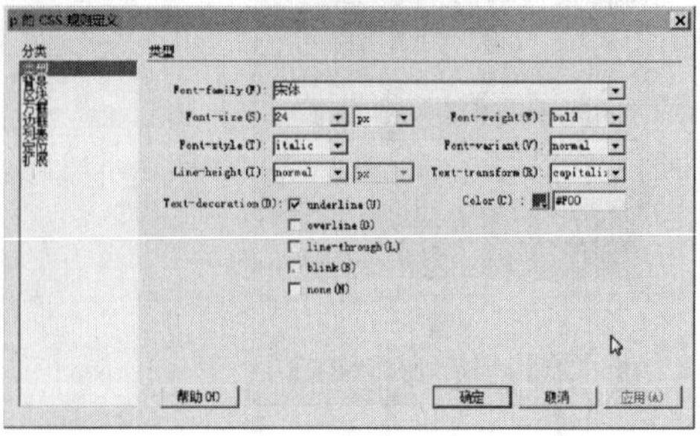

图 6-10　“p 的 CSS 规则定义”对话框

3）单击对话框中的“确定”按钮。这时可以看到 HTML 文档窗口中 <p>… </p> 标签对中文字的效果已经发生改变。图 6-11 显示了创建标签样式前后的文字效果。

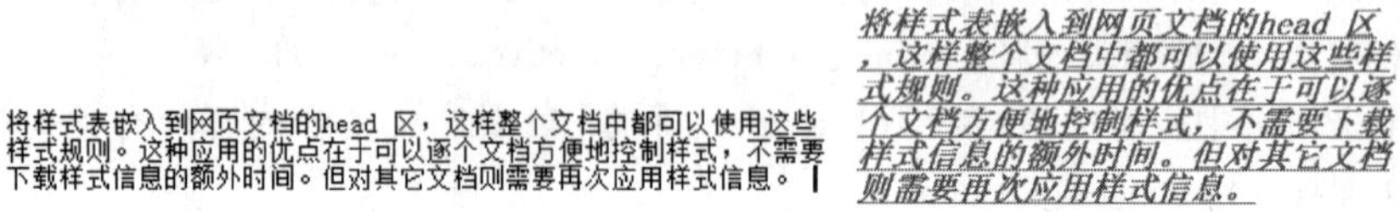

图 6-11　创建标签样式前后的文字效果对比

6.2.4　创建 ID 样式

若要为某个包含特定 ID 属性的对象定义格式，则选择“ID”创建样式。例如，现在需要将文档中的 ID 属性值为 biaodan 的所有对象的文字属性修改为：14 号字、宋体、黄色。具体创建方法如下：

1）在“样式”面板中，单击“新建 CSS 样式”按钮，弹出“新建 CSS 规则”对话框。在对话框中进行设定，设定内容如图 6-12 所示。

“选择器类型”选择为“高级（ID、上下文选择器等）”选项；单击“选择器”下拉列表按钮，在下拉列表中选择“a：hover”；“定义在”选择为“仅对该文档”，表示 CSS 样式将定义在 HTML 文档内部。

2）单击“确定”按钮，弹出“#biaodan 的 CSS 规则定义”对话框。在对话框的“类型”分类中进行设定，“字体”设置为“宋体”，“大小”设置为“14”，“字体颜色”设定为“黄色”，如图 6-13 所示。

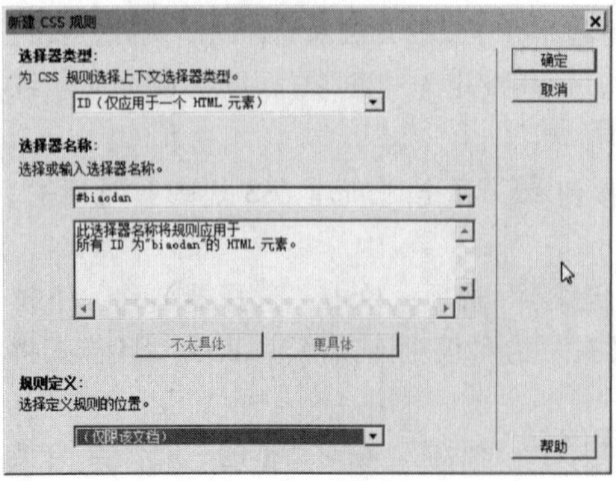

图 6-12　“新建 CSS 规则”对话框

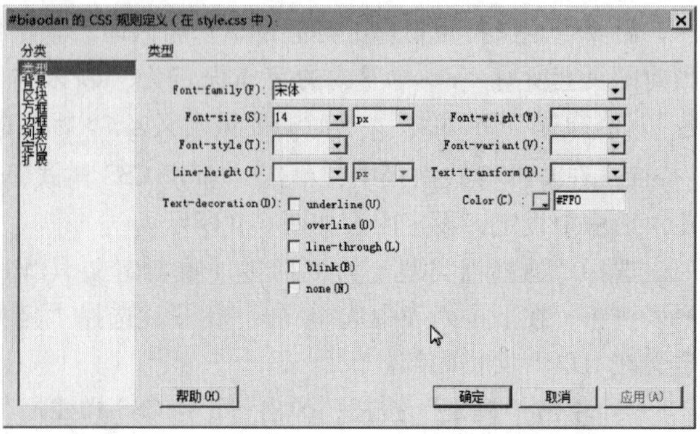

图 6-13　“#biaodan 的 CSS 规则定义”对话框

3）单击“确定”按钮。

4）在网页“拆分”视图中，源代码中的针对某一个对象（例如：某一自然段文字）的显示效果如图 6-14 所示。

5）在网页“拆分”视图中，将该自然段赋予 ID 属性值为 biaodan（操作如图 6-15 所示）之后，源代码和显示效果如图 6-15 所示。

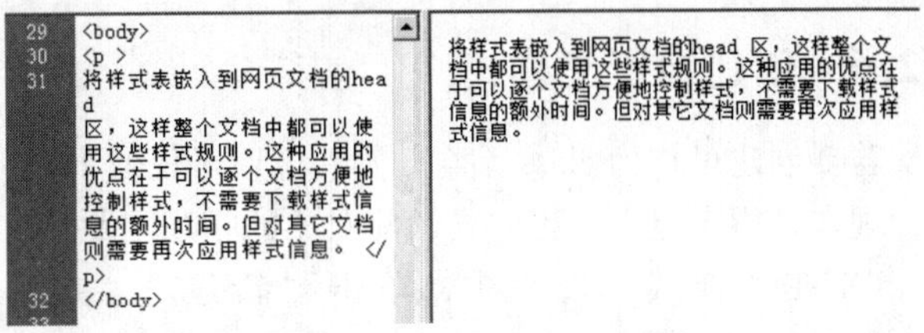

图 6-14　未定义 ID 样式

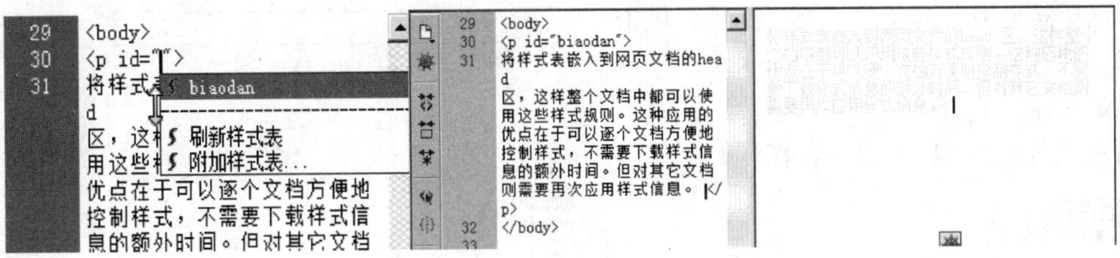

图 6-15　定义 ID 之后的显示效果

6.2.5　创建 CSS 选择器

对超链接的样式进行修改，则需要使用复合内容。例如：将文档中的所有超链接文字设定为鼠标移至链接文字上方时改变文字颜色。具体创建方法如下：

1）在“样式”面板中，单击“新建 CSS 样式”按钮，弹出“新建 CSS 规则”对话框。在对话框中设定，设定内容如图 6-16 所示。

“选择器类型”选择为“复合内容”选项；单击“选择器”下拉列表按钮，在下拉列表中选择“a：hover”；“定义在”选择为“仅对该文档”，表示 CSS 样式将定义在 HTML 文档内部。

2）单击“确定”按钮，弹出“a：hover 的 CSS 样式规则定义”对话框。在对话框的“类型”分类中进行设定，将“字体颜色”设定为“红色”，如图 6-17 所示。

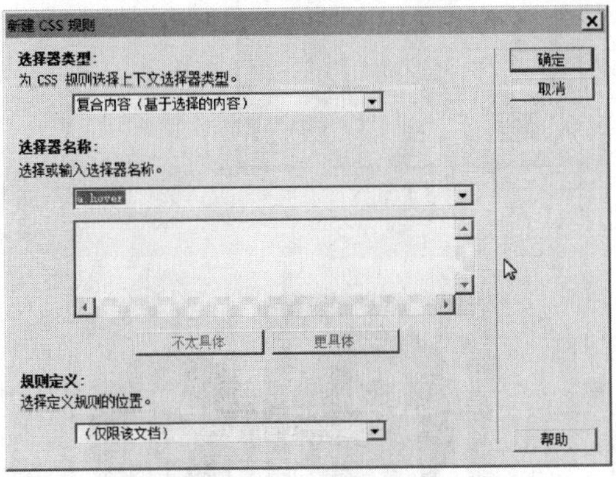

图 6-16　“新建 CSS 规则”对话框

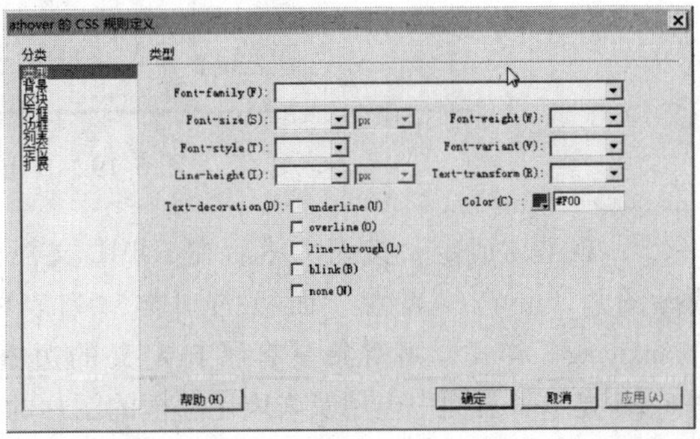

图 6-17　“a：hover 的 CSS 规则定义”对话框

3）单击“确定”按钮，保存文档，按“F12”键浏览超链接文字的变化效果。这时能够看到鼠标移入的文字颜色发生了变化。

6.2.6　创建自定义样式

若要创建可作为 class（类）属性应用于任何 HTML 元素，需要选择“类”来创建样式。例如，现在希望自定义一种样式，使对象的相互间距拉大一些。实现的方法如下：

1）在“样式”面板中，单击“新建 CSS 样式”按钮，弹出“新建 CSS 样式”对话框。在对话框中进行设定，设定内容如图 6-18 所示。

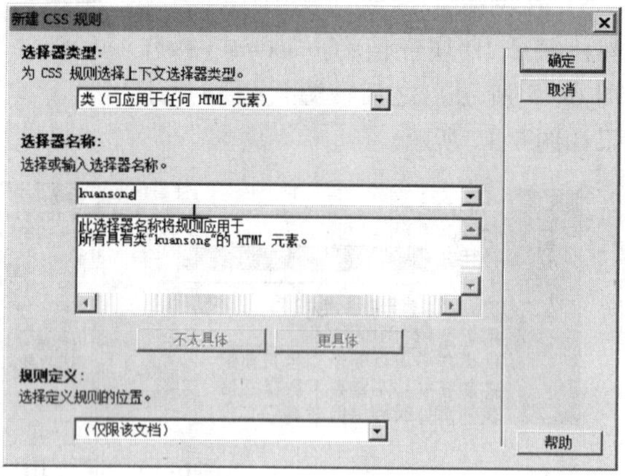

图 6-18　设置“新建 CSS 规则”对话框

“选择器类型”选择为“类”选项；单击“名称”列表框，直接输入“biankuang”名称；“定义在”选择为“仅对该文档”，表示 CSS 样式将定义在 HTML 文档内部。

提示：

类名称必须以句点（.）开头，并且可以包含任何字母和数字组合。如果没有输入开头的句点，Dreamweaver 将自动输入一个句点。

2）单击“确定”按钮，弹出“.biankuang 的 CSS 样式定义”对话框。在对话框的“边框”分类中进行设定，设定内容如图 6-19 所示。

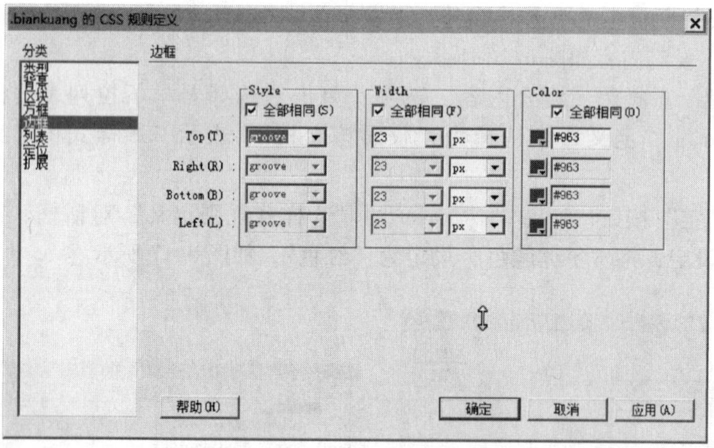

图 6-19　自定义边框样式

3）单击“确定”按钮。然后在 HTML 文档窗口中选择图片，并在“属性”面板的“类”列表中选择“biankuang”样式，则对象具有了自定义的边框效果。图 6-20 显示了页面中应用及未应用边框的图片的效果。

图 6-20　应用与未应用边框效果的图片

6.2.7　CSS 外部样式

用户可以采用 CSS 外部样式将站点中应用的样式统一制作成单独的样式表文件，每次创建网页的样式时只需要导入该文件，根据需要从中选择应用的样式即可。使用外部样式既可以保持网页外观的一致性，又可以极大简化设置过程，因而成为专业网站设计中普遍使用的一种方法。

1. 创建外部样式

1）在文档打开状态下，单击“样式”面板底部的“新建 CSS 样式”按钮，弹出“新建 CSS 规则”对话框，选择“定义在”为“新建样式表文件”，如图 6-21 所示。

2）单击“确定”按钮，弹出“保存样式表文件为”对话框。首先给外部样式表文件命名（如 a1），然后选择保存的路径，如图 6-22 所示。设定完毕后单击“保存”按钮。

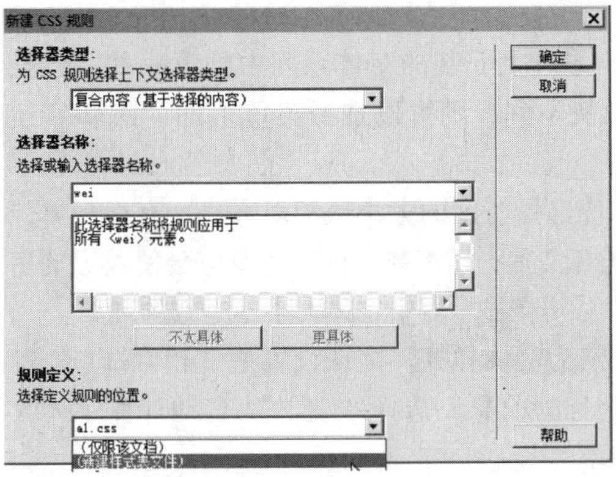

图 6-21　创建外部样式表文件

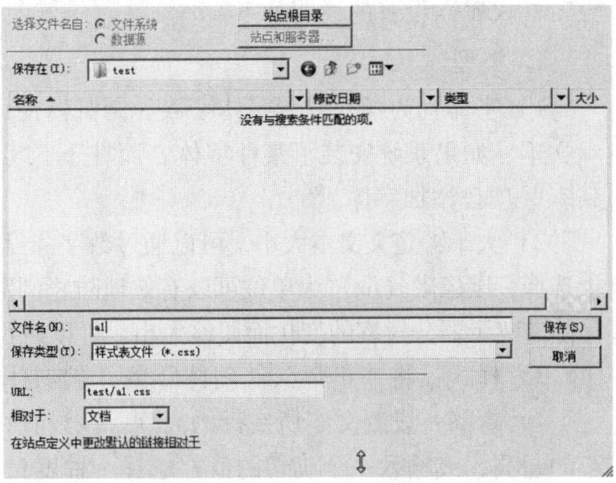

图 6-22　“保存样式表文件为”对话框

3）随即弹出“样式定义”对话框，用于设置的是刚刚建立的样式表，对话框的标题栏内容为“. wei 的 CSS 样式定义（在 al. css 中）”。在该对话框中设置样式的各项属性。

4）设置完毕后，单击“确定”按钮。

2. 链接外部样式

创建、编辑外部样式表文件之后，就要将外部样式表文件中的样式导入到网页中。用户可以使用 Dreamweaver 的附加样式表功能。

1）在文档编辑窗口中打开“样式”面板，单击面板底部的“附加样式表”按钮。

2）弹出“链接外部样式表”对话框，如图 6-23 所示。选择“添加为”为“链接”，并单击“浏览”按钮，查找并选择要外部链接的 CSS 样式文件，设定后单击“确定”按钮。

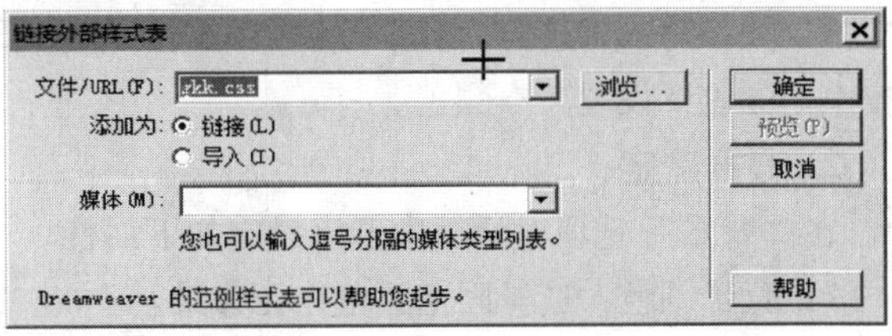

图 6-23　“链接外部样式表”对话框

3. 编辑外部样式表

用户可以将已链接的外部样式表文件或文件中的样式进行编辑，如添加、修改、删除操作。在“样式”面板中选择样式表文件，然后单击面板底部的“删除”按钮即可将链接外部样式表删除。

CSS 样式表通常包含一个或多个规则。用户可以使用 CSS 样式面板在 CSS 样式表中编辑单个规则，或者可以直接在 CSS 样式表中工作。

在 CSS 样式面板中，选择“全部”模式；在“全部规则”窗格中，双击要编辑的样式表的名称；在“文档”窗口中，根据需要修改样式表，然后保存样式表。

在“样式”面板中选中一个样式表文件名称（而不是某个样式名称），单击面板底部的“编辑样式表”按钮，即可在文档窗口中编辑样式表文件。选中单个样式名称，单击面板底部的“编辑样式表”按钮，会弹出CSS规则定义框。用户也可以选中样式后在CSS面板的属性框中定义。

6.3　CSS属性说明

样式属性设置的说明如下：

1. 类型

1）字体：为样式设置字体家族。浏览器使用用户系统上安装的字体系列中的第一种字体显示文本。如果系统安装了某种字体，而在下拉菜单中找不到，则可以选择菜单上的“编辑字体列表”项目添加字体。

2）大小：定义文本大小，可以通过数字和度量单位选择特定的大小或相对大小。有很多单位供选择，以像素（px）为单位可以有效地防止浏览器破坏文本；以点数（pt）为单位会使设定的字号随着显示器分辨率的变化而调整大小，可以防止不同分辨率显示器中字体大小不一致的现象。

3）样式：将“正常”、“斜体”或“偏斜体”指定为字体样式。默认设置是“正常”。

4）行高：设置文本所在行的高度。该设置传统上称为前导。选择“正常”自动计算字体大小的行高，或输入一个确切的值并选择一种度量单位。

5）修饰：向文本中添加下画线、上画线或删除线，或使文本闪烁。正常文本的默认设置是“无”。链接的默认设置是“下画线”。将链接设置设为“无”时，可以通过定义一个特殊的类删除链接中的下画线。

6）粗细：对字体应用特定或相对的粗体量。“正常”等于400；“粗体”等于700。在实际制作中不常用。

7）变量：设置文本的小型大写字母变量，在英文中，大写字母的字号一般比较大，可以采用“变量”中的“小型大写字母”设置，以缩小大写字母的相对大小。Dreamweaver不在“文档”窗口中显示该属性。Internet Explorer支持变量属性。

8）大小写：将选定内容中的每个单词的首字母大写或将文本设置为全部大写或小写。

9）颜色：设置文本颜色。

2. 背景设定

在“背景”选项对话框中可以设定如下属性。

1）背景颜色：选择固定颜色作为背景。

2）背景图像：单击“浏览”按钮可以选择一幅背景图像，也可以直接输入背景图像的路径及名称。

3）重复：在使用图像作为背景时，可以使用此项设置背景图像的重复方式，包括“不重复”、“重复”、“横向重复”和“纵向重复”。

4）附件：选择图像作为背景时，可以设定图像是否跟随网页一同滚动，可以选择“滚动”或者是“固定”。

5）水平位置：设置水平方向上的位置，可以是“左对齐”、“右对齐”和“居中”，也可以设置数值与单位结合标识位置的方式。

6）垂直位置：可以选择“顶部”、“底部”和“居中”，也可以设置数值与单位结合标识位置的方式。

3. 区块设定

在“区块”类别对话框中可以设置如下属性。

1）单词间距：设置英文单词之间的距离。用户可以使用默认的设置“正常”，也可以设置为数值和单位结合的形式。使用正值增加单词间距，使用负值为减小单词的间距。

2）字母间距：设置英文字母间距。使用正值为增加字母间距，使用负值为减小字母间距。

3）垂直对齐：设置对象的垂直相对对齐方式，包括基线、下标、上标、顶部、文本顶对齐、中线对齐、底部、文本底对齐、自定义的数值和单位结合形式。

4）文本对齐：设置文本的水平对齐方式，包括左对齐、右对齐、居中和两端对齐。

5）文字缩进：这是“区域”选项中最重要的项目，中文文字的首行缩进就是由此实现的。首先输入具体的数值，然后选择单位。文字缩进和字号设定要保持统一。例如，字号为 9pt，则两个字符的缩进数值应为 18pt。

6）空格：对源代码文字空格的控制，包括“正常”、“保留”和“不换行”选项。“正常”是忽略源代码文字之间的所有空格；“保留”是将保留源代码中所有的空格形式，包括由空格键、“Tab”键、“Enter”键创建的空格；“不换行”设置文字不自动换行。

7）显示：指定是否以及如何显示元素。

4. 边框设定

在“边框”类别对话框中可以进行如下属性设置。

1）样式：设定边框的样式，包括“无”、“虚线”、“点画线”、“实线”、“双线”、“槽状”、“脊状”、“凹陷”和“突出”。选择“全部相同”选项，则只需设置“上”的样式，其他方向样式与之相同。

2）宽度：设置 4 个方向边框的宽度。如果选中“全部相同”选项，其他方向设置与“上”相同。可以选择的宽度有“细”、“中”、“粗”，也可以输入数值。

3）颜色：设置对应边框的颜色。如果选择“全部相同”，则其他方向的设置都与“上”相同。

5. 扩展设定

CSS 样式还可以实现一些扩展功能，这些功能集中在“扩展”选项中。

1）分页：通过样式来为网页添加分页符号，但目前没有任何浏览器支持此项功能。

2）光标：通过样式改变鼠标指针形状，鼠标指针放在被此设置项修饰的区域上时，形状会发生改变。具体形状包括 hand（手）、crosshair（交叉十字）、text（文本选择符号）、wait（Windows 的沙漏形状）、Default（默认的鼠标形状）、help（带问号的鼠标）、e-resize（向东的箭头）、ne-resize（向东北的箭头）、n-resize（向北的箭头）、nw-resize（向西北的箭头）、w-resize（向西的箭头）、sw-resize（向西南的箭头）、s-resize（向南的箭头）、se-resize（向东南的箭头）和 auto（正常鼠标）。

3）过滤器：使用 CSS 语言实现的滤镜效果。

6.3.1　应用或删除样式

1. 应用 CSS 类样式

在文档中，选择要应用 CSS 样式的文本。这里的“文本”所指的范围可以是一个词或是整个段落，也可以是某个确切标签。选中文本后，执行下列操作之一即可将样式应用到文本中。

- 在 CSS 样式面板中，选择“所有”模式，用鼠标右键单击要应用的样式的名称，然后从弹出的菜单中选择“应用（套用）”。
- 在文本属性检查器中，从“样式”弹出的菜单中选择要应用的类样式。

- 在“文档”窗口中，用鼠标右键单击所选文本，在弹出菜单中选择“CSS 样式”，然后选择要应用的样式。

2. 从选定内容删除类样式

选择要删除样式的对象或文本，然后在“属性”面板的“样式”弹出菜单中选择“无”，即可将选定内容删除样式。

6.3.2 使用 Dreamweaver 示例样式表

用户可以将 Dreamweaver 提供示例样式表应用于页面，也可以使用它们作为起点来开发自己的样式。

1）在 CSS 样式面板中，单击“附加样式表”按钮。链接外部样式表如图 6-24 所示。

2）在“附加样式表”对话框中，单击最下面一行“范例样式表”（蓝色字体），弹出如图 6-25 所示的“范例样式表”对话框。

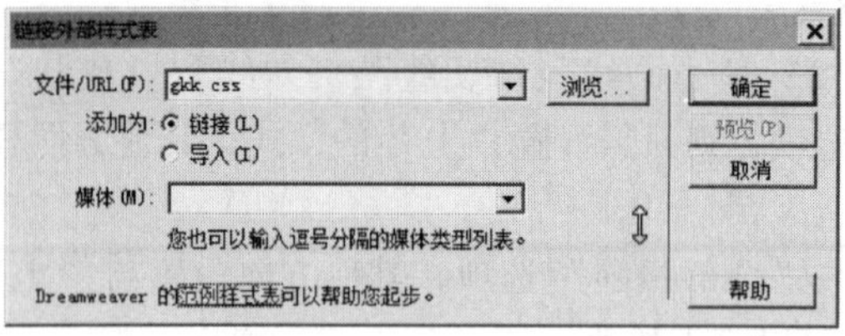

图 6-24 链接外部样式表

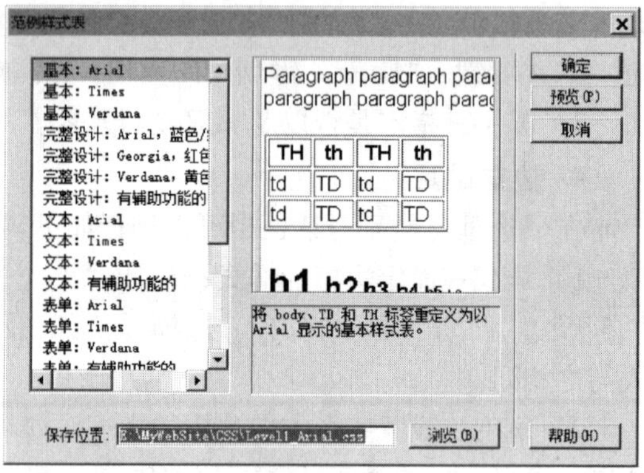

图 6-25 “范例样式表”对话框

3）在“范例样式表”对话框中，从列表框中选择样式表。在列表框中选择样式表的同时，“预览”窗格将显示所选样式表的文本和颜色格式。

4）单击“预览”按钮应用样式表，并确认是否将所需的样式应用到当前页面中。

说明： 默认情况下，Dreamweaver 将样式表保存在为页面定义的站点根下的名为“CSS”的文件夹中。如果该文件夹不存在，则 Dreamweaver 将创建它。用户可以单击“浏览”到其他文件夹，从而将文件保存在其他位置。

5）单击“确定”按钮，即可创建基于范例样式表的样式文件。

6.4 创建 AP 元素

6.4.1 AP 元素和“AP 元素”面板

AP 元素是 Adobe Dreamweaver CS5 版本新提出的概念，与以前版本中的“层”是对应的。AP 元素（绝对定位元素）是分配有绝对位置的 HTML 页面元素，具体地说，就是 div 标签或其他任何标签。AP 元素可以包含文本、图像或其他任何可放置到 HTML 文档正文中的内容。通过 Dreamweaver，可以使用 AP 元素来设计页面的布局。

用户可以将 AP 元素放置到其他 AP 元素的前后，隐藏某些 AP 元素而显示其他 AP 元素，以及在屏幕上移动 AP 元素。所有 AP 元素（不仅仅是绝对定位的 div 标签）都将在“AP 元素”面板中显示。

“AP 元素”面板用来管理文档中的 AP 元素。使用“AP 元素”面板可防止重叠，更改 AP 元素的可见性，嵌套或堆叠 AP 元素，以及选择一个或多个 AP 元素。

提示：

Dreamweaver 中的 AP 元素是分配有绝对位置的 HTML 页面元素，具体地说，就是 div 标签或其他任何标签。“AP 元素”面板不会显示相对定位的元素。

AP 元素将按照 Z 轴的顺序显示为一列名称；默认情况下，第一个创建的 AP 元素（Z 轴为 1）显示在列表底部，最新创建的 AP 元素显示在列表顶部。不过，可以通过更改 AP 元素在堆叠顺序中的位置来更改它的 Z 轴。例如，如果创建了 8 个 AP 元素并想将第 4 个 AP 元素移至顶部，则应为其分配一个高于其他 AP 元素的 Z 轴。

6.4.2 插入 AP Div

在“插入”工具栏的“布局”类别中，单击“绘制 AP Div”按钮。然后，在“文档”窗口的“设计”视图中，拖动以绘制一个 AP Div，如图 6-26 所示。

“设计”视图中会显示 AP 代码标记，若该标记没有出现，则打开“首选参数”对话框进行设置，如图 6-27 所示。通过周围的黑色调整柄拖动控制 AP 元素的大小，拖动左上角的选择柄可以移动 AP 元素的位置，单击 AP 元素标记可以选中一个 AP 元素。

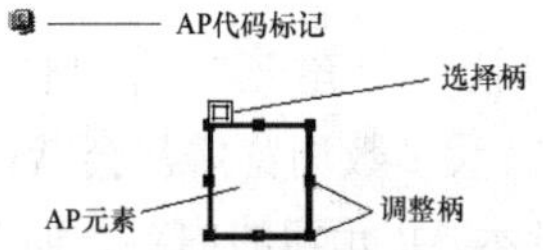

图 6-26 插入 AP 元素

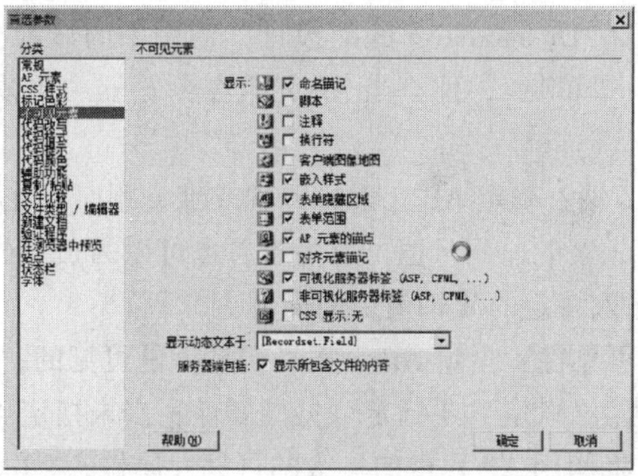

图 6-27 “首选参数”对话框

AP 元素中可以包含文本、图像或其他 HTML 文档。AP 元素使网页从二维平面拓展到三维。用户可以使页面上元素进行重叠和复杂的布局，如图 6-28 所示在 AP 元素中可以插入其他任何元素包括图片、文字、链接、表格等。

在页面编辑窗口中，可以绘制嵌套的 AP Div。确保在“AP 元素”面板中取消选择了“防止重叠”选项，然后在“插入”工具栏的“布局”类别中，单击“绘制 AP Div”按钮，按住“Alt”键同时，在已有的 AP 元素区域内拖动绘出嵌套的 AP 元素，如图 6-29 所示。

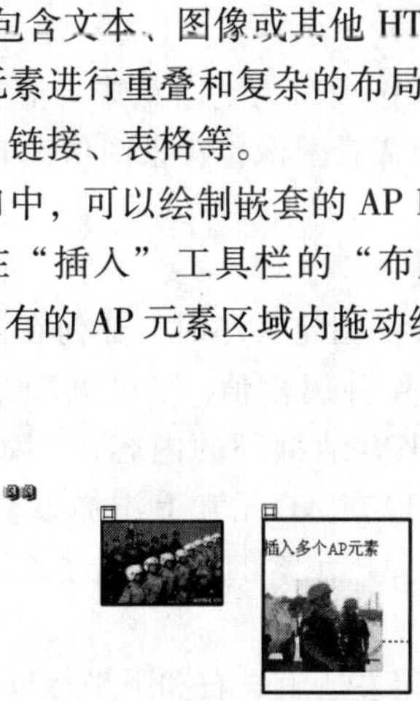

图 6-28 在 AP 元素中插入内容

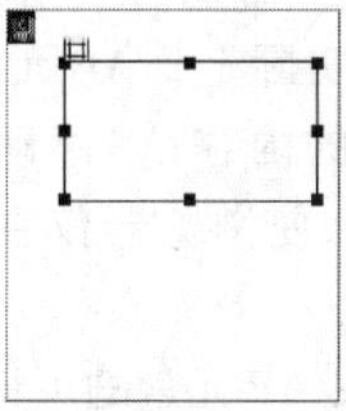

图 6-29 嵌套的 AP 元素

6.4.3 设置 AP 元素的属性

当选择一个 AP 元素时，“属性”面板将显示 AP 元素的属性。选择一个 AP 元素，在“属性”面板中，显示如图 6-30 所示的属性内容。

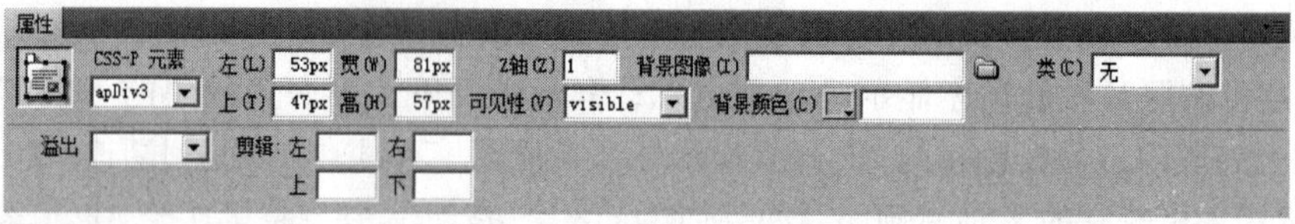

图 6-30 AP 元素的“属性”面板

AP 元素的属性设置有以下选项。

1）CSS-P 元素：为选定的 AP 元素指定一个 ID。此 ID 用于在“AP 元素”面板和 JavaScript 代码中标识 AP 元素。只应使用标准的字母数字字符，而不要使用空格、连字符、斜杠或句号等特殊字符。每个 AP 元素都必须有各自唯一的 ID。

2）左和上：指定 AP 元素的左上角相对于页面（如果嵌套，则为父 AP 元素）左上角的位置。

3）宽和高：指定 AP 元素的宽度和高度。如果 AP 元素的内容超过指定大小，AP 元素的底边，按照在 Dreamweaver 的“设计”视图中的显示会延伸以容纳这些内容。如果“溢出”属性没有设置为“可见”，那么当 AP 元素在浏览器中出现时，底边将不会延伸。位置和大小的默认单位为像素（px）。

4）Z 轴：确定 AP 元素的 Z 轴或堆叠顺序。在浏览器中，编号较大的 AP 元素出现在编号较小的 AP 元素的前面。值可以为正，也可以为负。当更改 AP 元素的堆叠顺序时，使用 AP 元素面板要比输入特定的 Z 轴值更为简便。

5）可见性：指定 AP 元素最初是否是可见的，共有“默认”、“继承”、“可见”、“隐藏”4 种属性值。“默认”不指定可见性属性；当未指定可见性时，大多数浏览器都会默认为“继承”，“继承”将使用 AP 元素的父级的可见性属性；“可见”将显示 AP 元素的内容，而与父级的值无关；“隐藏”将隐藏 AP 元素的内容，而与父级的值无关。

6）背景图像：指定 AP 元素的背景图像。单击文件夹图标，可浏览到一个图像文件并选择它。

7）背景颜色：指定 AP 元素的背景颜色。将此选项留为空白意味着指定透明的背景。如果既指定背景图像又定义了背景颜色，则将优先显示背景图像，背景图像没有覆盖的部分（例如 gif 图像的背景为透明色时）再显示背景颜色。

8）类：指定用于设置 AP 元素的样式的 CSS 类。

9）溢出：控制当 AP 元素的内容超过 AP 元素的指定大小时，如何在浏览器中显示 AP 元素，共有“可见”、“隐藏”、“滚动”、“自动”4 种属性值。“可见”是指显示超出 AP 宽高的对象的内容，实际上，AP 元素会通过延伸来容纳额外的内容；“隐藏”是指不在浏览器中显示超出部分的内容；“滚动”指定浏览器应在 AP 元素上添加滚动条，而不管是否需要滚动条；“自动”使浏览器仅在需要时（即当 AP 元素的内容超过其边界时）才显示 AP 元素的滚动条。

10）剪辑：定义 AP 元素的可见区域，用来指定左、上、右和下坐标以在 AP 元素的坐标空间中定义一个矩形（从 AP 元素的左上角开始计算）。AP 元素将经过“裁剪”以使得只有指定的矩形区域才是可见的。

6.4.4　AP 元素及面板的操作

1. 选择与激活 AP 元素

要在“文档”窗口中选择一个 AP 元素，可以采用以下操作之一：

- 用鼠标单击 AP 元素的选择柄。
- 用鼠标单击 AP 代码标记。
- 单击 AP 元素的边框。
- 按住“Ctrl + Shift”组合键在 AP 元素内部单击。
- 在 AP 元素内部单击，并按“Ctrl + A”组合键以选择 AP 元素的内容。再次按“Ctrl + A”组合键以选择 AP 元素。
- 在 AP 元素内部单击，并在标签选择器中选择其标签。

2. “AP 元素”面板的操作

通过“AP 元素”面板可以管理文档中的 AP 元素。使用“AP 元素”面板可防止重叠，更改 AP 元素的可见性，将 AP 元素嵌套或层叠，以及选择一个或多个 AP 元素。“AP 元素”面板可以通过菜单【窗口】/【AP 元素】命令打开，或按下“F2”键打开面板，如图 6-31 所示。

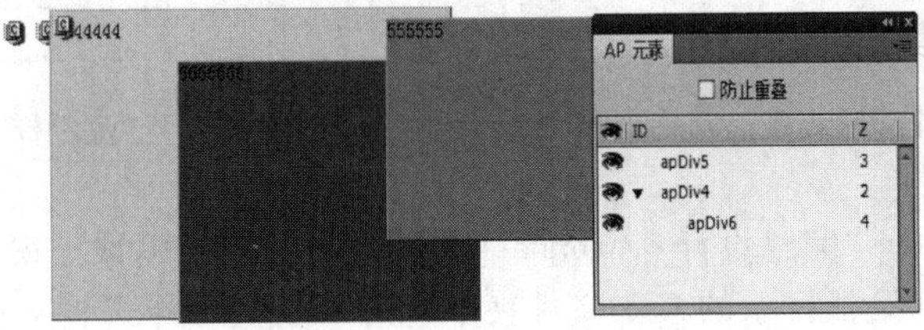

图 6-31　“AP 元素”面板

6.5　边学边做（应用 CSS 样式）

本节将设计一个具有完整色彩及格式化设定的页面实例，其中包括应用 CSS 的内容。本例主要运用了外部 CSS 样式表设计整体页面的色彩搭配，并且文本采用 Georgia 的统一页面设计。页面效果如图 6-32 所示。

通过本节实例的介绍，读者可以了解到 CSS 样式的强大功能和应用特点，它可以使设计者更加轻松地实现网站中网页的整体布局管理，使同一类型的网页具有同一种页面效果。下面详细介绍设计步骤。

1）新建一个 HTML 文档，按照如图 6-33 所示效果输入文字、表格等元素后按“Ctrl + S”组合键保存文档到网站路径位置。

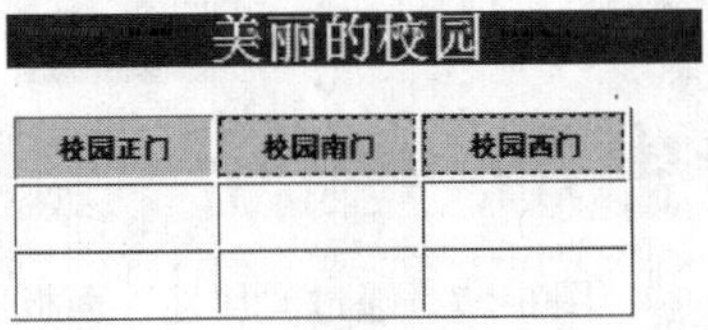

图 6-32　应用 CSS 样式页面效果图

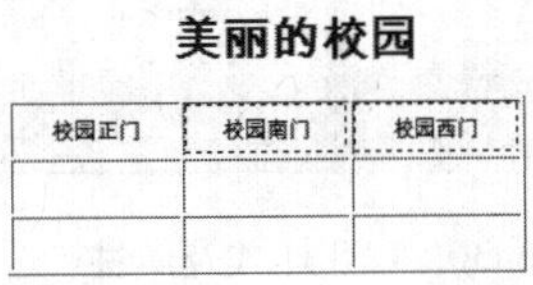

图 6-33　插入文字和表格

美丽的校园：格式为“标题1”，对齐方式为“居中”。

表格：三行、三列、边框为1、宽度为90%。

第一行文字：校园正门、校园南门、校园西门，全部为居中对齐。

2）选择菜单【窗口】/【CSS样式】命令，打开“CSS样式”面板，单击面板底部的“附加样式表”按钮，会弹出如图6-34所示的“链接外部样式表”对话框。

3）单击对话框底部的超链接“范例样式表”文字信息，即可弹出如图6-35所示的“范例样式表”对话框。

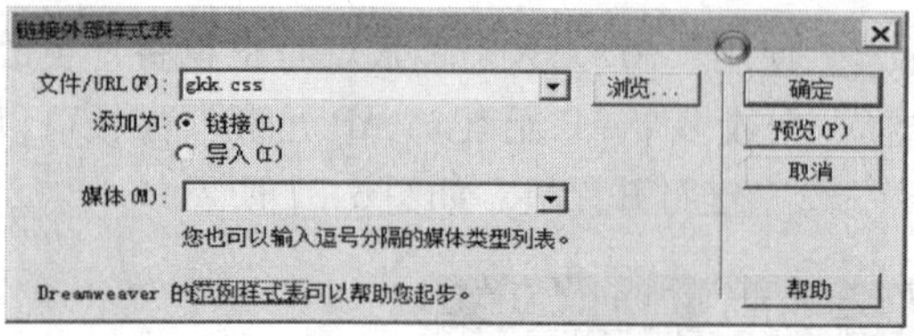

图6-34　“链接外部样式表”对话框

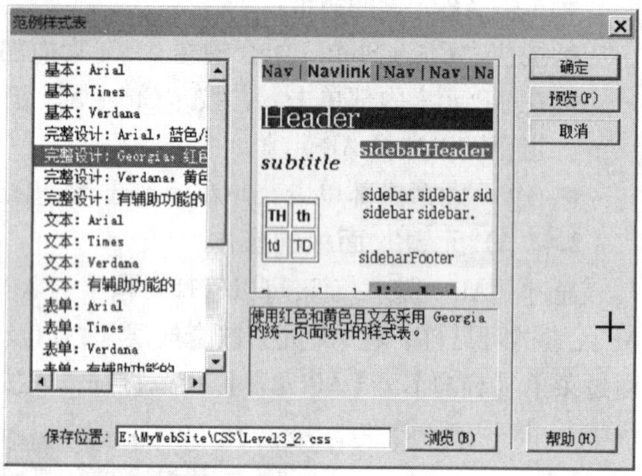

图6-35　“范例样式表”对话框

4）在对话框中选择“完整设计：Georgia”样式，对话框右侧预览视图中显示此样式效果，保存位置设定在当前网站根目录的CSS文件夹下，并以原CSS样式表文件命名，单击“确定”按钮。

5）此时，“CSS样式”面板的内容，如图6-36所示。单击样式名称左侧的“展开”（+）标记，则显示出所有的样式设定内容。

6）选择文字“美丽的校园”，单击“属性”面板的“样式”文本框边的下拉按钮，从弹出的下拉列表中选择“header”样式，如图6-37所示；选择表格第一行，单击“属性”面板的“样式”文本框边的下拉按钮，从弹出的下拉列表中选择“navLink”样式。

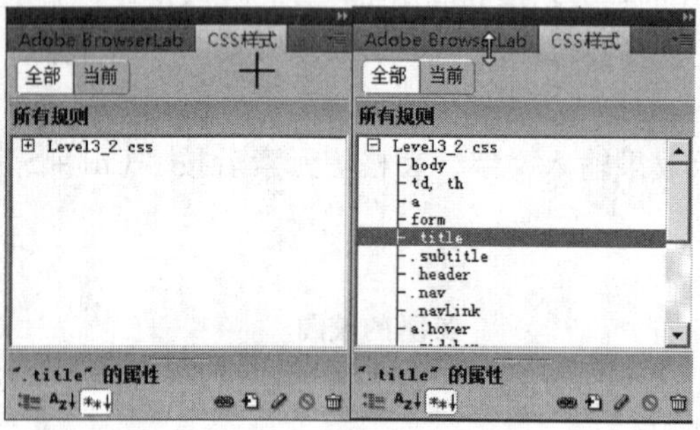

图6-36　CSS样式及属性

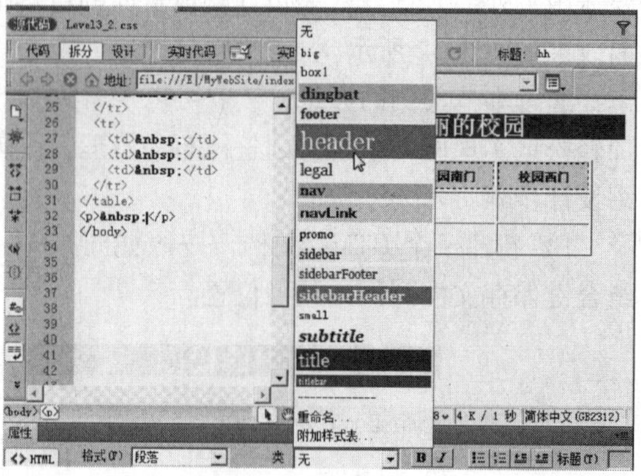

图6-37　通过“属性”面板选择样式

7）制作完成，保存文件，按“F12”键在浏览器中浏览页面效果，如图6-38所示。

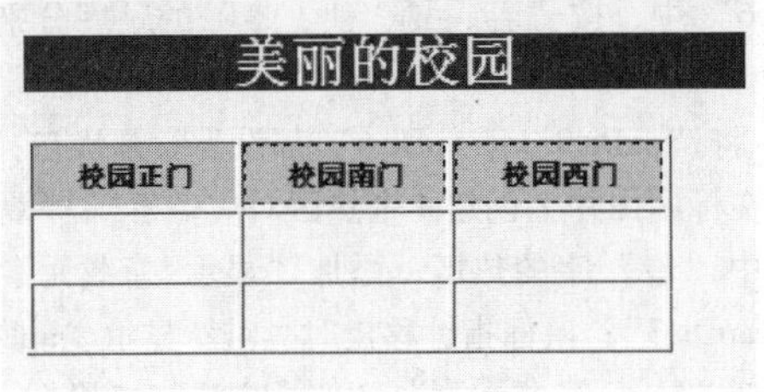

图 6-38　应用 CSS 样式

本 章 小 结

本章主要介绍了 CSS 样式功能，CSS 样式布局是网页布局的发展趋势，CSS 样式可以作为网页外观布局的主要手段。本章需要读者掌握的主要知识点包括如下内容：

1）CSS 样式的概念和 CSS 样式类型。

2）使用“样式”面板创建 CSS 样式的方法。

3）编辑和设置 CSS 样式属性的方法。

4）使用 AP 元素制作特殊的页面效果。

思考与练习

1. 对文档添加样式的方法有哪几种？各有什么优缺点？

2. 在新建的 HTML 文档中附加一个外部样式表文件，然后将样式表中的样式应用到文档中。在文档中创建几种新的 CSS 样式，并应用到文档中。

3. 综合运用本章和前面所学知识完成如下的实例：

如图 6-39 所示为网页初始效果，标有“春、夏、秋、冬”的标题下面是对应的 4 幅季节性风景小图片。当鼠标指针滑过某个文字区域时，如滑过“秋”字时图片切换，下面对应的秋季图片便以原始大小显示出来，如图 6-40 所示。

图 6-39　网页初始效果

图 6-40　鼠标滑过时切换图片

操作步骤提示：

1）准备好“春夏秋冬”标题图片和 4 幅对应的风景图片。

2）新建 HTML 文档，选择“绘制 apDiv”按钮，按下“Ctrl”键的同时，在窗口中创建 6 个 AP 元素。其中“apDiv1”在上方，其余在下面。

3）在“apDiv1”中插入标题图片。在“apDiv2”中插入 4 幅风景图片，并设定图片大小为 100 像素 ×

120像素。在“apDiv3”~“apDiv6”中，按“春、夏、秋、冬”的顺序分别插入4幅图片，以原始大小显示即可。

4）打开“AP元素”面板，将“apDiv3”~“apDiv6”都设为隐藏状态。

5）使用“矩形热点”工具在标题图片上创建4个热区对应“春”、“夏”、“秋”、“冬”。

6）打开“行为”面板。选中“春”字的热区，添加“显示-隐藏元素”动作，使鼠标指针滑过该热区时，隐藏“apDiv2”而显示“apDiv3”；鼠标指针移走时，重新显示“apDiv2”而隐藏“apDiv3”。

7）对其余3个字的热区添加“显示-隐藏元素”动作，方法与步骤6）相同。

第 7 章 应用行为与模板

本章将介绍 Dreamweaver 中另外两个主要功能，行为的应用与模板的应用。行为可以用于实现网页的动态效果，创建形式多样的动态效果，无需书写任何 JavaScript 代码，通过简单的可视化操作，设置按钮或选项即可。通过内置行为功能，可以方便实现客户端动态网页制作。

模板是一种特殊类型的文档，是网页的样板。本章将介绍模板的生成方法，以及基于模板创建网页的方法，通过模板创建的多个网页具有统一的外观效果，而且使用模板可以一次更新多个页面，从而提高了网页设计和页面更新等工作效率。

本章要点：

- 应用“行为”面板
- 为网页添加内置行为
- 模板区域的类型
- 创建模板
- 创建基于模板的网页
- 管理模板

7.1 行为及其使用方法

7.1.1 行为简介

在 Dreamweaver 中使用行为修饰 Web 站点的外观、增强 Web 站点的功能以及提高 Web 站点的吸引力。将这些行为附加到 Web 页的元素上，这类操作不需要了解 JavaScript 即可完成。Dreamweaver 自动将 JavaScript 代码放置在文档中，允许访问者与 Web 页进行交互，从而以多种方式更改页面或引起某些任务的执行。

Dreamweaver 提供大约二十多个行为动作，也可以通过第三方开发人员在站点上找到更多的动作。

行为是事件和由该事件触发的动作的组合。“事件”是触发动态效果的条件，是浏览器生成的消息，指示该页的访问者执行了某种操作。网页事件分为不同的种类：有的与鼠标相关，如鼠标放置在图像上、移出图像、单击图像等；有的和网页有关，如网页下载完毕、网页切换等。对于同一个对象，不同的浏览器支持的事件种类和多少是不一样的。高版本浏览器支持更多的事件。如果使用了只有高版本浏览器支持的事件，在低版本浏览器中是看不到行为效果的。

“动作”是由预先编写的 JavaScript 代码组成的，这些代码最终产生动态效果。例如，打开浏览器窗口、显示或隐藏层、播放声音等。

三者关系为：对象在发生设定事件的情况下，产生相应动作。例如，对于交换图像这一行为，可以用三要素来解释：图像（对象）在鼠标放置其上时（事件），更换为另外一幅图片（动作）。一般的动作是：改变某一个对象（原来的对象或者新对象）的属性。

7.1.2 “行为”面板

选择菜单【窗口】/【行为】命令，打开“行为”面板，如图7-1所示。

当鼠标选择某一个对象时，已附加到对象上的行为显示在“行为”面板列表中，行为按事件以字母顺序排列。如果同一个事件有多个动作，则将以在列表上出现的顺序执行这些动作。

行为面板包含以下选项。

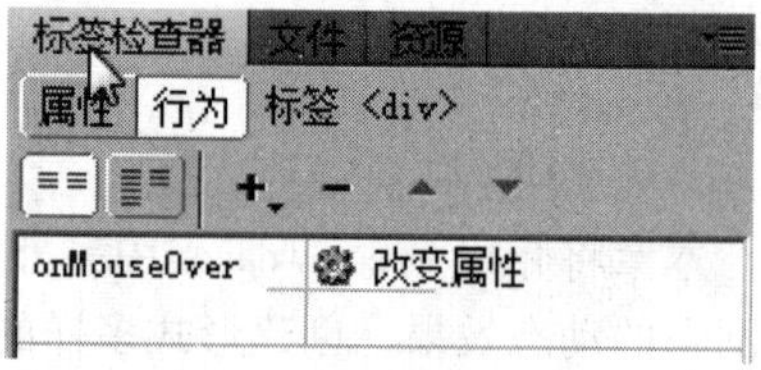

图7-1 “行为”面板

1）显示设置事件：仅显示附加到当前对象的那些事件。事件被分别划归到客户端或服务器端类别中。每个类别的事件都包含在可折叠的列表中。显示设置事件是默认的视图。

2）显示所有事件：按字母顺序显示属于特定类别的所有事件。

3）添加动作（+）：用来显示特定菜单，其中包含可以附加到当前选定元素的动作。当从该列表中选择一个动作时，将出现一个对话框，在此对话框中指定该动作的参数。

4）删除（-）：从行为列表中删除所选的事件和动作。

5）向上箭头和向下箭头按钮：在行为列表中上下移动特定事件的选定动作。对于不能在列表中上下移动的动作，箭头按钮将处于禁用状态。

6）事件：显示一个下拉菜单，其中包含可以触发该动作的所有事件，此菜单仅在选中某个事件时可见（当单击所选事件名称旁边的箭头按钮时显示此菜单）。根据所选对象的不同，显示的事件也有所不同。

7）显示事件：用来指定当前行为在哪个浏览器中起作用（这是“事件”菜单的子菜单）。在此菜单中进行的选择将确定“事件”菜单中显示哪些事件。

7.1.3 行为的应用方法

1. 添加行为

行为是为相应某个具体事件而采取的一个或多个动作。当指定的事件被触发时，将运行相应的JavaScript程序，执行相应的动作。所以，当创建行为时必须先指定一个动作，然后再指定触发动作的事件。具体操作步骤如下：

1）在页上选择一个元素，例如一个图像或一个链接。若要将行为附加到整个页，则在“文档”窗口底部左侧的标签选择器中单击<body>标签。

2）选择菜单【窗口】/【行为】命令，打开“行为”面板。

3）单击加号（+）按钮，并从“动作”弹出菜单中选择一个动作，如图7-2所示。

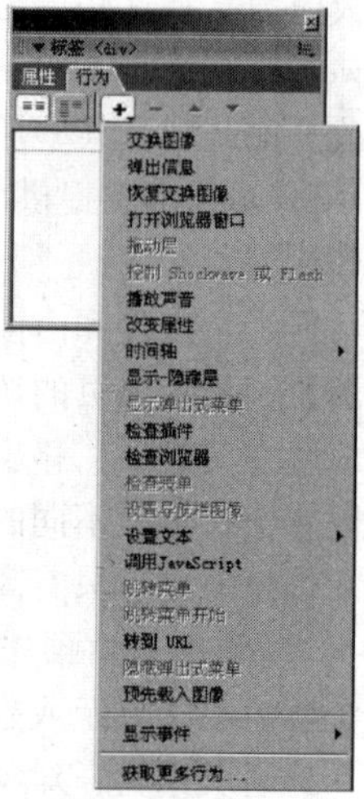

图7-2 行为菜单

提示：

菜单中灰显的动作不可选择。它们灰显的原因可能是当前文档中缺少某个所需的对象。例如，如果文档不包含Shockwave或Flash SWF文件，则“控制Shockwave或Flash”动作为灰显。如果所选的对象无可用事件，则所有动作都灰显。

4）当选择某个动作时，将出现一个对话框，显示该动作的参数和说明。为该动作输入参数，然后单击“确定”按钮。

5）触发该动作的默认事件显示在“事件”栏中。如果这不是需要的触发事件，则可从“事件”弹出菜单中选择另一个事件（若要打开“事件”弹出菜单，则可在“行为”面板中选择一个事件或动作，然后单击显示在事件名称和动作名称之间的向下的黑色箭头）。

2. 更改行为

在附加了行为之后，可以更改触发动作的事件、添加或删除动作以及更改动作的参数。选择一个附加有行为的对象。在“行为”面板中，多个行为按事件以字母的顺序显示在面板上。如果同一个事件有多个动作，则以执行的顺序显示这些动作。

根据需要可以执行下列操作之一：

1）编辑动作的参数，双击该行为名称或将其选中并按“Enter”键，然后更改对话框中的参数并单击“确定”按钮。

2）更改给定事件的多个动作的顺序，选择某个动作，然后单击上、下箭头按钮。或者选择该动作然后剪切它，并将它粘贴到其他动作中所需的位置。

3）删除某个行为，将其选中然后单击减号（-）按钮或按“Delete”键。

7.2 应用内置行为

7.2.1 调用 JavaScript 行为

使用“行为”面板的“调用 JavaScript”动作，可用来指定当发生某个事件时应该执行的自定义函数或 JavaScript 代码行。

下面举例说明如何使用“调用 JavaScript”动作。例如，当鼠标单击一幅图片时产生行为动作，即弹出一个提示窗口，窗口内显示“正门真好!”的信息，如图 7-3 所示。实现此效果的操作方法如下。

1）将一段 JavaScript 代码程序封装在一个函数 great（）中，代码内容如下：

```
<script language="JavaScript">
function great(){
  alert("正门真好!");
}
</script>
```

2）选择图片对象，并打开“行为”面板（或按“Shift + F3”组合键）。

3）单击加号（+）按钮，并从“动作”弹出菜单中选择“调用 JavaScript”。

4）在弹出的“调用 JavaScript”对话框中，如图 7-4 所示，准确输入要执行的函数的名称 great（）。

图 7-3 弹出窗口效果

图 7-4 提示窗口

提示：

在对话框的文本框中可以准确输入一个函数的名称，也可以直接输入要执行的 JavaScript 代码。例如，若要创建一个“后退”按钮，则可以在 JavaScript 文本框中直接输入“if (history. length >0) {history. back ()}”。

5）单击“确定”按钮。

6）检查默认事件是否是所需的事件 onClick ( )。如果不是，则从弹出菜单中选择。如果未列出所需的事件，则在“显示事件”弹出菜单中更改目标浏览器。

7.2.2 转到 URL 行为

“转到 URL”动作在当前窗口或指定的框架中转到一个新页面。此操作尤其适用于通过一次单击更改两个或多个框架的内容。

使用“转到 URL”动作，执行的操作如下：

1）选择一个对象并打开“行为”面板。

2）单击加号（+）按钮并从“动作”弹出菜单中选择“转到 URL”，会弹出如图 7-5 所示的“转到 URL”对话框。

图 7-5 “转到 URL”对话框

3）从“打开在”列表中选择 URL 的目标。“打开在”列表自动列出当前框架集中所有框架的名称以及主窗口。如果没有任何框架，则主窗口是唯一的选项。

4）单击 URL 文本框后的“浏览”按钮，选择要打开的文档，或在“URL”文本框中输入该文档的路径和文件名。注意：如果输入一个网址，必须以 http 开头完整填写。

5）单击“确定”按钮，并检查默认事件是否是所需的事件。

7.2.3 打开浏览器窗口行为

使用“打开浏览器窗口”行为在一个新的窗口中打开 URL。用户可以指定新窗口的属性（包括其大小）、特性（它是否可以调整大小、是否具有菜单栏等）和名称。例如，单击缩略图时，在一个单独的窗口中打开一个较大的图像，并使新窗口与该图像恰好一样大。

使用“打开浏览器窗口”动作，可以按照以下操作执行。

1）选择一个对象并打开“行为”面板。

2）单击加号（+）按钮，并从“动作”弹出菜单中选择“打开浏览器窗口”，会弹出如图 7-6 所示的“打开浏览器窗口”对话框。

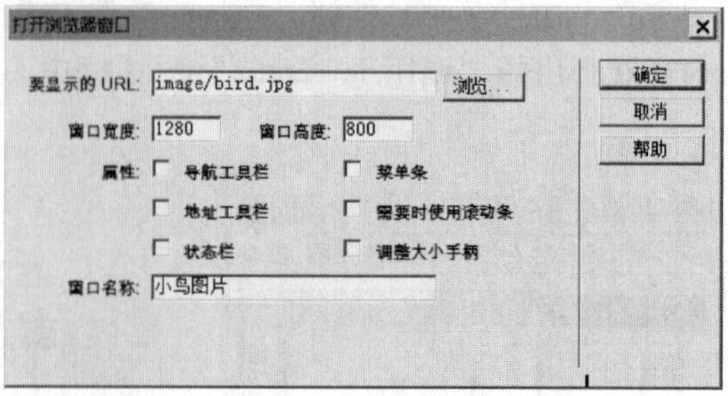

图 7-6 “打开浏览器窗口”对话框

3）单击“浏览”按钮，选择一个文件，或输入要显示的 URL。

4）设置以下任一选项。

- 窗口宽度：用来指定窗口的宽度（以像素为单位）。
- 窗口高度：用来指定窗口的高度（以像素为单位）。
- 导航工具栏：一行浏览器按钮（包括“后退”、“前进”、“主页”和“重新载入”）。

- 地址工具栏：一行浏览器选项（包括地址文本框）。
- 状态栏：位于浏览器窗口底部的区域，在该区域中显示消息（例如，剩余的载入时间以及与链接关联的 URL）。
- 菜单栏：浏览器窗口上显示的菜单区域。
- 需要时使用滚动条：用来指定如果内容超出可视区域应该显示滚动条。
- 调整大小手柄：用来指定用户应该能够调整窗口的大小，方法是拖动窗口的右下角或单击右上角的“最大化”按钮。
- 窗口名称：新窗口的名称。如果要通过 JavaScript 使用链接指向新窗口或控制新窗口，则应该对新窗口进行命名。此名称不能包含空格或特殊字符。

5）单击“确定”按钮，并检查默认事件是否是所需的事件。

提示：

如果不指定该窗口的任何属性，在打开时它的大小和属性与打开它的窗口相同。指定窗口的任何属性都将自动关闭所有其他未显式打开的属性。例如，不为窗口设置任何属性，它将以 1280 像素 ×800 像素的大小打开并具有导航条、地址工具栏、状态栏和菜单栏。若将宽度显式设置为 1280 像素、将高度设置为 800 像素，并不设置其他属性，则该窗口将以 1280 像素 ×800 像素的大小打开，并且不具有任何导航条、地址工具栏、状态栏、菜单栏、调整大小手柄和滚动条。

7.2.4　应用弹出信息行为

“弹出信息”行为显示一个包含指定消息的 JavaScript 警告。因为 JavaScript 警告对话框只有一个按钮（“确定”），所以使用此行为可以提供用户信息，但不能为用户提供选择操作。

为页面设置一个弹出消息行为的示例操作如下：

1）选择对象，然后从“行为”面板的“动作”菜单中选择“弹出消息”命令。

2）在“弹出信息”对话框中输入消息，如图 7-7 所示。

图 7-7　设置“弹出信息”对话框

提示：

可以在文本中嵌入任何有效的 JavaScript 函数调用、属性、全局变量或其他表达式。若要嵌入一个 JavaScript 表达式，则将其放置在大括号（{}）中。若要显示大括号，则在前面加一个反斜杠（\ {）。例如：该页面完整地址为 {window. location}，今天是 {new Date ( )}。

3）单击“确定”按钮，验证默认事件是否正确。如果不正确，则选择另一个事件或在“显示事件”子菜单中更改目标浏览器。

7.2.5　显示-隐藏元素行为

“显示-隐藏元素”行为用于显示、隐藏或恢复一个或多个元素的默认可见性。此动作用于在用户与页进行交互时显示信息。

下面举例说明使用“显示-隐藏元素”行为的操作方法。例如，当用户将鼠标指针在文字“主楼”上时，显示对应的主楼图片；当鼠标离开“主楼”时，图片隐藏。效果如图 7-8 所示。

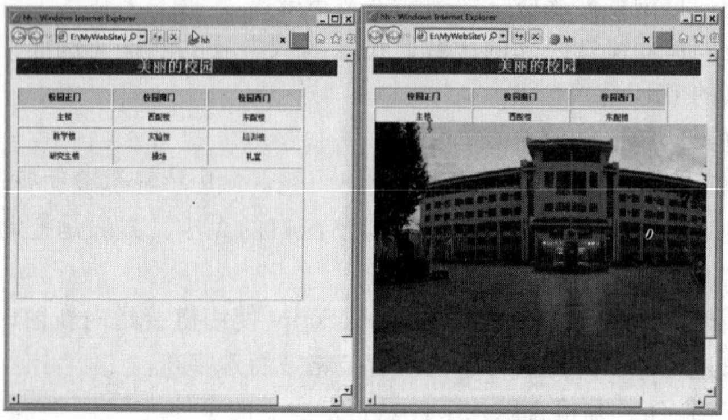

图 7-8 “显示-隐藏元素”效果

操作方法如下：

1）新建文档（或者使用原来制作好的网页），输入中文文字“主楼”。

2）在网页中创建一个 AP 元素，设定元素 ID 为“zhulou”，并在该元素中插入图片，设定图片大小为合适大小，并设定图像 ID 为“zhuloupic”（在 7.2.6 节交换图像行为中可用）。

3）选中 AP 元素“zhulou”，在“属性”面板中将元素的“可见性”设为“Hidden”属性，隐藏图片所在的元素区。

4）选中中文“主楼”，在“行为”面板中单击加号（+）按钮，选择菜单中的“显示-隐藏元素”，弹出“显示-隐藏元素”对话框。

5）单击对话框中的“显示”按钮将元素“zhulou”设为“显示”，如图 7-9 所示，然后单击“确定”按钮。

6）在“行为”面板中，将该动作的触发事件名称设定为 onMouseOver。

7）继续为文字“主楼”添加隐藏层的动作，单击加号（+）按钮，选择菜单中的“显示-隐藏元素”，在弹出的“显示-隐藏元素”对话框中，将元素“zhulou”设为“隐藏”，并单击“确定”按钮。

8）在“行为”面板中，将该动作的触发事件名称设定为 onMouseOut。对图片设置行为后，“行为”面板的内容如图 7-10 所示。

图 7-9 设置“显示-隐藏元素”对话框

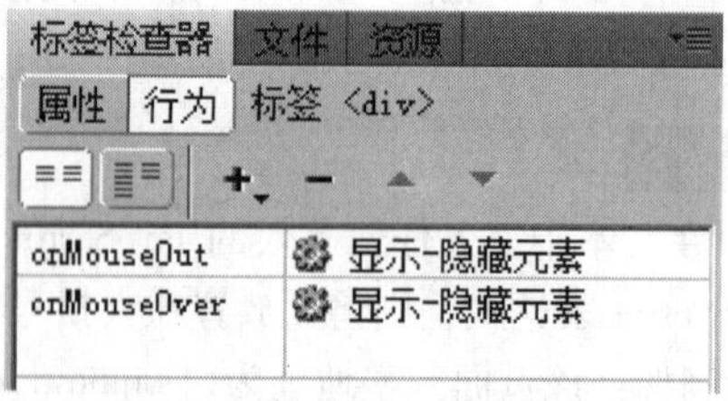

图 7-10 添加的行为内容

9）保存文档，按“F12”键预览网页，测试行为效果。

7.2.6 交换图像行为

“交换图像”行为通过更改 img 标签的 src 属性将一个图像和另一个图像进行交换。使用此动作创建按钮鼠标经过图像和其他图像效果（包括一次交换多个图像）。鼠标经过图像会自动将一个“交换图像”行为添加到页面中。

应用“交换图像”行为的操作方法如下：

1）插入一个图像。在“属性”面板中，为该图像设定一个ID名称（此例中为“chua”），以便在设置多幅图片交换动作时，更好地区分它们。

2）选中将交换的图像，并打开“行为”面板。

3）单击加号（+）按钮并从“动作”弹出菜单中选择“交换图像”。弹出如图7-11所示的“交换图像”对话框。

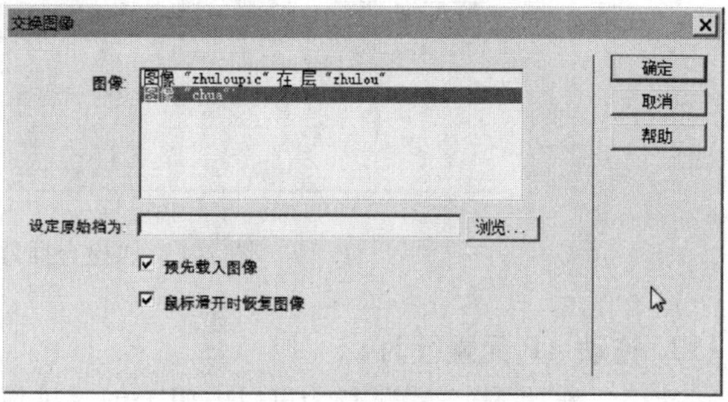

图7-11　“交换图像”对话框

4）在对话框中，从“图像”列表中，选择要更改其源的图像。单击“浏览”按钮选择新图像文件，或在“设定原始档为”文本框中输入新图像的路径和文件名。注意此处有两个图像，zhuloupic和chua，需要对chua进行交换图像的操作（图7-11中选灰的元素）。

5）选择“预先载入图像”选项，在载入页时将新图像载入到浏览器的缓存中。这防止当图像该出现时由于下载而导致的延迟。选中“鼠标滑开时恢复图像”选项。

6）单击“确定”按钮，并检查和设置事件。

“恢复交换图像”动作将最后一组交换的图像恢复为它们以前的源文件。每次将“交换图像”动作附加到某个对象时都会自动添加该动作；如果在“交换图像”时选择了“鼠标滑开时恢复图像”选项，就不再需要手动选择“恢复交换图像”动作。

7.2.7　其他行为

本节将简单介绍Adobe Dreamweaver CS5自带的其他行为。

1. 改变属性行为

使用“改变属性”行为更改对象某个属性的值，例如层的背景颜色或表单的动作。一般来说，熟悉HTML和JavaScript的设计者才使用此动作。

在打开的“行为”面板的“动作”弹出菜单中选择“更改属性”，弹出如图7-12所示的“改变属性”对话框。在对话框中选择改变的元素类型，然后选择改变的元素ID，选择属性，或者输入新的属性名称（建议选择属性），设定选自属性的新的值。设定完毕后，单击“确定”按钮即可。注意：通过对某一个对象添加“改变属性”行为，可以对其他任何元素的属性进行修改。

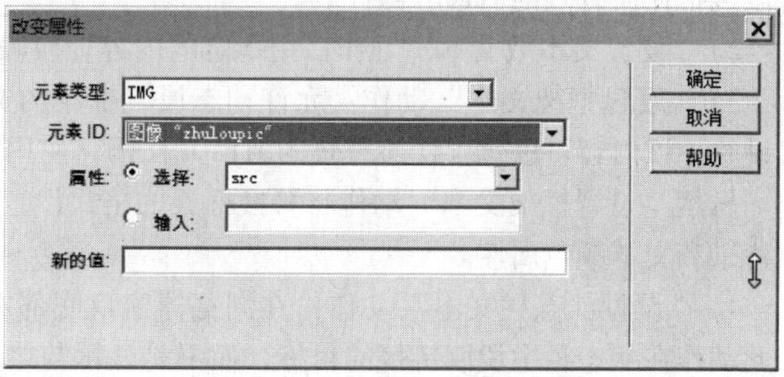

图7-12　“改变属性”对话框

2. 检查插件行为

使用“检查插件”行为根据访问者是否安装了指定的插件这一情况将它们转到不同的页。例如，让安装有Shockwave的访问者转到一页，让未安装该软件的访问者转到另一页。不能使用JavaScript在Internet Explorer中检测特定的插件。但是，选择Flash或Director会将相应的VBScript代码添加到页上，以便在Internet Explorer中检测这些插件。图7-13所示为“检查插件”对话框。

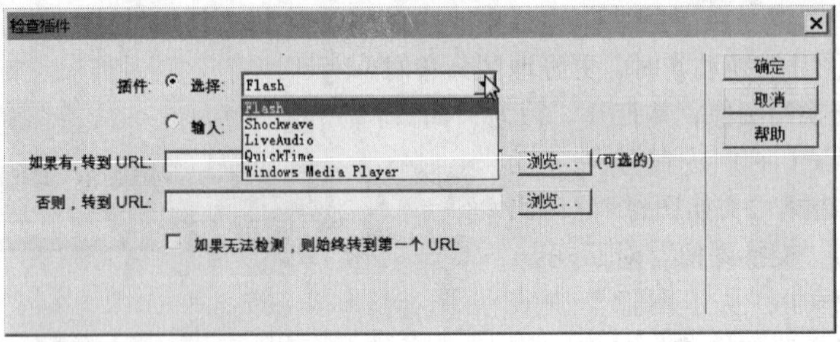

图 7-13 “检查插件”对话框

3. 拖动 AP 元素行为

使用“拖动 AP 元素”行为可以应用于创建拼板游戏、滑块控件和其他可移动的界面元素。在“拖动 AP 元素”对话框中，可以指定访问者向哪个方向拖动 AP 元素（如水平、垂直或任意方向），访问者应该将 AP 元素拖动到的目标和其他更多的选项。

在 7.5 节中介绍的实例创作就应用了拖动 AP 元素行为方式，读者可以参考实例进行练习。

4. 预先载入图像行为

“预先载入图像”行为将不会立即出现在页上的图像（例如那些将通过行为或 JavaScript 换入的图像）载入浏览器缓存中。这样可防止当图像应该出现时由于下载而导致延迟。

“交换图像”动作自动预先载入当您在“交换图像”对话框中选择“预先载入图像”选项时所有高亮显示的图像，因此当使用“交换图像”时不需要手动添加预先载入图像。

5. 设置文本行为

使用“设置文本”行为包括“设置容器的文本”、“设置文本域文本”、“设置框架文本”和“设置状态栏文本”4 种动作方式。

1）“设置容器的文本”动作：用指定的内容替换页上现有容器的内容和格式设置。该内容可以包括任何有效的 HTML 源代码。

2）“设置文本域文本”动作：用指定的内容替换表单文本域的内容。

3）“设置框架文本”动作：允许动态设置框架的文本，用指定的内容替换框架的内容和格式设置。该内容可以包含任何有效的 HTML 代码。使用此动作动态显示信息。

虽然“设置框架文本”动作将替换框架的格式设置，但可以选择“保留背景颜色”，以保留页背景和文本颜色属性。

4）“设置状态栏文本”动作：在浏览器窗口底部左侧的状态栏中显示消息。例如，可以使用此动作在状态栏中说明链接的目标，而不是显示与之关联的 URL。

6. 跳转菜单行为

跳转菜单行为只有在文档窗口中选择一个跳转菜单后才能使用。使用菜单【插入】/【表单对象】/【跳转菜单】命令创建跳转菜单。

可以通过以下两种方式中的任意一种编辑现有的跳转菜单。

1）通过在“行为”面板中双击现有的“跳转菜单”动作编辑和重新排列菜单项、更改要跳转到的文件以及更改这些文件在其中打开的窗口。

2）通过选择该菜单并使用属性检查器中的“列表值”按钮，在菜单中编辑这些项，就象在任何菜单中编辑项一样。

7.3　创建模板和基于模板的网页

7.3.1　模板区域的类型

设计模板时，指定在基于模板的文档中哪些内容是用户“可编辑的”，即区分可编辑区和不可编辑区。不可编辑区的内容是不可改变的，通常为标题栏、网页框架结构、导航栏、网页图标等。可编辑区的内容可以改变，通常为具体的文字和图像内容。从模板创建的文档与该模板保持连接状态。用户可以修改模板并立即更新基于该模板的所有文档中的设计。

将文档另存为模板以后，文档的大部分区域就被锁定。用户在模板中插入可编辑区域或可编辑参数，从而指定在基于模板的文档中哪些区域可以编辑。

在 Dreamweaver 中共有 4 种类型的模板区域。

1. 可编辑区域

可编辑区域是基于模板的文档中未锁定的区域，也就是模板用户可以编辑的部分。用户可以将模板的任何区域指定为可编辑的。要使模板生效，其中至少应该包含一个可编辑区域，否则基于该模板的页面是不可编辑的。

2. 重复区域

重复区域是文档布局的一部分。设置该部分可以使用户在必要时基于模板的文档中添加或删除重复区域的副本。例如，可以设置重复一个表格行。重复部分是可编辑的，这样，模板用户可以编辑重复元素中的内容，而设计本身则由用户控制。用户可以在模板中插入的重复区域有两种：重复区域和重复表格。

3. 可选区域

可选区域是模板中放置内容（如文本或图像）的部分。该部分在文档中既可以出现，也可以不出现。在基于模板的页面上，模板用户通常控制是否显示内容。

4. 可编辑标签属性

可编辑标签属性用于对模板中的标签属性解除锁定，这样便可以在基于模板的页面中编辑相应的属性。例如，可以“锁定”出现在文档中的图像，而允许模板用户将对齐设置为“左对齐”、“右对齐”或“居中”。

提示：

创建模板时，可编辑区域和锁定区域都可以更改。而在基于模板的文档中，模板用户只能在可编辑区域中进行更改，不能修改锁定区域。

7.3.2　创建模板

模板的制作方法与普通网页一样，只是在制作完成后要定义可编辑区。模板既可以通过直接定义来创建，也可以将普通网页另存为模板，前者在实际应用中更为普遍。在插入可编辑区域之前，将要插入该区域的文档另存为模板。创建模板实例的操作如下：

1）在将要插入模板的文档中，选择菜单【文件】/【另存为模板】命令，会打开“另存模板”对话框，如图 7-14 所示。选择一个用来保存模板的站点，然后在“另存为”文本框中输入一个名称。

2）单击“保存”按钮。Dreamweaver 将模板文件以文件扩展名 dwt 保存在站点的本地根文件夹中的 Templates 文件夹中。如果该 Templates 文件夹在站点中尚不存在，则在新建模板时自动创建该文件夹。

3）在文档编辑窗口中，选择作为可编辑的区域（可以用窗口底部的标签选择器选择）。然后选择“插入”工具栏中的“常用”类别，单击其中的“模板”下拉箭头，弹出如图7-15所示的内容。

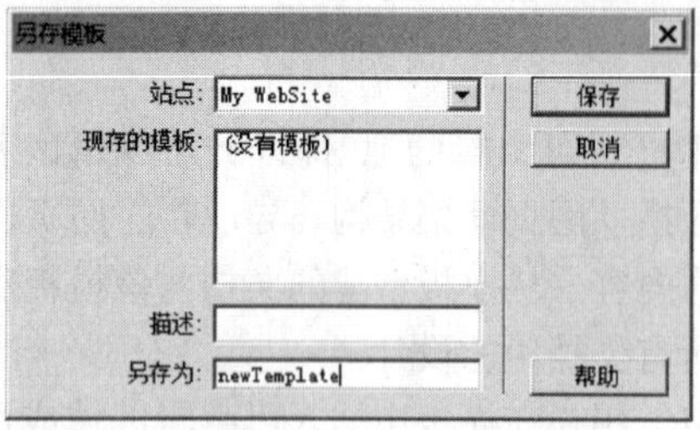

图7-14 “另存模板”对话框

图7-15 “模板”菜单栏

4）选择“可编辑区域”按钮，会弹出“新建可编辑区域”对话框，如图7-16所示。在对话框中输入名称后，单击“确定”按钮，即可定义一个可编辑区（可以在一个模板中定义不同的多个可编辑区，则由此生成的网页就会有多处不同的页面效果）。

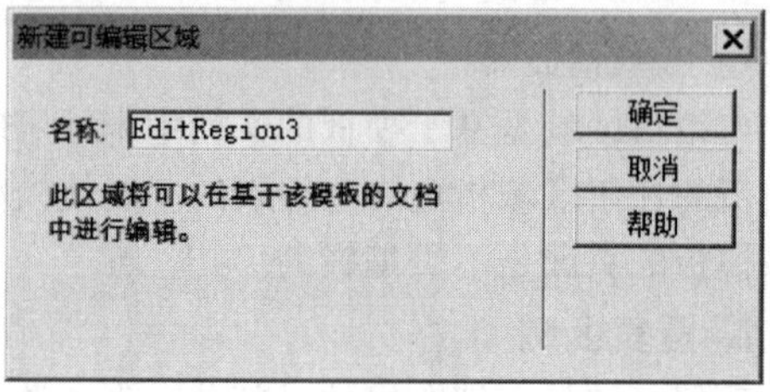

图7-16 “新建可编辑区域”对话框

7.3.3 创建基于模板的网页

使用模板创建网页的方法可以由模板直接新建网页，也可以将模板应用于已经存在的网页，使之成为基于该模板的网页效果。

1. 由模板新建网页

直接由模板创建新网页的方法很简单，方法如下：选择菜单【文件】/【新建】命令，打开“新建文档”对话框，如图7-17所示。选择左侧“模板中的页”类型，然后从对话框中的“站点”列表中选择一个站点，在站点模板列表中选择一个模板文件，此时对话框右侧则显示出该模板的缩略图效果。用户可选中“当模板改变时更新页面”复选框。单击“创建”按钮，即可创建一个新的基于模板的页面文档。

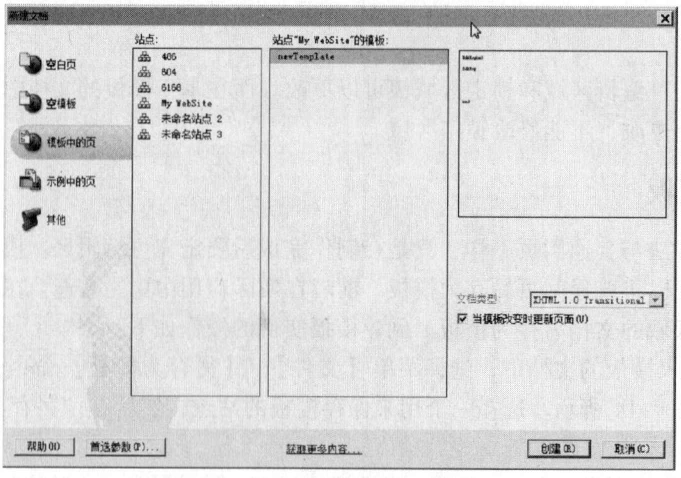

图7-17 “新建文档”对话框

2. 将模板应用于已有的网页

用户可以将模板套用在一个已经制作好的网页上。首先打开要套用模板的网页，选择菜单【修改】/【模板】/【应用模板到页】命令，弹出如图 7-18 所示的“选择模板”对话框。

在该对话框的“站点”下拉列表中可以选择模板来源站点，可以套用不同的站点模板；在“模板”列表中选择要套用的模板，然后单击“选定”按钮，随后会弹出如图 7-19 所示的对话框用于设定可编辑区域。

提示：

除了用菜单命令方式将模板应用于文档，还可以用“资源”模板选中某个模板，然后单击面板底部的“应用”按钮，或将模板从“资源”面板中直接拖到文档窗口中，随即会弹出“不一致的区域名称”对话框。

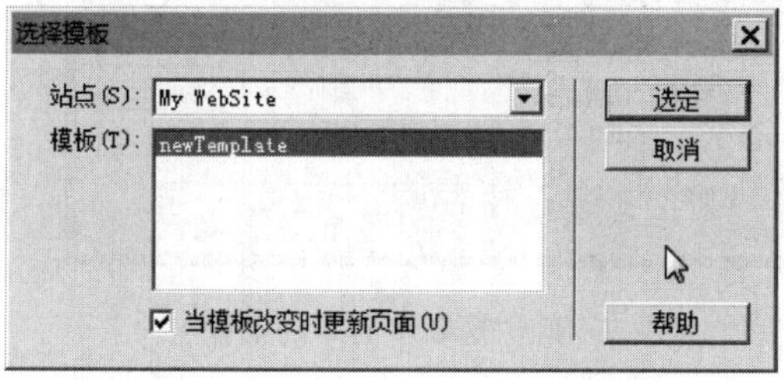

图 7-18　“选择模板”对话框

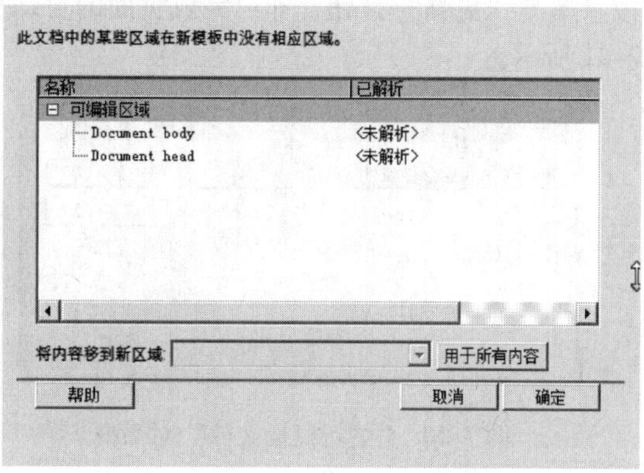

图 7-19　给网页内容分配可编辑区域

该对话框主要用于为网页上的内容分配可编辑区域。列表中显示了打开文档中的某些区域在套用模板中没有相应区域，选中未分配的可编辑区域内容（如 Document body），在“将内容移到新区域”后的下拉列表中选择对应的可编辑区域（如 EditRegion1），然后单击“确定”按钮，已有的网页就套用了模板。

7.4　管理模板

7.4.1　从模板中分离文档

若要更改基于模板的文档的锁定区域，必须将该文档从模板中分离。将文档分离之后，整个文档都将变为可编辑的。

从模板分离文档的操作如下：打开要分离的基于模板的文档。选择菜单【修改】/【模板】/【从模板中分离】命令，文档被从模板中分离，所有模板代码都被删除。

7.4.2　在基于模板的文档中编辑内容

在 Dreamweaver 中可以首先创建模板，然后创建基于模板的网页。这些网页中部分区域是不能编辑的，称为锁定区。有些区域则是可编辑的，称为可编辑区。在编辑窗口中，当鼠标指针滑过网页的锁定区域时，鼠标指针为禁止状态（⊘）；而滑过可编辑区域时，可以在插入点输入新的内容。使用模板的最大好处就在于，当修改模板时，基于该模板创建的所有网页可以一次更新，这就大大提高了网页更新维护的效率。

提示：

当禁用高亮显示时，在基于模板的文档中编辑锁定区域，鼠标指针将更改，表示不能在锁定区域内单击。用户也可以在基于模板的文档中修改属性，并编辑重复区域的项目。

7.4.3　更新模板文件

模板的高效性不仅在于创建网页时的批量处理，更体现在修改网页的时候。对模板进行修改之后，可以将模板的修改应用于所有基于该模板生成的网页中。修改一个模板后，单击“标准”工具栏中的“保存”按钮，会弹出如图7-20所示的“更新模板文件”对话框。

在该对话框的列表中显示了所有基于此模板创建的文件，提示是否更新这些文件使用的模板。单击“更新”按钮，即可完成页面的自动更新，系统自动弹出“更新页面”对话框，如图7-21所示。

图7-20　“更新模板文件”对话框

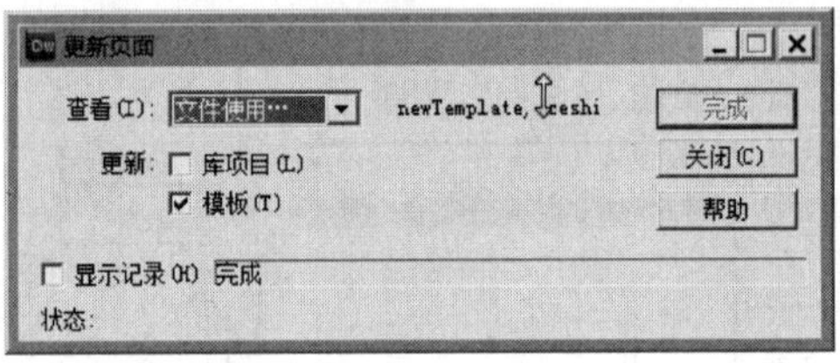

图7-21　“更新页面”对话框

在此对话框中可以进一步选择需要更新的站点文件，单击“开始”按钮，系统开始对选定范围的模板生成网页进行更新。状态栏会显示检查文件数、更新文件数等信息。更新完毕后，单击“关闭”按钮，结束操作。

若不直接保存更新后的模板，也可以在修改完模板后，选择菜单【修改】/【模板】/【更新页面】命令，弹出“更新页面”对话框。

7.5　边学边做（制作行为动态网页和基于模板的网页）

本节主要介绍两个实例，一个是设计制作基于行为的“购物袋”动态网页特效；另一个是应用模板功能实现批量制作具有相似风格的多个网页文件。

7.5.1　制作基于行为的“购物袋”动态网页

本例实现的效果描述为：当用户打开这个网页时，页面显示的是一个大的购物袋和一些物品的图片，其中这些物品是可以被拖动的。当用户把这些物品拖至购物袋上面时，物品被隐藏，而只显示购物袋，像是将物品装入了购物袋中。本实例的初始效果如图7-22所示。

读者在跟着实例进行操作时，可以了解和体会使用AP元素和行为的方法。具体操作步骤如下：

1）在Dreamweaver中，新建一个HTML文档，在“文档”工具栏的“标题”文本框中输入网页标题“制作购物袋”。然后单击“标准”工具栏中的“保存”按钮，将该文件保存在当前站点中。

2）在文档窗口中输入“请您购物”文本，然后新建一个样式“biaoti”，设定“字体”为

“华文新魏”；“文字大小”为50；“文字颜色”为“深蓝色”，属性设置如图7-23所示。选中文本“请您购物”，应用类“biaoti”。

图7-22 “购物袋”实例效果

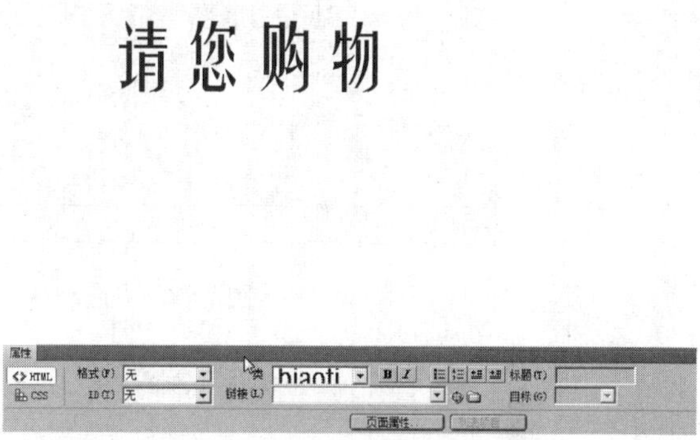

图7-23 设置文本属性

3）选择“插入”工具栏中的“布局”类别，单击“绘制apDiv”按钮。按住“Ctrl”键的同时，在文档窗口中拖出5个AP元素，选中所有AP元素的效果，如图7-24所示。选中最左侧的“apDiv1”，并在“属性”面板中进行设置，将“Z轴”设为“6”，以确保其Z轴值最大。

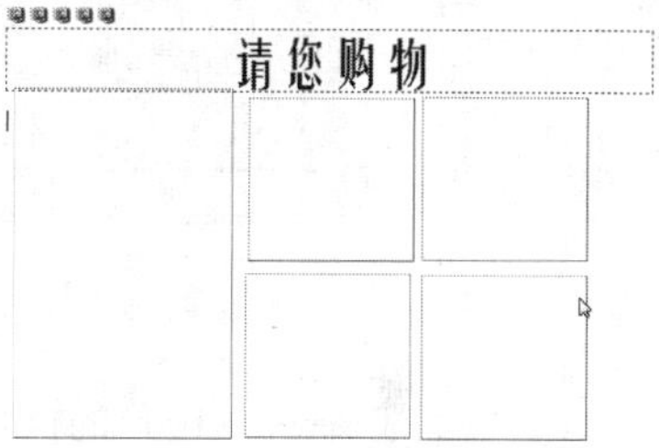

图7-24 绘制AP元素

4）设定各个AP的大小。用户可以通过代码视图中的style设定，如图7-25所示。各AP的top、height、width等3项属性的值将非常准确。

```
#apDiv2 {
    position:absolute;
    visibility:visible;
    left:241px;
    top:101px;
    width:158px;
    height:149px;
    z-index:2;
}
```

```
#apDiv1 {
    position:absolute;
    visibility:visible;
    left:18px;
    top:93px;
    width:206px;
    height:320px;
    z-index:6;
}
```

```
#apDiv3 {
    position:absolute;
    visibility:visible;
    left:408px;
    top:100px;
    width:158px;
    height:149px;
    z-index:3;
}
```

图7-25 通过代码精确调整每个AP的大小和位置

5）用鼠标单击“ap Div1”的内部，激活它，选择“插入”工具栏中的“常用”类别，单击“图像”按钮，在打开的对话框中选择购物袋的图片，单击“确定”按钮，将图片插入到这个AP元素中。

6）重复步骤5），分别在其余的AP元素中插入4幅物品的图片。

7）在文档窗口底部的“标签选择器”中，单击<body>标签。选择菜单【窗口】/【行为】命令，显示“行为”面板。

8）在面板中单击“添加行为”按钮+，从打开的下拉菜单中选择“拖动AP元素”命令。

9）此时系统会弹出“拖动AP元素”对话框，如图7-26所示。在对话框中，单击“AP元素”后的下拉列表框，选择“div‘apDiv2’”，其他选项为默认值。

10）单击对话框中的“高级”选项卡。单击打开“将元素置于顶层，然后”下拉列表框，选择“恢复 Z 轴”选项，如图 7-27 所示，表示对图像实施拖动动作时，显示图像在最前，动作结束后所移动的图片被购物袋图片遮盖，实现装入的效果。

图 7-26　“拖动 AP 元素”对话框

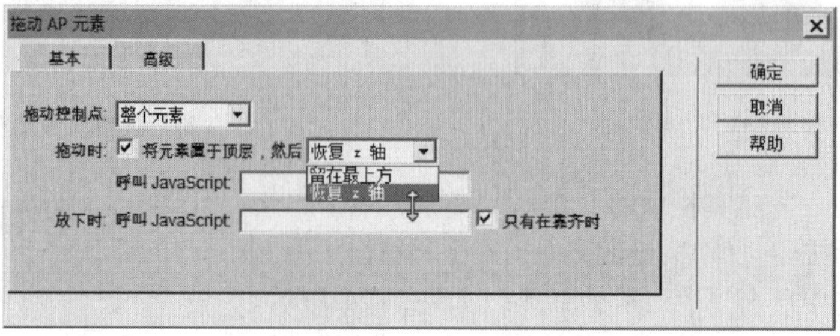

图 7-27　设置“高级”选项卡

11）按照步骤 7）~10）的操作，为“ap Div3”、“ap Div4”和“ap Div5”添加拖动 AP 元素的动作。在设置过程中，注意保持购物袋的 Z 轴值为最大。图 7-28 所示为“AP 元素”面板的信息和设定完成后“行为”面板的内容。

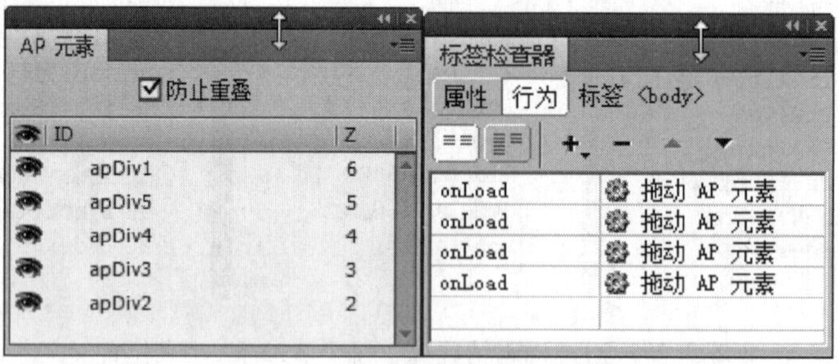

图 7-28　“AP 元素”与“行为”面板

12）按“Ctrl + S”组合键保存文件，然后按“F12”键预览网页制作效果。

7.5.2　制作基于模板的多个网页

本例中通过模板生成的网页都具有相同的页面整体位置、标题图片、背景图片、导航按钮等信息，并且在模板设计时，设定了一个可编辑的区域，由此模板生成的网页在该编辑区域内显示不同的内容。

如图 7-29 和图 7-30 所示的两个页面源于一个模板页面。基于该模板创建的页面具有统一的页面外观效果，同时，又有不同的内容显示。通过本例的介绍，读者可以对模板技术产生明确的印象，即模板可以大大提高网页制作的工作效率，而且设计灵活、使用方便。具体操作步骤如下：

图7-29　基于模板生成的页面（一）

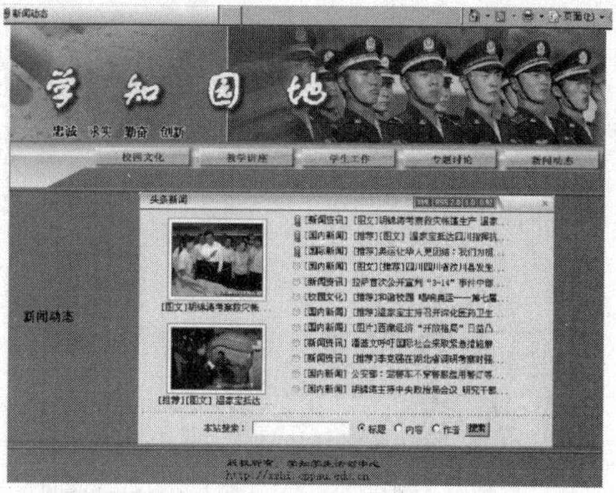

图7-30　基于模板生成的页面（二）

1）在 Adobe Dreamweaver CS5 中，选择菜单【文件】/【新建】命令，弹出“新建文档”对话框。

2）在该对话框的左侧选择“空模板”类别，在“模板类型”中选择“HTML 模板”，在“布局”中选择“2 列液态，左侧栏、标题和脚注”样式，此时对话框右侧显示出所选模板样式的缩略图效果，如图7-31所示。单击“创建”按钮。

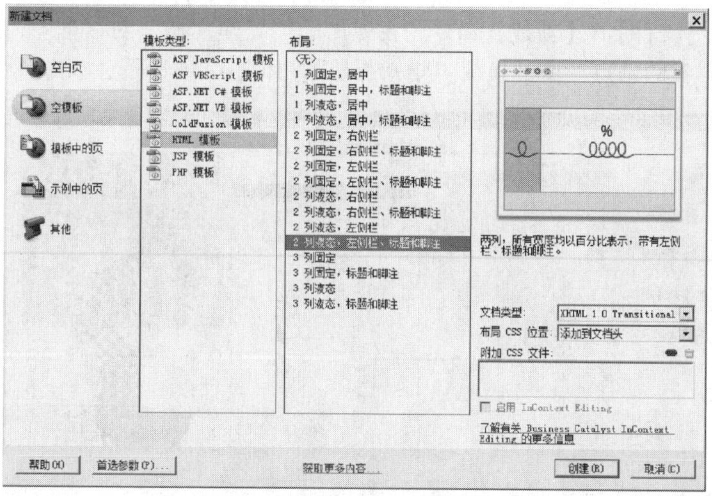

图7-31　“新建文档”对话框

3）在新建的 HTML 网页中制作页面内容（也可以在 Fireworks 中设计页面效果）。这些内容包括整体布局、标题图片、背景图片、导航按钮等，它们将成为以后生成的多个网页文件的相同部分。

提示：

该页面的制作方法与普通页面的制作方法一样，在这里直接导入一个 Fireworks HTML 文件作为页面整体效果。

4）在文档编辑窗口中，将光标确定在一个编辑单元格区域，并单击窗口底部的<td>标签，选中该单元格，选择“插入”工具栏中的“常用”类别，单击“模板”按钮旁边的下拉箭头，在弹出的选项菜单中选择“插入可编辑区域”，弹出如图7-32所示的“新建可编辑区域”对话框。

5）单击“确定”按钮，在页面中设置可编辑区域“EditRegion3”，用相同的方法设置可编辑区域“EditRegion4”，如图7-33所示。

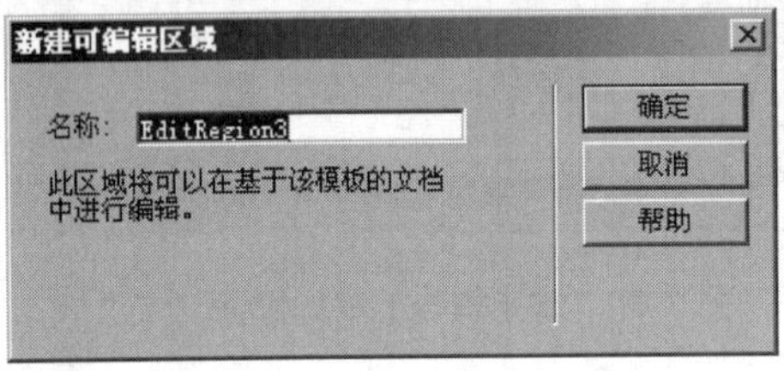

图7-32 “新建可编辑区域”对话框

图7-33 设置可编辑区域

6）选择菜单【文件】/【另存为模板】命令，在弹出的对话框中选择模板所在的站点，并输入模板名称为“学知园地”，单击“确定”按钮。若是第一次创建模板文件，则站点中自动生成一个“Templates”文件夹，从“文件”面板中可以看到刚创建的名为“学知园地.dwt”的模板文件。

7）执行菜单【文件】/【新建】命令，在弹出的“新建文档”对话框中，选择“模板中的页”类别，选择“我的站点”中的模板“学知园地”，如图7-34所示，单击“创建”按钮。

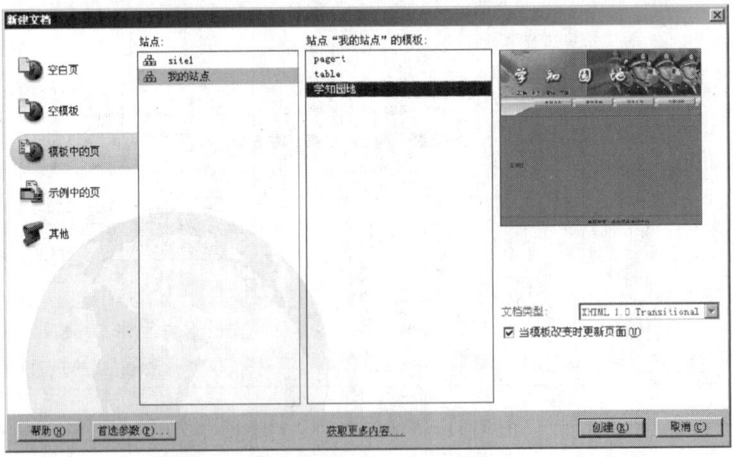

图7-34 创建基于模板的HTML文档

8）在文档的可编辑区域编辑模块中的相关内容，并保存页面新文件到站点中。保存的文件的路径和文件名应与模板页中按钮的链接地址保持一致。HTML文档可编辑区域以外的任何修改都需要回到模板文件中进行。

9）按照网页导航栏按钮的专题内容，分别制作各个页面（如“校园文化”、“教学讲座”、“专题讨论”、“新闻动态”等），并保存到站点中。至此，使用模板功能批量创建网页的工作已经基本完成。它们的共同特点是具有一样的整体外观，在可编辑区域又能显示不同的内容区别于其他网页。

本章小结

本章介绍了行为和模板功能及应用方法，读者可以通过应用行为创建具有动态效果的网页，应用模板功能实现统一的多页面效果。对于一些大中型网站，使用模板可以更好地维护网页，有利于减轻网站设计中的重复工作量。

在实际应用中，会经常遇到 AP 元素和行为的结合使用，读者在阅读了本章的内容和实例后，应掌握以下几个主要的知识点：

1. 巩固 AP 元素的基本操作方法。
2. 使用“行为”面板，为对象添加行为动作，通过操作具体实现创建和编辑动作。
3. 创建基于模板的多网页页面。

思考与练习

1. 添加行为时，对象、事件和动作之间的关系是什么？请结合实例进行解释。
2. 针对 IE 6.0 提供的事件，说明 onClick、onDrag、onMouseOver、onMouseOut 事件的触发条件。
3. 模板布局与框架布局的区别有哪些？试举例说明。
4. 使用模板技术制作学校各部门的宣传网页，要求导航栏和版权区域为锁定区域，其余区域为可编辑区域。

第8章 利用虚拟机建立动态Web站点

个人计算机一般安装的操作系统，无法满足动态网站环境的需要。很多读者在进行 Web 系统设计开发时，也就无法通过个人计算机进行动态网站设计和效果测试。为解决这个问题，引入了虚拟技术。通过虚拟技术，可以在个人计算机中虚拟出一个服务器，通过配置服务器后，可以很好地实现动态网站的建设和管理。

本章采用"网上考试系统"实例进行讲解，完整介绍该系统的创建和开发过程，其中动态网页技术等知识点是属于站点建设和管理的进阶部分内容，读者可以将本章作为扩展知识补充学习，以提高站点管理和应用实际技能和水平。

如果读者感觉对动态技术中涉及的代码理解和掌握有困难，可以略过本章的学习，并不影响学习以下其他章节的内容。

本章要点：

- 虚拟机
- ASP 技术
- SQL 语言
- SQL Server 数据库

8.1 动态 Web 系统开发概述

动态网站是指基于数据库进行架构的网站，有没有动画效果不作为参考标准。动态网站一般采用编程语言开发设计动态网页，通过数据库使网站具有更多自动的和高级的功能。

一般情况下，专业公司通过出租网站空间给网站所有者，提供动态网站运行环境，包括 Web 服务器、支持 Web 服务器运行的服务器版本操作系统以及数据库管理系统。网站所有者用户租用一定的空间，选择空间支持环境，获取 IP、用户名、口令等授权信息后，在本地通过网络进行网站和信息维护。

动态 Web 系统通常由 HTML 文件、脚本代码和资源文件组成。HTML 文件提供静态的网页内容。脚本代码既可以嵌入到 HTML 文件中，也可以独立成为一个文件。资源文件一般是图片、视频、文档等。

8.1.1 系统开发过程

一般的开发动态 Web 系统的过程如下：

1. 明确并细化建站需求和技术路线，收集相关素材

建设网站必然有一定的需求和目的。要根据需求和目的去规划网站的栏目、设计网站的版面；同时明确采用何种技术路线进行网站开发，因为不同的技术路线需要的软、硬件环境不同；

搜集相关的素材，包括文字素材、图片素材、视频素材等。

2. 准备 Web 服务器硬件

根据需求和技术路线，需要确定 Web 服务器硬件。

一般比较成熟的技术路线包括 Windows Server + IIS + ASP + SQL Server、Linux + Apache + Tomcat + PHP + MySQL、Solaris + J2EE + Oralce 等。采用何种技术路线，直接决定了 Web 服务器硬件的选型，因为不同的软件系统需要不同的硬件来支持。

3. 安装服务器操作系统

根据确定的技术路线，安装服务器操作系统。常见的服务器操作系统有 Windows Server、RedHat Enterprise、Solaris 等。

4. 安装 Web 服务器应用程序

根据确定的技术路线，安装 Web 服务器。Web 服务器是一个能够支持 Web 页面运行的平台。没有 Web 服务器，很多由脚本构成的网页将无法正确运行。通过 Web 服务器，来响应用户通过浏览器提交的请求，然后将结果转换成 HTML 文件，返回给用户，显示在浏览器中。

常见的 Web 服务器有 IIS、Apache、J2EE 等。

5. 安装和配置数据库管理系统

数据库管理系统为 Web 站点提供数据库服务，也称为数据库服务器。该服务器用来存储网站中的动态数据，如用户注册的数据、用户登录的信息等。

常见的数据库系统有 SQL Server、MySQL、Oracle 等。

6. 安装和配置 Web 页面编辑工具

一般在用户个人计算机上安装和配置 Web 页面编辑工具。当然，如果服务器操作系统支持，也可以在服务器上安装编辑工具，不过一般服务器仅对用户开放有限的资源，无法使用其他的开发工具。

比较专业的 Web 页面编辑工具有 Dreamweaver、Frontpage 等。

安装完 Web 页面编辑工具后，通过新建站点等操作，将服务器地址、用户名、密码、访问形式、远程目录等信息保存到编辑工具中，便于以后随时对站点进行管理和维护。

7. 安装和配置数据库管理客户端

一般在用户个人计算机上安装和配置数据库远程管理工具，从而对远程的数据库进行有效地操作和管理。

对于不同的数据库系统来说，安装的客户端也不尽相同。例如，对于 SQL Server 来说，可以在个人计算机中安装微软的 SQL Server 客户端；对于 MySQL 来说，可以安装 SQL Front 等多种客户端；对于 Oracle 来说，也需要安装 Oracle 客户端。

安装完成客户端后，需要连接到远程数据库服务器。SQL Server 中称做注册，通过远程服务器 IP 地址、数据库用户名、密码等信息进行注册。

8. 进行数据库设计

在完成站点的需求分析和版面的总体设计后，数据库管理员（DBA）开始进行数据库的设计和开发，包括创建数据库、建立表、视图等。

在完成数据库设计后，可以通过动态 Web 脚本语言对数据库进行操作，包括插入数据、删除数据、统计数据、更新数据，以及变更表格结构、创建对象、数据库备份等。

9. 根据需求进行 Web 页面设计

Web 页面设计开发包括模块划分、版面设计、网页特效、动态脚本等多个方面。一般情况下，根据总体设计将站点进行功能模块的划分，然后使用网页编辑工具如 Dreamweaver 针对不同模块逐步进行开发，同时在功能实现上嵌入动态脚本语言。

10. 测试 Web 系统

在 Web 系统开发完成后，需要通过测试用例，测试其具体功能是否符合要求。在经过反复的测试和修复后，系统逐步达到实际应用的需求，即可上线试运行。一般的测试都在本地运行。

11. 上线运行

系统通过测试，即可上线运行。运行过程中，需要网站运维人员不断地更新数据内容，保持网站内容的鲜活，同时进行必要的数据备份。此外，还可根据实际情况提出新的改进建议，不断丰富网站的表现形式，提高网站的吸引力和生命力。

对于非专业公司来说，投巨资采购 Web 服务器硬件，并实时联网对外提供 Web 服务，成本太大。因此往往采用空间、域名租用形式，花费较小成本，却能获得专业的网络服务公司提供的高效运行维护保障服务。

而广大 Web 系统开发的学习者或者爱好者，如果通过一台计算机既能进行很好地开发，又能够建立并成功访问 Web 站点，将极大地扩展了 Web 系统开发实际操作的空间和时间。而虚拟技术刚好能够满足这种需求。

8.1.2 技术路线与设计规划

1. 技术路线和系统功能

本系统选择的技术路线是 Windows Server + IIS + ASP + SQL Server。

用户通过账户密码进入考试系统，参加不同科目的单选题考试。用户可以多次参与考试，每次系统随机组卷。考试采用倒计时方式。

用户可以查询自己考试历史，包括科目、考试时间、成绩、答题 IP 地址。

用户可以修改个人的密码和所在单位。

管理员通过后台进行用户管理、成绩统计等。

- 用户管理包括用户账户增删改、用户密码重置、用户单位调整。
- 成绩统计包括每个人的成绩统计、某个科目成绩统计等。

2. 设计规划

有关设计规划如下：

用户计算机采用 Windows 7 操作系统（IP：192.168.1.100），安装 DW CS5 和 SQL Server 客户端，用于管理服务器 Windows Server 2003（IP：192.168.1.101）上的网站和数据库。

用户计算机安装的 DW CS5 中，新建站点设置为：连接方法为 FTP，IP 地址为 192.168.1.101，用户名为 yhwsks，密码为 12345。上述设置与 Windows 2003 FTP 对应。

用户计算机安装的 SQL Server 客户端，注册新 SQL Server 服务器，地址为 192.168.1.101；用户名 sa，密码为 123456。（与 Win 2003 SQL Server 配置对应）。

用户计算机 Windows 7 上安装 WMware workstation 后，安装虚拟服务器 Windows 2003，并设置其 IP 地址为 192.168.1.101。保证 Windows 7 与 Windows 2003 能够相互访问。

服务器 Windows 2003 上安装 Web 服务器 IIS，并配置目录为 C：\wsksweb，网站首页为 index.asp，继承父目录；缓存 90min。

服务器 Windows 2003 上安装数据库服务器 SQL Server，并配置用户 sa 的密码为 123456；建立数据库为 wsks；其中用户表为 users；成绩表为 chengji，考题表按照顺序依次类推 dx1，dx2，dx3，…，还有其他相关表和视图。

服务器 Windows 2003 上安装 FTP 服务器 Filezilla，并且新建一个用户 yhwsks，密码设为

12345，用户根目录为 C：\wsksweb。（注意：此处必须与 IIS 网站目录一致，在 DW CS5 中建立站点才能成功）。

学习本章，读者需要准备以下软件和系统：

1）Windows XP（或者 Windows 7）。

2）Windows Server 2003 安装盘（或者 ISO 安装文件）。

3）SQL Server 2000 安装盘（或者更高版本）。

4）SQL Server 2000 SP4 补丁包。

5）VMware Workstation 6 安装软件（或者更高版本）。

6）Dreamweaver CS5 安装盘。

7）FTP 服务器软件 FileZilla_ Server。

8.2 虚拟机安装与部署

虚拟机是指在一台物理计算机上通过虚拟技术，虚拟出独立的逻辑计算机。通过虚拟技术可以在现有的操作系统上虚拟出一个或多个新的子系统，这些子系统建立在正在运行的操作系统之上，同时，又拥有自己独立的硬件资源，它们之间通过虚拟网卡相互联接起来可以组成网络，从而通过网络相互访问。

在虚拟机软件中，实际存在的物理计算机称为宿主机器，虚拟出来的计算机称为虚拟机器。此处，将个人计算机安装的 Windows 7 系统为宿主机器，通过虚拟软件虚拟的 Windows Server 2003 为虚拟机器。

8.2.1 安装虚拟机

常用的虚拟机软件有 VMware 公司的 VMware Workstation 和 VMware Server 系列产品、微软公司的 Microsoft Virtual PC、Oracle xVM VirtualBox 等。随着云计算、虚拟化等技术的日渐兴起，会有越来越多的虚拟机软件以供选择。在众多的虚拟机软件中，VMware 无论从技术特点还是产品的成熟度、易用性等方面都具有明显的优势。为此，以 VMware Workstation 为例进行介绍。

在 Windows 7 上安装 VMware 过程比较简单，此处不再赘述。安装完成之后，打开 VMware，如图 8-1 所示。

在 VMware 界面中，主要需要如下功能。

1）关闭虚拟机电源：关闭打开的虚拟机操作系统，类似于计算机关机。在下次启动虚拟机时，将从最初启动状态，经过系统自检，进入操作系统。

2）挂起该虚拟机：以快照形式（类似于休眠模式）挂起该虚拟机。下次启动虚拟机将从挂起时的状态恢复。

3）启动该虚拟机电源：也就是开启虚拟机。无论虚拟机是关闭状态还是挂起状态都可以启动。

4）全屏显示：将虚拟机系统以全屏形式显示，从而便于直接在虚拟机上进行有关操作。

8.2.2 安装配置宿主虚拟机（Windows Server 2003）

1）单击 VMware 上的“新建虚拟机”，弹出“新建虚拟机向导”界面。用户可以选择“标准”或者“自定义”两种安装模式。此处，选择“标准”模式，如图 8-2 所示，单击“下一步”按钮。

2）安装客户机操作系统时，可以选择从光盘安装，从镜像文件安装，还是以后安装。一般可以选择从光盘安装。此处，为了快捷，选择从 ISO 文件进行安装。找到了安装镜像文件之后，系统自动检测出安装操作系统的版本，如图 8-3 所示。

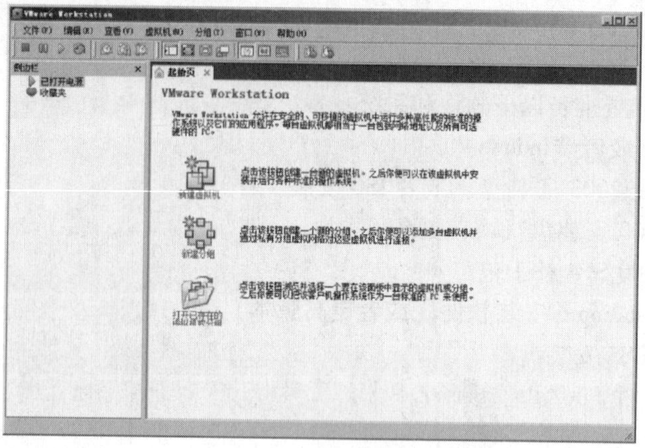

图 8-1　VMware Workstation 界面

图 8-2　选择标准安装模式

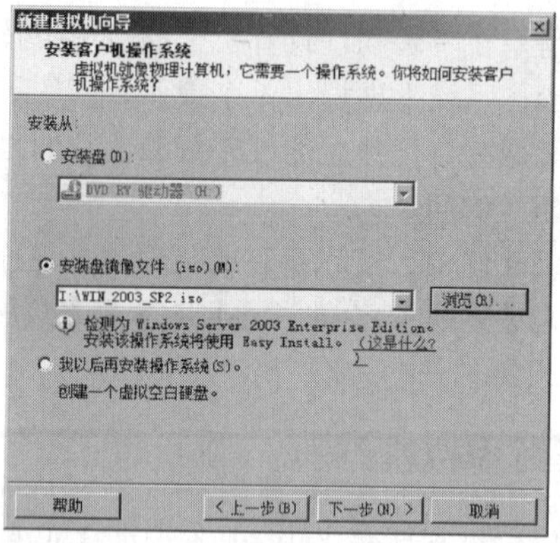

图 8-3　选择从 ISO 安装

3）单击“下一步”按钮，如图 8-4 所示。在安装 Windows Server 2003 时，需要安装的注册码，设定管理员用户名、密码等，输入完成后，单击“下一步”按钮。如果此时没有输入注册码，在安装过程中，系统会自动提示。

4）如图 8-5 所示，虚拟机名称默认为操作系统名称。虚拟机的存放位置可以设定为系统盘之外的其他位置，如 E 盘。

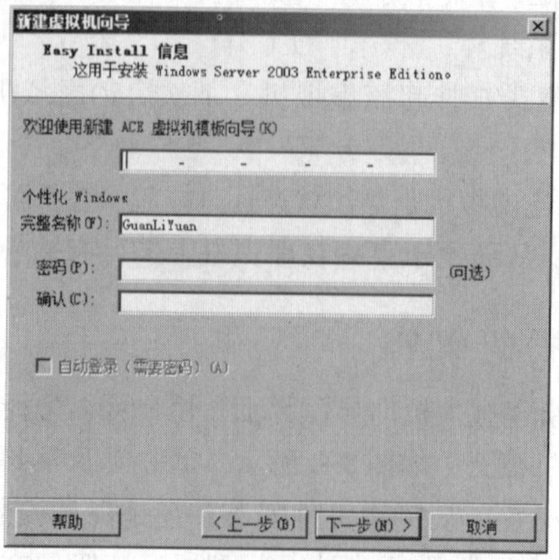

图 8-4　输入 Windows Server 2003 注册码

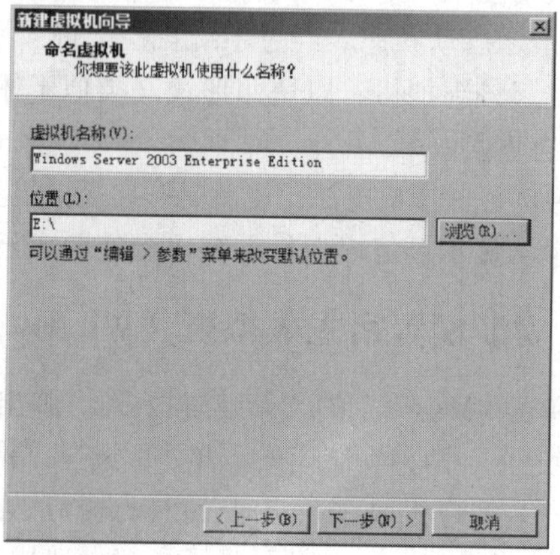

图 8-5　选择虚拟机的存放位置

5）单击“下一步”按钮，对虚拟机所占用的空间进行设定，如图 8-6 所示。此处选择默认 40GB。最后完成虚拟机的定制后，系统将定制结果进行集中显示。

6）单击“完成”按钮，开始安装 Windows Server 2003。剩下的安装过程与在一台裸机上安装 Windows Server 2003 基本上没有区别，不过速度相对较快。图 8-7 为 Windows Server 2003 虚拟机安装过程截图。

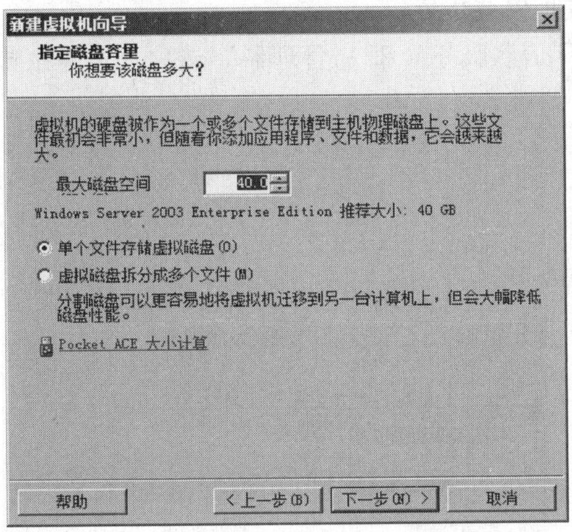

图 8-6 指定虚拟机占用空间大小

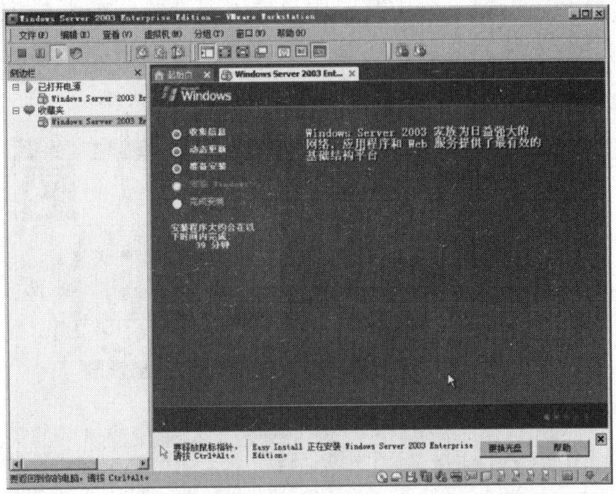

图 8-7 Windows Server 2003 虚拟机安装过程

安装完成后，需要对 Windows Server 2003 的网络等设置进行配置。在进入 Windows Server 2003 时，通过按“Ctrl + Alt + Del”组合键，宿主机器（Windows 7）和虚拟机器（Windows Server 2003）都会响应。为了避免混淆，在 VMware 中，虚拟机器的组合键用“Ctrl + Alt + Ins”代替。

在 VMware 最下面的按钮中，有一个网络适配器的图标。单击该图标，进行网络设置，系统弹出虚拟机设置界面。在该界面，可以对虚拟机的内存大小、处理器个数、硬盘大小、网络连接形式等进行设置。

此处需要宿主机器与虚拟机器能够相互访问，所以采用桥接方式。然后进入 Windows Server 2003 后，设定与宿主机器在同一网段的网络地址。

例如，宿主机器的网络设置包括 IP 为 192.168.1.100，子网掩码为 255.255.255.0，默认网关为 192.168.1.1，那么，不妨设置 Windows Server 2003 系统的 IP 地址为 192.168.1.101，其他一致。网络设置完毕后，可以通过命令进行测试。

在宿主主机的命令窗口中输入：ping 192.168.1.101（IP 地址为虚拟主机），如果有回复，表示宿主主机能够访问虚拟主机；如果提示无法访问，则说明网络设置有问题。

在虚拟主机的命令窗口中输入：ping 192.168.1.100（IP 地址为宿主主机），如果有回复，表示虚拟机器能够访问宿主主机；如果提示无法访问，则说明网络设置有问题。

完成以上初步工作后，即可在 Windows Server 2003 上安装有关服务软件和系统。

8.3 服务器上安装配置 IIS\SQL Server\FileZilla

8.3.1 安装配置 Web 服务器 IIS

IIS（Internet Information Server）是一个 Web 服务器的应用程序，能够完全支持 ASP 技术。

Windows Server 2003 默认安装时不包括 IIS 安装，因此需要手动安装该程序。安装的具体操作步骤如下：

在虚拟机 Windows Server 2003 中，选择“控制面板”中的“添加或删除程序”，单击“添加/删除 windows 组件”按钮，打开“Windows 组件向导”。在“Windows 组件向导”对话框中，双击打开“应用程序服务器”后，勾选“Internet 信息服务（IIS）”，单击“确定”按钮，如图 8-8 所示。安装过程中需要用户插入安装盘，或者指定其他安装位置。

安装完成后，在管理工具中，可以看到“Internet 信息服务（IIS）管理器”选项。选择该选项，可以打开 IIS 管理窗口，如图 8-9 所示。

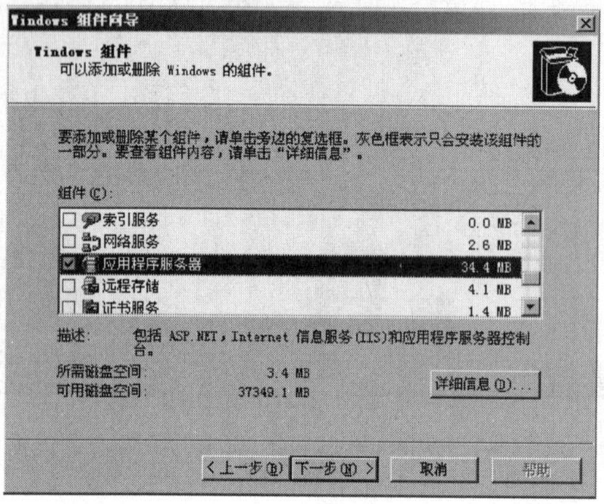

图 8-8 安装 IIS

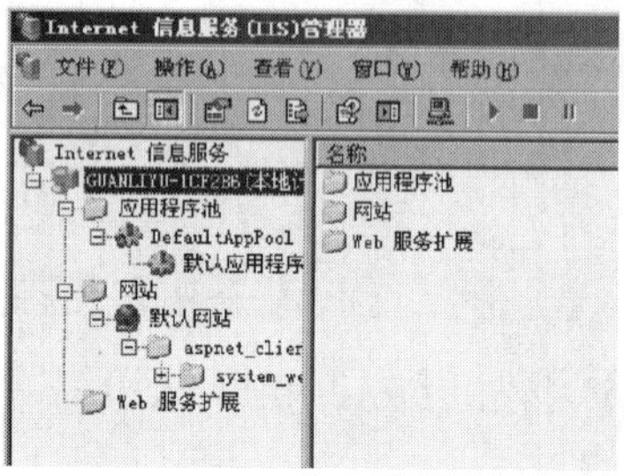

图 8-9 Web 服务器的 IIS 界面

一般情况下，Web 站点需要设置 IP 地址、文件存放目录、站点首页。此外，可以设置是否继承父目录、cookie 时间等。

首先，展开“Web 服务扩展”，将默认状态下的“Active Script Pages”的禁止状态修改为允许；“在服务器端的包含文件”的禁止状态修改为允许；“Internet 数据连接器”的禁止状态修改为允许，修改后效果如图 8-10 所示。

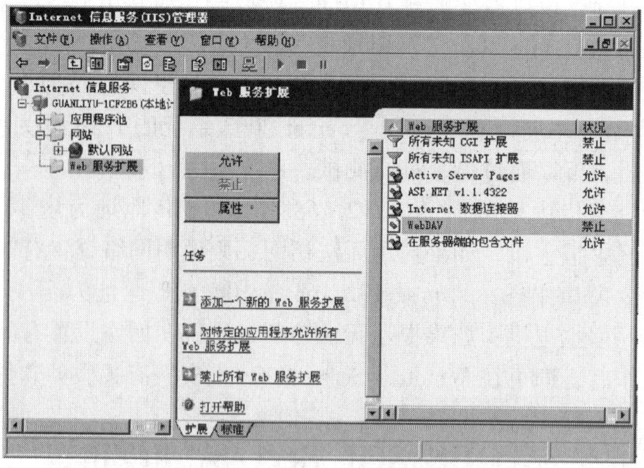

图 8-10 修改 IIS 的 Web 服务扩展属性

然后，展开“网站”下“默认网站”，鼠标右键单击“默认网站”，在快捷菜单中选择“属性”，进入默认网站的属性界面。此处的网站描述、IP 地址和端口可以采用默认设置。如果服务器有多个 IP 地址，一般需要选择一个 IP 作为某一个网站的 IP。

选择“主目录”选项卡，设定“此计算机上的目录”，并且在“本地路径”中选择“C: \wsk-sweb”，勾选“脚本资源访问”。

然后单击“配置”按钮，打开“应用程序配置”界面，单击“选项”选项卡，勾选“启用会话状态”，可以设定超时时间为 90min；勾选“启用缓冲”；勾选“启用父路径”；“ASP 脚本超时”时间设为 9 000s。

然后单击“调试”选项卡，在正式上线之前，勾选“启用 ASP 服务器端脚本调试”和“启用 ASP 客户端脚本调试”选项。最后单击“确定”按钮。

返回“默认网站属性”界面，选择“文档”选项卡，单击“添加”按钮，添加默认内容页“index. asp”，并通过“上移”按钮将 index. asp 上移到第一位。

至此，IIS 基本配置完成，单击“确定”按钮，退出 IIS 设定页面。

8.3.2　安装配置数据库服务器 SQL Server

SQL Server 包括企业版、标准版、开发版等多个版本。此处以安装评估版为例进行说明。

1）在弹出的“SQL Server 自动菜单”中选择“安装 SQL Server 2000 组件”，如图 8-11 所示。

2）在“安装组件”菜单中，选择“安装数据库服务器”，如图 8-12 所示。

图 8-11　安装 SQL Server 2000 组件

图 8-12　安装数据库服务器

3）在“计算机名”对话框中，输入计算机名称，选择“本地计算机”，如图 8-13 所示。

4）在“安装选项”对话框中，选择“创建新的 SQL Server 实例或安装客户端工具”，如图 8-14 所示。

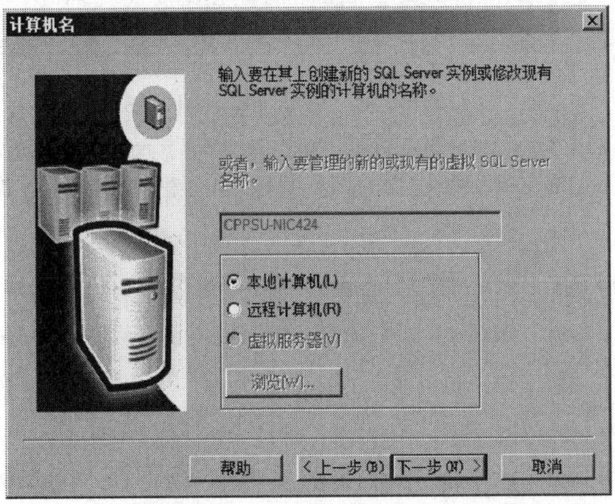

图 8-13　创建计算机名

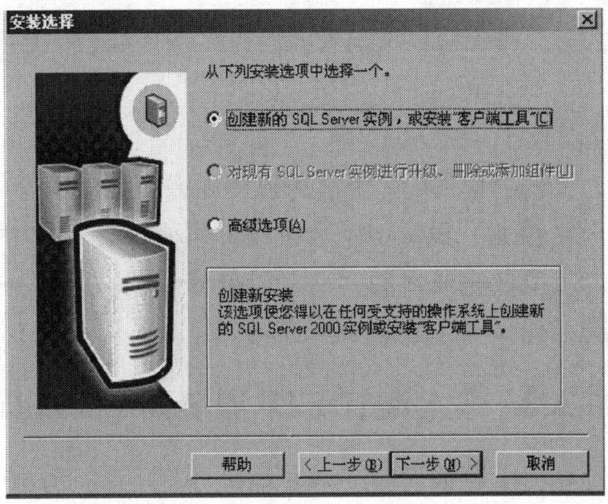

图 8-14　安装选择

5）在“安装定义”对话框中，选择“服务器和客户端工具”，如图8-15所示。

6）在“安装类型”对话框中，可以对程序文件和数据文件的目录进行自定义，如图8-16所示。

7）在“服务帐户”对话框中，选择“对每个服务使用同一帐户。自动启动SQL Server服务”，同时，将“服务设置”选项修改为“使用本地系统帐户”，如图8-17所示，然后单击“下一步”按钮。

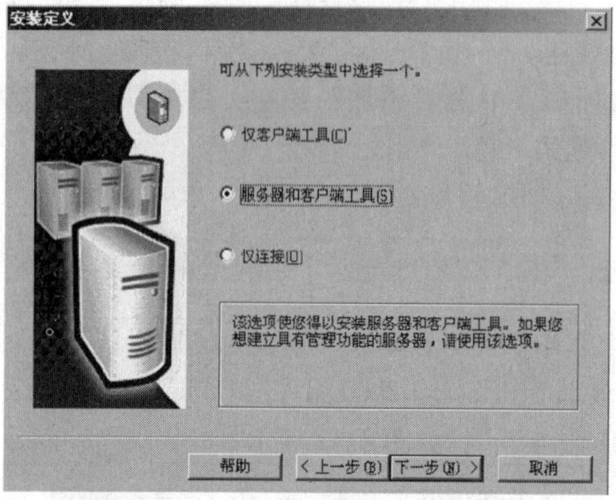

图8-15　安装定义选择服务器和客户端工具

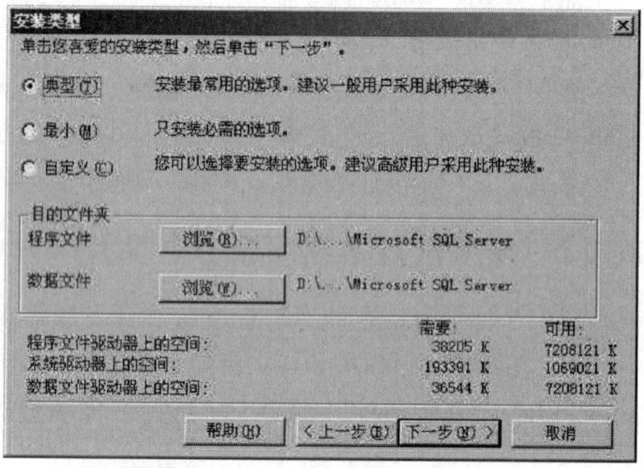

图8-16　自定义安装文件目录

8）在“身份验证模式”对话框中，选择“混合模式”，并且设定sa（默认用户账户）的密码为123456，如图8-18所示。

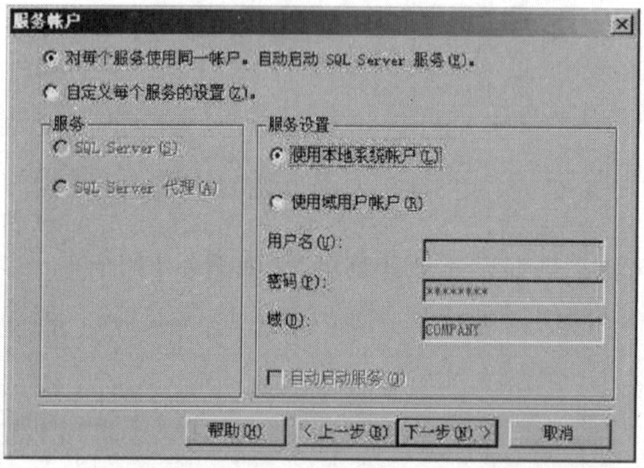

图8-17　设置服务帐户

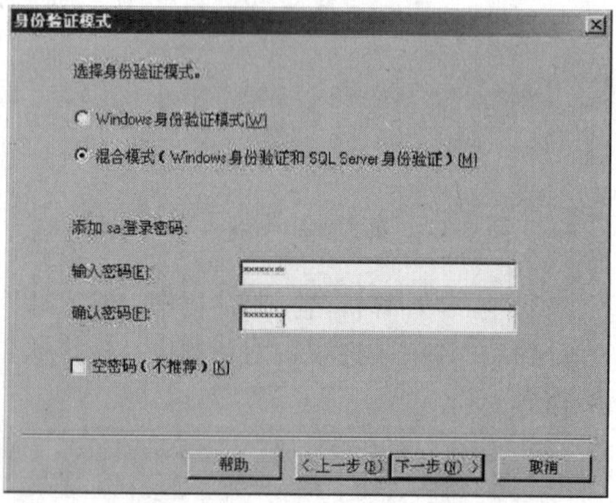

图8-18　设置身份验证模式

9）然后系统开始复制文件，正常安装。在“选择许可模式”对话框中，一般选择“每客户”模式，设定100个设备即可，如图8-19所示。

安装完成之后，一定需要安装SQL Server 2000补丁，否则无法通过Windows 7客户端的访问，建议直接安装SP4即可。

8.3.3　安装配置FTP服务器FileZilla

为了能够通过Windwos 7系统访问Windows Server 2003服务器上的资源，需要在Windows Server 2003上安装一个FTP服务器软件。

用户可以选择 FileZilla Server 作为 FTP 服务器软件。安装过程非常简单，不再赘述。安装完成后，需要在“开始”菜单的“程序”中选择“start filezilla ftp server”，从而启动 FTP 服务。

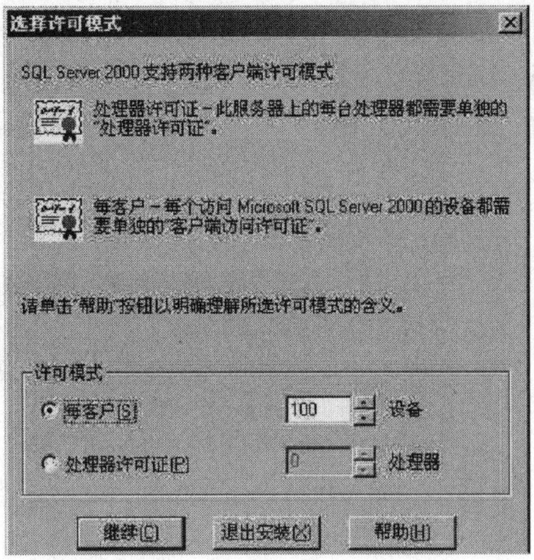

图 8-19　设置许可模式

针对 FTP 服务器的配置，主要目的是，客户端能够通过 DW CS5 访问网站内容并上传下载。用户可以设定一个账户 yhwsks，密码设置为 12345，该账户的根目录设置为 C:\wksweb。该账户具有根目录和子目录的文件增、删、改的权限。

具体操作如下：

通过连接到服务器，对服务器进行配置。FileZilla 完成安装后，在桌面上有一个快捷图标，单击该图标，弹出连接服务器界面。选择默认设置，如图 8-20 所示，直接单击“OK”按钮后进入 FileZilla 管理界面。

在如图 8-21 所示的管理界面，单击工具栏中的“显示用户”图标，弹出“Users”界面。在这个界面中，单击右侧“add”按钮，进行添加新账号的操作。用户可以输入账户名 yhwsks，用户所属组可以不选。然后单击“OK”按钮返回“Users”界面。在“Account Settings”中，勾选“Password”，然后输入“12345”，作为 yhwsks 的密码，效果如图 8-22 所示。

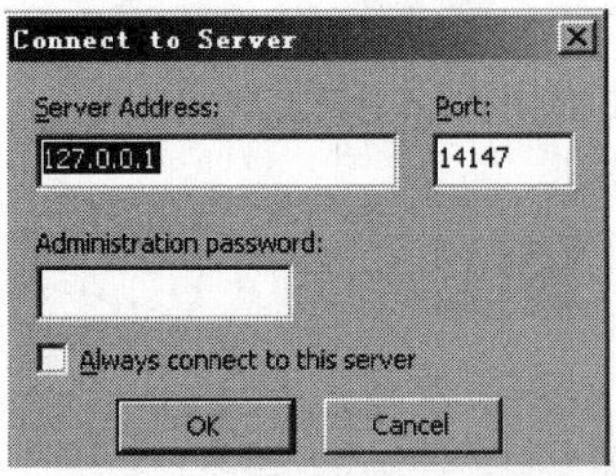

图 8-20　FileZilla 登录页面

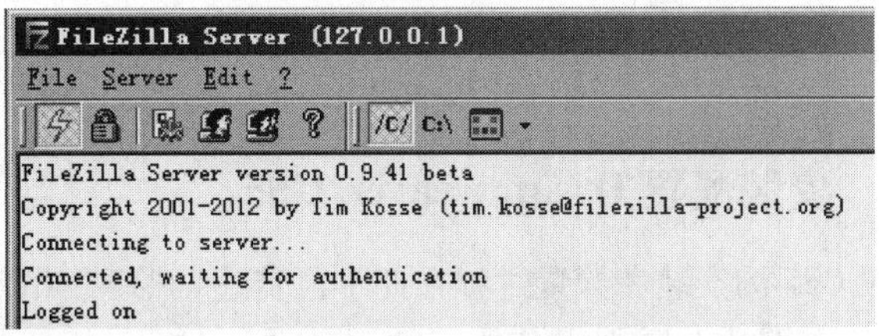

图 8-21　FileZilla 系统管理页面

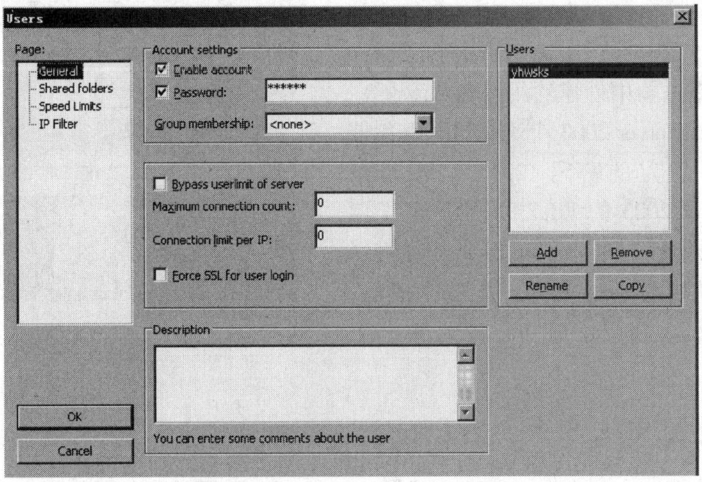

图 8-22　FileZilla 用户管理页面

然后单击“Share Folders”选项卡。单击“share Folders”下面的“add”按钮，添加用户yhwsks的共享目录，在“浏览文件夹”对话框中选择“C：\wksweb”。然后勾选“Files”中的选项“Read”、“Write”“Delete”和“Append”，并且勾选“Directories”中的选项“Create”、“Delete”、“List”和“+Subdirs”。设置效果如图8-23所示。

最后，单击左侧“OK”按钮。完成之后，可以通过Windows 7终端测试访问。

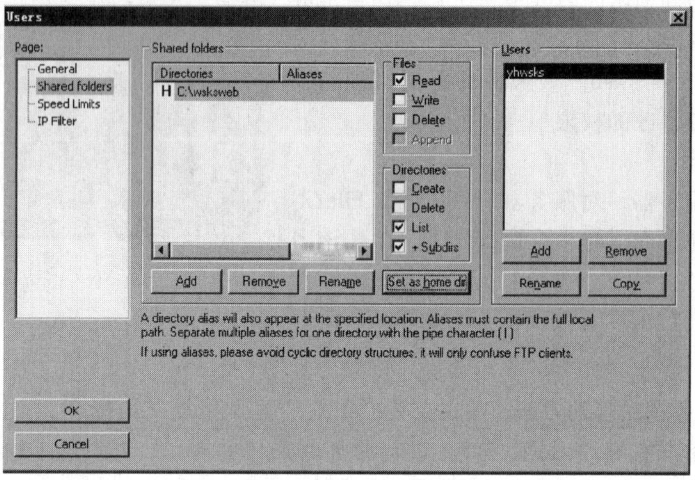

图8-23 FileZilla用户管理共享文件夹页面

8.4 客户端上安装配置DW CS5和SQL Server客户端

8.4.1 安装配置Dreamweaver CS5

DW CS5的安装和配置过程在此不再赘述。“新建站点”的服务器端配置主要包括服务器名称（用于在DW上区别于其他网站服务器）、连接方法（此处选择FTP）、FTP地址（此处为虚拟机器Windows Server 2003的IP地址192.168.1.101）、用户名（为Windows Server 2003上FileZilla服务器中创建的用户名yhwsks）、密码（为Windows Server 2003上FileZilla服务器中为用户yhwsks设定的密码12345）。根目录（在Windows Server 2003的FileZilla中设定了用户yhwsks的根目录为“C：\wksweb”，此处可以为空），最后效果如图8-24所示。配置完成后，单击“测试”按钮，将提示成功连接到Web服务器即可。

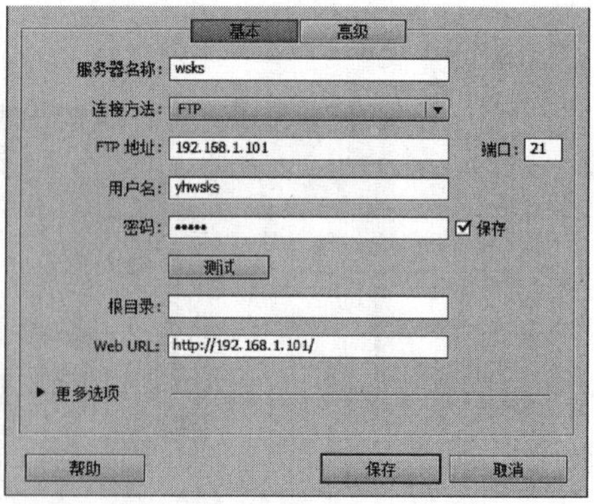

图8-24 DW CS5中新建站点设置

8.4.2 安装配置SQL Server客户端

安装过程与在Windows Server 2003上安装SQL Server数据库服务器相似。不同之处如下：在“安装选择”对话框中，选择“安装客户端工具”选项。

在“安装定义”对话框中，选择安装类型为“仅客户端”。

在“选择组件”对话框中，保留默认选择即可。

通过安装向导，完成 SQL Server 客户端工具的安装。

安装完成后，通过单击“开始”菜单，打开 SQL Server 的企业管理器。

在“控制台根目录”中，用鼠标右键单击“SQL Server 组”，在弹出的快捷菜单中选择“新建 SQL Server 注册”，打开“注册 SQL Server 向导”。

这样就完成 SQL Server 服务器注册。

至此，所有准备工作全部完成。

8.5　数据库结构设计与实现

8.5.1　数据库基础简介

1. 数据库概念

SQL Server 数据库管理系统可以创建多个数据库。一般每个数据库由多个表、视图、索引等数据库对象组成。

表是保存基本数据的逻辑单位，表由行和列组成。每一行代表一条记录，每一个列称为“字段”。每个数据库可以包含多个表。

例如，在网上考试数据库中，可以包含人员表、单位表、成绩表、考试结果表、考场管理表、组卷参数表等。而在人员表中，用 userid 字段表示用户账户，用 userchname 字段表示人员姓名。

视图是一种虚拟的表，它在物理上并不存在，是从一个或者多个表中的查询结果。

数据库索引，类似于书籍中的索引。为表的某一列或多列建立了索引之后，数据库中的以该字段为查询参数的查询速度将会大大加快。

2. SQL 语句

SQL 语言能够完成数据定义、数据查询、数据控制等多种功能。SQL Server 2000 提供了 Transact-SQL，是 SQL 的增强版本。某些 SQL 语句不能在其他环境中使用。

常用的 SQL 语句有以下几种。

1）Select 语句：查询语句。

2）Insert 语句：插入语句。

3）Delete 语句：删除语句。

4）Update 语句：更新语句。

3. 创建 SQL Server 数据库

在 SQL Server 企业管理器中，可以创建数据库。在左侧窗格中展开服务器实例，用鼠标右键单击“数据库”，在弹出的快捷菜单中选择“新建数据库”，打开“数据库属性”界面。在“名称”中输入数据库的名称（此处可以输入 wsks），选择“数据文件”选项卡，可以设置数据库的存放位置。设置完成之后单击“确定”按钮。

创建数据库完成之后，可以看到数据库 wsks 出现在左侧的数据库列表中。单击“wsks”数据库节点，可以看到数据库内所有的表等，如图 8-25 所示。

用户也可以通过语句创建数据库。创建数据库 wsks 的语句如下：

```
Create database wsks
Go
```

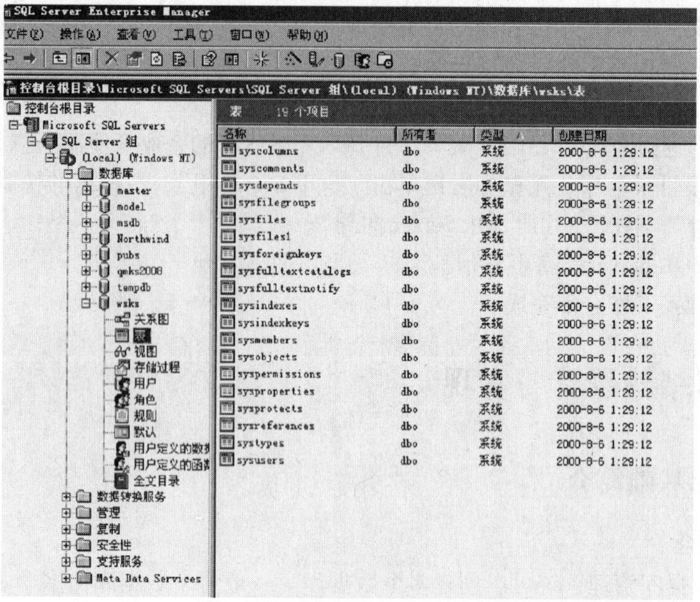

图 8-25 SQL Server 企业管理器

用鼠标右键单击数据库“wsks”后，可以选择快捷菜单中的【所有任务】/【脱机】命令，使数据库处于脱机状态。在该状态，可以将数据库文件（包括库文件和日志文件）复制到其他位置，从而实现简单的备份或者移动。

4. 创建 SQL Server 表

表在 SQL Server 中称为 Table，是数据库中存储数据的最重要的对象。对表的管理包括表的创建、删除、修改，以及表的记录的查询、增加、删除、修改和统计等。

创建表的关键是确定表的结构，明确表的各个字段以及字段的数据类型，表的存取权限等。

SQL Server 中的基本数据类型有以下几种。

1）二进制数据：Binary\Varibinary\Image 类型。

2）字符数据：char\varchar\text 类型。

3）日期时间：datetime\smalldatetime 类型。

4）数字数据：bigint\smallint\tinyint\Decimal\numeric\float\real 类型。

5）货币数据：money\smallmoney 类型。

6）特殊数据：table\bit\timestamp 等。

创建表的过程如下：

在企业管理器中，展开数据库“wsks”，用鼠标右键单击“表”节点，在弹出的快捷菜单中选择“新建表”，打开表设计器，确定表中各字段的名字（即列名）、数据类型、长度、是否允许为空。

设计完成之后，单击工具栏中的“保存”图标，弹出“选择名称”对话框，确定表的名称。用户也可以通过使用 Create table 语句创建表，基本语法如下：

```
Create Table Table_name
(
列名1  数据类型和长度1  列属性1,
列名2  数据类型和长度2  列属性2,
…
```

列名 n　数据类型和长度 n　列属性 n，
)

8.5.2　Web 系统数据库结构设计

为了保持网站的一致性，建议在创建数据库时，在 Windows Server 2003 的“C:\wsksweb”中，增加一个 database 目录，数据库保存在 database 中。

本系统定义的数据库（wsks）中，包括如下方面的表。

1. 用户信息表结构

用户信息包括用户表（Users）、单位表（Danwei）、权限表（QuanXian）。其中，用户表（Users）的表结构如表 8-1 所示，表记录如表 8-2 所示。

表 8-1　Users 表的结构

编　号	字段名称	数据类型	属　性	说　明
1	userid	Nvarchar（53）	非空	用户的 ID，登录账户，标识
2	userchinaname	Nvarchar（100）	非空	用户的中文名字
3	userpasswd	Nvarchar（53）	非空	
4	userdwID	int	非空	用户所在单位，与 danwei. dwid 对应
5	UserQXID	Int	非空	用户权限，与 QuanXian. QXID 对应

表 8-2　Users 表的记录

userid	userchinaname	userpasswd	userdwID	UserQXID
Admin	管理员	111111	1	1
Test001	测试 001	2222	2	3
Out001	不测试 001	3333	2	4

单位表 Danwei 的表结构如表 8-3 所示，表记录如表 8-4 所示。

表 8-3　Danwei 表的结构

编　号	字段名称	数据类型	属　性	说　明
1	Dwid	Int	非空	单位的 ID，自增 1，标识，与 Users. UserdwID 对应
2	DwName	Nvarchar（100）	非空	单位的中文名字

表 8-4　Danwei 表的记录

DWID	DwName
1	管理员单位
2	测试单位

权限表 QuanXian 的表结构如表 8-5 所示，表记录如表 8-6 所示。

表 8-5　QuanXian 表的结构

编　号	字段名称	数据类型	属　性	说　明
1	QXID	Int	非空	权限的 ID，自增 1，标识，与 Users. UserQXID 对应
2	QXName	Nvarchar（100）	非空	权限的中文名字

此处规定如下：

Qxid = 1 表示管理员权限。

QXid = 2 表示单位管理员权限。

QXID = 3 表示参与考试的普通用户权限。

QXID = 4 表示不参与考试和统计用户权限。

表 8-6 QuanXian 表的记录

QXID	QXName
1	管理员
2	单位管理员
3	一般人员
4	不参加考核人员

2. 题库信息表结构

题库信息表结构包括“单选”、“多选”、“判断”、“填空”等题型。以第1章为例，说明结构如下：

第1章单选 dx1，单选题表 dx1（单选表结构一致）结构如表 8-7 所示。

第1章多选 dd1，多选题表 dd1（多选表结构一致）结构如表 8-8 所示。

第1章判断 pd1，判断题表 pd1（判断表结构一致）结构如表 8-9 所示。

第1章填空 tk1，填空题表 tk1（填空表结构一致）结构如表 8-10 所示。

表 8-7 dx1 表的结构

编号	字段名称	数据类型	属性	说明
1	th	smallint	非空	题编号，标识
2	tm	Nvarchar（255）	非空	题目要求
3	x1	Nvarchar（255）		单选题第一选项
4	X2	Nvarchar（255）		单选题第二选项
5	X3	Nvarchar（255）		单选题第三选项
6	X4	Nvarchar（255）		单选题第四选项
7	da	smallint		正确答案序号（从 1-4 中选）

表 8-8 dd1 表的结构

编号	字段名称	数据类型	属性	说明
1	th	smallint	非空	题编号，标识
2	tm	Nvarchar（255）	非空	题目要求
3	x1	Nvarchar（255）		多选题第一选项
4	X2	Nvarchar（255）		多选题第二选项
5	X3	Nvarchar（255）		多选题第三选项
6	X4	Nvarchar（255）		多选题第四选项
7	da	Nvarchar（15）		正确答案序号（为数组）

表 8-9 pd1 表的结构

编 号	字段名称	数据类型	属 性	说 明
1	th	smallint	非空	题编号，标识
2	tm	Nvarchar（255）	非空	题目要求
3	x1	Nvarchar（255）		单选题第一选项，默认“正确”
4	X2	Nvarchar（255）		单选题第一选项，默认“错误”
5	da	smallint		正确答案序号（“1”或者“2”）

表 8-10 tk1 表的结构

编 号	字段名称	数据类型	属 性	说 明
1	id	smallint	非空	题编号，标识
2	tm	Nvarchar（255）	非空	填空题目
3	D1	Nvarchar（255）		参考正确答案
4	D2	Nvarchar（255）		参考正确答案
5	D3	Nvarchar（255）		参考正确答案
6	D4	Nvarchar（255）		参考正确答案

3. 成绩信息表结构

成绩信息表结构包括成绩表 chengji，答题结果日志表（单选结果表 dxjg、多选结果表 ddjg、填空结果表 tkjg 和判断结果表 pdjg）。

8.6 Web 站点开发准备及规划

8.6.1 Web 站点开发的目录结构

在创建完成数据库表并在表中添加了部分测试数据后，需要在客户机的系统（Windows 7）上设定网站的目录结构。用户可以通过 DW CS5 中的站点中创建目录。

1）Admin：用于存放与后台管理有关的 ASP 页面。

2）Images：用于存放图片文件。

3）Database：用于存放 SQL Server 数据库文件（该目录在服务器上，可不在 Windows 7 上创建）。

4）Common：用于存放一些通用的模块文件。

其他一些相关的目录和文件。

8.6.2 Web 站点开发的素材准备

在开发 Web 系统之前，需要搜集一些图片素材、文字素材以及一些测试数据。

8.6.3 各模块开发顺序

不同系统的各模块开发顺序不同。一般可以按照系统流程图的顺序进行开发。在网上考试系统中，普通用户访问 Web 系统的流程为：登录（需要账户密码）→考试（需要考卷）→交卷（进行判卷和登分）→退出。

因此可以按照用户管理、题库管理、成绩管理这个顺序确定模块开发的顺序。当然，有些公共的代码可以保存成文件，被其他页面引用，从而在开发之前，将一些公共代码进行集中，形成基础模块。网上考试系统的安全性作为重要的一个方面，一定要加以考量，因此还需要安全模块。

8.7　用户管理模块

用户管理包括用户的增、删、改，用户单位维护等。具有管理员权限才能够具有用户管理权限。

8.7.1　人员管理

人员管理（RenYuanGuanLi. asp）能够实现用户增加、修改姓名和修改单位。效果如图8-26所示。

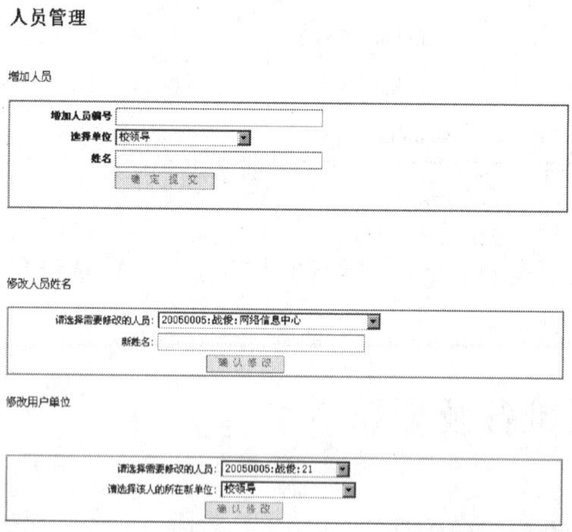

图8-26　人员管理页面

RenYuanGuanLi. asp关键代码如下：

< %

'action

'若为edit表示，需要编辑，这个时候传递参数为userdw，userdwname，在form中action赋值为update。head部分不操作

'若为del表示，需要删除，这个时候传递的参数为userdw，需要查询users表中是否有这个单位编号的人员

'如果有，就不能删除；如果没有，才可以删除。也就是，先把有关人员的单位修改完毕之后，才能删除有关单位

'删除的操作一般不建议操作

'如果为add，表示增加新单位，这个时候主要是从form中传递的参数userdwname，添加到danwei表中，userdw自动增加

'如果为update，表示需要更新单位名称（注意：单位编号不变），从form中传递userdw，userdwname，对danwei表更新

dim rsTop

```
set rsTop = server. createobject( " ADODB. recordset" )
if request( " action" ) = " del"  then
    '删除 danwei 表中 userdw 的记录
    '先判断 users 表中有没有相关记录
    '删除完成之后,提示并自动转向
end if
if request( " action" ) = " add"  then
    '增加新人员
    'response. Write( " 增加" )
    '此处代码,判断增加的 userid 是否跟原有的重名
    rsTop. Open " SELECT  *  from Users where userid = '"  &trim( request. Form( " Newuserid" ) )
&"'" ,conn,1,1
    if not rsTop. bof and not rsTop. eof then
        '有重名,撤销更新操作提示有重名并停止执行
    end if
    '判断重名,没有再增加
    rsTop. close
    rsTop. Open " SELECT  *  from Users" ,conn,1,3
    rsTop. addnew
    rsTop( " userid" ) = trim( request. form( " Newuserid" ) )
    rsTop( " userdwID" ) = trim( request. form( " Newuserdw" ) )
    rsTop( " userchinaname" ) = trim( request. form( " Newuserchinaname" ) )
    rsTop. update
    rsTop. close
    '加完成之后,自动转向
end if
if request( " action" ) = " update"  then
    rsTop. Open  " SELECT  *  from users where userid = '"  &request. Form( " Chuserid" ) & " '" ,
conn,1,3
    rsTop( " userchinaname" ) = trim( request. form( " Chuserchinaname" ) )
    rsTop. update
    rsTop. close
end if
set rsTop = nothing
%>
</head>
<body text = " #000000" >
<p> <strong> <font size = " 5" > 人员管理 </font> </strong> </p>
<p> 增加人员 </p>
    <form name = " form1"  method = " post"  action = " RenYuanGuanLi. asp"  >
<input type = " hidden"  name = " action"  value = " add" >
<strong> 增加人员编号 </strong>
```

```
<input name="NewUserid" type="text" class="inputred" size="30" maxlength="30">
<strong>选择单位</strong>
<select name="Newuserdw">
    <%
dim dw
set dw=server.createobject("adodb.recordset")
        dw.open "select DWID,DWName from DanWei order by DWID",conn,1,1
    if not dw.eof and not dw.bof then
        dw.movefirst
    do while not dw.eof%>
<option value="<%=dw("DWID")%>"><%=dw("DWName")%></option>
    <%
    dw.movenext
    loop
    end if
    dw.close
set dw=nothing
    %>
</select>
<strong>姓名</strong>
<label><input name="NewUserchinaname" type="text" class="inputred" size="30" maxlength="30"></label>
<label><input name="Submit" type="submit" class="button" value="确定提交"></label>
    </form>
<p>修改人员姓名</p>
<form action="RenYuanGuanLi.asp" method="post">
<input type="hidden" name="action" value="update">
    <div align="">请选择需要修改的人员：</div>
<select name="Chuserid">
    <%
    dim User
set USer=server.createobject("adodb.recordset")
        USer.open "select userid,userchinaname,DWname from users,danwei where users.userDWID=danwei.DWID order by userid ",conn,1,1
    if not USer.eof and not USer.bof then
      USer.movefirst
    do while not USer.eof%>


<option
value="<%=USer("userid")%>"><%=USer("userid")%>:<%=USer("userchinaname")%>:<%=User("DWName")%></option>
    <%
```

```
        USer. movenext
        loop
        % >
    </select >
    < %
        end if
        USer. close
        set USer = nothing
        % >
    < div align = "" > 新姓名: </div >
    < input name = "Chuserchinaname" type = "text" class = "inputred" size = "30" maxlength = "30" >
    < input type = "submit" value = "确认修改" class = "button" >
    </form >
    </body >
    </html >
    <! --#include file = "../common/DBclose. asp" -- >
```

8.7.2 用户登录认证页面

用户登录认证页面（index. asp）作为所有用户登录系统的页面，既要美观，又要简洁，在美工上需要精雕细琢。效果如图 8-27 所示。

图 8-27　用户登录页面

用户登录页面，需要验证用户的身份和权限，身份合法才能进入系统内部（/admin/index. html）。

index. asp 页面中判断合法用户代码如下：

```
    <! --#include file = "/common/DBOpen. asp" -- >
    < html >
    < head >
    < title > 网上考试系统登录 </title >
    </head >
    < body >
    < %
      if request( "username" ) < > "" and request( "userpassword" ) < > "" and request( "leixing" )
 < > "0" then
    dim name,pwd,sql,rs
```

```
        name = request. form( " username" )
        pwd = request. form( " userpassword" )
        set rs  =  server. createobject( " adodb. recordset" )
          sql = " select users. userid, users. DWID, danwei. DWName, userchinaname, userQXID from
users,danwei where users. DWID = danwei. DWID and userid = '" & name & " ' and userpasswd = '" &
pwd & " '"
    rs. open sql,conn,1,1
        if err. number < > 0 then
              response. write " 数据库操作失败:" &err. description
              response. redirect " index. asp"
              response. end
        else
            if not rs. eof and not rs. bof then
                session( " userid" ) = rs( " userid" )
                session( " userdw" ) = trim( rs( " DWName" ) )
                session( " userchinaname" ) = trim( rs( " userchinaname" ) )
                session( " leixing" ) = trim( rs( " userQXID" ) )
        % >
    < SCRIPT LANGUAGE = " javascript" >
    < ! --
    window. open( '/admin/index. html ', '', 'fullsreen = 1, top = 0, left = 0, toolbar = no, menubar = no,
scrollbars = no, directories = 0, resizable = yes, location = no, status = 1 ')
    window. opener = null;
    self. close( )
    -- >
    </SCRIPT >
    < %              else% >
    < SCRIPT LANGUAGE = " javascript" >
              window. alert( "用户名/密码错误,请重试!!" );
        </SCRIPT >
    < %
              end if
        end if
          rs. close
        set rs = nothing
    end if
    % >
```

Index. asp 登录界面代码简化后为:

```
< form  name = " dd"  method = " post"  action = " index. asp"  >
用户账号: < input type = " text" name = " username" class = " input" size = " 15" maxlength = " 12"
onMouseOver = this. focus( ) onKeyDown = " onlyNum( ) ;" tabindex = " 1" >
登录密码: < input type = " password" name = " userpassword" class = " input" size = " 15" max-
```

```
length = "6"  onMouseOver = this. focus( ) tabindex = "2" >
    < input type = " submit"  value = " 进入考场"  class = " button"  tabindex = "3" >
    < input type = " reset"  name = " Submit"  value = " 重新填写"  tabindex = "4" >
    < /form >
```

8.8 考试模块

考试模块包括考试和交卷判分两部分。

8.8.1 考试界面

用户登录系统后，就可以参加考试。考试试卷（kaoshi. asp）由 4 类题型按照一定比例随机构成。每个人的题目都不相同，一个人多次生成的考卷也不相同。在界面中悬浮着一个倒计时器。时间到后将强制交卷，时间未到时可以随时交卷。考试界面效果如图 8-28 所示。

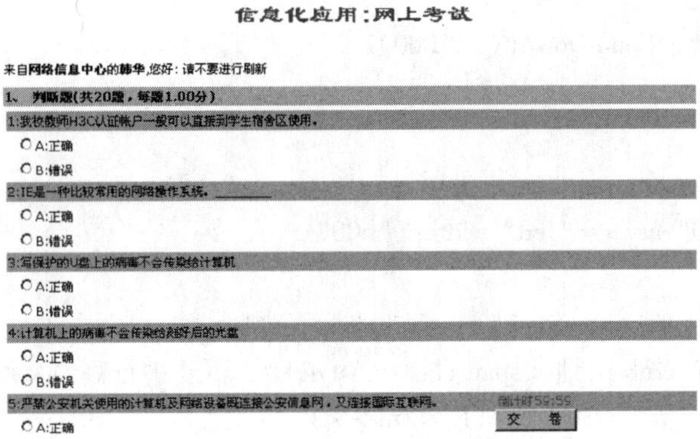

图 8-28 用户考试页面

kaoshi. asp 主要代码如下：

```
< %
dim ts
ts = 100
% >
< html >
< head >
< title > 用户管理 < /title >
< /head >
< body onLoad = " self. refresh ( ) ;"    onblur = " self. focus ( ) ;"    onkeydown = " onKeyDown ( ) "
oncontextmenu = " return false"  onselectstart = " return false"  ondragstart = " return false"
< SCRIPT LANGUAGE = " JavaScript" >
< ! --
var maxtime;
maxtime  =  1. 5 * 60 * 60;
function CountDown( ) {
if( maxtime > =0) {
```

```
minutes = Math.floor(maxtime/60);
seconds = Math.floor(maxtime%60);
  msg = "倒计时" + minutes + ":" + seconds + "";
document.all["timer"].innerHTML = msg;
  //if(maxtime == 5*60)alert('注意,还有5分钟!');
  --maxtime;
  window.name = maxtime;
  }
else{
clearInterval(timer);
  alert("时间到,结束!");
document.tryForm.submit();
  }
}
timer = setInterval("CountDown()",1000);
//-->
</SCRIPT>
<form action="dengfen.asp" method="post" name="tryForm" >
<table border="0" align="left" width="600" >
<tr><td>
<p>来自<b><% =session("userdw")%></b>的<b><% =session("userchinaname")%></b>,您好: 请<span class="style1">不要进行刷新</td></tr>
            <tr><td><tr><td></td></tr>
<tr>
<td bgcolor="#CCCCFF"><span class="style2">
一、填空题(每题1分)
</span></td>
</tr>
<tr><td>
<!--第1章,从中选择6个题目-->
<table align="center"  border="0" width="100%" >
<% dim j
     j=1
   set rs=server.createobject("adodb.recordset")
   rs.open "select top 6 * from tk1 order by newid()",conn,1,1
   if not rs.bof and not rs.eof then
   rs.movefirst
   do while not rs.eof %>
        <tr bgcolor="#99CCFF">
        <td><% =j%>:<% =rs("tm")%>
        <input type="Hidden" name="tk<% =j%>" value='1'>
<input type="Hidden" name="id<% =j%>" value='<% =rs("id")%>'>
```

```
<input type="Hidden" name="d1<%=j%>" value='<%=rs("d1")%>'>
<input type="Hidden" name="d2<%=j%>" value='<%=rs("d2")%>'>
<input type="Hidden" name="d3<%=j%>" value='<%=rs("d3")%>'>
<input type="Hidden" name="d4<%=j%>" value='<%=rs("d4")%>'>
    </td></tr>
    <tr><td>
          填空:    <input name="tkda<%=j%>"
type="text" class="inputred" size="50" maxlength="45">
    </td></tr>
<%
    j=j+1
    rs.movenext
    loop
  end if
    rs.close
    set rs=nothing
    %>
    </table>
    </td></tr>
    <tr><td>
<tr>
<td bgcolor="#CCCCFF"><span class="style2">
二、选择题
<%
dim p1,p2,p3,p4,p5,p6
p1=25,选择题第 1 章个数
%>
</span></td></tr>
<tr><td>
<table align="center"  border="0" width="100%">
<%
  dim rs
  dim i
  i=1
  set rs=server.createobject("adodb.recordset")
  rs.open "select top "&p1&" * from dx1 order by newid()",conn,1,1
  if not rs.bof and not rs.eof then
  rs.movefirst
  do while not rs.eof %>
    <tr bgcolor="#99CCFF">
    <td><%=i%>:<%=rs("tm")%>
    <input type="Hidden" name="zhang<%=i%>" value='1'>
```

```
<input type="Hidden" name="kaotiid<% =i% >" value='<% =rs("th")% >'>
        <input type="Hidden" name="answer<% =i% >" value='<% =rs("da")% >'>
        </td></tr>
<tr><td><input name="key<% =i% >" type="radio" value="1">A:<% =rs
("x1")% ></td></tr>
<tr><td><input name="key<% =i% >" type="radio" value="2">B:<% =rs
("x2")% ></td></tr>
<tr><td><input name="key<% =i% >" type="radio" value="3">C:<% =rs
("x3")% ></td></tr>
<tr><td><input name="key<% =i% >" type="radio" value="4">D:<% =rs
("x4")% ></td></tr>
<%
        i=i+1
        rs.movenext
        loop
    end if
        rs.close
        set rs=nothing
        % >
        </table>
<!--第2章及以下略-->
```

8.8.2 判分页面

判分页面分别针对每道题目提示正确与否，最后汇总总分保存到 chengji 表中。判分页面（dengfen.asp）效果如图 8-29 所示。

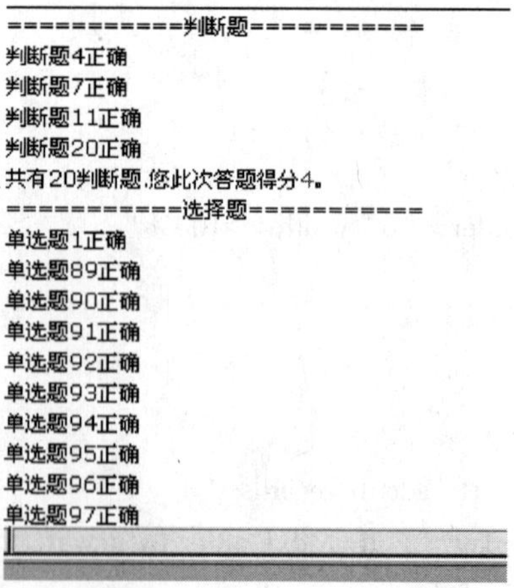

图 8-29 考试结果判分页面

下面分别针对填空题、单选题和多选题等编写了不同的判分代码。

填空题判分代码如下：

```
<%    j=1
```

```
    do while j < = tkts  '填空题总个数
  if lcase(trim(request("tkda"&j))) < > "" then
      if  lcase(trim(request("tkda"&j))) = lcase(trim(request("d1"&j)))  or
lcase(trim(request("tkda"&j))) = lcase(trim(request("d2"&j)))  or
lcase(trim(request("tkda"&j))) = lcase(trim(request("d3"&j)))  or
lcase(trim(request("tkda"&j))) = lcase(trim(request("d4"&j))) then
            tkscore = tkscore + tkfz  '每一道题目的分数 tkfz;
            response. write "填空题"&j&"正确 <br >"
      end if
  end if
      j = j + 1
  loop
% >
```

单选题判分代码如下：

```
<%
    i = 1
    do while i < = xzts  '选择题总个数 xzts
  if  lcase(trim(request("key"&i))) = lcase(trim(request("answer"&i))) then
      '  response. write "单选题"&i&"正确 <br >"
         score = score + xzfz  '每一道题目的分数 xzfz
      end if
      i = i + 1
  loop
  % >
```

多选题判分代码如下：

```
<%
  i = 1
  do while i < = DX_TMS  '多选题总个数
      KE = replace(cstr(request("DD_key"&i)),",","")
      AN = replace(cstr(request("DD_answer"&i)),",","")
  if  lcase(trim(KE)) = lcase(trim(AN)) then
      '  response. write "      OK <br >"
         DX_score = DX_score + DX_FZ  '每一道题目的分数 DX_FZ
      end if
      i = i + 1
  loop
  % >
```

将总成绩登记到数据库表中，代码如下：

```
<%
  dim rs
  set rs = server. createobject("ADODB. recordset")
  rs. Open "SELECT * from chengji",conn,1,3
```

```
        rs.addnew
            rs("userid") = session("userid")
        rs("chjip") = Request.ServerVariables("REMOTE_ADDR")
        rs("chjshu") = score + tkscore + cxscore + DX_score + PD_score
        rs("KSEL_ID") = cstr(trim(request("KSEL_ID")))
        response.write "您此次答题总分"&score + tkscore + cxscore + DX_score + PD_score&""
        rs.update
        rs.close
    set rs = nothing
%>
```

本章小结

本章为解决读者无法使用网络服务器的实际困难，通过虚拟机的形式，建立 Web 服务器，并以网上在线考试系统为例，详细介绍了动态 Web 站点设计开发的过程。

本章内容主要包括动态 Web 系统开发的概念、虚拟机安装与部署、服务器安装配置 IIS、客户端安装配置 DW CS5、数据库结构设计与实现、Web 站点开发规划、用户管理模块、考试模块等。通过本章的学习，读者可以扩展了解和掌握有关动态站点管理的实现方法和技巧，这也是本书在原有版本的内容上新增的内容，感兴趣的读者可以由此拓展知识面。

思考与练习

1. 简述利用动态 Web 站点技术设计开发系统的关键环节有哪些。
2. 针对本章介绍的内容，拟设计一个个人站点，具备“网上留言板”功能。

第三部分

Adobe Fireworks CS5 网页图片处理

第 9 章 网页图像基础知识

图形图像设计是网页设计与制作中的重要元素，它与文字不同，是一种视觉语言形式，无论从页面的整体效果或是局部处理，都会有图形图像的加入和体现；而网页的色彩是树立网站形象的关键之一。色彩设计运用于网页中，给网页带来了鲜活的生命力。网页的背景、文字、图标、边框、超链接等，无不与色彩的搭配紧密相关。

本章将介绍网页图形图像的基本概念和色彩的基础等相关知识，以便读者更清晰地了解和掌握网页图形图像处理软件的功能及使用方法，从而在网页设计中更好地表达出内涵。

本章要点：

- 图像概念
- 色彩原理
- 色彩设计

9.1 网页图像概念

9.1.1 像素和分辨率

1. 像素

像素是组成图像的最小单位，它们就是一个个有颜色的方格，每一个像素都有一个明确的位置和色彩值，文件中像素的多少决定着文件的大小，像素越多，文件越大，图像的品质越好。

2. 分辨率

分辨率是指单位长度上像素的数目，其单位为像素/英寸（ppi，pixels/inch）。分辨率对于了解与制作数字图像是非常重要的。分辨率可以分为图像分辨率、扫描分辨率、屏幕分辨率、输出分辨率和位分辨率等。

（1）图像分辨率

图像分辨率（PPI）是图像中每单位长度所含像素的多少，相同打印尺寸的图像，高分辨率图像的像素比低分辨率图像的像素多，文件大小与其图像分辨率的平方成正比。如果保持图像尺寸不变，将图像分辨率提高一倍，则其文件大小增大为原来的 4 倍。

（2）扫描分辨率

扫描分辨率（SPI）是指在扫描一幅图像之前所设定的分辨率，它将影响所生成的图像文件的质量和使用性能，它决定图像将以何种方式显示或打印。如果扫描图像用于 640 像素 ×480 像素的屏幕显示，则扫描分辨率不必大于一般显示器屏幕的设备分辨率，即一般不超过 120dpi。

（3）屏幕分辨率

屏幕分辨率是指确定显示器上每单位长度所显示的像素，屏幕分辨率取决于显示器和像素的设置。屏幕分辨率低时（例如 640 像素 ×480 像素），在屏幕上显示的项目少，但尺寸比较大；屏幕分辨率高时（例如 1 600 像素 ×1 200 像素），在屏幕上显示的项目多，但尺寸比较小。

（4）输出分辨率

输出分辨率（DPI）是照相机或激光打印机等输出设备在输出图像时所设定的分辨率。

（5）位分辨率

位分辨率用来衡量每个像素存储信息的位数，又称为位深。这种分辨率决定可以标记为多少种色彩等级的可能性。一般常见的有 8 位、16 位、24 位或 32 位色彩。有时也将位分辨率称为颜色深度。所谓“位”，实际上是指“2”的平方次数，8 位即是 2^8，也就是 256。所以，一幅 8 位色彩深度的图像，所能表现的色彩等级是 256 级。

9.1.2　位图和矢量图

计算机图形学根据成像原理和绘制方法的不同，可以将图像的类型分为两大类，即位图和矢量图，了解两种图像的区别对于创作和编辑作品会有很大帮助。Illustrator、Freehand 和 Coreldraw 等都是矢量绘图软件，而 Photoshop、Painter 等则是位图处理软件。

1. 位图

位图又称为点阵图像（或栅格图像），是由众多的像素点组成的。这些点可以进行不同的排列和染色以构成图样，当放大位图时，可以看见赖以构成整个图像的无数单个方块。

位图与分辨率有关，这意味着，描述图像的数据被固定到一个特定大小的网格中。放大位图尺寸的效果是增大单个像素，这些像素在网格中重新进行分布，扩大位图放大到一定比例，这会使图像的边缘呈锯齿状，并且会丢失细节。在一个分辨率比图像自身分辨率低的输出设备上显示位图会降低图像品质。

如图 9-1 所示，一幅位图中的自行车轮胎就是由该位置的像素拼合在一起组成的。

2. 矢量图

矢量图又称为向量图像，它是根据几何特性，以数学公式来定义的点、直线和曲线组成的图形，内容以线条和色块为主。文件占用内在空间较小，因为这种类型的图像文件包含独立的分离图像，可以自由无限制地重新组合。

矢量图形与分辨率无关，这意味着，当更改矢量图形的颜色、移动矢量图形、调整矢量图形的大小、更改矢量图形的形状或者更改输出设备的分辨率时，其外观品质不会发生变化。矢量图的特点就是放大后图像不会失真，和分辨率无关，文件占用空间较小，适用于图形设计、文字设计和一些标志设计、版式设计等。如图 9-2 所示，一幅矢量图形中的自行车轮胎是由一个圆的数学定义组成的，这个圆按某一半径绘制，放在特定的位置并填以特定的颜色。

图 9-1　位图图像

图 9-2　矢量图形

提示：

位图和矢量图有各自的优缺点，位图图像能够制作出色彩丰富的图像，且可以在不同软件之间兼容，但文件较大，占用的存储空间较大。矢量图形所占存储空间较小，精确度高，但不能制作出色彩丰富的图像，不易在软件间兼容。在实际创作中，可以将两种图像结合运用，取长补短。

9.1.3 网页图片文件的格式

图像文件的格式有很多种，但网页中常用的图片格式只有PNG、GIF和JPEG这3种。PNG格式是一种新型的图像格式，其压缩比高，且属于无损压缩，支持真彩色及透明背景等多种图像特征，并能够保存编辑时的所有信息，在任何时候都可以进行编辑和修改。但只有高版本的浏览器才支持这种文件格式，而且不能完全支持PNG格式文件的所有特性。GIF格式常用无损压缩算法，其压缩比高，文件较小，最多支持256色，同时支持静态和动态两种形式，适合显示色调不连续或具有大面积单一颜色的图像。JPEG格式常用有损压缩算法，支持真彩色，适合显示摄影或连续色调图像。随着JPEG格式文件品质的提高，文件的大小也随之增加。

9.2 网页色彩的基础知识

人们生活在一个色彩斑斓的现实世界中，色彩的视觉冲击常常令人目不暇接。色彩的使用在网页制作中起到非常重要的作用，但对于初学者来说，开始学习制作网页时，如何很好地使用色彩来搭配网页是一个难点。下面介绍网页色彩的相关知识。

9.2.1 色彩的要素

从物理学角度来看，光波是电磁波的一部分，其中可见光的波长为380~780nm。颜色与波长有关，不同波长的光呈现不同的颜色。在可见光范围内，按波长从小到大，光的颜色依次为红、橙、黄、绿、青、蓝、紫。只有单一波长的光称为单色光，含有两种以上波长的光称为复合光。不同波长的光不仅给人不同的彩色感觉，也给人以不同的亮度感觉。

视觉所感知的一切色彩现象，都具有基本的构成要素。彩色中的任何一种颜色都包含3个基本要素——明度、色相和纯度。

1. 明度

明度是指光作用于人眼时所引起的明暗或深浅程度，即颜色的相对色调或明亮程度，通常也称为亮度、光度。人之所以能看到物体的明暗，是因为不同的物体反射的光的量不同。反射的光越多，物体色彩的明度就越高；反之，反射的光越少，物体色彩的明度就越低。总的来说，色彩的明度取决于色彩中白色和黑色含量的比例。如果彩色光的强度降低到最低，人的眼睛看不见，在亮度标尺上它就和黑色对应。如果其强度很大，那么，亮度等级和白色对应。图9-3为色彩明度的变化标识。

2. 色相

色相是色彩中最主要的特征，是色彩所表现出来的相貌，是色彩的种类，又称为色度。色相的差异与物体发射或反射的光波波长有关。眼睛通过对不同光波波长的感受，可以区分不同的颜色。在可见光谱中，红、橙、黄、绿、青、蓝、紫每一种色调都有自己的波长和频率。人们给这些可以相互区别的色调定出各自的名称，当人们称呼某一种颜色的名称时，就会有一个特定的色彩印象。图9-4为色彩色相的变化标识。

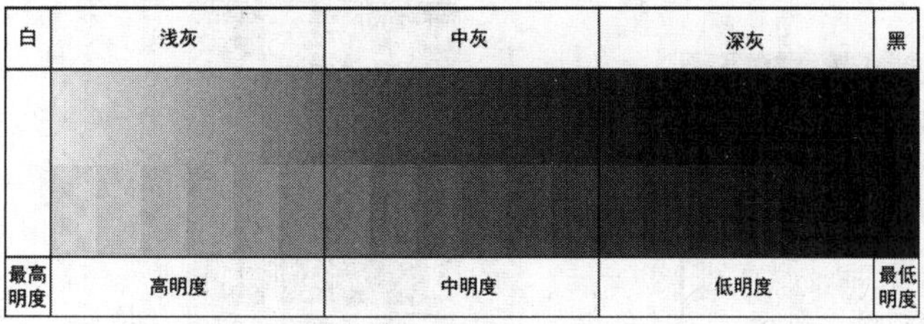

图9-3　色彩明度的变化标识

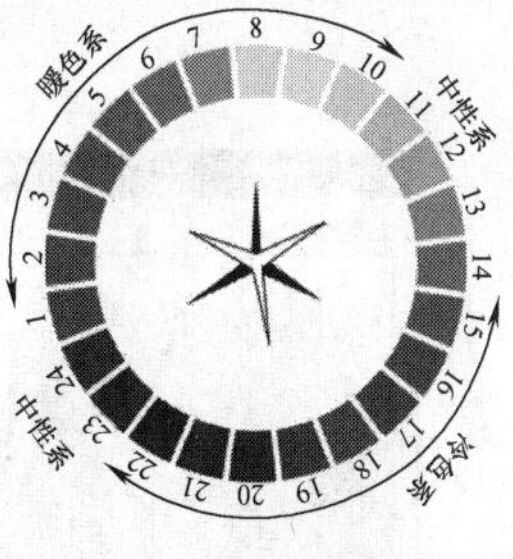

图9-4　色彩色相的变化标识

3. 纯度

纯度是指色彩的纯粹纯度，又称为彩度、饱和度、艳度。纯度取决于色彩波长的单一程度。简单地讲，光波波长越单纯，则色光越鲜明。不同的色相不但明度不同，纯度也不同。在人的视觉中所能感受到的色彩范围内，绝大部分是非高纯度的色，即含有一定纯度的灰的色。从图9-5所示的纯度阶梯表中可以看出，同一色相中纯度发生变化，也会带来色彩性质的变化。

9.2.2　三基色原理

三基色原理是指自然界常见的各种可见光，可由红（Red）、绿（Green）、蓝（Blue）3种颜色光按不同比例相配而成。同样，绝大多数可见光也可以分解成红、绿、蓝这3种色光。

三基色的选择不是唯一的，也可以选择其他颜色作为三基色。但是，三基色和这3种颜色必须是独立的，即任何一种颜色都不能由其他两种颜色合成。由此，一般选红（R）、绿（G）、蓝（B）为三基色。三基色（RGB）原理是色度学最基本的原理。

三基色分为叠加型和消减型两种。所谓叠加型的三基色是指红、绿、蓝这3种颜色，如电视机、显示器以及投影仪等发光设备就是使用叠加型的三基色来表达色彩的，网页设计中的RGB颜色模式也是建立在叠加型三基色的理论基础之上的。而消减型的三基色是指品红、黄、青这3种颜色，如书本、杂志、花朵等反光（又称为吸光）的物体的色彩就可以使用消减型三基色来表达，绘画中的色彩也可以使用消减型三基色来表达。图9-6a则属于叠加型三基色，3种颜色叠加会产生白色。如图9-6b所示，属于消减型三基色，3种颜色叠加会产生黑色。

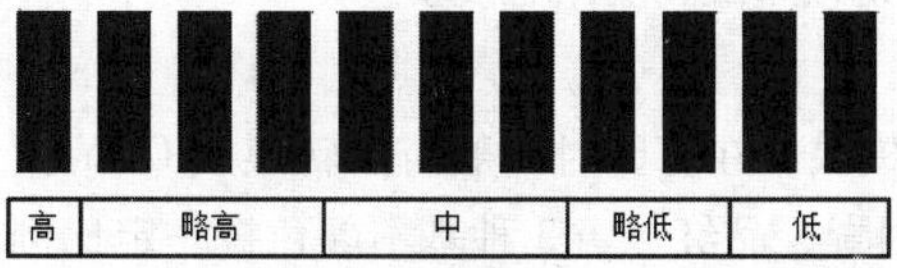

图9-5　纯度阶梯表

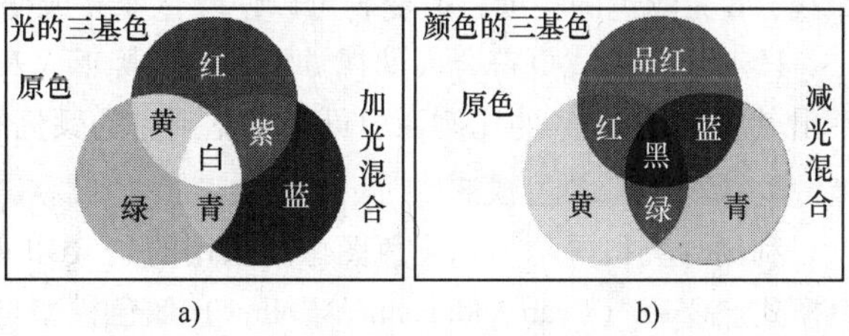

图9-6　三基色原理

9.2.3　颜色模式

同一种颜色，在不同的颜色模式中有不同的表示，但各种颜色模式存在着相互的联系，可以互相转换。

专业图像处理软件Photoshop通过“拾色器”选取颜色，在如图9-7所示的对话框中，各种颜色模式的表示方法表明不同颜色模式之间存在着值的对应关系。

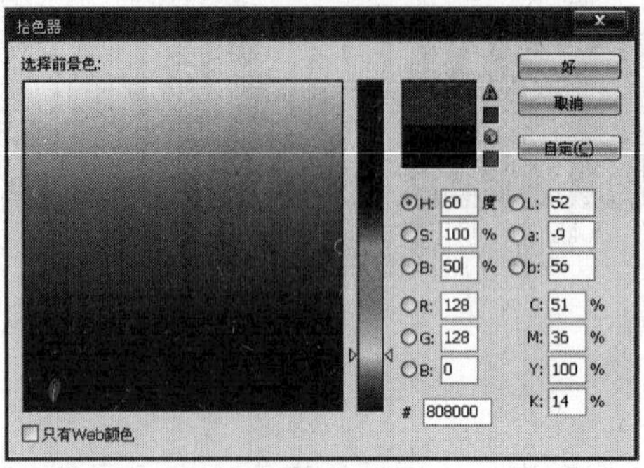

图 9-7 Photoshop 中的“拾色器”

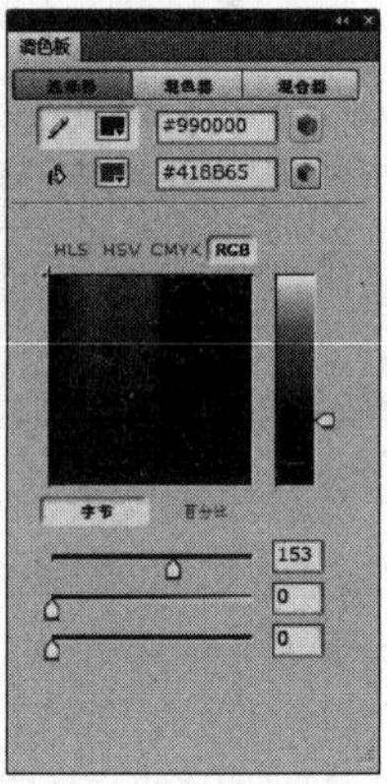

图 9-8 Fireworks 调色板

网页图像处理软件 Fireworks 则通过“调色板”的选择器选取颜色，在如图 9-8 所示的对话框中，也可以使用不同的颜色模式来创建颜色。

1. RGB 颜色模式

在 RGB 颜色模式中，图像中的每个像素值都分成 R、G、B 这 3 个基色分量，每个基色分量直接决定其基色的强度，这样产生的色彩称为真彩色。若 R、G、B 各用 8 位来表示各自基色分量的强度，每个基色分量的强度等级为 $2^8=256$ 种，图像可容纳 $2^{24}=16M$ 种色彩。这样得到的色彩可以较好地反映原图的真实色彩，故称为真彩色。

在计算机图像显示中，用的最多的是 RGB 颜色模式表示。因为计算机彩色显示器的输入需要 RGB 这 3 个色彩分量，通过这 3 个分量的不同比例，在显示屏幕上合成所需的任何颜色，所以不管软件中采用什么形式的彩色空间表示，最后的输出一定要转换成 RGB 颜色模式表示。

RGB 颜色模式产生色彩的方法称为加色法。没有光是全黑，各种光色按不同强度加入后才产生色彩，当各种光色都加到极限时成为白色，即全色光。

2. HSL 颜色模式

HSL（Hue、Saturation、Lightnes）颜色模式是用 H、S 和 L 这 3 个参数来生成颜色。其中，H 为颜色的色调，改变它的数值可以生成不同的颜色；S 为颜色的饱和度，改变它可以改变颜色的深浅；L 为颜色的亮度，改变它可以使颜色变亮或变暗。

HSL 颜色模式更符合人的视觉特性，更接近人对彩色的认识和解释。对某一颜色，人眼分辨不出其中 R、G、B 的比例，但可以感觉到它的颜色的种类、深浅和明暗程度。

3. CMYK 颜色模式

利用计算机屏幕显示彩色图像时采用的是 RGB 颜色模式，在打印时一般需要转换成 CMY 颜色模式。CMY（Cyan、Magenta、Yellow）颜色模型是采用青、品红、黄 3 种基本颜色按一定比例合成颜色的方法。RGB 颜色模式色彩的产生直接来自于光线的色彩，是各种基色光线的混合，是加色法；而 CMY 颜色模式色彩的产生是来自于照射在颜料上反射回来的光线，当全色光照在颜料上时，颜料会吸收一部分光线，未被吸收的光线会反射出来，成为视觉判断颜色的依据，这种彩色产生的方法称为减色法。当所有的颜料加入后，能吸收所有的光产生黑色；当颜料减少时，只能吸收一部分光线，便开始出现色彩，颜料全部除去后，不吸收光线，就成为白色。

从理论上讲，只由青、品红、黄这 3 种颜色混合就可以得到黑色，但在印刷时考虑到混合过程中的误差和油墨的不纯，同样的 CMY 混合后很难产生完美的黑色或灰色，所以在印刷时必须加上一个黑色（Black），这样就成为了 CMYK 颜色模式。

4. 颜色模式的表示

表 9-1 是在 Fireworks 中所使用的不同颜色模式及颜色的表示模式。从表 9-1 中可以看出，任意一种颜色可以用几种颜色模式来表达，且可以相互转化。

表 9-1　颜色模式表示

颜色模式	颜色表示模式
RGB	红色、绿色和蓝色的值，其中每个成份都是 0 ~ 255 的数值。例如，0-0-0 表示黑色，255-255-255 表示白色
十六进制	红色、绿色和蓝色的 RGB 值，其中每个成份都是 00 ~ FF 的十六进制值。00-00-00 表示黑色，FF-FF-FF 表示白色
HSL（HSB）	色相、饱和度和亮度的值。色相是 0 ~ 360° 的值，而饱和度和亮度是 0 ~ 100% 的值
CMY	青色、洋红色和黄色的值，其中每个成份均是 0 ~ 255 的数值。例如，0-0-0 表示白色，255-255-255 表示黑色
灰度等级	黑色所占的百分比。单个黑色（K）成份是 0 ~ 100% 的值，其中 0 表示白色，100 表示黑色，两者之间的值为灰度阴影

9.3　网页色彩的搭配

9.3.1　色彩的选择

1. 色彩的心理感受

在图 9-4 的色环中，可以看到，色彩按“红→黄→绿→蓝→红”依次过渡渐变，就可以得到一个色彩环。色环的两端是暖色和冷色，当中是中性色。不同的颜色会给浏览者不同的心理感受。

红色——是一种激奋的色彩。刺激效果，能使人产生冲动、愤怒、热情、活力的感觉。

绿色——介于冷暖两种色彩的中间，显得和睦、宁静、健康、安全的感觉。它和金黄、淡白搭配，可以产生优雅、舒适的气氛。

橙色——是一种激奋的色彩，具有轻快、欢欣、热烈、温馨和时尚的效果。

黄色——具有快乐、希望、智慧和轻快的个性，它的明度最高。黄绿色有青春、旺盛的视觉意境，而蓝绿色则显得幽宁、阴深。

蓝色——是最具凉爽、清新和专业的色彩。它和白色混合，能体现柔顺、淡雅、浪漫的气氛（像天空的色彩）。

白色——具有洁白、明快、纯真和清洁的感受。

黑色——具有深沉、神秘、寂静、悲哀和压抑的感受。

灰色——具有中庸、平凡、温和、谦让、中立和高雅的感觉。

2. 网页的配色特性

颜色分为非彩色和彩色两类。非彩色是指黑、白、灰系统色。彩色是指除了非彩色以外的所有色彩。网页制作用彩色还是非彩色好呢？根据专业的研究机构研究表明：彩色的记忆效果是黑白的 3.5 倍。也就是说，在一般情况下，彩色页面较完全黑白页面更加吸引人。

通常的做法是：主要内容文字用非彩色（黑色），边框、背景、图片等用彩色。这样页面整体不单调，看主要内容也不会眼花。网页的配色常常遵循以下几点原则：

1）色彩的鲜明性。通常情况下，色彩鲜明的网页容易引人注目，会给浏览者留下深刻的印象。例如，主色调为粉红的鲜明色彩，除了营造出一种浪漫的气氛之外，浏览者的印象会非常深刻。

2）色彩的独特性。网页色彩的选择应该有与众不同的独特性，使得访问者的印象强烈，以明确与其他网页的区分。

3）色彩的合适性。网页的内容与色彩应该相辅相成，就是说色彩和所表达的内容气氛相适合，而且色彩的选择应该适合绝大部分网站用户的审美情趣。例如，用粉色体现女性站点的柔性；购物网站常用橘黄色作为网页的主色调，是为了迎合喜欢购物的大部分年轻人的情趣，体现了热情、光明、活泼的气氛。

4）色彩的联想性。不同色彩会产生不同的联想，蓝色会想到天空，黑色会想到黑夜，红色会想到喜事等，选择色彩要和网页的内涵相关联。

9.3.2　网页配色设计方案

网页的配色通常要遵循一定的规则，使得网页呈现出精美的视觉效果。

1. 无色方案

所谓无色，是指在网页设计时，不采用彩色，只有黑、白及灰色。这种方案简洁、质朴，而又不失稳重，此外还透露出一种怀旧的感觉。如图9-9所示是Dior公司的主页，它就是一种无色方案的设计。

2. 单色方案

单色方案只选择单一色相的色彩，然后对该色彩的明度及纯度进行调整，使得网页色彩呈现出层次感。如图9-10所示的北京动物园主页采用了以绿色为主色调，体现了生态环保、清新亮丽的意境。

图9-9　Dior公司主页

图9-10　北京动物园主页

3. 相邻色方案

这种配色方案比较简单，主页是根据实际情况，在色相环上任意选择3或4种相邻的色彩作为网页的色彩。由于是一个色系，所以色彩之间的过渡非常自然。如图9-11所示是2012年伦敦奥运会官网主页，该网页以蓝色间有紫色、橘色线条的色调，背景是灰、白主色调，体现了清晰明快、淡雅简约，而又不失热情、欢快的效果。

4. 其他配色方案

除了以上几种配色方案之外，还有其他的方案，如互补配色（对比色）方案、二次配色方案、三次配色方案等。由于人们对于色彩美感的认识存在共同性，因此对于网页的搭配也有一些技巧可以充分利用，这些配色技巧在网页设计中也会经常出现。例如，用黑色和一种彩色搭配。比如大红的字体配黑色的边框感觉很“跳”，如图 9-12 所示的沙宣官网的主页就是使用黑红配色的典型方案。

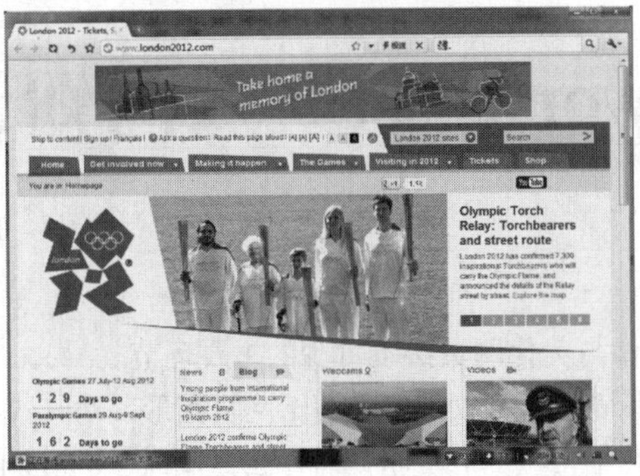

图 9-11　伦敦奥运会官网主页

图 9-12　沙宣官网的主页

本 章 小 结

本章介绍了网页图像的基础知识，包括与网页图片设计相关的基本概念：像素和分辨率、位图和矢量图以及网页图片文件的格式等；还介绍了网页色彩的基础知识及网页色彩搭配的知识。作为网页图片处理的初学者，了解这些内容是有必要的。有了对本章知识内容的掌握，再学习应用 Fireworks 设计制作网页图片，就会更加得心应手。

思考与练习

1. 从像素和分辨率的角度分析，网页图片与海报图片相比，有哪些各自的特点？
2. 计算机中主要存在哪两种图像类型？组成它们的基本元素是什么？这两种图像分别具有何种特点？
3. 为自己的个人网站设计一种色彩搭配方案，描述网页中涉及的色调搭配与网页内容之间的关系。

第 10 章 Adobe Fireworks CS5 入门知识

在制作网页的过程中，对图形图像进行设计是制作与美化网页必不可少的主要环节。Adobe Fireworks 是一款专业的网页图片制作软件。在 Fireworks 环境中，可以创建和编辑网页图形、对其进行动画处理、添加高级交互功能以及优化图像，可以创建和编辑位图和矢量两种图形。同时，Fireworks 与 Adobe 的其他多种产品集成在一起（如 Dreamweaver、Flash、FreeHand 和 Director）及 HTML 编辑器，从而提供了一个真正集成的 Web 解决方案。因此，对于辅助网页编辑来说，Fireworks 功不可没。

本章主要介绍 Fireworks 的基础知识，包括软件的工作界面和基本操作等内容。如果初次学习 Fireworks 软件，本章有助于理解打开、导入和保存文件等一般的、解决问题的方法以及如何在文件中工作。

本章要点：

- Fireworks CS5 工作界面
- 文档的基本操作
- 对象的操作
- 选区的操作

10.1 Fireworks CS5 概述

10.1.1 Fireworks 功能简介

在网页图形与特效制作方面，Fireworks 综合了众多图形设计工具软件的功能和优点。从绘制与编辑简单几何图形与位图图像到绘制矢量图；从选择调色到优化图形；从制作特效文字到创建形形色色的按钮、导航条、动画等动态效果，Fireworks 大大简化了网络图形设计的工作难度。无论是专业设计人员还是业余爱好者，使用 Fireworks 不仅可以轻松制作出动态的按钮、下拉菜单，还可以轻易地完成图片的切割与优化、动感的翻转图和 GIF 动画的制作。

下面列出的功能均是可以在 Fireworks 中实现的。

1. 位图与矢量图的绘制和编辑功能

在 Fireworks 中可以同时使用位图与矢量图的技术来创作、编辑各种图形图像。众多的图像效果、处理工具、颜色控制及图像优化，使得 Fireworks 可以制作出漂亮的 Logo（标志）和其他 Web 图像。

2. 图形图像的优化功能

在 Fireworks 中可以对图像进行压缩，提高网页中图像的显示速度，压缩后的图像质量损失却很小，甚至是无损的。如果在网页中放置大量的图片，则可考虑在 Fireworks 中设置热点，让图片在鼠标单击时放大。

3. 网页交互功能

在 Fireworks 中可以为网络图像添加交互性。例如，图像映射、翻转按钮、动态的标题广告，甚至是动态网页。使用 Fireworks 的帧、元件等工具可以制作 GIF 或 Flash 格式的小巧且富于动感的广告条。

4. 优化的批处理工作流程

在 Fireworks 中可以输出 HTML 格式的文件，并且直接输出到 Dreamweaver 的 Library（库）里，使得二者结合得更加紧密。同时，Fireworks 的批处理、输出设置、优化等功能都为学习者节省了大量的宝贵时间。

10.1.2 Fireworks CS5 工作界面

启动 Adobe Fireworks CS5 应用程序，进入到 Fireworks 的工作环境，用户首先看到的是欢迎屏幕。通过欢迎屏幕可以快速访问 Fireworks 教程、最近的文件以及 Fireworks Exchange（将新能力添加到某些 Fireworks 功能中）。用户也可以通过首选参数禁用欢迎屏幕，使得下次启动软件时不显示欢迎屏幕。

Fireworks 的工作界面如图 10-1 所示，它由 4 个部分组成，即文件窗口、浮动面板组、工具箱和“属性”面板。

图 10-1 Fireworks 工作界面

1. 文件窗口

文件窗口是工作窗口中的主要部分，所编辑的对象均在这里显示，用户可以通过它方便地进行查看比例、动画控制、文件导出等操作。

文件窗口顶部有 4 个视图方式按钮，分别是“可编辑的原始视图”、“图像预览视图”、“2 幅预览视图”和“4 幅预览视图”。用户可以同时进行图像的编辑和网页效果的预览，能够同时查看最多 4 种不同优化设置所产生的效果，从中选定理想的一种设置，在网页外观和显示速度之间找到一个平衡点。通过将图像分成 2 个和 4 个窗口进行预览，非常便于比较经过压缩后的图像和原始图像之间的区别。

2. 状态信息栏

显示比例按钮设置图像编辑区正文，按照预设的比例显示图像，中间部分显示图形的尺寸，最左边的动画按钮则控制动画图像的显示。

3. 图标模式

Fireworks CS5 工作界面中新增了“图标模式”，单击图标模式右侧的下拉箭头，在展开的菜单中显示了 4 种模式，分别为“上网本模式”、“具有面板名称的图标模式”、“图标模式”和“展开模式”（如图 10-2 所示）。这一功能是用于切换浮动面板在工作界面中的显示状态，系统默认的状态是“图标模式”。

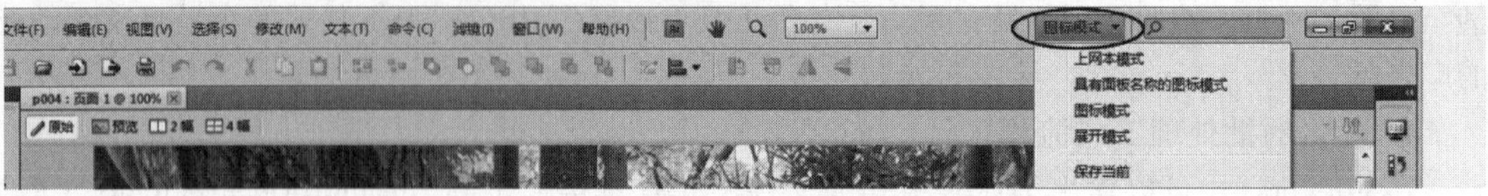

图 10-2　图标模式

技巧：若需要进一步扩展文档窗口的显示区域，则按“Tab”键即可隐藏所有面板（包括工具箱和“属性”面板），再次按“Tab”键即可显示所有面板。

10.1.3　使用工具箱和面板

1. 工具箱

在工具箱中包含了用于创建、选择和编辑的 6 种类型工具，分别是选择、位图、矢量、Web、颜色和视图工具，如图 10-3 所示。各类型之间有明显的灰色分割线。在同一工具组中的工具可以相互切换，方法是在右下角有一个小黑三角的工具上按下鼠标不放，将鼠标拖动到要选择的工具上即可选中该工具。

图 10-3　工具箱

2. “属性”面板

“属性”面板是一个上下文关联面板，它显示当前选区的属性、当前工具选项或文档属性。默认情况下，该面板在工作区的底部，如图 10-4 所示。

图 10-4　“属性”面板

3. 浮动面板

浮动面板能够帮助用户编辑所选对象的各个方面或文档的元素，如图 10-5 所示是 Fireworks CS5 面板组的展开状态。面板可以处理状态、层、元件、颜色样本等。每个面板都是可拖动的，因此可以按自定义排列方式对面板进行分组。

这些面板包括“优化”面板、“层”面板、“公用库”面板、“页面”面板、“状态”面板、“历史记录”面板、“自动形状”面板、“样式”面板、“文档库”面板、“URL”面板、“颜色”面板、“样本”面板、“信息”面板、“行为”面板、“查找”面板、“对齐”面板、“自动形状属性”面板、“调色板”面板、“路径”面板和“特殊字符”面板等。

面板组默认停靠在窗口的右侧，需要时，可以通过【窗口】菜单命令方式或直接拖动方式，随时移动面板的位置，调整面板大小，添加或删除面板，或者重新组合面板组。

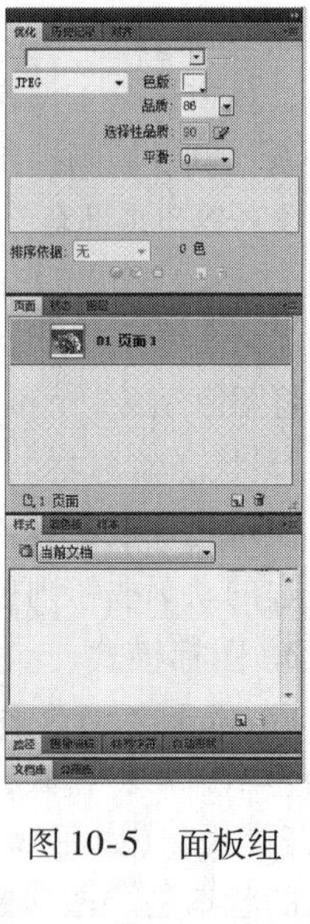

图 10-5　面板组

10.2　Fireworks 基本操作

当使用 Fireworks 创作图片时，必须首先建立一个新文档或者打开一个已经存在的文档。建立文档时必要的一些参数可以在创作过程中随时改变。但事先应尽可能做一个计划，这样可以提高工作效率。

10.2.1　Fireworks 文档操作

1. 新建文档

执行菜单【文件】/【新建】命令，弹出如图 10-6 所示的“新建文档”对话框。在打开的对话框中设置各项参数后单击“确定”按钮，即可创建一个新的文件。

该对话框中各项属性的含义如下：

1）在“画布大小”栏中设定“宽度”、“高度”数值。用户可选择以像素、英寸或厘米为度量单位。需要注意的是，创建的任何图形都必须容纳在画布之内。

2）设定图像“分辨率”大小，其单位为像素/英寸或像素/厘米。同样大小的图片，其分辨率越高，单位长度所含的颜色信息点也就越多，图像则更清晰、精美。

3）在“画布颜色”栏中为画布选择“白色”、“透明”或“自定义”颜色。如果选择“自定义”颜色，则可以在弹出的颜色选择框中选择需要的颜色。

提示:

新建文档时，按“Ctrl + N”组合键，即可弹出“新建文档”对话框，此快捷键功能在其他两个软件中通用。

2. 保存和导出文档

在 Fireworks 中创建的文档，一般都会保存为 PNG 格式文档。在 Fireworks CS5 中，JPEG 或 GIF 等 Web 页常用图像格式可以直接从“另存为”对话框中保存。

执行菜单【文件】/【保存】命令，弹出“另存为”对话框。在该对话框的“文件名”文本框中输入文档名称，并选择保存路径，然后单击“保存”按钮即可完成 PNG 格式文件的保存。

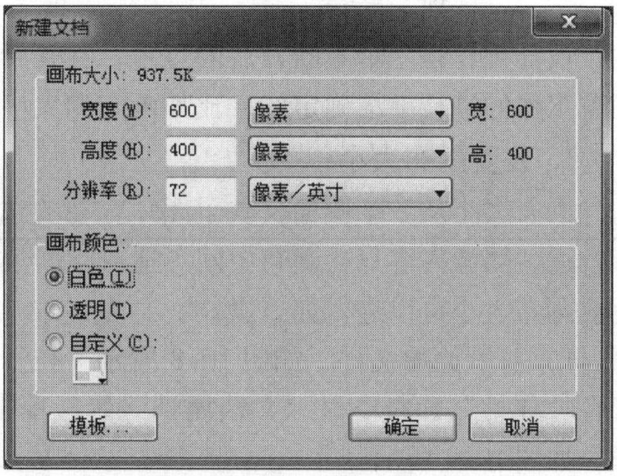

图 10-6　“新建文档”对话框

若要将文档保存为其他格式，则可以执行菜单【文件】/【另存为】命令，在弹出的“另存为”对话框中选择文档保存格式，如图 10-7 所示。在 Fireworks 中也可以采用文件导出的方式将图像保存成其他格式文件，有关图像的导出方法可以参考教程的后续章节内容。

3. 打开和导入文档

在 Fireworks 中，可以很容易地打开、导入和编辑在其他图形程序中创建的矢量和位图图像。用户还可以从数码相机或扫描仪中导入图像。

执行菜单【文件】/【打开】命令，弹出“打开”对话框。选择文件并单击“打开”按钮即可打开已保存过的文件。

使用 Fireworks，可以打开在其他应用程序中或以其他文件格式创建的文件，其中包括 Photoshop、FreeHand、Illustrator、未压缩的 CorelDRAW、WBMP、EPS、JPEG、GIF 和 GIF 动画文件。

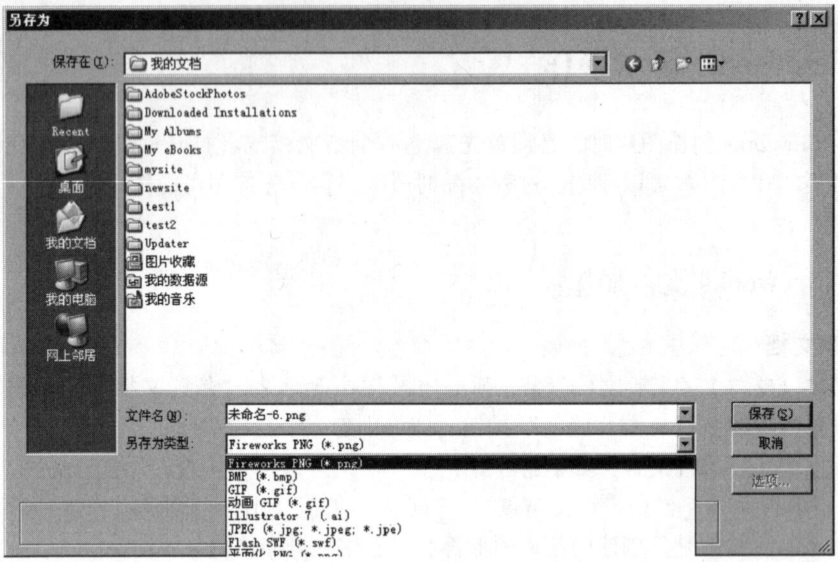

图 10-7　“另存为”对话框

下面以 GIF 动画为例，可以用两种方法在 Fireworks 中引入 GIF 动画文件。

1）将 GIF 动画作为动画元件导入。将动画的所有元素作为一个单元来编辑和移动，并使用“文档库”面板创建元件的新实例。

2）以打开普通文件的方式打开 GIF 动画。GIF 的每个元素都作为单独的图像存放在 Fireworks 帧中。用户可以将图形转换为动画元件。

10.2.2　改变文档属性

设计创作是一个不断发展的过程，在开始之前并不能确定最后作品的所有细节。这些细节是随着工作的进行渐渐确定的，比如画布的大小、颜色等。下面讲解如何对文档属性进行修改。

1. 改变画布大小

画布大小从一个侧面反映了图片存在的空间大小，很多时候在绘制之后，才发现画布的大小不合适，图像内容只在画布中间，造成空间浪费；或是超出画布的范围，不能完全显示。如果要更改画布大小可以进行如下操作。

1）打开原始文件，如图 10-8 所示。执行菜单【修改】/【画布】/【画布大小】命令（或者在“属性”面板中显示文档属性，然后单击“画布大小”按钮），会弹出“画布大小”对话框，如图 10-9 所示。

2）在“新尺寸”栏中可以输入新的宽度和高度，从右方的下拉列表中可以选择计量单位。

3）在“锚定”区域提供各种不同的修改方式，每个按钮上用图示表示了画布扩展或收缩的方向，默认状态下是中间的按钮被按下，表明画布向四周均匀扩展或收缩，可以根据需要，单击相应的方向按钮。

2. 改变画布颜色

在创建文档之初，就选择了画布颜色。若要改变画布颜色，则可以按照如下操作进行。

执行菜单【修改】/【画布】/【画布颜色】命令，弹出如图 10-10 所示的“画布颜色”对话框。在对话框中可以根据需要选择新的画布颜色。需要注意的是，改变画布颜色并不会改变图像本身的颜色。

图 10-8 打开原始文件

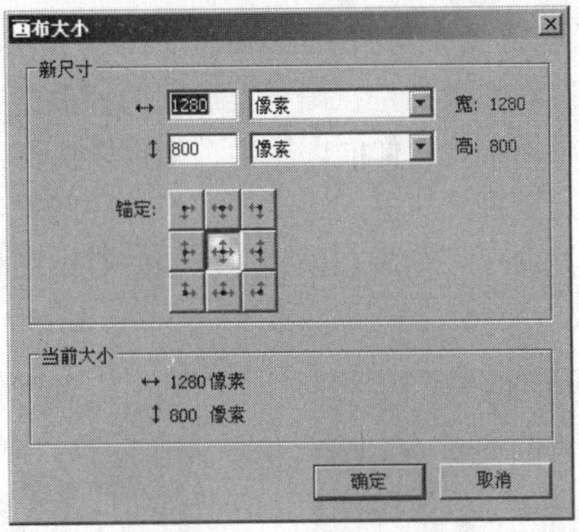

图 10-9 “画布大小”对话框

3. 改变图像大小

选择菜单【修改】/【画布】/【图像大小】命令（或者在“属性”面板中显示文档属性，然后单击“图像大小”按钮），会弹出如图 10-11 所示的“图像大小”对话框。

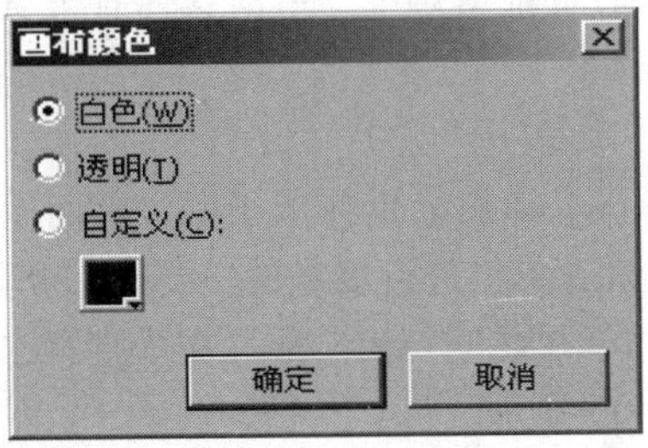

图 10-10 “画布颜色”对话框

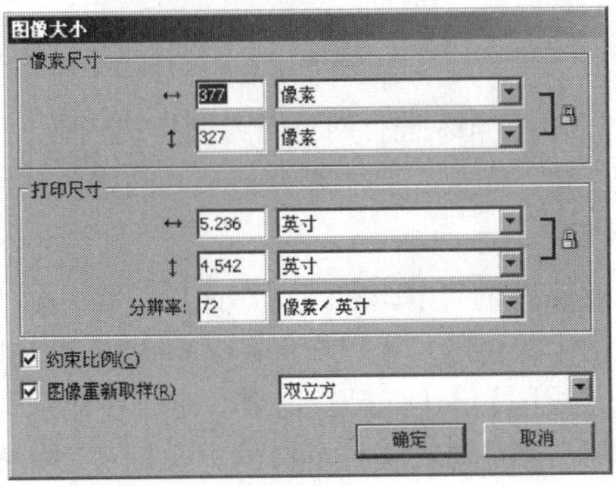

图 10-11 “图像大小”对话框

提示：

若要进行调整画布大小、更改画布颜色、调整图像大小等操作，可以使用“属性”面板中的快捷按钮。当画布中没有选择任何对象的情况下，“属性”面板中显示如图 10-12 所示的按钮内容，单击“画布大小”按钮即可弹出“画布大小”对话框；单击“图像大小”按钮即可弹出“图像大小”对话框；单击画布的颜料框即可弹出色板进行取色。

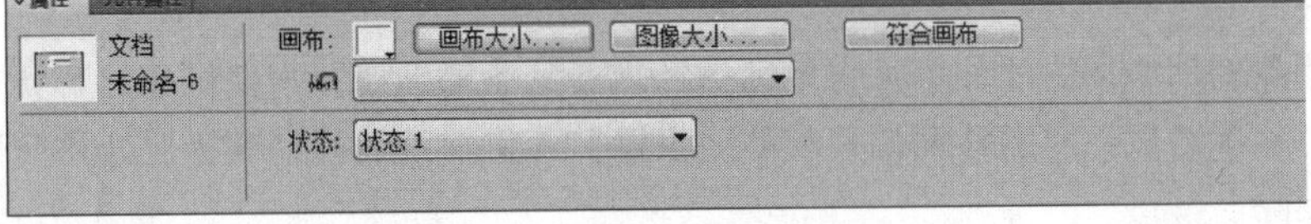

图 10-12 “属性”面板中的快捷按钮

4. 旋转画布

如果输入的图像上下颠倒或者左右倾斜，就需要进行旋转画布的处理。在 Fireworks 中，用户可以把画布旋转 180°、顺时针 90°或者逆时针 90°。当旋转画布后，文档中的所有对象也会随之旋转，如图 10-13 所示。

5. 修剪画布与符合画布

所有的图像都是在画布上绘制的，根据文档内的对象分布情况，也可以适当地修剪画布的大小。如果画布比图像的内容大，则可以执行菜单【修改】/【画布】/【修剪画布】命令，将画布修剪到最靠外对象的边缘。如果有些图像超出画布范围，执行菜单【修改】/【画布】/【符合画布】命令，则画布调整为能恰好容纳图像内容。图 10-14 为图像与画布完全符合的前后对比效果。

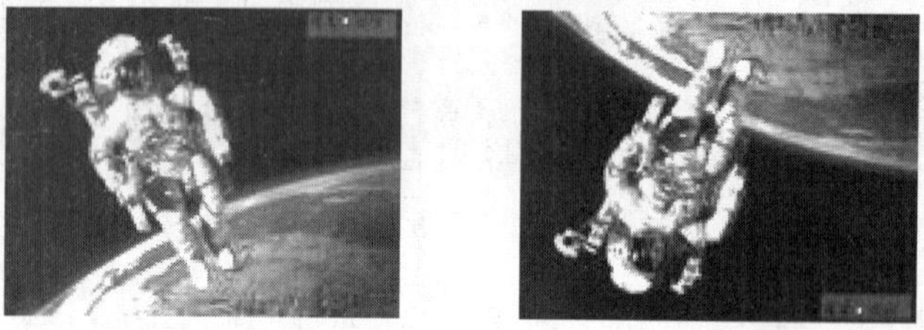

a)　　b)

图 10-13　原始图和旋转 180°后的图像

a)　　b)

图 10-14　符合画布的前后对比效果

10.2.3　使用定位工具

在使用 Fireworks 进行网页图像制作的时候，图像的定位工具可以帮助设计者更有效地完成图像处理工作。布局工具主要有标尺、网格及辅助线。

1. 标尺

标尺能够测量、组织和计划作品的定位。因为 Fireworks 图形旨在用于网页，而网页中的图形是以像素为单位的。所以在 Fireworks 中标尺是以像素为单位进行度量的。要显示和隐藏标尺，执行菜单【视图】/【标尺】命令，可以在显示与隐藏标尺之间切换。标尺在垂直和水平方向显示标尺，标尺刻度沿着文档窗口的边缘显示。如图 10-15 所示。

2. 网格

执行菜单【视图】/【网格】子菜单，有“显示/隐藏网格”、“编辑网格”和“对齐网格”等命令，如图 10-16 表示网格显示状态。网格对精确放置对象很有用。网格并不随文档一起导出，它只是一种设计工具，只在工作环境中可见。

3. 辅助线

利用辅助线功能可以在文档中创建用于定位的辅助线，使得用户可以将对象对准某个位置。

添加辅助线的方法如下：在水平标尺或垂直标尺处单击，向图像区域直接拖出辅助线，到合适位置松开鼠标左键即可完成辅助线的创建，如图 10-17 所示。经过多次拖动可以创建多条水平或垂直辅助线。

移动或删除辅助线的方法如下：将鼠标指针靠近某条辅助线，当鼠标指针形状变成上下箭头或左右箭头时，单击鼠标左键移动调整辅助线位置，若将辅助线移动到标尺处松开鼠标左键，则该辅助线被删除。

提示：

显示或隐藏标尺的组合键是“Ctrl + Alt + R”；显示或隐藏网格线的组合键是“Ctrl + Alt + G”；显示或隐藏辅助线的组合键是“Ctrl + ;”。

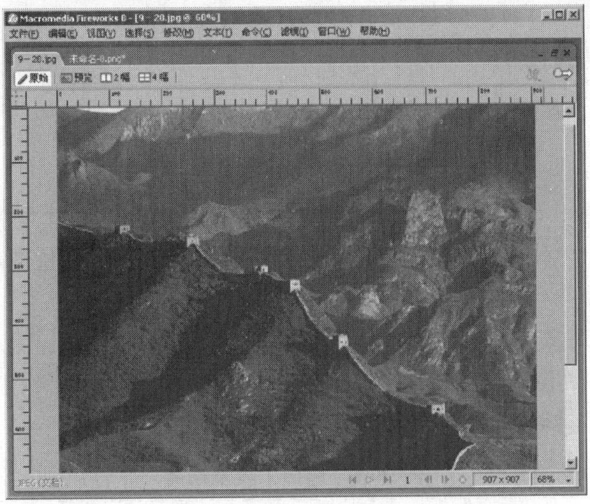

图 10-15 显示标尺

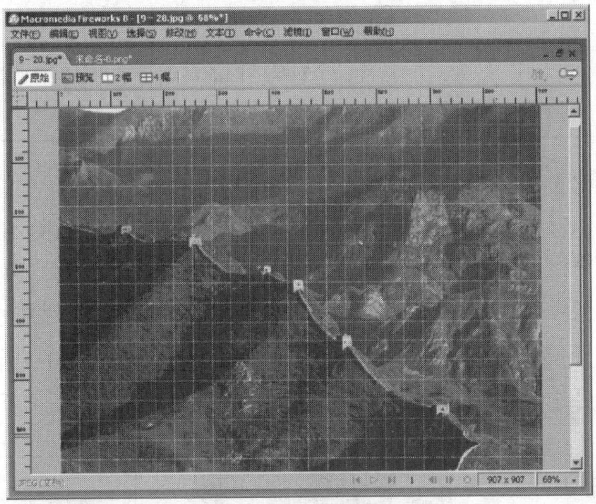

图 10-16 显示网格

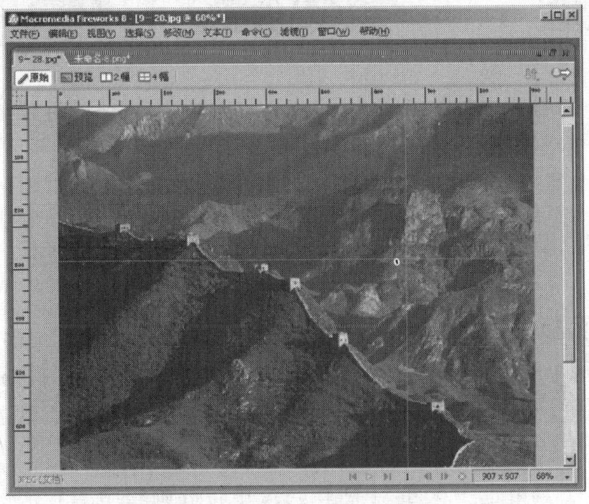

图 10-17 创建辅助线

10.3 对象的基本操作

10.3.1 选择对象

在 Fireworks 的画布上对任何对象执行任何操作之前，应先选择该对象。选择的对象适用于矢量对象、路径或点、文本块、单词、字母、切片或热点、实例或者位图对象。选择对象的方法有以下两种。

1. 使用工具选择对象

用于选择对象的工具位于工具箱的“选择”栏中，包含有“指针”工具、“选择后方对象”工具和“部分选定”工具等。表 10-1 为选择工具及功能说明。

表 10-1 选择工具及功能

工 具	用 途
“指针”工具	单击对象或在其周围拖动选区时选择对象
“部分选定”工具	选择组内的个别对象或矢量对象的点
“选择后方对象”工具	选择一个对象后面的对象
“导出区域”工具	选择要导出为单独的文件的区域

如果需要同时选择多个对象，则可在选定第一个对象后，在按住“Shift”键的同时单击其他对象。此外，也可在绘图区拖动鼠标，利用选择框选中多个对象，如图 10-18 所示即为选中的多个对象操作。

使用“选择后方对象”工具，可以选择一个对象后面的对象，对堆叠的对象重复单击“选择后方对象”工具，从顶部开始，直到选择需要的对象为止。如图 10-19 所示为使用工具连续两次单击堆叠图形，即可选择后方的图形。

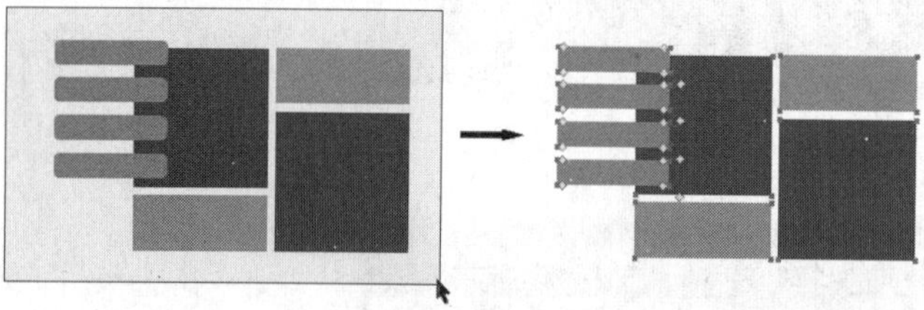

图 10-18 拖动选区选择多个对象

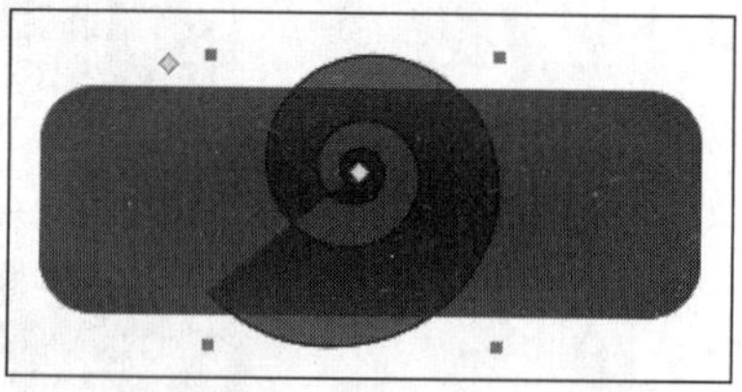

图 10-19 选择后方对象

提示：

对于通过堆叠顺序难以到达的对象，也可以在层处于扩展状态时在“图层”面板中单击该对象进行选择。

2. 使用“图层”面板选择对象

“图层”面板显示每个对象。当面板已打开并且层处于扩展状态时，在“图层”面板中单击一个对象可以选择该对象。如图 10-20 所示为使用“图层”面板可以轻松选择对象，其中显示为蓝色底纹的层即为选中的对象。

利用“部分选定”工具可选中矢量对象节点，并通过调整节点位置，或拖运节点两侧的调整杆来调整路径的形状。

若要选中文档中的所有对象，则可执行菜单【选择】/【全部选择】命令；若执行菜单【选择】/【取消选择】命令，则可取消对象的选择。

10.3.2 移动、复制与删除对象

如果要移动整个对象，则可选取“指针”工具，在选中对象后拖运该对象；如果要移动对象的局部，则可选取“部分选定”工具，在选定要移动的区域后，拖运选定区域。

如果要复制对象，则在选中对象后，执行菜单【编辑】/【重制】命令，或按“Crtl + Alt + D”组合键，即可进行偏移复制，即新对象与原对象错开一定距离；如果执行菜单【编辑】/【克隆】命令，或按“Ctrl + Shift + D”组合键复制对象，则新复制的对象将位于原对象上方，复制对象后必须将新对象移开，才能看到复制效果；如果执行菜单【编辑】/【复制】命令，或按“Ctrl + C”组合键复制对象，则对象将被复制到剪贴板中，需要执行菜单【编辑】/【粘贴】命令，或按“Ctrl + V”组合键粘贴剪贴板中的内容到当前文档中。

如果要删除对象，则可在选定对象后直接按“Delete”键，或执行菜单【编辑】/【清除】命令。此外，如果执行菜单【编辑】/【剪切】命令，则可将对象复制到剪贴板中，并同时删除文档中选定的对象。

10.3.3 缩放、倾斜及扭曲对象

在工具箱中“选择”栏的“缩放”工具上按住鼠标左键不放，将弹出如图 10-21 所示的工具组。

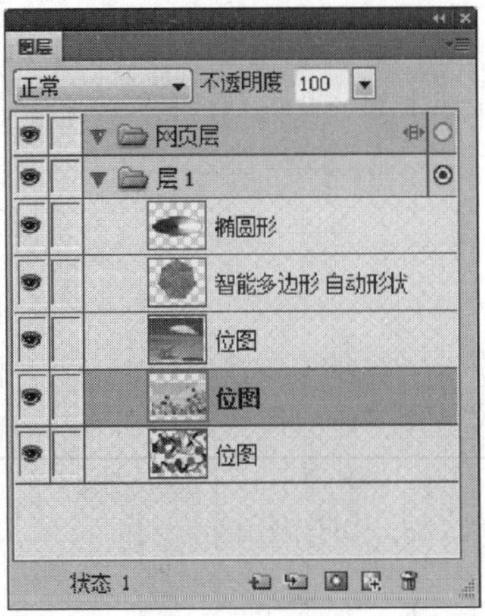

图 10-20 使用“图层”面板选择对象

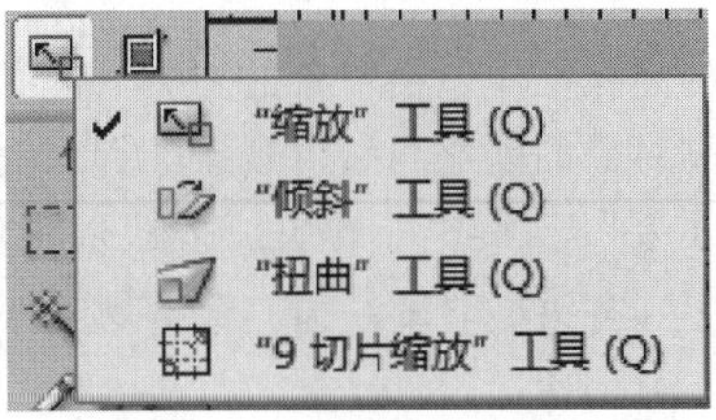

图 10-21 “缩放”工具组

如果需要改变对象的大小或旋转对象，则可先选定要缩放的对象，然后选取该工具组中的“缩放”工具，此时所选对象的四周将显示变换控制框，然后将鼠标指针移动到变换控制柄的上方，当鼠标指针变为双向箭头时，拖动鼠标即可缩放选定对象；如果将鼠标指针移动到变换框附近，当鼠标指针弯曲的箭头时拖动鼠动，则可旋转选定的对象。缩放和旋转的调整过程如图 10-22 所示。

如果用户在选定对象后，选取“倾斜”工具，则在选定对象的四周将显示出变换控制框，将鼠标指针移到变换框附近，当鼠标指针变为双向箭头时，拖动鼠标即可实现对象的倾斜操作，整个过程如图 10-23 所示。

如果用户在选定对象后，选取“扭曲”工具，则在选定对象的四周将显示出变换控制框，将鼠标指针移到变换框附近，当鼠标指针变为双向箭头时，拖动鼠标即可实现对象的扭曲操作，

如图10-24 所示。

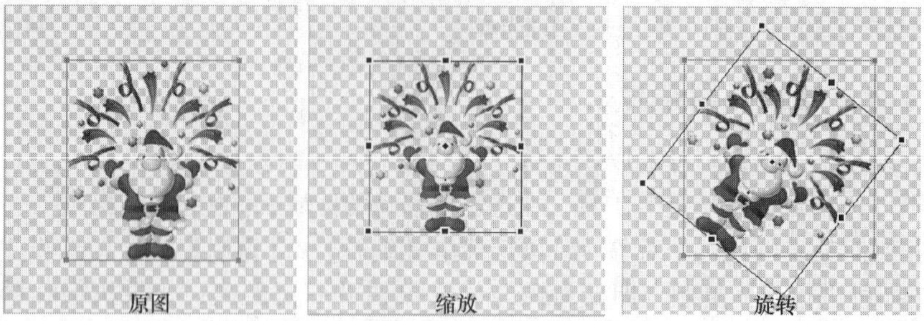

a)　b)　c)

图 10-22　缩放和旋转对象

a)　b)　c)

图 10-23　倾斜对象

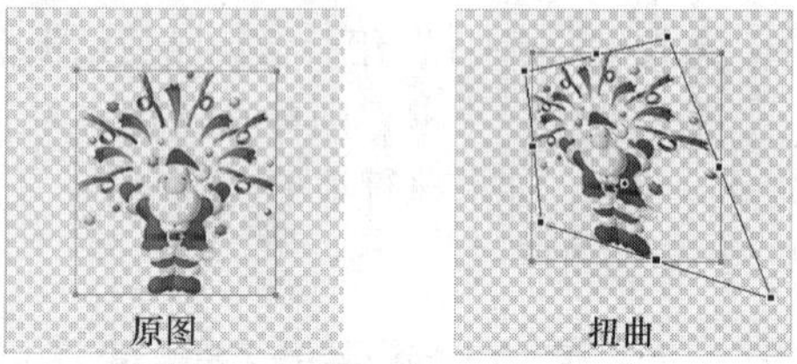

a)　b)

图 10-24　扭曲对象

前面的变形操作都是以手工方式来调整图形的形状，这样操作虽然直观但不精确。如果要更准确地进行图形的变形操作，则可执行菜单【修改】/【变形】/【数值变形】命令，使用数值变形功能可以更精确地调整对象。

10.4　对象的高级操作

对象的高级操作包括对象的对齐、调整对象层次、组合对象等功能实现。对象的高级操作能够充分提高对象的创建与编辑效率。针对对象的高级操作，可以应用菜单命令的方法实现，也可以使用“主要”工具栏中的快捷按钮来实现。执行菜单【窗口】/【工具栏】/【主要】命令，弹出如图 10-25 所示的工具栏，在实现下述操作时，可随时启用图中的按钮。

图 10-25　“主要”工具栏

10.4.1　对齐对象

要对齐多个对象，可在选中这些对象后，执行菜单【修改】/【对齐】子菜单中的相应命令。

1）左对齐：将对象与最左侧的所选对象对齐。

2）垂直居中：将对象的中心点沿垂直轴对齐。

3）右对齐：将对象与最右侧的所选对象对齐。

4）顶对齐：将对象与最上方的所选对象对齐。

5）水平居中：将对象的中心点沿水平轴对齐。

6）底对齐：将对象与最下方的所选对象对齐。

若选择其中的“均分宽度”菜单项，则可在所选对象最左侧与最右侧边线之间均匀分布所选对象；若选择“均分高度”菜单项，则可在所选对象最上面与最下面边线之间均匀分布所选对象。如图 10-26 所示为原图，使用“对齐”功能相应命令后的效果如图 10-27 所示。

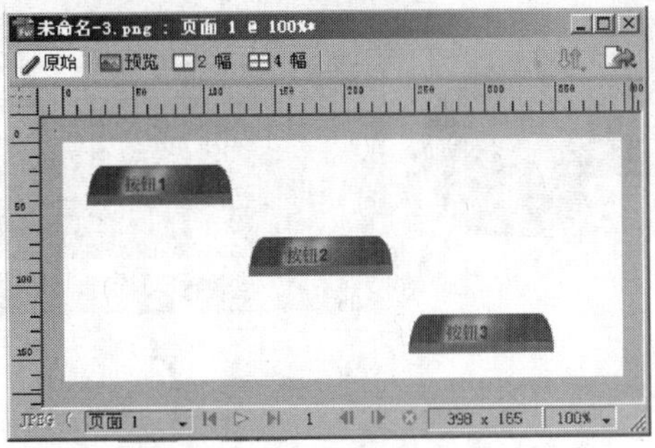

图 10-26 原始对象按钮状态

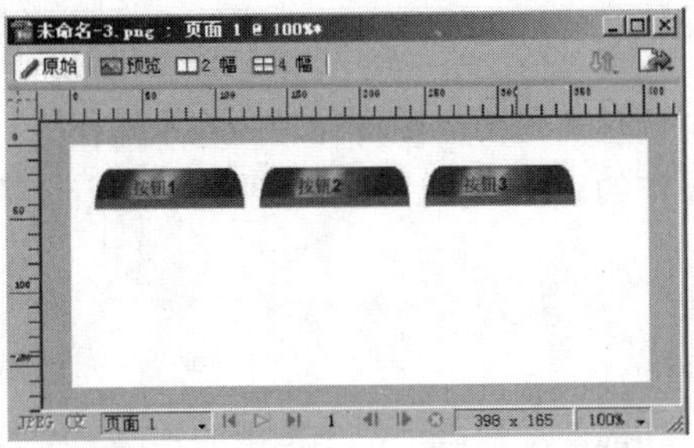

a)

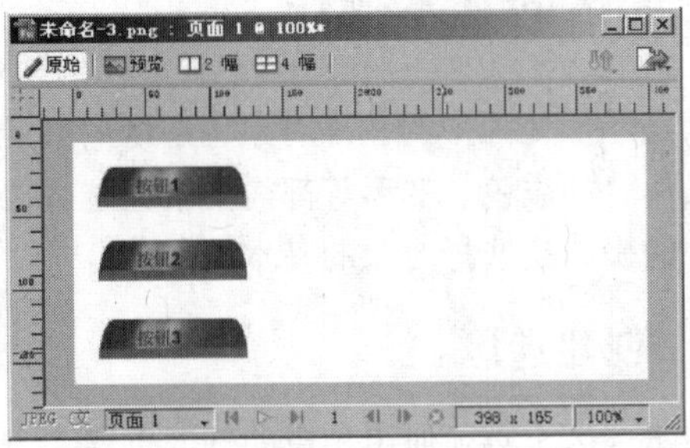

b)

图 10-27 顶端对象和左对齐状态

10.4.2 调整对象层次

默认情况下，绘制图形时系统自动安排图形顺序，即后绘制的图形在上层，先绘制的图形在下层。用户可选定对象后，执行菜单【修改】/【排列】菜单中的【移到最前】、【上移一层】、【下移一层】、【移到最后】等命令，将选中对象移到最前和最后一层，或将选中对象上移和下移一层。如图 10-28 所示，将背景层（具有 20% 透明度）从最前面移至最底层的对比效果。

10.4.3 组合对象

为了同时对多个对象进行统一处理（如设置其属性或进行变形等），可在选定这些对象后执行菜单【修改】/【组合】命令，将这些独立的对象定义为一个组对象（统一设置对象属性之前各对象仍保持自身属性）。以后只要单击其中任何一个对象，均可选中组，要选定组中的单个对象，则可使用“部分选定”工具。图 10-29 为成组对象前后的“层”面板，可以看出，组合对象后所选对象被归入同一个层中。如果用户已经选中组中的某个对象，要选择该对象所在的组，则可执行菜单【选择】/【选择全部】命令；要打散对象，可在选定组对象后执行菜单【修改】/【取消组合】命令。

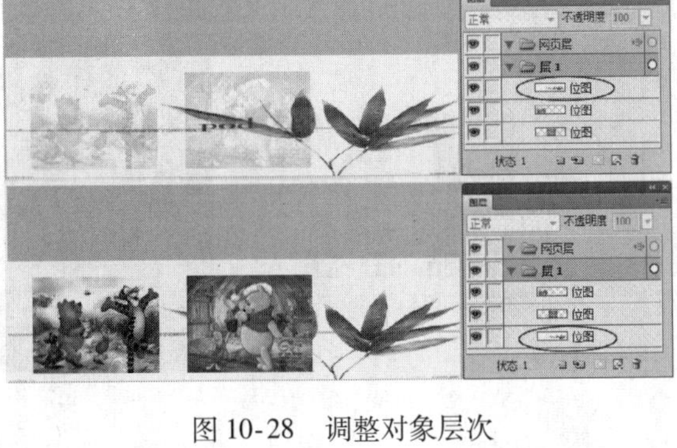

图 10-28 调整对象层次

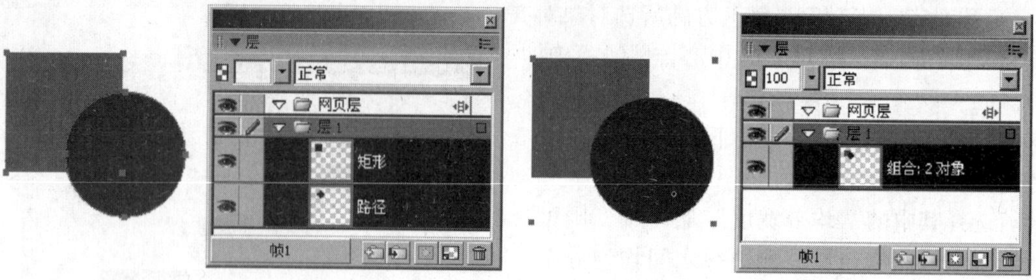

a)　　　　b)

图 10-29　对象组合前后的“层”面板

10.5　选区的基本操作

选区是图形处理中的一种对象，选区的创建与调整也是图形图像处理的基本操作之一，许多其他的操作，如添色、变形等都需要事先选择要操作的对象元素，然后才能继续进行，因此熟练掌握选区的操作是选择对象的基本技能。

10.5.1　创建选区

要创建选区，必须使用相应的选区创建工具。Fireworks 提供了位图编辑所需的大部分选择区域工具，包括的工具及功能如表 10-2 所示。

表 10-2　选取工具及功能

工　具	用　途
“选取框”工具	在图像中选择一个矩形区域
“椭圆选取框”工具	在图像中选择一个椭圆形区域
“套索”工具	在图像中选择一个自由变形区域
“多边形套索”工具	在图像中选择一个直边的自由变形区域
“魔术棒”工具	在图像中选择一个颜色相似的区域

其中，“选取框”工具和“椭圆选取框”工具除了选取的形状不同外，其他用法完全相同；在工具箱中选取“选取框”工具或“椭圆选取框”工具（如图 10-30a 所示），此时文档中的鼠标指针将变为十字形状，将鼠标指针移动到要选取的图像的左上角，拖动鼠标到图像的右下角，然后释放鼠标，此时被选中的区域四周会出现闪烁的虚线框，表示框内的位图像素被选中，如图 10-30b 所示。如果想选择正方形或正圆形区域，可以有拖动鼠标时同时按住“Shift”键，如图 10-30c 所示。

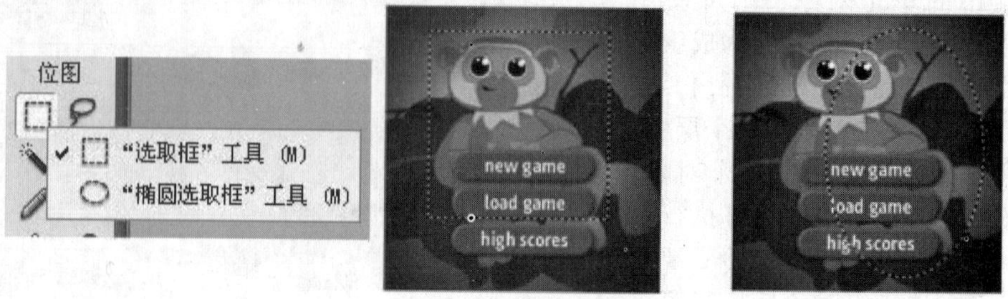

a)　　　　b)　　　　c)

图 10-30　使用选取工具

如果用户需要选取不规则的区域，则可使用“套索”工具或“多边形套索”工具（如图 10-31a 所示）进行选取。使用“套索”工具，可以选取任意形状的像素区域，在工具箱中选取“套索”工具，此时文档窗口中的鼠标指针变为套索形状，在位图的某一位置按住鼠标左键不放并拖动鼠标，在要选取的区域上创建出一个封闭的区域，此时鼠标指针经过的路径会显示一条蓝色细线，回到起点位置时释放鼠标，则被选中的区域四周出现闪烁的虚线框，表示该区域被选中，如图 10-31b 所示。

与“套索”工具不同，“多边形套索”工具是通过设置关键点来选取像素区域的。用户在文档窗口中单击鼠标左键一次，就创建一个关键点，Fireworks 会自动用直线连接这些关键点，直到回到起点位置构成一个封闭的选区为止。

“魔术棒”工具主要用来选取位图中像素值相同或相近的区域，在工具箱中选取“魔术棒”工具，此时将鼠标指针移动到文档窗口中，鼠标指针自动变为魔术棒形状。在想要选取的区域上单击鼠标左键，则与鼠标单击处像素相同或相近的像素都会被自动选中，如图 10-32 所示。

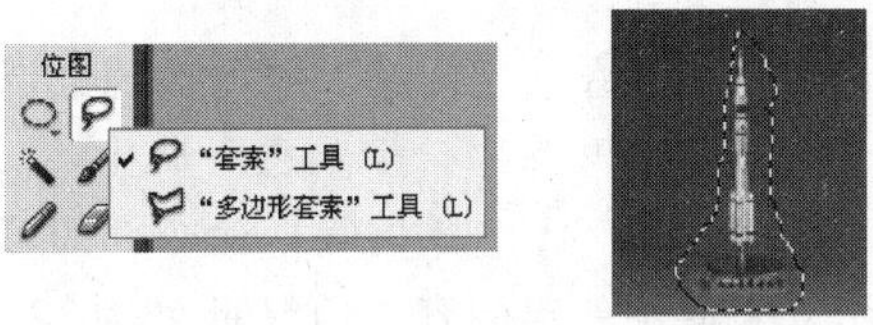

a) b)

图 10-31 使用“套索”工具

图 10-32 使用“魔术棒”工具

在创建选区时，可以应用“魔术棒”工具的“属性”面板对选区进行更多的设置。面板中的“容差”下拉列表框中设置不同的容差值，可改变选区的范围，数值越大，所选的范围就越大；数值越小，所选范围就越小或越精确。如图 10-33 所示，使用不同容差值的“魔术棒”工具对图像创建选区的效果是不同的。若要取消选区，可执行菜单【选择】/【取消选择】命令或按“Ctrl + D”组合键。

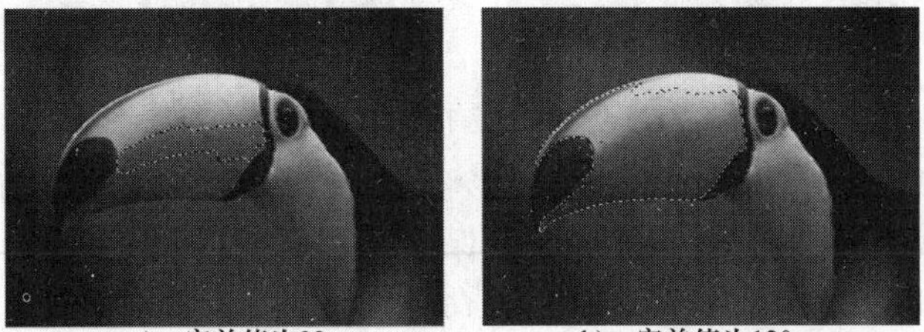

a) 容差值为32 b) 容差值为120

图 10-33 “魔术棒”工具容差值不同时的选区效果

提示：

“魔术棒”工具在处理背景比较单调的图像时能得到很好的使用，用“魔术棒”工具选中背景区域并将其删除，就可以将图像中的内容分离出来。

10.5.2 调整选区

在初步创建好选区后，还可以编辑选区，如增大或减小选区、扩展或收缩选区、平滑选区边界、选择相似选区以及全选图像等。

1）增加选区：按住“Shift”键的同时使用选取工具创建选区，即可实现在原有选区基础上增加选区的操作。

2）减小选区：按住“Alt”键的同时使用选取工具创建选区，即可实现在原有选区基础上减小选区的操作。

3）组合选区：按“Alt + Shift”组合键的同时使用选取工具可创建新的选区，选区结果将是已有选区和新选区的交集。

4）扩展选区：执行菜单【选择】/【扩展选取框】命令，在弹出的对话框中指定扩展的像素，单击“确定”按钮即可扩展选区。

5）收缩选区：执行菜单【选择】/【收缩选取框】命令，在弹出的对话框中指定收缩的像素，单击“确定”按钮即可收缩选区。

6）创建边界选区：执行菜单【选择】/【边框选取框】命令，在弹出的对话框中指定宽度值，单击“确定”按钮即可实现创建边界选区的操作。

7）平滑选区边界：执行菜单【选择】/【使选取框平滑】命令，在弹出的对话框中指定取样半径，单击“确定”按钮即可平滑选区边界。

8）反选选区：执行菜单【选择】/【反选】命令，或按“Ctrl + Shift + I”组合键，即可实现反选选区的操作。

9）全选位图：执行菜单【选择】/【全选】命令，或按“Ctrl + A”组合键，即可实现全选位图的操作。

10）选择相似区域：在初步选定某个区域后，执行菜单【选择】/【选择相似】命令，即可实现选择与已在选区颜色相近区域的操作。如图10-34所示，先使用一定的容差值（此处为32）的“魔术棒”工具在图像中确定一个选区，如图10-34a所示，然后执行菜单【选择】/【选择相似】命令，即可得到如图10-34b所示的选区效果。

a)　　　　b)

图10-34　选择相似选区

11）保存与恢复选区：当用户创建了一个形状复杂的选区后，可能希望将其保存起来，方便以后使用。为此，可执行主菜单【选择】/【保存位图所选】命令进行保存。要恢复保存的选区，可执行主菜单【选择】/【恢复位图所选】命令。

10.6　边学边做（掌握对象操作流程）

本节通过实例介绍Fireworks中对象操作的一些过程，目的是使初学者掌握Fireworks的对象操作流程，同时，对软件的基本操作方法有一个清晰的认识。参考操作步骤如下：

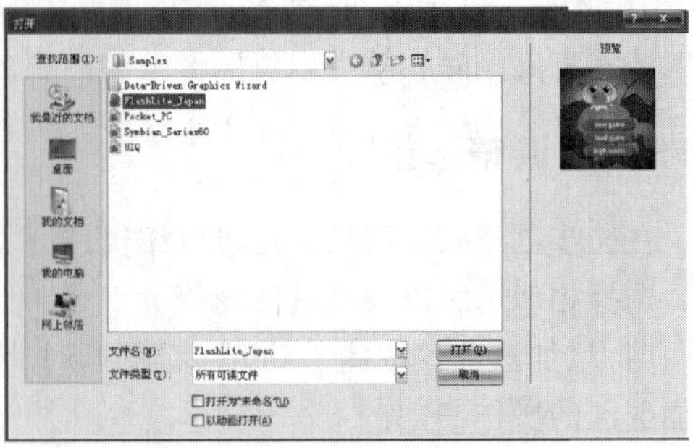

图10-35　“打开”对话框

1）启动Adobe Fireworks CS5，执行菜单【文件】/【打开】命令，在弹出的“打开”对话框中，选择一个图像文件打开，如图10-35所示。

2）使用“部分选定”工具单击“new game”对象。

3）按下“Shift”键再用鼠标单击“Load game”对象，则完成多个对象的选择操作，如图

10-36 所示。

4）执行菜单【修改】/【组合】命令，将选定的两个对象合并为一个对象，如图 10-37 所示。

5）使用“工具”箱中的“扭曲”工具，对选定对象进行操作，可看到如图 10-38 所示效果。

6）使用“属性”工具栏中的“填充颜色”工具，将其设定为蓝色，结果如图 10-39 所示。

7）执行菜单【文件】/【另存为】命令，打开“另存为”对话框，在“文件名”文本框中输入“FlashLite_ Japan-1”，其他项使用默认值，如图 10-40 所示。单击“保存”按钮，编辑后的图像保存完毕。

图 10-36　选择多个对象

图 10-37　组合对象

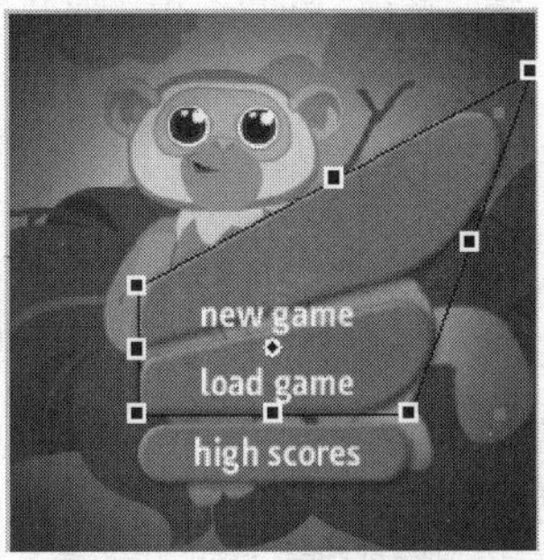

图 10-38　扭曲对象

图 10-39　颜色填充对象

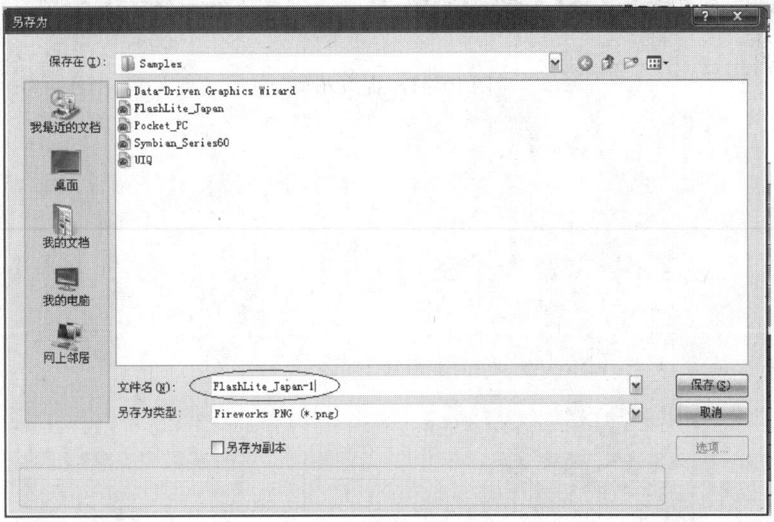

图 10-40　“另存为”对话框

本章小结

本章介绍了 Fireworks CS5 的入门知识，包括功能和工作环境等基础知识，还介绍了文档的基本操作，在画布中处理对象及选区的相关操作的基本方法和技巧。本章关键内容如下：

1）用“选择”工具选择一个或多个对象。

2）对象的基本操作方法。

3）对象的变换方法。

本章是进行图像处理的基础，读者在熟悉了本章的实例和相关知识后，就可以创作一些简单的网页作品了。

思考与练习

1. 在 Fireworks 中位图的创建方法有哪几种？

2. 在工具箱中哪些是位图编辑绘制工具？

3. 在 Fireworks 中，用于选择对象的工具有哪些？它们的使用方法有何不同？

4. 在创建好选区后，如何增加选区操作？如何减小选区操作？如何在如图 10-41 所示的图片中分别将不同颜色的花朵区域提取出来，再进行提亮修饰，可以看出明显的不同。

a)　　　　b)

图 10-41　提取花朵

第 11 章 对象绘制与编辑

Fireworks 是将位图操作和矢量操作合二为一的软件。由于 Fireworks 是基于矢量标准的图像处理系统，对图像的编辑操作在很大程度上就是绘制矢量对象，然后应用位图效果的操作。

在 Fireworks 中，有两种绘制模式：对象模式和图像编辑模式。对象模式是编辑矢量图像时的模式，而图像编辑模式则是进行位图图像编辑时的模式，可以像传统的位图图像处理程序那样进行诸如绘制、描画和编辑像素等传统位图操作。本章主要介绍矢量图与位图处理的基本方法和应用技巧，颜色的应用以及层和“图层”面板的使用。

本章要点：

- 绘制与编辑矢量对象
- 处理位图图像
- 应用颜色
- 使用图层

11.1 绘制矢量对象

在前面第 9 章中，已经介绍了矢量图和位图两种不同格式的图形图像知识。如图 11-1 所示的原始位图经过放大形成图像边缘呈锯齿状，图像失真；如图 11-2 所示的原始矢量图可以无限放大，其边缘仍旧平滑清晰，不会改变其外观品质。通过这两幅图的比较，可以看出，矢量图与位图的属性与特质不同。因此，对矢量图和位图进行处理的方法也是不同的，下面先对绘制矢量对象的方法进行介绍。

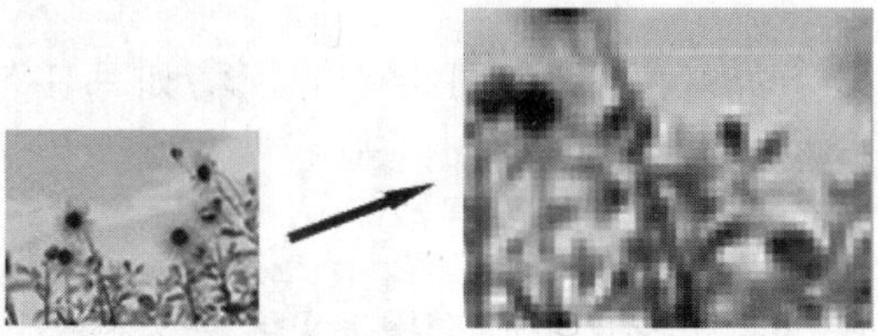

图 11-1　位图原始图像及放大后的图像

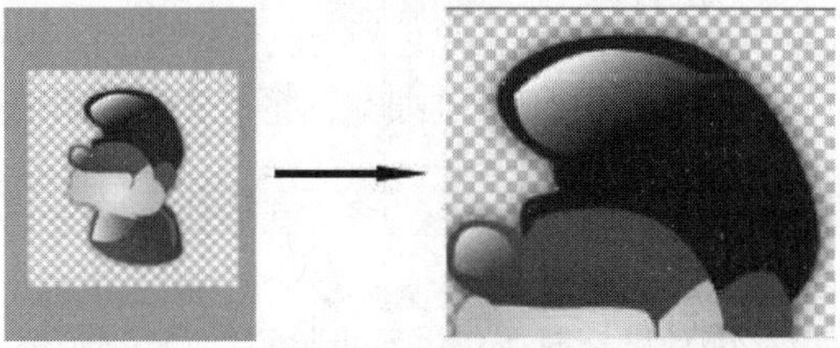

图 11-2　矢量图原始图像及放大后的图像

提示：

需要注意的是，因为计算机屏幕本身就是一个由网格组成的位图设备，所以当图像放大到一定程度后，矢量图也会显示出类似与位图放大后的马赛克效果，但这是有本质区别的，这一点请不要混淆。

11.1.1 绘制基本图形对象

Adobe Fireworks CS5 中提供了一组可以绘制基本几何图形的矢量工具，即“直线”工具、“矩形”工具、“椭圆”工具和“多边形”工具，如图 11-3 所示。

1. 绘制直线、矩形或椭圆路径

使用“直线”工具、“矩形”工具或“椭圆”工具可以快速绘制基本形状。绘制操作方法如下：

1）选择工具箱中的“直线”工具、“矩形”工具或“椭圆”工具。

2）在“属性”面板中设置笔触和填充属性。

3）将鼠标指针移入画布，当鼠标指针变为十字形状时，在画布中拖动绘制形状即可。

提示：

1）对于“直线”工具，按住“Shift”键并拖动可保证绘制方向保持水平、垂直或45°夹角方向。

2）对于“矩形”工具或“椭圆”工具，按住“Shift”键并拖动可将形状限制为正方形或圆形。

3）若要从指定的中心点绘制“矩形”或“椭圆”，则按住“Alt”键，拖动绘制工具。

4）若要从指定的中心点绘制“正方形”或“圆形”，则按住“Shift + Alt”组合键，拖动绘制工具。

2. 绘制多边形或星形

使用“多边形”工具可以绘制出多边形或星形。绘制“多边形”的操作方法如下：

1）选择工具箱中的“多边形”工具。

2）在“属性”面板中，使用“边”选项，弹出滑块选择 3 ~ 25 个边，以确定“多边形”的边数。使用“角度”选项，弹出滑块选择 0° ~ 100°，拖动鼠标绘制多边形，如图 11-4 所示。

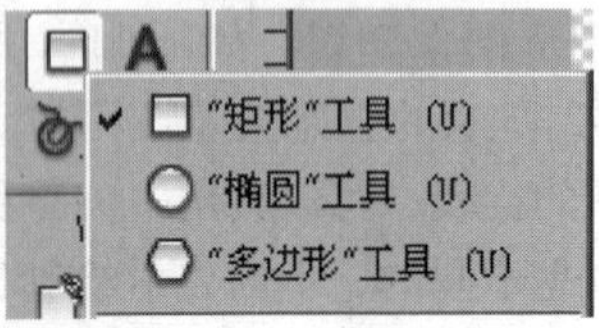

图 11-3 基本图形工具

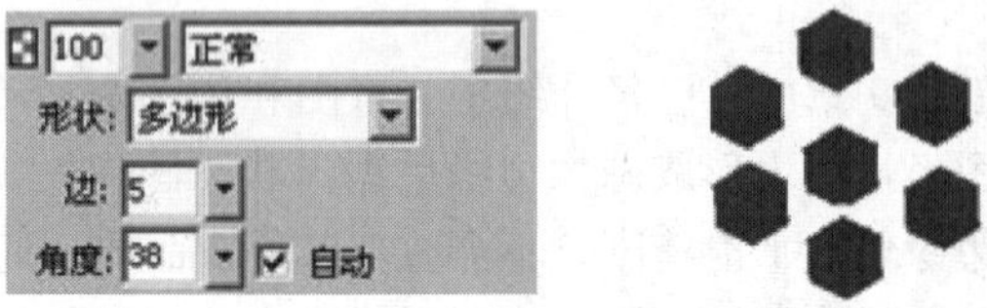

a) b)

图 11-4 设置与绘制多边形

选择“多边形”工具后，在“属性”面板中进行相应的形状设置，则可绘制出星形，如图 11-5 所示。

提示：

拖动鼠标时按住“Shift”键，可以将多边形方向和星形边线方向按 45°增量变化。

11.1.2 绘制自动形状对象

为方便用户的使用，Fireworks 提供了一组自动形状工具。在“工具箱”的“矢量”部分中，单击“矩形”工具，会弹出如图 11-6 所示的工具组。自动形状工具是智能矢量对象组，用于创建编辑更复杂的矢量图形。

与其他对象组不同，选定的自动形状工具除了具有对象组手柄外，还具有菱形的控制点。每个控制点都与形状的某个特定可视化属性关联。

大多数自动形状工具控制点都带有工具提示，描述它们会如何影响自动形状。用户可将鼠标指针移到一个控制点上即可看到描述该控制点控制的属性的工具提示，如图 11-7 显示了提示信息对应指向的控制点。通过鼠标拖动控制点可以进行调整，绘制出多个不同图形，如图 11-8 所示。

提示：

在 Fireworks CS5 中，绘制星形图形时，可创建 3 ~ 50 个点的图形；绘制智能多边形时，可创建 3 ~ 25 条边的图形，如图 11-9 所示的图形效果。

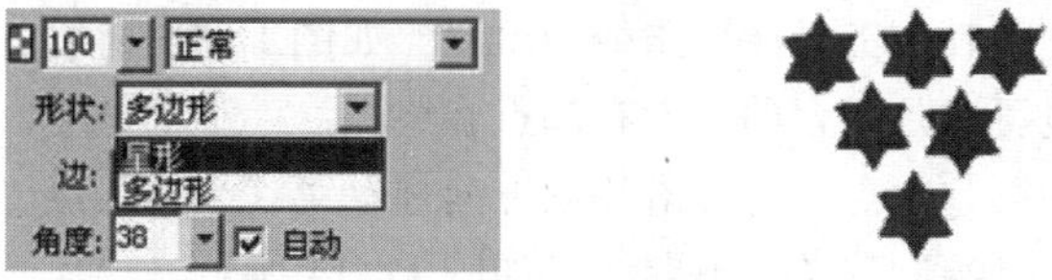

a)　　b)

图 11-5　设置与绘制星形

图 11-6　“自动形状”工具

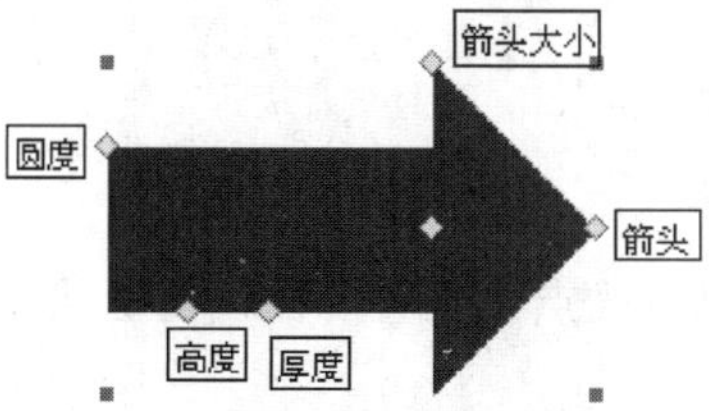

图 11-7　提示信息

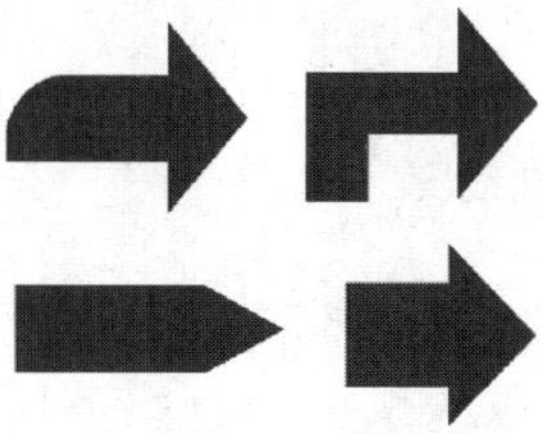

图 11-8　调整后的图形

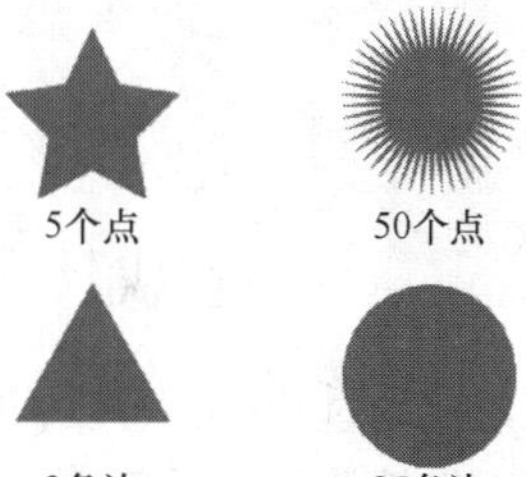

图 11-9　绘制星形和多边形

执行菜单【窗口】/【自动形状属性】命令，弹出如图 11-10 所示的“自动形状属性”面板，在其中可以选择绘制形状，并设置参数来调整形状。

11.1.3　绘制自由曲线路径

在 Fireworks 中，用于绘制自由曲线路径的工具有如图 11-11 所示的一组工具。

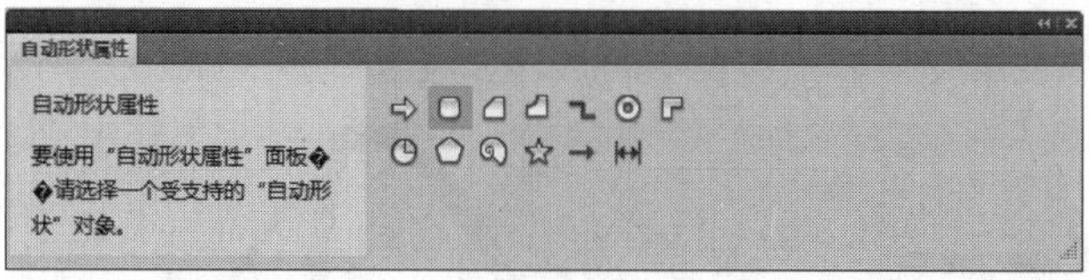

图 11-10　“自动形状属性”面板

图 11-11　钢笔工具组

1. 使用“钢笔”工具

“钢笔”工具是用来绘制不规则路径的必备工具，可以创建直线或平滑的曲线段（即贝赛尔曲线）。“钢笔”工具用点来控制图形的路径是直线或是曲线，路径上的点分为曲线点和角点两种类型。曲线点是指两边都是曲线的点，通过控制曲线点可以调节曲线的弧度；角点是指至少有一边是直线的点，通过控制角点来调整直线的夹角。

（1）绘制直线段路径的方法

选择“钢笔”工具，在画布中单击一次鼠标左键绘制第一个角点，然后再确定下一个点的位置即可，如图 11-12 所示。若要封闭该路径，可在确定终点时单击所绘制的第一个点。在绘制直线路径过程中，选择其他工具结束该路径的绘制。

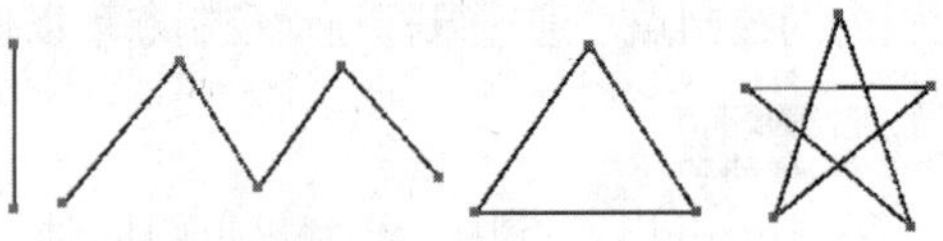

图 11-12　绘制直线路径

（2）绘制曲线路径的方法

绘制曲线路径段，需要在绘制点单击鼠标左键并拖动。绘制时，选择“钢笔”工具，单击产生第一个角点。然后将“钢笔”工具移动到下一个点的位置，按下并拖动以产生一个曲线点，曲线在两点之间形成。继续绘制只需重复上述操作。如果单击并拖动一个新点，即可产生一个曲线点；如果只单击，则产生一个角点，选择其他工具结束路径的绘制，如图 11-13 所示。曲线路径既可以是开放的，带有明显的端点，也可以是闭合的，没有起点和终点。

绘制曲线时，沿曲线隆起的方向拖动第一个点，然后沿相反方向拖动第二个曲线点，绘制一条曲线；若朝相同方向拖动两个曲线点，则绘制一条 S 形曲线，如图 11-14 所示。

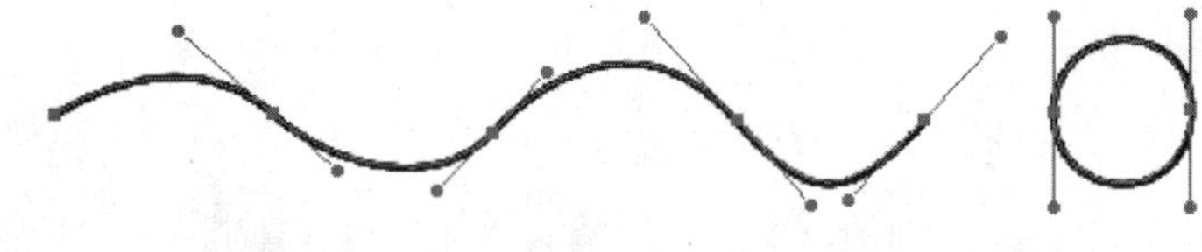

a)　　b)

图 11-13　绘制曲线段

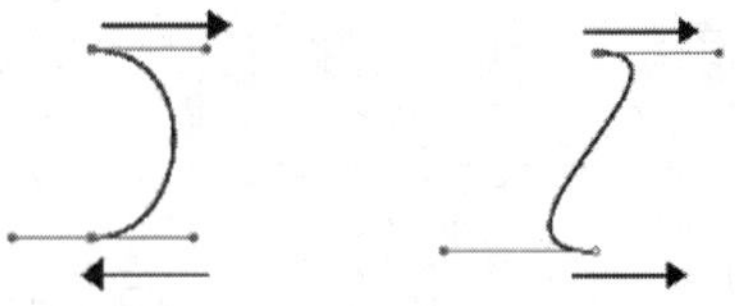

a)　　b)

图 11-14　绘制曲线

在绘制的过程中，可以临时切换到“部分选定”工具以更改点的位置和曲线的形状。下一次单击时继续绘制该对象。

2. 使用“矢量路径”工具

“矢量路径”工具可以产生彩色绘画似的路径效果。在其“属性”面板中可以选择包含各种刷子的笔触类别，每个类别又包括几种选项，如图 11-15 所示。

绘制自由变形矢量路径的方法如下：选择“矢量路径”工具，在“属性”面板中设置笔触和填充属性。单击并拖动鼠标左键进行绘制，释放鼠标左键结束路径。若要闭合路径，将鼠标指针返回到路径起始点，然后释放鼠标左键即可。如图 11-16 所示是使用不同笔触的“矢量路径”工具的绘画效果。

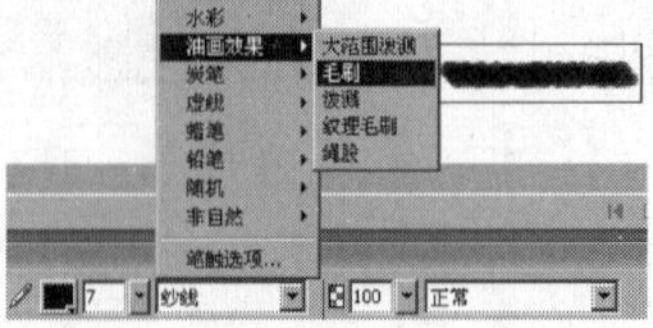

图 11-15　笔触类别选项

图 11-16　“矢量路径”绘画

尽管笔触看起来可能像绘画或墨水，但每个笔触都包含矢量对象的点和路径。用户可以使用几种矢量编辑技术的任何一种来更改笔触形状。更改路径形状后，笔触将被重新绘制。

11.2　编辑路径

Fireworks 提供了多种编辑矢量对象的方法，可通过移动、添加或删除点来更改对象形状，也可移动点手柄来更改相邻路径段的形状。自由变形工具能够通过直接对路径进行编辑来改变对象的形状，还可使用路径操作通过合并或改变现有路径来创建新形状。

11.2.1　使用矢量工具编辑

对曲线路径的形状进行调整时，使用“部分选定”工具，拖动锚点和句柄可以更改该对象的形状。句柄确定固定点之间的曲率。这些曲线称为贝赛尔曲线。

1. 编辑路径的操作

1）选择“指针”工具或“部分选定”工具，单击图形路径。

2）使用“部分选定”工具单击某个锚点，选中锚点显示为一个实心蓝色方形和扩展的句柄，其他点为空心方形。

3）用鼠标指针将句柄拖到一个新位置，以改变曲线的形状。蓝色路径预览显示新路径的位置，如图 11-17 所示。

2. 将路径转换为直线或曲线

直线路径在角点处相交。曲线路径包含曲线点。用户可通过转换点将直线段转换为曲线段，反之亦然。

将角点转换为曲线点的操作如下：选择“钢笔”工具，在所选路径上的一个角点处，单击鼠标左键并从该点拖动。句柄将扩展，并使直线段变弯，如图 11-18 所示。

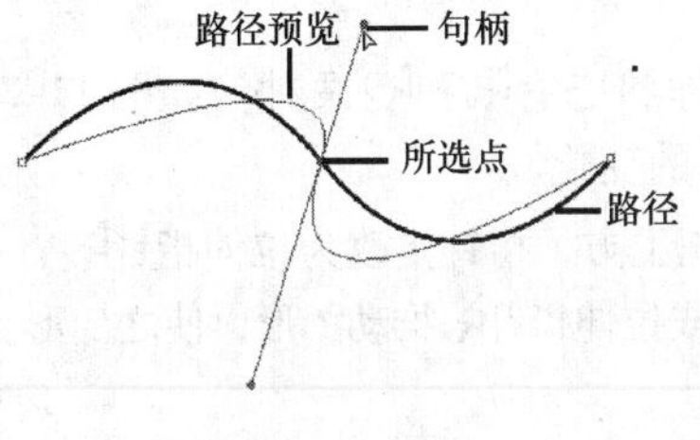

图 11-17　调整句柄

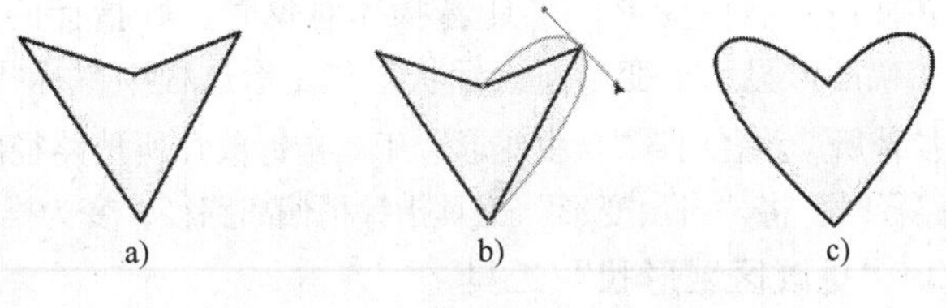

图 11-18　角点转换为曲线点

将曲线点转换为角点的操作如下：选择“钢笔”工具，在所选路径上的一个曲线点处，单击鼠标即可将曲线点变为角点，若再次单击该点，则删除该锚点，如图 11-19 所示。

3. 插入和删除路径上的点

插入点的操作如下：选择“部分选定”工具，单击编辑路径上的一个锚点，使之变为编辑状态；选择“钢笔”工具，将鼠标指针定位在需要增加锚点的区域，使鼠标指针变为的形状，单击一次则添加一个新的锚点。

删除点的操作如下：使用“钢笔”工具单击所选对象上的角点，或者双击所选对象上的曲线点。用户还可以使用“部分选定”工具选择一个点，然后按“Delete”键或“Backspace”键删除。

4. 使用“刀子”工具

使用“刀子”工具可以将一个路径切为多个路径。使用方法如下：

1）在“工具箱”中选择“刀子”工具，将鼠标指针移入画布，“刀子”工具变为形状，跨越路径拖动鼠标，如图 11-20a 所示。

2）松开鼠标，路径被切分，如图11-20b所示。

3）取消选择路径，单独将一部分路径移开，如图11-20c所示。

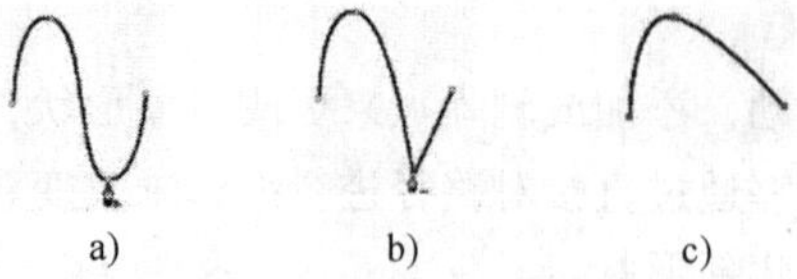

图11-19　曲线点转换为角点

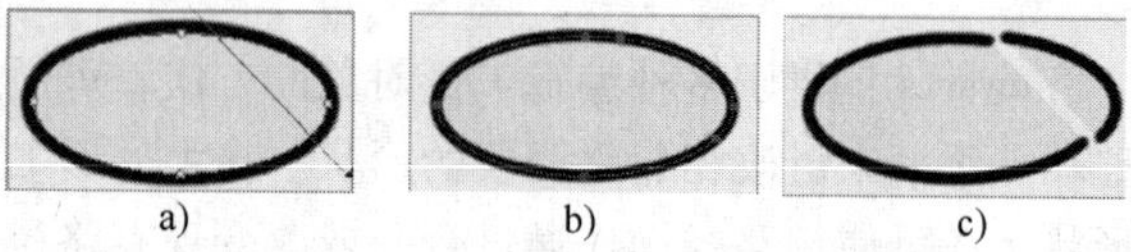

图11-20　使用“刀子”工具切分路径

11.2.2　使用“自由变形”工具编辑

使用“自由变形”工具可以直接对矢量对象执行弯曲和变形操作，而不是对各个点执行操作。通过推动或拉伸路径的任何部分而不管点的位置如何。允许用户像玩橡皮泥一样来挤压路径，而且可以设置挤压的半径和压力的大小。

在工具箱中单击“自由变形”工具，可以看到如图11-21所示的一组工具选项。“自由变形”工具的“属性”面板中的“大小”选项用来设置可被拉伸的路径长度，如图11-22所示。

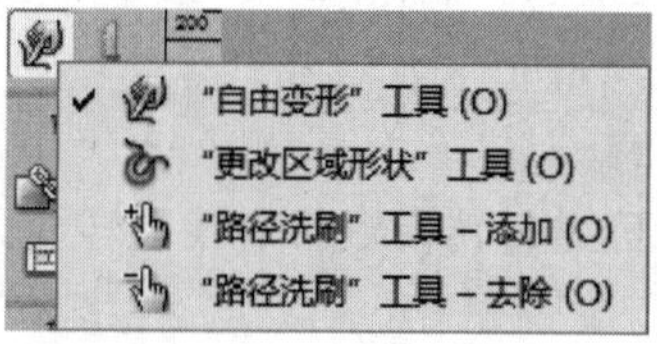

图11-21　“自由变形”工具组

图11-22　“自由变形”工具的“属性”设置

1. “自由变形”工具

在使用“自由变形”工具操作对象时，其指针的工作状态有和两种。如图11-23所示的4幅图形显示了变形前鼠标状态和变形过程中鼠标状态的变化。

拉伸所选路径时，“自由变形”工具指针放在所选路径的正上方，指针更改为拉伸指针。推动所选路径时，将“自由变形”工具指针稍偏离路径，变为推动或拉伸指针推动图形，使之变形。

2. “更改区域形状”工具

“更改区域形状”工具仅适用于挤压路径，但它对整个对象都起作用。选择该工具后，鼠标指针变成两个红色同心圆，指针内圆是工具的全强度边界；内外圆之间的强度以低于全强度的强度更改路径的形状；指针外圆确定指针的引力拉伸，可以在“属性”面板中进行设置。

3. “路径洗刷”工具

用户可以使用“路径洗刷”工具—来更改路径的外观。通过改变压力和速度更改路径的外观，使用不断变化的压力或速度，更改路径的笔触属性。这些属性包括笔触大小、角度、墨量、离散、色相、亮度和饱和度。

11.2.3　路径的混合编辑

1. 合并与拆分路径

通过路径对象的合并，可以将多个路径合并成单个路径，还可连接两个断开路径的端点以创建单个封闭路径，或者结合多个路径来创建一个复合路径。

从两个断开的路径创建一个连续路径的操作方法如下：选择“部分选定”工具，然后选择两个断开路径上的两个端点，执行菜单【修改】/【组合路径】/【接合】命令。

创建复合路径的操作方法如下：选择两个或多个断开或封闭的路径，执行菜单【修改】/【组合路径】/【接合】命令。

拆分路径与组合路径是相反的路径操作效果。执行菜单【修改】/【组合路径】/【拆分】命令，就会将组合的路径对象拆分成多个单个的路径。

2. 路径对象的联合、交集、打孔与裁切

（1）联合

联合路径是指将多个路径对象混合后，以所有对象的外部轮廓作为新路径对象的轮廓。“联合”命令去掉了重叠部分的细节，仅保留整个轮廓。操作方法如下：选中要联合的多个对象，执行菜单【修改】/【组合路径】/【联合】命令，即实现联合，如图 11-24 所示。

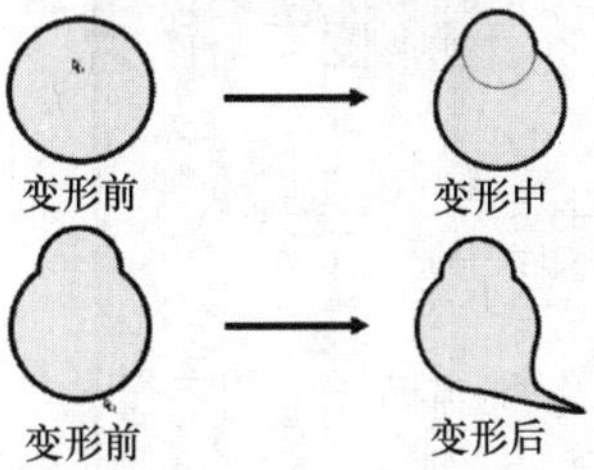

图 11-23　自由变形路径

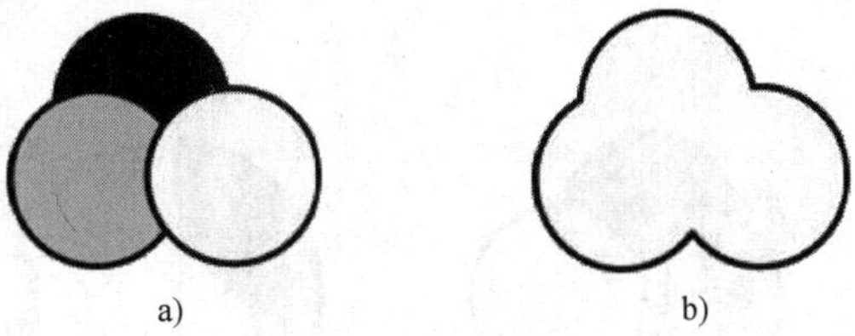

图 11-24　联合对象

（2）交集

“交集”命令用来保留所有选中路径的重叠部分，并围绕重叠面积画了一条新的路径。操作方法如下：选择对象，执行菜单【修改】/【组合路径】/【交集】命令，所得到的路径具有最先放置的对象的笔触和填充属性，如图 11-25 所示。

（3）打孔

通过“打孔”命令可以使用选中的路径轮廓将其后面所有选中的对象穿一个孔。操作方法如下：选择对象，执行菜单【修改】/【组合路径】/【打孔】命令，打孔后的对象笔触和填充属性保持不变，如图 11-26 所示。

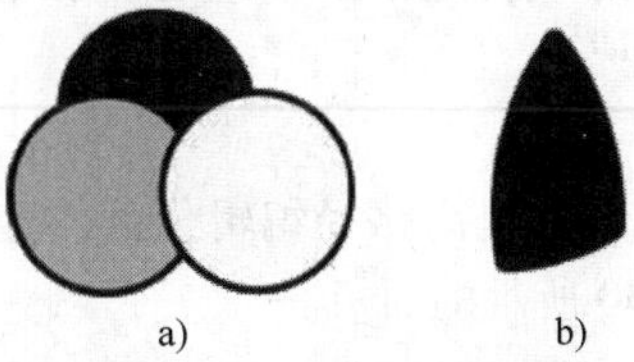

图 11-25　创建交集对象

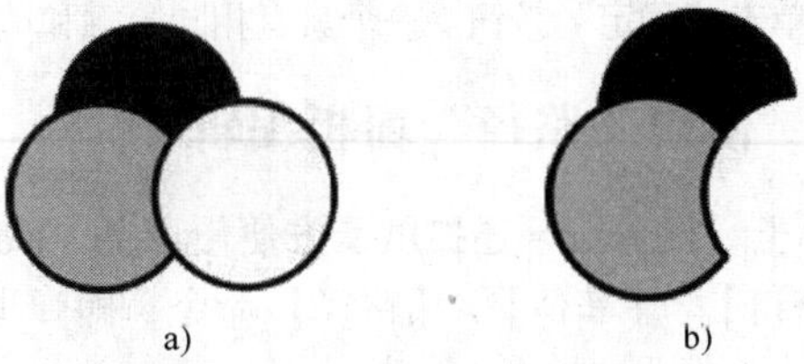

图 11-26　创建打孔对象

（4）裁切

裁切路径是打孔路径的相反操作，保留与下层对象中重合的部分。操作方法如下：选择对象，执行菜单【修改】/【组合路径】/【裁切】命令，由最上面的路径定义修剪区域的形状，如图 11-27 所示。

3. 改变路径

用户可以通过“简化”、“扩展笔触”和“伸缩路径”等功能实现对路径的改变。

（1）简化路径

执行菜单【修改】/【改变路径】/【简化】命令，可以在删除路径中的点的同时保持它的总体形状。“简化”命令将根据指定的数量删除路径上多余的点。

（2）扩展笔触

此功能可以将所选路径的笔触转换为封闭路径。新得到的路径没有填充色，但是有与初始路径相同的笔触。扩展笔触功能首先生成一个完全包围原路径的封闭路径，然后删除原路径。扩展笔触的操作方法如下：

1）选择操作对象，执行菜单【修改】/【改变路径】/【扩展笔触】命令，弹出如图11-28所示的对话框。

2）在对话框中设置最终封闭路径的宽度；指定一个角类型（如转角、圆角或斜角）；如果选择转角，则设置转角限制，即转角自动变为斜角的点，转角限制是转角长度与笔触宽度的比例；选择结束端点选项（如对接、方形或圆形）。

3）单击“确定”按钮。扩展笔触前后的效果如图11-29所示。

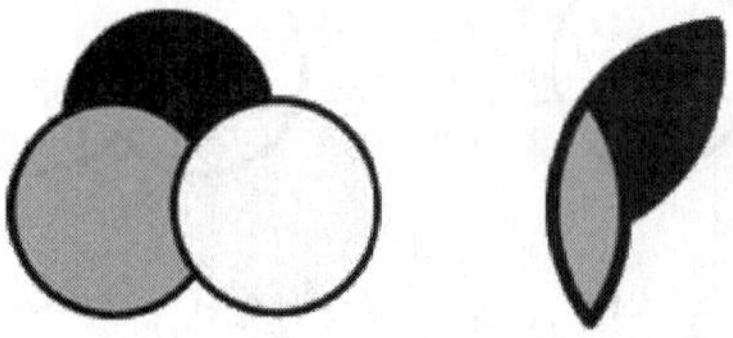

a)　　b)

图11-27　创建裁切对象

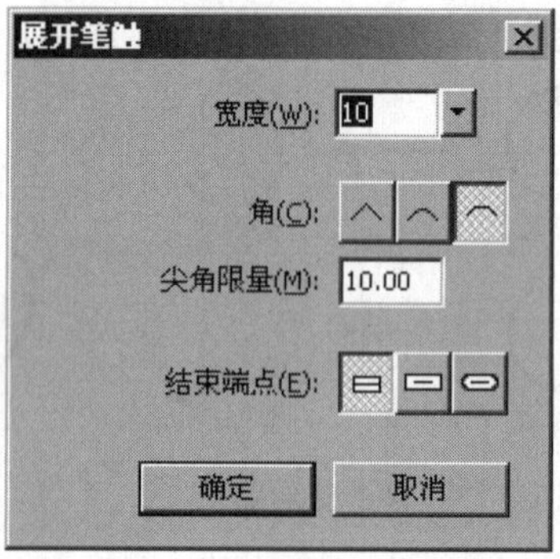

图11-28　“展开笔触”对话框

（3）伸缩路径

用户可以将所选对象的路径收缩或扩展特定的像素个数。与扩展笔触不同，伸缩路径只对路径的一侧起作用。扩展或收缩所选路径的操作方法如下：

1）执行菜单【修改】/【改变路径】/【伸缩路径】命令，以打开“伸缩路径”对话框。

2）选择收缩或扩展路径的方向：选择“内部”会收缩路径；选择“外部”会扩展路径；设置原始路径与收缩或扩展路径之间的宽度；指定一个角类型（如转角、圆角或斜角）。

3）单击“确定”按钮。一个具有相同笔触和填充属性的较小或较大路径对象将替换原始路径对象。

11.2.4　使用“路径”面板编辑

实际上，Fireworks还提供了方便使用的“路径”面板，以提高路径编辑任务的速度。执行菜单【窗口】/【其他】/【路径】命令，即弹出如图11-30所示的面板。

图11-29　扩展笔触前后的效果

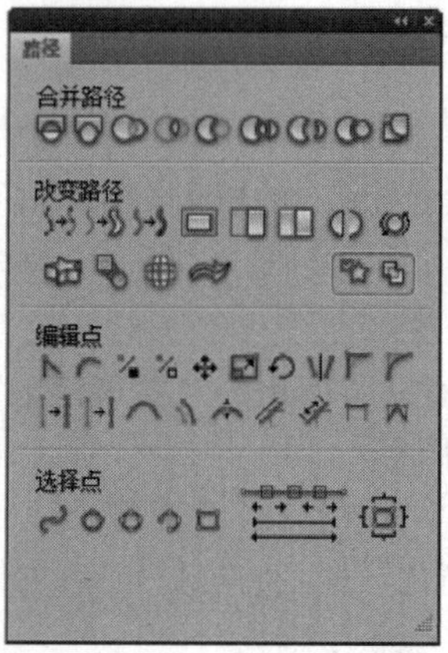

图11-30　“路径”面板

11.3 处理位图图像

Adobe Fireworks 集照片编辑、矢量绘图和绘画应用程序的功能于一身。用户可以通过使用位图工具进行绘制和画画，或者将矢量对象转换成位图图像，或者使用打开或导入图像等方法来创建位图图像。Fireworks 提供了许多修饰位图的工具，使用这些工具可以方便地对位图进行如修剪、羽化、重复或复制等处理。

11.3.1 创建位图对象

要创建位图，可以用 Fireworks 工具箱中的位图绘画工具绘制。此外，还有多种处理位图的方法：使用“选取”工具、“魔术棒”工具或“套索”工具创建选区，然后剪切、复制和粘贴像素选区；将矢量对象转换成位图；打开或导入图像；在文档中插入一个空的位图，然后对其进行绘制、绘画或填充。

在创建和编辑位图对象的过程中，“图层”面板是一个重要工具，观察和使用“图层”的变化，有助于各种应用对象的处理。如图 11-31 所示的“图层”面板，可以看到每个对象的缩略图和名称，Fireworks 会将位图对象、矢量对象和文本结合到图层上。

1. 创建空位图

单击“图层”面板中的“新建位图图像”按钮，或执行菜单【编辑】/【插入】/【空位图】命令，即可创建空位图。

2. 由矢量图转换为位图

若要将所选矢量对象转换成位图，执行菜单【修改】/【平面化所选】命令；也可以从“图层”面板的“选项”菜单中选择“平面化所选”，实现由矢量图转换为位图。如图 11-32 所示为矢量图转换为位图效果。

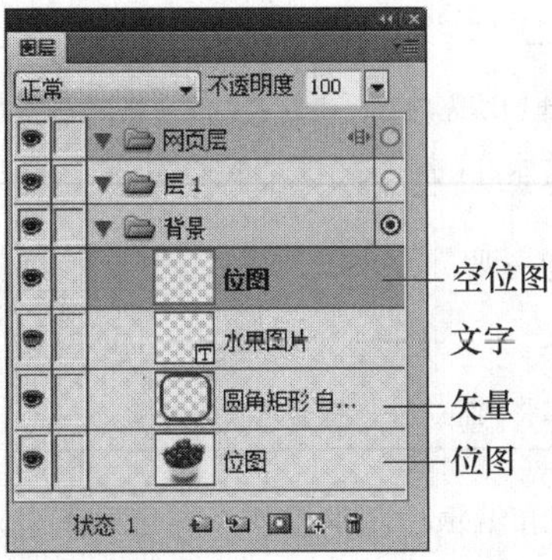

图 11-31 “图层”面板

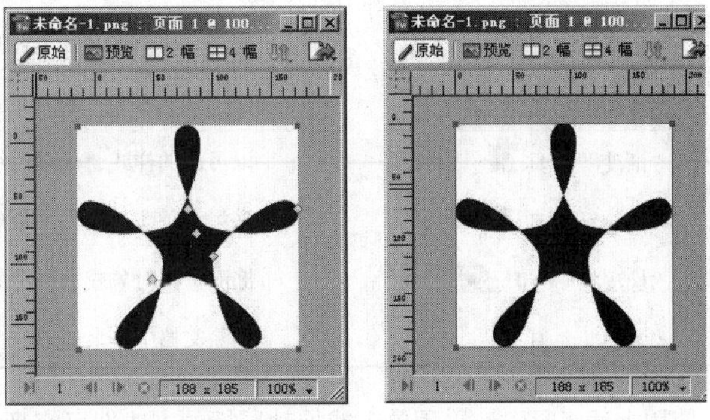

a) b)

图 11-32 矢量图转换为位图

提示:

矢量到位图的转换是不可逆转的，只有使用菜单【编辑】/【撤销】命令，或撤销“历史记录”面板中的动作才可以取消该操作。

3. 打开或导入图像

执行菜单【文件】/【打开】命令或菜单【文件】/【导入】命令，可将一幅位图在新的文档窗口中打开或导入到当前打开的文档窗口中。

11.3.2 编辑位图

1. 通过选区操作编辑位图

在10.5节介绍了选区的基本操作方法，创建了选区选取框后，可以进一步编辑选区内容，包括移动选区、向选区添加内容或在其上绘制另一个选区；可以编辑选区内的像素、将滤镜应用于像素或者擦除像素而不影响选区外的像素；也可以创建一个可以编辑、移动、剪切或复制的浮动像素选区。

羽化使像素选区的边缘模糊，并有助于所选区域与周围的像素混合。当复制选区并将其粘贴到另一个背景中时，羽化像素选区的功能很有用。下面结合实例介绍“置换场景”的实现。

如图11-33所示，从原始的两幅素材图片中，将动物从一个场景置换到另一场景中去。制作过程就是将飞翔的鹰创建羽化选区后，粘贴到其他区域并融合在背景中，操作步骤如下：

1）从工具箱中选择“套索”工具，在“属性”面板的“边缘”弹出菜单中选择“羽化”，设置选区边缘模糊的像素数目。

2）沿图片中“鹰”的边缘轮廓划出一个闭合区域，创建位图选区。

3）按“Ctrl + C”组合键，复制鹰的图像。

4）选择另一幅场景图片，按“Ctrl + V”组合键，将鹰图案粘贴到新场景中，形成加工后的图片效果。

2. 使用工具绘制编辑位图

用户可以使用“铅笔”、“刷子”、“颜料桶”、“渐变”等工具绘制和绘画位图对象。表11-1说明了绘图编辑工具及其功能。

表11-1 绘图编辑工具及功能

工　具	用　途
“铅笔”工具	使用“笔触颜色”框中的颜色绘制1个像素宽度的自由线条
“刷子”工具	使用“笔触颜色”框中的颜色绘制位图
“颜料桶”工具	以“填充颜色”框中的颜色作为填充内容，将像素更改为填充颜色
“渐变”工具	以可调的样式，用颜色组合方式填充位图或矢量对象
“滴管”工具	采集一种颜色用做“笔触颜色”或“填充颜色”
“橡皮擦”工具	擦除位图对象或选区中的像素
“裁切”工具	删除文档中多余的部分，画布将调整大小以适合定义的区域

使用上述工具时，采用单击或拖动鼠标的方法即可实现绘制和编辑位图的操作。在每种工具对应的“属性”面板中，可以进行参数设置。下面以“铅笔”工具和“橡皮擦”工具为例介绍几点属性含义。

（1）“铅笔”工具的属性设置

1）消除锯齿：使绘制的直线的边缘平滑。

2）自动擦除：当“铅笔”工具在笔触颜色上单击时使用填充颜色。

3）保持透明度：将“铅笔”工具限制为只能以现有像素绘制，而不能在图形的透明区域中绘制。

（2）“橡皮擦”工具的属性设置

1）大小：设置橡皮擦的大小。

2）形状：选择圆形或方形的橡皮擦形状。

3）边缘：设置橡皮擦边缘的柔度。

4）不透明度：设置不透明度级别。

有关“笔触颜色”和“填充颜色”的含义可以参见 11.5 节相关内容。

3. 使用“图像编辑”面板编辑位图

最常用的照片编辑工具位于“图像编辑”面板中。执行菜单【窗口】/【其他】/【图像编辑】命令，即可弹出如图 11-34 所示的“图像编辑”面板。

a) 原始图片　　b) 加工后图片

图 11-33　羽化选区

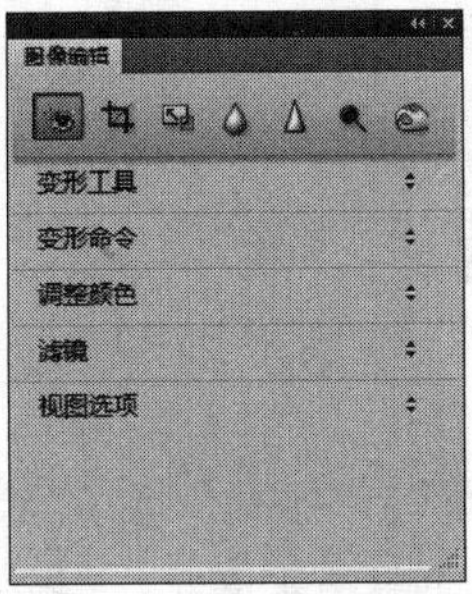

图 11-34　“图像编辑”面板

11.3.3　修饰位图

Fireworks 提供了多种用于修饰位图的工具。表 11-2 为修饰位图工具及功能。

表 11-2　修饰位图工具及功能

工　具	用　途
“橡皮图章”工具	把图像的一个区域复制到另一个区域。在修复有划痕的照片或去除图像上的灰尘时，复制像素很有用
“模糊”工具	用于减弱图像中所选区域的焦点
“涂抹”工具	用于拾取颜色并在图像中沿鼠标拖动的方向涂抹该颜色，模拟用手指涂抹油墨的效果
“锐化”工具	用于锐化图像中的区域。对于修复扫描问题或聚焦不准的照片很有用
“减淡”工具	用于淡化图像中的部分区域
“加深”工具	用于加深图像中的部分区域
“红眼消除”工具	用于去除照片中出现的红眼
“替换颜色”工具	用一种颜色覆盖另一种颜色

1. “橡皮图章”工具

用户可以使用“橡皮图章”工具实现复制图像。从如图 11-35 所示的实例中可以看出该工具的使用效果，其操作方法如下：

1）选择“橡皮图章”工具。

2）单击某一区域将其指定为源（即要复制的区域）。在图中单击猫身为指定源，取样指针变成十字形指针。

3）移到图像的其他部分并拖动鼠标指针，此时可以看到两个指针。第一个指针是复制源，为十字形。第二个指针为蓝色圆圈形状。拖动第二个指针时，第一个指针下的像素复制并应用于第二个指针下的区域。

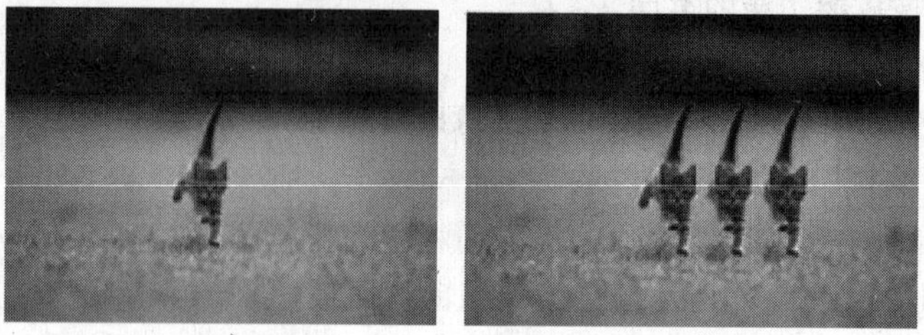

a)　　　　b)

图 11-35　使用“橡皮图章”工具的效果

提示：

要指定另一个需要复制的像素区域，可以按住“Alt”键并单击另一个像素区域，将其指定为新的源。

2. “模糊”、“锐化”和“涂抹”工具

“模糊”工具呈水滴状，“锐化”工具呈三角形，两者可以使图像的一部分边缘变得模糊或者清晰。使用“涂抹”工具时，其笔触周围的颜色会有相互挤入而产生的模糊感。这几种工具的使用方法很简单，选择工具后，直接作用于处理图像的区域即可产生相应的效果，如图 11-36 所示。

a)　　　　b)　　　　c)　　　　d)

图 11-36　“模糊”、“锐化”、“涂抹”工具效果

3. “减淡”和“加深”工具

用户可以分别使用“减淡”工具或“加深”工具减淡或加深图像的局部。“减淡”工具可使细节部分具有亮化效果，类似加光处理；“加深”工具可使细节部分具有暗化效果，类似遮光处理。

两种工具的属性设置选项基本相同。在“属性”面板中，可以设置工具的笔触大小、边缘羽化大小及笔触形状（圆形或方形），还可以选择包括“阴影”、“中间影调”或“高光”的不同处理范围。使用“曝光度”选项可以调整光强度，曝光度越高，“减淡”工具和“加深”工具的使用效果越明显。

4. “消除红眼”工具

在一些照片中，主体的瞳孔是不自然的红色阴影。用户可以使用“红眼消除”工具矫正此红眼效应。“红眼消除”工具仅对照片的红色区域进行绘画处理，并用灰色和黑色替换红色。

5. "替换颜色"工具

"替换颜色"工具可以选择一种颜色，并用另外一种颜色覆盖此颜色进行绘画。使用"替换颜色"工具进行修饰图像的方法如下：

1）打开图片，选择工具箱中的"替换颜色"工具。

2）在"属性"面板中单击"更改"选色表以选择颜色样，然后从弹出菜单中选择一种颜色，或者在图像中单击要替换的颜色。

3）在"属性"面板中单击"终止"选色表以选择颜色样，然后从弹出菜单中选择一种颜色，或者在图像中单击用来替换的颜色。

4）在"属性"面板中设置其他笔触属性。

- 大小：设置刷子笔尖的大小。
- 形状：设置圆形或方形刷子的笔尖形状。
- 容差：确定要替换的颜色范围（0 表示只替换"终止"颜色；255 代表替换所有与"终止"颜色相似的颜色）。
- 强度：确定将替换多少"更改"颜色。
- 彩色化：用"终止"颜色替换"更改"颜色。取消选择"彩色化"以使用"终止"颜色对"更改"颜色进行涂染，并保持一部分"更改"颜色不变。

a)　　b)

图 11-37　替换颜色

5）拖动工具到要替换的颜色上，图 11-37 为应用"替换颜色"工具将图中花的颜色进行替换的对比效果。

11.4　颜色的使用与管理

颜色是图像的重要组成部分，它的合理搭配和调整是创作完美、和谐图像的一个重要因素。诸如 Photoshop 和 Fireworks 等软件所提供的颜色调整与效果填充功能，将使图形图像的色彩定义和管理变得更加方便、快捷。

11.4.1　应用颜色

在 Fireworks 的工具箱中有一个颜色栏，如图 11-38 所示。下面介绍使用这些工具对选区或矢量对象的颜色进行组织、选择和应用方法。

1. 激活笔触颜色或填充色

在绘图时，可以随时设置笔触颜色和填充颜色。笔触颜色其实就是所绘图形边框的颜色，填充颜色就是所绘图形颜色。在工具箱中或"属性"面板中单击如图 11-39a 所示的按钮右侧的颜色框，可设置笔触颜色；单击如图 11-39b 所示的按钮右侧的颜色框，可设置填充颜色。

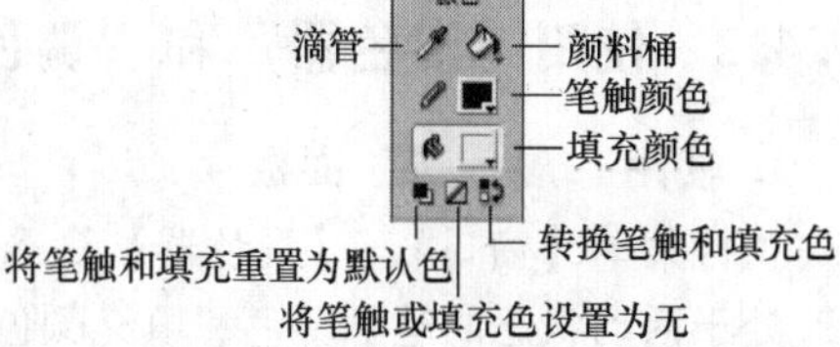

图 11-38　应用颜色工具

2. 使用“滴管”工具

使用“滴管”工具可以增添或替换“样本”面板中的颜色。在任何打开的 Fireworks 文档窗口内单击任意位置以采集颜色。

若要从如图 11-40 所示的图片中提取樱桃红颜色，并将该颜色添加到“样本”面板中的操作如下：

a)　　　　b)

图 11-39　设置笔触及填充颜色

图 11-40　原始采样图片

1）在工具箱中单击“滴管”工具。

2）在“属性”面板的“示例”弹出菜单中选择要取样的像素数目：“1 像素”、“3×3 平均”或“5×5 平均”。

3）将滴管移入图片中的适当位置，单击鼠标左键，提取出樱桃红颜色。

4）执行菜单【窗口】/【样本】命令，或按“Ctrl + F9”组合键，弹出“样本”面板，将滴管指针的末端移动到面板中最后一个样本之后的空白位置，单击鼠标左键，即可将樱桃红颜色添加到样本中，如图 11-41 所示。

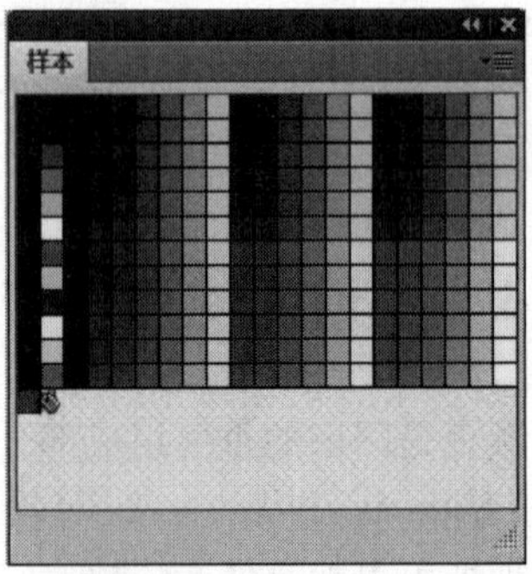

图 11-41　添加样本颜色

3. 使用“颜料桶”工具

单击工具箱的“颜色”栏中的“颜料桶”工具，将打开如图 11-42 所示的调色板（用户也可在选择绘制图形工具后，在“属性”面板中打开该调色板）。其中，最上方左侧的“默认颜色”图标，显示的是当前所选择的颜色；“交换颜色”文本框 #000000 ，显示的是所选颜色的十六进制数值；如果用户单击“透明按钮”图标，可以将选择的对象设置为透明色；如果用户单击“系统颜色选取器”图标，可以激活系统的“颜色”对话框，在该对话框中可以选取所需任何颜色，如图 11-43 所示。

11.4.2　使用“混色器”和“调色板”管理颜色

1. 使用“混色器”面板

执行菜单【窗口】/【混色器】命令，打开“混色器”面板。使用“混色器”可以查看和更改处于活动状态的笔触颜色和填充颜色。默认情况下，混色器将 RGB 颜色标识为十六进制值，如图 11-44 所示。展开面板右上角的控制菜单，可以转换为其他颜色模式。

用户可以直接单击该面板底部的色谱图，从中直接选取需要颜色，也可单击该面板或按钮右侧的颜色图标，在弹出的调色板中选择需要的颜色，或在 R、G、B 颜色值文本框中输入所需颜色的颜色值来指定颜色。

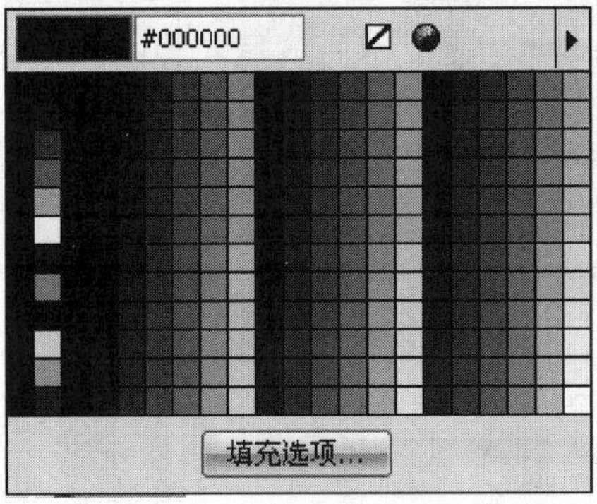

图 11-42 调色板

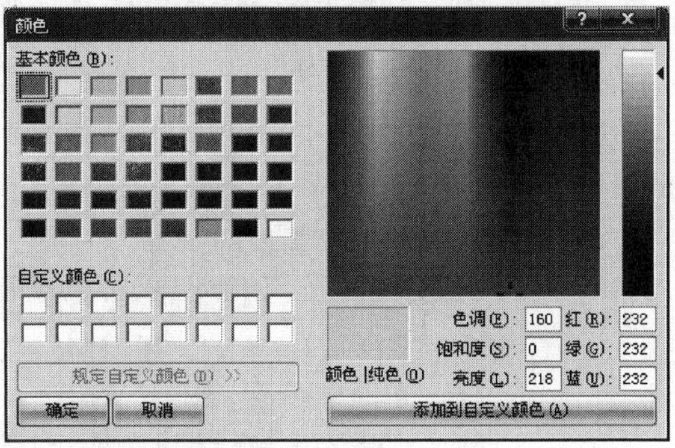

图 11-43 “颜色”对话框

2. 使用“调色板”面板

执行菜单【窗口】/【其他】/【调色板】命令，弹出“调色板”面板，如图 11-45 所示。

使用“调色板”面板中的“选择器”选项卡，可以为任何颜色值查找最接近的网页安全色；使用“混色器”选项卡可以设置文档的基准颜色；使用“混合器”选项卡可以创建颜色渐变系列。

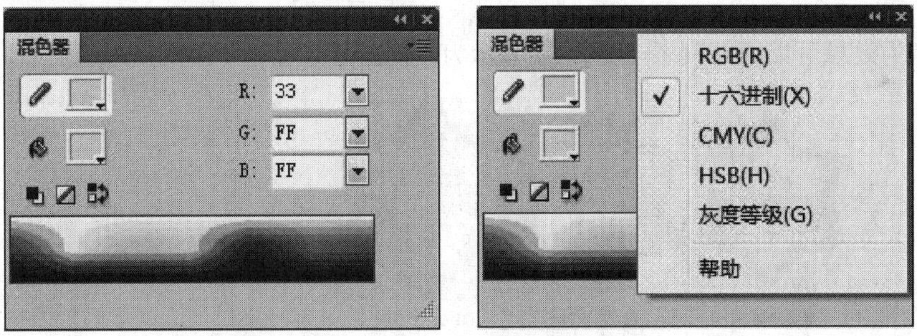

a)

b)

图 11-44 混色器颜色模式

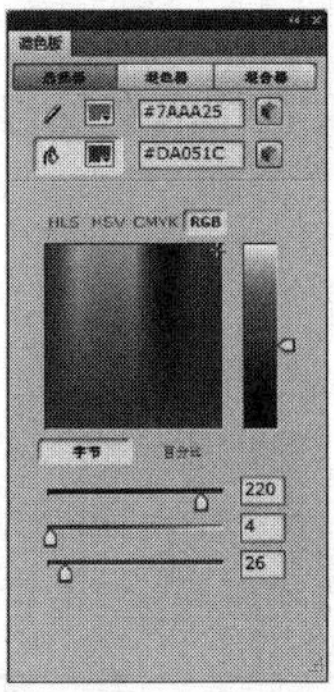

图 11-45 “调色板”面板

11.4.3 应用笔触和填充

Fireworks 可以随时灵活地设置笔触和填充属性，完全控制每个刷子的细微差别，包括墨量、笔尖大小和形状、纹理、边缘效果和方向。下面以设置笔触属性为例介绍操作方法，关于填充属性的设置和更改，其应用类似于笔触的操作方法。

更改选中图形的笔触属性的方法如下：选中文档中的图形对象，从“属性”面板的“笔触种类”弹出菜单的笔触属性中进行选择，如图 11-46 所示。

对于“刷子”工具的样式设置，可以使用“编辑笔触”对话框创建和编辑自定义笔触，更改特定的笔触特性。当选择工具箱中的“刷子”工具时，单击“属性”面板的“编辑笔触”按钮，即可弹出如图 11-47 所示的对话框，进行笔触的设置。

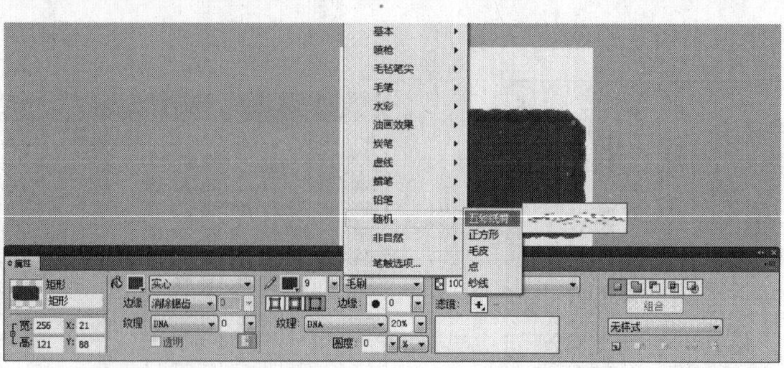

图 11-46　“属性”面板

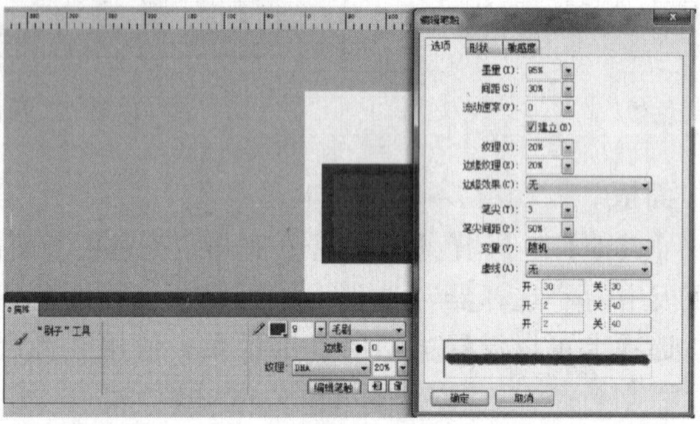

图 11-47　“编辑笔触”对话框

使用笔触描边路径的效果可以根据设置显示为不同效果，如图 11-48 所示。

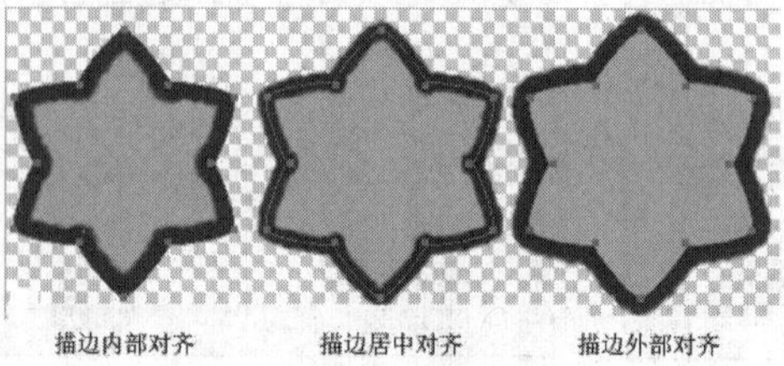

图 11-48　笔触描边路径

11.5　层及层操作

层将 Fireworks 文档分成不连续的平面，就像是在描图样的不同覆盖面上绘制插图的不同元素一样。一个文档可以包含许多层，而每一层又可以包含许多子层或对象，层与层之间可以是透明的，并且编辑某一个层中的图像时，不会影响其他层中的图像。

文档中的每个对象都驻留在一个层上，可以在绘制之前创建层，也可以根据需要添加层，如图 11-49 所示为在画布上添加层。画布位于所有层之下，其本身不是层。

在创建层之前，必须先了解“图层”面板，层的操作大都是在“图层”面板中完成的。关于“图层”面板，读者在前面的章节中已经认识并使用了，在此将详细介绍“图层”面板的组成及使用方法。

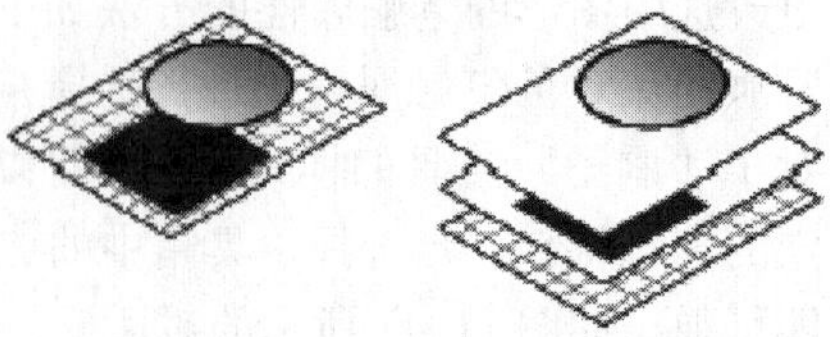

图 11-49　画布与层

执行菜单【窗口】/【层】命令打开“图层”面板，面板各部分功能如图 11-50 所示。用户可以在“图层”面板中查看层、子层和对象的堆叠顺序，Fireworks 根据层创建的顺序堆叠层，将最近创建的层放在最上面。堆叠顺序决定各层上对象之间的重叠方式。

11.5.1　创建层

在 Fireworks 中，当创建新文档后，有两个层将自动被创建，一个是“网页层”，该层主要用来处理图像热点和切片等与网页操作密切相关的对象；另一个是“层 1”，是默认的常规层，主要处理普通图像对象，如图 11-51 所示。

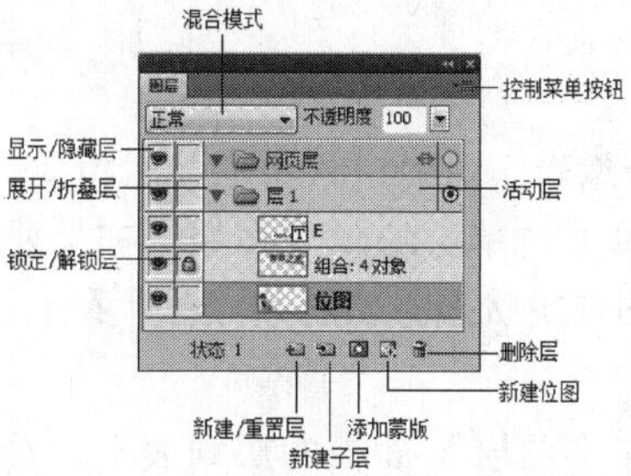

图 11-50　“图层”面板功能

图 11-51　基本“图层”面板

11.5.2　层的操作

1. 新建层

单击“图层”面板上的“新建/重制层”按钮，即可创建一个新的层，或者单击面板右上角的控制菜单按钮，在弹出下拉菜单中单击“新建层”命令，随后弹出一个“新建层”对话框，如图 11-52 所示，输入新层名称即可。

2. 选取层

要选取某一个层，直接在“图层”面板上单击所要的层名，该层将被激活，以蓝色高亮条显示，即表示该层已被选中。

3. 复制层

选中要复制的层，单击“图层”面板右上角的控制菜单按钮，在弹出下拉菜单中单击“重制层”命令，随后弹出“重制层”对话框，如图 11-53 所示。

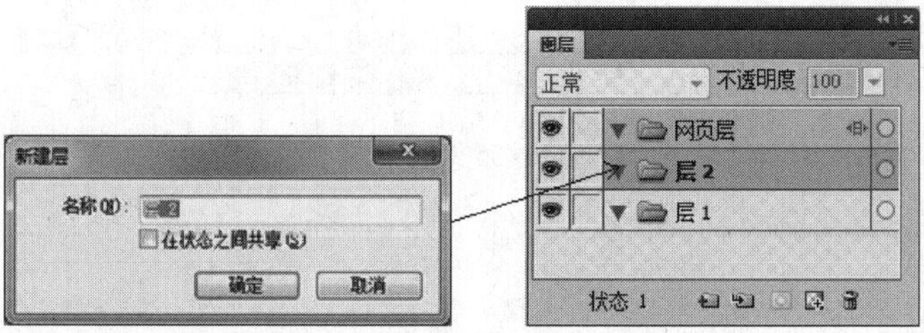

图 11-52　“新建层”对话框

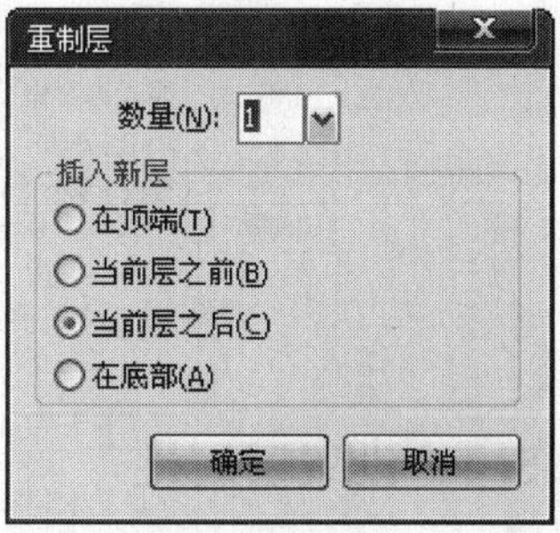

图 11-53　“重制层”对话框

该对话框中“数量”表示复制的层数量；“插入新层”选项区表示复制层插入的位置，单击“确定”按钮完成复制。

4. 改变层的叠放顺序

在图像编辑过程中，经常需要调换对象的背景和前景位置，可以通过改变层的叠放顺序来实现：在“图层”面板中，选中要改变位置的层。按住鼠标左键，上下拖动该层到所需的位置，释放鼠标左键，则该层就已经移动到相应的位置了。

5. 删除层

删除层有几种方法，快捷的方法如下：选中要删除的层，单击“图层”面板上的“删除所选”按钮，即可将选中层删除。

11.5.3　在层中编辑对象

1. 单层与多层编辑模式

如果在图像编辑中只想对某一个层的对象进行编辑，可以进入单层编辑模式。单击“图层”面板右上角的控制菜单按钮，在弹出下拉菜单中单击“单层编辑”命令。如果要退出单层编辑模式，同样单击该命令，取消“单层编辑”命令的选中状态，如图 11-54 所示。

2. 在层中复制或移动对象

在文档窗口中选中要复制的对象，此时可以在“图层”面板的层列表上，看到该对象的层上出现一个蓝色边框，如图 11-55 所示。

用鼠标拖动这个边框，移动到目标层上，即完成了对象的移动；若要复制对象，可以在拖动鼠标的同时，按住“Alt”键，鼠标指针右下角会多出一个“+”符号，表示复制对象。

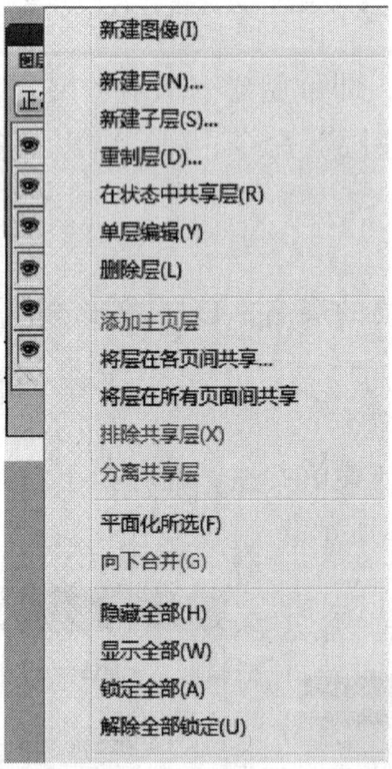

图 11-54　菜单选项

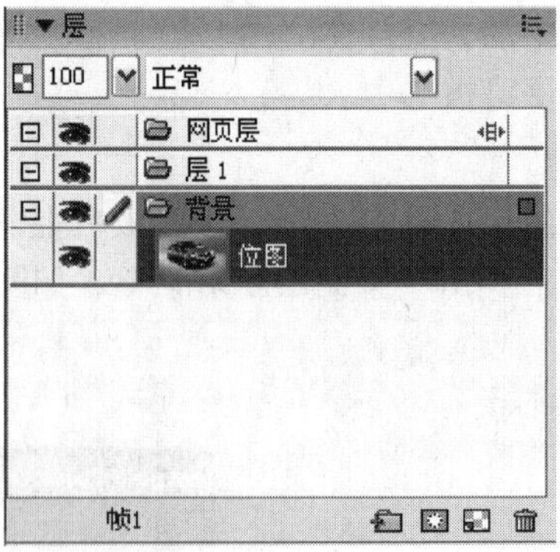

图 11-55　选中层

11.5.4　设置层属性

1. 显示和隐藏层

层带来诸多好处的同时，也出现了一些小麻烦，即当多个层中的图像重叠在一起的时候，要编辑下层的图像，显得非常困难，这时就可以设置层的显示属性来解决这个问题。

在“图层”面板上每个层左边都有一个按钮来控制层的显示或隐藏。当按钮是状态时，层处于显示状态；当按钮是空白时，层已经隐藏，在文档中就看不到该层的对象了。

2. 层的锁定和解锁

将层锁定，保证该层上的对象不被错误地编辑，并且在层中仍然能看到该对象的效果。操作很简单，只要在“图层”面板上选定要锁定的层，单击面板上的“锁定”按钮，出现“锁定”图标，表示该层已被锁定，如图 11-56 所示；解锁操作也是单击“锁定”图标，此时没有“锁定”图标表示可以编辑该层。

图 11-56　层的锁定状态

11.5.5　在状态中共享层

这个功能主要是针对动画而设置的。对于动画中可以保持不变的对象，可以采用共享层的方式简化操作，减小文件大小。

设置共享层的操作如下：在“图层”面板中选中要共享的层，单击面板右上角的控制菜单，在打开的下拉菜单中单击“在状态中共享层”命令，命令执行后，会在该层上出现一个图标表示该层已被共享。

11.6　边学边做（制作水滴效果）

本节介绍一个制作水滴效果的实例，如图 11-57 所示。通过实例操作，综合运用了本章所学的对象绘制与编辑，及前面章节中关于 Fireworks 基本操作等知识，其中还运用了滤镜功能，该知识将在第 13 章进行详细介绍，读者可参考学习。

实现本例的参考步骤如下：

1）创建一个新文档，大小设为 300 像素 ×200 像素，白色背景，保存为“水滴 . png”。

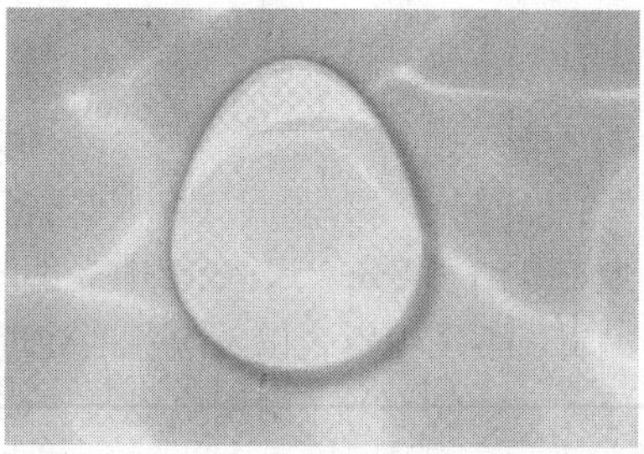

图 11-57　水滴效果

2）选择“椭圆”工具，设置笔触颜色为“#99ccff”，填充为线性效果从上而下，颜色从“#99ccff”到“#ffffff”，如图 11-58 所示。

3）在“属性”面板中单击“滤镜”的按钮，添加投影效果，设置阴影颜色为“#bbbbbb”，其他为默认值；再次单击按钮，添加第二个投影效果，参数设置如图 11-59 所示。

4）复制该图形对象，执行菜单【修改】/【改变路径】/【伸缩路径】命令，设置参数如图 11-60 所示。将该图形对象的滤镜效果都删除。

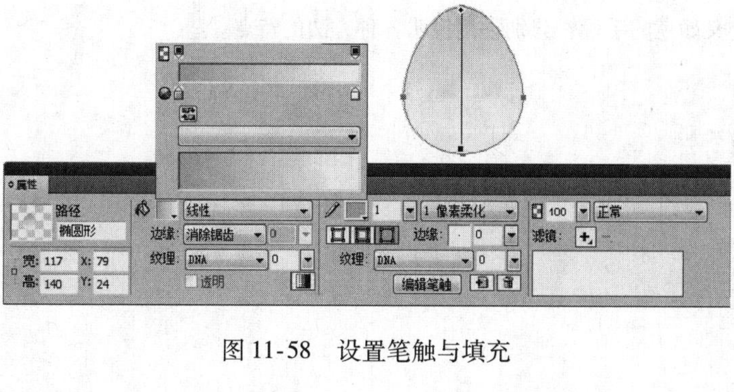

图 11-58　设置笔触与填充

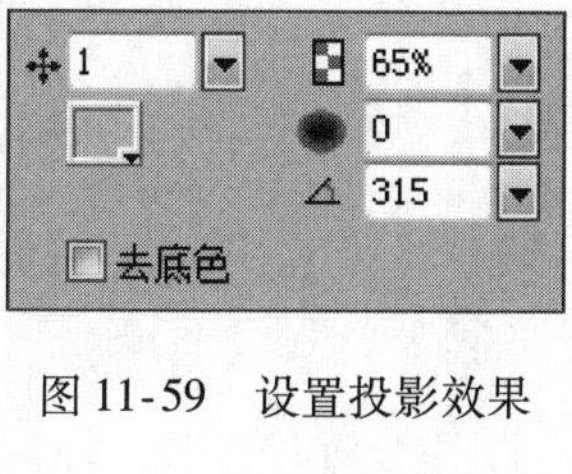

图 11-59　设置投影效果

5）使用“椭圆”工具，再绘制一个圆，两个图形的位置关系如图 11-61a 所示。选中两个图形后，执行菜单【修改】/【组合路径】/【打孔】命令，并将产生的图形填充为白色，如图 11-61b 所示。

6）打开“图层”面板，创建一个新图层，导入一副准备好的位图文件“湖水 . jpg”，图层间的位置关系如图 11-62 所示。

7）选择“层 2”，将不透明度值设置为 30%；选择“层 1”，将不透明度设置为“50%”，测试水滴效果。至此，水滴制作完成。

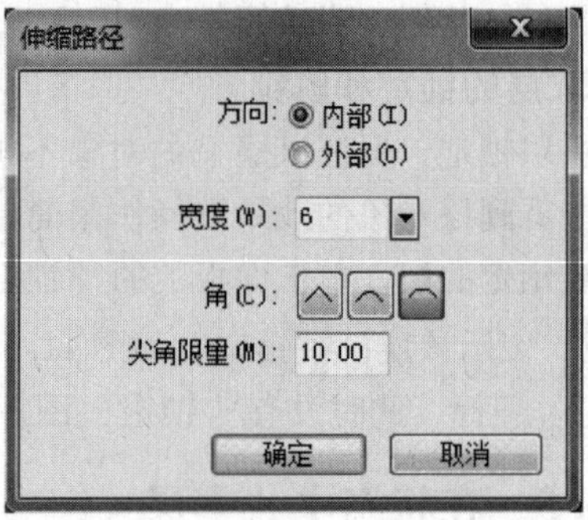

图 11-60　伸缩路径

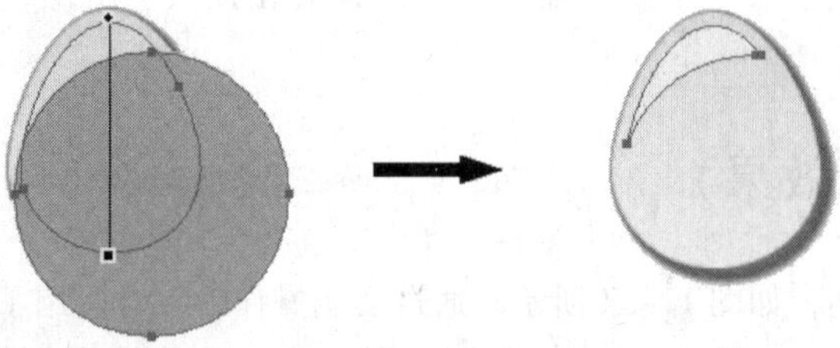

a)　　b)

图 11-61　打孔变形

图 11-62　图层关系

本 章 小 结

本章介绍了 Fireworks CS5 中提供的关于对象绘制与编辑的方法和操作技巧，包括矢量图绘制与编辑、位图编辑，以及颜色的处理等方面的知识。

通过本章的学习，对网页设计者来说可以完成一些重点的基础工作，如用矢量工具绘制各种形状；应用位图工具可以进行图像的修饰以及选择适当的素材进行场景的拼合，进一步美化网页画面。

思考与练习

1. 位图选取工具包括哪几种？各自有什么特色？
2. 绘制矢量图的工具有哪些？如何将矢量图转换成位图？转换可逆吗？
3. Fireworks 提供了哪些可以定义颜色的手段？分别举例说明各种方法的特点。

第 12 章 文本处理与 Logo 设计

文本是图形图像中非常重要的元素。Fireworks 的文本处理功能十分强大，它提供了许多典型的、应用于复杂的桌面出版软件的文本功能，对创建的文本可以用不同的字体、字号、字距、间距、颜色、字顶距和基线等。

生活中的标识标志（Logo）无处不在，而网站 Logo 也是网页设计必不可少的组成部分。Logo 的设计和制作往往是文字与图形相结合的产物，需要掌握文本处理与图片处理的技巧，以及具备一定的审美能力。本章主要介绍文本的应用方法和技巧，还将介绍 Logo 的设计思路与制作方法，并结合图形处理的内容，具体实现设计实例。

本章要点：

- 创建与编辑文本
- 文本附加到路径
- 文本转换为路径
- Logo 设计与制作

12.1 文本处理

Adobe Fireworks CS5 提供了丰富的文本创建和编辑功能。在创建文本之后，即使应用了投影和斜角这类动态效果，也可以随时对文本进行编辑，这意味着可以很方便地对文本进行更改。文本、附加到路径的文本以及转换为路径和图像的文本将会扩展设计的可能性。而且可以从 Adobe Photoshop 文档中导入可编辑的文本。下面介绍文本的应用方法与设计技巧。

12.1.1 输入文本

1. 创建文本块

选择工具箱中的“文本”工具**T**，在画布区域的任何位置单击鼠标左键，显示出一个插入符，这时可以直接输入文本信息。Fireworks 文档中的文本均显示在一个文本块（带有手柄的矩形）内，输入的文本都会排列在一行中，文本块大小自动调节。用户也可以拖动鼠标创建文本编辑块，在固定的宽度区域内输入文字，如图 12-1 所示。

2. 更改自动调整大小文本块和固定宽度文本块

当文本块中的文本指针处于活动状态时，文本块的右上角会显示一个空心圆或空心正方形。圆形表示自动调整大小文本块；正方形表示固定宽度文本块，如图 12-2 所示为固定宽度文本块和自动调整大小文本块标识。双击右上角的标识可在两种文本块之间切换。

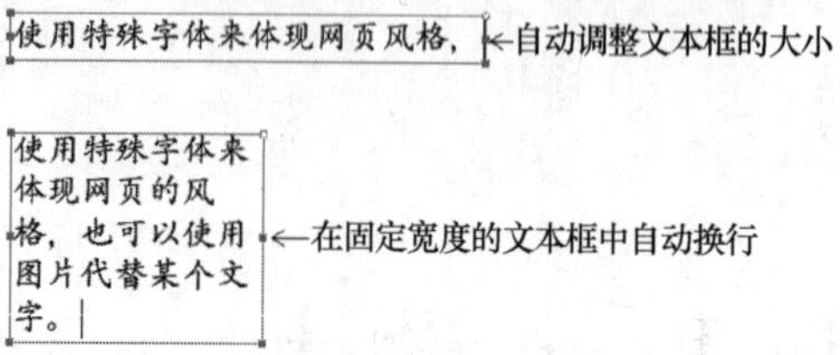

图 12-1 创建文本

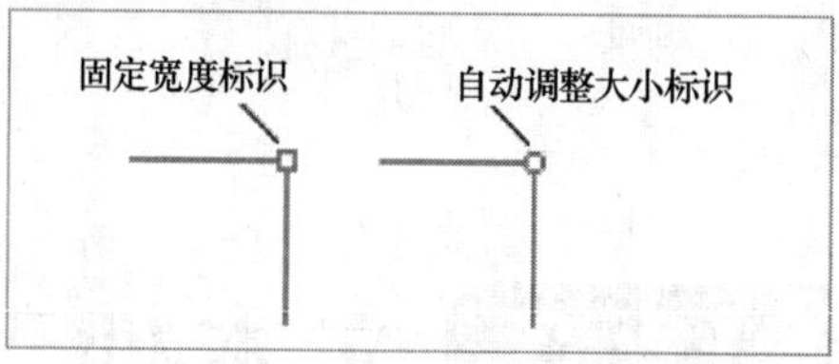

图 12-2 文本块右上角标识

12.1.2 选择文本与设置文本格式

1. 选择文本

（1）选择单词或段落

在某个单词内双击可选择该单词，单击 3 次可选择整个段落。

（2）选择某个段落中的一部分文本

若要选择某个段落中的一部分文本，按住“Shift”键并多次选择文本部分。

（3）选择具有相似属性的文本

若要选择具有相似属性的文本，按住“Alt”键并双击具有指定属性的文本，会自动选择文本块中与属性匹配的所有文本。例如，若想选择具有粗体字体的所有文本，则按住“Alt”键并双击一个具有粗体字体的文本，会自动选择文本块中具有粗体字体的所有文本。

2. 设置文本属性

创建好的文本作为一个整体被保存在独立的层中，在如图 12-3 所示的“图层”面板中，缩略图右下角是一个 T 形图标，表示文本层；在“属性”面板中可以对文本框整体设定文字的字体、字号、字间距、行间距、颜色、字顶距、对齐方式和基线等。

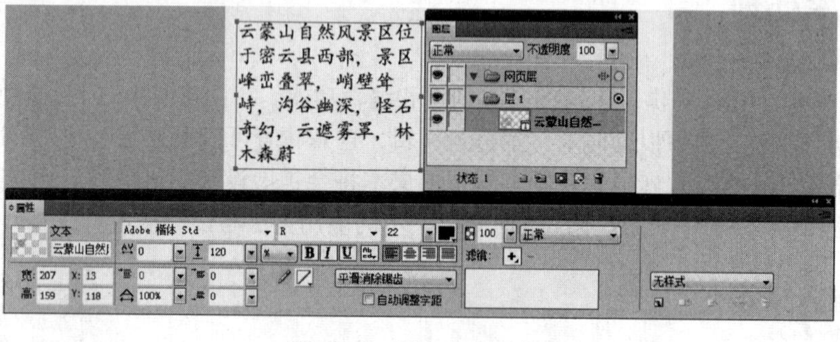

图 12-3 设定文本属性

3. 应用文本效果

对所选文本的边缘进行平滑处理称为消除锯齿。消除锯齿将使文本的边缘混合在背景中，从而使大字体的文本更清楚易读。消除锯齿会应用到给定文本块的所有字符。如图 12-4 所示为文本的不同边缘处理效果。

a) 不消除锯齿　b) 匀边消除锯齿　c) 强力消除锯齿　d) 平滑消除锯齿

图 12-4 文本边缘处理

在“属性”检查器中，可以从“消除锯齿”弹出菜单中选择以下选项。

1）不消除锯齿：禁用文本平滑处理功能。

2）匀边消除锯齿：在文本的边缘和背景之间产生强烈的过渡。

3）强力消除锯齿：在文本的边缘和背景之间产生非常强烈的过渡，同时保持文本字符的形状，并增强字符细节区域的表现。

4）平滑消除锯齿：在文本的边缘和背景之间产生柔和的过渡。

5）自定义消除锯齿：提供以下专家级的消除锯齿控制项，其中，“采样过渡”确定用于在文本边缘和背景之间产生过渡的细节量；“锐度”确定文本边缘和背景之间过渡的平滑程度；“强度”确定将多少文本边缘混合到背景中。

提示：

在 Fireworks 中打开时，矢量文件中的文本已消除锯齿。

4. 将笔触、填充和滤镜应用到文本

如果将 Fireworks 文本编辑功能同大量的笔触、填充、效果以及样式相结合，能够使文本成为图形设计中一个生动的元素。如图 12-5 所示为将笔触、填充和滤镜分别应用到文本的效果。

12.1.3　文本附加到路径

为使文本的排列更具活力，可以将文本附加到路径上。文本将顺着路径的形状排列并且保持可编辑性，如图 12-6 所示。

a) 原始文本　b) 设置笔触　c) 设置填充　d) 使用滤镜　e) 使用样式

图 12-5　不同的文本设置效果

图 12-6　文字附加到路径

1. 将文字附加到路径

将文字附加到路径上的操作方法如下：按住“Shift”键的同时，选中文本块和路径。执行菜单【文本】/【附加到路径】命令。

2. 编辑路径和附加到路径上的文本

（1）编辑路径的形状的方法

执行“从路径分离”命令，编辑路径，然后将文本再次附加到路径。

（2）编辑路径上的文本的方法

使用“指针”工具或“部分选定”工具双击路径文本对象进行编辑。

3. 文本从路径分离

将文本从所选路径分离出来的方法如下：选中要分离的对象，执行菜单【文本】/【从路径分离】命令，或单击鼠标右键，在快捷菜单中选择“从路径分离”命令。

提示：

- 将文本附加到路径后，该路径会失去其笔触、填充以及效果属性。以后应用的任何笔触、填充和效果属性都将应用到文本，而不是路径。
- 将文本从路径分离出来，该路径会重新获得其笔触、填充以及效果属性。

● 如果附加在断开路径的文本超出了该路径的长度，则超出的文本将换行并重复路径的形状。

4. 更改文本在路径上的方向

绘制路径时的顺序决定了附加在该路径上的文本的方向。例如，如果自右至左绘制路径，则附加的文本会反向颠倒显示。

对于附加到路径的文本，可以更改其方向或者使其反转，还可以更改文本在路径上的起始点。

（1）更改路径上所选文本的方向

执行菜单【文本】/【方向】命令，选择某个方向："依路径旋转"、"垂直"、"垂直倾斜"、"水平倾斜"。如图12-7所示的文本方向分别为文本沿路径旋转、文本沿路径垂直、文本沿路径垂直倾斜和文本沿路径水平倾斜。

（2）反转所选路径上文本的方向

执行菜单【文本】/【倒转方向】命令，如图12-8所示的效果。

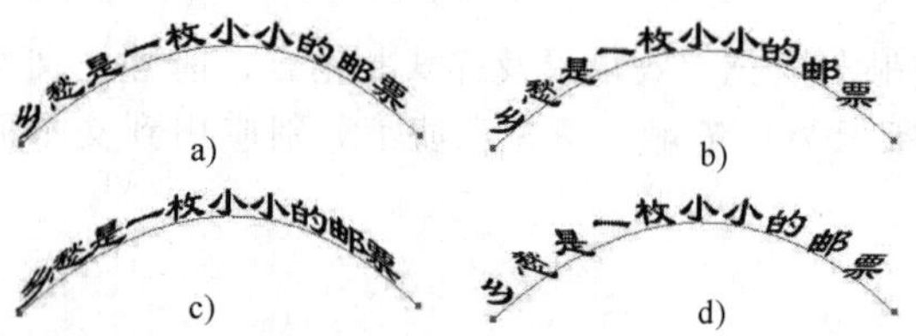

图12-7 更改路径上文本的方向

图12-8 倒转文本方向

（3）偏移附加到路径的文本的起始点

设定"属性"面板中的"文本偏移"数值，将改变文本在路径上的起始点，如图12-9所示为设定偏移值为0和40的效果。

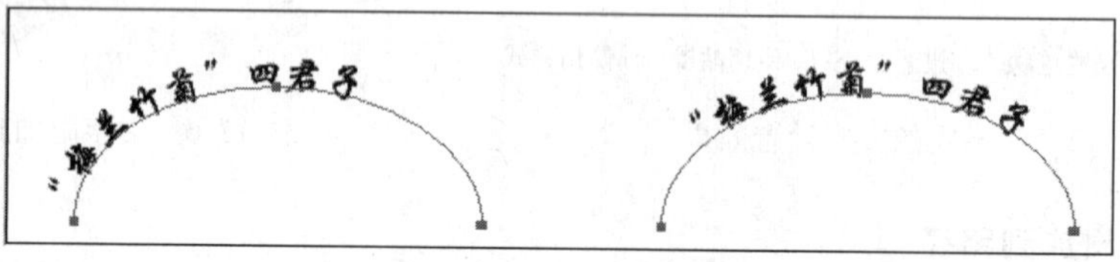

图12-9 偏移文本起始点

12.1.4 文本转换为路径

若对某种文本的效果不满意，需要进行艺术化设计的时候，可以先将文本转换为路径，然后就像对待矢量对象那样编辑形状。一旦文本转化为路径，所有矢量工具都可用来编辑该文本，但是，这样就无法再将它作为文本编辑，因此在文本转换为路径之前需要对文本属性反复地进行调整。

下面应用文本转换为路径功能设计一个文字变形的实例，创作特效文字，其效果是在大写的英文单词"FAMILY"中，将字母"I"进行伸展变形，仿佛一把大伞为其他成员挡风避雨，有拟人化的效果。其操作步骤如下：

1）按"Ctrl + N"组合键，弹出"新建文档"对话框，设定画布大小为350像素×150像素、白色背景、默认为72像素/英寸分辨率，保存文档为"例1-FAMILY. png"。

2）在画布中输入大写英文单词"FAMILY"，适当设置文本大小和字体。

3）选中文本，如图12-10a所示的"选定要转换的文本"，执行菜单【文本】/【转换为路径】命令，将文本转换为路径，如图12-10b所示的"文本转换为路径"。

4）执行菜单【修改】/【取消组合】命令，每个字母分解为单独的路径信息，如图 12-10c 所示的“对路径进行分解”。用“部分选定”工具选中已转换的文本字母“I”进行编辑，也可使用“钢笔”等矢量工具对该路径信息进行编辑，修改路径形状，如图 12-10d 所示的“修改路径的形状”。

5）将变形后的字母“I”描边，并取消路径选择。

6）添加水平线修饰效果，再输入英文信息“father and mother I love you”，以丰富画面含义。

7）预览最终外观效果，如图 12-11 所示。

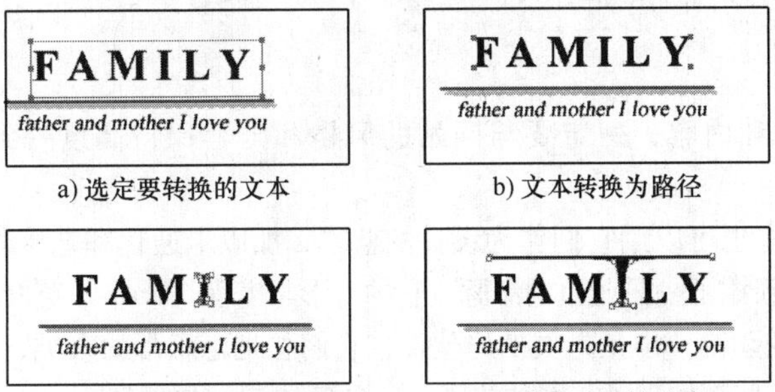

a) 选定要转换的文本　b) 文本转换为路径　c) 对路径进行分解　d) 修改路径的形状

图 12-10　变形文字

图 12-11　预览设计效果

提示：

已转换为路径的文本无法再作为文本编辑，文本会保留所有的可视化属性，但只能将它作为路径编辑。

12.2　网站 Logo 设计与制作

本节主要介绍网站 Logo 的设计思想、表现形式、设计与制作方法等内容，并结合具体例子来说明应用 Fireworks 设计与制作 Logo 的常用方法与技巧。

12.2.1　网站 Logo 的设计思路

设计制作一个网站的标识（Logo），就如同商标一样，需要集中体现站点的特色和内涵，看见 Logo 就让浏览者联想起你的站点，因此，Logo 是网站的重要组成部分。一般来说，好的 Logo 应该具备以下几个条件。

1. 符合规范

为了便于网站的宣传和推广，长期以来网站 Logo 形成了一些国内外设计者都共同遵守的国际标准。例如，对于 Logo 的规格，可以分为 88 像素 ×31 像素、120 像素 ×60 像素和 120 像素 ×90 像素 3 种规格。当然，Logo 的变化形式非常丰富，不限于此，但总的规范设计应该是 Logo 的尺寸不易过大，更不应该与其他图片混为一谈。

2. 独特构思

网站 Logo 不但要体现精美设计，符合绝大部分人的审美观念，还必须具有独特的构思和创意，达到使浏览者清晰辨别、印象深刻、过目不忘的效果。如图 12-12 所示，我们可以欣赏到一些著名网站的 Logo 设计作品。

Logo 既可以是中文、英文字母，也可以是符号、图案，还可以是动物或者人物等。例如：新浪用字母“sina” + 眼睛作为标识，人们一看到大眼睛就会想到新浪网。NBA 官网中篮球图案中融入一名侧身控球的篮球队员剪影，形象生动流畅、活力四射，堪称视觉享受。

图 12-12　著名网站 Logo

3. 与网站的风格、内容保持一致

网站 Logo 的设计创意来自网站的名称和内容，一定要与网站的风格和内容保持高度一致，与网站的颜色、字体相协调。

网站可以有代表性的人物、动物或花草，也可以用它们作为设计的蓝本，加以卡通化和艺术化。例如，携程网的 Logo 设计中，在标识的左边新添了一只蓝色的海豚，它的身形与携程“Ctrip”英文首字母“C”相似，海豚向来被认为是最聪明的动物，也是人类的好伙伴，它们总是愿意帮助人类，与人类亲近，通过标识表现优良的客户服务，这些都体现了与网站的风格、内容保持一致的特点。

4. 表现形式

网站 Logo 的主要表现形式为图形和文字，其主要的表现形式为如下几种。

（1）文字

最常用和最简单的方式是用网站的英文名称作标识，含义明确、直接。采用不同的字体、字母的变形，字母的组合可以很容易制作好自己的标识。

（2）图案

以本专业有代表的物品作为标识。例如，中国银行的铜板标识、奔驰汽车的方向盘标识，如图 12-13 所示。

图 12-13　Logo 中的图案

（3）动画

一般来说，Logo 都是静态的，为体现一种庄重的氛围，有些网站在 Logo 设计中体现动画，将一小部分内容动态化，以增添气氛。如图 12-14 所示的 58 同城网站的 Logo 设计，在左侧部分采用了非常有亲和力的卡通笑脸的动画造型。

图 12-14　Logo 中的动画

12.2.2　网站 Logo 制作

下面介绍应用 Fireworks CS5 的绘画功能，设计制作一个运动爱好者的个人网站 Logo，设计效果如图 12-15 所示。制作过程中的主要参考步骤如下：

1）按“Ctrl + N”组合键，弹出“新建文档”对话框，设定画布大小为 360 像素 × 270 像素、白色背景、默认为 72 像素/英寸分辨率，保存文档为“例 2-LOGO. png”。

提示：

这里设置画布大小是120像素×90像素规格的3倍，以便在制作过程中清晰处理，完成作品后可以按比例缩小成标准规格。

2）选择“文本”工具，输入文字“运动”，然后在“属性”面板中设置字体为“华文行楷”，字号为“80”，颜色为“深蓝”，字符间距为“50”，水平缩放为“130%”。使用“倾斜”工具将文本倾斜一定角度，如图12-16所示。

图12-15 个人网站Logo设计

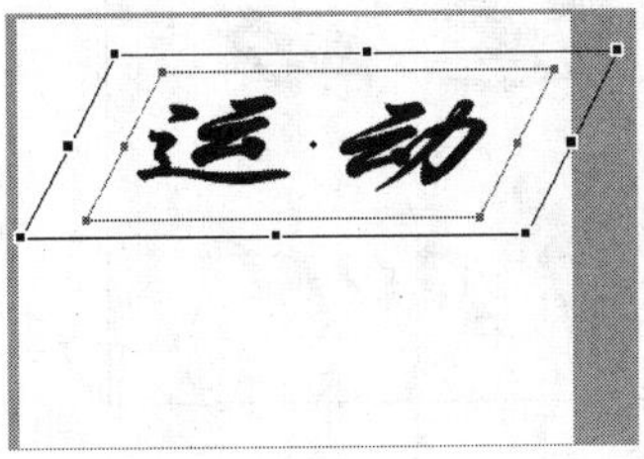

图12-16 设置文本样式

3）执行菜单【修改】/【平面化所选】命令，将文本转化成位图，如图12-17所示。

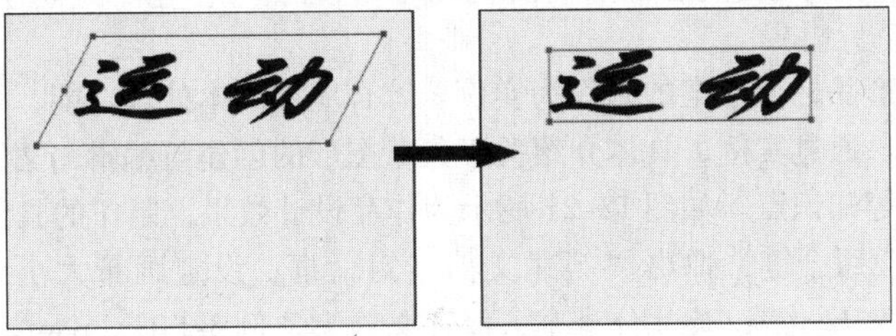

图12-17 平面化所选

4）使用“魔术棒”工具，单击“运”字的一点，选中该区域后，执行菜单【选择】/【扩展选区框】命令，在弹出的对话框中，确定扩展范围为1像素，单击“确定”按钮。按“Delete”键删除一点，如图12-18所示。

图12-18 删除部分选区像素

5）执行菜单【文件】/【导入】命令，在弹出的“导入”对话框中选择素材图片“basketball.jpg”，然后在画布中拖动出一个小的篮球图标，作为“运”字的一点。

6）制作英文“Sport”字样。使用“文本”工具，先输入字母“S”，并设置透明度为30%，再输入字符串“port”，使之与“S”匹配，如图12-19所示。

7）使用“铅笔”工具绘制一个简笔画，并将其叠加到字母“S”的上方，以图形代替字母，效果如图12-20所示。

8）使用“直线”工具，在画布上水平画出一条直线，设置宽为6像素，双破折线样式，并添加适当的滤镜效果。

9）使用“自由变形”工具，在直线路径上涂抹，使之曲线化，经过适当调整、复制、移动等操作，得到设计效果。

10）选择画布上所有对象，单击鼠标右键，在弹出的快捷菜单中选择“组合”命令，将画布中的所有对象组合。

11）缩小组合对象为120像素×90像素大小，并符合画布。最终存储为Logo图片。

图12-19　制作英文“Sport”

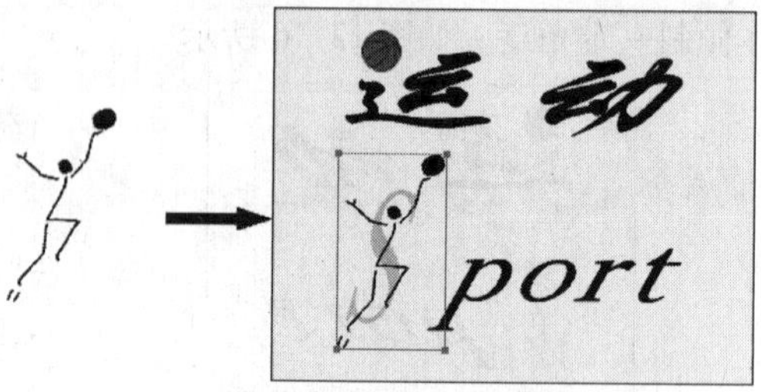

图12-20　以图形代替字母

12.3　边学边做（国家免检产品标识的制作）

本节以国家免检产品标识图案的制作为实例，综合应用文本处理功能，及前面章节所涉及的一些常用的操作技巧。通过实例，具体介绍关于矢量图形的创建与编辑，文字的创建与编辑，以及与路径的混合应用等知识点。如图12-21所示为作品设计效果，制作的具体步骤如下：

1）按“Ctrl + N”组合键，弹出“新建文档”对话框，设定画布大小为300像素×300像素、白色背景、默认为72像素/英寸分辨率，保存文档为“例3-SIGN. png”。

2）按“Ctrl + Alt + R”组合键，显示标尺，然后从水平标尺和垂直标尺处分别拖动出辅助线，放置在150像素×150像素位置上，如图12-22a所示，交叉点即为图形的中心点。

3）在工具箱中选中“面圈形”工具，在画布上拖动出一个圆形，并将图形的中心点与辅助线中心点重合，如图12-22b所示。

4）将图形中的“内径”控制点向外拖动，形成如图12-22c所示的效果。

图12-21　标识图案

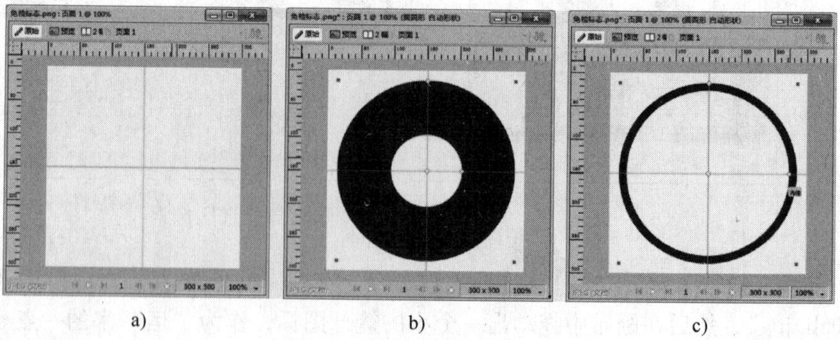

a)　　b)　　c)

图12-22　绘制外环图案

5）选择“椭圆”工具，绘制一个正圆路径，中心对称，如图12-23a所示。使用“刀子”工具，在水平辅助线位置将圆切割开，并删除下半圆路径，得到如图12-23b所示的效果。

6）使用“文本”工具T，输入“国家免检产品”字样，字体为“黑体”，字号为“26”，颜色为“黑色”，字间距为“100”。选中文本和路径，如图12-24a所示，此时，“图层”面板中显示，两个对象分别位于两个层中。

7）按“Ctrl + Shift + V”组合键，将文本附加到路径，此时，“图层”面板中显示文本符合路径后变为一个层，效果如图12-24b所示。

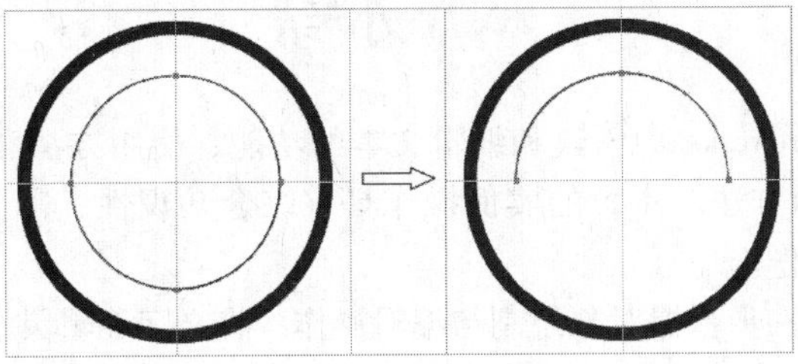

a)　　　　b)

图12-23　制作路径

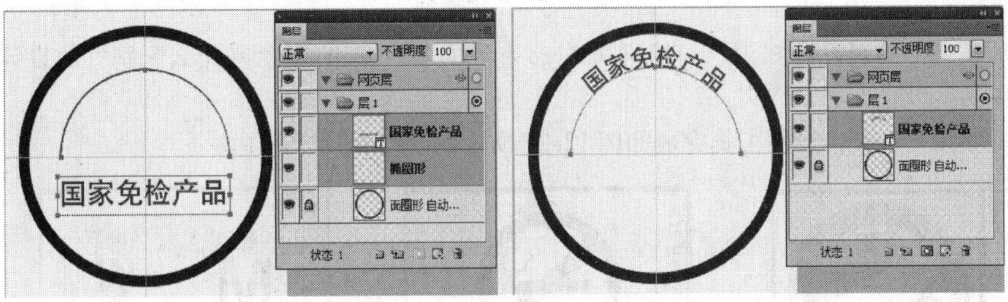

a)　　　　b)

图12-24　文本附加到路径

8）重复步骤5）～7），再分别制作下方文字“国家质量监督检验检疫总局”和“AQSIQ”附加到路径效果。

9）下面制作类似“M”的图形。为了方便制作，可以先在另一个空白画布中绘制图形，选择“文本”工具T，在画布中输入字母“M”，设置属性字体为“Berlin Sans FB Demi”，字号为“100”，加粗，颜色为“#0066cc”，水平缩放为“160%”。

10）使用工具选中文本，单击鼠标右键，在弹出的快捷菜单中选择“转换为路径”命令（或按“Ctrl + Shift + P”组合键），使用工具，选中图形，则可以看到路径边缘布满空心的锚点，如图12-25所示。

11）使用工具和工具调整图形中的锚点，得到如图12-26a所示的图形效果。然后复制图形，并垂直翻转，得到图12-26b所示的效果。选中倒“M”图形，单击鼠标右键，选择“平面化所选”命令，转换为位图。使用工具，在位图上绘制一个宽度为3像素的水平选区，然后按“Delete”键删除部分像素，然后平移选区，继续删除操作，直至获得完整的纹理效果。如图12-26c所示为图案效果。

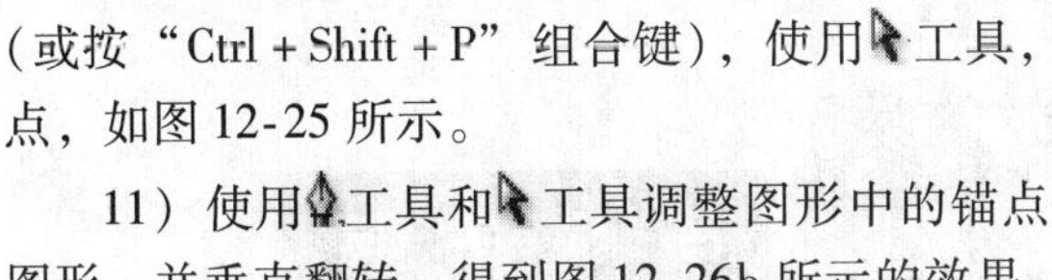

图12-25　文本转换为路径

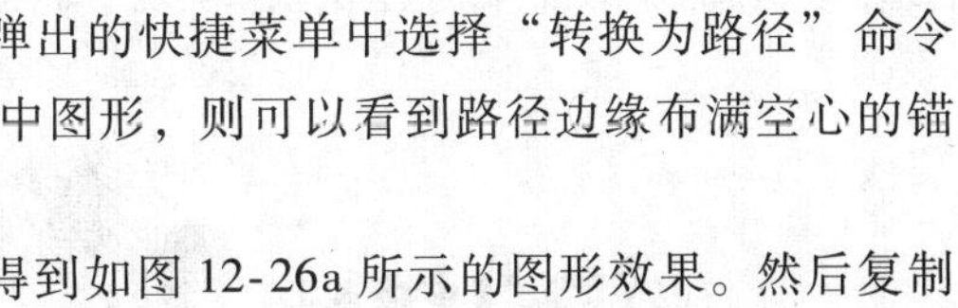

a)　　　　b)　　　　c)

图12-26　制作倒影效果

12）将图 12-26c 所示的图案移入原有画布的环形区域内，并调整位置和大小，获得最终图案效果。

13）保存图片，并在“预览”状态下观看图片效果。

本章小结

本章介绍了多种在 Fireworks 中创建和编辑文本的功能、使用方法和操作技巧，还介绍了网站 Logo 设计的基本思路和方法。本章的实例操作具有综合知识性，需要掌握前面章节的内容，才能够顺利完成作品的制作。

通过本章的学习，进一步掌握对象绘制与编辑操作，将文字编辑灵活地运用到图形图像创作中，制作特效文字。本章重点在于掌握好制作 Logo 的常用技巧，难点在于逐步培养良好的审美观，进一步设计出更精美的网页画面。

思考与练习

1. 根据所掌握的网页设计知识，简述网页 Logo 和网页 Banner 的概念有什么区别？从设计方法上讲，各具有哪些特点？

2. 应用文字工具和矢量绘图工具完成如图 12-27 所示的一组公共标识图案。

图 12-27　制作标识图案

3. 应用本章掌握的方法，设计一个个人网站的 Logo，可以融入中英文文字、图片等，使设计元素搭配合理，整体风格新颖独特，符合大众审美观，如图 12-28 所示为一组 Logo 设计实例，可以参照设计。

图 12-28　制作网站 Logo

第 13 章 对象的特效处理

Adobe Fireworks CS5 提供了许多用于丰富和改善对象外观特征的特效功能，例如，应用蒙版技术在对象上实现多种创意效果；应用透明度和混合模式使对象元件体现不同的感观；应用滤镜来增加对象的动态特性；应用命令和样式简化对象设计步骤，提高设计效率，达到理想的设计效果等。

本章重点介绍蒙版的创建方法，应用动态滤镜增强图像处理的特殊效果，以及应用样式的方法等内容。通过对本章的学习，读者能够更加深入地掌握 Fireworks 的图片设计技巧。

本章要点：

- 使用蒙版
- 混合的方法
- 使用动态滤镜
- 使用样式

13.1 应用蒙版

蒙版又称为遮罩，是一种由上层对象为下层对象提供外形，而下层对象为上层对象提供色彩的一种图像处理效果。因此，把上层对象称为“蒙版对象”，而下层对象则称为“被蒙版对象”。

用户可以从矢量对象创建蒙版对象（矢量蒙版），也可以从位图对象创建蒙版对象（位图蒙版），以及使用文本创建矢量蒙版，还可以使用多个对象或组合对象来创建蒙版。下面分别介绍使用几种蒙版技术在对象上实现多种创意效果。

13.1.1 创建蒙版

矢量和位图对象都可以成为蒙版对象或被蒙版对象。

1. 创建矢量蒙版

矢量蒙版有时被称为剪贴路径或粘贴于内部。矢量蒙版对象将下方的对象裁剪或剪贴为其路径的形状，从而产生切饼模刀的效果。

创建矢量蒙版实例的具体操作步骤如下：

1）新建一个文档，保存文档为“例 1-矢量蒙版 . png”。

2）将一副准备好的图片文件“skiing. jpg”（被蒙版对象）导入到画布中。

3）在画布上绘制一个将作为蒙版的多边形（可以是任意形状）图形，设置图形的属性如下：填充为“白色”，笔触为“无”，并确认矢量图形层在被蒙版对象层的上方。

4）同时选中蒙版对象和被蒙版对象，执行菜单【修改】/【蒙版】/【组合为蒙版】命令，完成蒙版的制作，效果如图 13-1 所示。

从如图 13-2 所示的“图层”面板中可以看出蒙版图像创建的前后不同，创建矢量蒙版时，一个带有钢笔图标的蒙版缩略图会出现在“图层”面板中，表示已经创建了矢量蒙版。

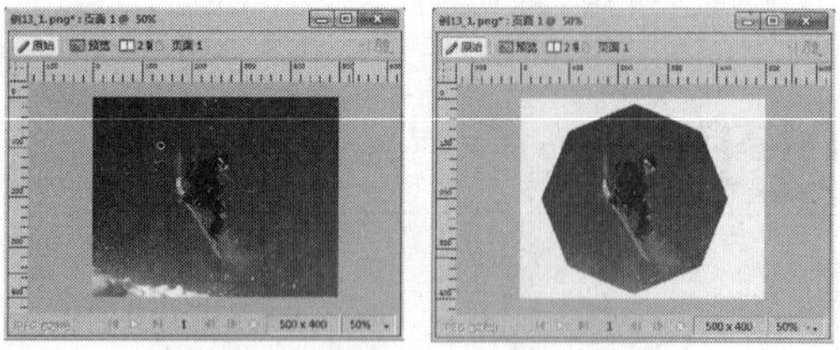

a)　　b)

图 13-1　创建蒙版前后的效果

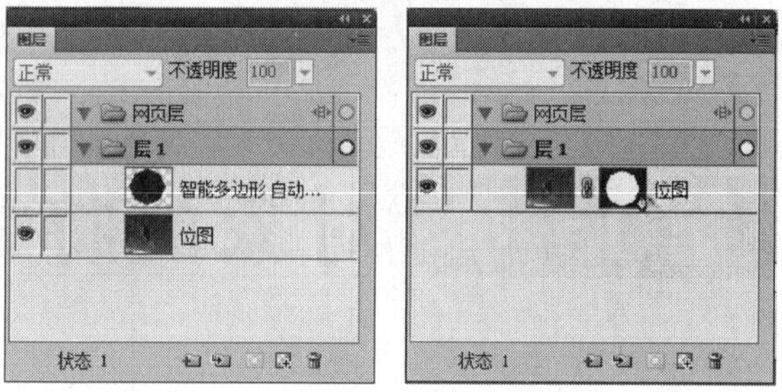

a)　　b)

图 13-2　“图层”面板中的蒙版效果

在“图层”面板中选择矢量蒙版后，“属性”面板会显示关于蒙版应用方式为“路径轮廓”的信息。

提示：

蒙版与裁剪工具是不一样的，裁剪工具是把裁剪以外的图像都删除掉了，破坏了图像的原始内容，而蒙版并没有破坏被蒙版对象，只是将其部分隐藏，通过取消蒙版效果可以恢复图像原貌。

2. 创建位图蒙版

使用过 Photoshop 的用户可能对层蒙版并不陌生。Fireworks 位图蒙版与层蒙版的相似之处在于：蒙版对象的像素影响下层对象的可见度。然而，Fireworks 位图蒙版的用途要广泛得多。不管是使用灰度外观还是使用自身的透明度，都可以轻松更改其应用方式。另外，Fireworks 的“属性”面板使蒙版属性和位图工具选项更易于访问，从而极大地简化了蒙版的编辑过程。

下面创建如图 13-3 所示的位图蒙版效果，具体操作步骤如下：

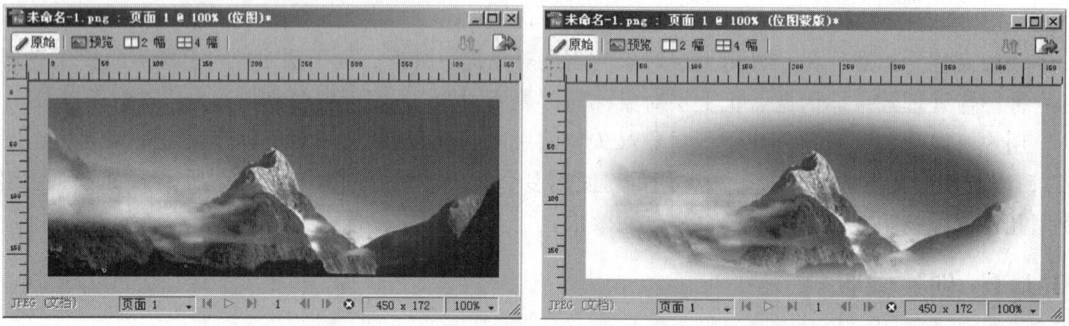

a)　　b)

图 13-3　位图与位图蒙版效果

1）在 Fireworks 窗口中新建文档，保存文档为“例 2-位图蒙版 . png”。

2）将一副准备好的图片文件“mountain. jpg”（被蒙版对象）导入到画布中。

3）使用“椭圆选取框”工具，并在其“属性”面板中设置边缘羽化值为“30”，如图 13-4 所示。

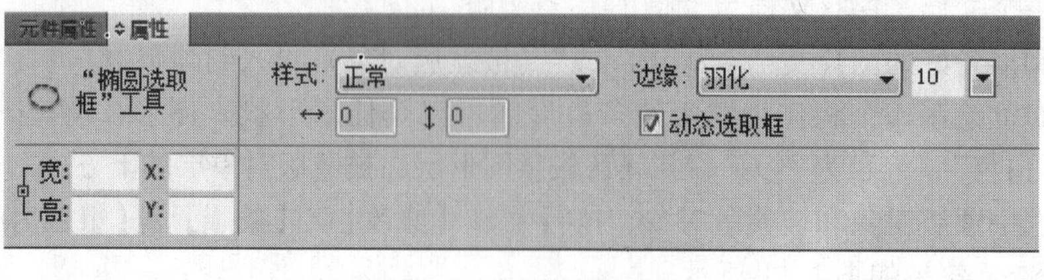

图 13-4　设置工具属性

4）在画布区域中拖动出一个椭圆形区域。

5）在“图层”面板中，单击面板底部的“添加蒙版”按钮即可生成位图蒙版，创建蒙版后，原层将合并。此时“图层”面板的内容如图 13-5 所示。

3. 用现有对象创建蒙版

在 Fireworks 中有另外两个命令可以实现蒙版的创建：“粘贴为蒙版”命令和“粘贴于内部”命令。

下面以“粘贴为蒙版”命令为例，介绍创建蒙版的另一种方法。

1）在 Fireworks 窗口中新建文档，保存文档为“例 3-实物蒙版 . png”。

2）将一副准备好的图片文件“police. jpg”（被蒙版对象）导入到画布中。

3）打开另一幅图片文件“pigeon. jpg”，作为蒙版素材。使用“选区”工具选择“和平鸽”的轮廓区域，执行菜单【选择】/【将选取框转为路径】命令，使之形成一个路径轮廓效果，作为蒙版对象，如图 13-6 所示。

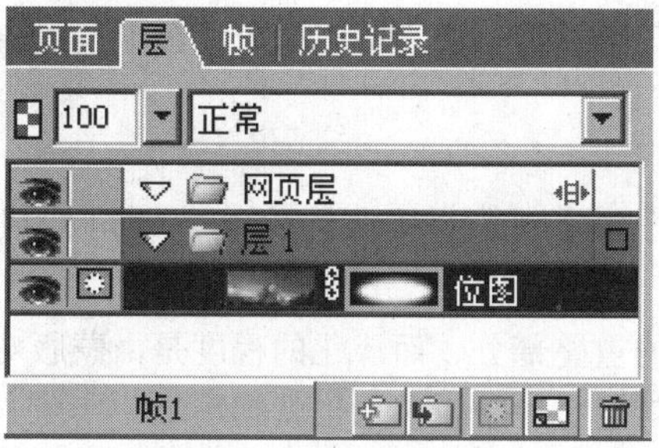

图 13-5　位图蒙版状态

图 13-6　获取蒙版对象

4）选择路径轮廓，按“Ctrl + X”组合键，剪切对象，然后切换到具有图片的画布窗口，选中图片，执行菜单【编辑】/【粘贴为蒙版】命令，形成蒙版效果，如图 13-7 所示。

图 13-7　对象粘贴为蒙版

4. 用文本创建蒙版

使用“粘贴于内部”命令，可以将文本创建为蒙版，制作图片的特殊效果。

下面创作一个文本蒙版的实例，具体操作步骤如下：

1）在 Fireworks 窗口中新建文档，保存文档为“例 4-文本蒙版 . png”。

2）将一副准备好的图片文件“fruit. jpg”（被蒙版对象）导入到画布中。

3）使用“文本”工具，在画布中创建字符信息“FRUIT”，调整大小及位置。

4）选择图片对象，按“Ctrl + X”组合键，剪切对象，然后再选择文本对象，执行菜单【编辑】/【粘贴于内部】命令，只显示文本蒙版内的图片效果，如图 13-8 所示。

图 13-8 创建文本蒙版

5. 组合对象以构成蒙版

用户可以组合两个或更多对象来创建蒙版，最上层的对象会成为蒙版对象。最上层对象的类型确定蒙版的类型（矢量或位图）。操作方法如下：

1）按照如图 13-9 所示的顺序先后导入两幅图片。

2）选中两幅图片，执行菜单【修改】/【蒙版】/【组合为蒙版】命令，即可构成蒙版效果。

两个对象被组合为蒙版后，会淡化显示两个对象的重叠部分，而淡化的程度是由蒙版对象和背景色之间的明暗关系来决定，色彩越明亮，淡化度就越小，蒙版对象也就越清晰。

a) 被蒙版对象　　b) 蒙版对象　　c) 蒙版效果

图 13-9 对象组合为蒙版

13.1.2 编辑蒙版

创建蒙版后，可以根据需要，随时调整画布上被遮罩选区的位置，或修改蒙版的外观。还可以将蒙版作为一个整体应用转换，或者对蒙版的组件分别应用转换。

要编辑蒙版，比如移动蒙版对象，可以用鼠标单击蒙版层的固定连接符号，以取消连接。再单击蒙版对象，会出现一个黄色边框，如图 13-10 所示，表明选中了蒙版对象，可以对它进行编辑修改操作。

用鼠标单击这一对象层的被蒙版对象时，该对象外围会有一个蓝色边框。当该被蒙版对象是位图时，则可以用各种位图工具对被蒙版对象进行编辑。而当被蒙版对象是矢量图时，则可用各种矢量工具对其进行编辑或修改。同样，当该对象层中的蒙版对象是位图或矢量图时，也可以使用各种位图或矢量工具对其进行修改，如图 13-11 所示。

对于蒙版图形，执行菜单【修改】/【蒙版】/【禁用蒙版】命令时可暂时取消蒙版效果。

同时在“图层”面板中也可以看到，蒙版图形中的蒙版对象被禁用，如图 13-12 所示。

通过执行菜单【修改】/【蒙版】/【启用蒙版】命令，恢复原来的蒙版效果。用户也可以通过执行菜单【修改】/【蒙版】/【删除蒙版】命令删除蒙版效果。删除蒙版的提示对话框如图 13-13 所示。

图 13-10　选中蒙版对象

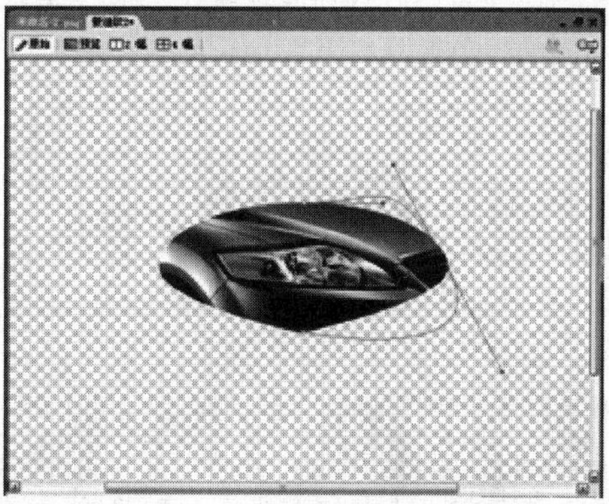

图 13-11　编辑蒙版对象

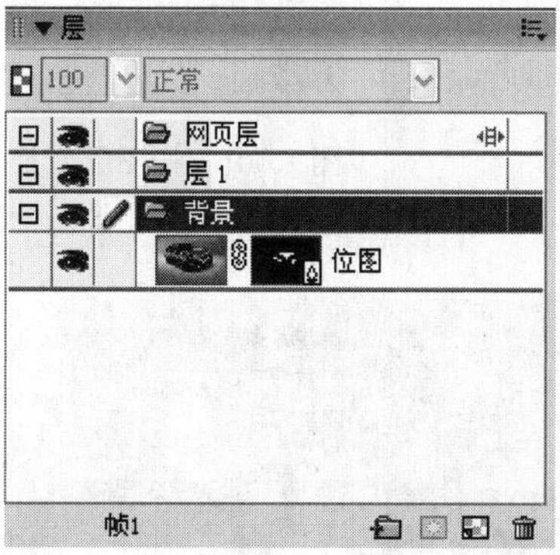

图 13-12　禁用蒙版

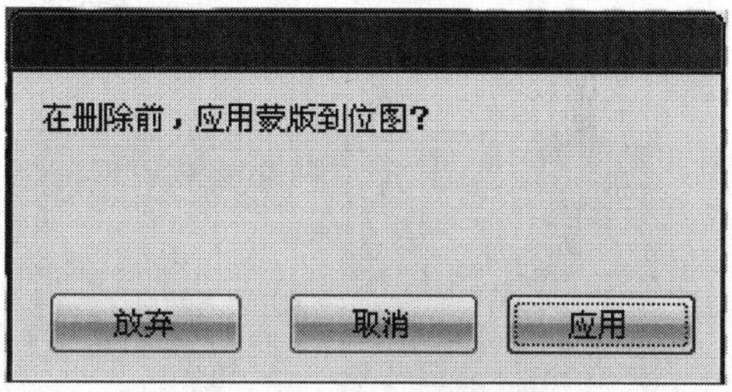

图 13-13　删除蒙版提示框

在对话框中，选择“应用”时，将保留蒙版图形为独立的位图图形。但蒙版图形不再可以被编辑；选择“放弃”时将会删除蒙版图形中的蒙版对象，只还原被蒙版对象。当要恢复蒙版图形时，只需执行菜单【修改】/【取消组合】命令，即可把蒙版图形中的蒙版对象和被蒙版对象进行分离还原。

13.2　混合模式

“混合”是指改变文档中对象的透明度，使下层的对象可以透过上层显示出来。混合操作主要是指控制透明度和修改混合模式的操作。

13.2.1　编辑透明度

选中要编辑的对象，在“图层”面板上的“透明度”选项中设置透明度值（0 ~ 100），0 表示完全透明，100 为完全遮挡。透明度值设为 100 和 50 的效果如图 13-14 所示。

13.2.2　编辑混合模式

通过编辑层的混合模式，可以改变对象的透明重叠区域的颜色调和方式。在“图层”面板中有一个“混合模式”下拉列表，如图13-15所示。

该列表中有数种混合模式，这些模式主要是通过前景颜色和背景颜色调和的不同方式来产生不同的颜色效果。下面是采用了“差异”模式所产生的效果，如图13-16所示。

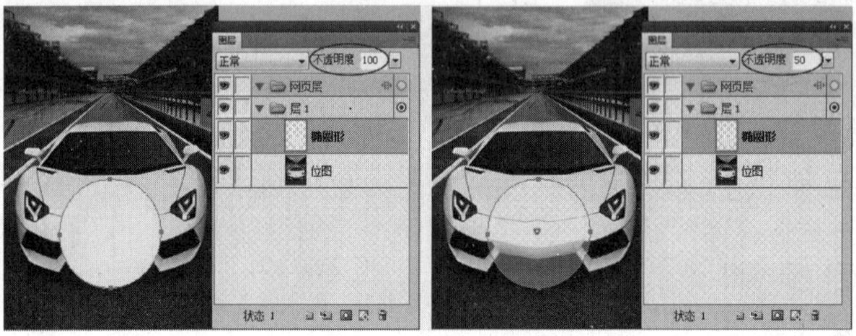

图13-14　透明度设置效果

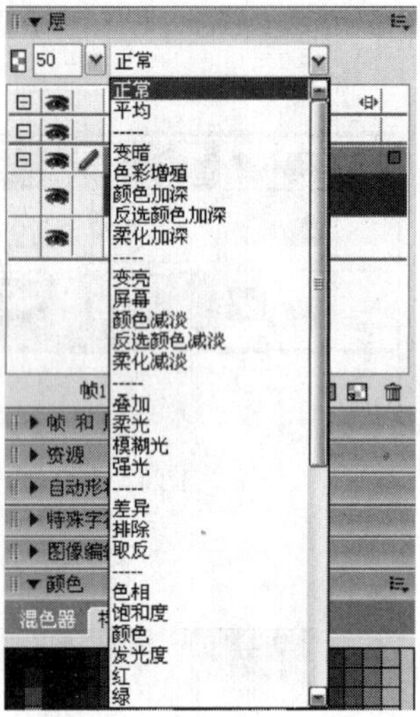

图13-15　“图层”面板中的混合模式下拉列表

图13-16　“正常”模式和“差异”模式

13.3　使用动态滤镜

所谓动态滤镜，是指当编辑应用了动态滤镜的对象，Fireworks可以随时更改其选项，或者重新排列滤镜的顺序，以尝试应用组合滤镜，并动态更新滤镜效果。此外，在“属性”面板中可以打开和关闭动态滤镜或者将其删除，删除滤镜后，对象或图像会恢复到原来的外观。动态滤镜是可以应用于矢量对象、位图图像和文本的增强效果。用户可以直接从“属性”面板中将动态滤镜应用于所选对象。首先选中编辑对象，在“属性”面板中单击“滤镜”右侧的“添加动态滤镜或选择预设”按钮[+]，则弹出如图13-17所示的菜单。

下面具体介绍各种动态滤镜的功能和使用方法。

13.3.1　调整颜色类滤镜

调整颜色可以对图像进行色阶、色调、对比度、亮度等的优化来实现。在使用图片时，由于受到来源的限制，可能并不适用，因此在文档中应用时，需要对其进行调整，图片的效果会有明显改善。Fireworks CS5 用于调整颜色的动态滤镜包括如图 13-18 所示的几种命令。

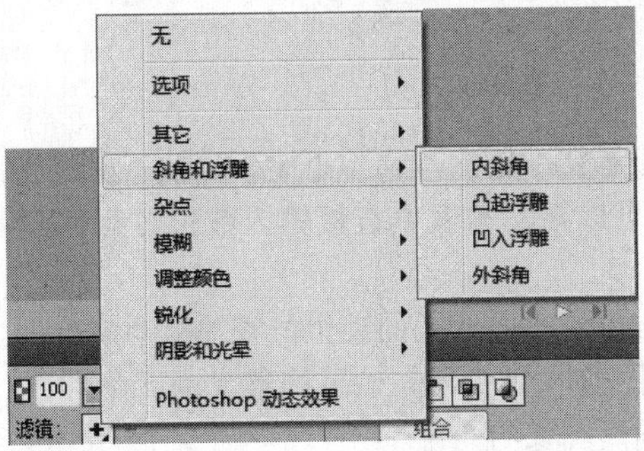

图 13-17　动态滤镜弹出菜单

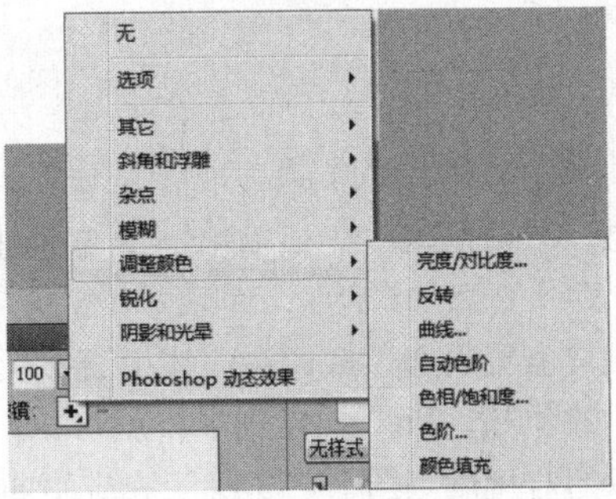

图 13-18　调整颜色滤镜

提示：

某些滤镜，如“自动色阶”、“高斯模糊”和“钝化蒙版”功能，以前是不可逆转的插件或滤镜，Fireworks CS5 将这些命令作为可用的动态滤镜。

1. “亮度/对比度”滤镜

在文档中选中要调整的对象，执行【调整颜色】/【亮度/对比度】命令，弹出如图 13-19 所示的“亮度/对比度”对话框。用鼠标拖动滑块或在文本框中输入数值来调整亮度和对比度的值，范围为 −100 ~ 100。

- 亮度：每单位投影面积的发光强度，它是光源颜色属性。
- 对比度：图像中各像素点的明暗对比程度。对比度越大，颜色差别越大。

图 13-20 所示的是调整亮度和对比度前后图像的效果对比。

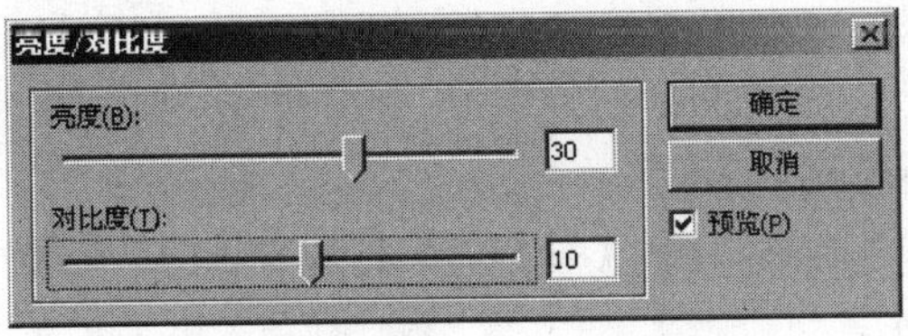

图 13-19　“亮度/对比度”对话框

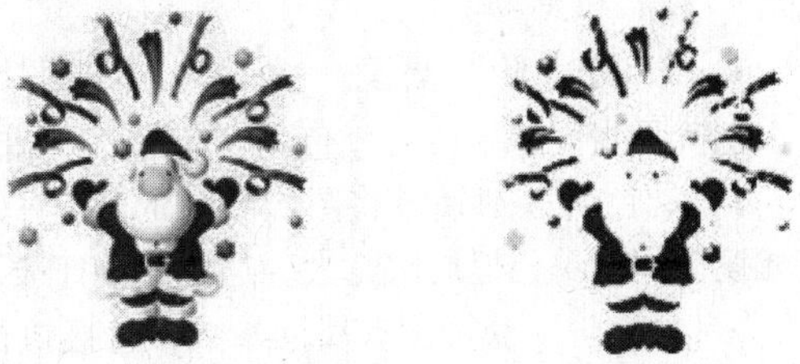

a)　　b)

图13-20　使用“亮度/对比度”滤镜前后的效果

2. “反转”滤镜

“反转”滤镜是将图像反色，具有照片的底片效果。反转滤镜没有参数，直接执行【反转】命令即可得到效果，如图 13-21 所示为应用反转滤镜前后图像的对比。

3. “曲线”滤镜

“曲线”滤镜用于调节图像的色阶，执行【调整颜色】/【曲线】命令，弹出如图 13-22 所示的“曲线”对话框。

a) b)

图 13-21 “反转”滤镜

其中，X 轴表示像素点的原始亮度，准确值显示在“输入”文本框中；Y 轴表示调节后的新亮度值，准确值显示在“输出”文本框中。用户可以在文本框中直接输入数值进行调整，范围为 0~255，0 表示最暗，255 表示最亮。

用户也可以通过鼠标在曲线上直接调节。用鼠标单击曲线上的某个位置并拖动该点，选中对话框中的预览（Preview）选项，就可以随时看到图像中的变化。如果调整成为 S 形曲线，可加大图像的对比度。图 13-23 所示为应用曲线滤镜前后图像的变化。

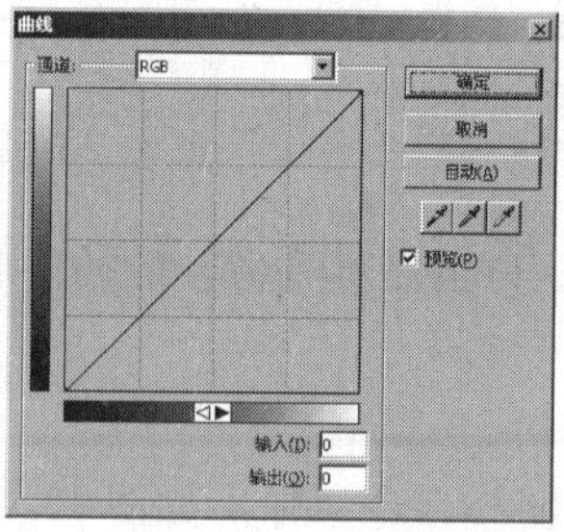

图 13-22 “曲线”对话框

图 13-23 使用“曲线”滤镜前后的效果

单击 X 轴中的双三角图标，会交换亮部与暗部的位置。用户也可以用“滴管”工具调节色阶。“曲线”对话框中设有 3 个滴管工具，分别为设定黑点、设定灰点和设定白点。利用吸管可以在图像中以取样点作为图像的最亮点、灰平衡点和最暗点，即图像的白场、灰点和黑场。

4. “自动色阶”滤镜

色阶是指图像中各种颜色的灰度值的分布情况。当图片的明暗程度不合适时，需要调整色阶。“自动色阶”滤镜是将图像颜色的灰度平均化，其中过深或过浅的部分都会有一定的减弱。该滤镜操作简单，但局限性大，通常适用于要求不高的图像效果。

“自动色阶”滤镜没有属性参数，直接执行【调整颜色】/【自动色阶】命令即可，其效果如图13-24 所示。

5. “色相/饱和度”滤镜

对色相进行调整，可以改变图像色彩的冷暖调；对饱和度进行调整，可以改变图像色彩的浓度。执行【调整颜色】/【色相/饱和度】命令，弹出如图 13-25 所示的“色相/饱和度”对话框。

分别拖动该对话框中 3 个色条上的滑块即可改变图像的色相、饱和度和亮度，其取值范围为 -100~100。该对话框中“彩色化”选项能让 RGB 颜色模式的图像转变为双色调图像，如图 13-26 所示。

6. “色阶”滤镜

手动调整色阶使得用户在控制图像色阶的时候更有主动权，可以直观地看到增强或降低图像的对比度效果。执行【调整颜色】/【色阶】命令，弹出如图 13-27 所示的“色阶”对话框。

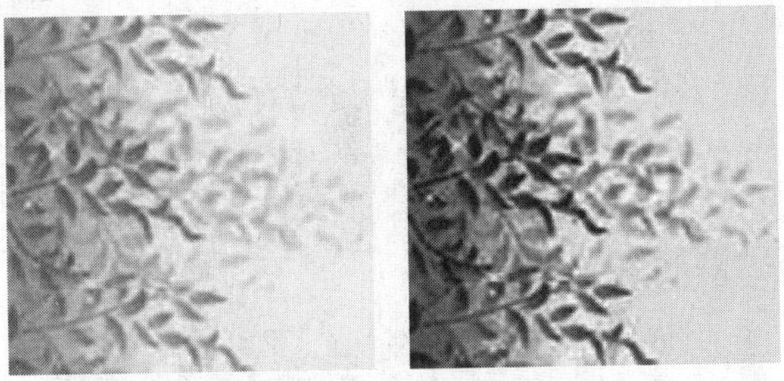

图 13-24　使用“自动色阶”滤镜的效果

图 13-25　“色相/饱和度”对话框

a)　　b)

图 13-26　RGB 颜色模式图像转换为双色调图像

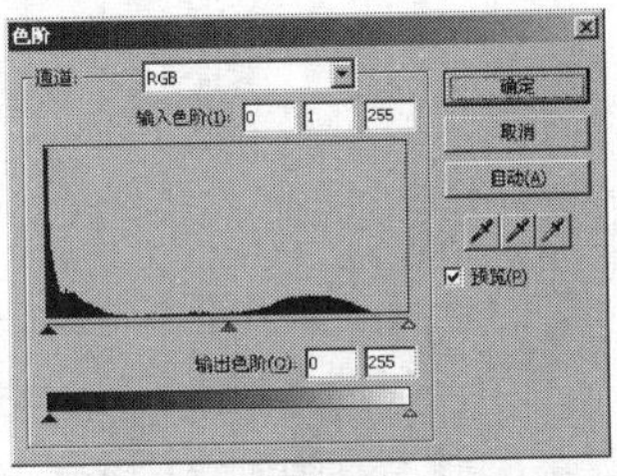

图 13-27　“色阶”对话框

色阶直方图是根据每个亮度值（0 ~ 255）处像素点的多少来划分的，最暗的点在左侧，最亮的点在右侧。

拖动直方图下面的三角形滑块即可调整图像色阶，拖动时对话框上部的“输入色阶”栏内显示对应色阶值。对话框下部有对比度调整条，拖动色条可以调节图像的对比度。输入色阶一般用于增加图像的对比度，输出色阶一般用于降低图像的对比度。

13.3.2　模糊类滤镜

模糊类滤镜用于柔化、修饰一幅图像或一个选择区域，通过转化像素的方法平滑处理影像中生硬的地方，使图像中对比强烈的像素柔和过渡，或者在图像中必要的像素区域添加适当的阴影，使整个图像看起来更柔和。Fireworks CS5 的模糊类滤镜包括如图 13-28 所示的 6 种滤镜。

1. “放射状模糊” 滤镜

此功能可以实现旋转模式的模糊效果，能够把一幅静止的影像处理成运动的效果，以模拟照相机的旋转和变焦。选择“放射状模糊”命令，弹出“放射状模糊”对话框。

● 数量：是指模糊程度，数值越大，表示模糊程度效果越强烈。

● 品质：确定模糊之后的品质。

图 13-29 所示的是“放射状模糊”滤镜效果。

2. “模糊” 滤镜和 “进一步模糊” 滤镜

选择“模糊”命令，可以使选择内容产生一点的模糊感觉；选择“进一步模糊”命令，处理效果大约是“模糊”的 3 倍，如图 13-30 所示的图像效果。“模糊”和“进一步模糊”滤镜命令

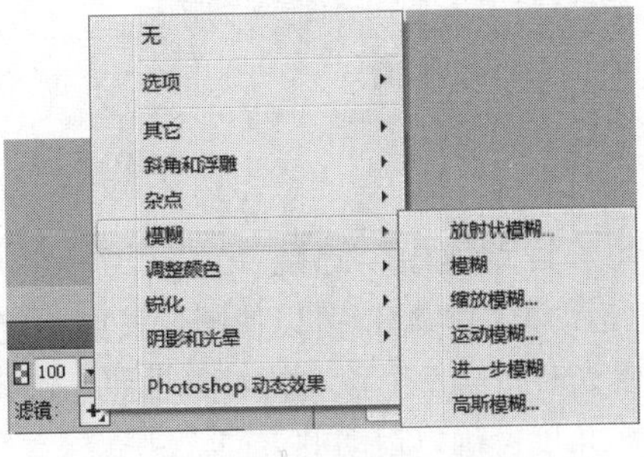

图 13-28　模糊类滤镜命令

是直接执行的。

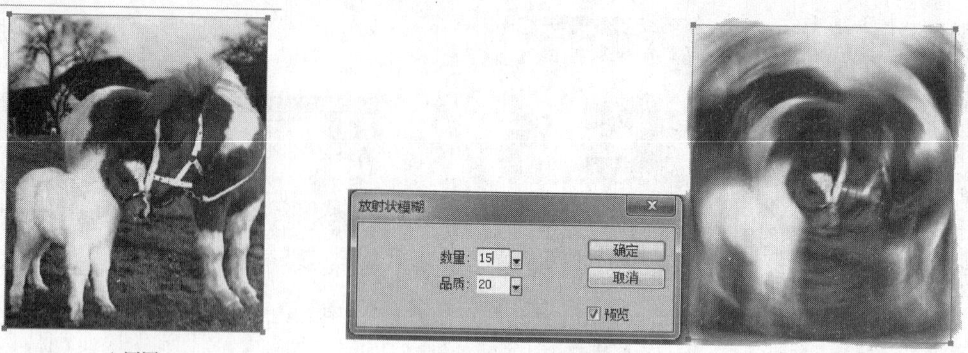

a) 原图　　b) “放射状模糊”对话框　　c) 效果

图 13-29　“放射状模糊”滤镜效果

a) 原图　　b) 模糊　　c) 进一步模糊

图 13-30　“模糊”滤镜和“进一步模糊”滤镜效果

3. “缩放模糊”滤镜

“缩放模糊”滤镜是“径向模糊”滤镜的一种，可以使图像产生发散的效果。选择“缩放模糊”命令，弹出如图 13-31 所示的对话框，按照缩放数量和品质选项设定参数值，可以从图 13-31 中明显看出效果。

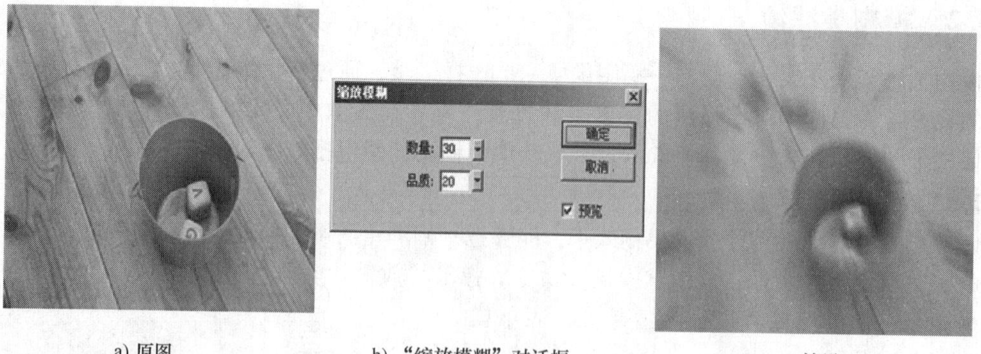

a) 原图　　b) “缩放模糊”对话框　　c) 效果

图 13-31　“缩放模糊”滤镜效果

4. “运动模糊”滤镜

“运动模糊”滤镜可以使图像按照一定的角度方向产生运动状态中的模糊效果，类似于以固定的曝光时间给一个移动的对象拍照。选择“运动模糊”命令，弹出“运动模糊”对话框。

- 角度：确定运动的方向。
- 距离：设置模糊效果的强度。

图 13-32 所示的是“运动模糊”滤镜前后图像的效果对比。

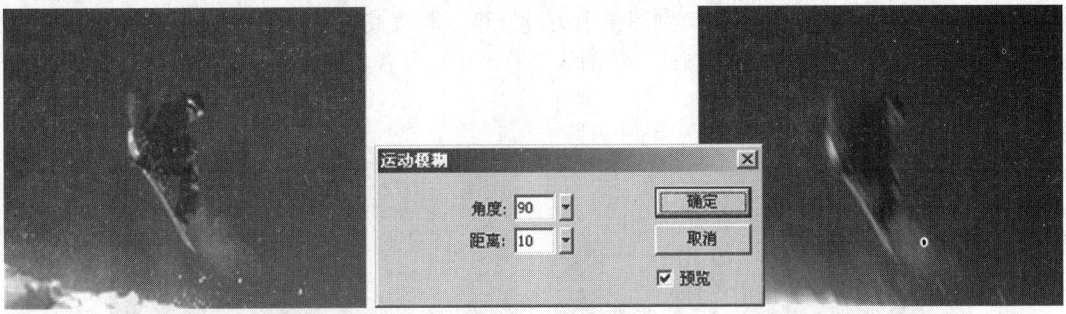

a) 原图　　b) “运动模糊”对话框　　c) 效果

图 13-32　“运动模糊”滤镜效果

5. “高斯模糊”滤镜

如果希望得到更明显的模糊效果，可以使用“高斯模糊”滤镜。选择“高斯模糊”命令，弹出“高斯模糊”对话框，调整“模糊范围”滑块，或直接输入数值，可以看出明显的模糊效果，如图 13-33 所示。

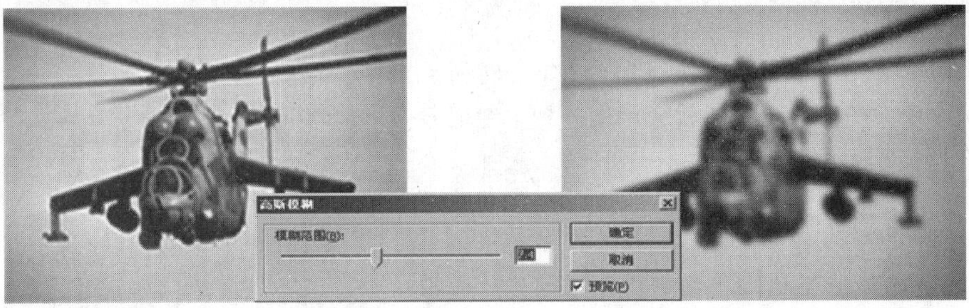

图 13-33　“高斯模糊”滤镜效果

13. 3. 3　其他类滤镜

其他类滤镜包括有转换为 Alpha 和查找边缘滤镜两种。

1. “转换为 Alpha”滤镜

使用“转换为 Alpha”滤镜可以使图像或文本转换成基于图像透明的渐变透明。该滤镜命令没有参数设置，可以直接选择“转为 Alpha”命令得到效果。图 13-34 是转换为 Alpha 前后图像的效果对比。

a) 原图　　b) 效果

图 13-34　“转换为 Alpha”滤镜效果

2. “查找边缘”滤镜

使用“查找边缘”滤镜能够识别图像中的过渡色，并将其转换为线条。在位图图像中，利用“查找边缘”滤镜可以创建草图或扫描的效果。该滤镜没有参数设置，直接执行“查找边缘”命令即可，效果如图 13-35 所示。

a) 原图　　b) 效果

图 13-35　“查找边缘”滤镜效果

执行菜单【命令】/【批次执行命令】/【反转所选的颜色】命令，产生的线条图就会产生一种手绘的效果，如图 13-36 所示。

图 13-36　反转后的效果

13.3.4 “新增杂点”滤镜

“新增杂点”滤镜将随机像素应用于图像，模拟在高速胶片上拍照的效果。新增杂点也可以用于减少羽化选区或渐进填充中的带宽，或使经过重大装饰的区域看起来更真实。选择“新增杂点”命令，弹出“新增杂点”对话框。

- 数量：是指模糊程度，数值越大，表示模糊效果越强烈。
- 颜色：将此滤镜应用于图像中的色调元素，而不改变颜色。

图 13-37 所示为新增杂点前后图像的效果对比。

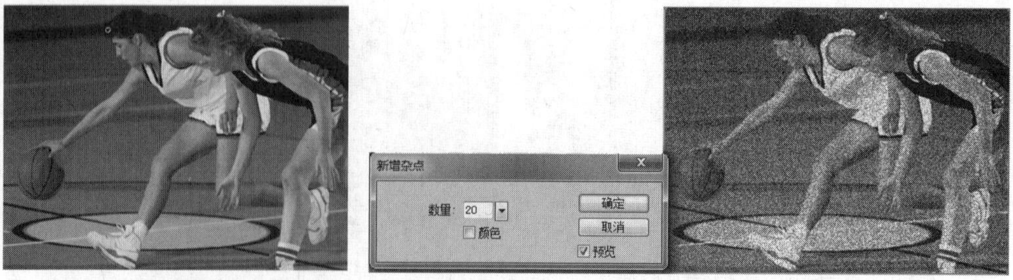

a) 原图　　b) “新增杂点”对话框　　c) 效果

图 13-37　“新增杂点”滤镜效果

13.3.5 “锐化”滤镜

锐化操作可以产生与柔化相反的作用，但产生效果不像“高斯模糊”滤镜强烈。此类功能包括“锐化”、“进一步锐化”和“钝化面板”等命令，读者可以实践操作。图 13-38 所示为钝化蒙版的前后对比效果。

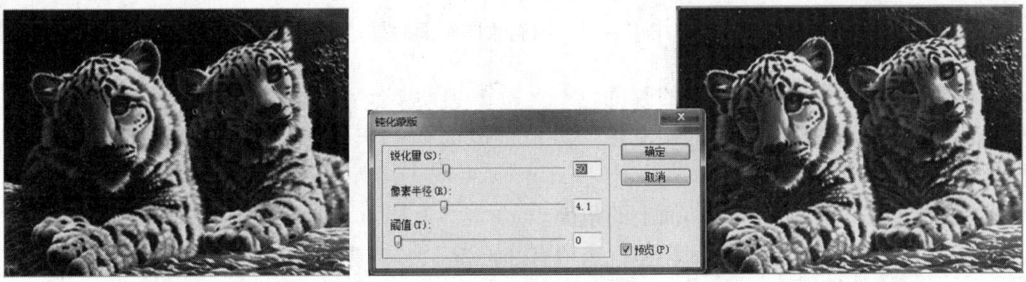

a) 原图　　b) “钝化蒙版”对话框　　c) 效果

图 13-38 “钝化蒙版”滤镜效果

提示：

上面介绍的几种类型的滤镜命令，可以在菜单中找到对应的命令。一般情况下使用“属性”面板中的滤镜实现动态效果，可以确保随时编辑它们或将它们从对象中删除。只有当确定不需要编辑或删除滤镜时，才使用“滤镜”菜单应用滤镜。

13.3.6 斜角和浮雕类滤镜

动态滤镜还提供了两个特殊的功能，即斜角和浮雕类滤镜和阴影和光晕类滤境。

1. 应用斜角边缘

在对象上应用斜角边缘可获得凸起的外观。用户可以创建内斜角或外斜角，如图 13-39 所示。从图 13-38 中可以看出，内斜角是以原对象的边缘向内产生斜面特效，外斜角则是以原对象的边缘向外产生斜面特效。

在添加或编辑斜角特效时会弹出一个参数设置栏，如图 13-40 所示。

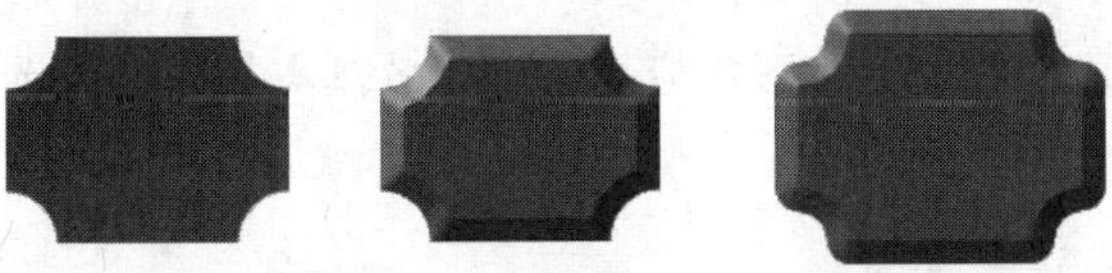

a) 原图　　b) 内斜角　　c) 外斜角

图 13-39 对象的斜角特效

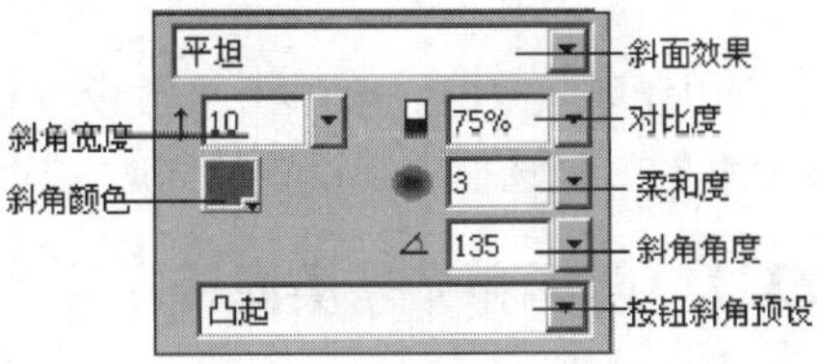

图 13-40 斜角特效的参数设置栏

参数栏中各选项的含义如下。

1）斜面效果：在该选项的下拉列表中有 7 种不同类型的斜面效果，即“平坦”、“平滑”、“斜坡”、“第一帧”、“第二帧”、“环状”和“皱纹”。图 13-41 显示了应用不同类型斜面效果的图形特效。

2）斜角宽度：设置斜角的宽度，单位是像素。

3）对比度：设置斜面的阴阳面对比度。数值范围为 0% ~100%，0 表示无对比度，即没有立体效果；100 表示立体效果最明显。

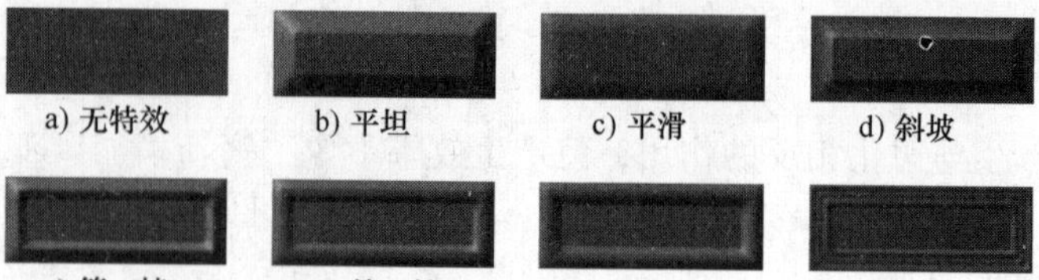

a) 无特效　b) 平坦　c) 平滑　d) 斜坡
e) 第一帧　f) 第二帧　g) 环状　h) 皱纹

图 13-41　内斜角的斜面效果

4）斜角颜色：设置斜角斜面的颜色。

5）柔和度：设置斜面边缘的柔和度，数值范围为 0 ~ 10。柔和度越小，斜面棱角越分明；柔和度越大，斜面棱角越圆滑。

6）斜角角度：设置光照到斜面上的角度。

7）按钮斜角预设：设置斜面类型，选项有“凸起”、“高亮显示”、“凹入”、“反转”，分别对应按钮的 4 种状态，如图 13-42 所示。

a) 凸起　b) 高亮　c) 凹入　d) 反转

图 13-42　4 种斜面类型

2. 应用浮雕

用户可以使用浮雕效果使图像、对象或文本凹入画布或从画布凸起。“凹入浮雕”滤镜使对象产生凹下的感觉；“凸起浮雕”滤镜使对象产生凸起的效果，如图 13-43 所示。

a) 原图　b) 凹入　c) 凸起

图 13-43　图像的浮雕效果

应用浮雕效果时，会弹出参数设置栏，其参数设定方法与应用斜角特效基本相同，若选中“显示对象”复选框，则设置的同时，对象中会有预览效果。

13.3.7　阴影和光晕类滤镜

使用“阴影和光晕”特效，可以使对象产生阴影和发光等效果。此类特效包括“投影”、“发光”、“内侧发光”和“内侧阴影”。图 13-44 所示的效果是将文本对象分别应用于内侧发光、内侧阴影、发光和投影等效果。

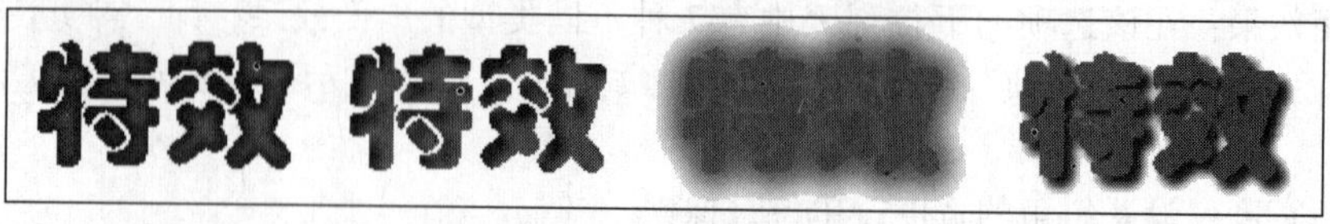

a) 内侧发光　b) 内侧阴影　c) 发光　d) 投影

图 13-44　阴影与光晕效果

应用阴影与光晕效果时，会弹出参数设置栏，其参数设定方法与应用斜角特效基本相同。若选中“去底色”复选框，则显示生对象产生的阴影效果，如图 13-45 所示。

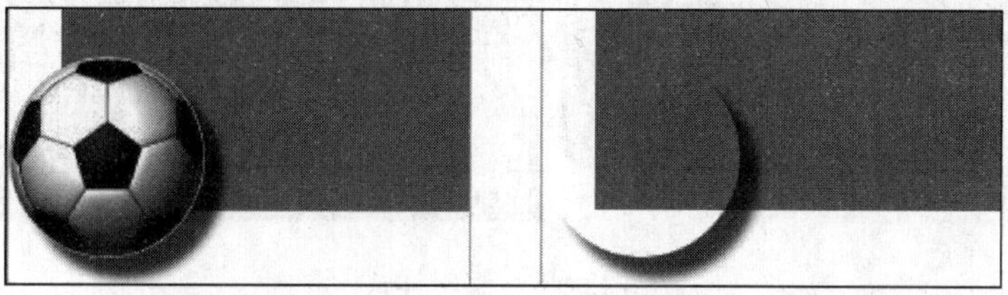

a) 未选中“去底色”选项　　b) 选中“去底色”选项

图 13-45　“去底色”选项的投影效果

13.4　使用样式

样式是对象的一系列属性的集合。通过创建样式，可以保存并重新应用一组预定义的填充、笔触、滤镜和文本属性。将样式应用于对象后，该对象即具备了该样式的特性。

Adobe Fireworks CS5 提供了许多预定义的样式。用户可以添加、更改和删除样式，还可将样式导出以便与其他 Fireworks 用户共享，或者从其他 Fireworks 文档中导入样式。

13.4.1　应用样式

1. 添加样式

执行菜单【窗口】/【样式】命令，即可打开“样式”面板，在“当前文档”下拉列表中显示出许多预定义样式，如图 13-46 所示。

这些样式可以应用于对象、文本、组和自动形状。下面以对象为例，实现添加样式的操作方法如下：

1）选中需要添加样式的对象。

2）在“样式”面板中单击“当前文档”下拉箭头，在列表中选择“镶边样式”，并在该组样式表中单击需要的样式框，则所具有的效果套用到了所选对象上，如图 13-47 所示。

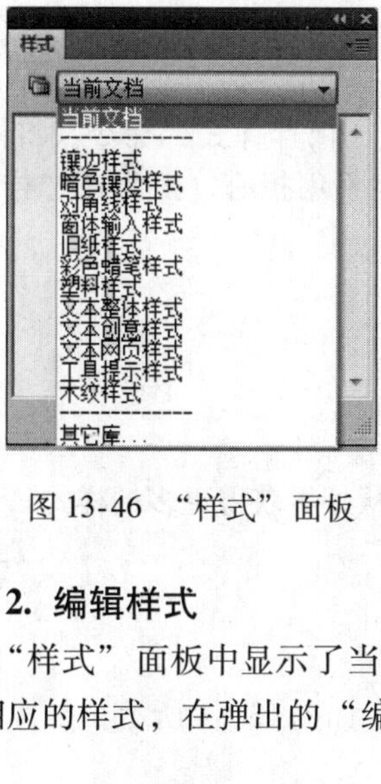

图 13-46　“样式”面板

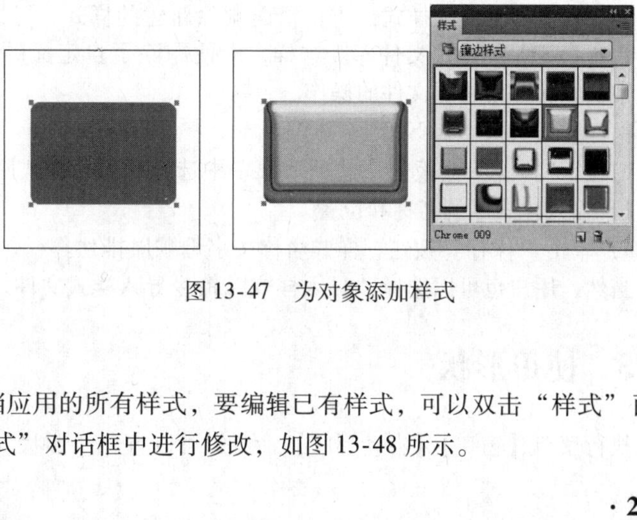

图 13-47　为对象添加样式

2. 编辑样式

“样式”面板中显示了当前文档应用的所有样式，要编辑已有样式，可以双击“样式”面板中相应的样式，在弹出的“编辑样式”对话框中进行修改，如图 13-48 所示。

图 13-48 编辑样式

对于不需要的样式，可以选中要删除的样式，单击“样式”面板右下方的“删除”按钮，即可删除该样式。

13.4.2 自定义样式

在使用 Fireworks 创建和编辑对象时，可以将新对象保存为一种样式，方便用户以后重复使用同一效果。新建样式的方法如下：

1）创建一个文本，对该文本设置笔触、填充以及特效，如图 13-49 所示。

2）选中文本，在“样式”面板的选项弹出菜单选择【新建样式】命令，或单击面板右下角的“新建样式”按钮，即弹出如图 13-50 所示的“新建样式”对话框。

图 13-49 设置文本样式

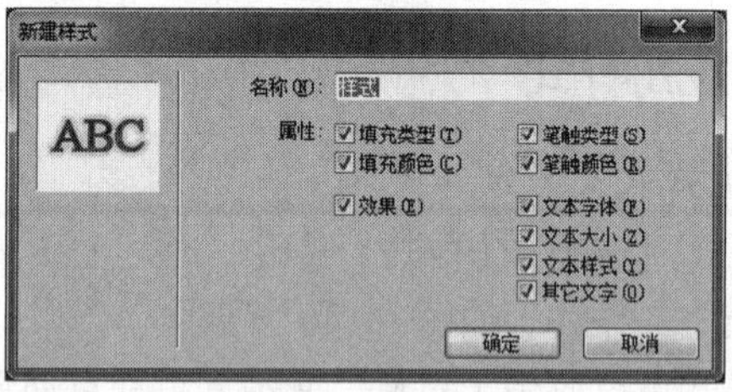

图 13-50 “新建样式”对话框

3）在“新建样式”对话框中为新建样式命名，并设置相应的选项，样式会按照选定的选项添加效果，而没有指定的选项，用户可以自己继续编辑效果。

4）单击“确定”按钮，新建的样式就添加到“样式”面板中。

13.4.3 导入和导出样式

如果要更好地管理样式，防止错误删除新建的样式，可以使用“保存样式”命令，将样式保存为（*.STL）样式文件库。这样，即使删除了自定义的样式也不用担心，因为在“样式”面板中的删除并不是对文件的操作。

保存样式的操作如下：

1）从“样式”面板的“选项”菜单中选择“保存样式库”。

2）输入样式库的名称和位置。

3）单击“保存”按钮，样式名称按字母顺序排列。

当然，用户也可以选择“导入样式”命令导入样式文件，以便从外界获得更多的样式。

13.5 使用形状

执行菜单【窗口】/【自动形状】命令，可以打开“形状”面板，如图 13-51 所示。在其中选择需要的图形并用鼠标拖动到页面中，即可向页面添加相应的图形。

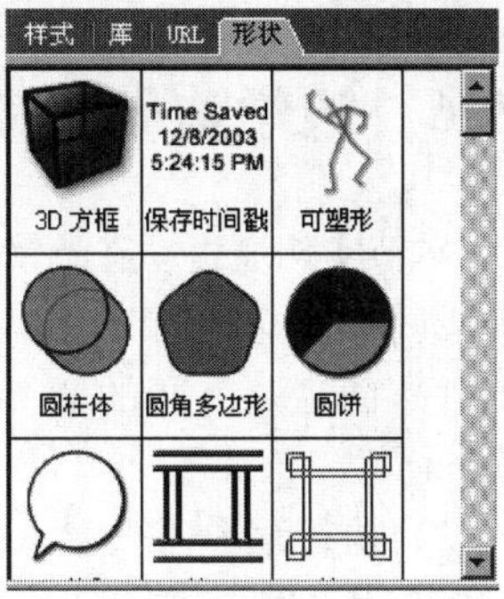

图 13-51　“形状”面板

13.5.1　添加时钟

从“形状”面板中将时钟添加到页面中的操作步骤如下：

1）执行菜单【窗口】/【自动形状】命令，将时钟图形添加到编辑区内，可以看到时钟上有多个黄色菱形控制节点，如图 13-52 所示。

2）用鼠标单击时钟上中间的节点，弹出一个“JavaScript”设置对话框。在该对话框中输入时间，时钟图形上的指针会根据时间排列好位置，如图 13-53 所示。

图 13-52　创建时钟自动形状

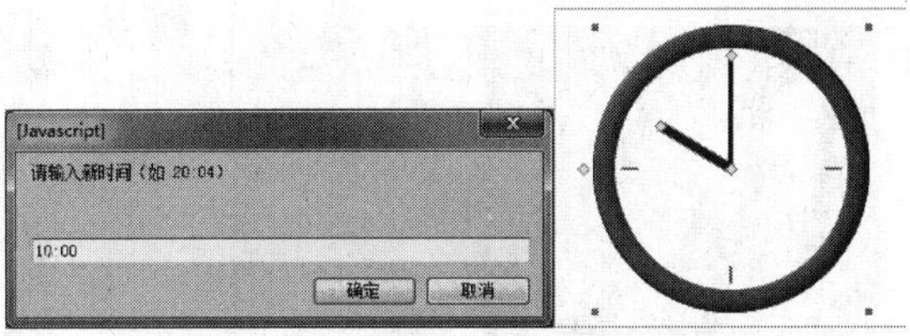

图 13-53　时间设置

3）单击图中的“单击以更改刻度标记”节点，可用于设置表盘上的刻度标记。图 13-54 所示为不同表盘刻度标识效果。

图 13-54　设置表盘刻度

13.5.2　制作其他形状

如图 13-55 所示的各种图形形状，是将由“形状”面板中的“圆柱体”形状直接拖动到画布中，然后对形状中的控制点进行编辑，产生出不同的形状；再应用一定的“样式”，获得特殊的效果。

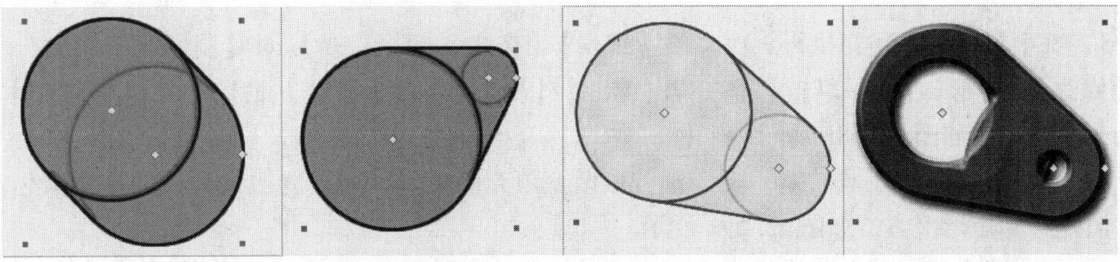
a)　b)　c)　d)

图 13-55　创建并编辑自动形状

13.6 边学边做（制作照片相纸）

本节实例通过动态滤镜功能，结合前面章节所学的知识，设计一个为照片制作特殊的相纸效果。具体操作步骤如下：

1）创建一个新的画布文档，设定大小为400像素×300像素，保存文档为“例5-相纸.png”。

2）执行菜单【文件】/【导入】命令，将一幅照片文件“children.jpg”导入到画布中，如图13-56所示。

3）使用“钢笔”工具沿照片右上角绘制一个灰色三角形路径，并在“图层”面板中将此路径移动到照片下方，如图13-57所示。

图13-56　导入照片

图13-57　绘制三角形路径

4）选中三角形路径，执行菜单【滤镜】/【模糊】/【高斯模糊】命令，模糊范围参数设置为4.3，如图13-58a所示。

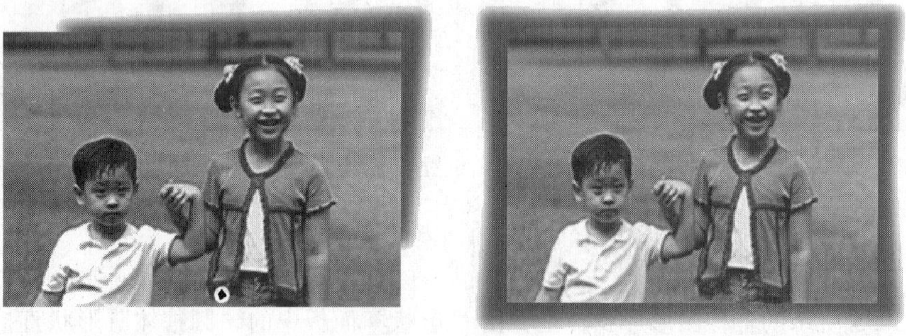

a)　　b)

图13-58　进一步修饰图像

5）选中三角形路径，执行3次菜单【编辑】/【克隆】命令，然后对复制的3个对象分别执行【修改】/【变形】/【水平翻转】命令、【修改】/【变形】/【垂直翻转】命令，并移动到照片的4个角落的位置，如图13-58b所示。

6）使用“矩形”工具绘制一个以圆锥形渐变填充的矩形，并设置边框为1的像素灰色。然后将照片移到矩形上方，如图13-59a所示。

7）同时选中所有对象，执行菜单【修改】/【组合】命令，然后执行菜单【编辑】/【克隆】命令复制组合对象。

8）使用“旋转”工具对复制的对象进行旋转，得到如图13-59b所示的效果。

a)　　b)

图 13-59　移动并旋转照片

9）使用“文本”工具输入文字，并将其旋转到图 13-60所示的位置，至此，照片特殊效果制作完成。

图 13-60　输入文字效果

读者跟随本例实现了为照片设计特殊相纸的操作。在练习中，还可以灵活使用 Fireworks 提供的各种功能，以实现独特的创意效果。例如，应用 Fireworks 提供的创意功能，通过执行菜单【命令】/【创意】/【添加图片框】命令，能够轻松地实现为照片制作相框。图 13-61 所示的是不同图片框的添加效果，读者不妨动手来实现吧。

图 13-61　为照片添加相框

本章小结

本章介绍了 Fireworks 中的蒙版、动态滤镜、样式及形状等特效处理功能。这些功能均是在图形图像处理时经常要使用到的，可以说是必须要掌握的有效手段。通过本章的学习，读者可以灵活使用软件中提供的各种工具，设计和制作出具有特殊效果的图形、文本、图像以及组合对象。本章的重点是蒙版的应用和动态滤镜的应用，难点在于用户应该如何充分利用本章介绍的知识，制作出有创意的、美观的网页元素，为网页页面添加更多的吸引力。

思考与练习

1. Fireworks 中的滤镜效果有哪几种?
2. 请制作如图 13-62 所示的相框效果。
3. 请使用滤镜制作如图 13-63 所示的文字效果。

图 13-62　相框效果

图 13-63　文字效果

第 14 章 动画制作

对一个网站来说，动画是网页中最活跃的元素，可以使网站活泼生动，吸引浏览者的注意力。在 Fireworks 中，可以创建出大量生动的 GIF 动画，包括广告 Banner、Logo、卡通动画图形等。

Fireworks 提供了简单、易用，功能强大的制作网页 GIF 动画的功能，可以使用多种方法创建动画，也可以通过创建元件并不断地改变它们的属性来产生一种运动的感觉，还可以对动画进行精确的调整和优化，以及导入和导出动画文件。本章将全面介绍在 Fireworks 中如何制作出动画，如何导出动画到网页页面等内容。

本章要点：

- 使用状态
- 创建元件和实例
- 编辑元件
- 导出动画

14.1 动画元件与实例

元件就是库中存放的一些对象，它们可以多次被引用到文档中而只调用一个对象。实例就是元件在文档中的具体引用，当元件发生变化时，文档中所有相关实例都会有相应的变化。这样可以提高工作效率，保存文件所占的磁盘空间也比较小。

在 Fireworks 中制作动画，一般创建动画元件是工作流程的开始。动画元件是动画中的主角，它可以是创建或导入的任何对象，并且一个文件中可以有许多元件。

14.1.1 创建元件

在 Fireworks 中，既可以直接创建动画元件，也可以将现有的对象转换为动画元件。

1. 创建动画元件

直接创建动画元件的操作方法如下：

1）执行菜单【编辑】/【插入】/【新建元件】命令，弹出如图 14-1 所示的“转换为元件”对话框。

2）在对话框的“名称”栏内输入新元件的名称，在“类型”栏中选择“动画”选项，单击“确定”按钮。

3）文档窗口切换到“元件”编辑窗口，如图 14-2 所示。使用绘图或“文本”工具创建一个对象，即可绘制矢量对象或位图对象。

4）完成元件创建后，单击文档窗口左上角的“页面 1”标签，切换回页面编辑窗口。Fireworks 将元件放入文档库中，并将一个副本放在页面中，如图 14-3 所示。

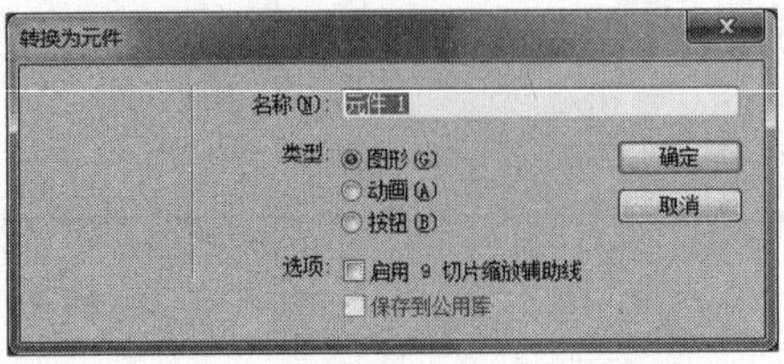

图 14-1　“转换为元件”对话框

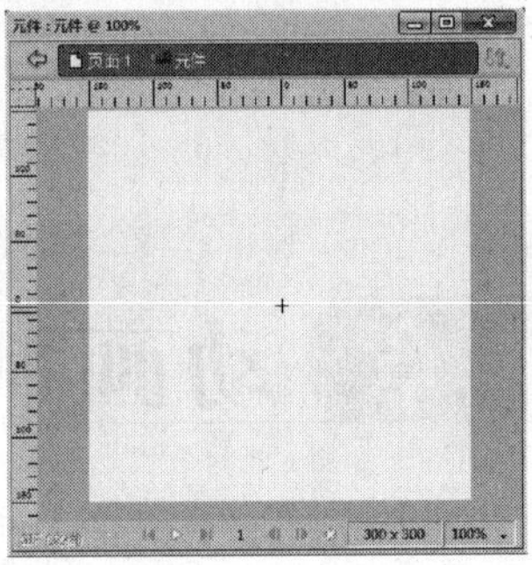

图 14-2　绘制元件窗口

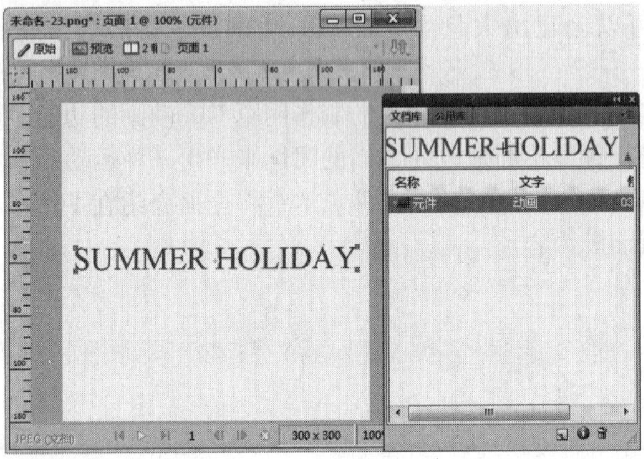

图 14-3　页面及文档库中的元件

2. 将对象转换为“动画”元件

将对象转换为元件的操作方法如下：

1）选择需要转换为元件的对象。

2）执行菜单【修改】/【动画】/【选择动画】命令，弹出“动画”对话框。

3）在对话框中设置动画参数，设置完毕，单击“确定”按钮，即可将对象转换为动画元件。

14.1.2　编辑动画元件

对创建的元件，可以随时进行编辑修改，即更改各种元件属性，如动画不透明度和旋转。

1. 编辑动画元件

动画元件的属性可以使用“动画”对话框或者“属性”面板来查看并更改。动画元件的“属性”面板内容如图 14-4 所示。或者通过执行菜单【修改】/【动画】/【设置】命令，打开“动画”对话框，如图 14-5 所示。通过设置这些属性，可以使元件显示为旋转、加速、淡入/淡出或者是这些动作的任意组合。

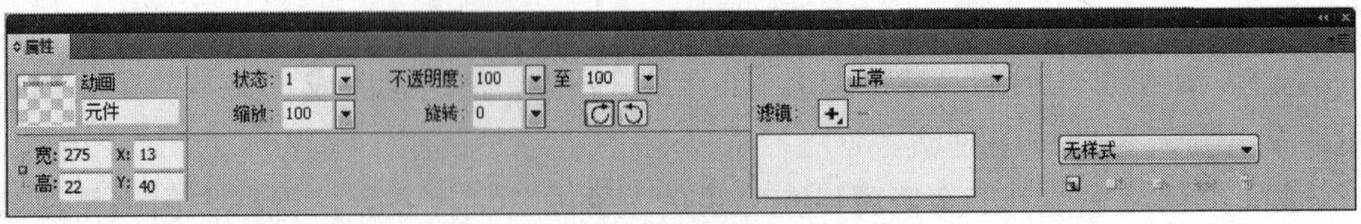

图 14-4　动画元件的“属性”面板

图 14-5 “动画”对话框

1）状态：是动画中包含的状态数。所有动画元件的关键属性是状态数。该属性确定元件分几步来完成动画。通过状态滑块设定的状态数最大为 60，也可以在“状态”文本框中输入任何需要的状态数，大小不限。

2）移动：是指每个对象移动的像素数。此选项只在“动画”对话框中才有。默认值为 0，可以在“移动”文本框中输入任何数值。

3）方向：是指对象移动的方向，单位是度。值的范围为0°～360°。此选项只在“动画”对话框中才有。通过拖动对象的动画手柄也可以更改“移动”和“方向”的值。

4）缩放到：是从开始到完成，动画元件大小变化的百分比。默认值为 100%，可以在“缩放”文本框中输入任何数值。

5）不透明度：是从开始到完成淡入或淡出的度数。值的范围为 0～100%，默认值为 100%。创建淡入或淡出需要相同元件的两个实例，即一个播放淡入，另一个播放淡出。

6）旋转：是从开始到完成元件旋转的数量，单位是度。值的范围为 0°～360°。要想让元件旋转不止一圈，可以输入更高的值。默认值为 0°。

7）顺时针和逆时针：表示对象的旋转方向。

8）编辑：单击“编辑”按钮，即转换到元件的编辑状态。

2. 删除动画

动画实例实际上就是动画效果的实例。用户可以从动画实例上删除动画效果，使其转变为普通的实例。

若要删除所选动画元件中的动画，则可以执行菜单【修改】/【动画】/【删除动画】命令，则元件变成图形元件，不再有动画属性。如图 14-6 所示为“文档库”中删除所选动画元件前后的变化状态。如果以后将元件重新转换为动画元件，则它将保留其先前的动画设置。

提示：

对于刚刚删除动画效果的元件，单击“文档库”面板右下角的“实例属性”按钮，在弹出的“元件属性”对话框中将实例类型重新置为“动画”，即可恢复动画效果。此时保持原来的动画属性设置。

3. 编辑元件图形

在编辑动画元件的过程中，不仅可以更改元件的属性，还可以在元件编辑窗口中更改图形本身。由于元件是库项目，因此更改其中一个实例的外观，所有其他实例也会更改。

双击选中的实例元件对象，或者执行菜单【修改】/【元件】/【编辑元件】命令，即可打开元件编辑窗口，对元件对象进行更改。

4. 编辑元件运动路径

当选择一个动画元件时，它有一个唯一的定界框并附加了一个指示元件移动方向的运动路径。运动路径上的绿点表示起始点，红点表示结束点，蓝点代表状态。

如图 14-7 所示的动画元件中，是一个 5 个状态的动画对象，路径上有 1 个绿点（起始点）、3 个蓝点和 1 个红点（终止点）。对象在路径上的位置表示当前状态，对象出现在第 5 个点上，则第 5 状态就是当前状态。

图 14-6 删除动画效果前后的元件类型对比

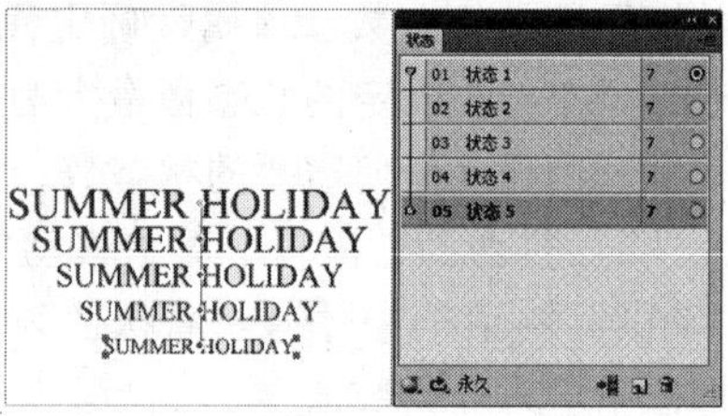

图 14-7 编辑元件运动路径

14.1.3 元件的导入和导出

在当前文档中创建的动画、图形和按钮元件都储存在“文档库”面板中。虽然此面板中的元件是特定于当前文档的，但是通过导入和导出、剪切和粘贴或拖放操作，可以在多个 Fireworks 文档中使用一个库中的元件。

1. 通过“文档库”面板导入元件

执行菜单【窗口】/【文档库】命令，打开“文档库”面板，单击面板右上角的“选项”图标，在菜单中选择“导入元件”命令，弹出“打开”对话框，选中文件并单击“打开”按钮，已导入的元件随即出现在“文档库”面板中，如图 14-8 所示。

2. 通过“文档库”导出元件

从“文档库”面板的“选项”菜单中选择“导出元件”命令，在弹出的“导出元件”对话框（见图 14-9）中选择要导出的元件，然后单击“导出”按钮。导出到文件夹，为该元件文件输入一个名称，然后单击“保存”按钮。Fireworks 将这些元件保存在单个 PNG 文件中。

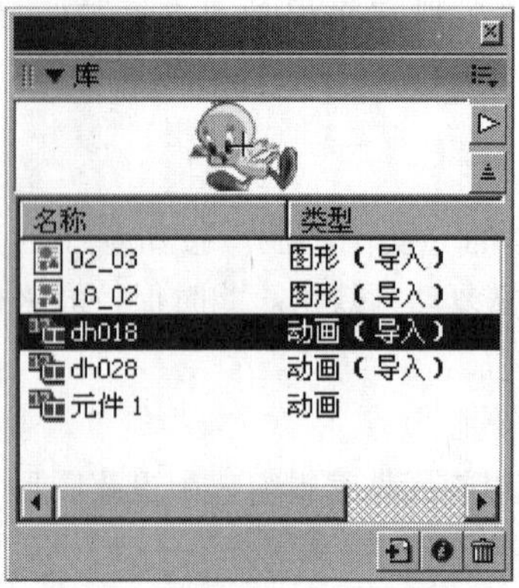

图 14-8 导入元件到文档库

图 14-9 “导出元件”对话框

3. 通过操作实例导入或导出元件

用户可以通过拖放或复制和粘贴操作导入元件，操作方法如下：将元件实例从包含该元件的文档拖到目标文档中。或者在包含该元件的文档中复制一个元件实例，然后将其粘贴到目标文档中。该元件被导入到目标文档的“文档库”面板中，同时保留与原始文档中的元件的关系。

14.2　状态的应用

14.2.1　状态和层

页面包含状态，状态包含层。一个新页面仅包含一个状态。创建的所有层和那些层上的所有对象只有一个状态。图 14-10 所示为状态和层之间的关系示意。

动画实际上是由状态组成的，要编辑复杂的动画效果，就需要编辑动画的状态。执行菜单【窗口】/【状态】命令，即可打开如图 14-11 所示的"状态"面板。使用"状态"面板可以创建和组织状态，可以设置动画的速度，还可以把对象从某一状态移动到其他状态。

如图 14-12 所示，从"图层"面板和"状态"面板可以看出，"状态 1"中包含"层 1"和"层 2"，其中"层 2"共享到其他两个状态，其中的三角形"L3"在"状态 2"和"状态 3"中具有相同状态和属性。

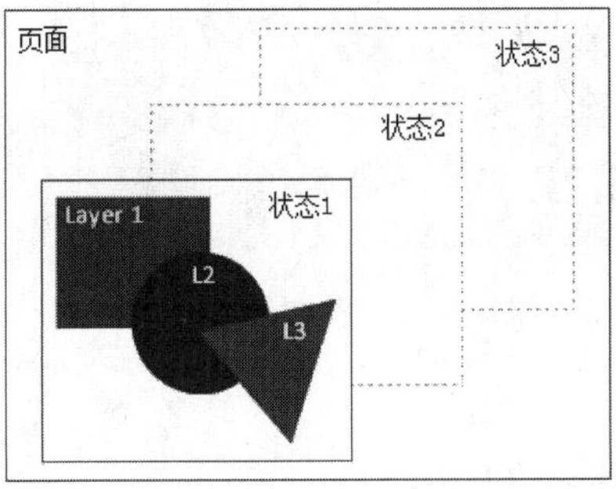

图 14-10　状态和层的关系

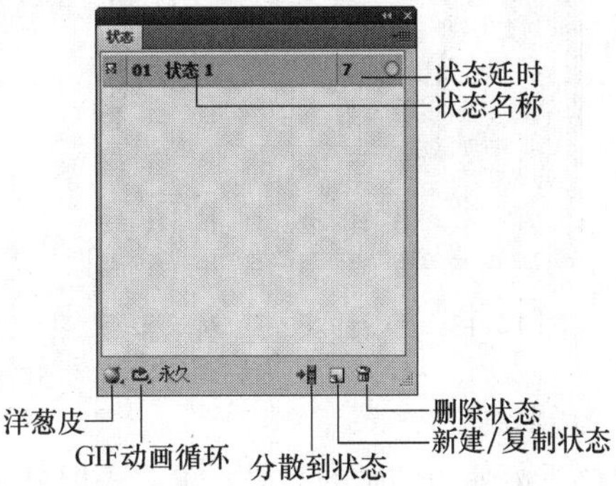

图 14-11　"状态"面板

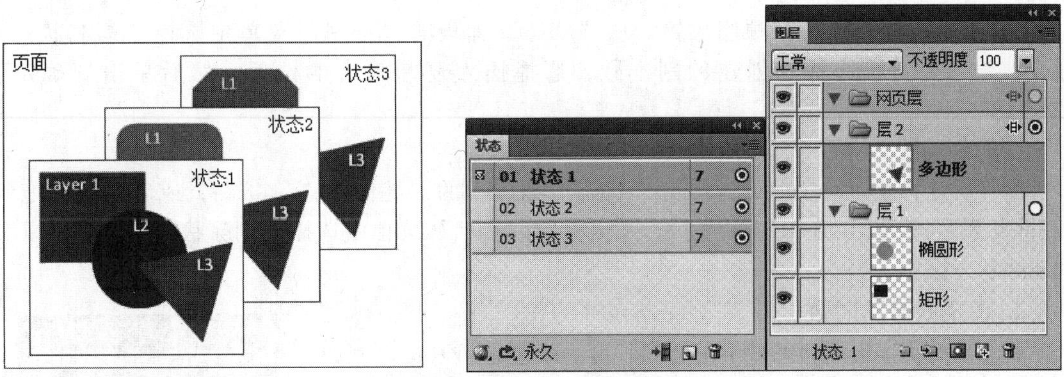

图 14-12　状态和层中对象的隶属关系

14.2.2　状态的基本操作

1. 添加、移动、复制和删除状态

用户可以在"状态"面板中添加、移动复制和删除状态。

（1）添加状态

1）单击"状态"面板底部的"新建/复制状态"按钮，即可在动画最后添加一个新的状态。

新添加的状态除了画布颜色与第1状态相同外，其余都是空白。

2）在指定的位置添加多状态。从“状态”面板的“选项”菜单中选择“添加状态”命令，弹出“添加状态”对话框，如图14-13所示。输入要添加的状态的数目，并选择要插入状态的4种位置（在开始、在当前状态之前、在当前状态之后、在结尾），然后单击“确定”按钮。

（2）移动状态

状态在“状态”面板上的排列顺序决定了状态的播放顺序。如果要改变状态的播放顺序，则只需在“状态”面板上移动该状态。在“状态”面板上选中需要移动的状态（按住“Shift”键可选中多状态），将其拖动到适合的位置松开鼠标，即可实现移动状态，如图14-14所示。移动后，所有状态重新命名排序。

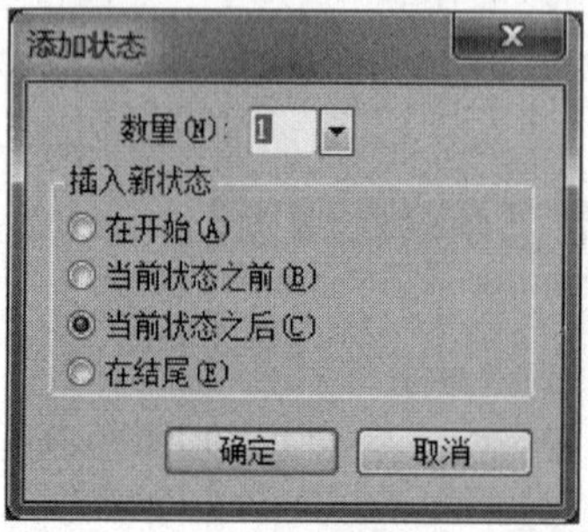

图14-13　“添加状态”对话框

图14-14　移动状态

（3）复制状态

如果要重复使用动画的某段，可以采用复制对应状态的方法。

1）创建状态的副本。将一个现有状态拖到“状态”面板底部的“新建/复制状态”按钮上。

2）复制所选状态并按顺序放置。从“状态”面板的“选项”菜单中选择“复制状态”命令，输入要为所选状态创建的副本数，选择插入复制状态的位置，然后单击“确定”按钮。

（4）删除状态

删除所选状态的操作如下：单击“状态”面板中的“删除状态”按钮，或者将状态拖到“删除状态”按钮上。还可以从“状态”面板的“选项”菜单中选择“删除状态”命令，以实现删除状态操作。

2. 设定状态延时数

状态延时决定当前状态显示的时间长度。单位是1/100s。例如，如果设置为50，则状态显示0.5s；设置为300，则状态显示3s。

设置状态延时值的操作如下：

1）选择一个或多个状态，按住“Shift”键或“Ctrl”键可以选择相邻或不相邻的多个状态。

2）双击状态延时栏，弹出“状态延时”窗口，如图14-15所示。

3）为状态延时输入一个值。

4）按“Enter”键或在面板外单击，以关闭弹出窗口，则选中状

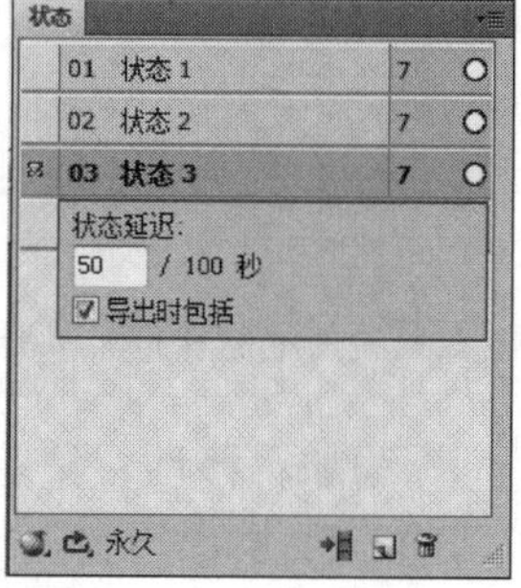

图14-15　状态延时窗口

态的延时数更新为如图 14-15 所示的值。

3. 显示/隐藏状态

用户可以显示或隐藏要播放的状态。如果状态是隐藏的，则它在播放时不显示出来并且不导出。

隐藏状态的方法如下：

1）从“状态”面板的“选项”菜单中选择“属性”，或者直接双击状态延时列。

2）弹出“状态延时”窗口，取消选择“导出时包括”复选框。

3）按“Enter”键或在“状态延时”弹出窗口外单击关闭窗口。此时，状态延时栏显示一个红色的“×”代替状态延时时间，如图 14-16 所示。

若希望恢复显示状态，则重新选中“导出时包括”复选框即可。

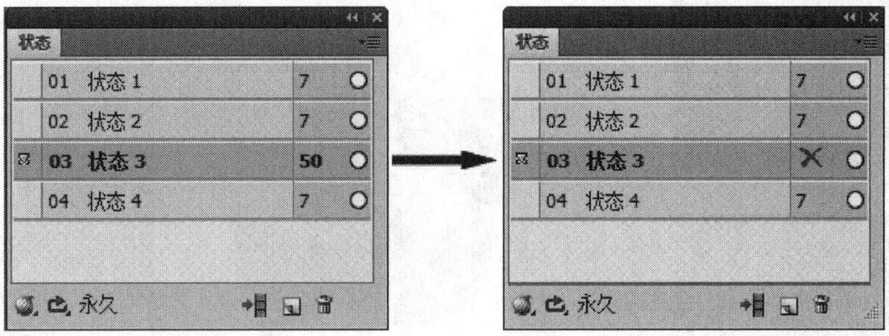

图 14-16 隐藏状态效果

4. 重命名状态

Fireworks 自动为所创建的状态命名为“状态 1”、“状态 2”、…、依此类推。若希望重命名状态，以便于引用和跟踪它们。在“状态”面板中，双击状态的名称，在弹出文本框中，输入一个新名称，然后按“Enter”键即可。

14.2.3 在状态中编辑对象

1. 在“状态”面板中移动对象

动画中各状态之间是独立的关系，编辑某状态不会影响其他状态效果。但要将状态对象在动画中的不同位置出现或消失时，可以使用“状态”面板将对象移动到另一个状态。

在“状态”面板中，状态延迟时间右侧的小圆圈表示该状态中的对象状态。将所选对象移动到另一个状态的操作如下：

1）在画布上，选择要显示在另一个状态上的对象。

2）在“状态”面板中，将选取指示器（状态延迟时间右侧的黑色小圆圈）拖到新的状态上。

2. 在状态间共享层

在动画中，可以使用层来组织作为动画背景一部分的对象。如果希望对象在整个动画中的每一状态都出现，则可将它们放置在某一层上，然后使用“图层”面板在状态间共享该层。这样，就可以编辑在任何状态的被共享层中的对象，对对象的编辑会影响所有其他状态。

如图 14-17 所示的是这样一幅动画：背景内容不变，文字设定为 5 状态动画效果，图 14-17a 为第 1 状态，图 14-17b 为最后一状态效果。

实现在状态间共享层的操作方法如下：首先将背景单独放入一层，然后单击“图层”面板的“选项”菜单，在弹出的菜单中选择“将层共享到状态”命令，即可使背景在每一状态中可见。

提示：

若要在状态之间共享层中的对象，也可以用鼠标右键单击该层，然后选择“在状态中共享层”。层中的对象已在状态间共享，新建层时，将同样与其共享。其他状态中相应层的所有对象都将删除，并使用共享层中的对象进行替换。对共享层中的对象所做的任何修改都会在状态间反映。

3. 洋葱皮

洋葱皮是一种技术，用来查看位于所选状态之前和之后的内容。用户可以很流畅地使对象变为动画，而不用在对象中来回跳跃。

打开洋葱皮时，前后状态中的对象将变暗，以便将它们与当前状态中的对象区分开，如图 14-18 所示。

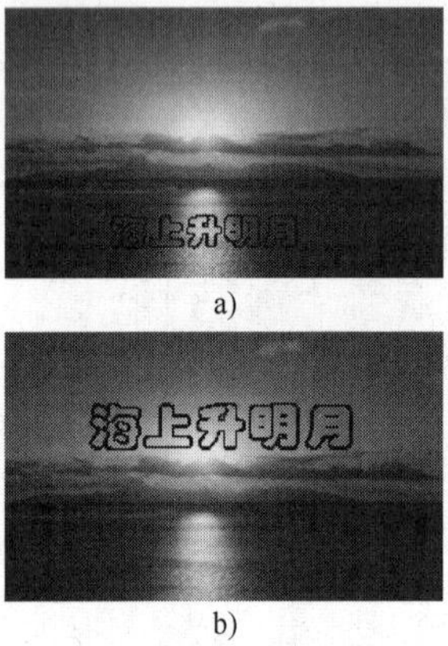

图 14-17 背景层共享到各状态

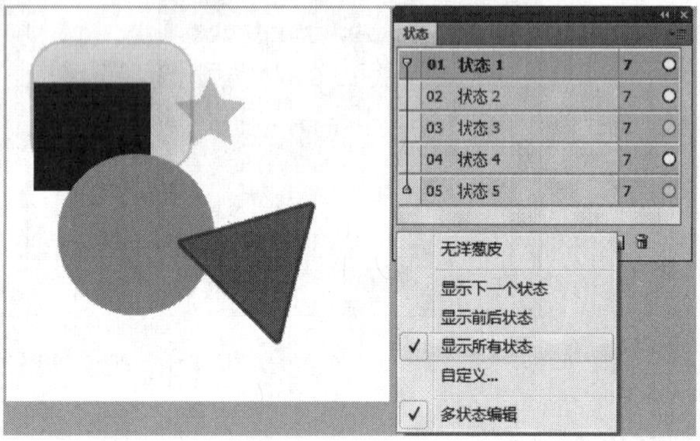

图 14-18 打开“洋葱皮”

通过单击“洋葱皮”按钮并选择一个显示选项，可以调整当前状态之前和之后的可见状态的数目。

- 显示下一状态：显示当前状态和下一状态的内容。
- 显示前后状态：显示当前状态和与当前状态相邻的状态的内容。
- 自定义：用于指定状态数并控制不透明度。选择该选项，会弹出如图 14-19 所示的“洋葱皮”对话框。在对话框中设置当前状态之前和之后显示的状态数目以及显示时的不透明度。
- 多状态编辑：用来选择和编辑所有的可见对象。当洋葱皮被打开时，该状态处于启用状态，将多状态的图像在同一个编辑窗口中显示，但透明度不同，便于区分当前状态和其他状态的内容，如图 14-20 所示。取消选中该选项，将仅在当前页面中进行编辑。

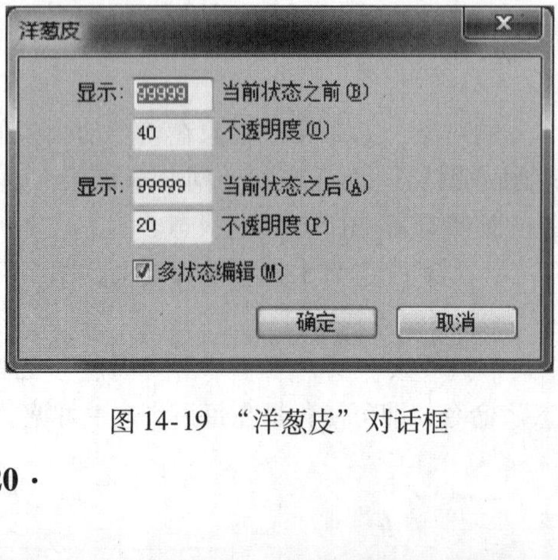

图 14-19 “洋葱皮”对话框

图 14-20 预览洋葱皮效果

4. 动画播放

当动画中的每个状态都制作完成时，可以通过单击 VCR 状态栏中的“播放”按钮，进行动画的播放，如图 14-21 所示。“状态”面板中的循环设置决定动画将重复播放几次。单击“循环”按钮，在弹出的菜单中选择要使动画在第一次播放后重复回放的次数，如图 14-22 所示。

图 14-21　VCR 控制器

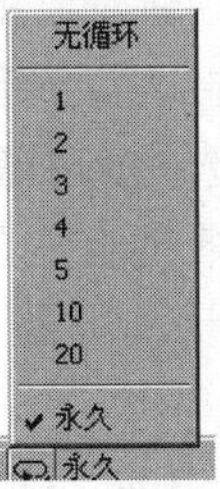

图 14-22　设置循环播放次数

14.3　创建螺旋式渐隐动画

使用“螺旋式渐隐”命令创建螺旋式渐隐动画，可以实现画布中一个对象沿着一个扭转的路径淡入和淡出效果。其实现方法如下：

1）在画布上创建或放置一个对象（如在画布上绘制一个圆形或放置一个图像）。

2）执行菜单【命令】/【创意】/【螺旋式渐隐】命令，会弹出“螺旋式渐隐”对话框，如图 14-23所示。

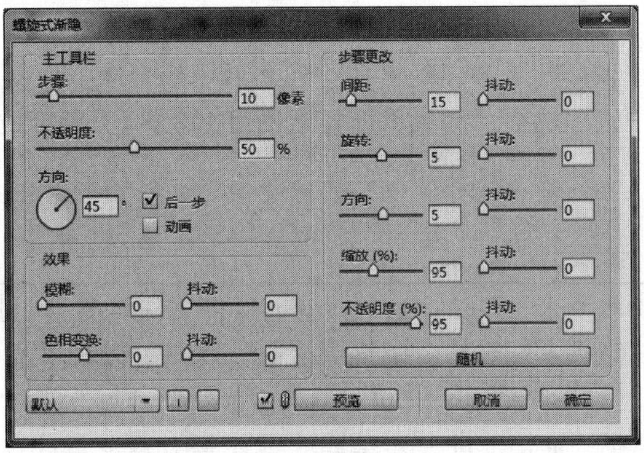

图 14-23　“螺旋式渐隐”对话框

在对话框中可以配置参数如下。

- 步骤：创建的对象的实例数目。
- 不透明度：创建的对象的不透明度。
- 方向：创建的连续对象的方向（相对于第一个对象）。
- 后一步：每个对象都移到集合中下一对象的后面。
- 动画：如果希望对创建的对象集设置动画，则选择该选项。
- 模糊：如果增加此字段中的值，则将应用模糊效果，从创建的最后一个对象开始到第一个对象。
- 色相变换：更改该值，可更改所创建对象的颜色。

- 间距：增加该值，可增大所创建对象之间的间距。
- 旋转：旋转连续对象的范围。
- 方向：后面对象与第一个对象对齐的角度。
- 缩放：后面对象相对于第一个对象的可伸缩性。
- 不透明度：后面对象相对于第一个对象的不透明度。
- 随机：如果想试验由系统选择的一组随机值，则单击“随机”按钮。
- 抖动：向所选的选项添加一些变化。设置的值确定变化的量。
- 预览：选择最适合需要的预设。最好从预设开始，然后根据需要配置各种选项。还可以选择“默认”以使用默认的首选项集，或选择“上次使用”以使用以前的首选项集。

3）单击对话框中的“确定”按钮，即可实现对象的动画效果。图14-24所示为不同随机显示的动画效果。

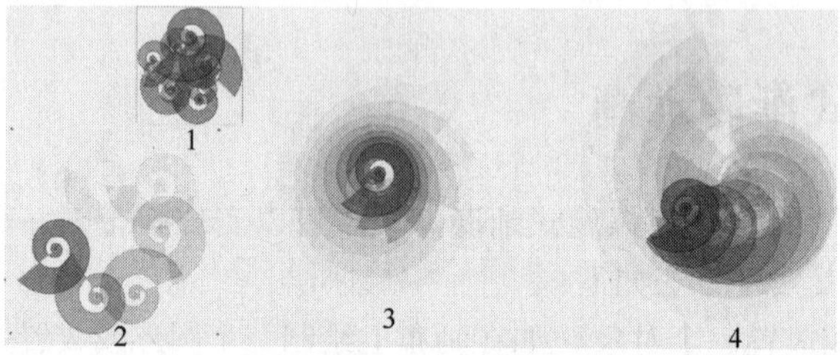

图14-24　螺旋式渐隐效果

提示：

如果选择“动画”选项，则单击“确定”按钮之后图形会从工作区中消失；在“属性”对话框中，从“格式”选项菜单选择“动画GIF接近网页128色”，保存成GIF动画。

14.4　导出动画

当设置并设计完组成动画的元件和状态后，就可以将文件导出为动画了。在导出文件之前，需要进行一些设置使动画的载入更容易、播放更流畅。用户可以设置播放设置（如循环和透明度），然后使用优化处理使导出文件更小和更容易下载。

如果打算将动画导入到Flash中进一步编辑，就不需要将它导出，因为Flash可直接导入PNG源文件。

无论在制作过程中预览动画效果，还是制作完成后输出动画，都必须保证该设置的完成，这样才能观看动画效果，否则，输出的只是某个状态的内容，画面是静止的。使用“导出向导”命令可以方便地设置动画输出，具体操作如下：

1）执行菜单【文件】/【导出向导】命令，弹出如图14-25所示的“导出向导”对话框，单击“选择导出格式”按钮，然后单击“继续”按钮。

2）在出现的“导出向导”对话框中选择导出文档格式，如“网站”，如图14-26所示，然后单击“继续”按钮。

3）弹出如图14-27所示的“分析结果”对话框，显示Fireworks分析结果。然后再单击“退出”按钮。

4）随即出现“图像预览”对话框中，对导出的图像进行优化设置，如图14-28所示。优化动画可以在保持动画质量基本不变的情况下，降低文件的大小。其中主要参数如下。

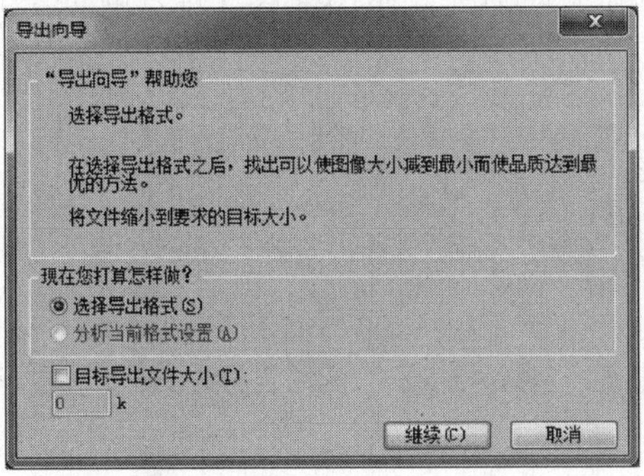

图 14-25 “导出向导”对话框（一）

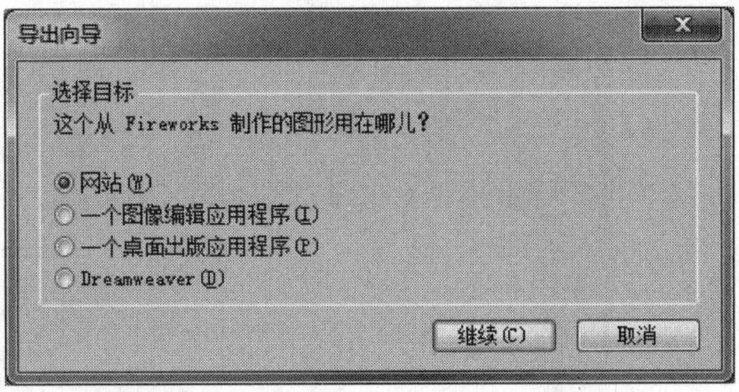

图 14-26 “导出向导”对话框（二）

● 颜色：颜色种类越少，文件越小。
● 失真：设置压缩损失，值越大，文件越小。
● 抖动：设置抖动值，此项设置对文件的大小没有影响。

在图 14-28 中就各种预置输出做了对比，在文件窗口中打开了 4 幅选项卡，在各个窗口中选择不同输出方式，看看动画质量和文件大小的影响。如果对某一个设置比较满意，则单击“保存当前设置”按钮+，将设置保存起来。

5）设置完成后，单击“导出”按钮，导出到文件夹，并为该文件输入一个名称，即可完成对动画的优化输出过程。

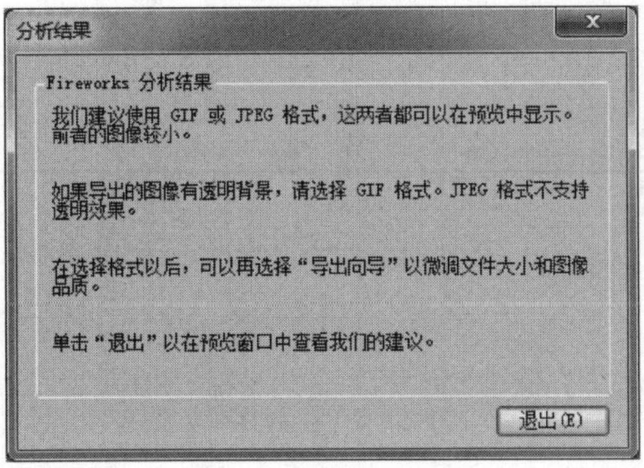

图 14-27 “分析结果”对话框

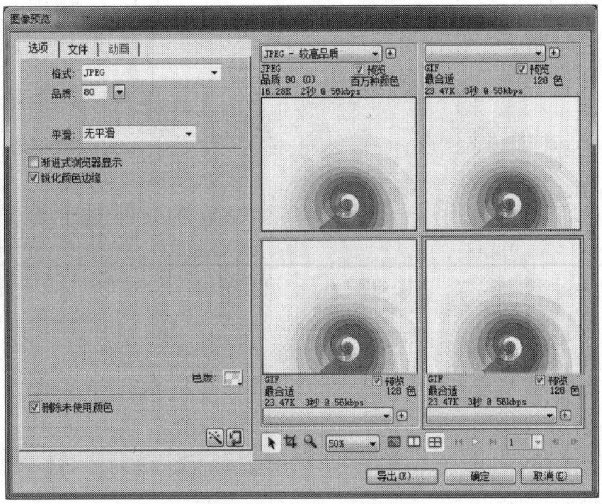

图 14-28 “图像预览”对话框

14.5 边学边做（制作网页标题动画）

本节将描述一个网页标题动画在 Fireworks 中的创作过程。通过本实例的介绍，读者可以详细体会使用 Fireworks 完成动画制作的基本过程。本例主要应用包括“文本”工具、状态基本操作和元件制作等。具体操作步骤如下：

1）执行菜单【文件】/【新建】命令，打开“新建文档”对话框，设置画布大小为 600 像素×150 像素，白色背景，保存文档为“例 1- 标题动画 . PNG”。

2）导入一幅背景图片作为标题动画背景，在“属性”面板中，将图片尺寸符合画布大小，设置不透明度为“30%”，如图 14-29 所示。

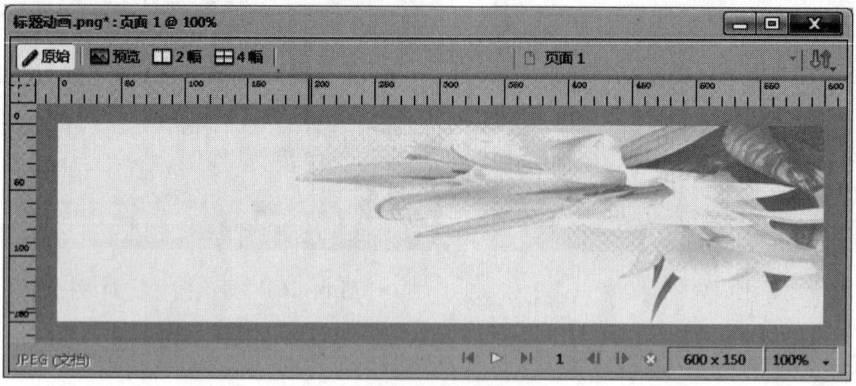

图 14-29 设置背景图片

3）打开“状态”面板和“图层”面板，查看当前的内容。在“图层”面板中，使用鼠标右键单击“层 1”，在弹出的菜单中选择“在状态中共享层”命令，将背景图片共享到后续的所有状态中。

4）单击“图层”面板底部的“新建/重置层”按钮，新建“层 2”。选择工具箱中的“文本”工具，在画布中单击进入文字编辑状态，输入“春天的百合”，将文本移动到画布的左上角位置，此时的“状态”面板和“图层”面板内容如图 14-30 所示。

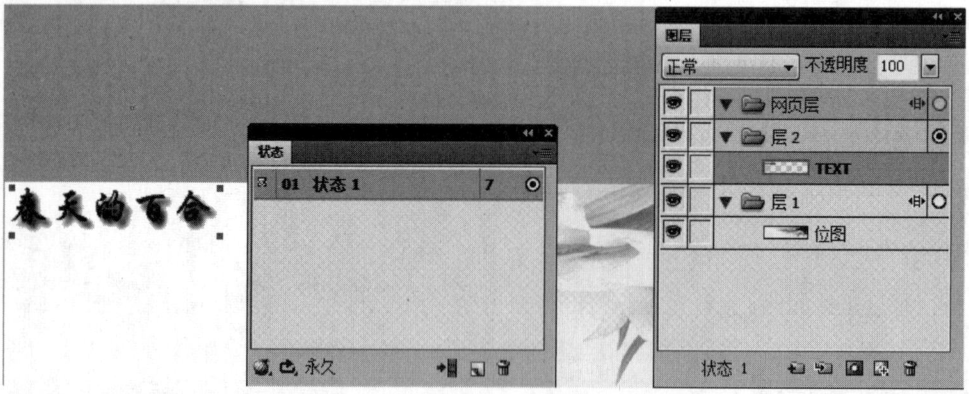

图 14-30 “状态”面板和“图层”面板

5）在“属性”面板中设定颜色为红色（#cc0033）、30 号华文行楷，并设置动态滤镜为【效果】/【阴影和光晕】/【投影】效果。

6）文字选中状态下，按“F8”键，弹出“转换为元件”对话框，设置名称为“TEXT”，类型为“动画”，如图 14-31 所示，单击“确定”按钮。

7）在随后弹出的“动画”对话框中设置参数，如图 14-32 所示，单击“确定”按钮，弹出“Fireworks”提示框，提示自动添加新的状态，动画被创建。

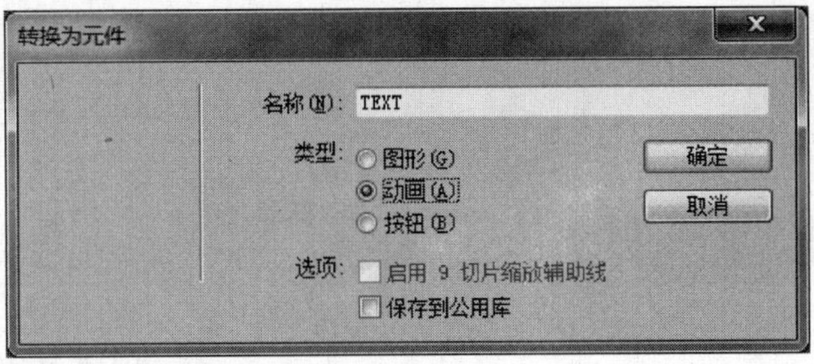

图 14-31　“转换为元件”对话框

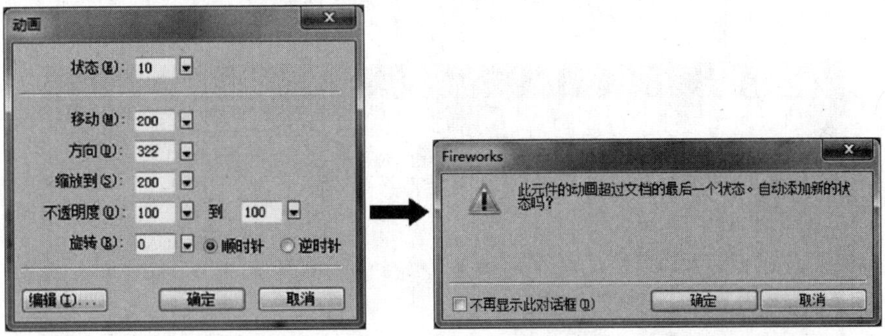

图 14-32　设置“动画”对话框

8）此时文本对象已经具有动画效果，从如图 14-33 所示的编辑窗口中可以看出，文本路径具有 10 个状态，进一步调整结束状态文本的位置和大小，使文本最终显示的位置位于画布中心区域，形成醒目标题效果。

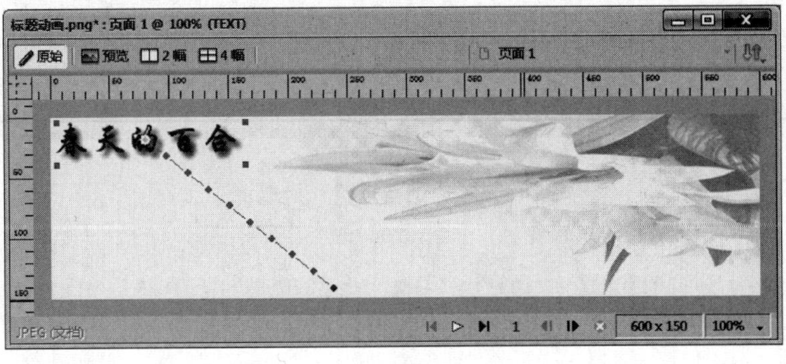

图 14-33　创建动画

9）在“状态”面板中，按住“Shift”键辅助选中第 1 ~ 10 的所有状态，双击第 1 状态“状态延时”数值，将数值设置为“10”，即 0.1s 延时。然后单击面板底部的“循环”按钮，将动画设置为“无循环”。此时，画布和“状态”面板内容如图 14-34 所示。

10）执行菜单【文件】/【图像预览】命令，或按“Ctrl + Shift + X”组合键，弹出“图像预览”对话框，如图 14-35 所示。单击窗口底部的“播放”按钮观看完整的动画效果。单击“确定”按钮，完成图像预览。按“F12”键，可以在浏览器窗口中浏览动画效果。

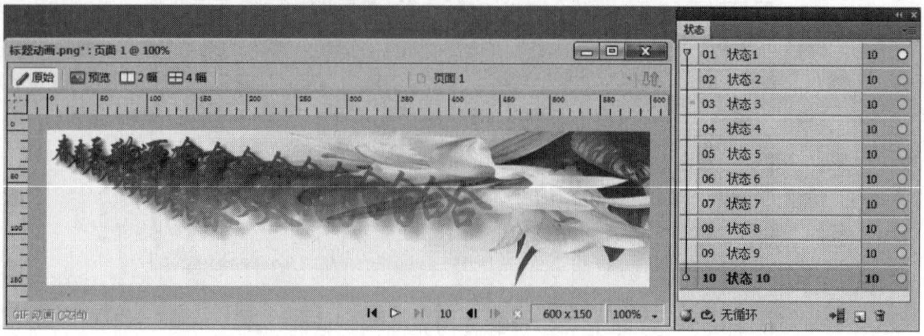

图 14-34 画布和“状态”面板

图 14-35 “图像预览”对话框

本章小结

本章介绍了 Adobe Fireworks CS5 中最具有吸引力的项目——动画。它主要包括状态、动画元件的基本操作和制作、编辑动画的各种方法。本章的重点知识是状态的应用，难点在于状态与层的结合应用。通过本章的学习，读者应能够灵活掌握“状态”面板的使用，制作出丰富的动画实例效果。

思考与练习

1. 动画的基本原理是什么？网页中的基本动画格式为哪一种？
2. 制作状态动画的基本步骤是什么？

3. 制作如图 14-36 所示的飞舞的蝴蝶。

图 14-36　飞舞的蝴蝶

第 15 章 Web 对象的创建与编辑

Fireworks 是专业网页开发用图像处理软件，它具有丰富的网页图像的处理能力，包括在图片上制作交互性网页元素，并直接生成 HTML 代码文件，可方便地将创建的网页元素导出并应用到由 Dreamweaver 制作的网页中。本章将详细介绍使用 Fireworks 制作网页元素的各种方法，包括切片、热点、按钮和行为等相关知识。

本章要点：

- 使用切片
- 热点与图像映射
- 制作按钮和导航条
- 行为的应用

15.1 切片

切片是用于在 Fireworks 中创建交互效果的基本单元，它是以 HTML 代码形式存在的网页对象。用户可以通过“图层”面板中的“网页层”查看、选择和重命名它们。

切片将 Fireworks 文档分割成多个较小的部分，并将每部分导出为单独的文件。导出时，Fireworks 会创建一个包含表格代码的 HTML 文件，以便在浏览器中重新组合图形。

为图像创建切片具有以下 3 个方面的优点。

（1）优化图像

针对 GIF 和 JPEG 图像不同格式的特点，选择合适的图像类型可以达到最佳的优化效果，在确保图像快速下载的同时保证质量。使用切片优化图像可以获得最快的下载速度。

（2）增加交互性

和热点（将在第 15.2 节中介绍）一样，可以利用切片加强网页的交互性，使用切片来创建响应鼠标事件的区域。例如：当鼠标指针移动到某个区域时，该区域图像会变换效果。还可以使用切片技术创建交互效果，如按钮、导航条等。

（3）易于更新

切片可以轻松地更新网页中经常更改的部分。在需要频繁变化的地方或者根据具体需要显示不同图像的地方，这一点对于提高网页效率很有效。

15.1.1 创建切片

使用“切片”工具绘制切片对象，或者基于所选对象插入切片。切片将一个文档分割成多个部分，它们都以单独文件的形式导出，如图 15-1 所示。

在图像上创建切片有以下两种方法。

1. 创建矩形切片

使用工具箱 Web 栏的切片工具按钮组，如图 15-2 所示。

选择“切片”工具，用鼠标在对象区域拖动绘制切片，从切片对象延伸的线是切片引导线，它确定导出时将文档拆分成的单独图像文件的边界。在默认情况下，这些引导线为红色。

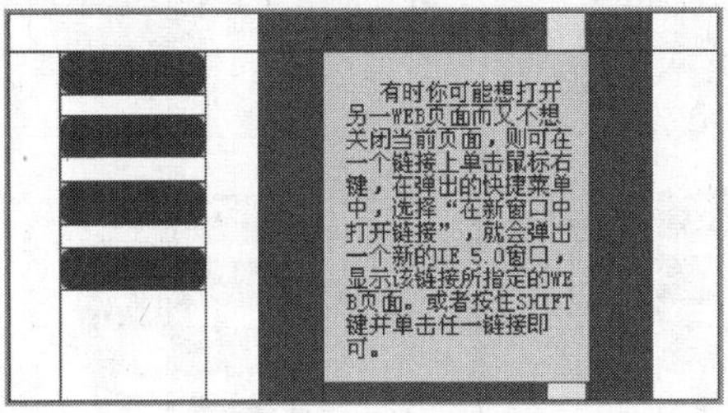

图 15-1　文档中的切片效果

图 15-2　切片工具

2. 创建非矩形切片

使用“多边形切片”工具创建非矩形切片。在尝试将交互性附加到非矩形图像时，非矩形切片非常有用。创建非矩形切片的操作如下：

1）选择“多边形切片”工具。

2）单击鼠标形成多边形的矢量点。

3）要停止使用“多边形切片”工具，则从工具箱中选择另一个工具即可。

提示：

1）虽然 Fireworks 中的切片可以是任意形状，但在导出时，所有切片都以矩形形状导出。

2）多边形切片将 HTML 表格与图像映射组合在一起，与相似的矩形切片相比需要更多的代码。使用许多多边形切片可能会增加在 Web 浏览器中的处理时间。

3. 根据对象创建切片

基于所选对象插入矩形切片的方法如下：

执行菜单【编辑】/【插入】/【矩形切片】命令，该切片是一个矩形，它的区域包括所选对象最外面的边缘。对选中的多个对象创建切片时，会弹出确认应用切片的方式：“单一”或“多重”切片。创建好的切片在文档窗口中显示的效果如图 15-3 所示。

15.1.2 切片操作

在 Fireworks 中可以处理切片布局，就像在文字处理程序中处理表格一样。当拖动切片引导线以调整切片大小时，Fireworks 将自动调整所有相邻的矩形切片的大小。另外，可以使用“属性”面板来调整切片大小以及将切片变形，就像对待矢量对象和位图对象一样。

1. 显示 隐藏切片

隐藏一个切片时可使该切片在 Fireworks PNG 文件中不可见。

由于切片是网页对象，因此它们在“图层”面板中的“网页层”下面列出，在此处可以打开或关闭所选切片的可见性，即通过单击“眼睛”图标来控制。

用户也可以通过工具箱控制切片的可见性（）。隐藏一个切片对象时并不会阻止将该切片导出到 HTML。

2. 移动切片引导线以编辑切片

调整切片的具体操作方法如下：

1）将“指针”或“部分选定”工具放在切片引导线上，当鼠标指针变为移动指针形状✥。

2）将切片引导线拖动到所需位置。切片大小即被调整，并且所有相邻切片也自动调整大小。

切片引导线定义切片的大小和位置。通过拖动矩形切片引导线，可以更改切片形状，如图 15-4 所示。

如果多个切片对象沿单个切片引导线对齐，则可以拖动该切片引导线来同时调整全部切片对象的大小，如图 15-5 所示。

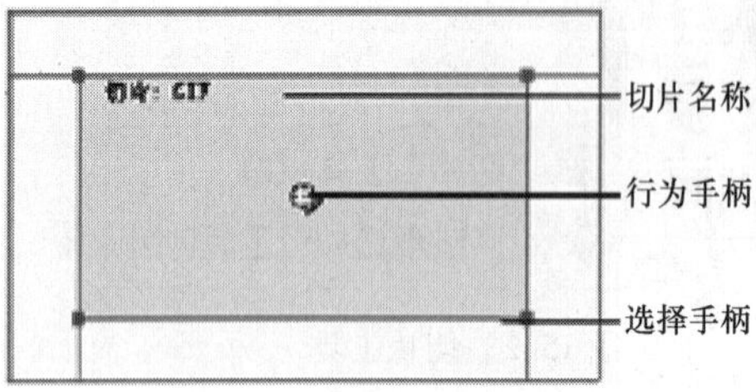

图 15-3　切片效果

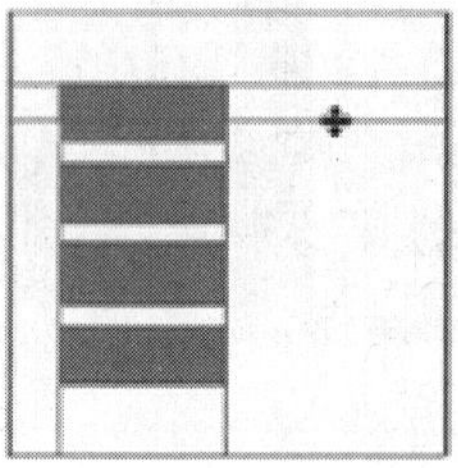

图 15-4　移动切片引导线

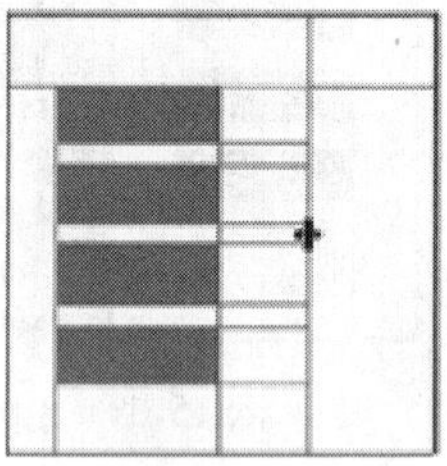

图 15-5　同时调整多个切片大小

3. 使用工具编辑切片对象

用户可以使用“指针”、“部分选定”和“变形”工具编辑所选切片的形状，操作方法很简单：选择一种编辑工具，然后拖动切片区域的角修改其形状或倾斜、扭曲切片。这与对象的编辑操作是相同的。

15.1.3　交互切片

拖放变换图像方法是创建变换图像和交换图像效果的快速而有效的方法。拖放变换图像方法可以使指针经过切片时该切片发生变化，最终结果是通常称为变换图像的图形。

创建一个交互切片实例的操作步骤如下：

1）新建一个文档，并保存文档为“例 1-交互切片 . png”。

2）在画布中导入两幅图片，分别放在“状态 1”和“状态 2”中，并在“属性”面板中设置其大小一致，在“图层”面板和“状态”面板中可以看到位图的位置关系，如图 15-6 所示。

3）在工具箱中选择“矩形切片”工具，在画布中创建一个与图片大小和位置一致的切片区域，如图 15-7 所示。

4）使用鼠标左键拖动切片的行为手柄，如图 15-8a 所示，松开手柄则弹出如图 15-8b 所示的对话框，显示交换图像来自“状态 2”，单击“确定”按钮。

5）将画布窗口切换到“预览视图”模式，预览交互切片的动画效果，可以看到当鼠标滑过图片时，“孔雀”图片切换为“企鹅”图片；当离开图片时，恢复为原图片的交互效果。

15.1.4　切片导出

一旦切片创建任务完成之后，就可以进行切片导出工作了。

1. 导出设置

用户可以通过从“属性”面板或是“优化”面板中的“切片导出设置”选项中选择一个选项来优化切片，如图 15-9 所示。用户可以从普通导出设置中进行选择，以快速设置文件格式并应用几种特定于格式的设置。

图 15-6　导入图片

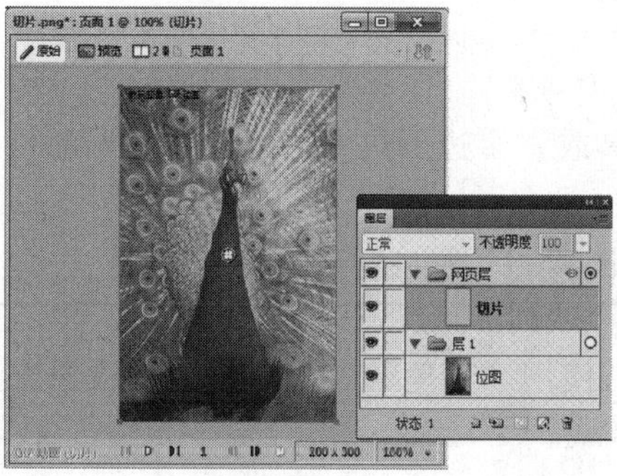

图 15-7　创建切片

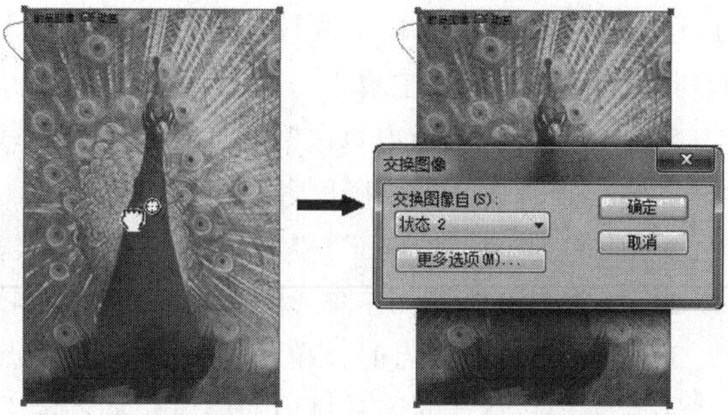

a)　b)

图 15-8　创建交换图像

a) 在“属性”面板中设置　b) 在“优化”面板中设置

图 15-9　切片导出设置

2. 为切片命名

切片是将图像分割成多个部分，每个部分都导出为单独的文件，因此每个文件都必须有一个名称。默认情况下，Fireworks 会为切片自动命名，用户可以在“属性”面板中的“切片”栏内输入切片名称，按“Enter”键确认。

3. 导出切片

执行菜单【文件】/【导出】命令，或者执行菜单【文件】/【导出预览】命令，继续完成导出过程即可。

15.2　热点和图像映射

在网页中不仅文本具有超链接，往往图片也可以实现超链接，即可以使用热点来使较大图形中的各个小部分产生交互，并将网页图形的区域链接到 URL。换句话说，可以将一幅图像中的不同区域链接到不同的网页。这种情况可以使用图像映射技术来处理。

图像的映射实际上是网页上一张或一组被定义了区域的图片，被定义的图片称为热点。图 15-10所示为包含热点的图像映射。当在浏览器中浏览图像映射时，鼠标指针移动到热点上就变成了一只小手，单击鼠标后网页转到新的 URL。

在 Fireworks 中，可以直接在图像上绘制热点，并给热点指定相应的 URL 链接。有关信息将被保存在 PNG 文档中。在输出 Web 页的时候，代码被同时输出，而且可以在 HTML 编辑器中进行编辑。

15.2.1　创建热点

创建热点的方法有以下两种。

1. 使用热点绘制工具

用户可以使用“矩形热点”工具、“圆形热点”工具或“多边形热点”工具在图形的目标区域周围绘制热点。具体操作方法如下：

1）从工具箱的“Web”栏中选择一种热点工具，如图 15-11 所示。

2）拖动热点工具，在图形的某个区域上绘制矩形热点或圆形热点。

3）绘制多边形热点时，单击鼠标放置矢量点，这与使用“钢笔”工具绘制直线线段很类似。不管路径是断开的还是封闭的，填充都将定义热点区域。

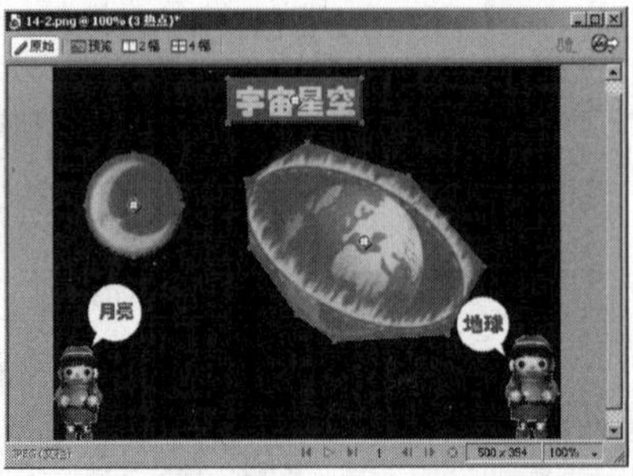

图 15-10　包含热点的图像映射

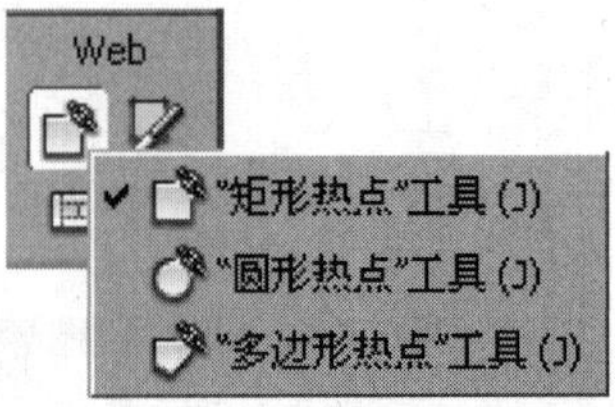

图 15-11　热点工具

2. 使用“插入热点”命令

使用“插入热点”命令创建热点的操作方法如下：

1）选择一个或多个将要创建热点的对象。

2）执行菜单【编辑】/【插入】/【热点】命令，若是一个对象，则直接对该对象生成一个热点；若是选择多个对象，则会弹出如图 15-12 所示的对话框，提示创建单一或多重热点。选择“单一”或“多重”按钮后即可产生热点，如图 15-13 所示。

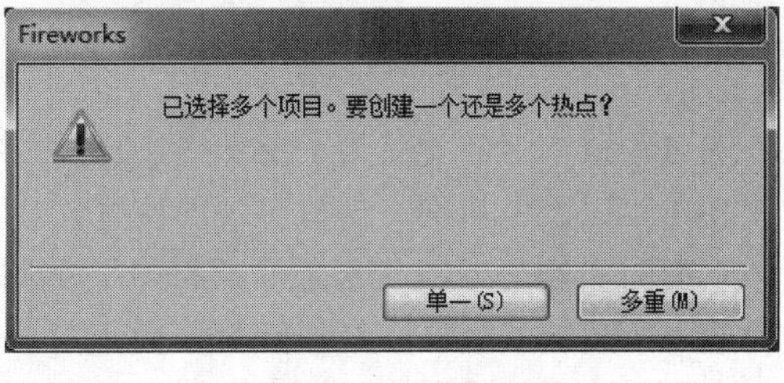

图 15-12　提示对话框

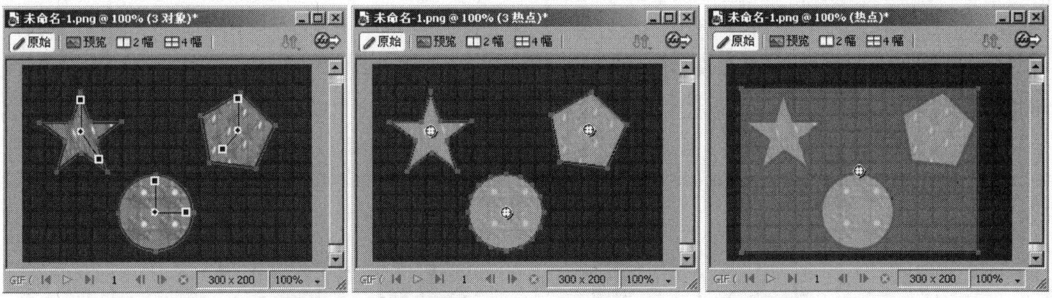

a) 3个选中对象　　b) 创建多重热点　　c) 创建单一热点

图 15-13　生成单一或多重热点

15.2.2　编辑热点

1. 调整热点

初次创建的热点其形状不一定完全符合需要，还需进行一定的调整。

热点同其他许多对象一样，可使用“指针”工具、“部分选定”工具和“变形”工具对其进行形状的调整。还可以使用“属性”面板，改变热点形状，或以数字方式更改热点的位置和大小。

2. 显示和隐藏热点

热点对象附着于整个文档图形的上方，并以半透明方式显示，可以在“图层”面板中查看到文档中的所有热点，如图 15-14 所示。如果需要，可以暂时隐藏图像上方的热点，显示或隐藏热点实际上就是显示或隐藏网页层，可以使用以下方法之一来控制热点的显示状态。

1）单击工具箱中网页（Web）栏的“显示热点和切片”按钮，即可显示文档中所有热点；单击工具箱中网页栏的“隐藏热点和切片”按钮，即可隐藏文档中所有热点。工具箱中的这两个按钮如图 15-15 所示。

2）单击“图层”面板中网页层前的“眼睛”图标，即可切换对应热点的显示状态。

图 15-14　“图层”面板中的网页层

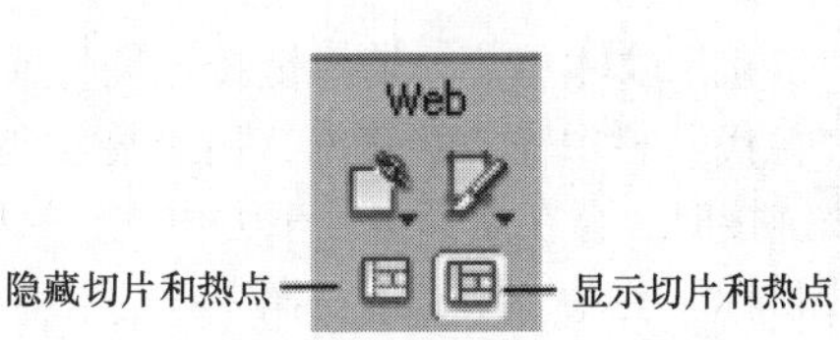

图 15-15　显示/隐藏热点按钮

15.2.3　给热点添加行为

热点的根本目的就是为了指定链接，所以在热点创建完成后，就要为热点指定相应的链接地址（URL）以及链接网页窗口出现的位置。

下面的实例是一幅“水果标点符号”的拼图，设计实现创建热点及添加行为功能，每个热点对应一个超链接效果，如“问号”热点对应弹出一幅图片，“叹号”热点对应弹出一段文字描述，介绍风土人情等内容。实现本例的操作步骤如下：

1）新建一个文档，并保存为“例 2-热点拼图 . png”。

2）在画布中导入一幅准备好的图案拼图文件“Puzzle. jpg”，作为一个图层的位图对象。

3）选择“工具箱”中的“多边形热点”工具，沿着拼图中“问号”图形边界创建一个闭合的多边形热点，如图 15-16 所示。

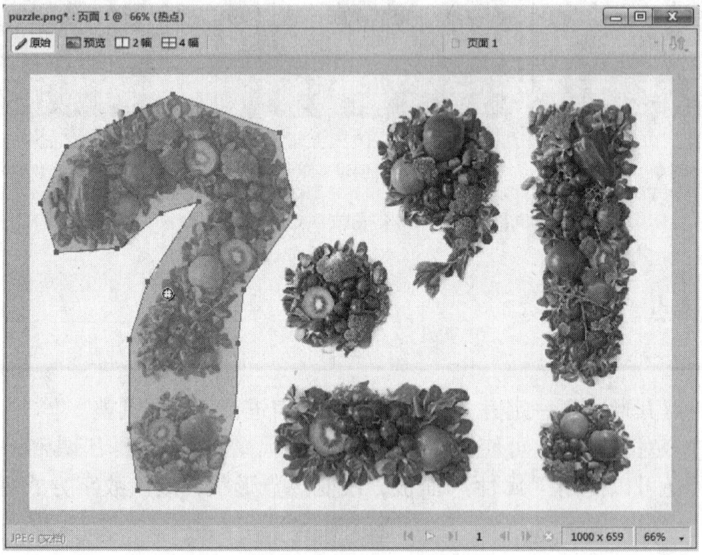

图 15-16　设定热点链接

4）对该热点，使用“属性”面板为热点指定 URL、替代文本、目标和自定义名称，如图 15-17所示。用户可以进行以下选项设置。

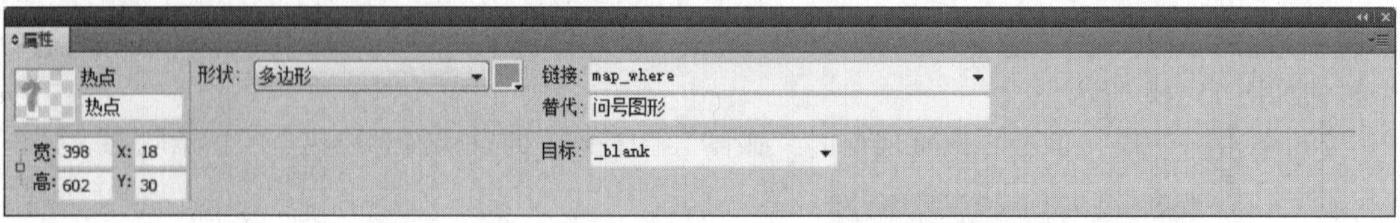

图 15-17　设置“属性”面板

在“链接”文本框中，输入链接地址，或在下拉菜单中选择已有的链接地址。

在“替代”栏中输入字符串，用于显示与链接相关的文本说明信息。在网页中，当鼠标指针指向该链接时，会在鼠标指针下方出现该 Alt 标记。

在“目标”栏中，单击下拉菜单按钮，选择在什么位置打开链接指向的新网页。其中，

- _blank：表示将在新浏览器窗口打开网页。
- _self：表示在当前页面窗口中打开网页。

- _parent：表示在当前页面的父级框架集中打开网页。
- _top：表示在当前页面的浏览器窗口中打开网页，如果当前窗口包含框架，则删除原有框架结构。

5）按照步骤 3）和步骤 4）再创建一个以“叹号”图形为对象的热点，并在“属性”面板中设置属性，切片名称为“c2”，链接路径为一个准备好的文件“×××.htm”，替代内容为“简介”，目标为“_blank”。

6）至此，完成了“水果标点符号”画面中的两个热点的链接制作，链接对象分别是“.jpg”和“.htm”格式文件。若要真正在浏览器中浏览到链接效果，还需要导出操作，下一小节将具体介绍其实现方法。

15.2.4 导出含热点的图像

在所需图形上插入热点之后，必须将该图形导出为图像映射，这样才能真正在浏览器中运行。Fireworks 导出图像映射时，将生成包含有关热点及相应 URL 链接的映射信息的图形和 HTML 代码，以便能在网页编辑器使用。

下面就第 15.2.3 节中的实例继续进行操作，把含热点的图像文件导出为图像映射，以便在浏览器中直接浏览。具体操作步骤如下：

1）在“例 2-热点拼图.png”文件打开的状态下，对图形进行优化，切片导出设置为“GIF 最适合 256 色”，做好导出准备。

2）执行菜单【文件】/【导出】命令，弹出如图 15-18 所示的“导出”对话框。

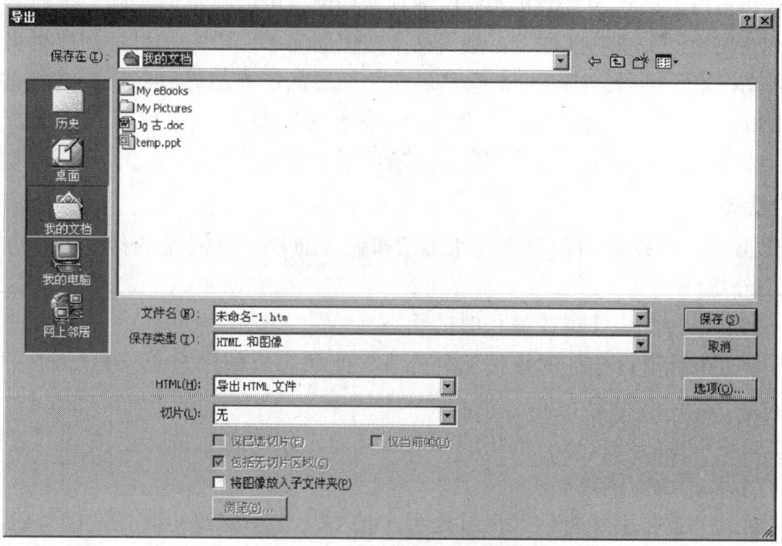

图 15-18 “导出”对话框

3）将该文件命名为“例 3-热点拼图.htm”，并选择放置 HTML 文件的文件夹路径。如果已经为网站生成了一个本地文件结构，则可以在此将图形保存到网站的适当文件夹中。

4）在“保存类型”下拉列表中选择“HTML 和图像”。

5）从“HTML”弹出菜单中选择一个 HTML 代码导出方式。

- 导出 HTML 文件：生成所需的 HTML 文件和相应的图形文件，以后可以将这些文件导入到 Dreamweaver 或其他 HTML 编辑器中。
- 复制到剪贴板：将所有必需的 HTML（如果文档经过切片，则包括表格）复制到剪贴板中，以后可以将其粘贴到 Dreamweaver 或其他 HTML 编辑器中。

6）对于“切片”栏，文档不包含切片时选择“无”。

7）选择“将图像放入子文件夹”选项，然后单击“浏览”按钮，创建一个新文件夹“images2”并打开，选择保存到该文件夹。

8）设置完毕，单击“保存”按钮，即可导出含有热点的图像文件。此时在文件浏览器中双击导出的“例 3-热点拼图.htm”文件，测试“问号”与“叹号”的链接效果。

15.3 制作按钮和导航栏

按钮和导航栏在体现网页交互性方面扮演着重要的角色。借助了图形效果的按钮，可以体现更好的艺术性。在 Fireworks 中能够很方便地创建多种按钮。

Fireworks 的按钮编辑器将引导用户完成按钮的创建过程，并且自动完成许多按钮制作任务。在导出按钮或弹出菜单时，Fireworks 会自动生成在 Web 浏览器中显示它所需的 CSS 代码或 JavaScript，而无须掌握 CSS 代码或 JavaScript 知识。

15.3.1 按钮的特点和状态

1. 按钮的特点

按钮是一种特殊的元件，用做网页的导航元素。在按钮编辑器中创建的按钮，其特点包括几乎可以将任何图形或文本对象制作成按钮；可以创建新按钮，也可以将现有对象转换为按钮，或者导入已创建好的按钮；可以将它的实例从元件库拖到文档中；可以在不影响同一按钮的其他实例，并且不断开元件和实例之间关系的前提下，编辑某个按钮的文本、URL 和目标；按钮实例是经过封装的，在文档中拖动按钮实例时，Fireworks 会移动与之关联的所有组件和状态，因此无需进行多帧编辑；按钮易于编辑，双击画布上的实例后，就可以在按钮编辑器或“属性”面板中对其进行更改；同其他元件一样，按钮也有一个中心点，该中心点有助于在按钮编辑器中将文本和不同的按钮状态对齐。

2. 按钮的状态

在按钮编辑器中，可以绘制编辑不同状态的按钮。通常，按钮最多有 4 种不同的状态，即响应鼠标事件时的外观。

1）弹起：是按钮的默认外观或静止时的状态。

2）滑过：是当指针滑过按钮时该按钮的外观，此状态提醒用户单击鼠标时很可能会引发一个动作。

3）按下：表示单击后的按钮。按钮的凹下图像通常用于表示按钮已按下。此按钮状态通常在多按钮导航栏上表示当前网页。

4）按下时滑过：是在用户将指针滑过处于“按下”状态的按钮时按钮的外观。此按钮状态通常表明指针正位于多按钮导航栏中当前网页的按钮上方。

15.3.2 制作按钮

下面介绍在 Fireworks 中创建按钮的实例，由一个按钮的创建，可以产生一组特性相同的按钮。具体操作步骤如下：

1）新建一个文档，并保存为“例 4-按钮.png”。

2）执行菜单【编辑】/【插入】/【新建按钮】命令，即可打开按钮编辑器窗口，如图 15-19 所示。随后，编辑器会引导完成各种控制按钮的制作过程，每一步过程中都会有“指示”信息进行说明。

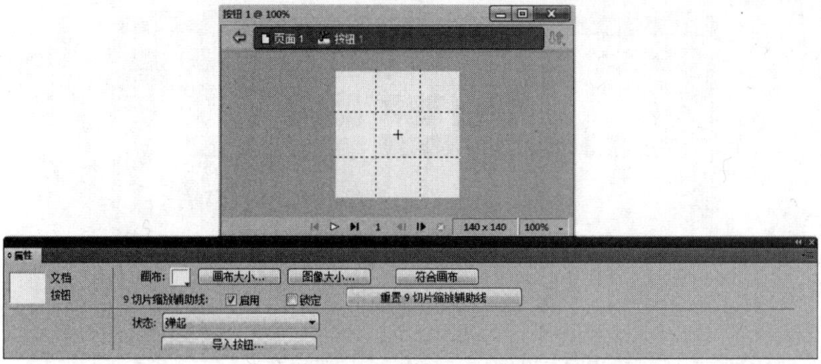

图 15-19　按钮编辑器

3）创建“弹起”状态：从“属性”面板中可以看到，默认是“弹起”状态，通过“导入按钮”导入或新建图形和文本，如图 15-20 所示。

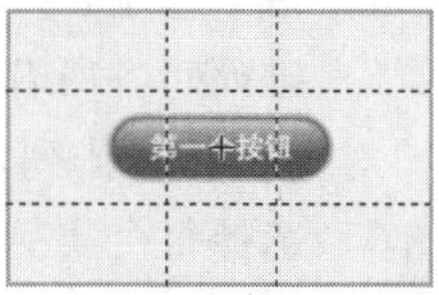

图 15-20　创建按钮的“弹起”状态

4）创建“滑过”状态：在“属性”面板的“状态”选项中选择“滑过”，然后单击“复制弹起时的图形”按钮，可将“弹起”状态按钮的副本粘贴到“滑过”窗口中。

5）创建“按下”状态：单击“按下”状态标签，单击“复制滑过时的图形”按钮，然后修改按钮效果。

6）创建“按下时滑过”状态：单击“按下时滑过”状态标签，单击“复制按下时的图形”按钮，将“按下”状态图形复制到“按下时滑过”窗口中，然后修改按钮效果。

提示：

- 窗口中的十字表示编辑器的中心位置，背景颜色沿用当前文档的背景颜色。为了使按钮显示动态效果，可以在“属性”面板中调整图形的按钮预设效果。
- 关于按钮的 4 个状态设置方法，可以参考第 13.3.5 节中关于斜角和浮雕的动态特效应用。

7）单击“活动区域”标签，可以看到，图形上方自动出现了绿色的区域，这时按钮产生作用的区域，也就是激发按钮效果的区域。

8）单击“完成”按钮，完成按钮的制作。

此时，“文档库”面板中就出现了刚刚建立好的按钮符号。将其拖到画布中，直接单击“预览”按钮。图 15-21 显示了按钮在不同状态时的效果。

a) 弹起　　b) 滑过　　c) 按下　　d) 按下时滑过

图 15-21　按钮在不同状态时的效果

15.3.3　创建导航栏

导航栏是指提供到网站不同区域的链接的一组按钮，如图 15-22 所示。它通常在整个站点保持一致，从而可以提供一种固定的导航方法，而不管用户处在站点中的什么位置上。

在 Fireworks 中制作导航栏，首先在按钮编辑器中创建一个按钮元件，然后将该元件的实例放到工作区中进行编辑。具体的创建方法如下：

1）继续以文档“例 4-按钮.png”为操作文档，在第 15.3.2 节中，已经创建了一个按钮元件。

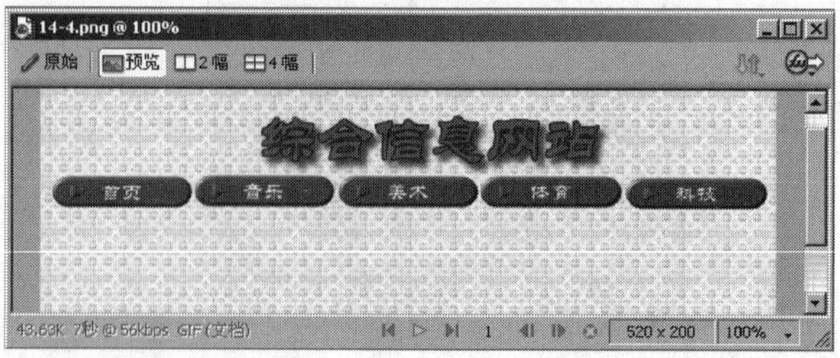

图 15-22 创建一个导航栏

2）从“文档库”面板中，将该元件的一个实例拖到工作区中。

3）选择该按钮实例，然后执行菜单【编辑】/【克隆】命令，制作实例的副本。或者可以按住“Alt”键的同时拖动实例，以产生一个副本。

4）重复步骤3），创建其他按钮实例。

5）排列对齐所有实例，可以用“指针”工具将实例全部选中，然后单击“修改”工具栏中的“对齐”和“排列”按钮。

6）选择每个实例，然后使用“属性”面板为每个按钮指定唯一的文本、URL和其他属性。

7）导航栏制作完成，保存文档为“例5-导航栏.png”，按“F12”键测试导航栏。

15.4 制作弹出菜单

弹出菜单（或称为下拉菜单）是目前网页中非常流行的一种设计方式，它类似于应用软件的窗口界面中的主菜单功能，当鼠标单击菜单栏的某个菜单时，弹出一组菜单命令或下一级子菜单。Fireworks提供了创建弹出菜单的功能。当指针移到网页的切片或热点对象上时，浏览器中显示弹出菜单。

弹出菜单能够起到页面导航作用。例如，可以使用弹出菜单来组织与导航栏中的某个按钮相关的若干个导航选项。根据需要在弹出菜单中创建任意多级子菜单。每个弹出菜单项都以HTML或图像单元格的形式显示，并具有“弹起”状态和“滑过”状态，并且在这两种状态中都包含文本。

Fireworks提供了一个“弹出菜单编辑器”，利用它可以快速、方便地创建垂直或水平弹出菜单。

15.4.1 创建弹出菜单

下面通过如图15-23所示的一个具体实例，向读者详细描述弹出菜单的创建方法。图15-23中分别显示了当鼠标指针滑过某个主菜单上时，弹出对应的子菜单项目。要实现这一效果，其操作步骤如下：

1）新建文档，并保存为“例6-弹出菜单.png”。

2）在文档窗口中，按照第15.3.3节介绍的创建导航栏的方法，制作一个包括“校园概况”、“组织机构”、“院系专业”、“教学科研”等栏目的导航栏主菜单内容。

3）单击第一个“校园概况”切片（创建弹出菜单之前必须选中一个热点或切片，否则不可执行）。

4）单击切片中心的“行为手柄”按钮，选择“添加弹出菜单”命令（或执行主菜单【修改】/【弹出菜单】/【添加弹出菜单】命令），如

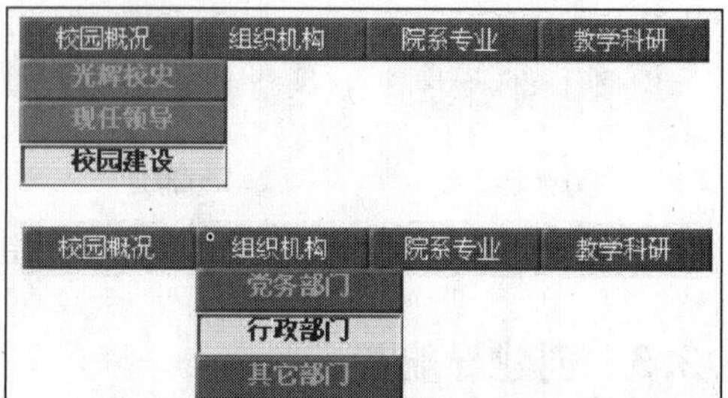

图 15-23 弹出菜单效果

图 15-24所示，打开“弹出菜单编辑器”对话框，如图 15-25 所示。

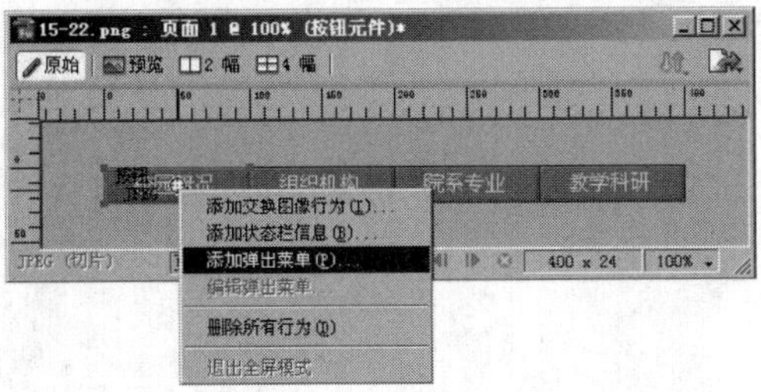

图 15-24 选择“添加弹出菜单”命令

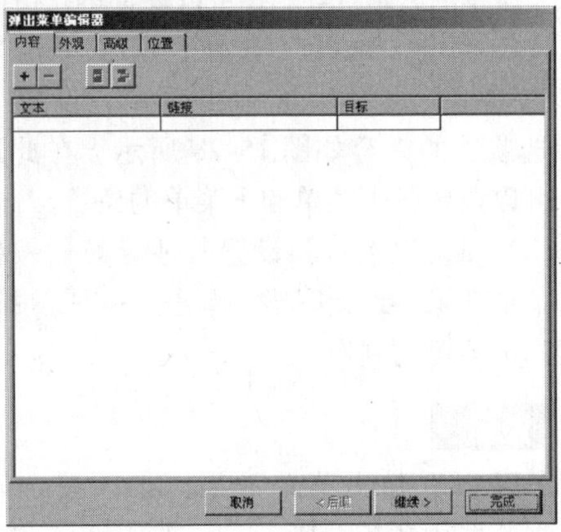

图 15-25 “弹出菜单编辑器”对话框

5）选择“内容”选项卡，单击“添加菜单”按钮，以添加一个空菜单项。或在窗口的最后一行输入内容后，自动增加一个空行。

6）双击每个单元格并输入子菜单信息，并添加适当的选项内容。选中作为子菜单的选项，然后单击窗口中“缩进菜单”按钮。

- 文本：指定该菜单项的文本内容。
- 链接：确定该菜单项的 URL。用户既可以直接输入链接地址，也可以从“链接”弹出菜单中选择一个链接。
- 目标：指定 URL 的目标。用户既可以输入目标，也可以从“目标”弹出菜单中选择一个预设目标。

7）单击“弹出菜单编辑器”对话框底部的“继续”按钮，或者单击顶部的“外观”选项卡，继续生成弹出菜单，设置“外观”选项卡的内容如图 15-26 所示。

8）在“外观”选项卡中可以对文本和单元格进行格式设置，分别对“滑过状态”和“弹起状态”应用图形样式，并选择设定菜单的垂直或水平方向。

9）单击“继续”按钮，或者单击“高级”选项卡，继续生成弹出菜单，设置“高级”选项卡的内容如图 15-27 所示。

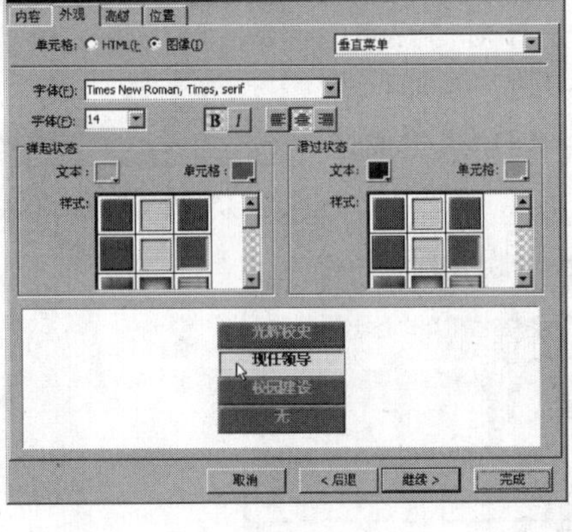

图 15-26 设置“外观”选项卡

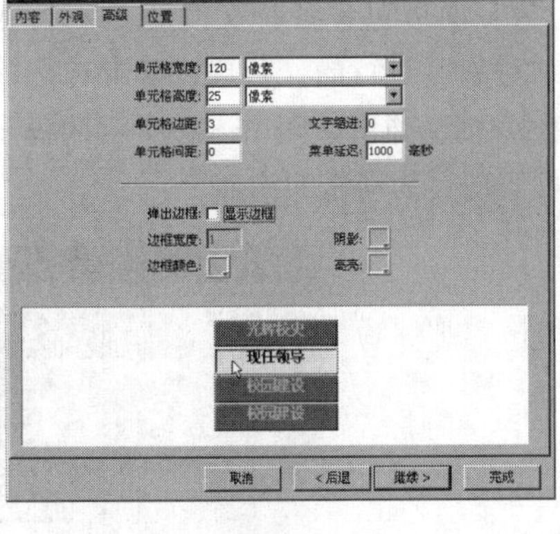

图 15-27 设置“高级”选项卡

10）“高级”选项卡提供了用于设置高级单元格属性的选项：单元格大小、边距和间距，文字缩进，菜单消失延时等。还可以设置单元格边框的属性：边框的宽度、颜色、阴影和高亮等内容。

11）单击“继续”按钮，或者单击“位置”选项卡，继续生成弹出菜单，设置“位置”选项卡的内容如图15-28所示。在此选项卡中可以设置弹出菜单和子菜单的位置。

12）重复以上步骤设置其他导航栏按钮的弹出菜单效果。设置完毕，单击“完成”按钮，完成弹出菜单的制作。

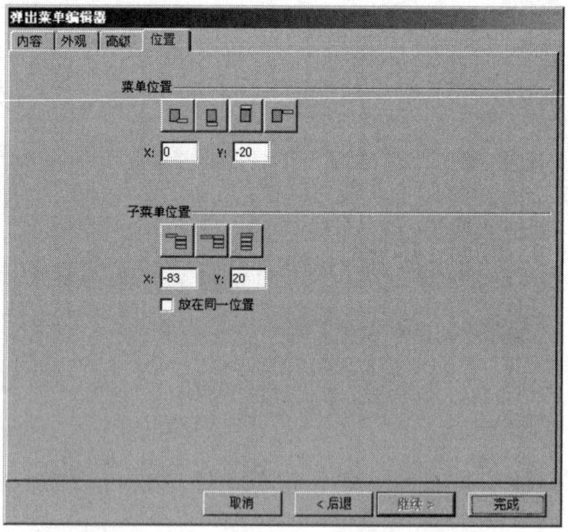

图15-28　设置“位置”选项卡

提示：

若要查看弹出菜单效果，必须按“F12”键在浏览器中预览。Fireworks工作区中的预览不会显示弹出菜单。

15.4.2　编辑弹出菜单

选中与菜单对应的切片，执行菜单【修改】/【弹出菜单】/【编辑弹出菜单】命令，则会打开“弹出菜单编辑器”对话框，可以对创建的菜单进行修改编辑。

用户也可以采用另一种方法打开“弹出菜单编辑器”对话框。将鼠标指针移到切片的行为手柄上时，鼠标指针变为小手形状，单击后弹出快捷菜单，在菜单中选择“编辑弹出菜单”选项即可。

15.5　行为

行为是直接涉及脚本语言的一项功能。实际上，按钮和弹出菜单也是行为的一种。使用Fireworks中的行为可以实现更多的复杂交互效果，行为的创建是通过“行为”面板的使用来完成的，行为由触发事件和动作组成，如图15-29所示。

图15-29　“行为”面板

通过将多个行为附加到单个切片上，可以产生出有趣的效果，还可以从触发交互行为的多种鼠标事件中进行选择。

“行为”面板包含各种交互行为，行为的应用是针对“热点”或“切片对象”进行的，若直接单击“行为”面板中的“添加行为按钮”，则会弹出如图15-30所示的提示对话框，创建热点或切片后方可实现行为动作的添加。

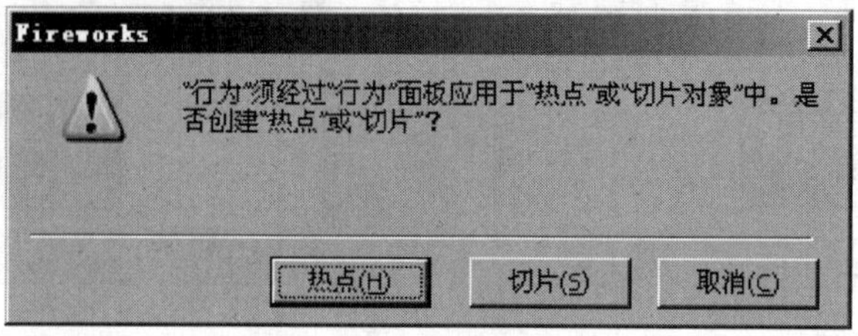

图15-30　提示对话框

用户可以按照以下方法为对象添加行为：

1）选中需要添加行为的对象、热点或切片。然后执行菜单【窗口】/【行为】命令打开“行为”面板。

2）单击“行为”面板上的“添加行为”按钮，在弹出的控制菜单中选择要添加的行为，如图 15-31 所示。

3）设置该行为的参数。

4）在“行为”面板上设置该行为的触发事件。

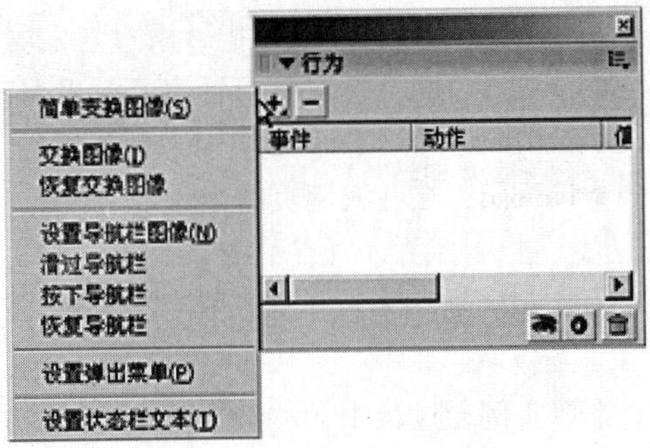

图 15-31　添加行为控制菜单

15.5.1　制作简单翻滚图

简单翻滚图是指响应指定的事件，替换指定区域内的图片。前面介绍的按钮其实就属于简单翻滚效果。

翻滚图包含两个状态，即鼠标指针在指定区域外和鼠标指针指向指定区域。简单翻滚效果的制作方法如下：

1）在第 1 帧中绘制初始状态下的图形。

2）在“帧”面板中创建一个新的空白帧，在文档窗口中绘制“指针经过”状态时的图形。如图 15-32 所示，显示了一个文档中的两个帧内容。

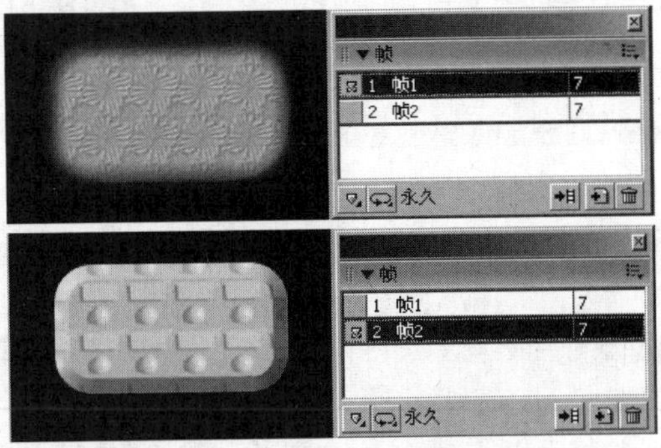

图 15-32　一个文档中的两帧

3）为图形创建切片。选中第 1 帧的切片区域，在“行为”面板上单击“添加行为”按钮，在弹出的菜单中选择“简单变换图像”行为，操作即可完成。相应的行为会出现在“行为”面板的列表中。

15.5.2　行为的触发事件

编辑好行为之后，还可以为现有行为选择合适的触发事件。注意：不能更改“简单变换图像”和“设置导航栏图像”事件。

更改激活行为的鼠标事件的方法如下：

1）选择包含要修改的行为的触发器切片或热点。与该切片或热点关联的所有行为都显示在“行为”面板中。

2）选择要编辑的行为。

3）单击事件旁边的箭头，然后从弹出菜单中选择一个新事件。

- onMouseOver：在鼠标指针滑过触发器区域时触发行为。
- onMouseOut：在鼠标指针离开触发器区域时触发行为。
- onClick：在单击触发器对象时触发行为。
- onLoad：在载入网页时触发行为。

15.6　边学边做（制作“图片网吧”主页）

本节实例通过运用 Fireworks 中的行为功能，结合动画元件、导航按钮、帧、切片、层等重要技术手段，制作一个“图片网吧”主页的效果，如图 15-33 所示的 4 幅页面。第 1 幅页面显示了主页的开始效果，当鼠标指针指向第一个导航按钮“人物图片”时，按钮状态发生细微变化，同时右侧显示区域内容变换为第 2 幅页面所示的效果；鼠标指针继续下移到“景物图片”时，页面效果变为第 3 幅内容；第 4 幅页面为鼠标指针指向“动物图片”按钮时发生的情景。

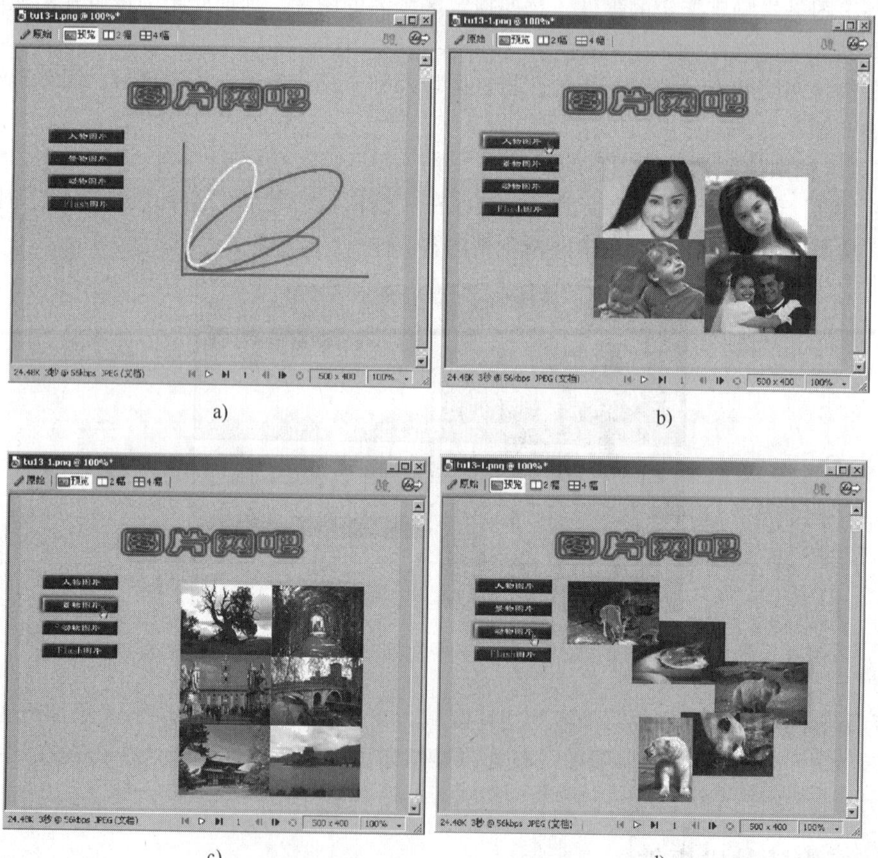

图 15-33　“图片网吧”主页变化效果

这是一个综合性的实例分析，通过从网页设计的整体布局，到每一步功能与技术实现，都需要读者细心体会。具体的操作步骤如下：

1）创建一个新文档，画布大小为 800 像素 ×600 像素，并保存文档为“例 7-图片网吧 . png”。

2）制作网页主标题信息“图片网吧”，利用前面所讲的文字工具进行创建和编辑。

3）制作页面的导航按钮。执行菜单【编辑】/【插入】/【新建按钮】命令，在弹出的“按钮”编辑窗口，设计“弹起”状态时的按钮外观。选择工具箱中的“矩形”工具，将鼠标指针移至按钮窗口编辑区中创建一个矩形，并在“属性”面板中设定填充色为蓝色，大小为 100 像素 ×18 像素。

4）在“属性”面板中为矩形添加动态滤镜为【斜角和浮雕】/【内斜角】和【阴影和光晕】/【投影】。再选择“文字”工具，设定其属性为“隶书”、12 号、白色、描红边，然后在按钮图案上输入“人物图片”文字，则按钮编辑窗口中的“弹起”状态中的初始按钮状态创建完成，如图 15-34 所示。

图 15-34　制作初始状态按钮

5）在“属性”面板中将按钮状态切换到“滑过”状态，然后单击“复制弹起时的图形”按钮，按钮外观状态完整复制过来。选择矩形按钮图案，在“属性”面板中，双击滤镜中的“内斜角”命令，在弹出的列表中按如图 15-35 所示的参数设定为“高亮显示的”，按“Enter”键确认，完成鼠标指针滑过按钮时状态的制作。

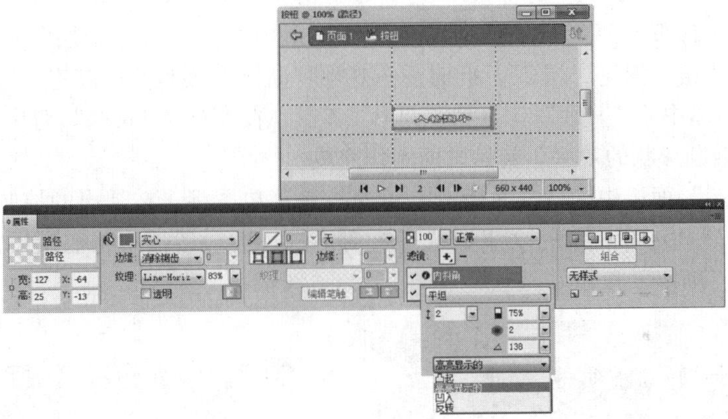

图 15-35　制作滑过时按钮状态

6）按照步骤 5）继续设计按钮的另外两个状态的外观，分别设置按钮矩形的“内斜角”属性为“凹入”和“反转”，使按钮在不同状态时的外观发生变化，按钮制作完成。

7）在“状态”面板中，可以看到该按钮具有 4 个状态，如图 15-36所示。

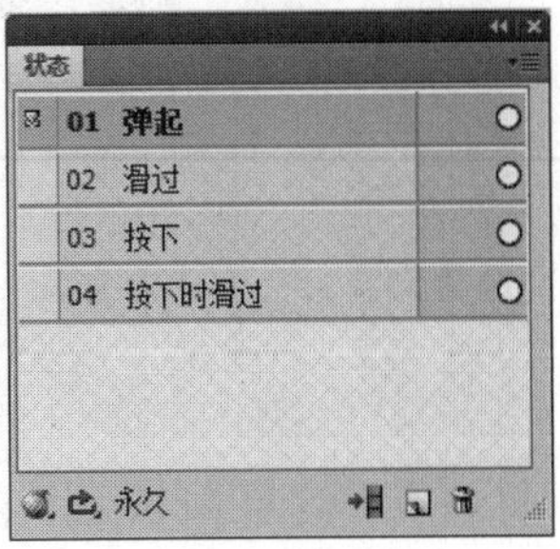

图 15-36　按钮对应的“状态”面板

8）回到页面设计窗口，可以看到按钮效果，调整好按钮位置，在“预览”视图下查看按钮效果。若需进一步编辑，在“原始”视图中双击按钮图片，则可进入按钮编辑状态进行修改。

9）按住“Alt”键，并用鼠标垂直向下拖动按钮到另外的位置，则复制出第二个按钮。在“属性”面板中的“文本”栏处编辑文本为“景物图片”。按照该方法继续创建“动物图片”和“动画图片”按钮。创建好的按钮效果按照如图 15-37 所示排列。

10）在“图层”面板中选择“层 1”，单击鼠标右键，在弹出的快捷菜单中选择“在状态中共享层”，则“层 1”右侧出现共享图标，如图 15-38 所示，该层中的所有对象元素会出现在各个状态中。

11）创建切片。首先选择工具箱中的“切片”工具，在画布的空白处划出一个矩形区域，如图 15-39 所示，形成新的切片，并在“属性”面板中重命名切片为“main”。

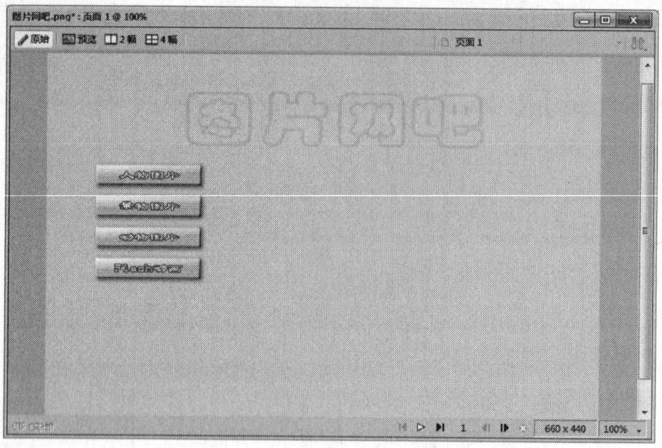

图 15-37　网页中的导航按钮

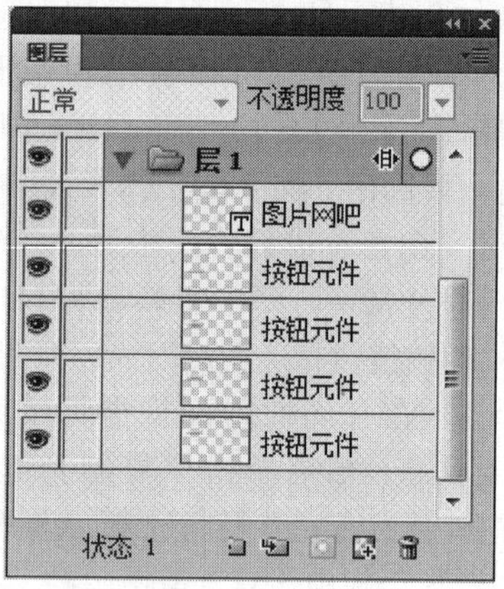

图 15-38　共享“层 1”

12）下面制作首页及对应导航按钮的各页面显示内容。先在“图层”面板中，单击底部“新建/重置层”按钮，创建“层 2”。此时注意观察“状态”面板为“状态 1”。

13）选择工具箱中的“直线”工具和“圆形”工具，在画布的“main”切片内制作如图 15-33a 所示的坐标轴和椭圆形状的效果。初始画面制作完成。

14）在“状态”面板中，单击面板右上角的控制菜单图标，在弹出的控制菜单中选择“添加状态”，弹出如图 15-40 所示的“添加状态”对话框，在对话框中将数量设为 3，表示添加 3 个新状态，单击“确定”按钮。

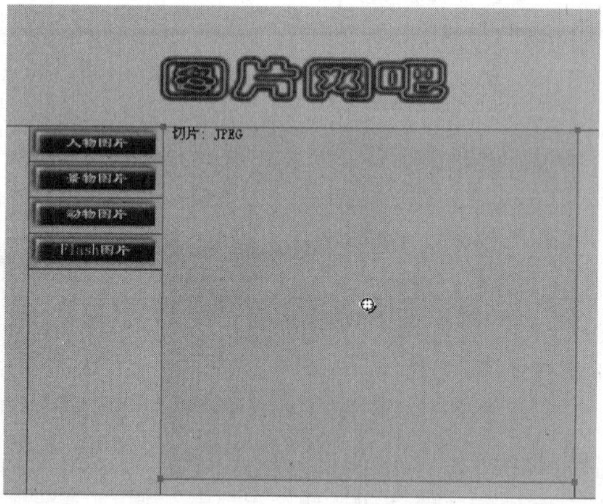

图 15-39　切片区域

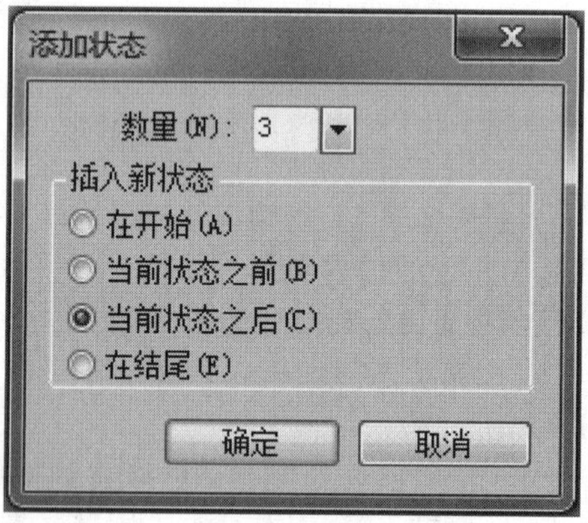

图 15-40　“添加状态”对话框

15）在“状态”面板中选择“状态 2”，然后在画布中导入一组人物图片，将大小和位置设置在“main”切片区域内，形成如图 15-33b 所示的对应效果。继续制作“状态 3”的画面内容。

16）前述步骤完成了静态画面的制作，下面利用“行为”面板实现页面的动态显示效果。在“状态”面板中，选择“状态 1”，页面窗口在“显示切片和热点视图”方式下，选择“人物图片”按钮切片。

17）打开“行为”面板，单击“添加行为”按钮，在弹出的菜单中选择“交换图像”命令。在弹出的“交换图像”对话框中左侧列表中选择“main”，或者单击右侧预览框中的大切片，使之成为蓝色的选中状态。然后在状态编号后的下拉列表中选择“状态 2”，如图 15-41 所示，单击“确定”按钮。此时按钮切片和“main”切片之间产生出关联曲线。

18）按照步骤 15）和步骤 16）为另外的按钮“景物图片”和“动物图片”添加行为，分别将按钮对应到“状态 2”和“状态 3”。

19）选择“动画图片”按钮，添加行为时，在“交换图像”对话框中，选择交换图像显示自“图像文件”，单击右侧的“文件夹”按钮，选择一个 GIF 动画文件即可。

20）最后显示在画布中的按钮切片对应行为的效果如图 15-42 所示。

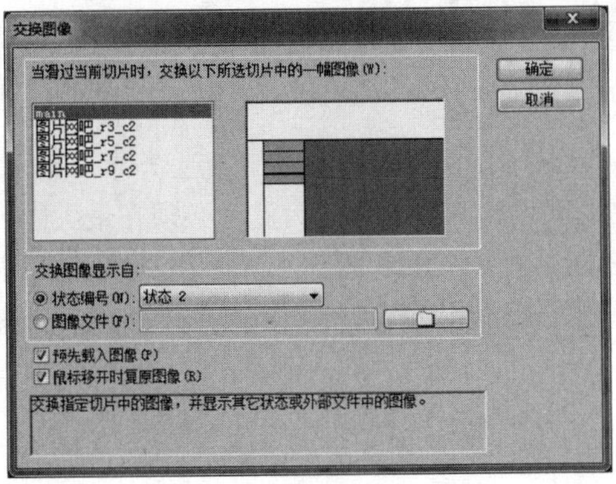

图 15-41 设置交换图像行为

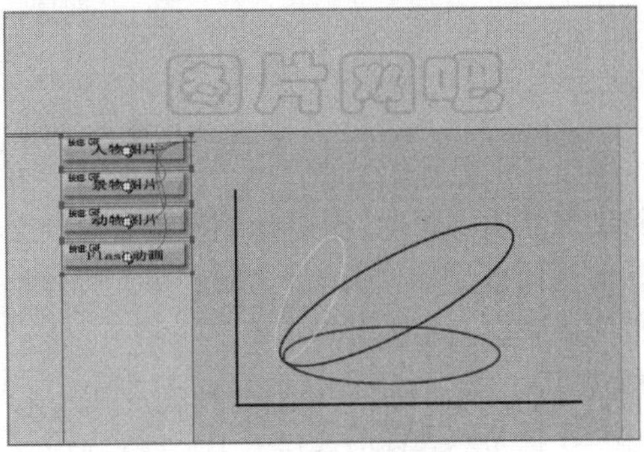

图 15-42 按钮对应行为效果

至此，页面制作完成，可以在编辑窗口的“预览”视图中观看效果，或者按“F12”键观看页面效果。

本章小结

本章介绍了 Fireworks 中关于网页对象的创建与编辑方法，包括热点的创建和编辑方法、切片的创建和编辑方法、热点和切片的导出方法、按钮和导航条的制作、弹出菜单的制作、添加和编辑行为。本章的重点是切片和热点的应用，难点在于如何将行为应用于按钮状态中。

思考与练习

1. 切片的应用意义有哪些？切片与热点功能的区别是什么？
2. Fireworks 中如何为热点和切片添加行为？
3. Fireworks 中如何导出热点和切片？

第 16 章 图像的优化与导出

网页图形设计的最终目标是创建能够尽可能快地下载的精美图像。为此，必须在最大限度地保持图像品质的同时，选择压缩质量最高的文件格式。这种平衡就是优化，即寻找颜色、压缩和品质的最佳组合。本章主要介绍应用 Fireworks 对图像进行优化和导出操作，以及将 Fireworks 与其他应用软件一起使用的方法。

本章重点：

- 不同格式图像的优化
- 导出图像
- 与其他软件结合应用

16.1 图像的优化

应用 Fireworks 导出图像，要求图像清晰的同时文件应尽可能小，因此，优化的目的就是根据需要选择出图片输出的最佳方案。从 Fireworks 导出图形的过程分为两步。在导出之前，必须优化图形，即选择限制文件大小使图形下载尽可能快的同时，使图形尽可能好看的选项。

16.1.1 启动优化命令

图像的优化是在“优化”面板中进行的，执行菜单【窗口】/【优化】命令，打开“优化”面板，根据选择导出格式的不同，面板上显示的参数项目也不同。如图 16-1 所示，显示了几种不同格式图像的面板内容。

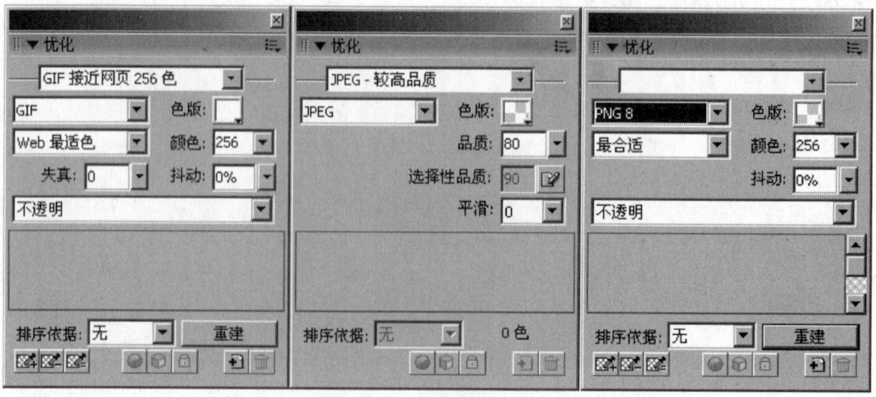

a) 默认GIF格式　　b) JPEG格式　　c) PNG格式

图 16-1 “优化”面板

在 Fireworks 中优化工作涉及以下几个方面的操作。

1. 选择最佳文件格式

每种文件格式都有不同的压缩颜色信息的方法。为某些类型的图形选择适当的“导出文件格式”可以大大减小文件大小。

1）GIF：图形交换格式（GIF）是一种流行 Web 图形格式，适合于卡通、徽标、包含透明区域的图像以及动画。在导出为 GIF 文件时，包含纯色区域的图像的压缩质量最好。GIF 文件最多包含 256 种颜色。

2）JPEG：由联合图像专家组（Joint Photographic Experts Group）专门为照片或增强色图像开发的格式。JPEG 支持数百万种颜色（24 位）。JPEG 格式最适合于扫描的照片、使用纹理的图像、具有渐变颜色过渡的图像和任何需要 256 种以上颜色的图像。

3）PNG：可移植网络图形（PNG）是支持最多 32 位颜色的通用 Web 图形格式，可包含透明度或 Alpha 通道，并且可以是连续的。但是，并非所有的 Web 浏览器都能查看 PNG 图像。

4）WBMP：无线位图（WBMP）是一种为移动计算设备（如手机和 PDA）创建的图形格式。此格式用于无线应用协议（WAP）网页。由于 WBMP 是 1 位格式，因此只显示两种颜色，即黑色和白色。

5）TIFF：标签图像文件格式（TIFF）是一种用于存储位图图像的图形格式。TIFF 文件最常用于印刷出版。许多多媒体应用程序也接受导入的 TIFF 文件。

6）BMP：Microsoft Windows 图形文件格式。许多应用程序都可以导入 BMP 图像。

7）PICT：由 Apple Computer 公司开发，最常用于 Macintosh 操作系统。大多数 Mac 应用程序都能够导入 PICT 图像。

2. 设置格式特定的选项

每种图形文件格式都有一组唯一的选项，可以用诸如色阶这样的选项来减小文件大小。某些图形格式（如 GIF 和 JPEG）还具有控制图像压缩的选项。在“保存的设置”下拉列表中有预设选项，其含义如下。

1）GIF 网页 216 色：强迫所有颜色都成为网页安全色。该调色板最多包含 216 种颜色。

2）GIF 接近网页 256 色：将颜色转换为与其最接近的网页安全色。该调色板最多包含 256 种颜色。

3）GIF 接近网页 128 色：将颜色转换为与其最接近的网页安全色。该调色板最多包含 128 种颜色。

4）GIF 最合适 256 色：只包含在图形中使用的实际颜色。该调色板最多包含 256 种颜色。

5）JPEG—较高品质：用于将“品质”设置为 80，将“平滑”设置为 0，导致图形品质较高，但图形较大。

6）JPEG—较小文件：用于将“品质”设置为 60，将“平滑”设置为 2，导致图形文件大小降为不到“JPEG 较高品质”的一半，但图形品质下降。

7）动画 GIF 接近网页：128 色用于将文件格式设为“GIF 动画”，并将颜色转换为与其最接近的网页安全色。该调色板最多包含 128 种颜色。

3. 调整图形中的颜色

通过将图像局限于一个称为调色板的特定颜色集来限制颜色。然后，修剪掉调色板中未使用的颜色。调色板中的颜色越少，意味着图像中的颜色也越少，从而致使使用该调色板的图像文件的文件大小越小。

4. 预览优化效果

在优化的同时，单击文档窗口的“预览”按钮，即可在左下角看到优化设置下导出文档的大小，以及在 Web 页上下载该图形时显示图形大约需要的时间。

使用“2 幅”和“4 幅”按钮，将同时显示原始图像和优化后图像效果，便于与原始图像一起进行比较，如图 16-2 所示。

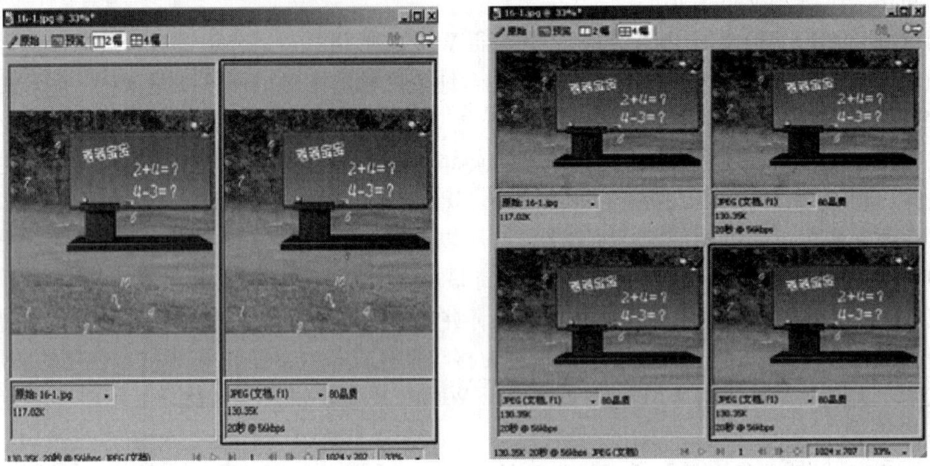

图 16-2　2 幅与 4 幅预览

提示：

执行菜单【文件】/【图像预览】命令，在弹出的对话框中也可以对图像进行优化，在优化的同时可以看到导出文件的预览效果。

16.1.2　优化 JPEG 格式的图像

使用“优化”面板，可以通过设置“压缩”和“平滑”选项来优化 JPEG。JPEG 总是以 24 位颜色保存和导出，因此无法通过编辑其调色板来优化 JPEG。当选择 JPEG 图像时，颜色表为空，如图 16-3 所示。

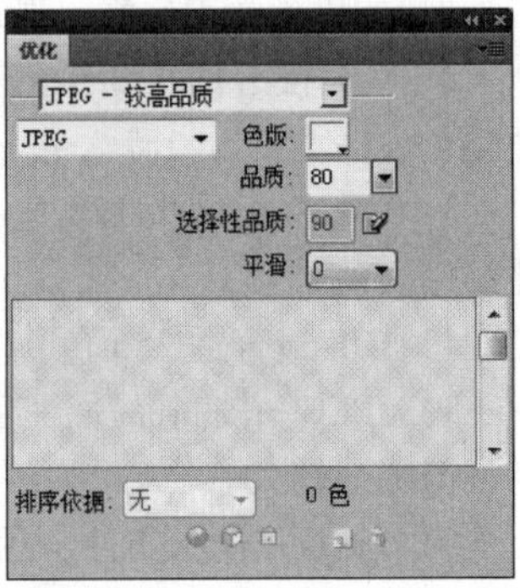

图 16-3　JPEG 格式的颜色表

1. 调整 JPEG 品质

JPEG 是一种有损格式，这意味着在压缩图像时会放弃一些图像数据，从而降低最终文件的品质。通过“优化”面板中的“品质”选项中的滑块可以调整 JPEG 品质。范围为 1 ~ 100，设置为 1 时，JPEG 图片质量最低，文件最小；设置为 100，JPEG 文件最大，但质量最高。

在面板中设置一定数量的“平滑”可以帮助缩小 JPEG 文件的大小。较高的数字虽然在导出 JPEG 图像过程中产生较严重的模糊结果，但生成的文件很小。一般“平滑”设置为 3 时或其左右时可减小图像的大小，同时保持适当的品质。

2. 选择性压缩 JPEG 各个区域

选择性 JPEG 压缩可以以不同的级别压缩 JPEG 的不同区域。图像中引人注意的区域或要求高显示分辨率的区域，可以以较高品质级别压缩；而重要性较低的区域（如背景）可以以较低品质级别压缩，这样可以减小图像的总大小，同时保留较重要区域的品质。如图 16-4 所示，该图像中的所选区域是以 90 的品质级别压缩，而未选区域是以 50 的品质级别压缩。

选择性压缩 JPEG 区域的操作方法为：

1）在“原始”视图中，使用“选取框”工具之一选择用于压缩的图形区域。

2）执行菜单【修改】/【选择性 JPEG】/【将所选保存为 JPEG 蒙版】命令。

3）在“优化”面板中单击“编辑选择性品质选项”按钮，随即打开“可选 JPEG 设置”对话框。

4）选择“启动选择性品质”，并在文本框中输入数值，如图 16-5 所示。

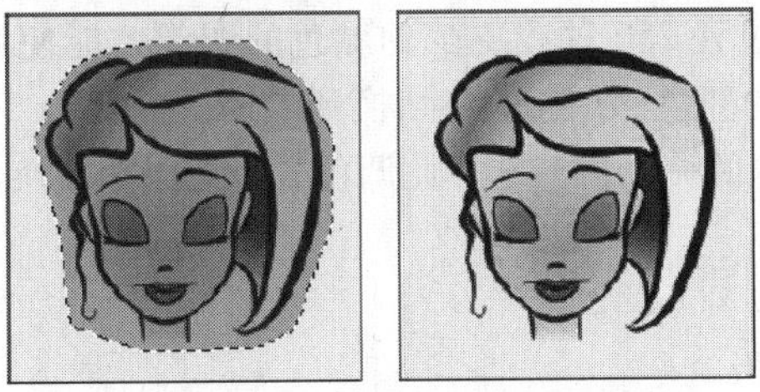

图 16-4　局部品质设置

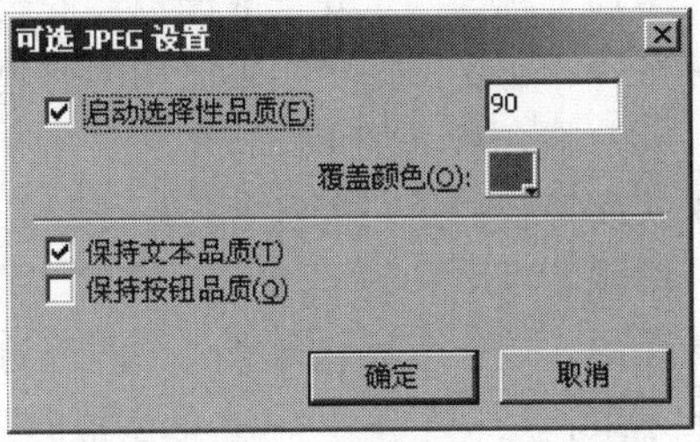

图 16-5　“可选 JPEG 设置”对话框

输入较低的值将以高于其余图像的压缩量压缩“选择性 JPEG”区域；输入较高的值将以低于其余图像的压缩量压缩“选择性 JPEG”区域。

5）如果需要，可以更改“选择性 JPEG”区域的“覆盖颜色”，它不会影响输出。

6）选择“保持文本品质”，无论“选择性品质”的值为多少，所有文本项都将自动以较高级别导出。

7）选择“保持按钮品质”，所有按钮元件将自动以较高级别导出。

8）单击“确定”按钮，即可对局部图像采用特殊的压缩设置。

3. 其他优化处理

1）锐化 JPEG 边缘：从“优化”面板的“选项”菜单中选择“锐化 JPEG 边缘”，以保持这些区域的清晰度。选择“锐化 JPEG 边缘”将增加文件大小。

2）使用连续的 JPEG：从“优化”面板的“选项”菜单中选择“连续的 JPEG”命令。连续的 JPEG（如交错式 GIF 和 PNG）可以为图像添加渐进下载效果，即最初下载时浏览器以较低的分辨率显示，然后随着下载的进行，品质逐渐提高。

16.1.3　优化 GIF 格式图像

GIF 格式图像的特点是：包含颜色信息最多为 256 种颜色，支持透明的背景色，支持动画格式。

Fireworks 中的每种图形文件格式都有一组优化选项。通常情况下，对 8 位文件类型（如 GIF、PNG 8、TIFF 8、BMP 8 和 PICT 8）提供大量的优化控制。

对于适用使用 GIF 格式优化的图像，优化设置步骤如下：

1）在“优化”面板中选择文件的导出类型为 GIF，如果图像中有动画元素，则需要选择“GIF 动画”。

2）在“优化”面板的“色板”中选择导出图形的背景色。

3）给导出的图片选择一种调色板，如图 16-6 所示。调色板是文件可用颜色的列表。只有调色板中定义的颜色才会出现在图形中。调色板中的颜色越少，意味着图像中的颜色也越少，因此导致文件大小也越小。减少颜色的缺点是它也会降低图像品质。设置 GIF 图像所使用的调色板，共有以下几种选择。

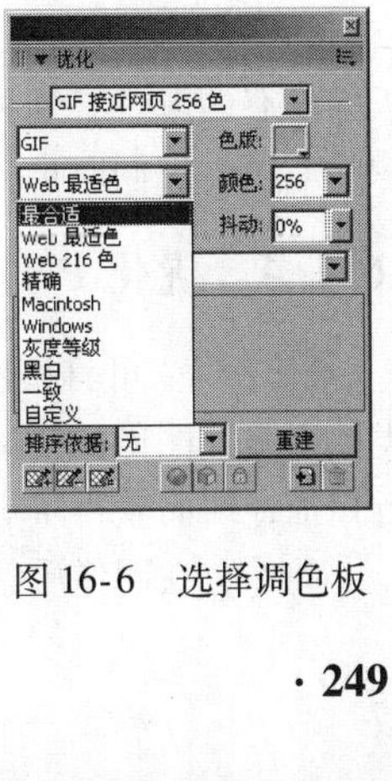

图 16-6　选择调色板

- 最适色彩：是一个根据文档中的实际颜色生成的自定义调色板。“最适色彩”调色板经常产生最高品质的图像。
- Web 最适色：是一个最适色彩调色板，其中接近网页安全色的颜色转换为最接近的网页安全色。网页安全色是来自“网页216”调色板的颜色。
- Web216 色：是一个包含 Windows 和 Macintosh 计算机共有的 216 种颜色的调色板。此调色板通常称为网页安全或浏览器安全调色板。
- 精确：包含图像中实际使用的颜色。只有包含 256 种或更少的颜色的图像才能使用“精确”调色板。如果图像中包含 256 种以上的颜色，调色板将切换到“最适色彩”。
- 灰度等级：是一个包含 256 种或更少的灰阶的调色板。选择此调色板将把图像转换为灰度图像。
- 黑白：是一个只包含黑、白两色的调色板。
- 一致：是一个基于 RGB 像素值的数学调色板。
- 自定义：是一个经过修改或从外部调色板（ACT 文件）或 GIF 文件加载的调色板。

4）选择调色板后，可以对色阶进行设置。在“优化”面板中的“颜色”下拉列表中选择一个选项。色阶是导出图形中颜色的数目。用户可以通过减少文件所用颜色的数目使文件变小。减少色阶将放弃图像中的一些颜色，最先被放弃的是那些使用最少的颜色。包含被放弃颜色的像素将转换为调色板上剩余颜色中与之最接近的颜色，这会减少导出文件的大小，但同时会降低图像的品质。

5）进行色版设置，设置图像的边缘颜色。

6）在“优化”面板中可以为 GIF 图像设置透明区域。首先要在“透明”下拉列表中选择“索引色透明”或“Alpha 透明度”，如图 16-7 所示，然后单击工作窗口“预览”按钮，切换到预览模式。

a)　　　　b)

图 16-7　设置透明度

7）通过“优化”面板中对“失真”选项的设置可以把图像压缩得更小。5 ~ 15 的失真设置可以保证图像的最佳效果。

8）在“优化”面板中进行 GIF 的抖动设置。抖动通过替换颜色相似的像素，模拟当前调色板中没有的颜色。当将照片图像或具有复杂渐变的图像导出为 GIF 文件格式时，抖动可以提供图像的质量，但同时也会增加文件的体积。

16.1.4　优化 PNG 格式图像

PNG 即“可移植网络图形”，是一种通用的网页图形格式。在对图像保存的时候，PNG 采用类似于 GIF 图像的压缩算法，但比 GIF 更进一步，它不仅对像素行进行扫描，同时还对像素列进行扫描，从而获得了更好的效果。

此外，在图像质量上，PNG 可以说做到了集 GIF 和 JPEG 的优点于一身。它支持真彩色，同时又是无损压缩，而生成的图像和 JPEG 相比没有明显的差别。PNG 格式还支持透明背景和Alpha 通道。PNG 最多可以支持 32 位的颜色，并且可以是连续的。

这里的优化 PNG 文件并不是 Fireworks 处理的源文件，Fireworks PNG 包含了应用程序特定的附加信息，导出的 PNG 文件或在其他应用程序中创建的文件中不储存这些信息。

目前 PNG 图像尚不流行的原因之一是只有高版本的浏览器才支持这种图像格式，而且也不是对 PNG 文件的所有特性都能很好地支持。

16.2　图像的导出

在对图像进行了优化设置后，就可以将图像导出了。Fireworks 可以用多种方法将文档导出为 GIF、JPEG 或其他图形文件格式的单个图像，或者可以将整个文档导出为 HTML 文件及其相关的图像文件，或者可以选择只导出所选切片，还可以只导出文档的指定区域。另外，也可以将状态和层导出为单独的图像文件。

16.2.1　导出单个图像

将 Fireworks 文档导出为单个图像的操作有多种方式，下面分别进行介绍。

1. 使用导出命令

1）在“优化”面板中选择要用于导出的文件格式，然后设置格式特定的选项。

2）执行菜单【文件】/【导出】命令，弹出如图 16-8 所示的“导出”对话框。

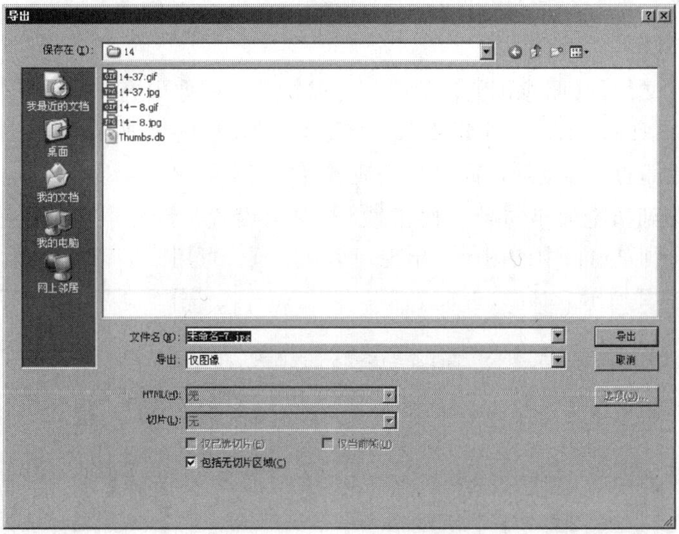

图 16-8　“导出”对话框

3）在对话框中选择导出图像文件的位置。对于网页图形来说，最佳位置通常是本地网站内的一个文件夹。

4）输入文件名，无需输入文件扩展名，因为 Fireworks 在优化设置中已指定了文件类型。

5）从“保存类型”中选择“仅图像”。

6）单击“保存”按钮，即可将文档以图像形式导出。

2. 使用导出向导

如果对优化和导出网页图形不太熟悉，则可以使用导出向导功能轻松导出图形，而无需了解优化和导出的细节。

1）执行菜单【文件】/【导出向导】命令，启动“导出向导”对话框，如图 16-9 所示。在对话框中选择“目标导出文件大小”后，可以在文本框中输入预备导出文件的大小数值，向导会自动选择较合理的优化方案，使导出的文件大小尽量接近这个数值。

2）单击“继续”按钮后，向导会询问导出文件的用途，然后推荐一种比较合理的格式图像进行优化，如图 16-10 所示。选定文件用途后可以弹出前面使用过的“图像预览”对话框，预览导出设置的效果。

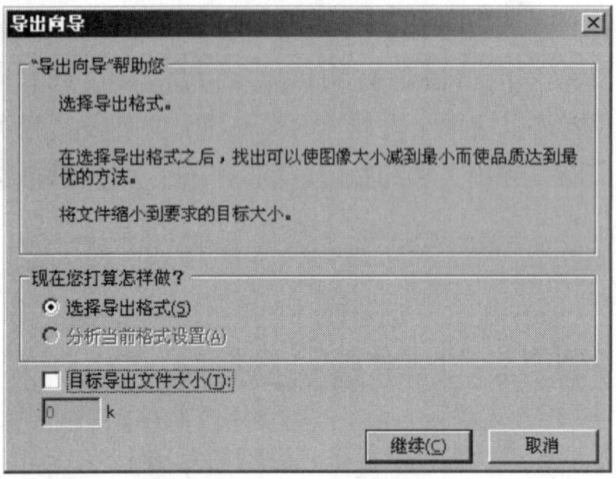

图 16-9　“导出向导”对话框

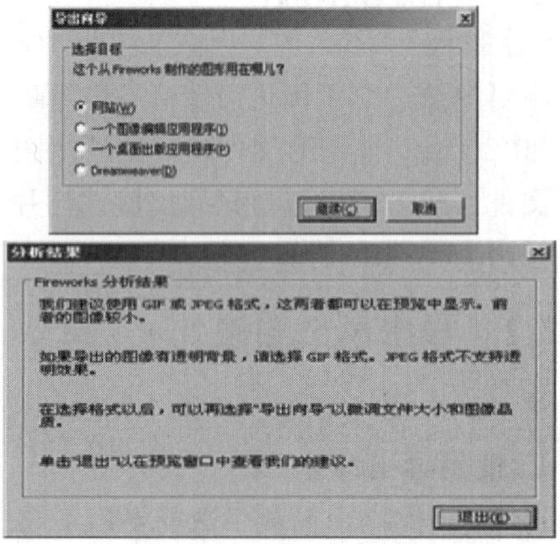

图 16-10　文件用途和分析结果

3. 使用图像预览

1）执行菜单【文件】/【图像预览】命令，可以打开“图像预览”对话框，预览当前图像设置的优化和导出选项效果，同时还可以更改优化设置，如图 16-11 所示。

2）单击窗口底部的“启动导出向导”按钮可以启动导出向导。

3）单击“优化到指定大小向导”按钮，会弹出设置预设导出文件大小的对话框。单击“导出区域”按钮，预览窗口中的图像上出现一个调整框，可用鼠标调整外框大小来更改导出区域的大小，如图 16-12 所示。

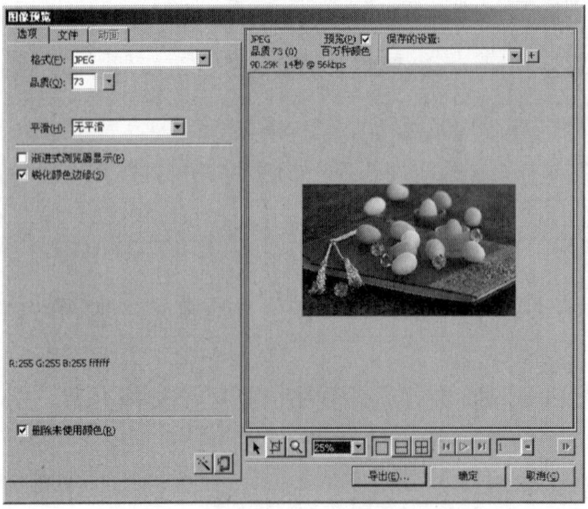

图 16-11　“图像预览”对话框

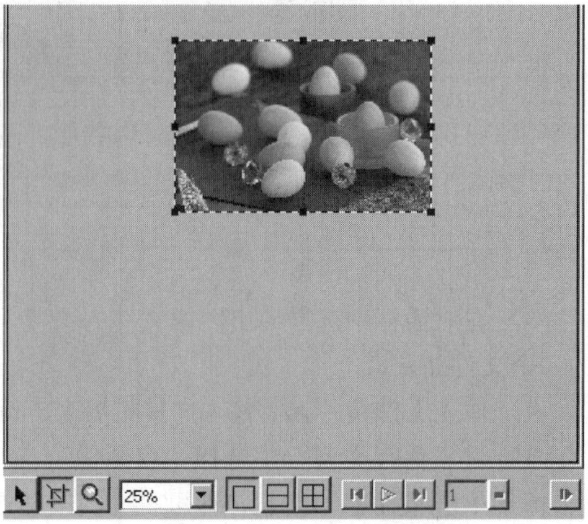

图 16-12　调整导出区域

16.2.2 导出切片的文档

默认情况下，导出切片的 Fireworks 文档将导出一个 HTML 文件及其相关图像，以便导出后在浏览器中查看，或者导入到其他应用程序中进行进一步编辑。导出切片文档的操作步骤如下：

1）执行菜单【文件】/【导出】命令，弹出“导出”对话框。

2）选择导出到的文件夹位置。

3）从“保存类型”中选择“HTML 和图像”选项。

4）在“文件名”文本框中输入文件名。

5）从“HTML”中选择“导出 HTML 文件”。

6）从“切片”中选择“导出切片”。

7）如果图像的切片很多，可以选择“将图像放入子文件夹”，便于管理。

8）单击“保存”按钮，在指定的位置将会生成图像和一个 HTML 文件。

16.2.3 导出动画

创建并优化了动画后，可以将动画导出为“GIF 动画”或“Flash SWF”文件。

1. 导出 GIF 动画

将动画导出为 GIF 动画的操作步骤如下：

1）取消选择所有切片和对象，并在“优化”面板中选择“GIF 动画”作为文件格式。或者在“属性”面板中将默认导出选项选择为“动画 GIF 接近网页 128 色”。

2）执行菜单【文件】/【导出】命令，在弹出的“导出”对话框中输入文件的名称，并选择保存位置。

3）单击“保存”按钮。

2. 导出多个具有不同动画设置的 GIF 动画

1）按住“Shift”键，并单击动画将其全部选中。

2）执行菜单【编辑】/【插入】/【矩形切片】命令，弹出消息框，单击“多重”按钮。

3）分别选择每个切片，并使用“状态”面板为每个切片设置不同的动画设置。

4）选择要进行动画处理的所有切片，然后在“优化”面板中选择“GIF 动画”作为文件格式。

5）执行菜单【文件】/【导出】命令，在弹出的“导出”对话框中输入文件的名称，并选择保存位置。

6）单击“保存”按钮。

16.3 Fireworks 与其他软件结合使用

Fireworks 可以轻松地与其他 Adobe 产品实现功能强大的集成，如与 Dreamweaver、Flash、Photoshop 等软件一起使用，并在 HTML 页面中创建和编辑内容。

16.3.1 与 Dreamweaver 一起使用

1. 将 Fireworks 图像插入到 Dreamweaver

将 Fireworks 图像插入到 Dreamweaver 中的操作步骤如下：

1）将插入点放在 Dreamweaver 文档窗口中希望图像出现的位置。

2）执行菜单【插入】/【图像】命令，或者在“插入”工具栏的“常用”类别中单击“图像”中的“图像”按钮。

3）定位到从 Fireworks 导出的图像，然后单击“确定”按钮，即可将 Fireworks 图像以图片的形式插入到 Dreamweaver 中。

2. 将 Fireworks HTML 代码放入 Dreamweaver

将 Fireworks HTML 代码放入 Dreamweaver 中的操作步骤如下：

1）将 Fireworks HTML 文档导出为 HTML 格式。

2）在 Dreamweaver 中，将文档保存到已定义的站点中。

3）将插入点放在文档中开始插入 HTML 代码的位置。执行菜单【插入】/【图像对象】/【Fireworks HTML】命令。

4）在出现的对话框中，单击“浏览”按钮，选择所需的 Fireworks HTML 文件。

5）单击“确定”按钮，将 HTML 代码连同它的相关图像、切片和 JavaScript 一起插入到 Dreamweaver 文档中。

16.3.2 与 Flash 一起使用

1. 将 Fireworks PNG 文件导入 Flash

Fireworks PNG 源文件可以直接导入到 Flash 中，而无需先导出为其他任何图形格式。所有 Fireworks 矢量、位图、动画和多态按钮图形都可以导入到 Flash 中。

1）在 Fireworks 中保存文档。

2）切换到 Flash 中一个已打开的文档。

3）执行菜单【文件】/【导入】命令，定位并选择 PNG 文件。

4）在“导入 Fireworks 文档”对话框中，选择“作为一个拼合的位图导入”选项。

5）选择文本的导入方式。

6）单击“确定”按钮。

提示：

Fireworks 按钮行为和其他类型的交互性不会被导入到 Flash 中，因为 Fireworks 行为是由该文件格式外部的 JavaScript 启用的，Flash 使用内部 ActionScript 代码。

2. 将 Fireworks 图形复制或拖动到 Flash 中

用户可以将 Fireworks 中要复制的一个或多个对象以“复制”和“粘贴”的方法复制到 Flash 中，或将文件直接从 Fireworks 拖动到 Flash。此时，会弹出“导入 Fireworks 文档”对话框，如图 16-13所示。在对话框中选择“至”选项，并选择如何导入矢量对象，以及选择文本的导入方式，然后单击“确定”按钮，将 Fireworks 图形复制或拖动到 Flash 中。有关 Flash 的应用将在后面章节中进行介绍，这里不多阐述。

3. 将 Fireworks 图形导出为 Flash 中使用的格式

用户可以将 Fireworks 图形导出为 JPEG、GIF、PNG 等文件，然后将它们导入到 Flash 中，也可以将 Fireworks 图形和动画导出为 SWF 文件。其操作方法如下：

1）执行菜单【文件】/【另存为】命令，在弹出的“保存”对话框中输入文件名并选择目标文件夹。

2）在对话框中选择“Adobe Flash SWF”格式。

3）单击“选项”，然后，选择“对象”选项，如图 16-14 所示。

● 维持路径：可以保持路径的可编辑性，效果和格式将丢失。

● 维持外观：根据需要将矢量对象转换为位图对象，并保持应用了笔触和填充的外观，可编辑性将丢失。

4）选择一个文本选项。

- 维持可编辑性：可以保持文本的可编辑性，效果和格式将丢失。
- 转换为路径：将文本转换为路径，保持 Fireworks 中输入的任何自定义字距或间距，作为文本的可编辑性将丢失。

5）单击“确定”按钮，然后在“导出”对话框中单击“保存”按钮。

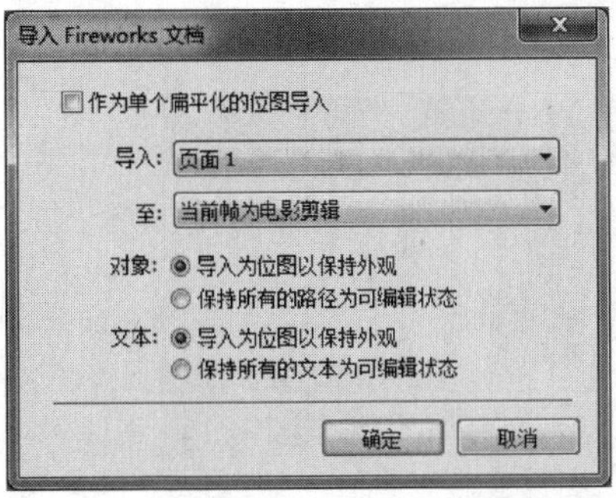

图 16-13 “导入 Fireworks 文档”对话框

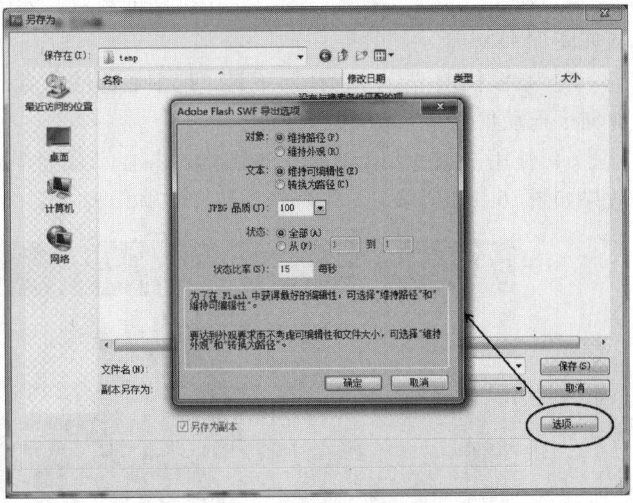

图 16-14 “Adobe Flash SWF”导出选项

16.4　边学边做（设计并导出网页）

本节设计并制作如图 16-15 所示的网页实例，介绍在 Fireworks 中创作网页画面的完整过程，并通过优化和导出操作，将 Fireworks 文档与 Dreamweaver 结合，最终形成站点主页面。实例综合体现了应用 Fireworks 制作网页图像和输出图像的方法，也包括对图像的优化和导出操作，读者可以通过完成实例的操作，进一步掌握并灵活使用 Fireworks 的创作技巧。

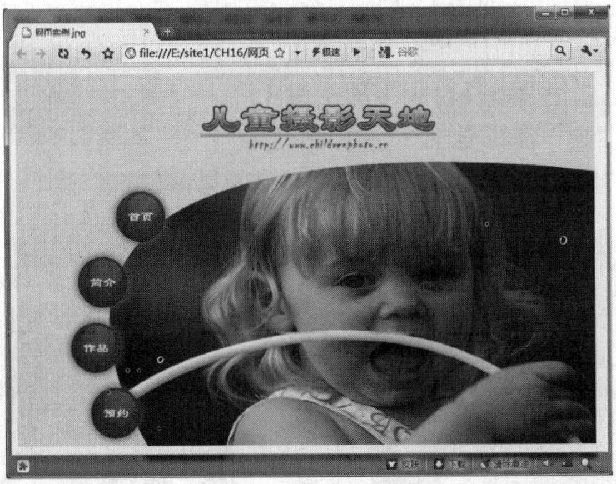

图 16-15　网页设计效果

设计制作步骤可以参考如下：

1）在 Fireworks 中新建画布大小为 800 像素 ×500 像素，文档命名为“例 1-网页实例 . png”。

2）按照如图 16-16 所示的步骤绘制一个图形背景。使用“矩形”工具，创建一个蓝色矩形（大小可以设置为 800 像素 ×120 像素，如图 16-16a 所示），再创建另一个矩形（150 像素 ×380 像素），形成“厂”字形，如图 16-16b 所示。

3）选中两个矩形，执行菜单【修改】/【组合路径】/【联合】命令。

4）使用“部分选择”工具，选中标注的角点，如图 16-16c 所示，按“Delete”键删除，形成如图 16-16d 所示的效果。

5）继续使用“部分选择”工具，选中底部的角点，如图 16-16e 所示。然后按住“Alt”键，并向上拖动角点，形成弧线效果。

6）使用“指针”工具选中该图形，并在“属性”面板中设置填充纹理为“50% 网格 1”，效果如图 16-16f 所示。

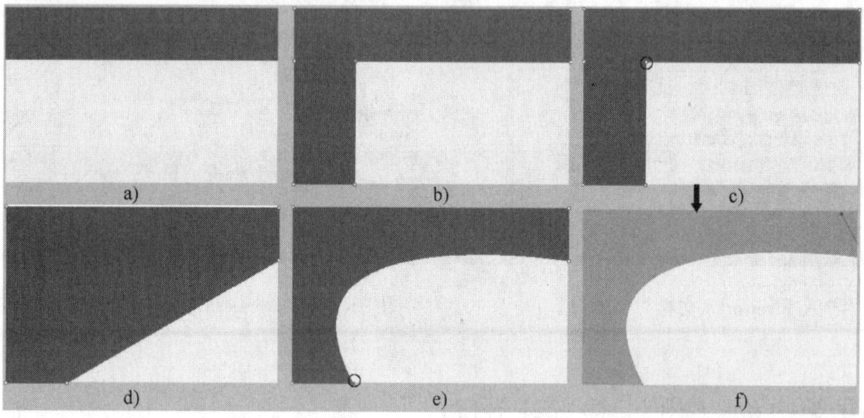

图 16-16 绘制图形背景

7）导入图片“Child. jpg”到画布。然后选中刚才创建的路径，执行菜单【修改】/【将路径转换为选取框】命令，再执行菜单【选择】/【反选】命令，然后单击“图层”面板底部的“添加蒙版”按钮，生成图片蒙版效果，如图 16-17 所示。

8）在“图层”面板中单击底部“新建/重置层”按钮，创建“层 2”。使用“文本”工具，在画布中输入“儿童摄影天地”和 URL 地址，设计应用样式，生成网页标题效果。

9）在“图层”面板中创建“层 3”。按照第 15. 3 节的内容设计生成“首页”、“简介”、“作品”和“预约”4 个按钮，并沿路径轮廓布局按钮。

10）使用“切片”工具，在标题文本区域划出切片，并重命名为“text”；在儿童脸部区域划出切片，并重命名为“face”。图 16-18 所示为创建的局部区域切片。

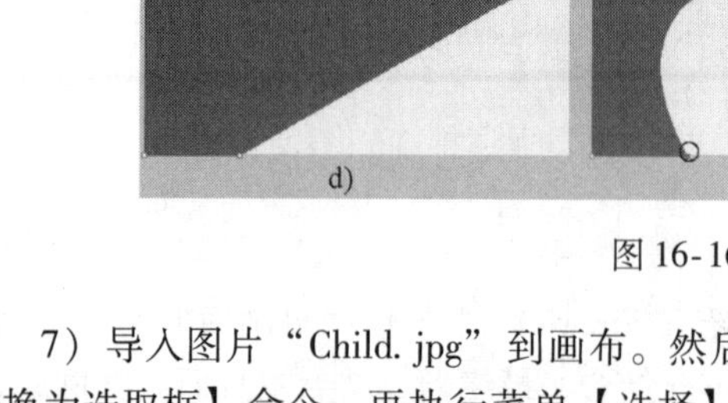

图 16-17 网页背景设计

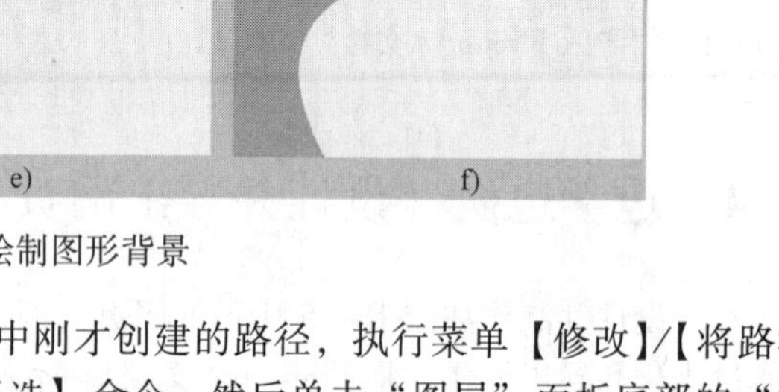

图 16-18 创建的局部区域切片

11）取消选择所有对象，在画布的“属性”面板中，将“默认导出选项”指定为“GIF 最适合 256 色”。单击“text”切片，打开“优化”面板，设置“选择性品质”，在弹出的“可选 JPEG 设置”对话框中，选中“启动选择性品质”复选框，并选中“保持文本品质”，如图 16-19 所示，单击“确定”按钮。

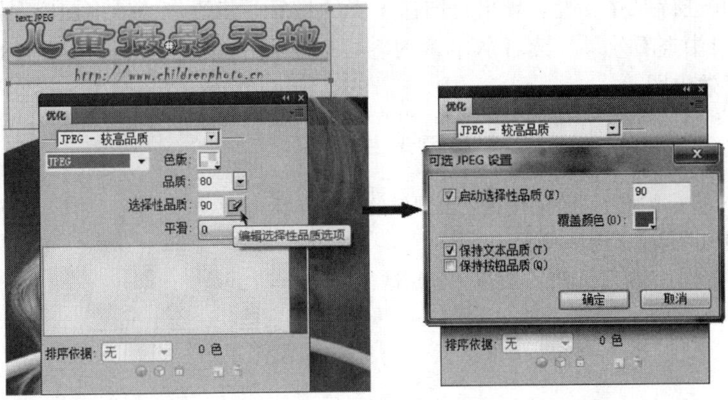

图 16-19　优化文本图像

12）单击“face”切片，在“优化”面板，设置“品质”为 90，如图 16-20 所示。至此，图像优化工作结束。

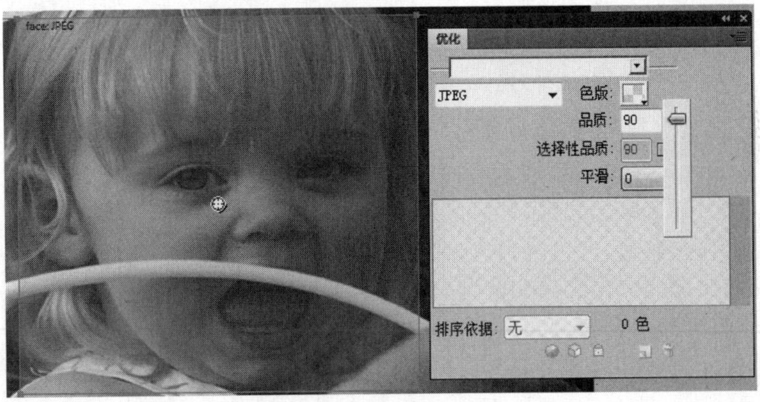

图 16 20　优化局部图像

提示：

选中“保持文本品质”选项，可以使图像中所有文本采用局部压缩参数进行压缩，避免显示模糊。将“品质”设置为 90，则此区域的压缩率小于图像的其他区域，质量相对较高。

“优化”面板控制菜单中的“连续的 JPEG”命令，可以为图像添加渐进的下载效果。渐进下载时，浏览器先以低分辨率显示图像，下载完毕再以高分辨率显示。至此完成对 JPEG 图像的优化处理。

13）执行菜单【文件】/【导出向导】命令，将文档导出为“网页实例 . htm”。

14）打开 Dreamweaver，新建“index. html”文件，设置页面属性为淡黄色。

15）执行菜单【插入】/【图像对象】/【Fireworks HTML】命令，将“网页实例 . htm”选中插入到页面中。

16）保存文档，按“F12”键在浏览器中预览最终网页效果。

本章小结

本章详细介绍了图像的优化和导出。图像的优化是根据图像自身特点及其用途而选择一种适合的存储格式，并进行保存设置。导出是图像编辑的最后一步操作，导出前应对图像进行优化处理，并在预览窗口中查看效果。读者从本章内容可以掌握图像处理中最后环节的知识，用 Fireworks 设计好网页效果图。

思考与练习

1. 简述在 Fireworks 中通常用于优化和导出图像的方法有哪几种？
2. 网页上常用的图像格式有哪些？
3. 选择一张 GIF 图片和一张 JPEG 图片，分别进行优化。

第四部分

Adobe Flash CS5 网页动画制作

第 17 章 Adobe Flash CS5 入门知识

当前，Flash 已风靡于网络，人们在浏览网页的同时，往往被页面中风格各异的动画所吸引，增添了人们浏览网页的兴趣。Flash 动画制作软件是一款能够创作从简单的动画到复杂的交互式 Web 应用程序的工具，Flash 动画设计知识也就成为学习网页设计的一个不可缺少的重要部分。

本章主要介绍 Adobe Flash CS5 的特点、工作界面、基本操作等内容。读者应从本章了解并掌握 Flash 动画制作软件的特点和 Flash 文档的基础操作，为以后的学习打下良好的基础。

本章要点：

- Adobe Flash CS5 工作环境
- Flash“时间轴”面板的组成
- Flash 文档的基础操作

17.1 Flash 概述

Flash 是美国 Macromedia 公司于 1999 年 6 月推出的一款优秀的矢量动画编辑软件。2005 年，美国 Adobe 公司并购了 Macromedia 公司，Flash 从而成为 Adobe 的系列产品之一。Flash 是一种可以用于创建包含简单的动画、视频内容、演示文稿、应用程序和其他允许用户交互内容的创作工具。通常，无论是简单的动画，或是复杂的交互动画，使用 Flash 创作的各个内容单元称为“应用程序”。

17.1.1 Flash 动画的特点

Flash 技术与其他动画技术相比，具有以下几方面的特点。

1. 基于矢量的图形系统

计算机中的图形格式有两种，即矢量图形格式和位图格式。Flash 动画采用矢量图形格式，可以使图像及动画做到真正的无级放大，都不会影响图像的清晰度和画面质量。

2. 短小精悍，表现力强

Flash 通过使用大量的矢量图形使所创建的动画文件非常小，Flash 文件所采用的矢量数据存储格式，可以用较小的数据量描述一个复杂的对象，占用的存储空间只是位图的几千分之一，非常适合在网络上使用。

3. 以插件方式工作

Flash 的工作方式是插件方式，只要在浏览器端安装一次插件，就可以快速启动并观看动画。而且，在 IE 和 Netscape 的较高版本中（IE 5.0 以上），已经内置了对 Flash 流式动画的支持，观看 Flash 更加方便。

4. 适用于网络传播

动画在下载传输过程中就可以播放，也就是说，Flash 的“流式”技术使用户无需漫长的等待，可以边下载边播放观看，所以 Flash 动画非常适合在网络上传输。

5. 具有强大的交互功能

Flash 的交互性为网页设计提供了无限的创意空间，Flash 提供的动作指令设定环境，使用的 ActionScript 具备完整的程序语言构架，使 Flash 动画可以具有良好的交互性。当然，这就要求读者具备一定的编程经验，才可以真正得心应手地完成开发。

6. 跨媒体

Flash 动画不仅可以在网络上传播，同时也可以在电视甚至电影中播放，大大拓展了 Flash 动画的应用领域。

17.1.2　Flash 动画的优点

传统动画行业已经经历了几十年的发展，技术和市场日益成熟，但仍然存在明显的不足，如制作成本偏高、制作周期较长、传播方式单一等。而且，传统动画对绘制者的要求比较高，绘制者不仅要有美术基础，还要懂得物体的运动规律等动画专业的理论与技法，不适合非专业人士。而 Flash 技术的出现，在一定程度上可以帮助动画制作者轻松面对工作，借鉴传统动画技术的优势，弥补其不足，已成为动画制作的主流手段。

Flash 动画相对于传统动画来说，优势是非常明显的，主要表现在以下几个方面。

1. 制作周期短，成本低

对于 Flash 动画的设计制作者，并非要求专业人士，使用一台普通的计算机就可以创作 Flash 动画作品，可简单亦可复杂。同时，Flash 动画可大大缩短动画制作周期，大幅减少人力、物力资源，从而极大地降低了制作成本。

2. 易学易用，好掌握

Flash 软件创作简单易学，一个具有软件应用基础的人在几天的时间内就可以学会 Flash 动画制作的基本方法。同时，对 Flash 制作者的要求也不高，许多没有美术基础的非专业人员，一样可以制作出好的动画。

3. 短小精悍，易浏览

一般一个几十兆的 Flash 源文件，输出后的动画文件只有几兆，文件小、容量大，非常适合在网络中上传、下载和浏览。Flash 动画的这一优势可以使其在网络上广泛传播。

4. 省时省力，高效率

Flash 技术提高了工作效率。如元件的使用避免了很多重复性劳动，同时减小了文件的大小；图层的使用简化了动画制作的难度。这些都是传统动画制作工作所不具备的优势。

17.2　Flash CS5 界面组成

17.2.1　工作区

1. 欢迎屏幕

首次启动 Adobe Flash CS5 应用程序，用户首先看到的是 Flash 窗口中的欢迎屏幕，如图 17-1 所示。只要在不打开文档的情况下运行 Flash，都会显示该界面。

若不希望在下次启动 Flash 时显示此欢迎屏幕，则单击该界面左下角的“不再显示”复选框。对于启动时窗口状态的改变可以通过“首选参数”来设置，执行菜单【编辑】/【首选参数】命令，弹出“首选参数”对话框，并在“常规”类别的项目中单击“启动时”后的下拉列表按钮，可以设置为“不打开任何文档”、“新建文档”、“打开上次使用的文档”和“欢迎屏幕”4种状态中的一种，如图17-2所示。

图17-1　Adobe Flash CS5 欢迎屏幕

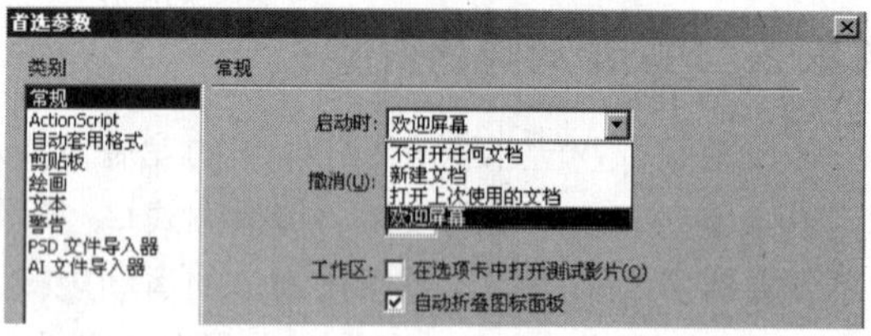

图17-2　设置启动界面

2. 工作区布局

打开或新建一个Flash文档即可进入到Flash的工作界面。该工作界面主要由标题栏、菜单栏、工具箱、时间轴、舞台、工作区和浮动面板组成，如图17-3所示。

Flash工作区与前面介绍的Dreamweaver软件和Fireworks软件的工作区属同一风格，其工作区布局中包括的各组成部分可以根据使用需要进行调整。在窗口顶部显示有一个“基本功能”按钮，单击按钮即弹出如图17-4所示的下拉菜单，选择其他方式可以将窗口工作区布局形式进行切换。

图17-3　Adobe Flash CS5 工作区

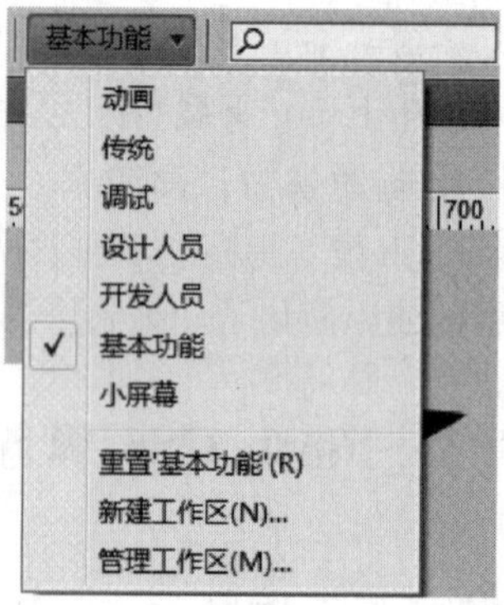

图17-4　Flash 工作区布局切换

3. 显示或隐藏所有面板

为了方便编辑图像或动画，往往需要隐藏或显示所有面板，按“F4”键，即可以将Flash窗口中所有面板，包括工具箱和控制面板隐藏或显示。Dreamweaver、Fireworks软件也同样适用。

17.2.2 “时间轴”面板

1. 时间轴

“时间轴”面板用于组织和控制文档内容在一定时间内播放的图层数和帧数。如图 17-5 所示为“时间轴”面板的结构说明。时间轴的主要组件是图层、帧和播放头。与胶片一样，Flash 文档也将时长分为帧。图层就像堆叠在一起的多张幻灯胶片一样，每个图层都包含一个显示在舞台中的不同图像。

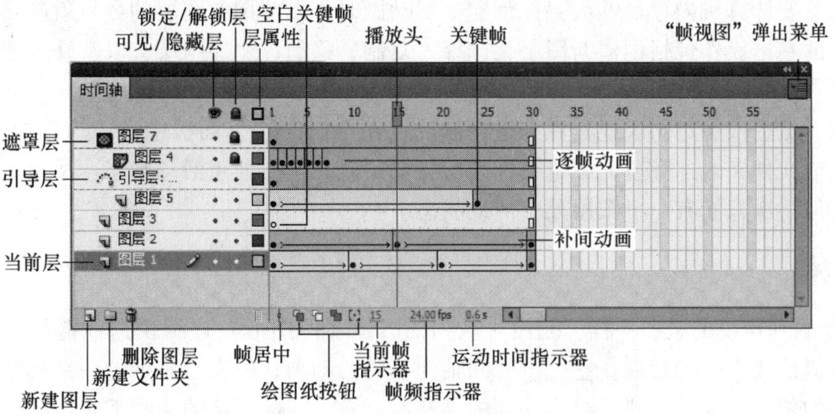

图 17-5　“时间轴”面板

文档中的图层列在“时间轴”面板左侧的列中。每个图层中包含的帧显示在该图层名右侧的一行中。“时间轴”面板顶部的时间轴标题指示帧编号。播放头指示当前在舞台中显示的帧。播放 Flash 文档时，播放头从左向右通过时间轴。

时间轴状态显示在“时间轴”面板的底部，它指示所选的帧编号、当前帧频以及到当前帧为止的运行时间。

2. 洋葱皮技术

通常情况下，Flash 在舞台中一次只显示动画序列的一帧效果。为了方便地定位和编辑前后帧动画或整幅动画，要同时在舞台上查看多帧，可以启用洋葱皮技术。

在“时间轴”面板底部有一排“绘图纸”按钮，用于控制洋葱皮技术的显示和关闭状态，如图 17-6 所示。

如图 17-7 所示为启用洋葱皮技术，并设置修改绘图纸标记后的舞台动画显示效果。启用“绘图纸外观”后，处于播放头下的帧显示所有的颜色，而其他周围的帧都以半透明显示，就好像每一帧都制作在一张半透明的洋葱皮（或绘图纸）上，且这些图样是一张一张堆叠起来的。

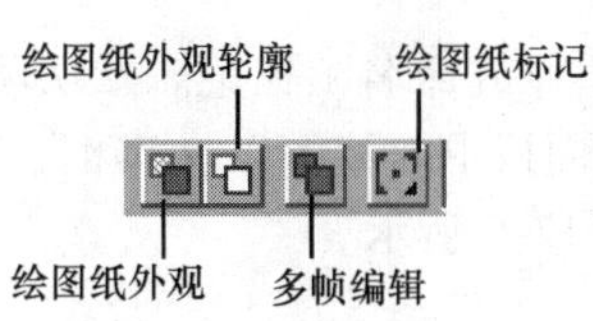

图 17-6　洋葱皮工具

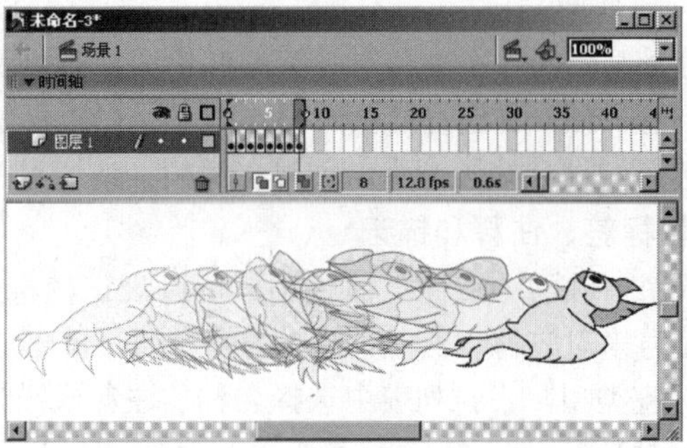

图 17-7　洋葱皮动画效果

3. 图层

Flash 中的图层作为“时间轴”面板的一个组成部分，显示在面板的左侧，一个动画可以具有多个图层，图层的使用简化了复杂动画的制作过程。

在 Flash 中的图层可分为普通图层、引导图层和遮罩图层等类型。通过引导图层和遮罩图层可以制作出复杂的动画效果，这将在后面的章节中作详细介绍。

一个新创建的文档中，只包含一个图层。用户可以建立新的图层，而软件本身并不限制建立层的数目。只要计算机内存足够大，在创建电影动画时可以使用的图层的数目就越多。

对图层的基本操作包括创建新图层，选择、复制、移动、删除图层，以及修改图层的属性等操作。

要绘制、涂色或者对图层或文件夹进行修改，在“时间轴”面板中选中该图层，“时间轴”面板中图层或文件夹名称旁边的铅笔图标表示该图层或文件夹处于活动状态。尽管一次可以选择多个图层，但一次只能有一个图层处于活动状态。

17.2.3　帧

Flash 动画和传统的电影一样，是由一系列的影像（即图形）连续快速地播放而形成的，给人的视觉造成连续变化的效果。它是以时间轴为基础的动画，由先后排列的一系列帧组成。每一个影像所处的位置称为帧，帧是组成动画的最基本元素，任何复杂的动画都是由帧构成的。通过更改连续帧的内容，可以产生动画效果。

1. 帧的类型

在 Flash 中存在 3 种帧，即关键帧、空白关键帧和普通帧，如图 17-8 所示。这 3 种帧都是通过时间轴来创建的。

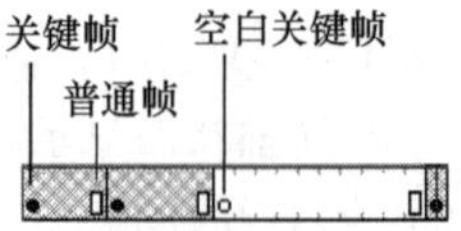

图 17-8　帧的类型

（1）关键帧

关键帧显示为一个黑色实心圆点形状。它表示在这一帧的舞台上真实存在有动画对象，这个动画对象可以是自己制作的图形、外部导入的图形或者是声音文件等。新建关键帧的操作如下：在需要创建关键帧的位置上单击鼠标右键，在弹出的菜单中选择“插入关键帧”命令，即可创建关键帧，或在选中帧的位置上按“F6”键来新建关键帧。

（2）空白关键帧

空白关键帧显示为一个白色空心圆点形状。它表示在这一帧的舞台上没有任何动画对象。创建空白关键帧的操作如下：在需要创建空白关键帧的位置上单击鼠标右键，在弹出的菜单中选择“插入空白关键帧”命令，即可插入空白关键帧，或在选中帧的位置上按“F7”键新建空白关键帧。

（3）普通帧

普通帧显示为一个白色空心矩形形状。普通帧表示延续它上一个关键帧或者空白关键帧的内容一直到这一帧。创建普通帧的操作如下：在需要创建普通帧的位置上单击鼠标右键，在弹出的菜单中选择“插入帧”命令，创建普通帧，或通过按“F5”键插入一个普通帧。

2. 帧标签、注释和锚记

对应每一帧的“属性”面板中，可以设定帧标签、帧注释或命名帧锚记。默认状态下，帧是由帧编号来对应的，若要对选中的帧命名，单击“属性”面板中的“帧”文本框，输入信息，并在“标签类型”下拉列表中选择名称、注释或锚记，如图 17-9 所示。

（1）帧标签

帧标签就是给帧起一个名称。将某一帧用标签指定的作用是便于帧的管理，尤其对于复杂的交互帧动画。若只是采用帧编号，一旦删除或插入帧，帧编号自动进行调整而改变了原来对应帧的内容，而帧标签的设定就不会产生这种问题。帧标签随影片一起输出，因此应尽量使用简单标签来减小文件大小。

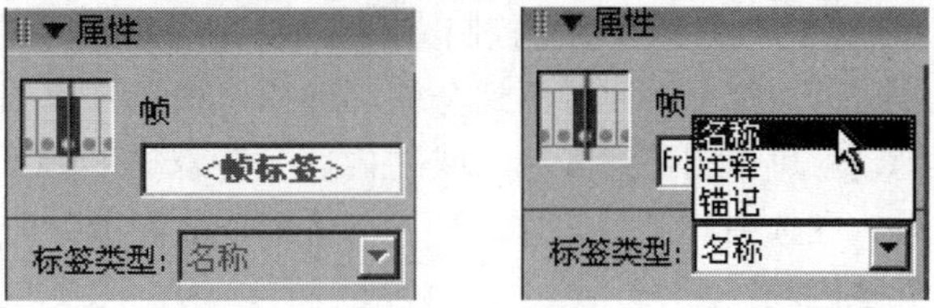

图 17-9 设定帧标签

(2) 帧注释

为帧设定注释有助于理解其在影片中的作用。帧注释不会随影片一起输出，因此注释内容不影响文件大小。帧注释的书写形式是以“//”开始，如“//逐帧动画”。

(3) 帧锚记

命名锚记可以开发实用的用户界面和应用程序。在添加锚记之后，Flash 内容可以被标记，这意味着用户可以使用浏览器中的“前进”、“后退”等指示信息或按钮在 Flash 中进行浏览。

3. 帧频

帧频是动画播放的速度，以每秒播放的帧数（帧/s）为度量单位。帧频太慢会使动画看起来有跳格感，帧频太快会使动画的细节变得模糊。在 Web 上，帧频为 12 帧/s 时通常会得到最佳的效果。QuickTime 和 AVI 影片的帧频通常就是 12 帧/s，但是标准的运动图像速率是 24 帧/s。

动画的复杂程度和播放动画的计算机的速度会影响回放的流畅程度。若要确定最佳帧频，应在各种不同的计算机上测试动画。

Flash 只给整个文档指定一个帧频，因此需要在开始创建动画之前先设置帧频。

17.2.4 舞台与场景

1. 舞台

舞台是放置图形内容的矩形区域，Flash 动画的创作都在这里进行。Flash 创作环境中的舞台相当于 Flash Player 中在回放期间显示 Flash 文档的矩形空间。用户可以在工作时放大和缩小，以更改舞台的视图。图 17-10 所示为舞台视图为 100% 和 50% 的比例效果。

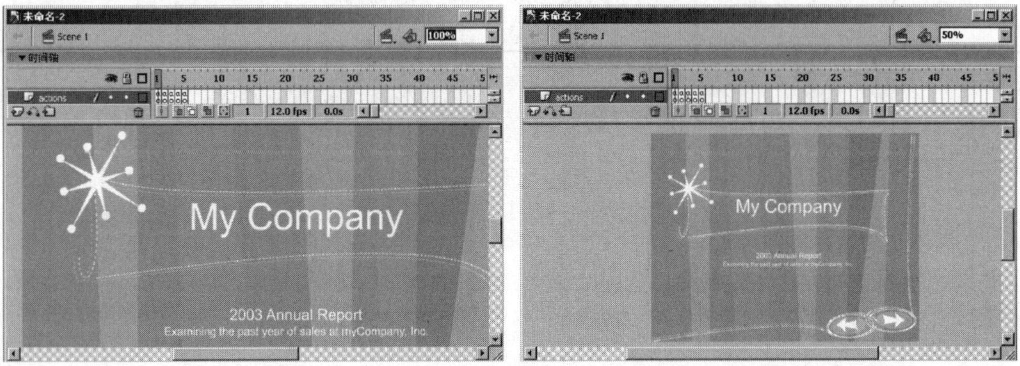

a) 100%视图效果　　b) 50%视图效果

图 17-10 缩放舞台的视图

从图 17-10 中可以看出，文档窗口的右上角显示了舞台视图的百分比。缩放视图时，可以单击该下拉列表箭头，从列表中选择视图显示的大小，也可以使用工具箱中的“放大镜”工具放大或缩小舞台中的局部图像。还可以使用快捷键方法，即按“Ctrl + ‘ + ’”组合键实现放大功能，按下“Ctrl + ‘ – ’”组合键实现缩小功能。

"抓手"工具也是控制文档窗口的必备工具。在工作区被放大以后，舞台上常常只能看到工作区的一部分，而看不到全貌。选择"抓手"工具，将鼠标指针放在工作区上，按住鼠标左键拖动就可以浏览到其他区域的内容了。双击"抓手"工具，舞台将以占满工作区模式显示。另外，在选中其他工具时，按下空格键，鼠标指针即变为"抓手"工具，这时可以将视图移动到其他区域。

2. 场景

要按主题组织文档，可以使用场景。例如，可以使用单独的场景用于简介、出现的消息以及片头片尾字幕，创作长篇幅动画时，可以使用多个场景。

使用场景类似于使用几个 SWF 文件一起创建一个较大的演示文稿。每个场景都有一个时间轴。当播放头到达一个场景的最后一帧时，播放头将前进到下一个场景。发布 SWF 文件时，每个场景的时间轴会合并为 SWF 文件中的一个时间轴。将该 SWF 文件编译后，其行为方式与使用一个场景创建的 FLA 文件相同。

3. 场景的基本操作

场景包含了制作动画所需的基本设置，如动画的背景色设置就相当于舞台剧中的场地、背景与道具等的设置。下面介绍设置场景的主要操作。

选择菜单【窗口】/【其他面板】/【场景】命令，将出现如图 17-11 所示的"场景"面板。

在"场景"面板中可以进行添加、删除、重命名、复制场景以及更改文档中场景的顺序等操作。要更改文档中场景的顺序，可以直接在"场景"面板中将场景名称拖到不同的位置。

17.2.5 工具箱与工具栏

1. 工具箱

Adobe Flash CS5 默认工具箱的样式与 Photoshop 默认工作区样式大体相同，如图 17-12 所示。单击工具箱顶部的展开按钮，则显示为早期版本的双列显示效果。使用工具箱中的工具可以绘图、上色、选择和修改插图，并可以更改舞台的视图。

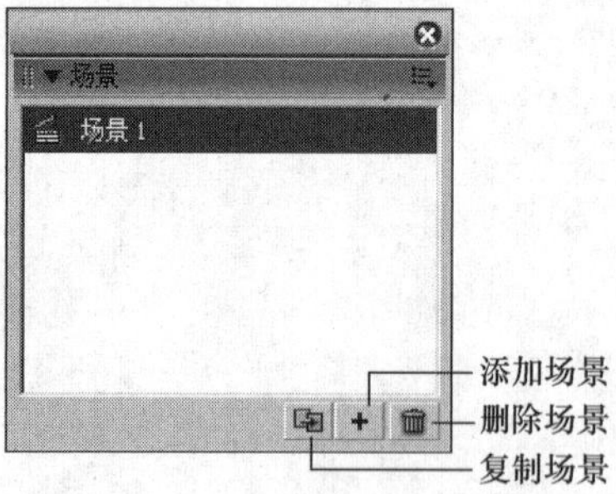

图 17-11 "场景"面板

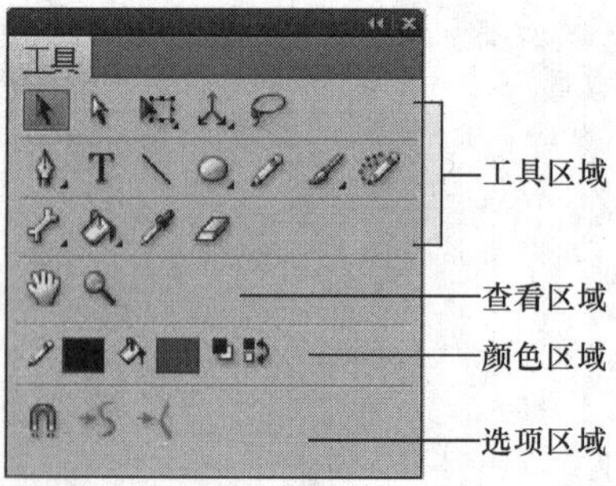

图 17-12 工具箱

工具箱分为以下 4 个部分。

- "工具"区域：包含绘图、上色和选择工具。
- "查看"区域：包含在应用程序窗口内进行缩放和平移的工具。
- "颜色"区域：包含用于笔触颜色和填充颜色的功能键。
- "选项"区域：包含用于当前所选工具的功能键。功能键影响工具的上色或编辑操作。

2. 工具栏

通过执行菜单【窗口】/【工具栏】中的命令，可以分别打开或关闭工具栏。Flash 的工具栏包括 3 个项目：主工具栏、控制器和编辑栏，如图 17-13 所示。主工具栏和控制器位于菜单项下面，具有执行主要命令操作和播放动画的快捷功能；时间轴顶部的编辑栏包含用于编辑场景和元件以及用于更改舞台的缩放比率级别的控件和信息。

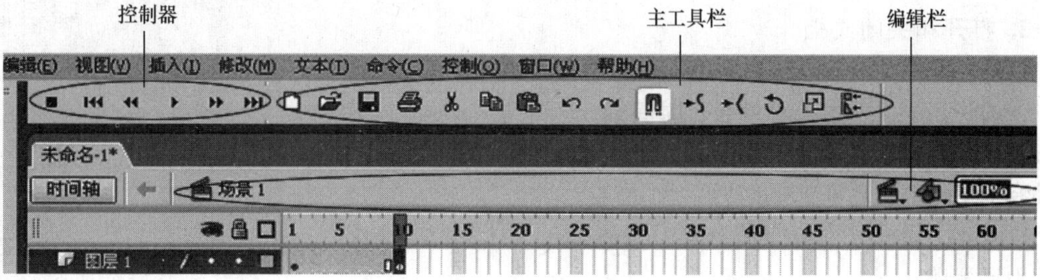

图 17-13　Flash 工具栏

17.3　Flash 基本操作

在了解了 Flash 的工作环境之后，下面进一步学习 Flash 文档的基本操作方法，包括创建新文档、打开文档、关闭文档、保存文档等内容。本节还对 Flash 软件的动画创作流程做一个概述。流程相当于一条主线，不论是简单的 Flash 动画，还是复杂的交互式动画，它贯穿于任何 Flash 动画制作过程的始终。

17.3.1　Flash 文档操作

1. 新建和保存文档

1）选择菜单【文件】/【新建】命令（或按“Ctrl + N”组合键），弹出“新建文档”对话框。该对话框中有“常规”和“模板”两个选项卡，如图 17-14 所示。

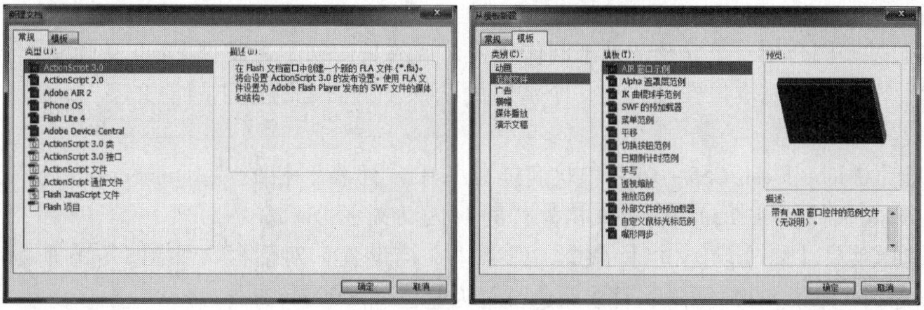

图 17-14　“新建文档”对话框

2）选择“Flash 文档”类型，在对话框右侧的“描述”栏内可以看到文件类型的说明，然后单击“确定”按钮。

3）选择菜单【窗口】/【属性】命令，弹出如图 17-15 所示的“属性”面板。在“属性”

面板中，可以设置文档的相关属性信息，如舞台大小、舞台背景颜色、帧频数以及发布设置等。

4）选择菜单【文件】/【保存】命令，弹出“另存为”对话框。

5）选择文件的保存路径，并为文件命名，文件的扩展名为“. fla”，单击“保存”按钮。

2. 打开和关闭文档

打开一个已完成的 Flash 文档，可以查看到作者是如何设计完成他的作品的。通过查看舞台、时间轴、“属性”面板、“库”面板及其他面板中的内容，可以了解到工作区中的完整信息，这些都有助于提高自己的 Flash 动画制作技能。

Flash 文档的打开和关闭操作与 Dreamweaver 的操作方法相同，在此不再赘述。

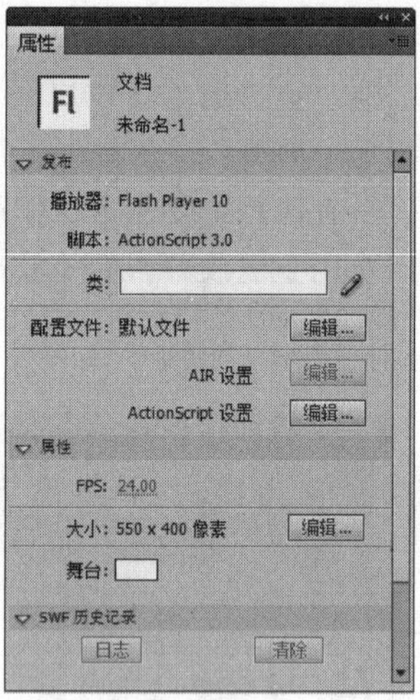

图 17-15 “属性”面板

17.3.2 Flash 动画制作流程

从创建 Flash 动画到最终的动画输出，Flash 动画的完整制作过程可以概括为以下几大步骤。

1）创建新的 Flash 文档。

2）添加媒体内容，包括在 Flash 文档中绘图、导入图片、文本、位图图像、视频、声音、按钮以及影片剪辑。

3）添加动画。在时间轴上创作逐帧动画或插帧动画等。

4）创建基本的交互性。可以添加内置的特效和行为，这部分工作由 Flash 特有的ActionScript（动作脚本）语言完成。

5）在动画完成后，输出到 Flash Player（播放器）中预览应用程序，以确认应用程序在发布之前能够正确工作。

6）发布和查看应用程序。发布成 Web 可浏览文件（. swf），也可以输出成嵌有播放器可以直接播放的 EXE 文件。

17.4 边学边做（闪动的五彩文字）

本节通过实例介绍一个完整的动画制作过程，目的是使初学者掌握 Flash 动画制作的工作流程，同时，对软件的基本操作方法有一个清晰的认识。下面是制作“闪动文字”动画的具体实现步骤。

1）启动 Adobe Flash CS5，单击“欢迎屏幕”中“建新”栏的“ActionScript 2. 0”，即打开一个新的 FLA 文件（*. fla），保存文档为“例 1-闪动文字 . fla”。

2）选择菜单【修改】/【文档】命令，弹出“文档设置”对话框（如图 17-16 所示），修改舞台大小为 500 像素 ×200 像素，背景颜色设置为蓝色（#000066）。

3）单击工具箱中的“文本”工具，在“属性”面板中设置字体为“隶书”，字号为 66，文本颜色为白色（#FFFFFF）。

4）将鼠标指针移入舞台并单击，在文本框中输入“快乐学习”文本，按“Ctrl”键并在文本框外单击鼠标左键，确认所输入的文本内容。

5）单击工具箱中的“选择”工具，将文本移至舞台中间位置，时间轴的第 1 帧为当前的默认帧，状态如图 17-17 所示。

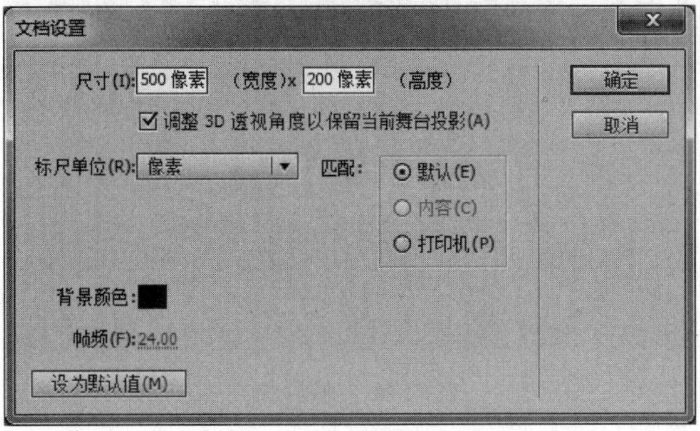

图 17-16 “文档设置”对话框

6）单击时间轴上的第 5 帧，并按“F6”功能键，在第 5 帧处创建一个关键帧。单击舞台上的文本对象，并在“属性”面板中将文本颜色修改为红色（#FF0000）。

7）按照步骤 6）分别在第 10、15、20、25、30 帧处创建关键帧，并重新设置各关键帧中文本的颜色值。由于舞台背景色为深色，因而在文本颜色处理上，尽量选择浅色。

8）将“时间轴”中的“播放头”拖动到第 1 帧处，然后按“Enter”键，播放一次动画效果。

9）选择菜单【文件】/【保存】命令，在弹出的“另存为”对话框中，指定文档保存位置及文件名，文件为默认 Flash 文档（＊. fla）类型，如图 17-18 所示，将文件命名为“闪烁文字 . fla”。

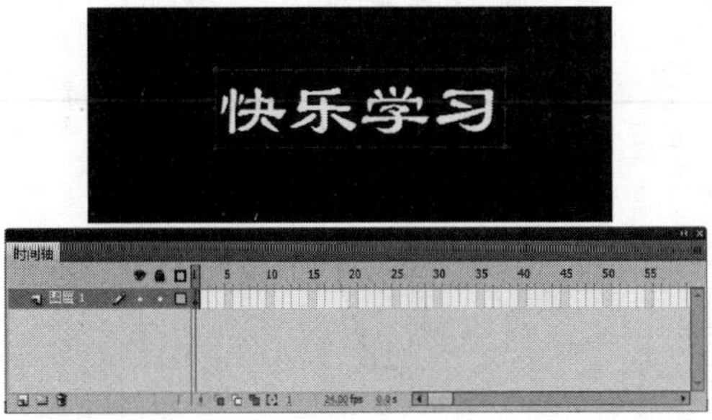

图 17-17 关键帧文本状态

图 17-18 保存文档

10）测试文档，选择菜单【窗口】/【工具栏】/【控制器】命令，弹出“控制器”工具栏，如图 17-19 所示，单击“播放”按钮，直接在工作区中查看动画播放效果。

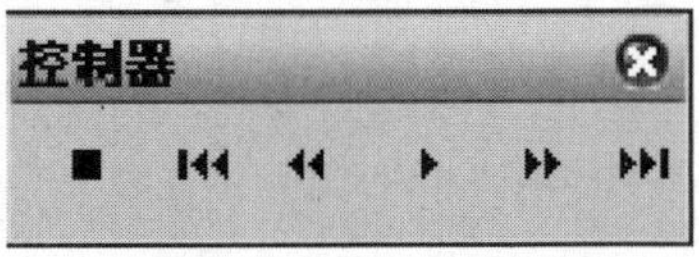

图 17-19 “控制器”工具栏

11）按“Ctrl + Enter”组合键，导出动画浏览窗口如图 17-20所示，直接生成动画播放格式（＊. swf）文件。

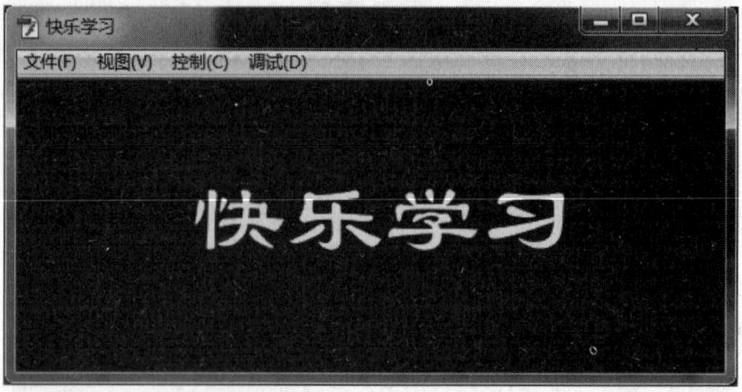

图 17-20　浏览动画

本章小结

本章主要介绍了 Adobe Flash CS5 动画的特点、功能、工作界面和基本操作等内容，通过简单的实例让读者对 Flash 动画的工作流程有一个初步的认识。本章的重点是掌握 Flash 文档的基本操作，包括舞台与场景的属性设置，难点在于能够正确理解各种类型的帧在动画中起到的作用，这对顺利完成动画制作至关重要。

思考与练习

1. Adobe Flash CS5 的主要功能和应用特点有哪些？

2. 练习创建、打开和保存文件。

3. 关闭 Adobe Flash CS5 的欢迎屏幕，利用“首选参数”选项将启动时的界面状态更改为启动时即创建一个新文档。

4. “帧”的类型及创建方法有哪些？如何修改“帧”的类型？

第 18 章　Flash 动画素材准备

使用 Flash 可以创建各种各样的矢量图形和文字对象，也可以导入位图，并将它们制作为动画。

本章主要介绍如何用 Flash 绘画工具进行绘制图形，如何使用颜色、笔触和填充，如何处理图形对象，以及如何导入位图并处理位图等相关知识。掌握使用工具绘图和编辑图形的方法为下一步创建 Flash 动画做素材准备。

本章要点：

- 使用绘画工具绘制图形
- 编辑图形
- 导入位图
- 使用导入的插图

18.1　绘制基础

计算机以矢量或位图格式显示图形。使用 Flash 可以创建压缩矢量图形，并将它们制作为动画。Flash 还可以导入和处理在其他应用程序中创建的矢量图形和位图图形。在第 9 章中已经介绍了矢量图与位图的区别，读者可以参考相应的内容，以巩固绘制的基础知识。

18.1.1　绘制模式

Flash 有两种绘制模式，为绘制图形提供了极大的灵活性。

1. “合并绘制”模式

“合并绘制”模式默认绘制模式重叠绘制的图形时，会自动进行合并。若选择的图形已与另一个图形合并，移动它则会永久改变其下方的图形。例如，如果绘制一个圆形并在其上方叠加一个较小的圆形，然后选择第二个圆形并进行移动，则会删除第一个圆形中与第二个圆形重叠的部分。如图 18-1 所示，使用“合并绘制”模式创建的图形会在叠加时合并在一起，选择图形并进行移动会改变所覆盖的图形。

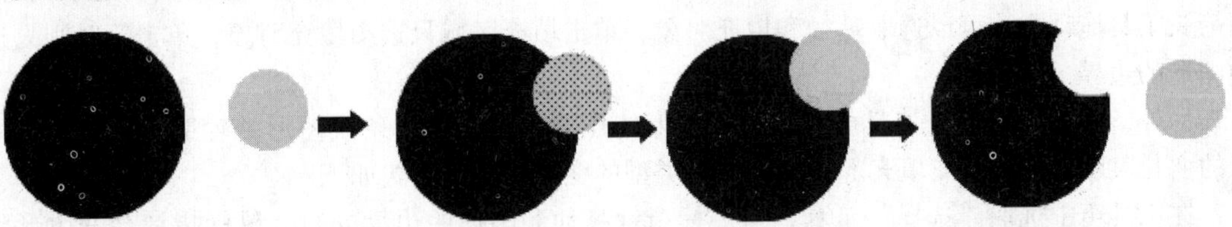

图 18-1　“合并绘制”模式

2. “对象绘制”模式

“对象绘制”模式将图形绘制成独立的对象，这些对象在叠加时不会自动合并。这样在分离或重新排列图形的外观时，会使图形重叠而不会改变它们的外观。Flash 将每个图形创建为独立的对象，可以分别进行处理，如图 18-2 所示。

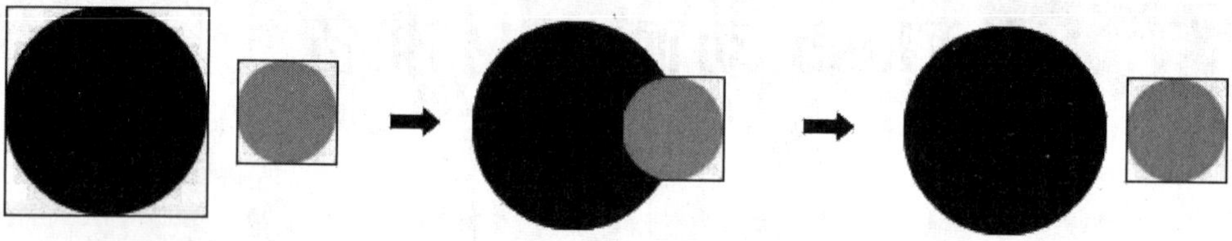

图 18-2 “对象绘制”模式

选择用“对象绘制”模型创建图形时，Flash 会在图形周围添加矩形边框。用户可以使用指针工具移动该对象，只需单击边框然后拖动图形将其置于舞台上。

启用对象绘制模式的操作如下：

1）选择一个支持“对象绘制”模式的绘画工具（如铅笔、线条、钢笔、刷子、椭圆、矩形和多边形工具）。

2）从“工具”面板的“选项”类别中选择“对象绘制”按钮，或按“J”键在“合并绘制”与“对象绘制”模式间切换。“对象绘制”按钮允许在“合并绘制”与“对象绘制”模式之间切换。

18.1.2 选择对象

在工作区中的内容称为对象，要对图形对象进行各种操作，首先要选择对象。在 Flash 中提供了多种选择对象的工具。

1. 使用“选择”工具

工具箱中的黑色箭头工具（）可以用来进行对象的选择、移动、复制、修改、旋转、推拉、缩放矢量线和矢量图形。

选择箭头工具后，在工具箱下方的选项栏中出现如图 18-3 所示的功能按钮。利用这些按钮可以完成以下的操作。

1）对齐对象：自动将两个元素定位，还可以使对象定位于网格上。

2）平滑：平滑操作使曲线变柔和，并减少曲线整体方向上的突起或其他变化。根据每条线段的原始曲直程度，重复应用平滑和伸直操作可以使每条线段更平滑、更直。

3）伸直：可以对每条选定的填充轮廓或曲线进行微小的伸直调整。

选取“选择”工具后，用鼠标单击工作区中的对象即可选中对象，也可以通过拖动出矩形框选择对象，按住“Shift”键，然后单击可以增加选择的对象。图 18-4 显示了不同的选取内容。用箭头工具拖动方法可以选取笔触和填充对象，单击填充区域只选中填充对象，单击笔触则只选中图形的边界。

另外，使用“选择”工具可以拖动线条上的任意一点来对线条或图形的轮廓进行变形。指针的变化表明了在线条或填充上将完成何种类型的变形。操作方法如下：

在工具箱中选取“选择”工具，当鼠标指针移动到图形的边缘处时，鼠标指针会发生形状改变，若鼠标指针形状变为右下角带直角箭头时，表示该处是一个端点；若鼠标指针形状变为右下角带弧线箭头时，表示该处是一条线段。单击鼠标左键进行拖动，如果重新定位的点是一个端点，则会拉伸线段；如果该点是一个角点，形成角点的几条线段在变长或缩短的过程中保持直线段状态。通过拖动带弧线箭头的指针，可以使图形的直线边缘变为曲线效果，或者任意改变曲线边缘的曲线效果。图 18-5 所示为使用箭头工具编辑图形的效果。

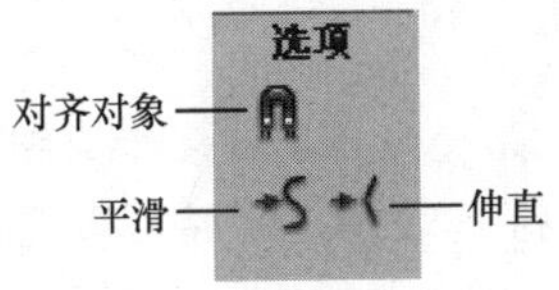

图18-3 “选择”工具选项

图 18-4 选择图形

2. 使用“部分选取”工具

使用“部分选取”工具可以对路径上的锚点进行调整，从而部分改变图形的形状。图 18-6 所示为使用“部分选取”工具调整路径的效果。它的操作方法如下：

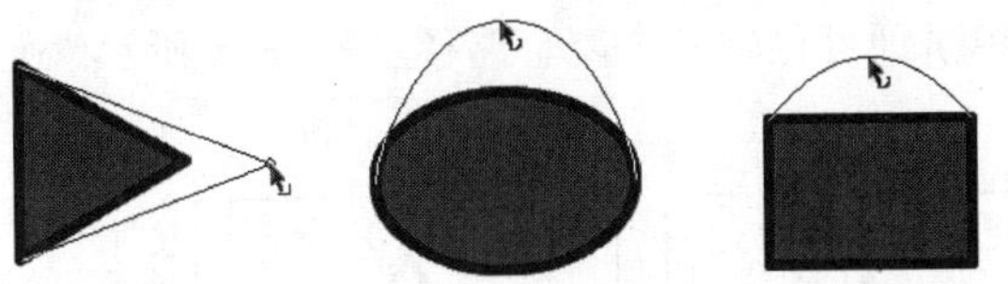

图 18-5 使用“箭头”工具编辑图形的效果

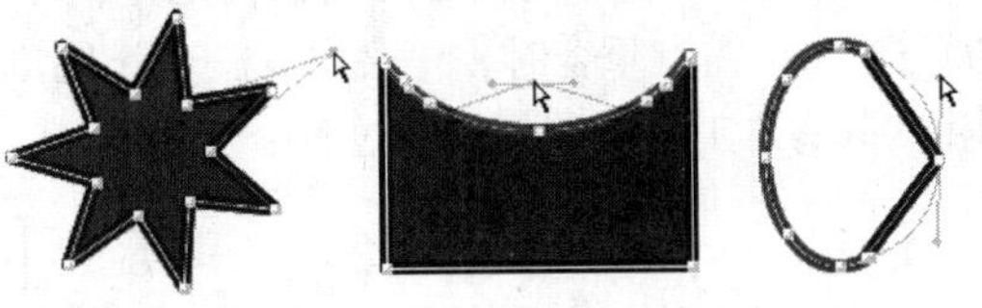

图 18-6 使用“部分选取”工具编辑图形的效果

（1）移动锚点

使用“部分选取”工具直接拖动点，以移动锚点。使用“部分选取”工具选择点，使空心锚点变为实心点，并用上下左右箭头键来移动点，可以微调锚点的位置。

在单击路径时，Flash 将显示锚记点。使用“部分选取”工具调整线段可能会给路径添加一些点。

（2）转换锚点

要将转角点转换为曲线点，可使用“部分选取”工具来选择该点，然后按住“Alt”键拖动该点来放置切线手柄。要将曲线点转换为转角点，可用“钢笔”工具单击该点。

（3）调整曲线上的点或切线手柄

选择“部分选取”工具，然后在曲线段上选择一个锚点。在选定的点上就会出现一个切线手柄。要调整锚记点两边的曲线形状，可拖动该锚记点，或者拖动切线手柄。按下“Shift”键拖动会将曲线限制为倾斜 45°；在拖动时按住“Alt”键可单独拖动每个切线手柄。

3. 使用“套索”工具

使用“套索”工具可以选择不规则的区域。单击工具箱中的“套索”工具，可以看到工具箱的选项栏中显示了 3 个功能按钮，即“魔术棒”、“魔术棒属性”和“多边形模式”。

默认“套索”工具的选项模式是“魔术棒”的“自由选取”模式，鼠标随意拖动既可以是封闭区域，又可以是不封闭的区域，套索工具都可以创建一个完整的选择区域。在自由选取模式下，按住“Alt”键，则可以选择直线区域；按住“Shift”键可以连续选择多个区域。

18.2 使用绘画工具

Flash 提供了各种工具来绘制自由形状，精准的线条、形状和路径，并可以用来对填充对象涂色，这些工具都放在工具箱中。图18-7所示为工具箱中的绘画工具。

绘画工具可以创建和修改文档中插图的形状。在前面Fireworks软件知识的介绍中，我们已经了解了计算机总是以矢量或位图格式显示图形，使用Flash可以创建压缩矢量图形并将它们制作为动画。

18.2.1　使用“钢笔”工具绘制路径

在Flash中绘制线条或形状时，将创建一个名为路径的线条。路径由一个或多个直线段或曲线段组成。每个段的起点和终点由锚点（类似于固定导线的销钉）表示。路径可以是闭合的（例如圆），也可以是开放的，有明显的终点（例如波浪线）。

1. 绘制直线段

先要创建锚记点，也就是线条上确定每条线段长度的点。将指针定位在舞台上，单击以定义第一个锚记点。在另一位置再次单击，确定一条直线的终点。按住“Shift”键单击，可以使线条以45°倾斜。继续单击以创建其他直线段。双击最后一个点，或单击工具栏中的“钢笔”工具，或按住“Ctrl”键单击路径外的任何地方，即可完成一条开放路径的绘制。当“钢笔”工具的笔尖与第1个锚点重合时，笔尖出现一个小圆圈，单击即可创建一个闭合路径。图18-8所示为使用“钢笔”工具绘制直线的过程。

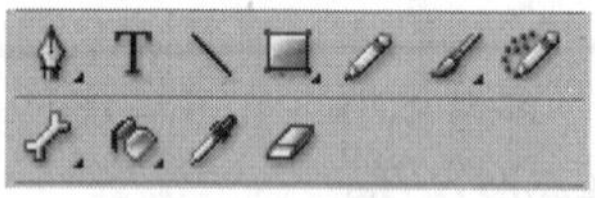

图18-7　绘画工具

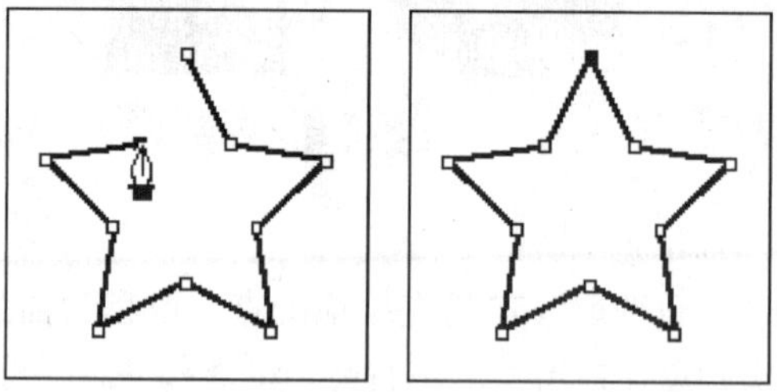

图18-8　使用“钢笔”工具绘制直线

2. 绘制曲线路径

选择“钢笔”工具，将“钢笔”工具移入舞台上，然后单击鼠标左键，此时出现第一个锚记点，并且鼠标指针变为箭头形状。向要绘制曲线段的方向拖动鼠标，会出现曲线的切线手柄。释放鼠标左键，切线手柄的长度和斜率决定了曲线段的形状。将鼠标指针放在想要结束曲线段的地方，单击鼠标左键，然后朝相反的方向拖动来完成线段。图18-9所示为使用“钢笔”工具绘制不同形状的曲线效果。

3. 编辑路径上的锚点

用户可以通过拖动路径的锚点、显示在锚点方向线末端的方向点或路径段本身，来改变路径的形状，如图18-10所示。

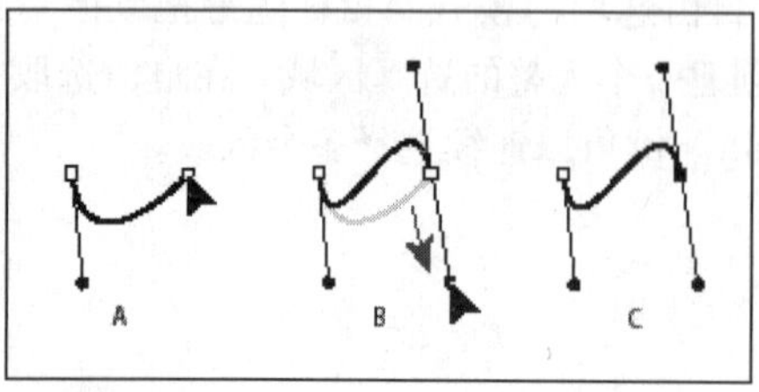

图18-9　使用“钢笔”工具绘制曲线

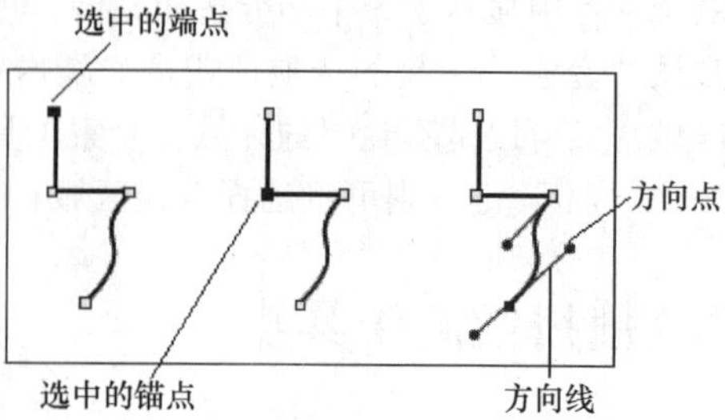

图18-10　绘制路径

从图 18-11 所示的路径可以看到，路径具有两种锚点：角点和平滑点。在角点，路径突然改变方向；在平滑点，路径段连接为连续曲线。用户可以使用角点和平滑点的任意组合绘制路径，也可随时更改。

使用“钢笔”工具可以在已创建好的路径上添加锚点或者将路径上的锚点删除，还可以利用“钢笔”工具将曲线点转换成角点。操作方法如下：

将钢笔笔尖移至路径上，当鼠标指针由一个钢笔形状变为钢笔右下角带“+”号的形状时，单击鼠标即可添加一个新的锚点。

将钢笔笔尖放在路径的一个曲线点上时，鼠标指针变为钢笔右下角带尖角形状，单击即可将曲线点转换成角点。在角点处钢笔形状变为钢笔右下角带“-”号形状，再次单击即可删除该锚点。图 18-12 所示为路径上角点与曲线点的转换操作。

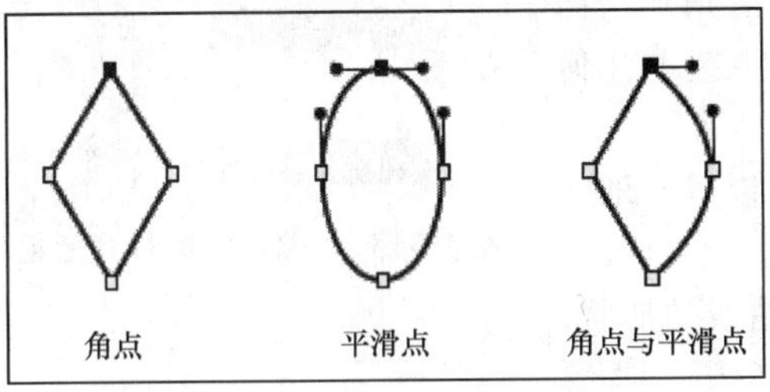

图 18-11　角点和平滑点

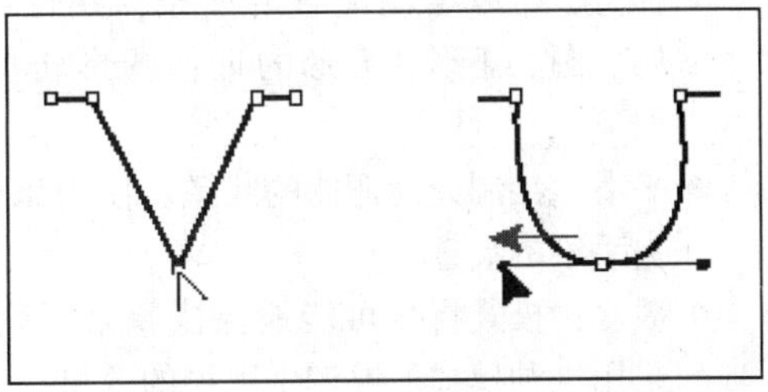

图 18-12　角点与曲线点的转换

4. 方向线和方向点

选择连接曲线段的锚点时，连接线段的锚点会显示方向手柄，方向手柄由方向线组成，方向线在方向点处结束。方向线的角度和长度决定曲线段的形状和大小。移动方向点将改变曲线形状。方向线不显示在最终输出上。平滑点始终具有两条方向线，它们一起作为单个直线单元移动。在平滑点上移动方向线时，点两侧的曲线段同步调整，保持该锚点处的连续曲线。

相比之下，角点可以有两条、一条或者没有方向线，具体取决于它分别连接两条、一条还是没有连接曲线段。角点方向线通过使用不同的角度来保持拐角。当在角点上移动方向线时，只调整与方向线同侧的曲线段。图 18-13 所示为通过编辑方向线改变曲线外观的效果。

方向线始终与锚点处的曲线相切。每条方向线的角度决定曲线的斜率，而每条方向线的长度决定曲线的高度或深度，如图 18-14 所示。

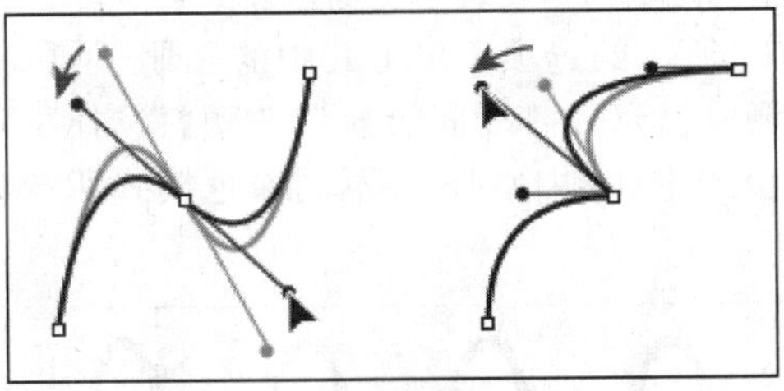

图 18-13　编辑方向线

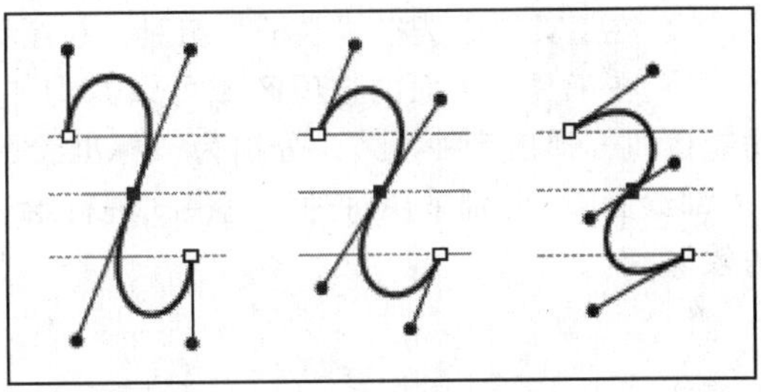

图 18-14　调整曲线的高度或深度

18.2.2　绘制线条

1. “铅笔”工具

使用“铅笔”工具可以绘制任意的线条和形状。并且，在画完之后，Flash 能够把不是很直的画线变直，或者把尖角变得柔和、钝化。这一点是Flash“铅笔”工具的一大特色，熟悉使用会有助于用户在Flash中进行丰富的创作。

选择“铅笔”工具后，在“属性”面板中可以设置笔触颜色、线条粗细和样式。其中，路径终点的样式由“端点”选项设定。图18-15所示为端点的样式效果。

- 无：对齐路径终点。
- 圆角：添加一个超出路径端点半个笔触宽度的圆头端点。
- 方形：添加一个超出路径半个笔触宽度的方头端点。

工具箱下面的选项栏中可以选择铅笔的3种绘图模式：“伸直”、“平滑”和“墨水”。图18-16显示了分别在“伸直”、“平滑”和“墨水”模式下绘制的线条效果。

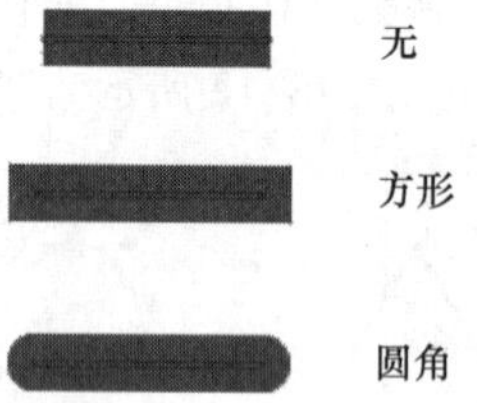

图18-15　“端点”的样式效果

- 伸直：可以绘制笔直的线条，并且可以将三角形、椭圆、圆、矩形和方形的近似图形转换为这些基本几何图形。
- 平滑：绘制光滑弯曲的线条，使用该模式可以较好地除去手绘的痕迹。
- 墨水：模式将尽可能地保持原来所绘制的曲线的形状，采用这种模式能够产生手绘的效果。

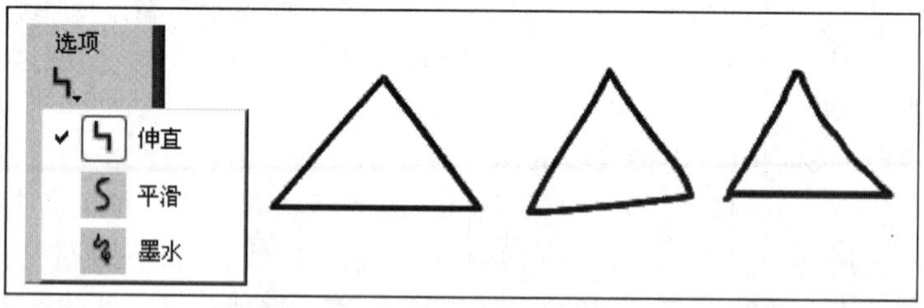

图18-16　“铅笔”工具的绘图模式

2. “刷子”工具

“刷子”工具能绘制出刷子般的笔触，就像涂色一样。它可以创建特殊效果，包括书法效果。用户可以使用“刷子”工具功能按钮选择刷子大小和形状。使用“刷子”工具涂色的方法如下：

1）在工具箱中选择“刷子”工具，在工具箱的颜色区域选中一种填充颜色。

2）在工具箱下面的选项区域可以看到如图18-17所示的选项，单击其中的“刷子模式”功能按钮，弹出5种模式，分别为“标准绘画”、“颜料填充”、“后面绘画”、“颜料选择”和“内部绘画”，分别采用每种涂色模式进行绘制，便会产生如图18-18中不同涂色模式所产生的效果。

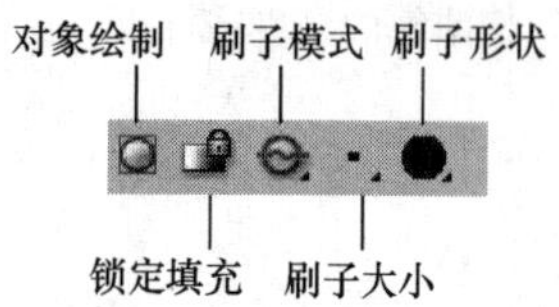

图18-17　刷子的涂色模式选项

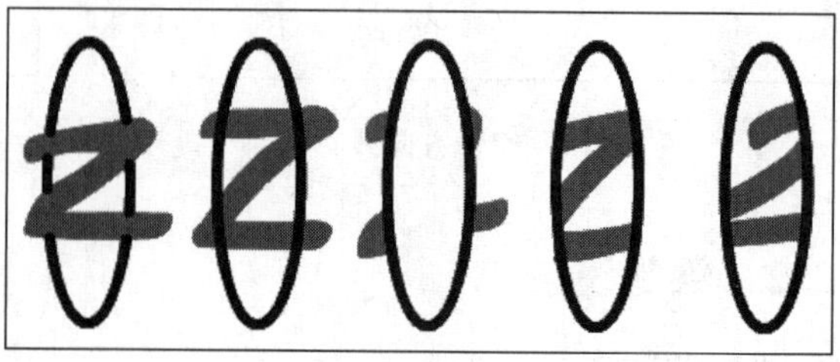
图18-18　刷子不同模式的绘图效果

- 标准绘画：会在同一层的线条和填充上涂色。
- 颜料填充：对填充区域和空白区域涂色，不影响线条。
- 后面绘画：在舞台上同一层的空白区域涂色，不影响线条和填充。
- 颜料选择：在”属性”面板中选择填充时，“颜料选择”会将新的填充应用到选区中。此选项就跟简单地选择一个填充区域并应用新填充一样。
- 内部绘画：对开始刷子笔触时所在的填充进行涂色，但不对线条涂色。这种做法很像一本智能色彩书，不允许在线条外面涂色。如果在空白区域中开始涂色，该填充不会影响任何现有填充区域。

3）从“刷子”工具的选项区域中选择一种刷子大小和刷子形状，然后在舞台上拖动绘制图案。

18.2.3　绘制简单图形

使用“线条”工具、“椭圆”工具和“矩形”工具可以绘制基本的几何形状，其用法和其他一些绘图软件中的工具用法相似。

1. 绘制直线

在工具箱中选中“线条”工具后，在“属性”面板中可以选择适合的笔触和填充属性。单击面板中的“自定义”按钮，可以弹出如图 18-19 所示的“笔触样式”对话框，可以设置更多的线条样式。

2. 绘制矩形和椭圆

在“矩形”工具上单击并按住鼠标左键，然后在弹出的菜单中选择工具。图 18-20 所示为一组绘制规则图形的工具。

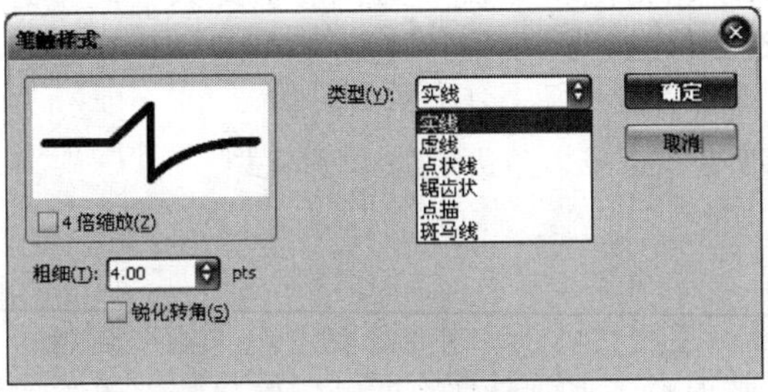

图 18-19　自定义笔触样式

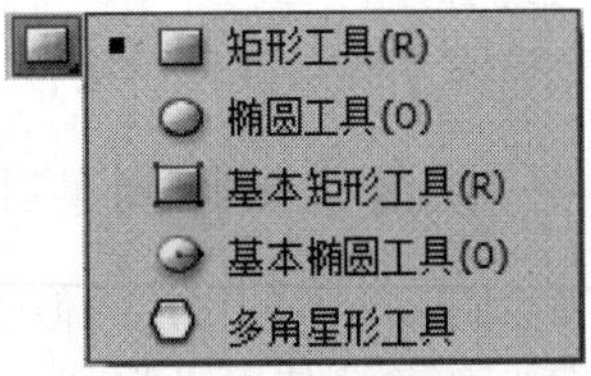

图 18-20　规则图形工具

使用“椭圆”工具和“矩形”工具可以创建基本几何形状，使用图元矩形工具或图元椭圆工具创建矩形或椭圆时，不同于使用“对象绘制”模式创建的形状，Flash 将形状绘制为独立的对象。图元形状工具可使用“属性”面板中的控件，指定矩形的角半径以及椭圆的开始角度、结束角度和内径。“椭圆”工具与“矩形”工具的使用方法相似，下面就以“矩形”工具为例介绍其创建和编辑方法。

提示：

使用“矩形”工具时，在拖动的同时，按住上下箭头键可以调整圆角半径。对于“椭圆”工具和“矩形”工具，按住“Shift”键拖动，可以将形状限制为圆形和正方形。对于“线条”工具，按住“Shift”键拖动，可以将线条限制为倾斜 45°的倍数。

3. 创建和编辑图元对象

要创建图元矩形，首先选择“基本矩形”工具，在舞台上拖动鼠标创建图元矩形，此时观察“属性”面板，显示出3类属性参数，如图18-21所示，分别是“位置和大小”、“填充和笔触”及“矩形选项”。用户可以分别展开各类属性，对矩形图元进行编辑修改。

如图18-22所示，在“属性”面板的“矩形选项”中，单击底部“将边角半径锁定为一个控件”按钮，将锁定状态打开后，可以单独修改每个边角半径值，获得理想的效果。

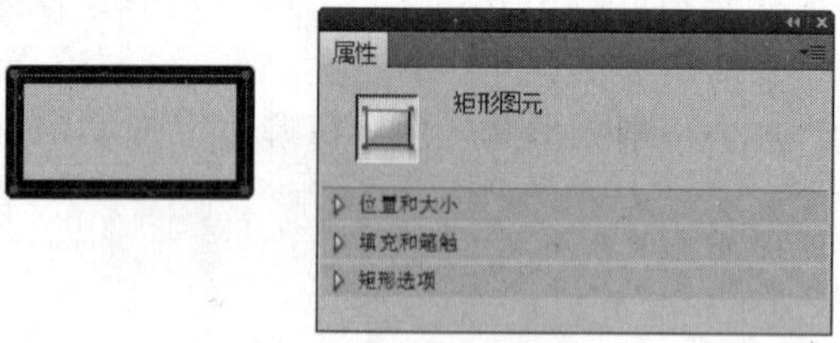

图18-21　创建图元矩形

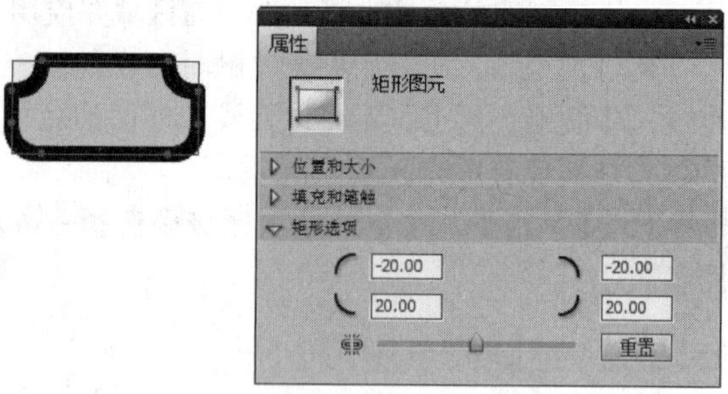

图18-22　编辑图元矩形

4. 绘制多边形和星形

绘制多边形或星形的操作如下：

1）在工具箱的“矩形”工具上单击鼠标左键，从弹出的菜单中选择“多角星形”工具。

2）在“属性”面板中单击“选项”按钮，弹出“工具设置”对话框，如图18-23所示。

3）在“工具设置”对话框中可以指定样式、边数和星形顶点大小等参数。

- 样式：选择“多边形”或“星形”。
- 边数：输入一个3～32的整数。
- 星形顶点大小：输入一个0～1的数字以指定星形顶点的深度。此数字越接近0，创建的顶点就越深（如针）。如果是绘制多边形，应保持此设置不变，它不会影响多边形的形状。

4）设置“端点”和“接合”参数可以改变线条或多角边形的绘制样式。

18.2.4　使用“喷涂刷”工具绘图

“喷涂刷”工具的作用类似于粒子喷射器，使用它可以一次将形状图案“刷”到舞台上。默认情况下，喷涂刷使用当前选定的填充颜色喷射粒子点。但是，可以使用“喷涂刷”工具将影片剪辑或图形元件作为图案应用。图18-24所示可以将“元件1”的图案喷涂到舞台上，形成喷射状效果。

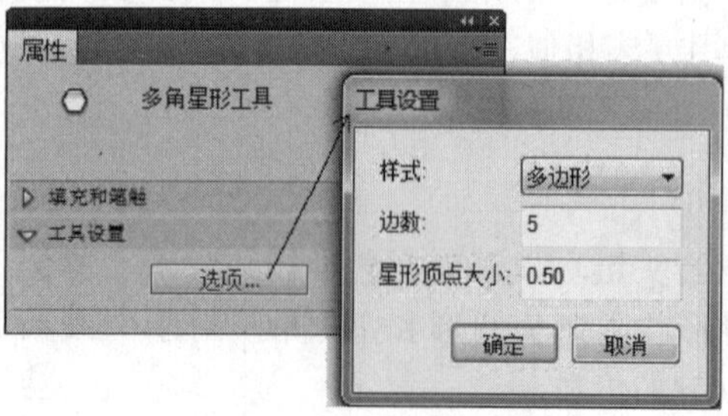

图18-23　设置多角星形样式

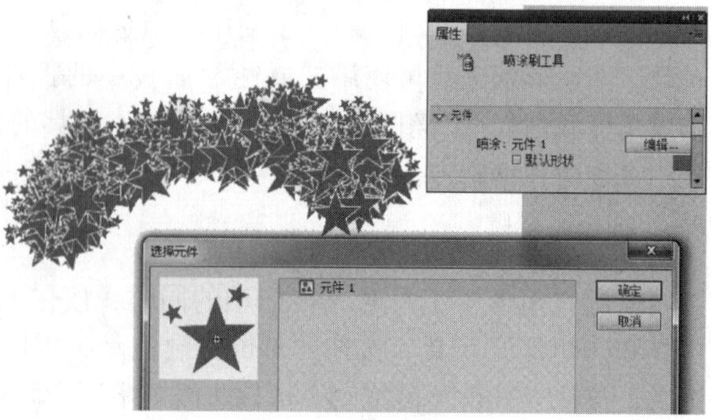

图18-24　喷涂刷喷涂效果

18.2.5　使用装饰性绘画工具

借助装饰性绘画工具，可以将创建的图形形状转换成复杂的几何图案。装饰性绘画工具使用算术计算（称为过程绘图），这些计算应用于库中创建的影片剪辑或图形元件，这样，就可以使用任何图形形状或对象创建复杂的图案。

单击工具箱中的“Deco”工具，在使用该工具进行绘制前，先打开“属性”面板，选择“绘制效果”，Flash CS5 提供的多种绘制效果选项如图 18-25 所示。下面就针对其中的几种效果的功能作进一步说明。

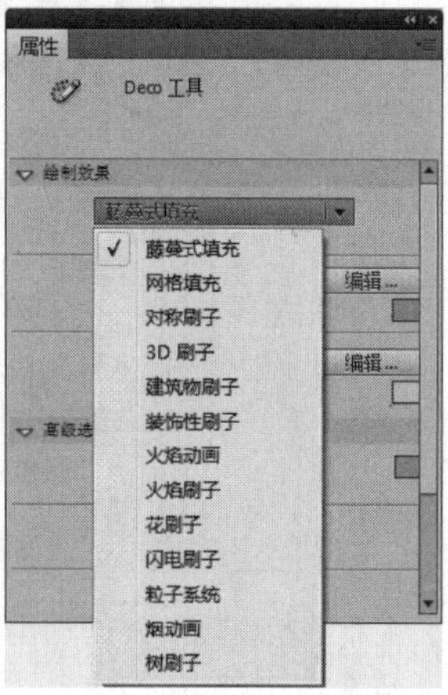

图 18-25　“Deco”工具绘制效果选项

1. 藤蔓式填充

利用藤蔓式填充效果，可以用藤蔓式图案填充舞台、元件或封闭区域。通过从库中选择元件，可以替换叶子和花朵的插图。生成的图案将包含在影片剪辑中，而影片剪辑本身包含组成图案的元件。

从如图 18-26 所示的图案中可以看到，图 18-26a 为系统提供的默认填充效果，图 18-26b 是将叶子和花朵替换为插图元件后的填充效果。该实例的实现需要具备元件、库等相关知识，可参考 19.2 节内容，以便更好地完成实例操作。

a)　　　　b)

图 18-26　藤蔓式填充效果

下面通过一个实例操作具体介绍实现上述藤蔓式填充效果的方法。

1）创建一个新的文档，并保存为“例 1-填充图案 . fla”。

2）先将需要的素材图片导入到“库”面板中。选择菜单【文件】/【导入】/【导入到库】命令，依次选择文件夹中的“leaf. gif”和“butterfly. gif”到“库”面板中，在“库”面板中可以看到两个图片文件的列表，并在预览窗中可见。

3）按“Ctrl + F8”组合键，弹出“创建新元件”对话框，在对话框中输入元件名称为“butterfly”，单击“确定”按钮。将“库”面板中的“butterfly. gif”选中并拖到窗口舞台中，则此时创建了名为“butterfly”的元件。

4）按照步骤 3）的方法再创建“leaf”元件。此时，“库”面板中已经具有 4 个元素了，如图 18-27 所示，列表中存在两个位图和两个元件。

5）在工具箱中选择“Deco”工具，然后选择“属性”面板中的绘制效果为“藤蔓式填充”，此时树叶设置是“没有元件”的默认形状，如图 18-28 所示。

6）单击“树叶”栏旁边的“编辑”按钮，即弹出“选择元件”对话框，在列表中选择“leaf”，单击“确定”按钮，如图18-29所示。

图18-27 “库”中的元件

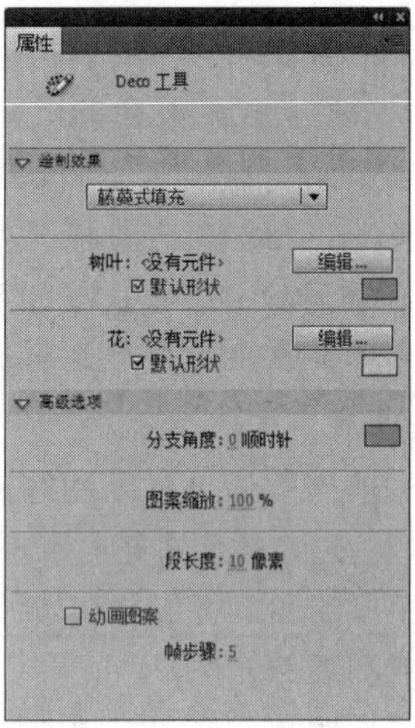

图18-28 “属性”面板

7）单击“花”栏旁边的“编辑”按钮，即弹出“选择元件”对话框，在列表中选择“butterfly”，单击“确定”按钮。

8）将鼠标指针移入舞台场景，单击鼠标左键，绘制图案。

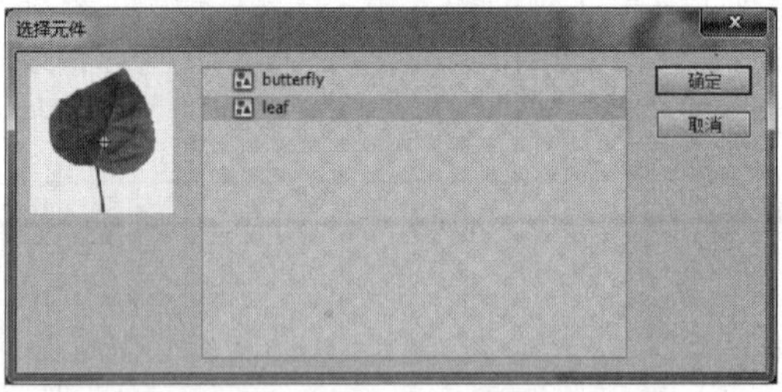

图18-29 “选择元件”对话框

2. 对称刷子

使用对称刷子效果，可以围绕中心点对称排列元件。在舞台上绘制元件时，将显示一组手柄。可以使用手柄通过增加元件数、添加对称内容或者编辑和修改效果的方式来控制对称效果。

使用对称刷子效果可以创建圆形用户界面元素（如模拟钟面或刻度盘仪表）和旋涡图案。对称刷子效果的默认元件是25像素×25像素、无笔触的黑色矩形形状。

在“属性”面板中从“绘制效果”弹出菜单中选择“对称刷子”时，下面将显示“对称刷子”高级选项，包括“跨线反射”、“跨点反射”、“旋转”和“网格平移”。图18-30所示为使用对称刷子填充图案的效果。

图18-30 对称刷子填充效果

3. 树刷子

通过树刷子效果，可以快速创建树状插图。

使用“树刷子”工具绘制图案的方法如下：在舞台上拖动以创建树，通过拖动操作创建大型分支，通过将光标停留在一个位置创建较小的分支。在如图 18-31 所示的插图中，表现了应用多种类型的树木样式绘制的效果。

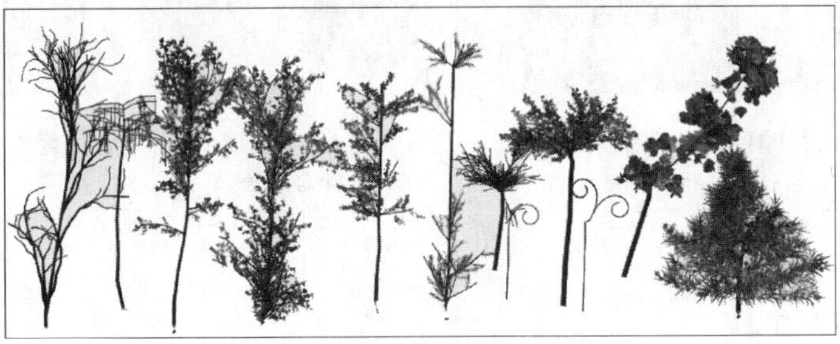

图 18-31 树刷子效果

18.3 使用编辑和修饰工具

在 Flash 工具箱中，有多种编辑和修饰工具，包括“颜料桶”工具、“墨水瓶”工具、“滴管”工具、“任意变形”工具、“填充变形”工具和“橡皮擦”工具等。

18.3.1 “颜料桶”工具和“墨水瓶”工具

1. “颜料桶”工具

使用“颜料桶”工具可以给闭合区域填充颜色，它可以用基本色、渐进填充和位图填充 3 种方式进行填充。图 18-32 所示为几种方式的填充效果及“颜色”面板状态。使用“颜料桶”工具也可以填充不闭合的区域，只要空隙的大小在规定的范围之内（可以指定 Flash 封闭图形的空隙大小范围）。“颜料桶”工具还可以用来调整渐进填充和位图填充的大小、方向和中心。

使用“颜料桶”工具的操作方法如下：选择“颜料桶”工具，单击工具箱下方的选项栏中的缺口尺寸按钮，选择尺寸选项（与“刷子”工具的选项一致）。其中，“不封闭空隙”填充时不忽略空隙的存在。根据空隙的大小程度分为小、中和大，使 Flash 填充时忽略有空隙的图形。

在“属性”面板中选择填充颜色和风格，颜色的选择也可以通过“颜色”面板设置。该面板提供了更改笔触和填充颜色，以及创建多色渐变的选项。

2. “墨水瓶”工具

使用“墨水瓶”工具可以改变笔画的颜色、线宽、风格或图形轮廓，仅可以使用基本色，而不能使用渐进或位图。图 18-33 所示为几种笔触效果和“属性”面板。

“墨水瓶”工具的使用方法很简单，选择该工具后，在“属性”面板中选择合适的笔触颜色、高度及样式类型，若需要进一步编辑该样式，则可以单击右侧的“编辑笔触样式”按钮，会弹出对应的“笔触样式”对话框，在对话框中设置所需参数。如图 18-34 所示的对话框显示了“斑马线”类型样式的参数选项信息。“墨水瓶”工具属性设置完成后，将鼠标指针移到图形或线段的边界处，单击即可将新的笔触样式添加到图形上。

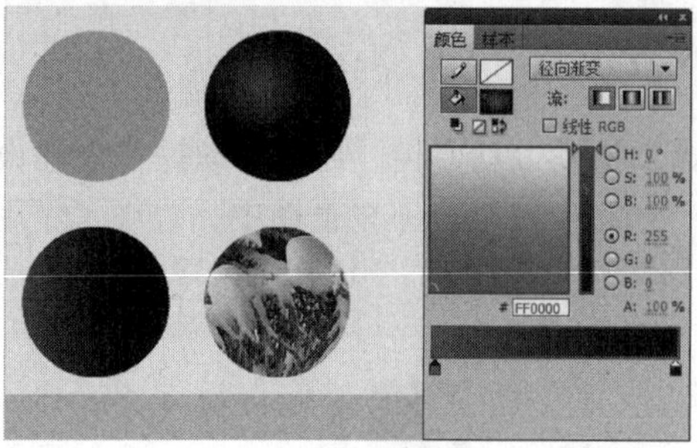

图 18-32　几种颜色填充效果

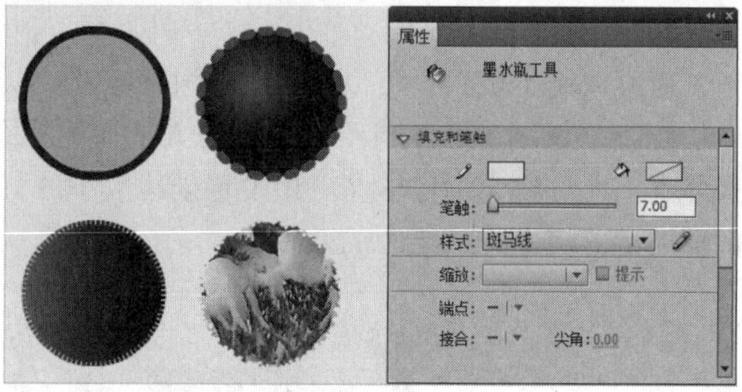

图 18-33　几种笔触样式效果

18.3.2 “变形”工具

1.“任意变形”工具

使用“任意变形”工具可以使选中对象产生变形效果。使用“任意变形”工具选中要变形的对象后，可以在工具箱下面的选项栏中进一步选择变形类型，如图 18-35 所示。可以单独执行某个变形操作，也可以将诸如移动、旋转、缩放、倾斜和扭曲等多个变形操作组合在一起执行。

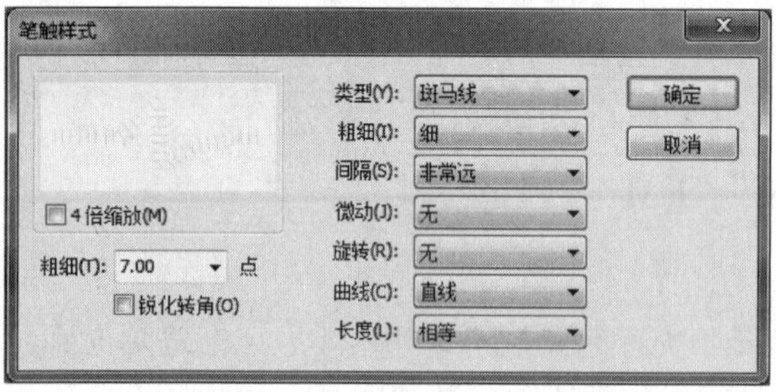

图 18-34　“笔触样式”对话框

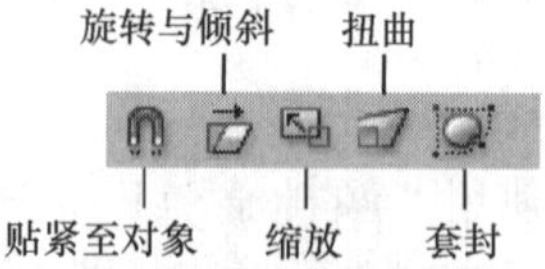

图 18-35　“任意变形”工具选项栏

选中“旋转与倾斜”选项，则对象的边框上出现 8 个调节点，将鼠标指针移动到 4 个角点之一的外侧位置，鼠标指针变成旋转符号，单击鼠标左键并拖动可以使图形发生旋转。若调整中心控制点，则可以使图形以中心点为轴旋转。图 18-36 为图形的缩放、旋转与倾斜效果。

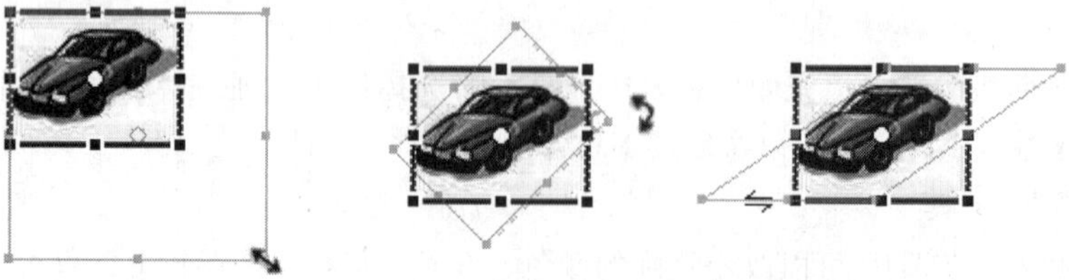

图 18-36　图形的缩放、旋转与倾斜

- 缩放：可以对矩形进行等比例缩放。
- 扭曲：将鼠标指针移动到矩形调节点上，鼠标指针会变成一个三角形，单击并拖动鼠标可以使图形产生扭曲效果。
- 封套：图形外边框控制点增加，将鼠标指针移动到任意调节点上拖动可以进行扭曲变形。

2. “渐变变形”工具

使用“渐变变形”工具可以用来调整渐变颜色的渐变方向、对应颜色的填充位置和缩放渐变色区域的长度。使用“填充变形”工具可以调整线性渐变填充样式，也可以调整辐射渐变填充样式，还可以调整位图图形填充样式。图 18-37 所示为调整线性渐变填充样式的效果。

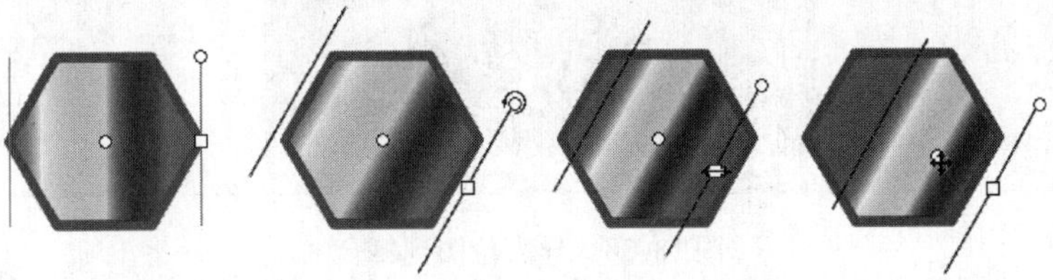

图 18-37　调整线性渐变填充样式

18.3.3 “橡皮擦”工具

使用“橡皮擦”工具可以删除笔划和填充，可以快速擦除舞台上的所有对象，擦除独立的笔划线段或填充区域，或者通过拖动来擦除。

选择“橡皮擦”工具后，可以在工具箱的选项栏中选择不同形状和大小的橡皮擦类型，然后进行对象的擦除。单击“橡皮擦模式”功能键并选择一种擦除模式。

- 标准擦除：擦除同一层上的笔触和填充。
- 擦除填色：只擦除填充，不影响笔触。
- 擦除线条：只擦除笔触，不影响填充。
- 擦除所选填充：只擦除当前选定的填充，不影响笔触（不论笔触是否被选中）。
- 内部擦除：只擦除橡皮擦笔触开始处的填充。如果从空白点开始擦除，则不会擦除任何内容。以这种模式使用“橡皮擦”工具并不影响笔触。

可以自定义“橡皮擦”工具，以便只擦除笔触、只擦除数个填充区域或单个填充区域。“橡皮擦”工具可以是圆的或方的，它可以有 5 种尺寸。选择设置确定后，在舞台上拖动，即可拖动擦除区域图形。

提示：

若要快速删除舞台上的所有内容，则双击“橡皮擦”工具即可。若希望快速擦除填充或笔触，则可以选择“水龙头”，单击想擦除的填充区域或边界，这时，橡皮擦就把所有连接的相同属性的笔触或区域全部擦除。

18.4 处理位图和图形

18.4.1 位图的导入

1. 导入位图到舞台

Flash 可以导入矢量图形、位图和图像序列，将位图导入 Flash 时，该位图可以修改，并可用各种方式在 Flash 文档中使用它。

选择菜单【文件】/【导入】/【导入到舞台】命令，如图 18-38 所示为导入位图到舞台的效果。在舞台上选择位图后，“属性”面板会显示该位图的元件名称、像素尺寸以及在舞台上的位置。

图 18-38　导入位图到舞台

2. 导入位图到“库”面板

可以先将位图作为素材导入到“库”面板中，需要时再从“库”面板中拖拽到舞台。选择菜单【文件】/【导入】/【导入到库】命令，则“库”面板中存放选中的位图。

对导入的位图应用消除锯齿功能，平滑图像的边缘，也可以选择压缩选项，以减小位图文件的大小，以及格式化文件，以便在 Web 上显示。

设置位图属性的操作如下：在“库”面板中选择一个位图，然后单击“库”面板底部的“属性”按钮，则弹出“位图属性”对话框，在对话框中选择参数来进一步设置位图的属性。

18.4.2　将位图转换为矢量图形

“转换位图为矢量图”命令将位图转换为具有可编辑的离散颜色区域的矢量图形。将图像作为矢量图形处理，便可以减小文件大小。

提示：

如果导入的位图包含复杂的形状和许多颜色，则转换后的矢量图形的文件比原始的位图文件大。若要找到文件大小和图像品质之间的平衡点，可以进行“转换位图为矢量图”对话框中的各种设置。

将位图转换为矢量图形的操作如下：

1）选择当前场景中的位图。

2）选择菜单【修改】/【位图】/【转换位图为矢量图】命令。

3）弹出“转换位图为矢量图”对话框，设置各项参数如图 18-39 所示，创建最接近原始位图的矢量图形。图 18-40 所示为将位图转换为矢量图的效果。

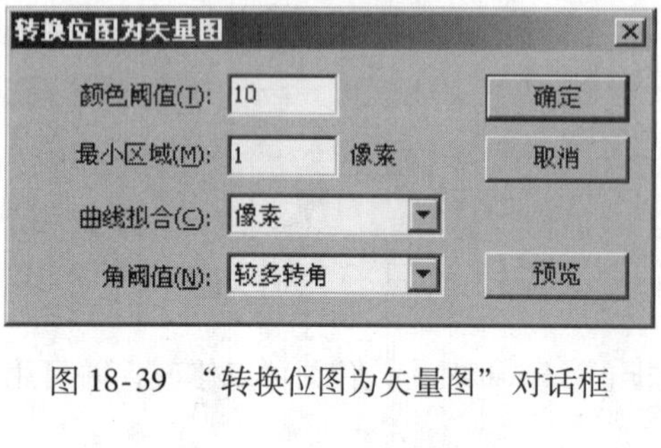

图 18-39　“转换位图为矢量图”对话框

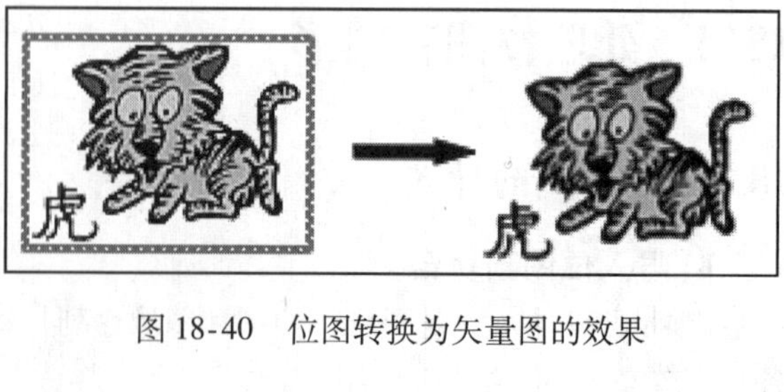

图 18-40　位图转换为矢量图的效果

- 颜色阈值：当两个像素进行比较后，如果它们在 RGB 颜色值上的差异低于该颜色阈值，则认为这两个像素颜色相同。如果增大该阈值，则意味着降低了颜色的数量。
- 最小区域：输入一个值来设置为某个像素指定颜色时需要考虑的周围像素的数量。

● 曲线拟合：选择一个选项来确定绘制轮廓所用的平滑程度。
● 转角阈值：选择一个选项来确定保留锐边还是进行平滑处理。

18.4.3　处理图形对象

1. 合并对象

通过合并或改变现有对象来创建新形状，选择【修改】/【合并对象】菜单中的命令，从而改变操作对象的形状。“合并对象”有以下 4 种命令。

1）联合：将两个或多个形状合成单个形状。将生成一个“对象绘制”模型形状，它由联合前形状上所有可见的部分组成。将删除形状上不可见的重叠部分。

2）交集：创建两个或多个对象的交集的对象。生成的“对象绘制”形状由合并的形状的重叠部分组成。将删除形状上任何不重叠的部分。生成的形状使用堆叠中最上面的形状的填充和笔触。

3）打孔：删除所选对象的某些部分，这些部分由所选对象与排在所选对象前面的另一个所选对象的重叠部分定义。将删除由最上面形状覆盖的形状的任何部分，并完全删除最上面的形状。

4）裁切：使用一个对象的形状裁切另一个对象。前面或最上面的对象定义裁切区域的形状。将保留与最上面的形状重叠的任何下层形状部分，而删除下层形状的所有其他部分，并完全删除最上面的形状。

图 18-41 所示为合并对象的不同命令的执行结果。

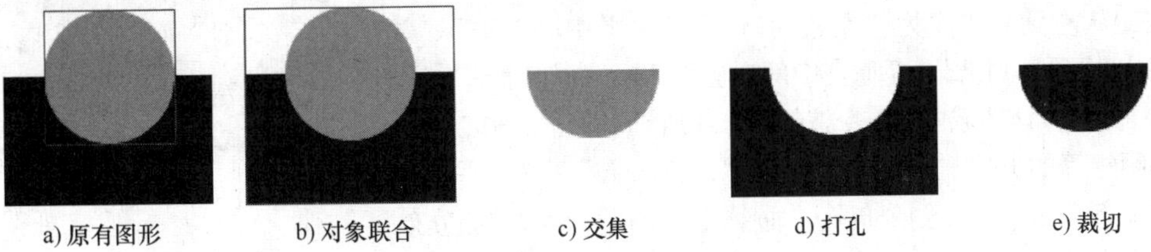

图 18-41　合并对象

2. 组合

要将多个元素作为一个对象来处理，需要将它们组合。

执行菜单【修改】/【组合】命令，或者按下“Ctrl + G”组合键，即可将所选对象组合。图 18-42所示是将画面中的对象组合的效果。取消组合的操作是执行菜单【修改】/【取消组合】命令，或者按“Ctrl + Shift + G”组合键，取消对象的组合。

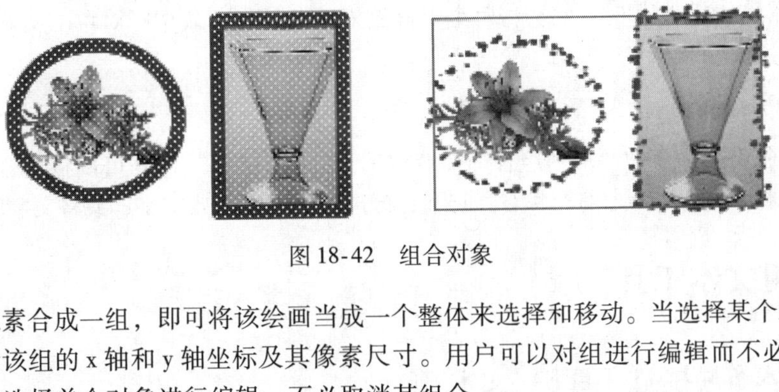

图 18-42　组合对象

将对象元素合成一组，即可将该绘画当成一个整体来选择和移动。当选择某个组时，属性设置面板会显示该组的 x 轴和 y 轴坐标及其像素尺寸。用户可以对组进行编辑而不必取消其组合。还可以在组中选择单个对象进行编辑，不必取消其组合。

3. 叠放

在图层内，Flash 会根据对象的创建顺序层叠对象，将最新创建的对象放在最上面。对象的层叠顺序决定了它们在层叠时出现的顺序，用户可以在任何时候更改对象的层叠顺序。

改变图层内对象层叠顺序的操作如下：执行菜单【修改】/【排列】/【置于顶层】或【置于底层】命令，可以将对象或组移动到层叠顺序的最前或最后。

画出的线条和形状总是在堆的组和元件的下面。要将它们移动到堆的上面，必须组合它们或者将它们变成元件。

图层也会影响层叠顺序。第2层上的任何内容都在第1层的任何内容的上面，依此类推。要更改层的顺序，可以在时间轴中将层名拖动到新位置。

4. 对齐

在舞台上，除了使用网格和辅助线进行对象的对齐外，还可以使用对齐功能实现各个元素彼此自动对齐，Flash提供了以下3种对齐对象的方法：对象对齐，即可以将对象沿着其他对象的边缘直接与它们对齐；像素对齐，即可以在舞台上将对象直接与单独的像素或像素的线条对齐；贴紧对齐，即可以按照指定的贴紧对齐容差、对象与其他对象之间或对象与舞台边缘之间的预设边界对齐对象。

单击工具栏中的“对齐”按钮，会填充如图18-43所示的“对齐”面板。在该窗口中有4个选择区域，分别为“对齐”、“分布”、“匹配大小”和“间隔”，它们都是用来进行对象对齐操作的。

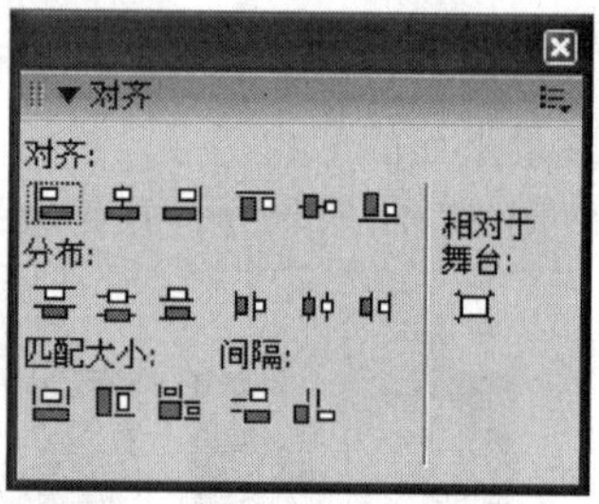

图18-43 “对齐”面板

1）对齐：该区域中的6个按钮用来规定对象边界的对齐基准，按钮从左到右顺序为“左边对齐”、“水平中间对齐”、“右边对齐”、“顶部对齐”、“垂直中间对齐”和“底部对齐”。

2）分布：该区域中的6个按钮用来使所选对象按照中心间距或边缘间距相等的方式进行分布，包括“顶部分布”、“水平居中分布”、“底部分布”、“左侧分布”、“垂直居中分布”和“右侧分布”。

3）匹配大小：在该区域中，可以选择“匹配宽度”、“匹配高度”和“匹配宽和高”。

4）间隔：在该区域中，可以选择“水平间隔”和“垂直间隔”。

5. 分离

使用“分离”命令能够将组、实例和位图分离为单独的可编辑元素。分离可以极大地减小导入图形的文件大小。

尽管可以在分离组或对象后立即撤销此操作，但分离操作不是完全可逆的。它会对对象产生不良影响，如切断元件实例到其主元件的链接；放弃动画元件中除当前帧之外的所有帧；将位图转换成填充；对文本块应用时，它会将每个字符放入单独的文本块中；对单个文本字符应用时，它会将字符转换成轮廓。

提示：

不要将“分离”命令和“取消组合”命令混淆。“取消组合”命令可以将组合的对象分开，并将组合的元素返回到组合之前的状态。它不会分离位图、实例或文字，或将文字转换成轮廓。

18.5 使用文本工具

18.5.1 文本布局框架（TLF）文本

1. 关于TLF文本

TLF文本是Flash Professional CS5中的默认文本类型，也是一种新的文本引擎。TLF支持更多丰富的文本布局功能和对文本属性的精细控制。与以前的文本引擎（现在称为传统文本）相比，TLF 文本可加强对文本的控制。

与传统文本相比，TLF 文本提供了下列增强功能。

- 更多的字符样式，包括行距、连字、加亮颜色、下画线、删除线、大小写、数字格式及其他。
- 更多的段落样式，包括通过栏间距支持多列、末行对齐选项、边距、缩进、段落间距和容器填充值。
- 控制更多的亚洲字体属性，包括直排内横排、标点挤压、避头尾法则类型和行距模型。
- 可以为 TLF 文本应用三维旋转、色彩效果以及混合模式等属性，而无需将 TLF 文本放置在影片剪辑元件中。
- 文本可按顺序排列在多个文本容器，这些容器称为串接文本容器或链接文本容器。
- 能够针对阿拉伯语和希伯来语文字创建从右到左的文本。

2. 使用字符样式

字符样式是应用于单个字符或字符组（而不是整个段落或文本）的属性。要设置字符样式，可使用文本“属性”面板的“字符”和“高级字符”部分。图 18-44 所示为展开的“字符”和“高级字符”部分的内容，可以在此设置丰富的文本字符样式。

3. 使用段落样式

如图 18-45 所示的“属性”面板为展开的“段落”和“高级段落”部分的内容，可以在此设置丰富的文本段落样式。

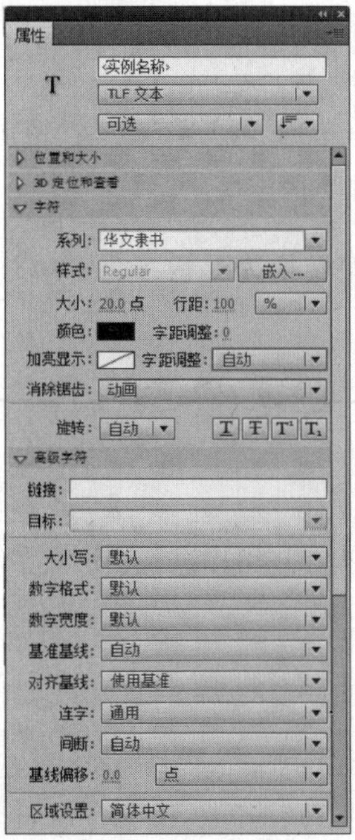

图 18-44　文本“属性”面板中的字符样式

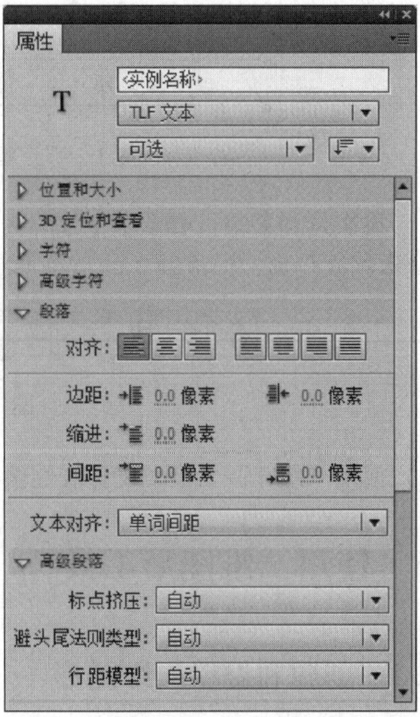

图 18-45　文本“属性”面板中的段落样式

18.5.2　传统文本

传统文本是 Flash 中早期文本引擎的名称。此传统文本引擎在 Flash Professional CS5 中仍然可用，但已由更新的 TLF 文本引擎替代。

1. 创建文本

用户可以创建水平文本或垂直文本。创建静态文本时，可以将文本放在单独的一行中，该行会随着输入而扩展，也可以将文本放在定宽字段（适用于水平文本）或定高字段（适用于垂直文本）中，这些字段会自动扩展和折行。

Flash 在文本字段的一角显示一个手柄，用以标识该文本字段的类型，如图 18-46所示。对于扩展的静态水平文本，会在该文本字段的右上角出现一个圆形手柄。对于具有固定宽度的静态水平文本，会在该文本字段的右上角出现一个方形手柄。

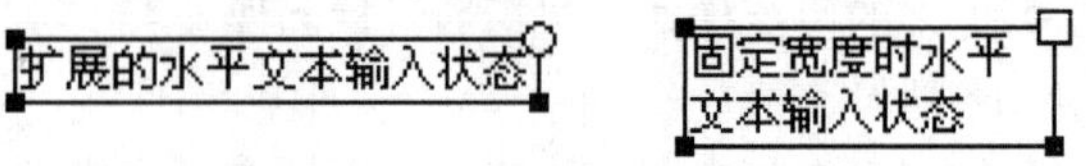

图 18-46　文本输入状态

2. 分离文本

对文本进行分离，即将每个字符放在单独的文本字段中。然后可以快速地将文本字段分布到不同的图层，并使每个字段具有动画效果。

用户还可以将文本转换为组成它的线条和填充，以便对它执行改变形状、擦除等操作。如同其他任何形状一样，可以单独将这些转换后的字符分组，或者将它们更改为元件并制作动画效果。将文本转换为线条和填充之后，就不能再编辑文本了。

分离文本的操作如下：

1）新建一个文档，并保存为“例 2-彩色文字 . fla”。

2）使用“选取”工具单击一个文本字段。

3）选择菜单【修改】/【分离】命令，则选定文本中的每个字符都会放入一个单独的文本字段中。文本在舞台上的位置保持不变，图 18-47 所示为将文本串分离为单独的文本字段。

图 18-47　将文本串分离为单独的文本字段

4）再次选择菜单【修改】/【分离】命令，将舞台上的字符转换为形状，图 18-48 所示为将选中文本再次分离，形成独立的字符形状。

图 18-48　再次分离文本

5）使用“填充”工具，设置线性填充属性，更改其填充效果，还可以进行变形文字等操作。

18.6　使用三维图形工具

18.6.1　创建和编辑三维图形

在 Flash 舞台中利用三维空间移动和旋转影片剪辑，来创建三维效果是最常见的技术。Flash 通过在每个影片剪辑实例的属性中包括 z 轴来表示三维空间，还可以向实例添加三维透视效果。

在三维空间中移动对象可以使用“3D 平移”工具在三维空间中移动影片剪辑实例。在使用该工具选择影片剪辑后，影片剪辑的 x、y 和 z 这 3 个轴将显示在舞台上对象的顶部。x 轴为红色、y 轴为绿色，而 z 轴为蓝色。

“3D 平移”工具和旋转工具在工具箱中占用相同的位置。单击并按住工具箱中的活动三维工具图标，可以选择当前处于非活动状态的三维工具。

创建和编辑如图 18-49 所示的三维实例图形的操作步骤如下：

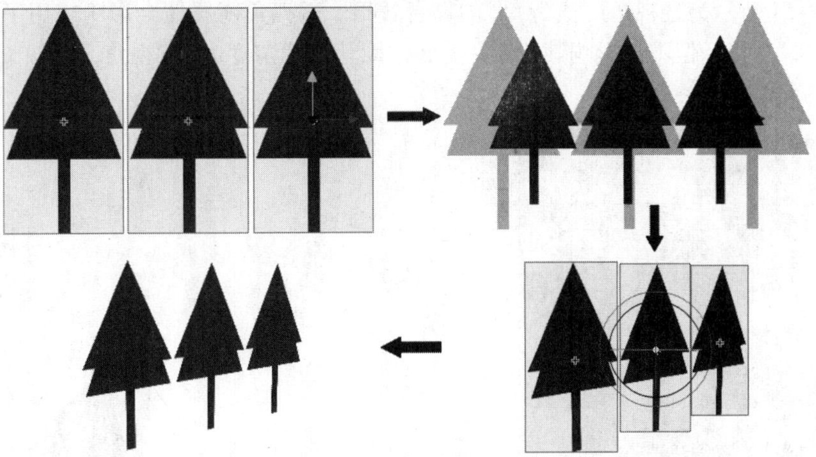

图 18-49　创建三维图形

1）新建一个文档，并保存为“例 3-3D 效果 . fla”。使用绘画工具创建树形的影片剪辑元件，并在舞台上产生 3 个实例。注意，只有影片剪辑元件的实例图形才可以用三维效果。

2）选中舞台上的实例图形，然后在工具箱中选择“3D 平移”工具。

3）将该工具设置为局部或全局模式。通过选中工具箱的“选项”部分中的“全局”切换按钮，确保该工具处于所需模式。单击该按钮或按“D”键可切换模式。

4）用“3D 平移”工具选择一个影片剪辑。将指针移动到 x、y 或 z 轴的控件上。指针在经过任一控件时将发生变化。x 和 y 轴控件是每个轴上的箭头。按控件箭头的方向拖动其中一个控件可沿所选轴移动对象。z 轴控件是影片剪辑中间的黑点。上下拖动 z 轴控件可在 z 轴上移动对象。在 z 轴上移动对象时，对象的外观尺寸将发生变化。外观尺寸在“属性”面板中显示为“3D 位置和视图”部分中的“宽度”和“高度”值，这些值是只读的。

5）在工具箱中选择“3D 旋转”工具。在舞台上选择一个影片剪辑。3D 旋转控件将显示为叠加在所选对象上。如果这些控件出现在其他位置，双击控件的中心点以将其移动到选定的对象。将指针放在 4 个旋转轴控件之一上，指针在经过 4 个控件中的一个控件时将发生变化。拖动一个轴控件绕该轴旋转，或拖动自由旋转控件（外侧橙色圈）同时绕 x 轴和 y 轴旋转。左右拖动 x 轴控件可绕 x 轴旋转。上下拖动 y 轴控件可绕 y 轴旋转。拖动 z 轴控件进行圆周运动可绕 z 轴旋转。

18.6.2　调整透视角度和消失点

FLA 文件的透视角度属性控制三维影片剪辑视图在舞台上的外观视角，增大或减小透视角度将影响三维影片剪辑的外观尺寸及其相对于舞台边缘的位置。增大透视角度，可使三维对象看起来更接近查看者；减小透视角度属性，可使三维对象看起来更远。此效果与通过镜头更改视角的照相机镜头缩放类似。

FLA 文件的消失点属性控制舞台上三维影片剪辑的 z 轴方向，通过重新定位消失点，可以更改沿 z 轴平移对象时对象的移动方向。通过调整消失点的位置，可以精确控制舞台上三维对象的外观和动画。

如图 18-50 所示的“属性”面板中，显示了透视角度和消失点功能设置区域。

1. 调整透视角度

设置透视角度的操作步骤如下：

1）在舞台上，选择一个应用了三维旋转或平移的影片剪辑实例。

2）在“属性”面板的“透视角度”字段中输入一个新值，或拖动热文本以更改该值。

3）图18-51所示为透视角度值为55°的舞台效果。透视角度属性会影响应用了三维平移或旋转的所有影片剪辑，但不会影响其他影片剪辑。默认透视角度为55°视角，类似于普通照相机的镜头，值的范围为1°~180°。

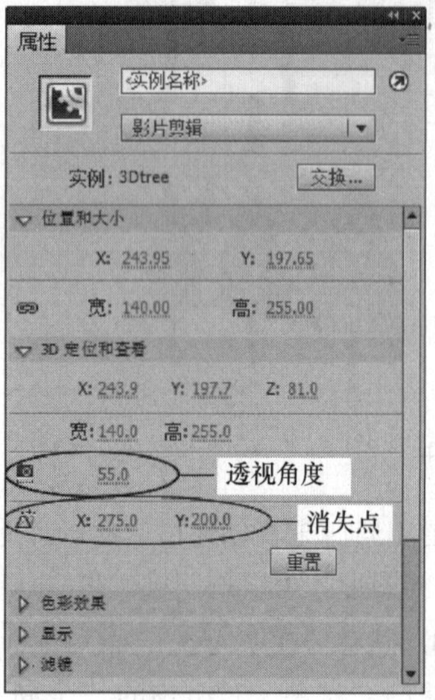

图18-50 透视角度和消失点设置区域

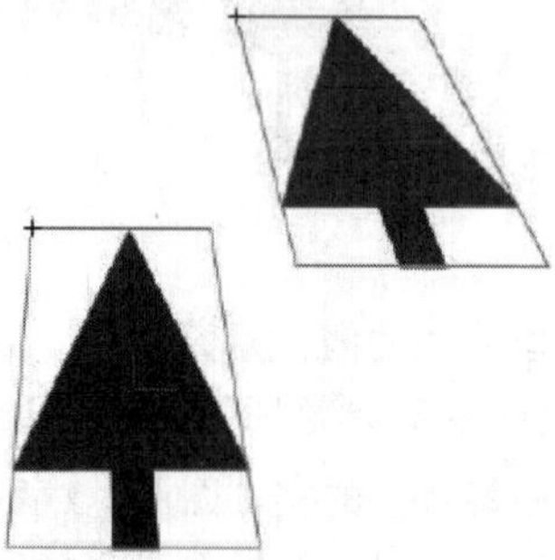

图18-51 调整透视角度

2. 调整消失点

设置消失点的操作步骤如下：

1）在舞台上，选择一个应用了三维旋转或平移的影片剪辑。

2）在“属性”面板中的“消失点”字段中输入一个新值，或拖动热文本以更改该值。拖动热文本时，指示消失点位置的辅助线显示在舞台上。

3）若要将消失点移回到舞台中心，单击“属性”面板中的“重置”按钮即可。

18.7 边学边做（绘制“花伞”图形）

本节通过实例介绍利用绘图工具绘制一把花伞的图形效果，目的是使初学者为创作Flash动画做好准备工作，对绘画工具的操作方法有一个清晰的认识。下面是制作“花伞”图形的具体实现步骤。

1）新建一个Flash文档，并保存文件为“例4-花伞.fla”。

2）首先绘制伞面。在工具箱中选择“椭圆”工具，并将颜色设置栏中的笔触置空、填充设置为线性彩色渐变，鼠标指针移入舞台并拖动绘制出一个椭圆。

3）在工具箱中单击“矩形”工具，将填充色设置为黑色，拖动鼠标左键绘制一个矩形，与椭圆形相交，效果如图18-52a所示。

4）用“选择”工具单击黑色矩形区域，按“Delete”键删除所选区域，效果如图18-52b所示。

5）将鼠标指针移动到半圆的下边界处，单击鼠标左键并向下拖动，松开鼠标左键使水平边产生一个弧度，效果如图18-53所示。

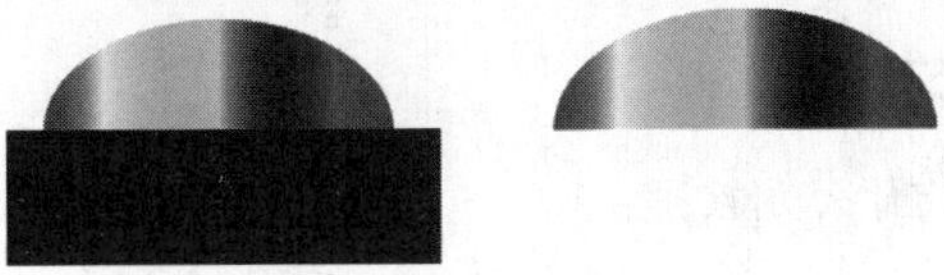

a)　　b)

图 18-52　绘制伞面

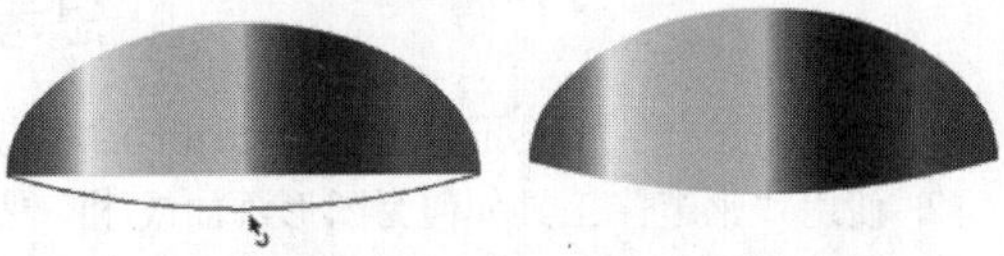

图 18-53　修改伞面轮廓

6）绘制伞面的支架效果。单击工具箱中的“直线”工具，将笔触颜色设置为灰色，高度为 1px，从图形顶部分别向两侧引出直线，效果如图 18-54a 所示。

7）用“选择”工具将直线拖动形成曲线，效果如图 18-54b 所示。

8）继续在伞面下边缘处拖动鼠标指针，使局部边缘有凹入效果，如图 18-55 所示。

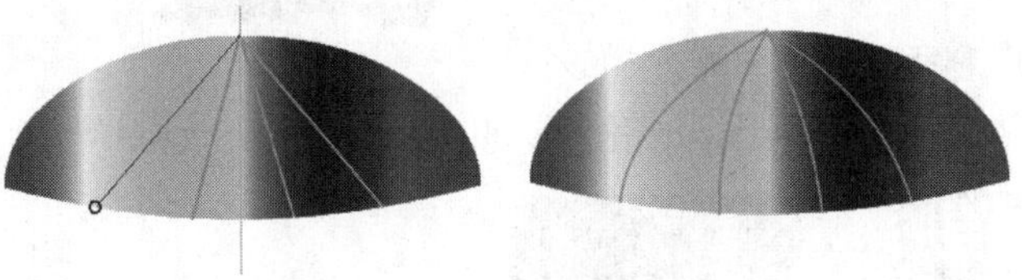

a)　　b)

图 18-54　绘制伞面支架

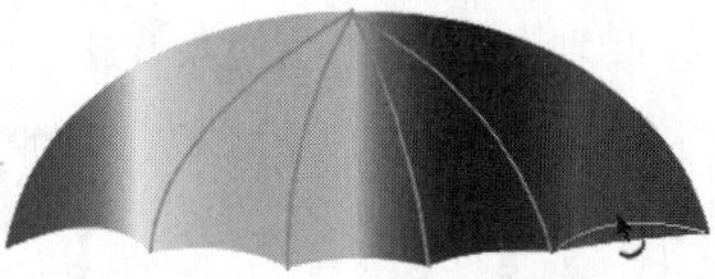

图 18-55　修改伞面边缘效果

9）绘制其他部分图形。用“椭圆”工具绘制伞顶的头部，用“矩形”工具绘制伞把，最终效果如图 18-56 所示。

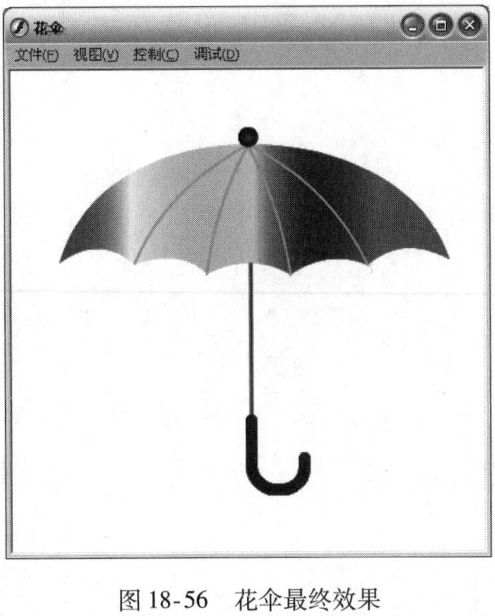

图 18-56　花伞最终效果

本 章 小 结

本章主要介绍了 Adobe Flash CS5 工具箱中各种工具的使用方法，包括绘画工具、选择工具、修饰工具及向 Flash 中导入插图的方法。通过上述基本功能的介绍和实例引导操作，读者能够掌握 Flash 绘画的基本方法，从而为制作动画做好相应的准备工作。

思考与练习

1. 使用“选择”工具不仅具有移动图形的功能，还具有什么功能？
2. 使用“钢笔”工具如何为图形添加或删除锚点？
3. 尝试使用各种绘画工具绘制如图 18-57 所示的卡通图画。

图 18-57 卡通图画

4. 将一个位图图片更换背景，如图 18-58 所示。请分别采用对象分离和位图矢量化的方法来实现。

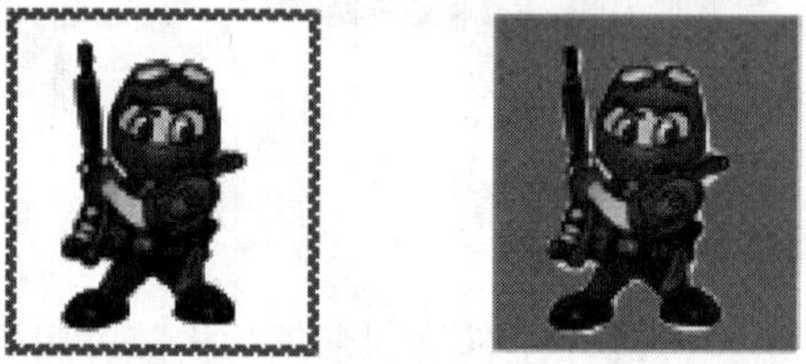

图 18-58 更换图片背景

第 19 章 Flash 基本动画的制作

通过对前面两章 Flash 基础知识的学习，已经掌握了制作动画素材的关键方法，制作 Flash 动画的前期工作基本就绪，接下来介绍基本动画制作的实现方法与操作技巧。

本章主要介绍逐帧动画、补间动画、传统补间动画、补间形状动画、遮罩动画，以及方向运动动画的基本创作方法。通过本章的学习，读者对 Flash 基本动画制作将有一个完整而清晰的认识。本章内容是 Flash 动画制作的核心内容，应重点学习和掌握。

本章要点：

- 应用元件、实例和库
- 逐帧动画制作
- 形变动画制作
- 运动动画制作
- 制作时间轴特效动画

19.1 元件和实例

元件又称为符号，元件是指创建一次即可多次重复使用的图形、按钮、影片剪辑或文本。根据元件所属的不同类型，任何一个创建的元件都将自动成为“库”的一部分。合理使用元件可以缩短动画制作的时间，减少文件的数据量，使制作出来的动画能够在网络上传输更加迅速，从而大大提高工作效率。

19.1.1 创建和编辑元件

1. 元件类型

创建元件时要选择元件类型，Flash 提供了 3 种元件类型：图形元件、按钮元件及影片剪辑，它们分别适用于不同的环境。

1）图形元件：可用于静态图像，并可用来创建连接到主时间轴的可重用动画片段。图形元件与主时间轴同步运行。交互式控件和声音在图形元件的动画序列中不起作用。

2）按钮元件：可以创建响应鼠标单击、滑过或其他动作的交互式按钮。用户可以定义与各种按钮状态关联的图形，然后将动作指定给按钮实例。

3）影片剪辑元件：可以创建可重用的动画片段。影片剪辑拥有它们自己的独立于主时间轴的多帧时间轴。用户可以将影片剪辑看做是主时间轴内的嵌套时间轴，它们可以包含交互式控件、声音甚至其他影片剪辑实例，也可以将影片剪辑实例放在按钮元件的时间轴内，以创建动画按钮。

2. 创建新元件

元件可以拥有 Flash 能够创建的所有功能，包括动画。创建图形元件，可以采用两种方法实现，一种是直接创建空元件，另一种是将舞台上已有的对象转换为图形元件。

创建一个新元件的操作方法如下：

1）确保未在舞台上选定任何内容，然后选择菜单【修改】/【新建元件】命令（或按“Ctrl + F8”组合键，或者单击“库”面板左下角的“新建元件”按钮），会弹出“创建新元件”对话框，如图 19-1 所示。

2）在“创建新元件”对话框中，输入元件名称，并选择行为类型，如“图像”、“按钮”或“影片剪辑”，以及元件保存位置。

3）展开“高级”选项，可以进一步设置“链接”、“共享”和“源”等属性设置。

4）单击“确定”按钮。Flash 会将该元件添加到库中，并切换到元件编辑模式。在元件编辑模式下，元件的名称将出现在舞台左上角的上面，并由一个十字注册点表明该元件的定位点，如图 19-2 所示。

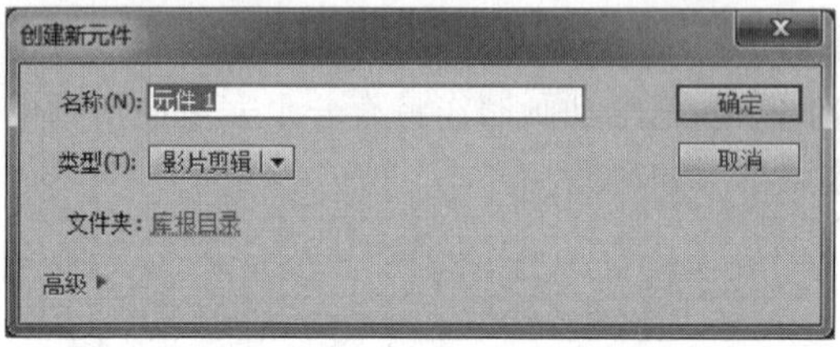

图 19-1 “创建新元件”对话框

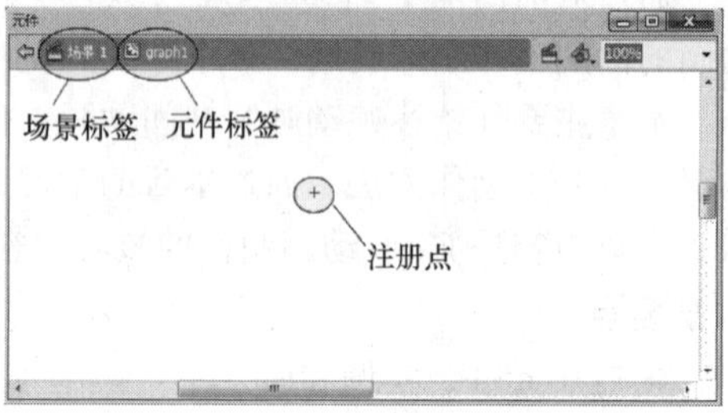

图 19-2 元件编辑环境

提示：

在创建新元件时，注册点放置在元件编辑模式下窗口的中心，也可以将元件内容放置在与注册点相关的窗口中。当编辑元件时，可以相对于注册点移动元件内容以便更改注册点。

3. 将选定元素转换为元件

将舞台上已有的对象元素转换为元件的操作如下：

1）在舞台上选择一个或多个元素。然后选择菜单【修改】/【转换为元件】命令（或者将选中元素拖到“库”面板上，还可以通过单击右键，从弹出的菜单中选择“转换为元件”命令）。随后会弹出如图 19-3 所示的“转换为元件”对话框。

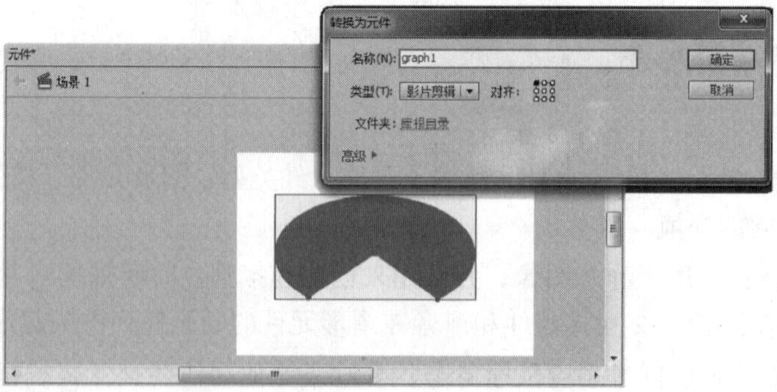

图 19-3 “转换为元件”对话框

2）在对话框中，输入元件名称，并选择行为类型，如“图像”、“按钮”或“影片剪辑”。

3）在注册网格中单击，以便放置元件的注册点。

4）单击“确定”按钮。

Flash 会将该元件添加到库中。如图 19-4 所示为将舞台上一个对象转换为元件后，“库”面板和舞台中的对象效果。舞台上选定的元素此时就变成了该元件的一个实例。不能在舞台上直接编辑实例，而必须在元件编辑模式下打开它。

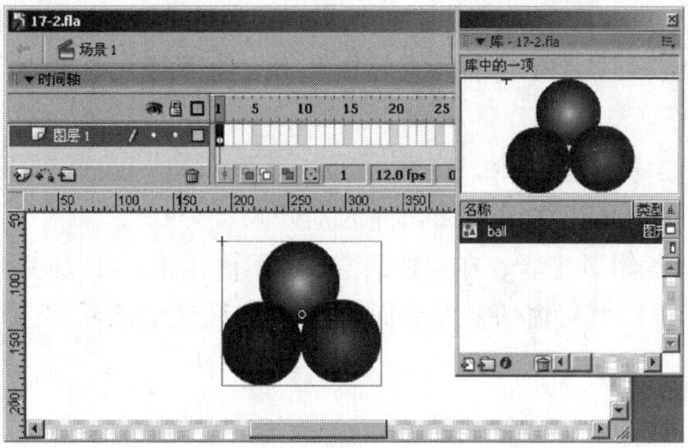

图 19-4　将对象转换为元件

要创建元件内容，可使用时间轴、用绘画工具绘制、导入介质或创建其他元件的实例。创建完元件内容之后，单击舞台上方编辑栏内的场景名称，返回到文档编辑模式。

4. 创建按钮元件

按钮实际上是 4 帧的交互影片剪辑。当为元件选择按钮行为时，Flash 会切换到元件编辑模式。窗口内显示一个 4 帧的时间轴，时间轴的标题为 4 个标签："弹起"、"指针经过"、"按下"和"点击"的连续帧，如图 19-5 所示。

前 3 帧显示按钮的 3 种可能状态；第 4 帧定义按钮的活动区域。时间轴实际上并不播放，它只是对指针运动和动作作出反应，跳到相应的帧。

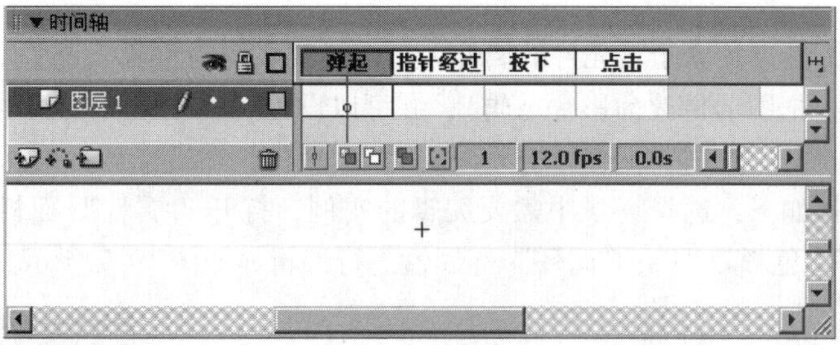

图 19-5　创建按钮元件的"时间轴"面板

按钮元件的时间轴上的每一帧都有一个特定的功能。

- 第 1 帧：是弹起状态，代表指针没有经过按钮时该按钮的状态。
- 第 2 帧：是指针经过状态，代表当指针滑过按钮时，该按钮的外观。
- 第 3 帧：是按下状态，代表单击按钮时，该按钮的外观。
- 第 4 帧：是点击状态，定义响应鼠标单击的区域。

在创建按钮的不同状态图形时，可以使用绘画工具、导入一幅图形或者在舞台上放置另一个元件的实例。用户可以在按钮中使用图形或影片剪辑元件，但不能在按钮中使用另一个按钮。如果要把按钮制成动画按钮，可使用影片剪辑元件。

其中，"点击"帧在舞台上不可见，但它定义了单击按钮时该按钮的响应区域，以确保"点击"帧的图形是一个实心区域，它的大小足以包含"弹起"、"按下"和"指针经过"帧的所有图形元素。如果没有指定"点击"帧，"一般"状态的图像会被用做"点击"帧。

5. 编辑元件

编辑元件时，Flash 会更新文档中该元件的所有实例。

编辑元件的操作如下：在窗口中选择需要编辑的元件，单击鼠标右键，在弹出的快捷菜单中有一组命令，分别为“编辑”、“在当前位置编辑”和“在新窗口中编辑”，这 3 种方式都可以实现对选中元件的编辑操作。

- 使用“在当前位置编辑”命令，在舞台上与其他对象一起进行编辑。其他对象以灰显方式出现，从而将它们和正在编辑的元件区别开来。
- 使用“在新窗口中编辑”命令，在单独的窗口中编辑元件。可以同时看到该元件和主时间轴。
- 使用“编辑”模式，可将窗口从舞台视图更改为只显示该元件的单独视图来编辑。

19.1.2　创建和编辑实例

1. 创建实例

实例是指位于舞台上或嵌套在另一个元件内的元件副本。实例可以与它的元件在颜色、大小和功能上有差别，编辑元件会更新它的所有实例，但对元件的一个实例应用效果则只更新该实例。

创建元件之后，可以在文档中任何需要的地方（包括在其他元件内）创建该元件的实例。当修改元件时，Flash 会更新元件的所有实例。

创建元件的新实例的方法如下：

1）在时间轴上选择一层。Flash 只能把实例放在关键帧中，并且总在当前层上。

2）选择菜单【窗口】/【库】命令，打开“库”面板。

3）将所需元件从“库”面板中拖到舞台上，一个实例创建完成。如图 19-6 所示的场景中创建的实例都是由“库”面板中的元件生成的。

2. 编辑实例

每个元件实例都各有独立于该元件的属性，可以更改实例的色调、透明度和亮度；重新定义实例的行为（例如，把图形更改为影片剪辑），并可以设置动画在图形实例内的播放形式，也可以倾斜、旋转或缩放实例，这并不会影响元件。

编辑实例的操作如下：选择场景中需要编辑的实例，打开“属性”面板，可以针对该实例的“位置和大小”、“色彩效果”、“循环”等属性进行编辑，如图 19-7 所示。

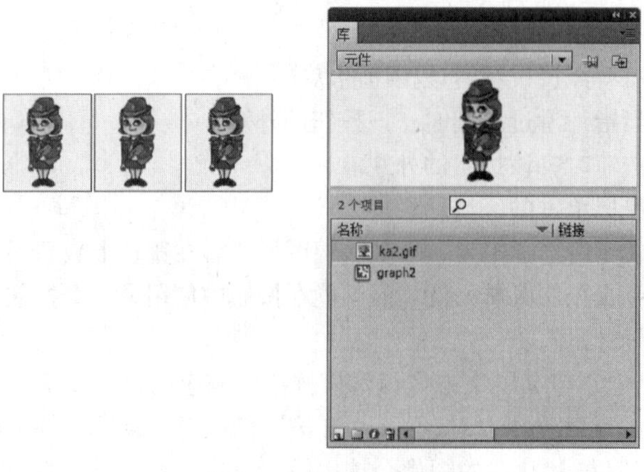

图 19-6　创建实例

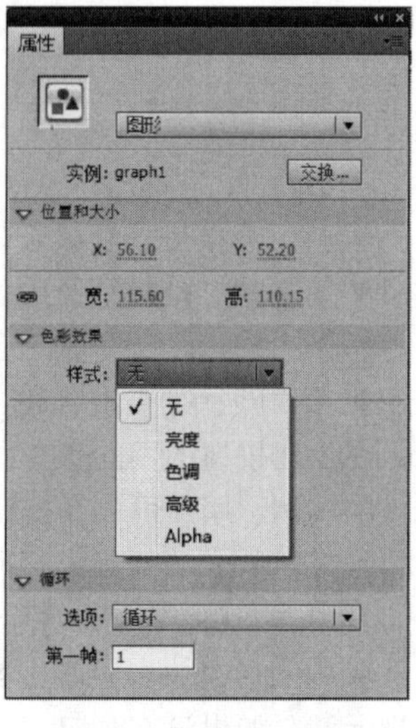

图 19-7　编辑实例属性

如图 19-8 所示，从场景的图片中可以明显看出，由“库”面板中的“graph1”生成的 4 个实例中，分别修改了元件的轮廓外观、颜色和透明度，以及将一个实例交换为另一个实例等，效果不一样的实例是由一个元件生成的。这个实例充分说明了动画制作中，创建元件和实例的必要性和有效性。

图 19-8　编辑实例效果

19.2　使用“库”

Flash 文档中的“库”可存储为在 Flash 文档中使用而创建或导入的媒体资源。“库”可存储导入的文件（如视频剪辑、声音剪辑、位图）、导入的矢量插图和元件。

19.2.1　“库”面板

“库”面板是存储和组织在 Flash 中创建的各种元件的地方，它还用于存储和组织导入的文件，包括位图图形、声音文件和视频剪辑。

通过“库”面板可以将所有打开文档的库统一组织管理，如图 19-9 所示的“库”面板状态中，单击“文档列表”栏的下拉按钮，就可以从列表中选择一个已打开的 Flsah 文档，查看并使用其中的元件。

“库”面板中列出了项目名称、项目类型、项目在文件中使用的次数、项目的链接状态和标识符，以及上次修改项目的日期。

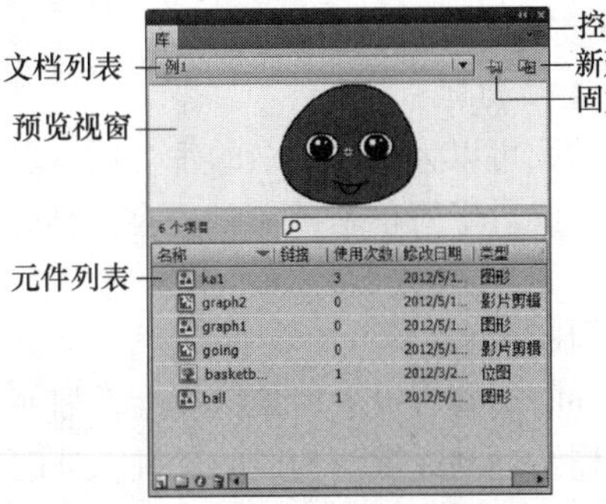

图 19-9　“库”面板

提示:

可以在“库”面板中根据任何列按字母数字顺序对项目进行排序。项目是在文件夹内排序的。单击列标题可以根据该列进行排序。单击列标题右侧的三角形按钮可以倒转排序顺序。

19.2.2　公用库

Flash 提供了很多自带的元件，公用库资源可以在多个目标文档中使用源文档的资源。在【窗口】/【公用库】子菜单下有 3 种类型的库，它们分别是“声音”、“按钮”和“类”库。图 19-10 所示为“库”中显示的不同类型的库资源。

公用库面板列表中显示了各种类型的库文件夹，双击文件夹或文件夹图标则可以展开其中的库文件。可以将公用库中的元件直接拖入场景作为实例效果，也可以对生成的实例按照自身需要进一步编辑。

图 19-10　Flash CS5 提供的公用库

19.3　动画基础

19.3.1　基本知识

1. 动画类型

Flash 支持以下几种动画类型。

（1）逐帧动画

逐帧动画可以为时间轴中的每个帧指定不同的艺术作品，创建与快速连续播放的影片帧类似的效果。不仅对于简单基础动画，而且对每个帧的图形元素必须不同的复杂动画而言，此技术非常有用。

（2）补间动画

使用补间动画可设置对象的属性，如一个帧中以及另一个帧中的位置和 Alpha 透明度。对于由对象的连续运动或变形构成的动画，补间动画很有用。补间动画功能强大，易于创建。

（3）传统补间

传统补间与补间动画类似，但是创建起来更复杂。传统补间允许一些特定的动画效果，使用基于范围的补间不能实现这些效果。

（4）补间形状

在补间形状中，可在时间轴中的特定帧绘制一个形状，然后更改该形状或在另一个特定帧绘制另一个形状。然后，Flash 将内插中间的帧的中间形状，创建一个形状变形为另一个形状的动画。

（5）反向运动姿势

反向运动姿势用于伸展和弯曲形状对象以及链接元件实例组，使它们以自然方式一起移动。用户可以在不同帧中以不同方式放置形状对象或链接的实例，Flash 将在中间内插帧中的位置。

2. 帧频

帧频是动画播放的速度，以每秒播放的帧数（帧/s）为度量单位。24 帧/s 的帧速率是 Flash 文档的默认设置，通常在 Web 页上提供最佳效果。标准的动画速率也是 24 帧/s。

动画的复杂程度和播放动画的计算机的速度会影响回放的流畅程度。若要确定最佳帧速率，则可以在各种不同的计算机上测试动画。

3. 在时间轴中标识动画

Flash 通过在包含内容的每个帧中显示不同的指示符，来区分时间轴中的逐帧动画和补间动画。

如图 19-11 所示，不同的帧内容指示符显示在时间轴中。根据图层中对应帧内容标识符的含义如下：

1）一个黑色圆点表示一个关键帧。单个关键帧后面的浅灰色帧包含无变化的相同内容。这些帧带有垂直的黑色线条，而在整个范围的最后一帧还有一个空心矩形。

2）层“骨架_ 40”是一段具有绿色背景的帧，表示反向运动（IK）姿势图层。姿势图层包含 IK 骨架和姿势。每个姿势在时间轴中显示为黑色菱形。

3）层“补间 3”中的虚线表示传统补间是断开或不完整的。例如，在最后的关键帧已丢失时。

4）层“补间 2”中的第 1 帧中的空心点表示补间动画的目标对象已删除。补间范围仍包含其属性关键帧，并可应用于新的目标对象。

5）层“补间 1”是一段具有蓝色背景的补间动画。范围的第 1 帧中的黑点表示补间范围有目标对象。

6）层“补间形状”带有黑色箭头和淡绿色背景。

7）层“传统补间”是带有黑色箭头和蓝色背景。

另外，帧内容标识符中含有一些如图 19-12 所示的帧标签类型。帧中的英文字母“a”表示已使用“动作”面板为该帧分配了一个帧动作；红色的小旗表示该帧包含一个标签；绿色的双斜杠表示该帧包含注释；金色的锚记表明该帧是一个命名锚记。

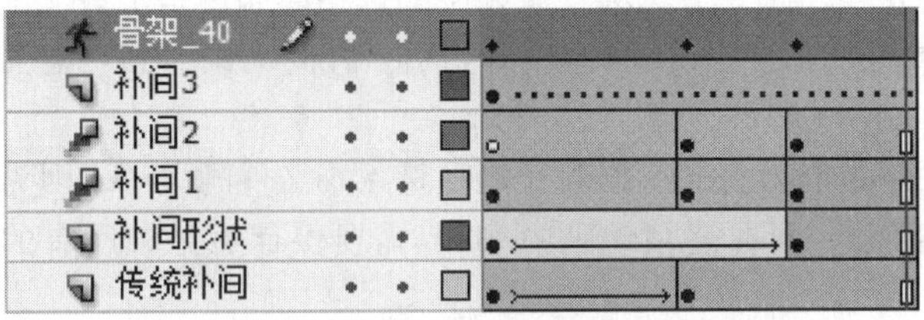

图 19-11　帧内容标识

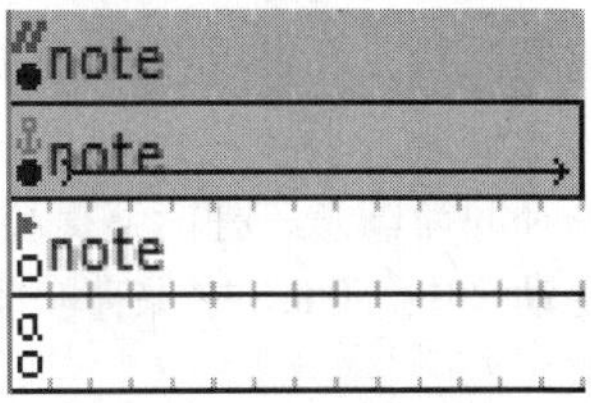

图 19-12　标签类型

19.3.2　逐帧动画

创建逐帧动画需要将每个帧都定义为关键帧，然后为每个帧创建不同的图像。每个新关键帧最初包含的内容和它前面的关键帧是一样的，因此可以递增地修改动画中的帧。逐帧动画适合于图像在每一帧中都在变化，而不仅是在舞台上移动的复杂动画。

下面以一个如图 19-13 所示的“倒计时”动画为例，具体介绍创建逐帧动画的基本方法。

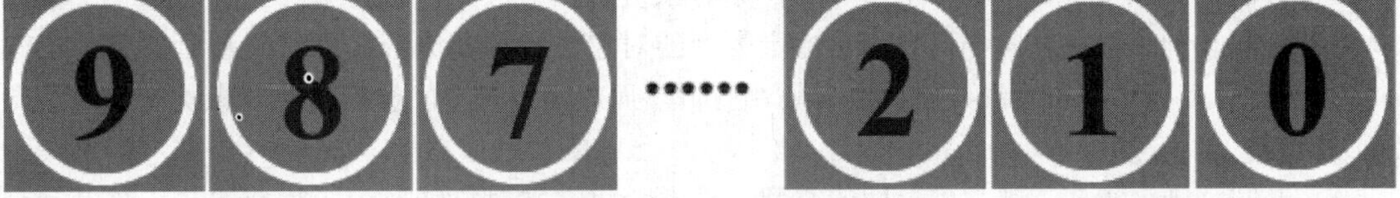

图 19-13　“倒计时”逐帧动画

1）新建一个 Flash 文档并保存为“例 1-计时 . fla”，在“属性”面板中将舞台大小设置为

200 像素×200 像素，背景颜色设置为淡蓝色（#66CCCC），设置帧频率为 1.0 帧/s，如图 19-14 所示。

2）当前“时间轴”面板中，播放头位于“图层 1”的第 1 帧上，选中工具箱中的“椭圆”工具，在舞台中间绘制一个白色环形作为动画背景。

3）单击时间轴底部的“插入图层”按钮，新建“图层 2”，单击“图层 2”的第 1 帧使之成为当前的关键帧。

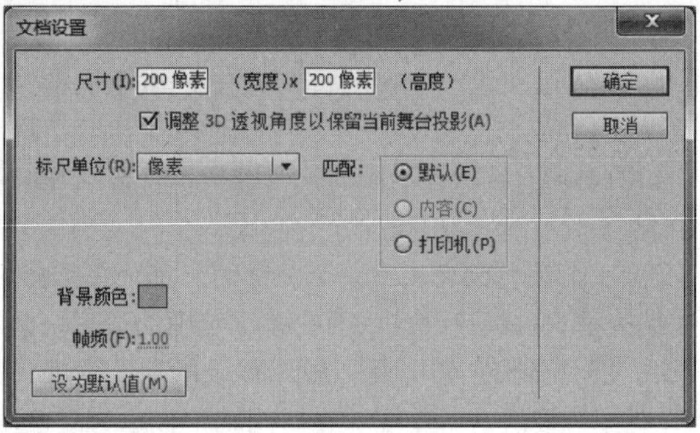

图 19-14 “文档设置”对话框

4）使用“文本”工具在当前帧上创建文本。在舞台中的圆圈内单击鼠标，输入数字“9”，并确认。

5）单击下一帧，然后单击鼠标右键，从弹出的快捷菜单中选择“插入关键帧”，添加一个新的关键帧，并且内容和第一个关键帧内容一样。

6）使用“文本”工具在舞台中改变该帧的内容为数字“8”。

7）按照步骤 5）和步骤 6），继续完成第 3 ~ 10 帧的动画序列，分别对应数字“7” ~ “0”。

8）按“Enter”键测试动画序列，会看到窗口中显示出按照读秒的速度变化着的倒计时效果。

19.3.3 补间动画

补间是通过为一个帧中的对象属性指定一个值，并为另一个帧中的该相同属性指定另一个值创建的动画，Flash 计算这两个帧之间该属性的值。从 Flash CS4 开始引入补间动画，其功能强大且易于创建。

补间动画是一种能够提高动画制作效率的有效方式，同时还能尽量减小文件的大小，因为在渐变动画中，Flash 中保存帧间不同的值部分，而在逐帧动画中 Flash 需要保存每一帧所有的参数值。

1. 补间动画和传统补间的差异

Flash 支持两种不同类型的补间以创建动画，即补间动画和传统补间（早期版本的 Flash 补间）。通过补间动画可对补间的动画进行最大程度的控制，而传统补间的创建过程更为复杂。补间动画提供了更多的补间控制，而传统补间提供了一些用户可能希望使用的某些特定功能。

补间动画和传统补间之间的差异包括以下方面：

1）传统补间使用关键帧。关键帧是其中显示对象的新实例的帧。补间动画只能具有一个与之关联的对象实例，并使用属性关键帧而不是关键帧。

2）补间动画在整个补间范围上由一个目标对象组成。

3）补间动画和传统补间都只允许对特定类型的对象进行补间。若应用补间动画，则在创建补间时会将所有不允许的对象类型转换为影片剪辑。而应用传统补间会将这些对象类型转换为图形元件。

4）补间动画会将文本视为可补间的类型，而不会将文本对象转换为影片剪辑。传统补间会将文本对象转换为图形元件。

5）在补间动画范围上不允许帧脚本。传统补间允许帧脚本。

6）补间目标上的任何对象脚本都无法在补间动画范围的过程中更改。

7）可以在时间轴中对补间动画范围进行拉伸和调整大小，并将它们视为单个对象。传统补间包括时间轴中可分别选择的帧的组。

8）若要在补间动画范围中选择单个帧，必须按住“Ctrl”键的同时单击帧。

9）对于传统补间，缓动可应用于补间内关键帧之间的帧组。对于补间动画，缓动可应用于补间动画范围的整个长度。若要仅对补间动画的特定帧应用缓动，则需要创建自定义缓动曲线。

10）利用传统补间，可以在两种不同的色彩效果（如色调和 Alpha 透明度）之间创建动画。补间动画可以对每个补间应用一种色彩效果。

11）只可以使用补间动画来为三维对象创建动画效果。无法使用传统补间为三维对象创建动画效果。

12）只有补间动画才能保存为动画预设。

13）对于补间动画，无法交换元件或设置属性关键帧中显示的图形元件的帧数。应用了这些技术的动画要求使用传统补间。

2. 应用动画预设创建补间动画

动画预设是预配置的补间动画，可以将它们应用于舞台上的对象。

下面实现这样一个动画：在舞台上，先后分别出现 3 个小球，其中一个球从左到右在舞台上进行波形往返运动，第二个球稍后会由虚渐实出现在舞台的右下角，第三个球再从右向左移入舞台上方位置，最终 3 个小球在舞台左侧垂直对齐。

本实例是通过 Flash 提供的“动画预设”功能实现的，目的是为了使读者快速了解在 Flash 中添加动画的基础知识。实现该实例动画的操作步骤如下：

1）创建一个新的 Flash 文档，并保存文件为“例 2-小球 . fla”。

2）按“Ctrl + F8”组合键，弹出“创建新元件”对话框，将影片剪辑命名为“ball”，单击“确定”按钮。

3）在元件“ball”的舞台上中心点创建一个具有绿色渐变填充的小球，小球外观及属性如图 19-15 所示。

4）切换回“场景 1”，打开“库”面板，将元件“ball”拖动到舞台中的左侧位置。此时，时间轴第 1 帧产生一个关键帧。

5）执行菜单【窗口】/【动画预设】命令，打开“动画预设”面板，展开“默认预设”文件夹，共有 32 个项目，选择其中的“波形”，在“预览”窗格中可以看到动画预览效果。“动画预设”面板如图 19-16 所示。

图 19-15　元件的外观及属性

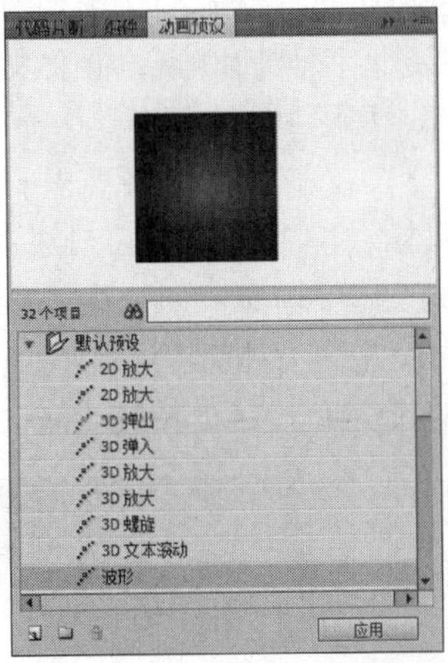

图 19-16　“动画预设”面板

6）单击“动画预设”面板底部的“应用”按钮，则舞台影片剪辑实例上出现一个绿色的运动轨迹标识，时间轴上也对应自动产生一个70帧的补间状态，第1帧是一个黑色圆形关键帧，第35～70帧处分别有一个黑色菱形的属性关键帧。第一个小球的补间动画创建完成。

7）创建一个新图层，在第10帧处插入一个空白关键帧，然后将“库”面板中的元件拖动到舞台的右下角位置，再应用“动画预设”功能，动画预设为“2D放大”设置。

8）创建一个新图层，在第20帧处插入一个空白关键帧，然后将“库”面板中的元件拖动到舞台的上方偏左的位置，再应用“动画预设”功能，动画预设为“从右边飞入”设置。

9）在第70帧处，补齐3个图层的普通帧，时间轴如图19-17所示。按“Ctrl + Enter”组合键，导出并观看动画效果。

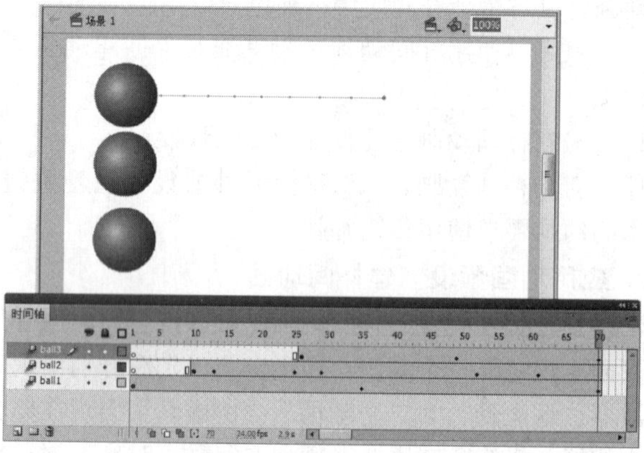

图 19-17　补间动画的编辑效果

3. 创建补间动画

补间应用于元件实例和文本字段。在将补间应用于所有其他对象类型时，这些对象将包装在元件中。元件实例可包含嵌套元件，这些元件可在自己的时间轴上进行补间。

补间图层中的最小构造块是补间范围。补间图层中的补间范围只能包含一个元件实例。元件实例称为补间范围的目标实例。

下面创建一个文本动画，文本从舞台顶部移入到中央位置，稍作停滞，然后再向左侧移出舞台。根据设计好的动画过程，自定义创建补间动画的操作步骤如下：

1）创建一个新的Flash文档，文档大小为500像素×200像素，舞台颜色为黑色，并保存文件为“例3-文字.fla”。

2）在工具箱中选择“文本”工具，输入一行文本信息，文本颜色为浅黄色，字体为“华文行楷”，字号为40点，并将文本移至舞台上方的外部，如图19-18所示。

图 19-18　创建文本

3）在舞台上选择要补间的“文本”对象。用鼠标右键单击文本区（或当前帧），在弹出的快捷菜单中选择“创建补间动画”，即可看到时间轴窗口发生的变化，“图层1”的图标由常规图层类型变为补间图层类型，如图19-19所示。而且，时间轴一侧自动插入到第24帧，补间范围的长度等于1s的持续时间（帧速率是24帧/s）。

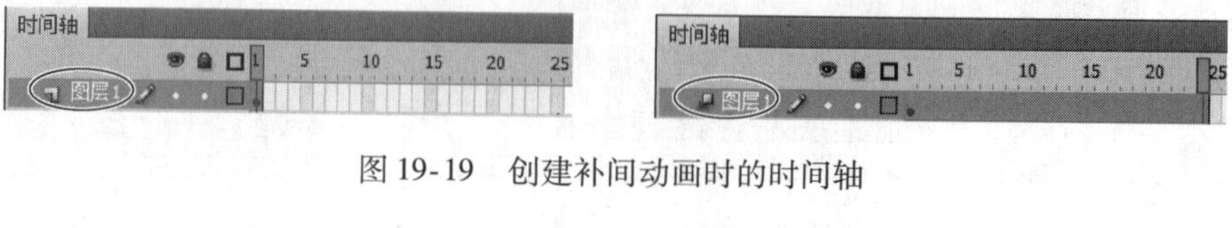

图 19-19　创建补间动画时的时间轴

提示：

Flash CS5 中的文本信息是补间对象，如果对象不是可补间的对象类型，或者如果在同一图层上选择了多个对象，将显示一个对话框。通过该对话框可以将所选内容转换为影片剪辑元件，将所选内容转换为影片剪辑以继续。

4）在时间轴中拖动补间范围的右端，延长补间范围到第 60 帧，如图 19-20 所示。

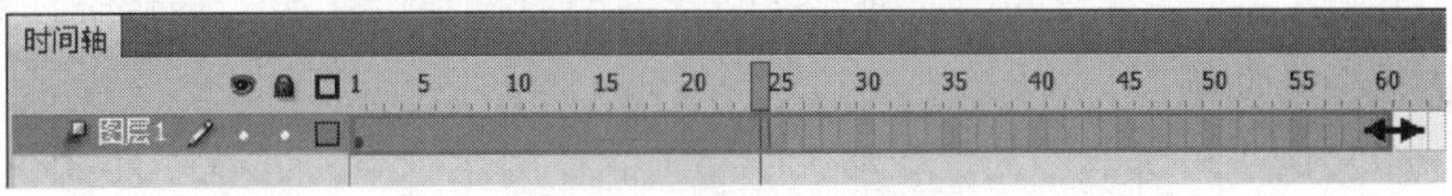

图 19-20　延长补间范围

5）将动画添加到补间。将播放头放在补间范围内的第 25 帧上，然后将舞台上的“文本”对象垂直向下拖到舞台正中央位置。此时，舞台上显示的运动路径显示从补间范围的第 1 帧中的位置到新位置的路径。时间轴显示添加了属性关键帧，属性关键帧在补间范围中显示为小菱形。舞台及时间轴内容如图 19-21 所示。

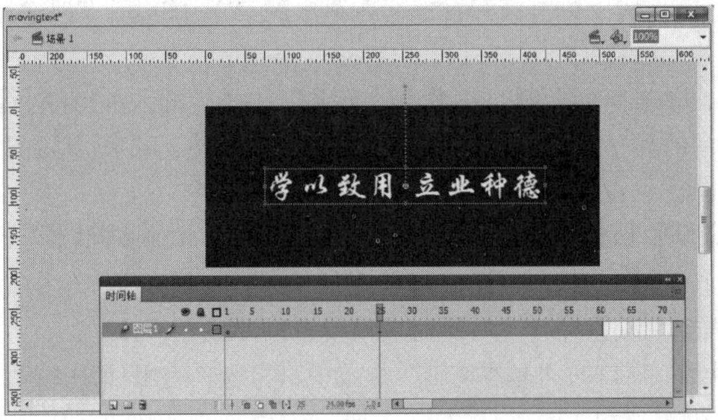

图 19-21　添加属性关键帧

6）将播放头放在补间范围内的第 35 帧上，并单击鼠标右键，在弹出的快捷菜单中选择【插入关键帧】/【位置】命令，则添加一个新的属性关键帧。第 25 ~ 35 帧中的文本位置保持不动，为了在舞台中清晰显示文本。

7）按照步骤 6）在第 60 帧处添加新的属性关键帧，并将文本水平向左移出舞台，如图 19-22所示。

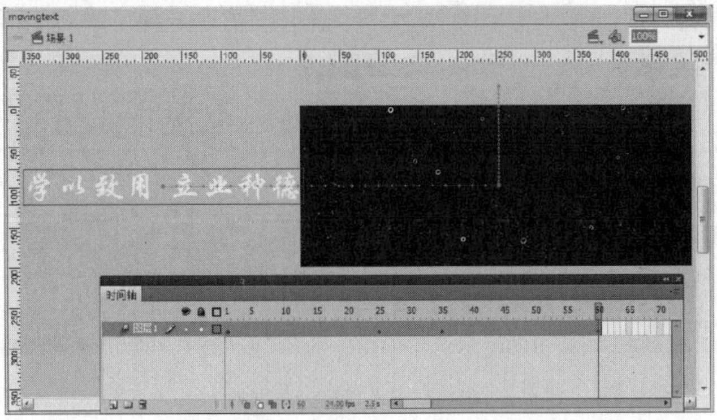

图 19-22　将文本移出舞台

8）按“Enter”键测试动画完成效果。

提示：

若要一次创建多个补间，将可补间对象放在多个图层上，选择所有图层，然后选择菜单【插入】/【补间动画】命令，也可以用同一方法将动画预设应用于多个对象。

4. 创建缓动补间动画

缓动是用于修改 Flash 计算补间中属性关键帧之间的属性值方法的一种技术。使用缓动可以实现更自然、更复杂的动画。

下面通过一个实例来讲解如何创建缓动补间动画。在制作汽车经过舞台的动画时，如果让汽车从停止开始缓慢加速，然后在舞台的另一端缓慢停止，则动画会显得更逼真。对汽车应用补间动画，然后使该补间缓慢开始和停止，具体的操作步骤如下：

1）创建一个新的 Flash 文档“例 4-汽车 . fla”。按“Ctrl + F8”组合键，创建一个名为“car”的图形元件。

2）回到“场景 1”，并将“库”面板中的“car”元件拖动到舞台的一侧，成为第 1 帧的实例对象。

3）选中时间轴的第 1 帧，单击鼠标右键，在弹出的菜单中选择“创建补间动画”命令，再将帧数增加至 50 帧。

4）选择第 50 帧，单击鼠标右键，在弹出的菜单中选择【插入关键帧】/【位置】命令，然后将小汽车水平移至舞台的另一侧位置，舞台即产生运动轨迹线。再使用相同的方法在第 25 帧处创建一新的属性关键帧。

5）选择菜单【窗口】/【动画编辑器】命令，在打开的“动画编辑器”窗口中展开“缓动”设置，单击“添加”按钮，添加“停止并启动（慢）”选项，在产生的缓动项目中修改值为“－100”，表示启动加速和减速停止，右侧对应该设置的曲线图。

6）在“动画编辑器”窗口的“基本动画”设置中，勾选“启用/禁用缓动”复选框，并将 x 周的缓动设置指定为“停止并启动”。

7）图 19-23 所示为动画设计场景和对应的“动画编辑器”内容，可以根据设计需要进一步编辑修改属性。按“Enter”键测试并输出动画。

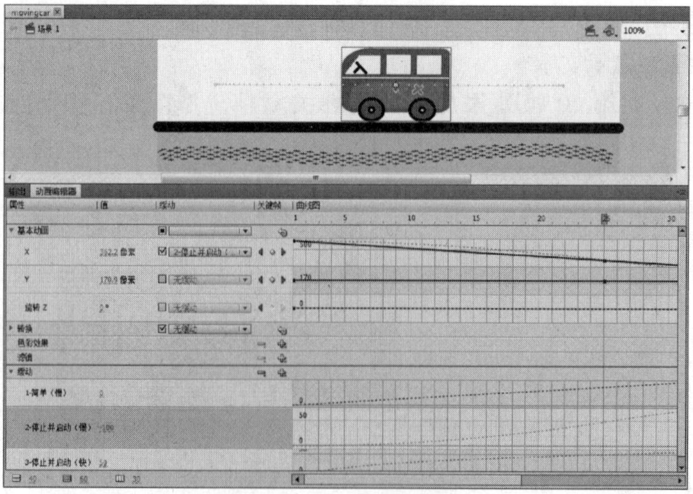

图 19-23　设置缓动动画

19.3.4　传统补间动画

Flash 文档中的每一个场景都可以包含任意数量的层。创建动画时，可以使用层和层文件夹来组织动画序列的组件和分离动画对象，这样它们就不会互相擦除、相连或分割。如果要让 Flash 一次渐变多个组或元件的运动，每个组或元件必须在独立的层上。背景层通常包含静态插图，其他的每个层中包含一个独立的动画对象。

1. 创建传统补间

动画中的变化是在关键帧中定义的。当创建逐帧动画时，每个帧都是关键帧。在补间动画中，可以在动画的重要位置定义关键帧，Flash 会创建关键帧之间的帧内容。补间动画的插补帧显示为浅蓝色或浅绿色，并会在关键帧之间绘制一个箭头。由于 Flash 文档会保存每一个关键帧中的形状，所以只应在插图中有变化的点处创建关键帧。

下面以“弹跳娃娃”的实例操作介绍运动补间动画效果的制作方法。此动画主要应用了“运动补间”和“形状补间”两种补间动画效果，这是本例的关键点所在，也是 Flash 动画基础创作中常用的两种功能体现。

图 19-24 为动画中的几个帧效果，在制作过程中涉及“库”的应用。实现本例的操作步骤如下：

图 19-24　“弹跳娃娃”动画序列

1）创建一个新的 Flash 文档并保存为“例 5-弹跳 . fla”，按“Ctrl + F8”组合键，弹出“创建新元件”对话框。在对话框中将一个图形元件命名为“egg”，单击“确定”按钮。

2）绘制“弹跳娃娃”图形。在“egg”图形元件编辑区域中，用“椭圆”工具画出一个椭圆，如图 19-25a 所示。用工具箱中的“任意变形”工具选中图形，并将顶部的调节点向上拖动一段距离，变形效果如图 19-25b 所示。用工具箱中的“椭圆”工具继续画出娃娃的脸部效果，如图 19-25c 所示。

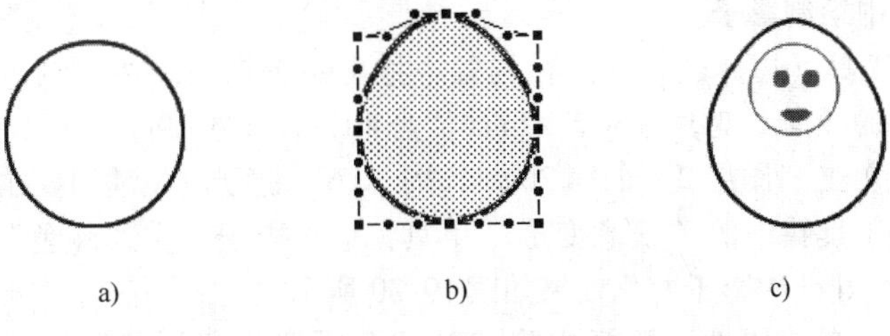

图 19-25　绘制“弹跳娃娃”图形

3）按“Ctrl + E”组合键回到场景中，按“Ctrl + L”组合键打开“库”面板，将“egg”图形选中并拖到场景中的顶部位置，创建第 1 帧效果，如图 19-26 所示。

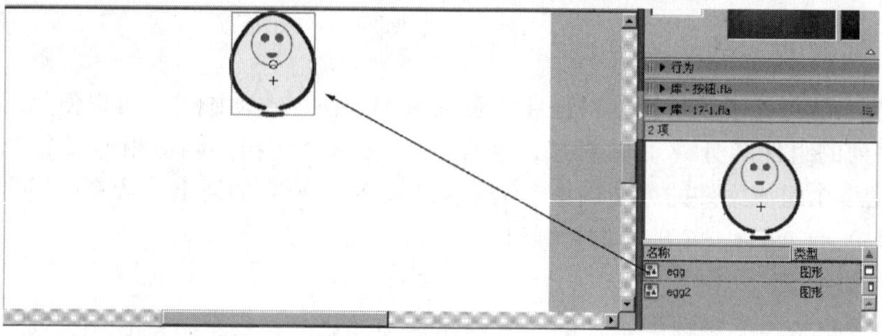

图 19-26 将元件拖入场景

4）在第 20 帧处单击“F6”键，创建新的关键帧，作为弹跳周期的最后一帧内容。

5）按“Ctrl + Shift + Alt + R”组合键显示标尺，从垂直标尺处拖动出一条辅助线，到娃娃的中心位置。在第 10 帧处单击“F6”键，创建新的关键帧，用鼠标沿辅助线将娃娃向下移动一段距离，作为娃娃的落地位置，如图 19-27 所示。

6）选择时间轴中的第 1 帧，在“属性”面板中将“补间”设置为“动画”，“缓动”值设为“－100”。

7）选择时间轴中的第 10 帧，在“属性”面板中将“补间”设置为“动画”，“缓动”值设为“100”，“旋转”设置为“顺时针旋转 2 次”。“属性”面板的设置效果如图 19-28 所示。到此，娃娃的弹跳效果制作完成，可以按“Ctrl + Enter”组合键观看动画效果。

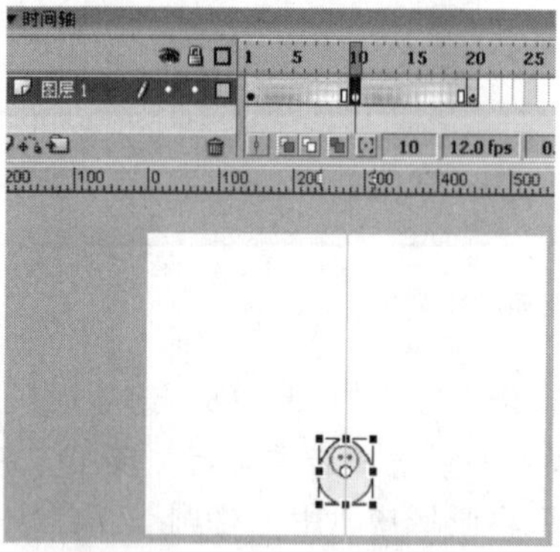

图 19-27 沿降落路线拖动元件

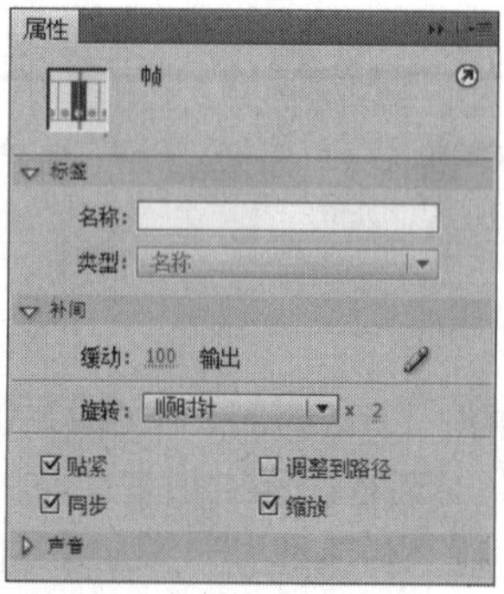

图 19-28 设置“属性”面板

8）下面绘制并完成影子的动画效果。单击“时间轴”面板底部的“新建图层”按钮，创建“图层 2”，在此图层中绘制影子。

9）用“椭圆”工具（边界设为空）在场景中拖出一个椭圆。在“颜色”面板中，设定填充效果为灰色到透明的径向渐变，并调节 Alpha 值为 40%，如图 19-29 所示。

10）在时间轴上单击“图层 2”的第 20 帧，按“F6”键创建关键帧。在第 10 帧处按“F6”键创建关键帧，并用工具箱中的“任意变形”工具，缩小影子。在“颜色”面板中将 Alpha 值调为最大 100%。弹跳娃娃的影子变化效果如图 19-30 所示。

11）选择第 1 帧，在“属性”面板中将“补间”设置为“形状”；在第 10 帧处，再次将“补间”设置为“形状”。

12）按下“Ctrl + S”组合键保存制作的动画，在弹出的“保存”对话框中命名文件，单击“保存”按钮，则生成一个“. fla”文件。在 Flash 环境中再次按“Ctrl + Enter”组合键观看动画，系统自动生成一个同名的“. swf”文件。

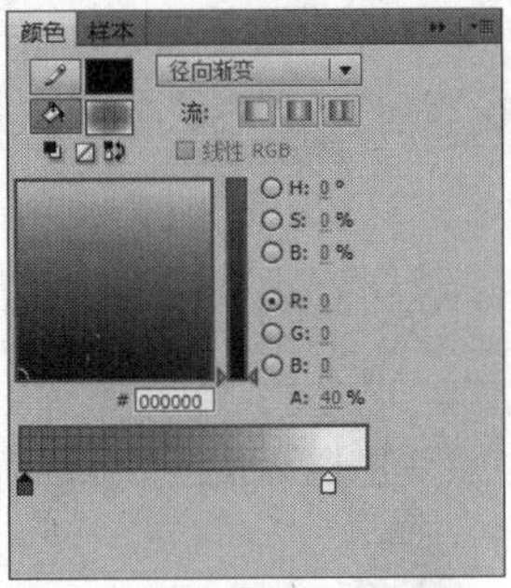

图 19-29 “颜色”面板

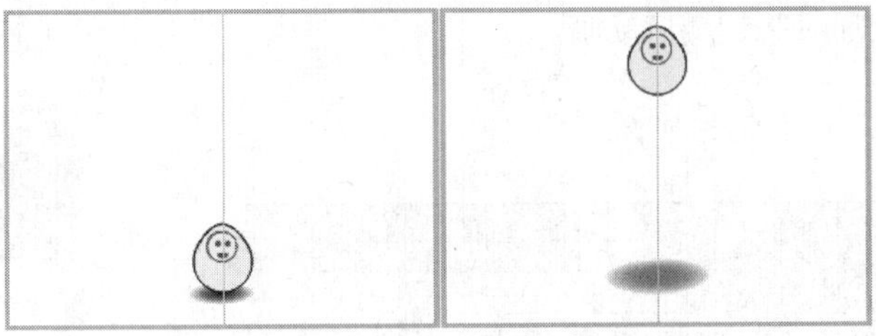

图 19-30 影子变化效果

2. 沿路径创建传统补间动画

运动引导层所创建的动画在以前版本的 Flash 中又称为引导层动画。引导层的作用就是引导与它相关图层中对象的运动轨迹或定位。引导层只能在舞台工作区中看到，在输出影片时它是看不到的。

在运动引导层上绘制一条或多条路径，可以使补间实例、组或文本块沿着这些路径运动。用户可以将多个层链接到一个运动引导层，使多个对象沿同一条路径运动。

下面通过演示一个小球环绕不倒翁旋转的实例，介绍引导层动画的创作方法。具体实现步骤如下：

1）在新建文件“例 6-环绕 . fla”的“图层 1”中绘制一个“不倒翁”图形。

2）创建小球元件。按“Ctrl + F8”组合键，弹出“创建新元件”对话框，单击“确定”按钮。绘制小球后返回场景。

3）单击“时间轴”面板底部的“插入图层”按钮，然后将小球元件从“库”面板中拖动到“图层 2”的第 1 帧中。

4）在“时间轴”面板中选择“图层 2”，然后使用鼠标右键单击该层，从弹出的菜单中选择“添加引导层”命令。Flash 会在所选的层之上创建一个新层，并与刚才选中的图层关联起来，该层的名称的左侧有一个运动引导层图标，如图 19-31 所示。这时可以看到，被引导图层的名字向右缩进一段距离，表示是被引导的图层。

5）用“圆形”工具绘制一个椭圆路径，并用“橡皮擦”工具将闭合路径擦出一个断点，如图 19-32 所示。

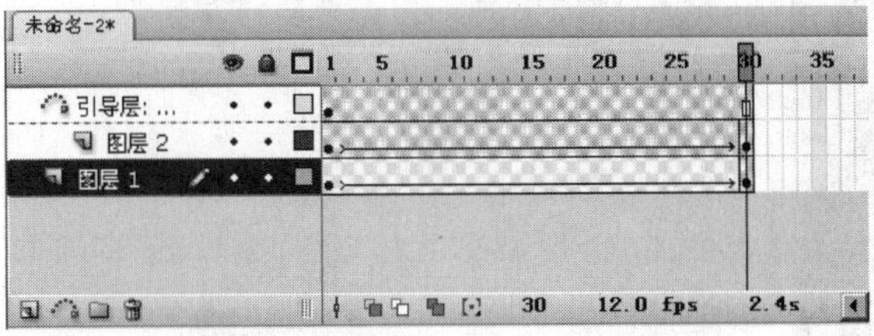

图 19-31 “时间轴”面板中的引导层

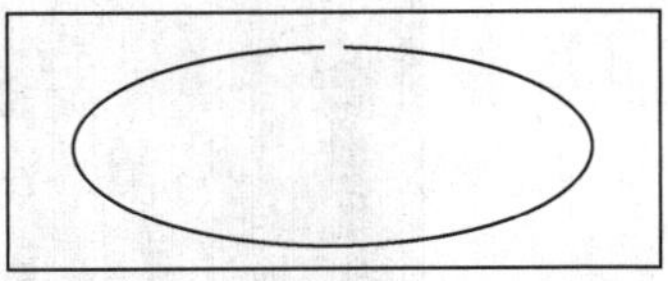

图 19-32 绘制带断点的椭圆路径

6）将“图层 2”第 1 帧中的小球的中心与椭圆轨迹的一个端点重合，在第 30 帧处按“F6”键创建新的关键帧，并将该帧中的小球中心移动到椭圆轨迹的另一个端点处，用洋葱皮效果查看图形，效果如图 19-33 所示。

提示：

被引导层中的运动对象的注册点一定要保持与引导层中的引导路径重合，这样动画中的运动对象才会完全按照引导路径的路线运动。

7）使用鼠标右键单击第1帧，并插入运动补间效果，时间轴设置如图19-34所示的效果，按“Enter”键测试动画。

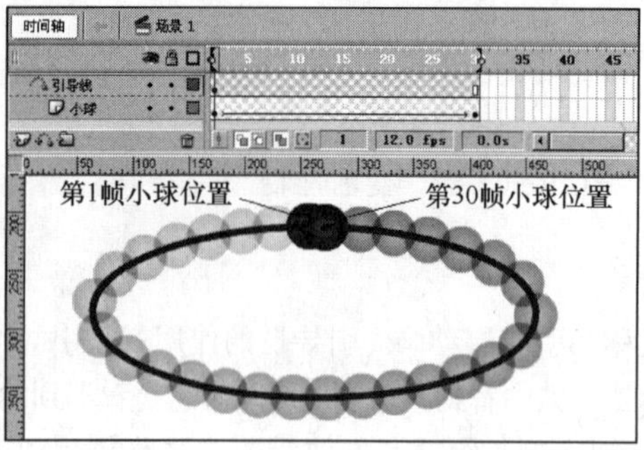

图19-33　对象与路径的编辑效果

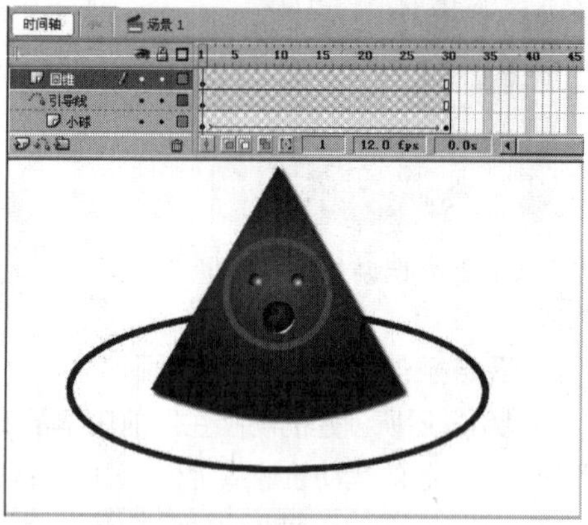

图19-34　引导线动画编辑效果

19.3.5　补间形状动画

补间形状是指在时间轴中的一个特定帧上绘制一个矢量形状然后更改该形状，或在另一个特定帧上绘制另一个形状。然后，Flash将内插中间的帧的中间形状，创建一个形状变形为另一个形状的动画，Flash能补间图形的位置、大小和颜色。

补间形状最适合用于简单形状。避免使用有一部分被挖空的形状，则要求使用的形状与相应的结果要对应。可以使用形状提示来告诉Flash起始形状上的哪些点应与结束形状上的特定点对应。

下面通过一个“昼夜转换”的实例来介绍补间形状动画的制作过程。如图19-35所示的两幅图片分别是白天和夜晚的场景，通过补间形状使月亮和太阳进行转换，同时通过设置图像对象的Alpha透明度使得画面产生白天和夜晚交替的效果。具体的操作步骤如下：

a)　　b)

图19-35　昼夜转换的效果

1）在新建的Flash文档“例7-昼夜转换.fla”中，单击“时间轴”面板底部的“新建图层”按钮，再创建3个新图层，并将各图层自底向上重命名为“昼夜”、“星星”、“月亮太阳”和“房屋”4个层。

2）单击“昼夜”图层的第1帧，使用“矩形”工具在舞台中绘制一个矩形，在“属性”面板中设置参数如图 19-36 所示，位置和大小贴合舞台；笔触置空，填充设置在“颜色”面板中选择“线性渐变填充”，指定由深蓝（#000738）到蓝色（#1c93ff）渐变。

3）单击“星星”图层的第 1 帧，使用“多角星形”工具，属性设置如图 19-37 所示。然后在舞台上绘制多个大小不一的星形图案。

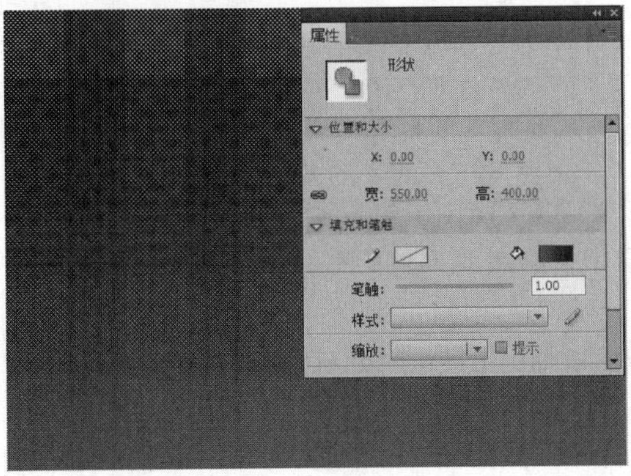

图 19-36　绘制夜空背景

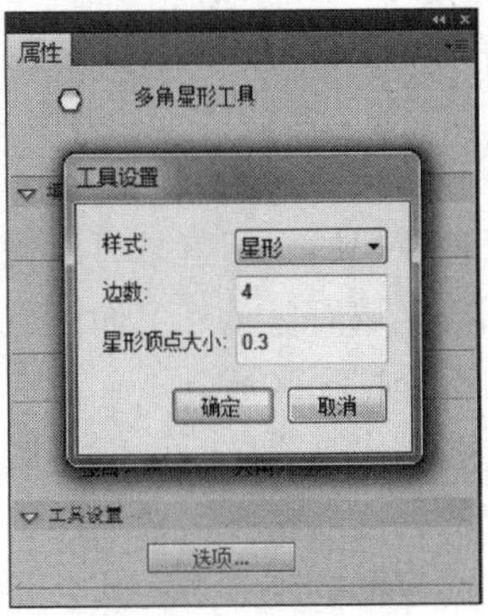

图 19-37　设置星形属性

4）单击“月亮太阳”图层的第 1 帧，绘制月亮图形。再单击“房屋”图层的第 1 帧，绘制房屋图形或插入图片，至此，舞台上夜景画面完成。

5）单击“昼夜”图层的第 10 帧，按“F6”键，将此帧转换为关键帧，然后在第 55 帧处转换关键帧。选中舞台中的矩形图案，在“颜色”面板中指定填充色由淡蓝（#8ebaff）到白色（#ffffff）渐变，形成白天效果。然后在第 65 帧处按“F6”键转换为关键帧。再将第 1 帧复制并粘贴到第 110 帧。

6）使用鼠标右键单击第 10 ~ 55 帧的位置处，在弹出的菜单中选择“创建补间形状”，同样在第 65 ~ 110 帧处创建补间形状，此时“时间轴”面板如图 19-38 所示。

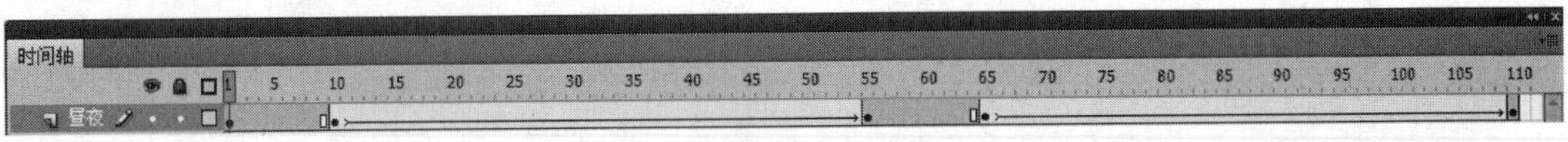

图 19-38　补间形状中的颜色变化

7）在“星星”图层的第 10、55、65 和 110 帧处也创建关键帧。然后单击第 55 帧，则选中该图层所有星星，在“颜色”面板中将“Alpha”通道值修改为 0，即完全透明效果，如图 19-39 所示。应用该方法将第 65 帧的透明度也修改为 0。然后在第 10 ~ 55 帧和第 65 ~ 110 帧处创建补间形状，则动画效果就会表现为星星在夜晚出现，白天消失。

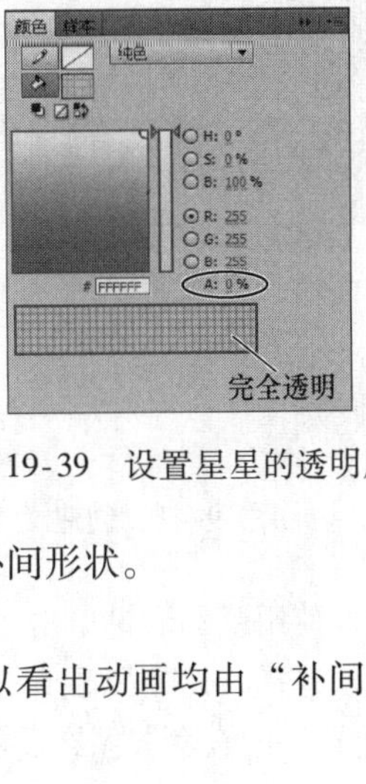

图 19-39　设置星星的透明度

8）在“月亮太阳”图层的第 10 帧处按“F6”创建关键帧，第 55 帧处按“F7”创建空白关键帧。在此绘制一个太阳的图形。在第 65 帧处按“F6”键，创建关键帧，再在第 110 帧处将第 1 帧复制到此处。然后在第10 ~ 55帧和第 65 ~ 110 帧创建补间形状。

9）绘制编辑房屋图层，此处不再详述。

此时动画基本制作完成，“时间轴”面板如图 19-40 所示，可以看出动画均由“补间形状”动画设置完成的，其中应用了形状渐变和颜色渐变两种手段。

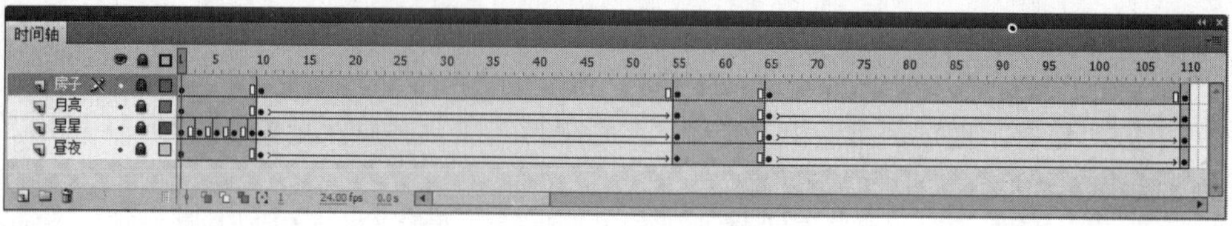

图 19-40　动画对应的时间轴

19.3.6　遮罩动画

遮罩层的作用就是可以透过遮罩层内的图形看到其下面图层的内容，但是不能透过遮罩层内无图形区域而显示其下面图层的内容。在遮罩层中，绘制的单色图形、渐变图形、线条和文字等，都会挖空区域。

要创建遮罩层，可以将遮罩项目放在要用做遮罩的层上。和填充或笔触不同，遮罩项目像是个窗口，透过它可以看到位于它下面的链接层区域。除了透过遮罩项目显示的内容之外，其余的所有内容都被遮罩层的其余部分隐藏起来。一个遮罩层只能包含一个遮罩项目。按钮内部不能有遮罩层，也不能将一个遮罩应用于另一个遮罩。

下面通过制作一个“滚动字幕”的实例介绍遮罩动画的创作方法，具体实现的步骤如下：

1）新建文档，并保存为“例8-滚动字幕 . fla”，将背景色设置为黑色。

2）将“图层1”重命名为“文本”层。选择工具箱中的“文本”工具，设置颜色为红色，在舞台中单击鼠标，并在文本框中输入一段文字。

3）单击“时间轴”面板底部的“插入图层”按钮，将新建图层重命名为“遮罩”，单击“遮罩”层的第1帧，选择工具箱中的“矩形”工具绘制一个矩形区域，调整矩形区域到文本区的顶端位置，如图19-41所示。

4）选择“遮罩”层的第60帧，按“F5”键，创建普通帧。

5）选择“文本”层的第60帧，按“F6”键，创建关键帧。用“选择”工具选中舞台中的文本框，并垂直向上移动文本，使文本最后一行移出矩形区，如图19-42所示。

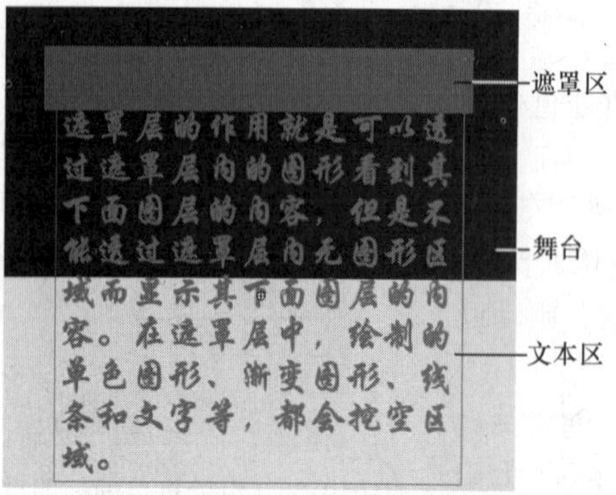

图 19-41　创建文本和矩形区

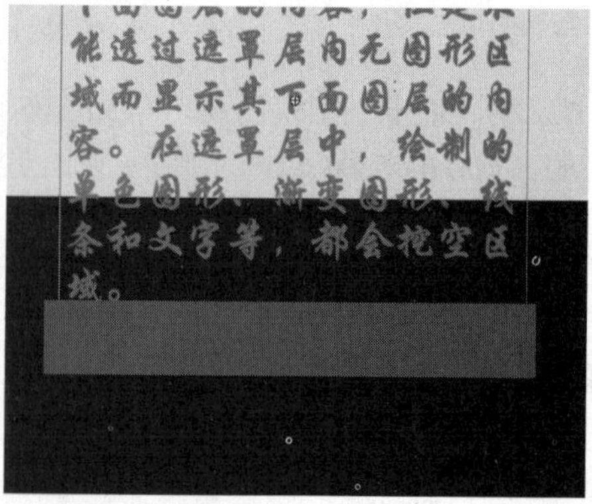

图 19-42　位移文本

6）使用鼠标右键单击“文本”图层的第1帧，设置“创建补间动画”效果。

7）选择“遮罩”层，使用鼠标右键单击，在弹出的菜单中选择“遮罩层”命令，此时遮罩与被遮罩层的嵌套关系在图层中显示出来，遮罩层总是遮住紧贴其下的层，因此要确保在正确的地方创建遮罩层。

8）创建新图层，在该层中绘制显示屏的轮廓效果。图 19-43 为“时间轴”面板及第 5 帧的动画编辑效果。

9）动画制作完成，按“Enter”键测试动画。

提示：

Flash 会忽略遮罩层中的位图、渐变色、透明、颜色和线条样式。在遮罩中的任何填充区域都是完全透明的；而任何非填充区域都是不透明的。

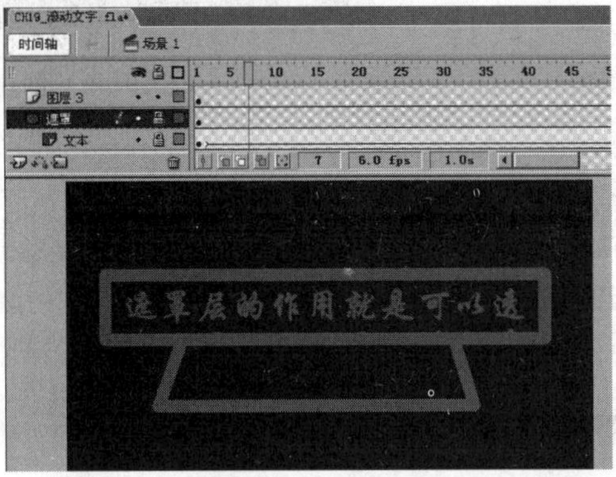

图 19-43 “时间轴”面板及编辑窗口内容

19.4 使用反向运动

反向运动（Inverse Kinematics，IK）是一种使用骨骼的有关节结构对一个对象或彼此相关的一组对象进行动画处理的方法。使用骨骼，元件实例和形状对象可以按复杂而自然的方式移动，只需做很少的设计工作。

用户可以向单独的元件实例或单个形状的内部添加骨骼。图 19-44 所示为一个已添加 IK 骨架的人体形状和一个由多元组件形成的元件实例。

a）已添加IK骨架的人体形状　　b）一个由多元组件形成的元件实例

图 19-44 添加 IK 骨架

1. 向形状添加骨骼

下面以一个具体实例介绍向形状对象添加 IK 骨骼，实现反向运动动画的方法。具体操作步骤如下：

1）创建一个新的 Flash 文档并保存为“例 9- 小蛇 . fla”。

2）使用图形绘制工具在舞台上绘制一个蛇形图案，如图 19-45 所示。

3）按“Ctrl + ‘ + ’”组合键放大视图比例到400%，为了便于插入骨骼。

4）使用“骨骼”工具，以“蛇”的头部为起点，拖动至颈部松开鼠标，在起点和释放鼠标的点之间将显示一个实心骨骼。此时，时间轴中新增加了一个“骨架”图层，而“图层1”变为空关键帧，如图 19-46 所示。

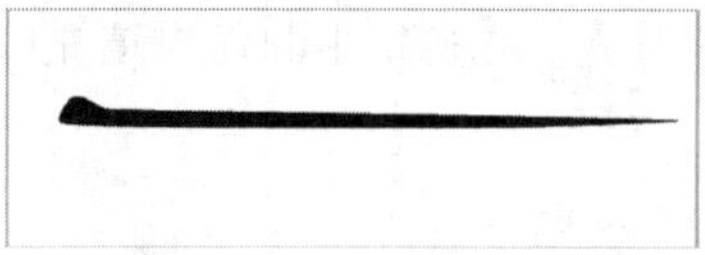

图 19-45　绘制蛇形图案

图 19-46　创建第一段骨骼

提示：

添加第一个骨骼时，Flash 将形状转换为 IK 形状对象，并将其移动到时间轴中的新图层。新图层称为姿势图层。与给定骨架关联的所有骨骼和 IK 形状对象都驻留在姿势图层中。

5）沿“蛇”的躯体，依次创建多个骨骼，直到尾部，整体骨骼效果如图 19-47 所示。

图 19-47　整体骨骼效果

6）选择“时间轴”面板中“骨架”图层的第 50 帧，单击鼠标右键，在弹出的快捷菜单中选择“插入姿势”，则第 1 ~ 50 帧之间形成绿色底纹的补间效果。拖动尾部骨骼到任意位置，则第 50 帧处添加一个菱形的姿势帧，效果如图 19-48 所示。

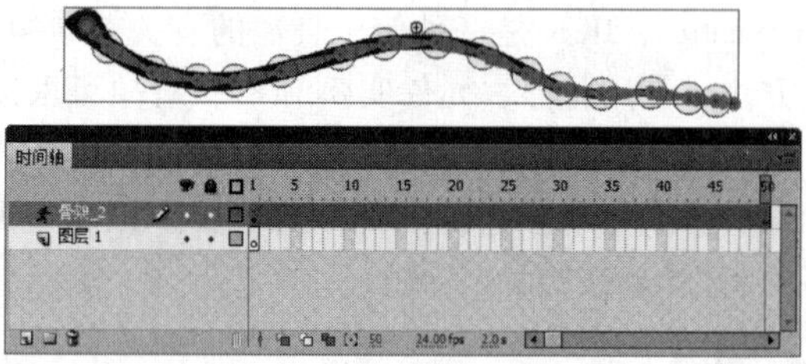

图 19-48　改变姿势

7）继续新增姿势帧，然后改变图形的姿势，使第 1 ~ 50 帧产生更丰富的动画效果。动画制作完成并按“Enter”键测试动画。

2. 向元件添加骨骼

通过反向运动可以更加轻松地创建人物动画，如胳膊和腿等肢体动作。下面创作一个机器人做操的实例，其动画效果如图 19-49 所示。实现的操作步骤如下：

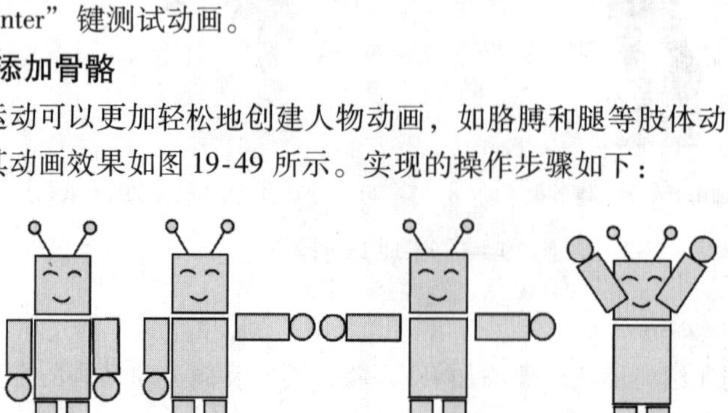

图 19-49　动画效果

1）创建一个新的 Flash 文档并保存为“例 10-体操.fla”。

2）使用“椭圆”工具，黄色填充、笔触置空，按“Ctrl + F8”组合键，创建一个名为“head”的图形元件，并绘制一个“机器人”的头部图形。然后再分别创建“body”、“arm”和“leg”等图形元件，此时在“库”面板中可以看到元件名称，如图 19-50 所示。

3）回到“场景 1”的舞台，将“库”面板中的元件依次拖至舞台上，组合成一个“机器人”效果的图形。

4）将视图显示比例放大到 400%，便于下一步的编辑。选择“骨骼”工具，在“机器人”图形上创建骨骼，从“body”的顶部开始作为骨骼起点，分别向“head”、“arm”及“leg”元件实例上引出其他骨骼，如图 19-51 所示。

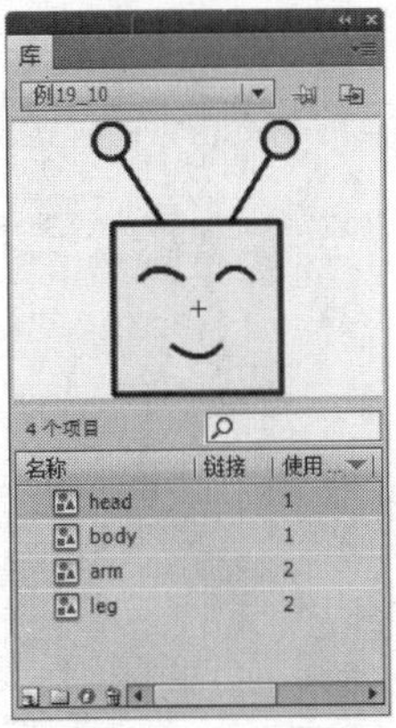

图 19-50　创建图形元件

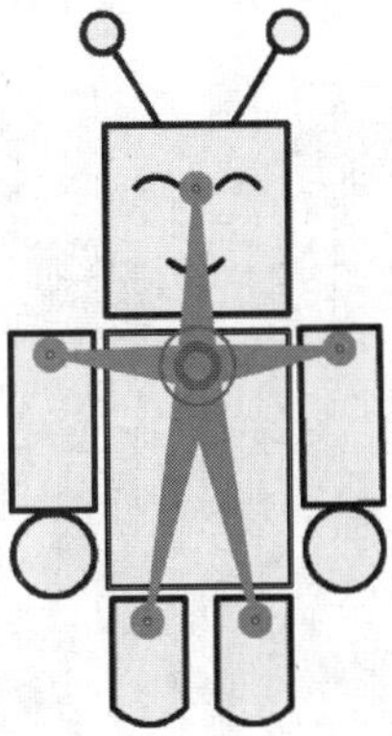

图 19-51　创建骨骼

5）在“骨架”图层的“时间轴”面板上每隔 5 帧创建一个姿势帧，然后变换舞台上“机器人”图形胳膊的位置，通过姿势的变换，形成做操的动画效果。

19.5　边学边做（制作“开卷有益”动画）

本节介绍一个“开卷有益”的动画实例创作，动画制作过程中主要应用了传统补间动画和遮罩动画制作的基本方法。通过本例的制作，读者能够认识到一个动画常常是多种动画技术结合应用所产生的作品。

下面是制作该动画的具体实现步骤。

1）按“Ctrl + N”组合键，创建新文件，将文档尺寸设置为 500 像素 × 300 像素，背景颜色定义为淡蓝色（#7BB1E7），保存文件为“例 11-画卷.fla”。

2）按“Ctrl + F8”组合键，弹出“新建元件”对话框，设置元件类型为“图形”，名称为“卷轴”，单击“确定”按钮。

3）在图形编辑环境中用“椭圆”工具和“矩形”工具绘制一个卷轴的图形效果，绘制过程中，结合应用“颜色”面板设置图形的填充色，应用“对齐”面板设置组成部分对象的对齐效果，如图 19-52 所示。

4）按“Ctrl + F8”组合键，新创建一个名为“图画”的图形元件，在“图画”编辑窗口的“图层 1”中绘制一个彩色填充效果的矩形，在新建的“图层 2”中编辑文本“开卷有益”，并在“属性”面板中设置文字为“渐变发光”滤镜效果，此时的“时间轴”面板、显示窗口及“属性”面板参数如图 19-53 所示。

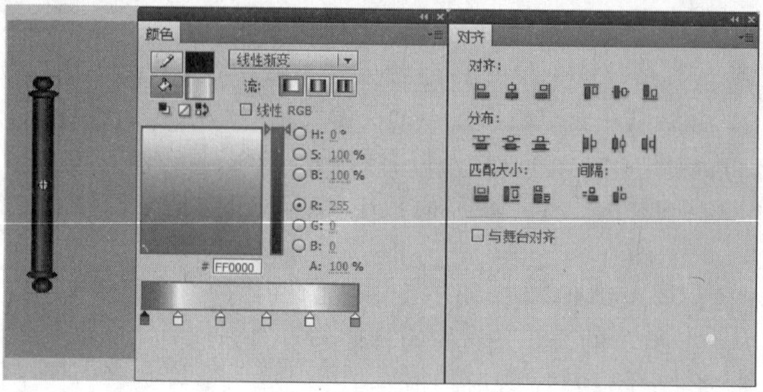

图 19-52　绘制卷轴

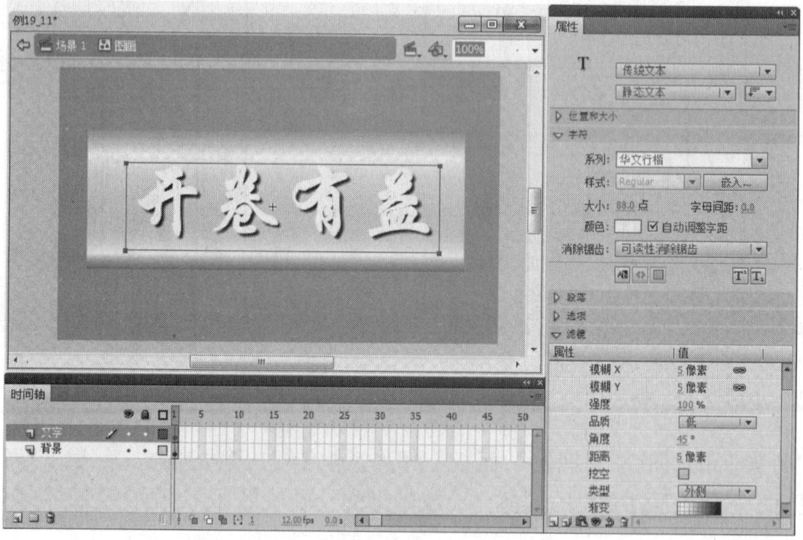

图 19-53　绘制卷面图形效果

5）单击“场景1”回到场景编辑环境，打开“库”面板，将“图画”元件拖动到舞台中间位置，创建“图层1”的第1个关键帧效果。

6）单击“时间轴”面板底部的“插入图层”按钮，在“图层2”中用“矩形”工具绘制一个与“图画”位置、大小完全一样的矩形。

7）选择“图层2”的第40帧，按“F6”键创建关键帧。单击第1帧，并将图形水平拖动到“图画”的最左侧，如图19-54所示。

图 19-54　创建遮罩图形

8）使用鼠标右键单击“图层2”中的第1帧，设置“创建补间动画”命令，再用鼠标右键单击“图层2”，在弹出的菜单中选择“遮罩层”命令，此时就将“图层2”指定为“图层1”

的遮罩效果。

9）插入新图层，重命名为“左轴”，再将“库”面板中的“卷轴”元件拖至舞台中，创建“左轴”图层的第 1 帧内容。

10）插入新图层，重命名为“右轴”，再将“库”面板中的“卷轴”元件拖至舞台中，创建“右轴”图层的第 1 帧内容。

11）调整左轴、右轴图形的大小与位置，使之重合到画卷的左侧。

12）选择“右轴”图层的第 40 帧，按“F6”键，创建关键帧，并将右轴图形水平拖动到画卷的最右侧。并在第 1 帧上设置“创建补间动画”命令，设置效果如图 19-55所示。

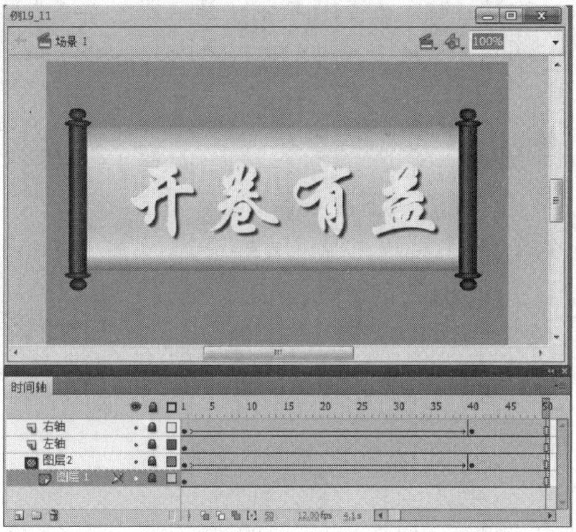

图 19-55　时间轴和舞台设置效果

13）动画制作完成，按“Enter”键测试动画效果。

本章小结

本章主要介绍了元件的创建与编辑、实例的创建与编辑操作，以及“库”面板的使用和管理等内容。掌握好元件和实例的操作方法和技巧，可以大大提高动画的创作效率。本章还重点介绍了基础动画的制作方法，基础动画包括逐帧动画、形变动画、传统补间动画、补间动画、引导线动画和遮罩动画等的制作方法。

本章重点在于补间动画和传统补间动画的制作，理解了它们之间的区别，能够更好地创作出灵活的动画作品。本章难点在于使用反向运动创建动画，初学者对骨架进行动画处理一定要做到勤学多练，才能更加有效地将所学灵活运用到动画作品中。

思考与练习

1. 练习使用公用库创建“播放”、“停止”、“快进”和“快退”一组按钮，如图 19-56 所示。

图 19-56　制作按钮

2. 应用引导线动画的制作方法，设计“赛跑”的动画效果，画面效果如图 19-57 所示。

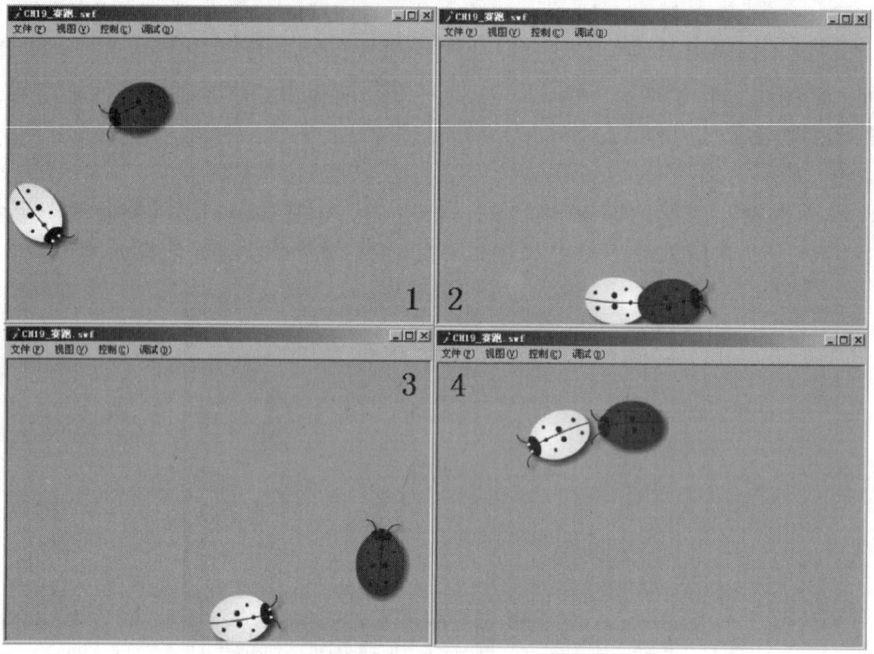

图 19-57　“赛跑”动画实例

3. 应用遮罩动画的制作方法，设计一个“百叶窗”的动画效果，画面效果如图 19-58 所示。

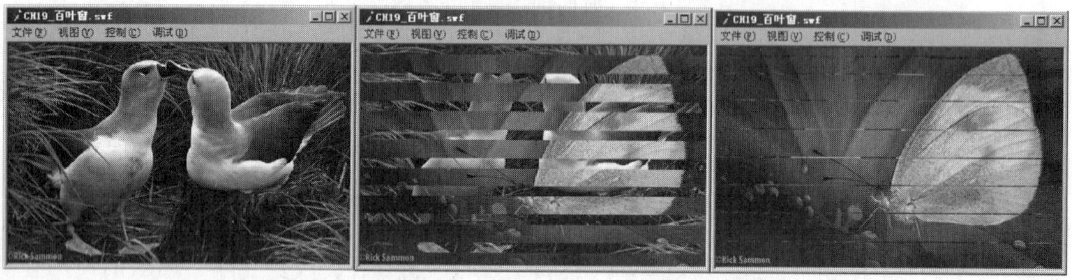

图 19-58　“百叶窗”动画实例

第 20 章 声音和视频

Flash 除了对动画的突出表现之外，对声音和视频的支持也相当出色。Flash 的特点之一就是在动画中添加声音效果。Flash 为用户提供了多种使用声音的方法，同时，还提供了多种将视频合并到 Flash 文档并为用户播放的方法。

本章主要介绍将声音加入到动画的方法和技巧，给动画配音、压缩和输出带有声音的动画文件，以及在 Flash 中使用视频的方法等内容。

本章要点：

- 为按钮、动画添加声音
- 声音压缩、音效的编辑
- 有声动画文件的导出
- 插入视频
- 导出视频文件

20.1 在 Flash 中使用声音

Flash CS5 提供了多种使用声音的方式，如可以使声音独立于时间轴连续播放，或使用时间轴将动画与音轨保持同步，向按钮添加声音可以使按钮具有更强的互动性，通过声音淡入或淡出还可以使音轨变得更加优美。

Flash 中有两种声音类型：事件声音和音频流。事件声音必须完全下载后才能开始播放，除非明确停止，否则它将一直连续播放。音频流是在前几帧下载了足够的数据后就开始播放。音频流要与时间轴同步，以便在网站上播放。

20.1.1 向 Flash 文档添加声音

1. 将声音添加到时间轴

要将声音从“库”中添加到文档，首先将声音文件导入到“库”面板中。将声音放在“时间轴”面板上时，把声音分配到一个独立的层上，然后在“属性”面板的“声音”控件中设置选项。操作方法如下：

1）执行菜单【文件】/【导入】/【导入到库】命令，选择声音文件导入到“库”面板中；也可以使用系统提供的“公用库”里的声音文件，执行菜单【窗口】/【公用库】/【声音】命令，在已经具有的“Sounds. fla”列表中选择声音。图 20-1 为“库”面板中导入的声音文件，以及“公用库”中的声音文件。

提示：

Flash 支持的声音文件格式包括 ASND、WAV 和 MP3 等。声音要占用大量的磁盘空间和

RAM。但是，MP3 声音数据经过了压缩，比 WAV 声音数据小。通常，使用 WAV 文件时，最好使用 16～22kHz 单声（立体声使用的数据量是单声的两倍），但是 Flash 可以导入采样比率为 11kHz、22kHz 或 44kHz（标准的 CD 音频比率）的 8 位或 16 位的声音。

2）单击“时间轴”面板底部的“插入图层”按钮，为声音创建一个层。

3）选定新建的声音层后，将声音从“库”面板中拖到舞台中，声音就添加到当前层中，如图 20-2 所示，在“图层 6”中添加声音的“时间轴”面板。

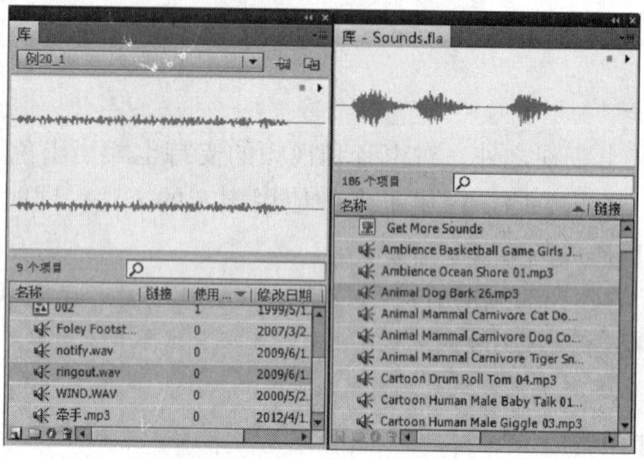

图 20-1 “库”面板和公用库

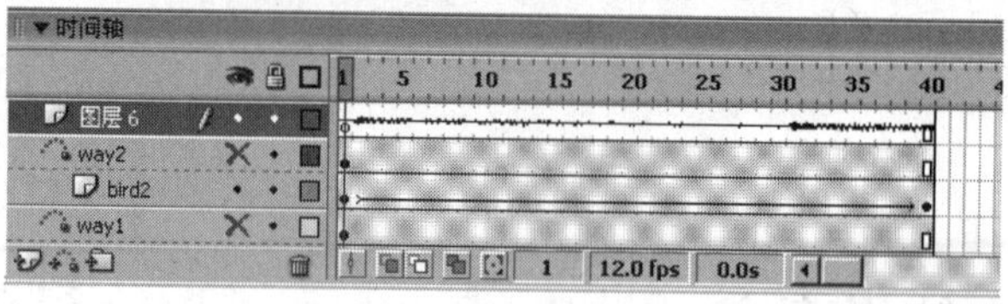

图 20-2 向文档添加声音

提示：

建议将每个声音放在一个独立的层上。每个层都作为一个独立的声道。播放 SWF 文件时，会混合所有层上的声音。

4）在“时间轴”面板上，选择包含声音文件的第 1 帧，单击“属性”面板中右下角的箭头，展开“属性”面板，如图 20-3 所示。从“声音”弹出的菜单中选择声音文件，从“效果”弹出的菜单中选择效果。具体选项如下。

- 无：不对声音文件应用效果。
- 左声道/右声道：只在左声道或右声道中播放声音。
- 从左到右淡出/从右到左淡出：会将声音从一个声道切换到另一个声道。
- 淡入：在声音的持续时间内逐渐增加音量。
- 淡出：在声音的持续时间内逐渐减小音量。
- 自定义：允许使用“编辑封套”创建自定义的声音淡入和淡出点，第 20.1.2 节将具体介绍“编辑封套”对话框的编辑操作。

5）从“同步”弹出的菜单中选择“同步”选项。

● 事件：会将声音和一个事件的发生过程同步起来。事件声音在显示其起始关键帧时开始播放，并独立于时间轴完整播放。当播放发布的 SWF 文件时，事件声音混合在一起。

● 开始：与“事件”选项的功能相近，但是如果声音已经在播放，则新声音实例不会播放。

● 停止：使指定的声音静音。

● 流：将同步声音，以便在 Web 站点上播放。Flash 强制动画和音频流同步。如果 Flash 不能足够快地绘制动画的帧，就跳过帧。与事件声音不同，音频流随着 SWF 文件的停止而停止。

6）为“重复”输入一个值，以指定声音应循环的次数，或者选择“循环”以连续重复声音。

提示：

要连续播放，则输入一个足够大的数，以便在扩展持续时间内播放声音。例如，要在 15min 内循环播放一段 15s 的声音，请输入 60。不建议循环音频流，如果将音频流设为循环播放，帧就会添加到文件中，文件的大小就会根据声音循环播放的次数而倍增。

2. 向按钮添加声音

用户可以将声音和一个按钮元件的不同状态关联起来。因为声音和元件存储在一起，它们可以用于元件的所有实例。下面举例说明向按钮添加声音的操作过程。

1）在公用库的“Buttons. fla”面板中选择一个已经定义好的按钮元件。双击按钮图标进入元件的编辑状态。

2）在按钮的“时间轴”面板上，添加一个声音层。例如，要添加一段在单击按钮时播放的声音，则在“点击”帧处创建一个关键帧。

3）从“属性”面板的“声音”弹出菜单中选择一个声音文件，并从“同步”弹出菜单中选择“事件”，或者从“库”面板中将声音文件拖至图像上，则声音层的“点击”帧处出现声音波形，如图 20-4 所示。要将不同的声音和按钮的每个关键帧关联在一起，应创建一个空白的关键帧，然后给每个关键帧添加其他声音文件。

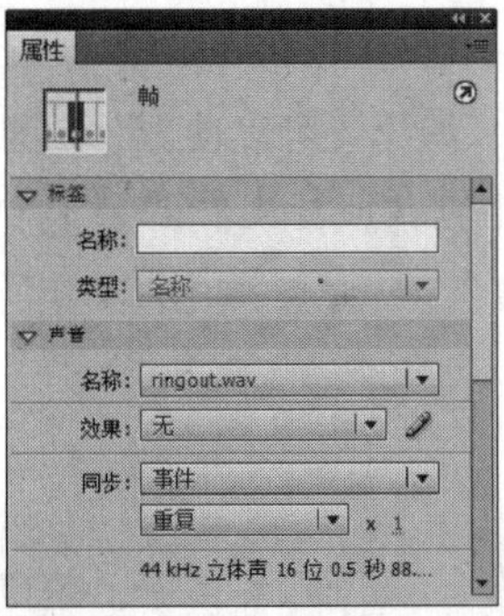

图 20-3　“属性”面板中的声音属性

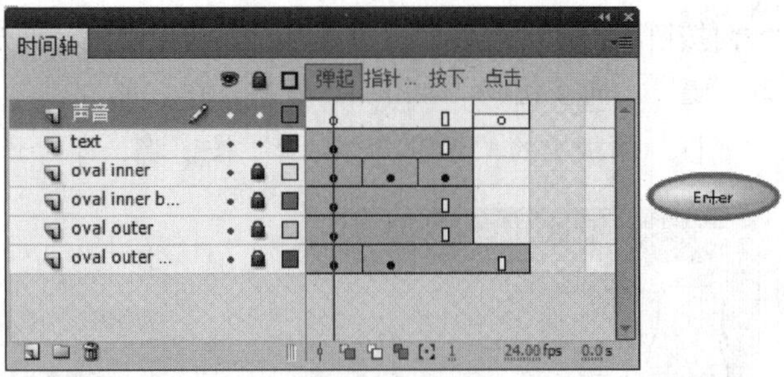

图 20-4　创建声音层并插入关键帧

3. 将声音与动画同步

在 Flash 中与声音相关的最常见任务就是与动画同步播放和停止播放关键帧中的声音。下面通过实例制作一个动画配音效果，画面中当有小鸟飞入时，开始出现声音；当小鸟从画面中消失，声音即停止。具体操作步骤如下：

1）创建一个新的 Flash 文档，并保存为“例 1- 飞翔 . fla”。

2）应用前面章节的知识创建动画背景，背景图像在“背景”图层的第 1 帧中。然后设计制作小鸟飞入、飞出的动画效果。为了体现小鸟飞入的自然效果，在新图层的从第 20 帧处创建关键帧，应用引导层动画产生小鸟起起伏伏的飞行效果，不同画面效果截图如图 20-5 所示。

3）在“时间轴”面板中创建一个新的“声音 1”图层，在第 1 帧处创建关键帧，然后将“公用库 Sounds. fla”中的“Ambience Ocean Shore 01. mp3”拖入场景中，作为与背景海浪冲激的配音。再新建“声音 2”图层，在第 20 帧处插入新的关键帧，然后将“公用库 Sounds. fla”中的“Foley footstep playing basketball ... 01. mp3”拖入场景中，作为小鸟飞翔时的配音。此时，“时间轴”面板如图 20-6 所示。

图 20-5　动画效果截图

4）选择“声音 2”图层的第 60 帧处，创建关键帧，然后打开“属性”面板，单击“声音”中“同步”下拉按钮，选择“停止”，使得小鸟飞出画面时，配音播放停止。“属性”面板如图 20-7 所示。

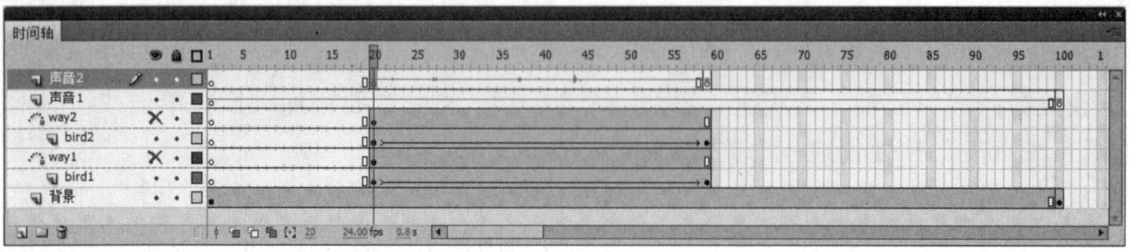

图 20-6　动画对应的“时间轴”面板

20. 1. 2　在 Flash 中编辑声音

向按钮添加声音可以使按钮具有更强的互动性，通过声音淡入、淡出还可以使影片效果更加生动、逼真。向按钮或动画添加声音后，在“时间轴”面板上选择包含声音文件的第 1 帧。单击“属性”面板中的“编辑声音封套”按钮，即打开“编辑封套”对话框，如图 20-8 所示。

图 20-7　设置动画与声音同步

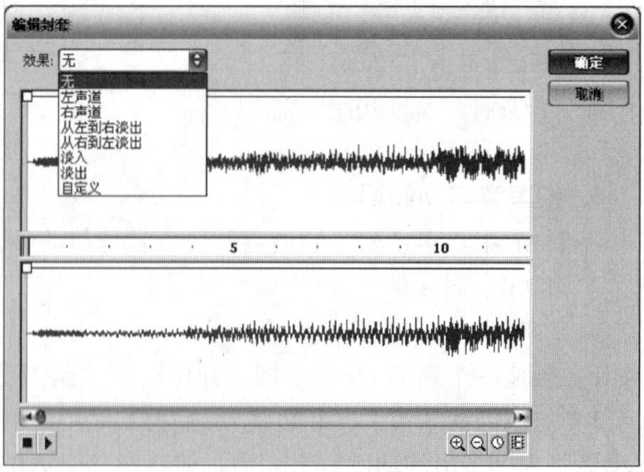

图 20-8　“编辑封套”对话框

在“编辑封套”对话框中可以进行以下设置。

- 效果：从“效果”下拉列表中修改音频播放效果。
- 起始点和终止点：改变声音的起始点和终止点，拖动“编辑封套”对话框中的“起点游标”和“终点游标”控件，分别改变声音播放的开始时间和终止时间。

- 封套：拖动封套手柄来改变声音中不同点处的级别，如图 20-9 所示。封套线显示声音播放时的音量。单击封套线可以创建其他封套手柄（总共可达 8 个）。要删除封套手柄，可将其拖出窗口。
- 放大或缩小：单击"编辑封套"对话框右下角的"放大"或"缩小"按钮，可以改变窗口中显示声音的多少，以控制显示更多的音频或者更精确地编辑和控制音频。此外，音频波形较长时，为了编辑音频，还可以使用"编辑封套"对话框下方的滚动条来显示。
- 秒和帧："编辑封套"对话框右下角还有两个按钮，单击"秒"和"帧"按钮用来改变时间轴单位。

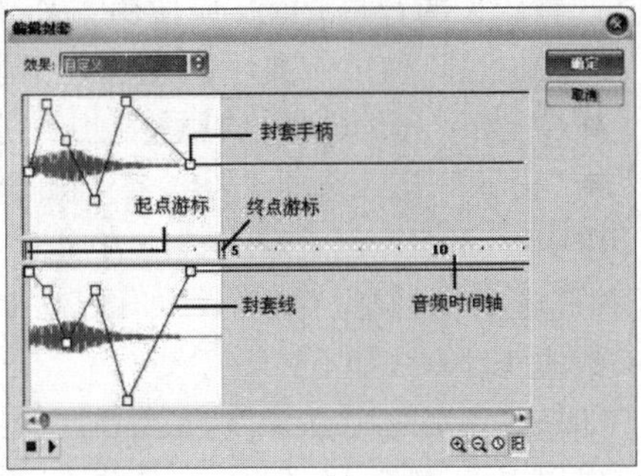

图 20-9 编辑音频

20.2 声音的优化导出

一般来说，添加声音会大大增加动画文件的大小，但是，Flash 提供了最优化的压缩方式，可以保证动画文件尽可能地小。

20.2.1 声音优化

导出动画时，采样频率和压缩比明显影响声音的质量和大小。因此，在准备导出 Flash 动画声音时，需要认真对待。对于基于 Web 的发布，最重要的是找到文件大小与声音质量之间的平衡，在导出设置时，既要保证声音效果的完好，又要考虑尽量节省占用站点空间。

声音的优化有两种方法。用户可以通过"发布设置"对话框定义动画中所有声音的设置。这种方法只有在所有声音文件来源相同时效果比较好。如果要求 Flash 动画文件较小，或者 Flash 项目里有不同来源的声音，或者使用了不同类型的声音组合，可以对"库"面板内的每个声音进行设置或"声音属性"对话框中控制单个声音的导出质量和大小，以便对输出进行更好的控制。

20.2.2 压缩与导出声音

1. 压缩声音设置

压缩声音文件是为了尽量减小 Flash 声音动画文件的大小，以便 Flash 影片能够在网页中迅速地下载并播放。

通过选择压缩选项，可以控制导出的 SWF 文件中的声音品质和大小。双击"库"面板中的声音图标，即可打开如图 20-10 所示的"声音属性"对话框。使用"声音属性"对话框可以为单个声音选择压缩选项。

对于"压缩"，可以选择"默认"、"ADPCM"、"MP3"、"原始"或"语音"。用户可以针对不同格式选择压缩格式的不同选项。

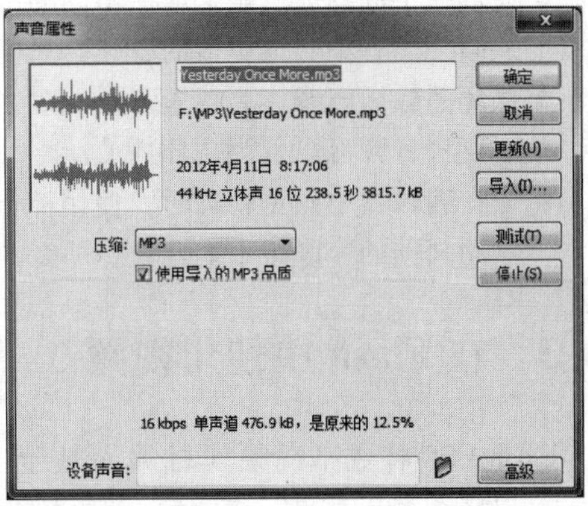

图 20-10 "声音属性"对话框

- ADPCM 压缩选项：ADPCM 压缩选项用于设置 8 位或 16 位声音数据的压缩。导出较短的事件声音（如单击按钮）时，可使用 AD-

PCM 设置。

- MP3 压缩选项：通过“MP3”压缩选项可以用 MP3 压缩格式导出声音。当导出像乐曲这样较长的音频流时，应使用“MP3”选项。如果要导出一个以 MP3 格式导入的文件，导出时可以使用该文件导入时的相同设置。
- “原始”压缩选项：“原始”压缩选项在导出声音时不进行压缩。
- “语音”压缩选项：“语音”压缩选项使用一个适合于语音的压缩方式导出声音。

以 MP3 压缩为例，若在“声音属性”对话框的“压缩”选项中选择“MP3”，如图 20-11 所示。压缩参数的处理方法如下：

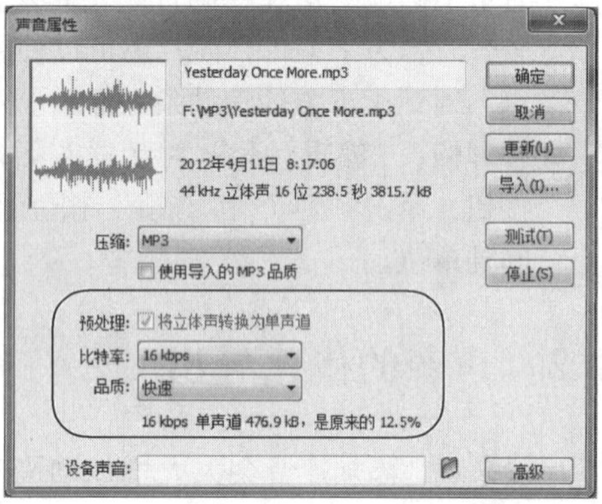

图 20-11　MP3 压缩设置

如果要导出一个以 MP3 格式导入的文件，导出时可以使用该文件导入时的相同设置。若取消默认选择“使用导入的 MP3 品质”，则选择一个“比特率”选项，以确定导出的声音文件中每秒播放的位数。Flash 支持 8 ~ 160kbit/s CBR（恒定比特率）。当导出音乐时，需要将比特率设为 16kbit/s 或更高，以获得最佳效果。对于“预处理”，选择“转换立体声成单声”，将混合立体声转换为非立体声（单声不受此选项影响）。“预处理”选项只有在选择的比特率为 20kbit/s 或更高时才可用。

对于“品质”选项，以下选项之一可以确定压缩速度和声音品质。

- 快速：选项的压缩速度较快，但声音品质较低。
- 中：选项的压缩速度较慢，但声音品质较高。
- 最佳：选项的压缩速度最慢，但声音品质最高。

对设置好的压缩文件可以通过单击“声音属性”对话框中的“测试”按钮，对压缩效果进行测试，最后单击“确定”按钮完成声音文件的压缩操作。

2. 导出声音设置

Flash 软件不但可以向动画中添加声音，而且可以将动画中的声音以多种格式进行导出。声音压缩技术中，除了采样比率和压缩外，还可以使用下面几种方法在文档中有效地使用声音并减小文件的大小。

- 设置切入/切出点，避免静音区域保存在 Flash 文件中，从而减小声音文件大小。
- 通过在不同的关键帧上应用不同的声音效果（例如音量封套，循环播放和切入/切出点），从同一声音中获得更多的变化。只使用一个声音文件就可以得到许多声音效果。
- 循环播放短声音作为背景音乐。
- 不要将音频流设置为循环播放。
- 当在编辑器中预览动画时，使用流同步使动画和音轨保持同步。如果计算机不够快，绘制动画帧的速度跟不上音轨，那么 Flash 就会跳过帧。

20.3　在 Flash 中使用视频

Flash CS5 将数字视频素材编入基于 Web 的演示中，FLV 视频格式具有技术和创意优势，可以将视频和数据、图形、声音和交互式控件融合在一起，从而在网页上可以轻松观看视频。

下面的动画实例是将一个广告短片的 FLV 视频文件导入到 Flash 中，产生动画中嵌套视频的效果，动画效果截图如图 20-12 所示。具体操作步骤如下：

1）创建新的 Flash 文档，并保存为“例 2-导入 FLV. fla”。

2）在文档中创建 3 个图层，分别命名为“标题”、“时长”和“FLV 视频”。

3）按“Ctrl + F8”组合键，创建名为“标题”的图形元件，使用“文本”工具输入“将 FLV 视频导入到 Flash 中”，然后设置其属性，并添加滤镜效果。再创建名为“时长”的影片剪辑元件，在此创建一个简单动画，使文字“30 秒”进行缩放移动。

4）再按“Ctrl + F8”组合键，创建名为“FLV”的影片剪辑元件，在此执行菜单【文件】/【导入】/【导入视频】命令，随即弹出“导入视频”对话框，如图 20-13 所示。

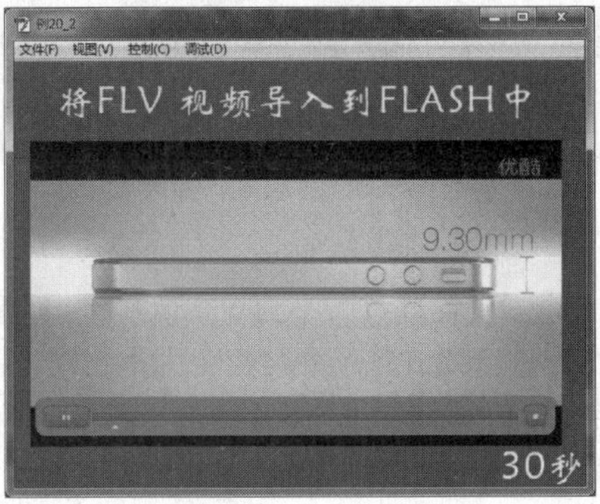

图 20-12　Flash 嵌套 FLV 视频的效果截图

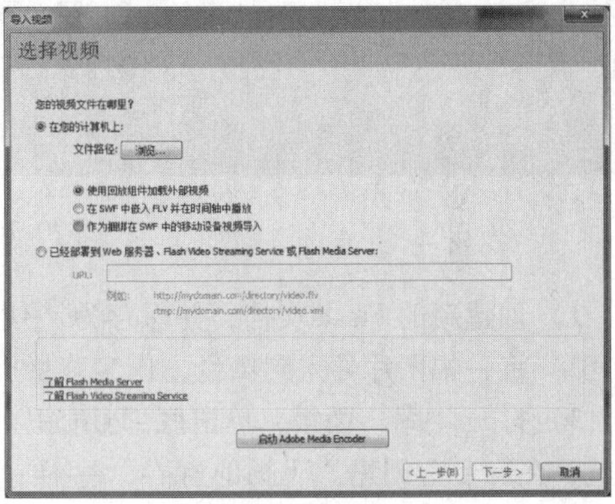

图 20-13　“导入视频”对话框

5）在对话框中，单击“文件路径”旁的“浏览”按钮，在弹出的对话框中选择已经准备好的 FLV 文件，单击“打开”按钮，则文件位置被指定。

6）在对话框中有 3 个视频导入选项：“使用回放组件加载外部视频”、“在 SWF 中嵌入 FLV 并在时间轴中播放”、“作为捆绑在 SWF 中的移动设备视频导入”。选择“使用回放组件加载外部视频”选项，然后单击“下一步”按钮。

7）在对话框中，对插入的视频外观进行选择，如图 20-14 所示，然后单击“下一步”按钮，在单击“完成”按钮，完成视频导入。

8）回到“场景 1”，将“库”面板中 3 个元件分别对应移入时间轴每个图层关键帧的舞台上，此时“时间轴”面板上只有第 1 帧对象，如图 20-15 所示。按“Ctrl + Enter”组合键导出并观看动画效果。

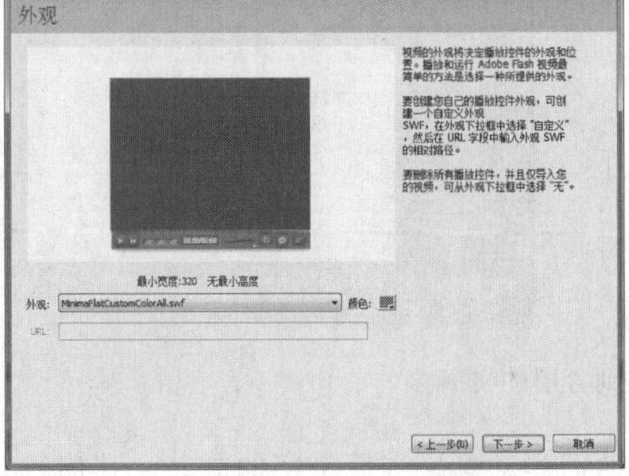

图 20-14　视频外观设置

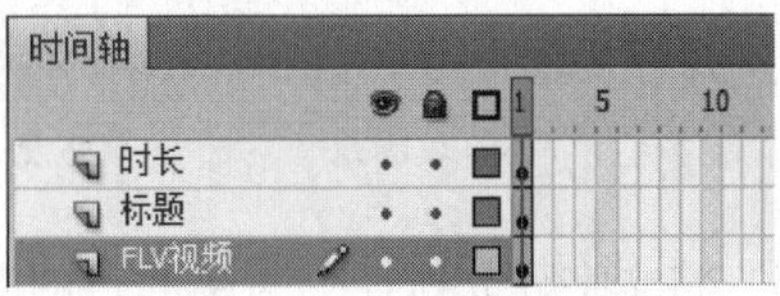

图 20-15　“时间轴”面板

20.4　边学边做（动画背景配音）

本节介绍的实例是在一段动画作品中融合一段背景音乐效果，动画开始时，背景音乐渐强进入动画，持续一段时间后，音乐渐弱消失，在此过程中，动画循环播放，音乐时间持续 25s。动画截取画面如图 20-16 所示，实例的具体操作步骤如下：

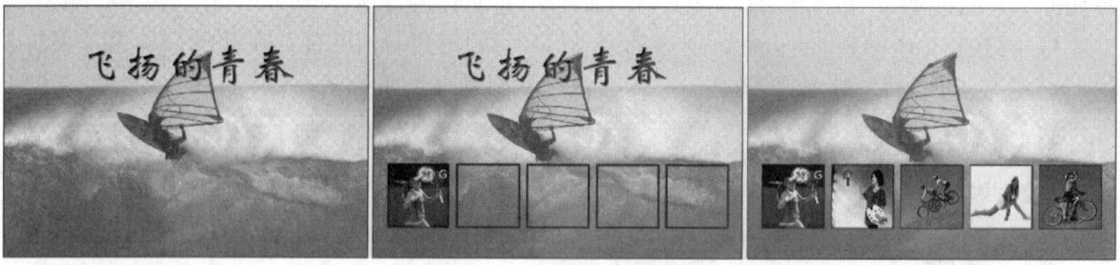

图 20-16　动画效果截图

1）创建新的 Flash 文档，并保存为“例 3-配音 . fla”。设置舞台大小为 600 像素 ×400 像素。

2）将一幅图片导入到舞台，作为背景（可以将图片进行缩放，尺寸与舞台大小相同）。

3）打开“库”面板，单击底部按钮，创建一个名为“标题”的影片剪辑。使用“文字”工具，在舞台上创建“飞扬的青春”字样，在“属性”面板中设置其属性。然后按“Ctrl + B”组合键，将文本分离成单个文字，如图 20-17 所示。

图 20-17　文本分离

4）选中“飞”字，单击鼠标右键选择“转换到元件”，形成名为“飞”的图形元件，再将其他几个字都单独转换为对应文字名称的图形元件，此时的舞台文字、“库”面板和“时间轴”面板都发生了变化，如图 20-18 所示。

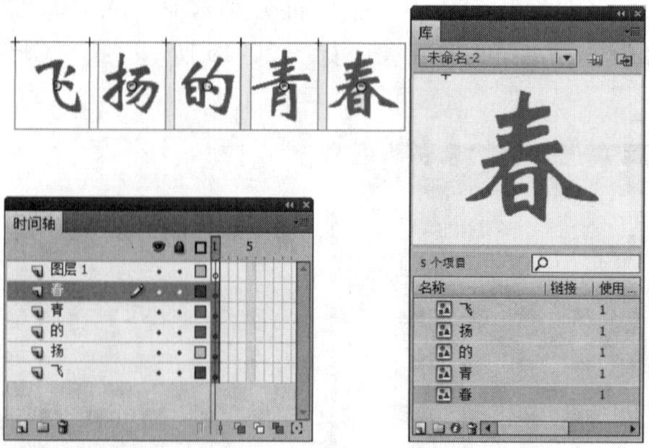

图 20-18　分散到各层的文字

5）将文字分散到各个图层的目的是为了单独创建动画，实现文字的旋转、移出舞台等效果，制作方法可以参考第 19 章的知识，这里就不再详细描述了。本例设计了一个 90 帧的动画效果，可参见源文件。

6）下面制作图片动画。按“Ctrl + F8”组合键，创建一个名为“图动画”的影片剪辑。在此，设计制作 5 个图片框先后显示到舞台中，然后依次在图片框中出现一幅图片的动画效果，创作过程中及完成时注意查看“时间轴”面板的内容，可参考如图 20-19 所示的时间轴标记。注意，这里的小图片是已经准备好的尺寸一致（如 100 像素 ×100 像素）的一组图，可以先导入到“库”面板中。

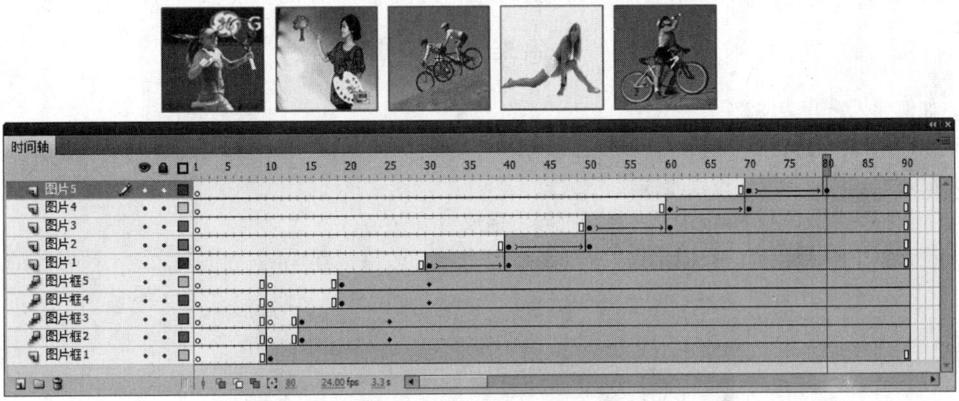

图 20-19 设计图片动画

7）将需要作为背景音乐的文件导入到“库”面板中。选择“场景 1”，新建一个“声音”图层，将声音文件从“库”面板中拖至舞台，则“时间轴”面板的关键帧上显示出声音的波形标识。

8）选中该帧，并打开“属性”面板，可以查看声音的属性，单击声音效果中的“编辑声音封套”按钮，弹出“编辑封套”对话框。在该对话框中，根据声音效果，选择声音淡入、淡出的位置，如图 20-20 所示。

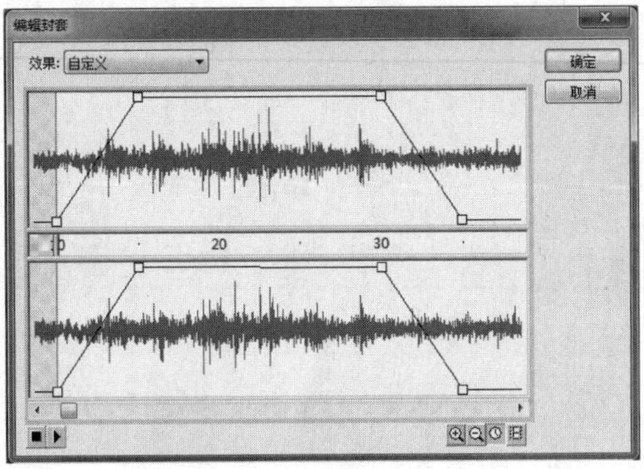

图 20-20 编辑声音封套

按“Ctrl + Enter”组合键，导出动画，查看动画配音效果。

本章小结

本章主要介绍了 Adobe Flash CS5 中创作带有声音影片的制作方法，以及在 Flash 中使用视频的方法。读者可以从中逐步了解如何导入声音文件、如何向按钮或动画中插入声音、如何编辑声音效果、如何压缩和输出带有声音的动画文件等。

一个好的 Flash 动画，不但要有精彩的画面、强大的交互功能，而且通过声音和视频等媒体的使用来增加 Flash 动画的感染力，使得动画真正具备了多媒体的功能。

思考与练习

1. 如何导入声音文件？
2. 如何压缩声音文件？如何为按钮添加声音效果？
3. 简述流式声音与事件声音的区别。
4. 如何将视频导入到 Flash 中，并控制视频的播放？
5. 设计制作按钮配音动画，如图 20-21 所示的导航按钮效果，当单击按钮时随之发出“叮”的声音。

图 20-21 导航按钮画面效果

第 21 章 创建高级交互动画

如果希望向动画应用程序添加复杂的交互性，或者能够对动画进行播放控制，以及在动画中有数据显示等，很显然，仅有前面学过的知识不足以实现这些需求，Flash 中的 ActionScript 脚本撰写语言是创建高级交互动画的强大工具。本章将带领读者了解如何处理事件、如何使用 ActionScript 脚本语言为动画影片添加交互性动作，以及常用动作的应用方法等知识。

本章要点：

- 应用“行为”
- 应用“动作”
- 认识 ActionScript 脚本语言
- 常用动作命令的应用

21.1 应用“行为”

“行为”是预先编写的 ActionScript 脚本，通常用来控制文档中的影片剪辑和图形实例。用户在无需掌握和编写 ActionScript 代码的情况下，可以通过“行为”将脚本的强大功能、控制能力和灵活性添加到文档中。值得注意的是，“行为”仅针对 ActionScript 2.0 及更早版本可用，ActionScript 3.0 版本不支持“行为”。

内置行为包括加载、卸载、播放、停止、直接复制或拖动影片剪辑，或者链接到 URL 等。

21.1.1 使用“行为”加载动画

下面介绍一个使用“行为”加载图片的动画实例，通过单击画面中的按钮，切换出一个图片，效果截图如图 21-1 所示。具体操作步骤如下：

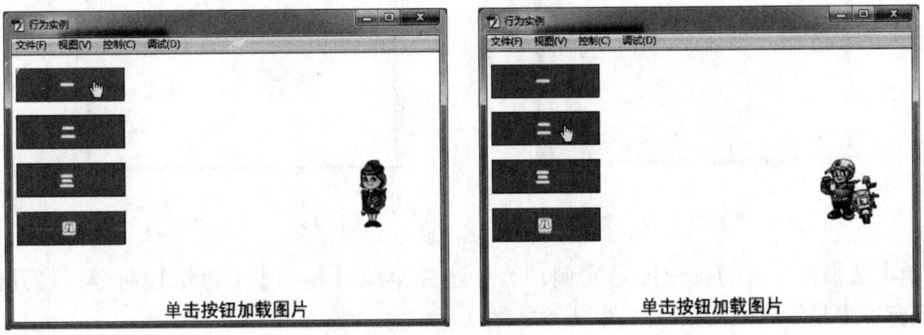

a)　　b)

图 21-1　使用“行为”加载图片动画截图

1）创建一个新的基于 ActionScript 2.0 的 Flash 文档，并保存为“例1-加载图像.fla”。

2）按“Ctrl+F8”组合键，创建一个名为“button”的影片剪辑元件，在舞台上生成4个按钮的排列效果。

3）将4幅事先准备好的图片导入到“库”面板。

4）在舞台上创建一个名为“box”的空影片剪辑，目的是用此元件定位图片在舞台上出现的位置。

5）选择菜单【窗口】/【行为】命令，打开“行为”面板如图21-2所示。选择第1个按钮实例，在“行为”面板中，单击“增加”（+）按钮，然后从“影片剪辑”子菜单中选择所需的行为“加载图像”命令，如图21-3所示。

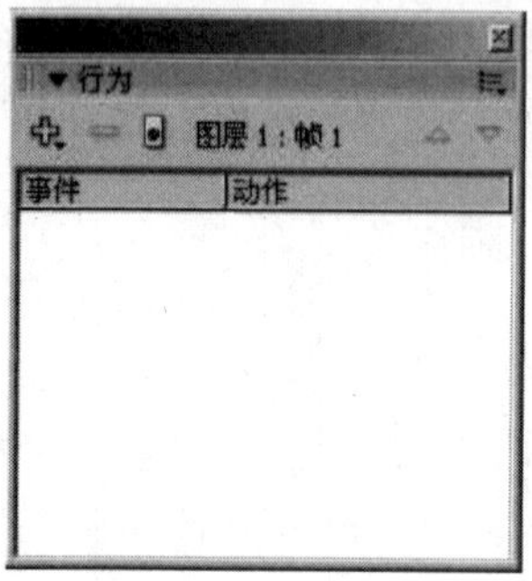

图21-2 “行为”面板

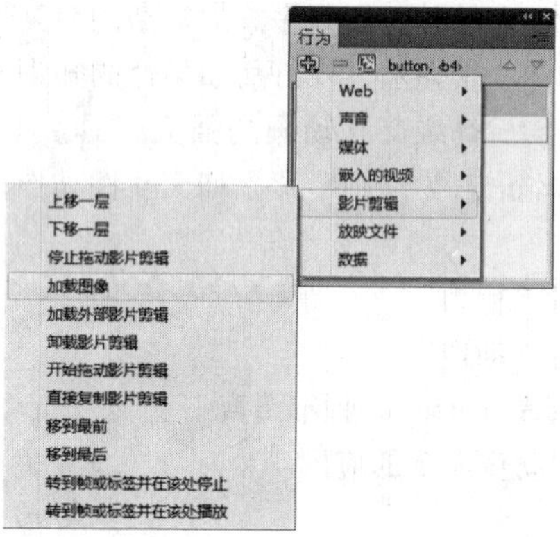

图21-3 添加“行为”命令菜单

6）在出现的对话框中，输入加载的图片文件名“ka1.gif”，选择要使用行为控制的影片剪辑“box”，如图21-4所示。

7）单击“确定”按钮，则“行为”面板中新增了行为事件，行为的默认设置即出现在“行为”面板中。这样，该行为就添加到对象中并显示在“动作”面板中，如图21-5所示。

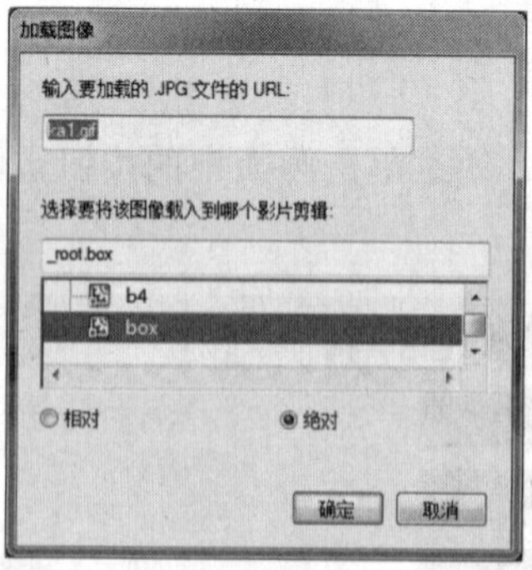

图21-4 “加载图像”对话框

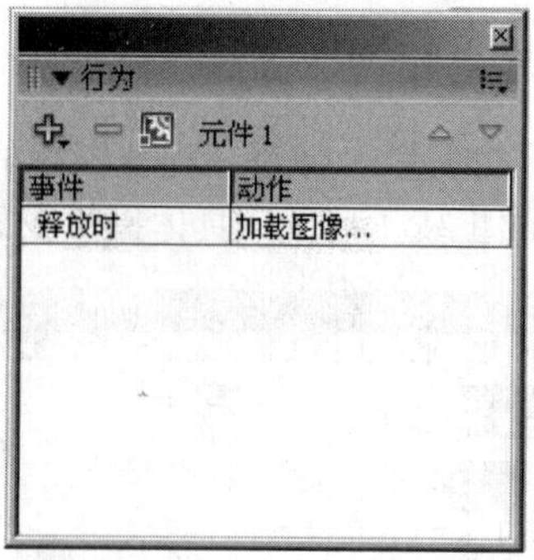

图21-5 添加“行为”

8）单击选择舞台上的按钮图形实例，然后选择菜单【窗口】/【动作】命令，打开的“动作”面板窗口中显示出代码段，如图21-6所示。

可以看出，为文档添加行为的方式实际上是自动追加了 ActionScript 脚本，无需编写代码。

9）按照上述方法，为其他按钮依次添加行为，并按“Enter”键测试动画效果。

21.1.2 使用行为控制声音

1. 使用行为将声音载入文件

通过使用声音行为可以将声音添加至文档并控制声音的回放。使用这些行为添加声音将会创建声音的实例，然后使用该实例控制声音。

使用行为将声音载入文件的操作步骤如下：

1）选择要用于触发行为的对象（如按钮）。

2）在“行为”面板中，单击“增加”（+）按钮，然后选择【声音】/【从库加载声音】命令或者【声音】/【加载 MP3 流文件】命令。

3）弹出“从库加载声音”对话框，如图 21-7 所示。在该对话框中输入“库”面板中声音的链接标识符（在声音文件属性中指定）或 MP3 流文件的声音位置。然后，输入这个声音实例的名称并单击“确定”按钮。

4）在“行为”面板中的“事件”下，单击“释放时”（默认事件），然后从此菜单中选择一个鼠标事件。如果要使用 OnRelease 事件，则不必更改此选项。

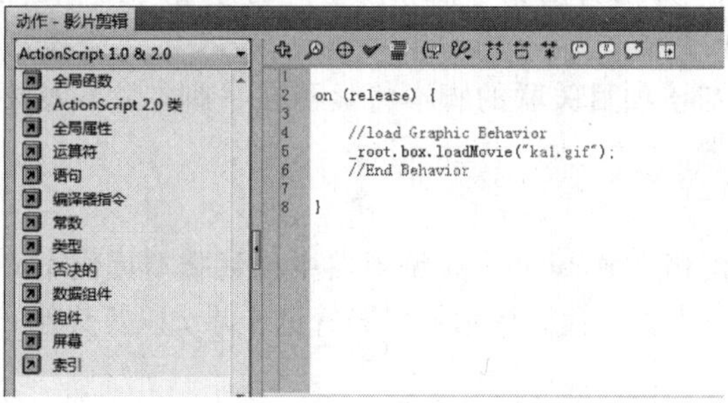

图 21-6 “动作”面板中的代码

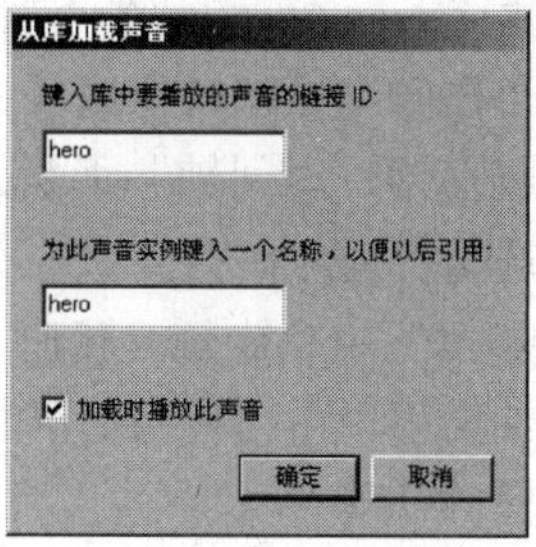

图 21-7 “从库加载声音”对话框

2. 使用行为播放或停止声音

1）选择要用于触发行为的对象（如按钮）。

2）在“行为”面板中，单击“增加”（+）按钮。选择【声音】/【播放声音】命令或者【声音】/【停止声音】命令。

3）若停止正在播放的声音，则在弹出的对话框中输入“库”面板中声音的链接标识符，并输入这个声音实例的名称，然后单击“确定”按钮，即可停止声音的播放。

21.2 应用“动作”

21.2.1 “动作”面板

选择菜单【窗口】/【动作】命令（或按“F9”键），会弹出“动作-帧”面板，如图 21-8 所示。“动作-帧”面板（即动作脚本编辑器）环境由两部分组成。左侧窗格部分是一个“动作”工具箱，每个动作脚本语言元素在该工具箱中都有一个对应的条目；右侧窗格部分是“脚本”窗格，这是输入代码的区域。

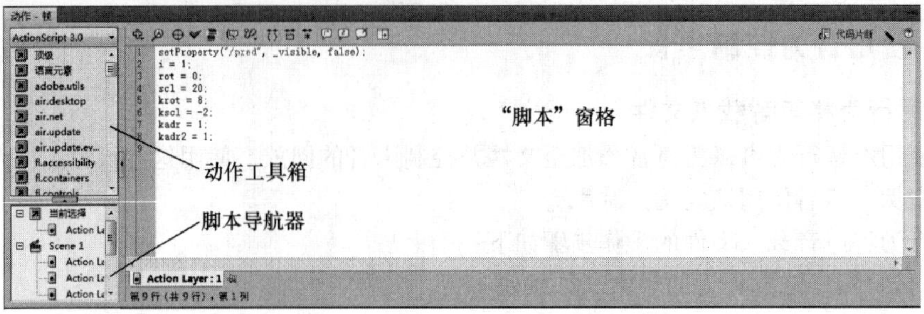

图 21-8　“动作-帧”面板

1.“动作”工具箱

使用“动作”工具箱浏览 ActionScript 语言元素（如函数、类、类型等）的分类列表，然后将其插入到“脚本”窗格中。双击该元素，或直接将它拖动到“脚本”窗格中，还可以使用“动作”面板工具栏中的“添加”（+）按钮将语言元素添加到脚本中。

2. 脚本导航器

脚本导航器可显示包含脚本的 Flash 元素（如影片剪辑、帧和按钮）的分层列表。使用脚本导航器可在 Flash 文档中的各个脚本之间快速移动。

如果单击脚本导航器中的某一项目，则与该项目关联的脚本将显示在“脚本”窗格中，并且播放头将移到“时间轴”面板上的相应位置。

3.“脚本”窗格

在“脚本”窗格中输入代码。“脚本”窗格在 ActionScript 编辑器中创建脚本提供了必要的工具。该编辑器中包括代码的语法格式设置和检查、代码提示、代码着色、调试以及其他一些简化脚本创建的功能。

4.“脚本”窗口工具栏

该工具栏中包含指向代码帮助功能的链接，有助于简化在 ActionScript 中进行的编码工作。根据所使用的是“动作”面板还是“脚本”窗口中的 ActionScript 编辑器，工具栏会有所不同。如图 21-9 所示，显示了“动作”面板工具栏中包含的功能。

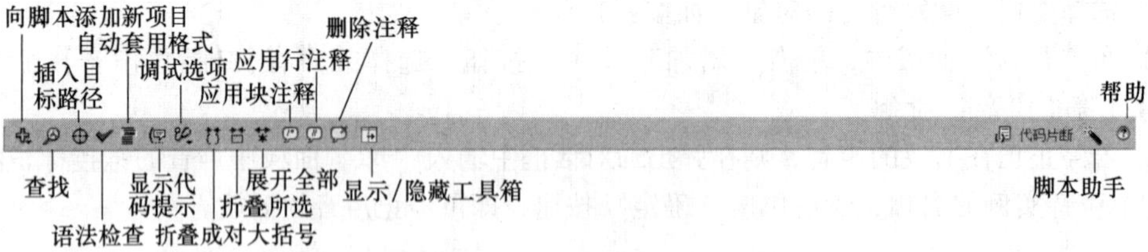

图 21-9　“脚本”窗口工具栏

21.2.2　ActionScript 简介

每个交互式创作系统都用一种语言或代码，使系统内的元素能够相互通信，就像地球上的人们有很多种语言一样，目前全世界范围内也有上百种编程语言。ActionScript 语言是 Flash 的一部分，是一种面向对象的脚本语言，为设计人员和开发人员提供了各种便利功能。

通过使用 ActionScript，可以根据运行时间和加载数据等事件控制文档播放；为文档添加交互性，使之响应按钮单击等用户操作；将内置对象（如按钮）与内置的相关方法、属性和事件结合使用；创建自定义类和对象；创建更加短小精悍的应用程序（相对于使用用户界面工具创建的应用程序），所有这些都可以通过可重复利用的代码来完成。

Adobe Flash CS5 支持 ActionScript 2.0 和 3.0 版本。

ActionScript 3.0 的执行速度极快。与其他 ActionScript 版本相比，此版本要求开发人员对面向对象的编程概念有更深入的了解。使用 ActionScript 3.0 的 FLA 文件不能包含 ActionScript 的早期版本。

ActionScript 2.0 比 ActionScript 3.0 更容易学习。尽管 Flash Player 运行编译后的 ActionScript 2.0 代码比运行编译后的 ActionScript 3.0 代码的速度慢，但 ActionScript 2.0 对于许多计算量不大的项目仍然十分有用，例如，更面向设计的内容。

21.3 常用动作的应用

在 Flash 中，ActionScript 代码只能加在两个地方——帧和对象实例上。如果是加在帧上的帧指令，则当动画播放到该帧时会自动执行该帧中的指令；而对象实例则不然，对应它里面的指令执行与否与所设置的事件无关。下面具体介绍几个最常用的又比较简单的动作指令，使用户对 Flash 中的动作应用有更清楚的掌握。

通过“动作”面板中的基本动作，可以实现在影片中控制浏览和用户的交互性，如播放和停止影片、转到帧或场景、停止声音、跳转到 URL 等。用户可以为帧、按钮或影片剪辑添加动作生成交互性动画。

21.3.1 播放和停止播放影片

Flash 动画设计中，play、stop 是最常用的两个基础命令。play 命令可以播放动画或影片剪辑，当执行该命令时，Flash 播放当前时间轴上每个帧的内容。stop 命令用于停止正在播放的动画或影片剪辑，stop 命令经常与按钮联合使用，用户可以通过按钮控制动画的播放，或将 stop 放在帧上来停止一个动画序列。

如果没有特别说明，在影片开始播放后，将按照“时间轴”面板上的每一帧从头播放到尾。用户可以通过使用 play（）和 stop（）全局函数或者等效的 MovieClip 方法来控制主时间轴，从而控制停止或开始播放 SWF 文件。

下面通过实例介绍利用按钮控制动画中汽车的运动与停止两种状态。图 21-10 所示为一辆汽车自左向右行驶的场景，用户通过单击“播放”和“停止”两个按钮，控制画面中汽车的行驶或停止状态。动画中需要注意的是，车轮的自转和整车的位移是分别独立创建的动画，在动画控制中需要全面考虑。

具体操作步骤如下：

1）新建一个“ActionScript 3.0”的 Flash 文档，保存为“例 2-按钮控制 . fla”。

2）按“Ctrl + F8”组合键，创建一个名为“wheel”的图形元件，并绘制一个车轮图形。再创建一个名为“body”的图形元件，并绘制一个车身图形。

3）创建一个名为“moving_ wheel”的影片剪辑，将“库”面板中的“wheel”元件拖入舞台，并创建一个 10 帧补间动画，属性设置为 3 次顺时针旋转。此时完成了车轮的自转动画。

4）创建一个名为“car”的影片剪辑，将“库”面板中的“body”元件拖入“车身”图层、“moving_ wheel”元件拖入“前轮”和“后轮”两个图层的舞台上，组装成一个完整的汽车，并将汽车移至舞台左侧。在舞台上，选中“前轮”，在“属性”面板中命名实例名称为“wheel1”，选中“后轮”，将命名实例名称为“wheel2”，注意，此处的实例名称会应用在后面的脚本代码中。

5）选中3个图层，用鼠标右键单击第1帧，创建补间动画，并在下一个关键帧处将车移至舞台右侧，如图21-11所示。

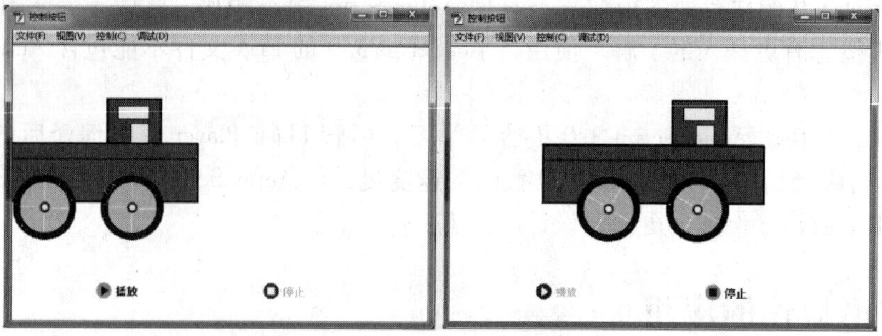

图21-10　使用按钮控制动画

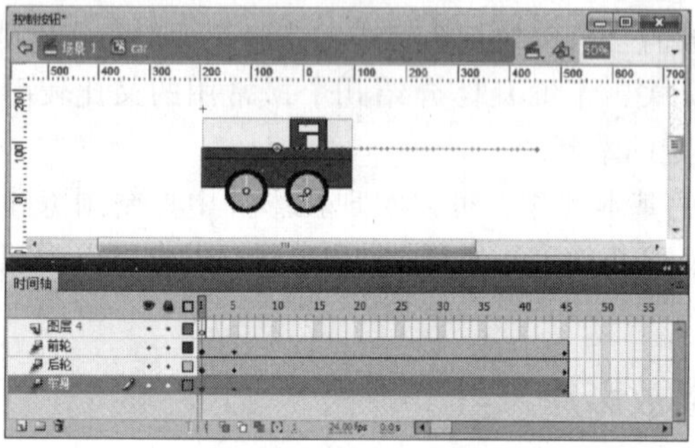

图21-11　创建汽车动画

6）回到“场景1”，命名“汽车”图层，将“库”面板中的“car”元件拖入舞台左侧，在“属性”面板中命名实例名称为“car”。

7）创建“播放按钮”图层和“停止按钮”图层，执行菜单【公用库】/【按钮】命令，打开名为“按钮.fla”的“库”，选择【classic buttons】/【Circle Buttons】中的“Play”和“Stop”按钮，分别拖入对应图层的舞台中。

8）双击“Play”按钮实例，修改文字属性为“播放”；然后将“Stop”更改为“停止”按钮。此时的舞台、“时间轴”面板和“库”面板的内容如图21-12所示。

9）按“F9”键，打开“动作”窗口，单击窗口中“脚本导航器”中的“场景1”，在新图层“Actions”的第1帧处添加脚本，在“脚本”窗格中输入代码段如图21-13所示。

图21-12　舞台、“时间轴”和“库”面板内容

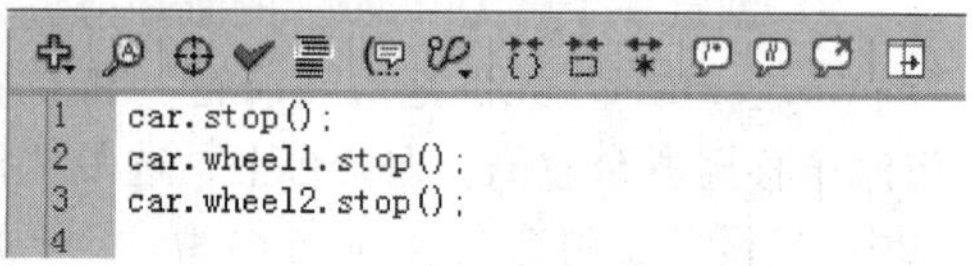

图21-13　在场景第1帧处添加代码段

提示：

添加该代码段是为了让动画开始时不要自动播放。添加动作的方法有多种，可以在脚本窗格中直接输入动作语句，也可以通过“动作”面板中的工具箱查找函数、属性、语句等项目，并双击选项来添加动作。

10）在舞台上，选中“播放”按钮实例，然后打开“代码片段”面板，选择并双击“事件处理函数”中的“Mouse Click 事件”，“代码”窗格中会自动添加代码片段，如图 21-14所示。

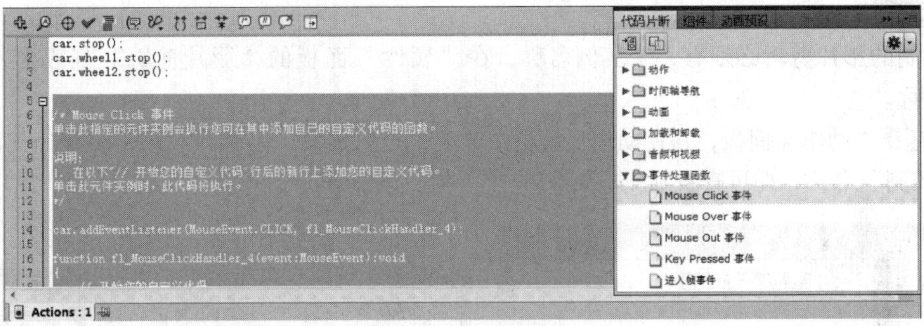

图 21-14　添加的代码片段

11）在提示“开始您的自定义代码”处添加代码段如图 21-15 所示，为“播放”按钮添加代码。

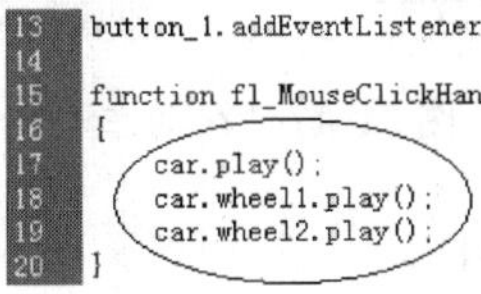

图 21-15　自定义代码

12）按照步骤 10）和步骤 11）为“停止”按钮添加代码，代码内容见图 21-13 所示。

13）至此，动画创作完成，保存文档，并按“Enter”键测试动画执行效果。

21.3.2　转到帧或场景

在 ActionScript 1.0 和 2.0 的 Flash 动画中，当需要跳转到其他地方时，可以使用 goto 命令，该命令将当前帧变成在 goto 设置里的目标帧。在“动作”面板左侧的工具箱中选择【全局函数】/【时间轴控制】命令子集。双击其中的命令，即可以将该命令添加到右侧的“脚本”窗格中的代码行上，如图 21-16 所示。

1. gotoAndPlay 函数

gotoAndPlay（［scene：String］，frame：Object）：Void

将播放头转到场景中指定的帧并从该帧开始播放。如果未指定场景，则播放头将转到当前场景中的指定帧。只能在根时间轴上使用 scene（场景）参数，不能在影片剪辑或文档中的其他对象的时间轴内使用该参数。

2. gotoAndStop 函数

gotoAndStop（［scene：String］，frame：Object）：Void

将播放头转到场景中指定的帧并停止播放。参数的使用方法与 gotoAndPlay 函数的相同。用户可以使用该函数切换动画的不同区域，在第 21.4 节中，将利用该函数达到菜单按钮切换显示动画不同区域的动画效果。

3. 实例操作

使用 gotoAndPlay（）和 gotoAndStop（）全局函数，可用于在当前场景中指定一个要跳到的帧。如果文档中包含多个场景，则可以指定要跳到的场景和帧。

转到帧或场景的操作方法如下：

1）选择将要指定动作的帧、按钮实例或影片剪辑实例。

提示：

要控制的影片剪辑必须有一个实例名称，在“属性”面板的“影片剪辑”列表框下面定义实例的名称。

2）打开“动作”面板，并在动作工具箱中单击“全局函数”名称或图标，展开分支，再单击“时间轴控制”名称，即可查看到 gotoAndPlay（）和 gotoAndStop（）全局函数，如图 21-17 所示。

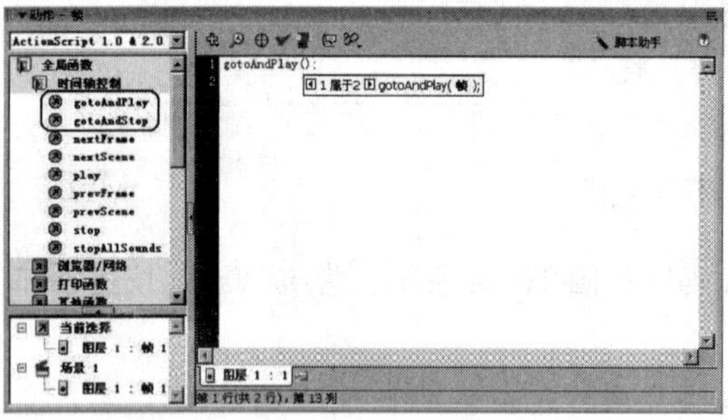

图 21-16　双击添加 gotoAndPlay 指令

图 21-17　在动作工具箱中查找跳转函数

3）双击此函数即可将其添加到右侧的脚本窗格中。

21.3.3　停止所有声音

要停止音轨并且不打断主影片时间轴，可以使用 stopAllSounds（停止所有声音）动作，该动作将影响所有在 Flash 播放器中播放的影片。在声音的时间轴前进时，音频流将继续播放，而附带的声音不再被播放出来。

21.3.4　跳转到 URL

要在浏览器窗口中打开网页，或将数据传递到所定义 URL 处的另一个应用程序，可以使用 getURL（）全局函数。例如，可以有一个链接到新 Web 站点的按钮。还可以指定目标窗口，就像用 HTML 锚记（<a></a>）标签确定目标窗口一样。

例如，以下代码在用户单击名为 button01 的按钮实例时，在空浏览器窗口中打开 Adobe 主页。

```
button01. onRelease = function（）{
getURL（" http：//www. adobe. com"，_ blank）;
}
```

函数 getURL（）中，其中第 2 项参数是可选参数，用于指定文档应加载到其中的窗口或 HTML 框架。用户可输入特定窗口的名称，或从下面的保留目标名称中进行选择。

- _ self：指定当前窗口中的当前框架。
- _ blank：指定一个新窗口。

● _ parent：指定当前框架的父级。
● _ top：指定当前窗口中的顶级框架。

21.4 边学边做（制作问候语动画）

本节介绍的问候语动画是一个典型的脚本设计动画实例，通过使用脚本助手模式向时间轴添加帧脚本。

在图 21-18 所示的动画帧中，左上角的“问候语”文本框将会随着画面右下角文本区不同的 4 个时间段的菜单显示出相应的文字内容，如单击“上午”，则在上方显示“上午好”；单击“下午”，则显示“下午好”的字样等。

动画的设计实现从顺序上可以分为：创建基本动画元件、搭建场景、添加动作 3 个部分，具体操作步骤如下：

1. 创建基本动画元件

1）按“Ctrl + N”组合键，创建新的 ActionScript 2.0 Flash 文档，设置背景色（#758B71）和舞台大小（550 像素 ×300 像素）。

2）按“Ctrl + F8”组合键，弹出“创建新元件”对话框，设置名为“hello”的影片剪辑元件，如图 21-19 所示。

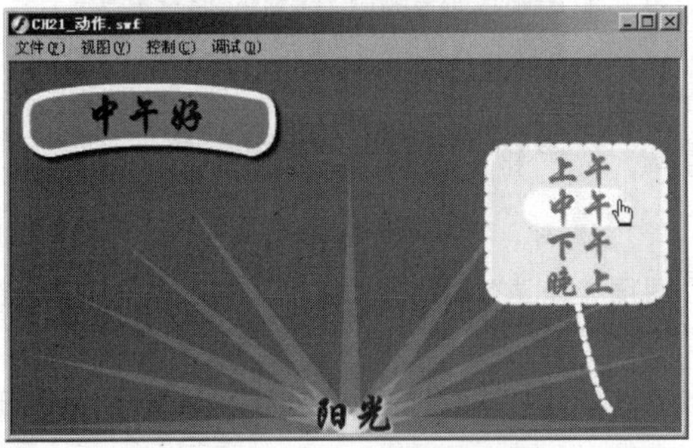

图 21-18 动画帧画面

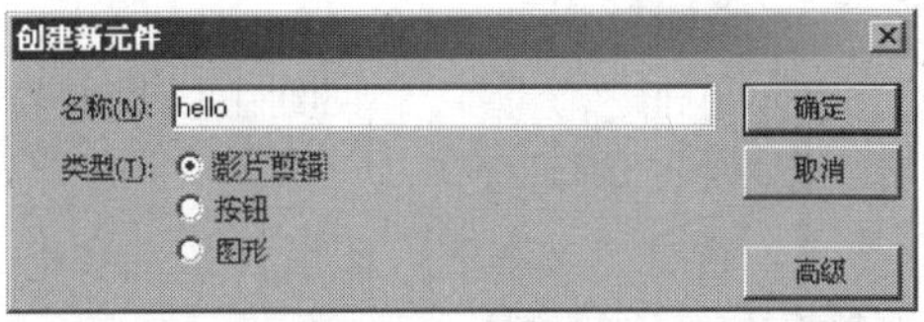

图 21-19 “创建新元件”对话框

3）在影片剪辑编辑窗口中绘制圆角矩形文本框图形，在第 7、15 帧中创建关键帧，并改变关键帧中的图形，使之发生变形效果，设置如图 21-20 所示。

4）按“Ctrl + F8”组合键，在弹出的对话框中，设置名为“上午”的按钮元件。在按钮元件的编辑窗口中绘制按钮状态，设置如图 21-21 所示。

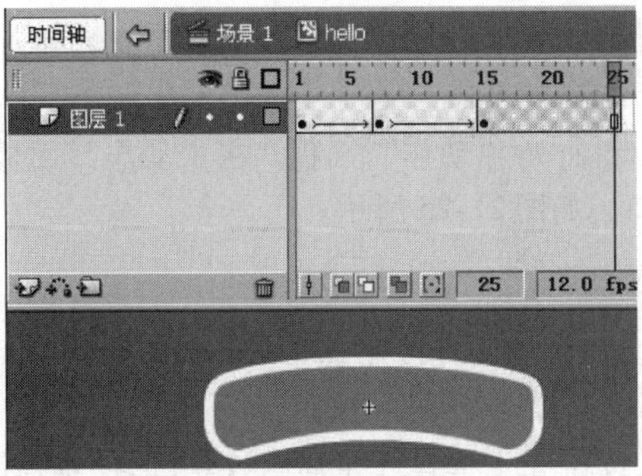

图 21-20 绘制影片剪辑动画

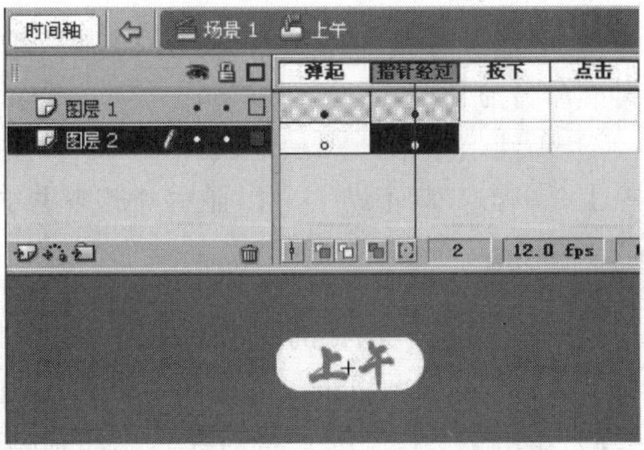

图 21-21 绘制“上午”按钮元件

5）按照步骤4），再分别创建“中午”、“下午”、“晚上”按钮元件。

6）按“Ctrl + F8”组合键，在弹出的对话框中设置名为“bulletin”的影片剪辑元件。在“牌子”层和“牵线”层中绘制公告牌图形并设置摆动的动画效果。

7）将前面创建的4个按钮元件插入到“菜单”层的关键帧中，单击“上午”实例文字，并在“属性”面板中指定按钮实例的名称为“b1”，如图21-22所示。

8）分别指定其他3个按钮实例的名称为“b2”、“b3”和“b4”。

9）在“脚本”层中的第20帧处创建关键帧，在“动作”面板的脚本窗格中加入stop（）；代码。此时，“bulletin”的“时间轴”面板及图形效果如图21-23所示。

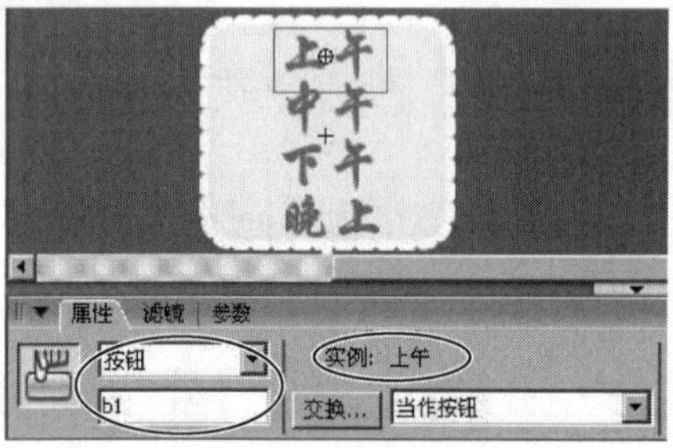

图21-22　指定实例名称

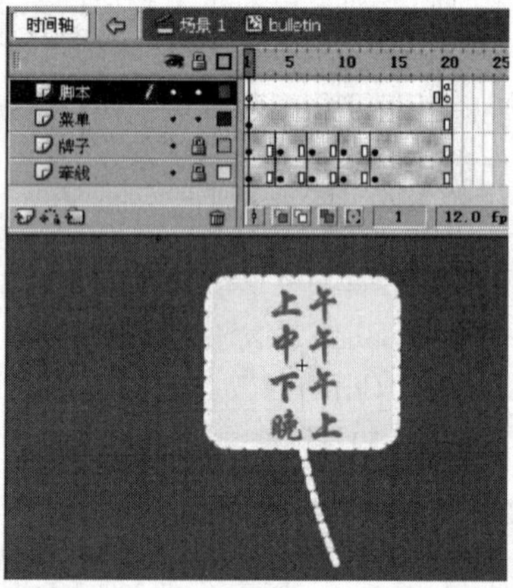

图21-23　创建“bulletin”影片剪辑

2. 搭建场景

1）单击“场景1”，回到主场景的舞台，将“图层1”重命名为“背景”层，绘制阳光图案，以衬托动画画面。

2）新建“文本框”图层，按“Ctrl + L”组合键，打开“库”面板，选择“hello”元件拖至舞台左上角的位置。

3）新建“菜单”图层，在“库”面板中选择“bulletin”元件拖至舞台右下角的位置，并在“属性”面板中指定该影片剪辑的名称为“b0”。

4）新建“问候”图层，并在第1、10、15、20、25帧处创建关键帧，顺序在关键帧画面中插入“问候语”、“上午好”、“中午好”、“下午好”和“晚上好”这5个文字短语。图21-24所示为当前”时间轴”面板和舞台场景布局效果。

3. 添加动作脚本

1）新建“标签”图层，在第10、15、20、25帧处创建关键帧，并在“属性”面板中为各关键帧命名为“morning”、“noon”、“afternoon”和“night”。

2）新建“脚本”图层，选择第1帧，按“F9”键打开“动作”面板。在“动作”面板工具栏上，单击“脚本助手”以显示“脚本助手”窗口，如图21-25所示。

提示：

最初，“动作”面板的脚本助手部分是空白的，此时，无法直接在ActionScript编辑器中编辑代码，因为代码是只读的。与编辑器中的代码的所有交互操作都是通过脚本助手模式来完成的。

3）单击工具栏中的“将新项目添加到脚本中”按钮✚，选择【全局函数】/【时间轴控制】命令集中的stop函数，如图21-26所示。

4）单击✚按钮，选择【ActionScript 2.0 类】/【影片】/【button】/【事件处理函数】命令子集中的 onRelease 函数。“脚本”窗格状态如图 21-27 所示。

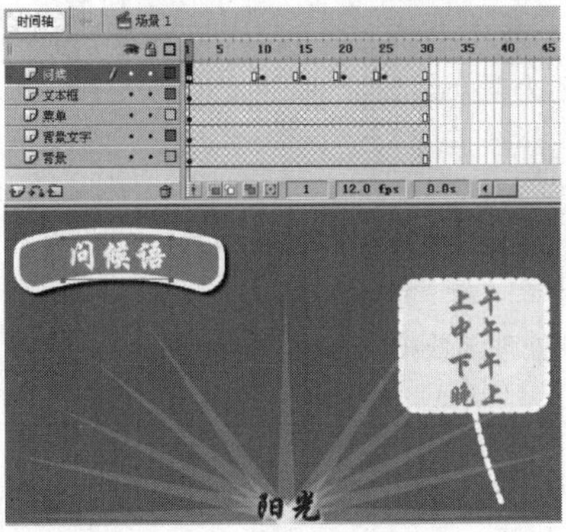

图 21-24　创建布局效果

图 21-25　“动作”面板中的“脚本助手”模式

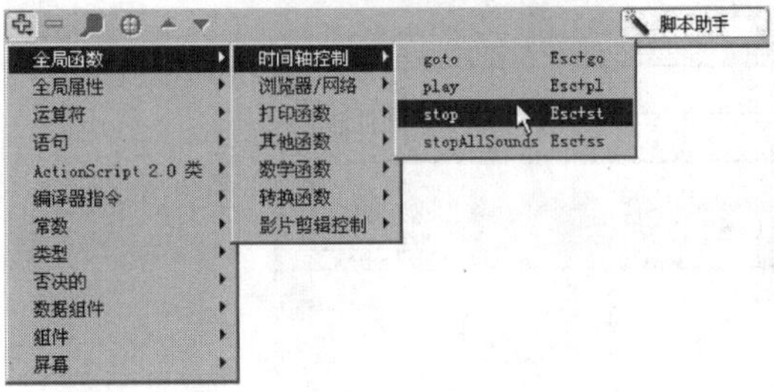

图 21-26　插入代码

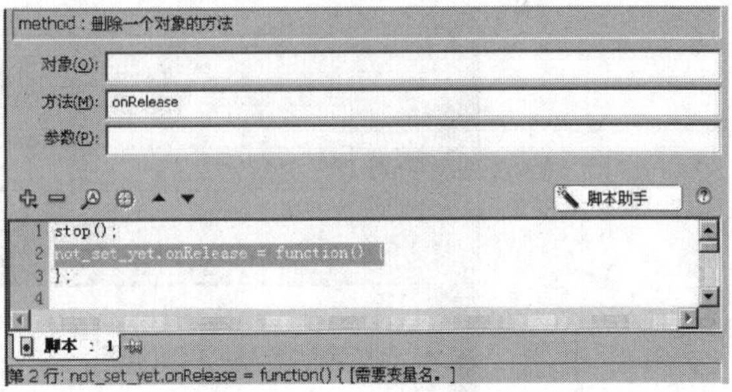

图 21-27　“脚本”窗格内容

提示：

在前面的示例中，为 on（release）事件处理函数指定目标对象时，直接向对象中添加脚本。在此例中，是从时间轴上的代码中引用脚本，该代码显式使用 function 关键字来声明函数。下面进一步介绍使用脚本助手模式来处理这些代码。

5）单击“对象”文本框，再单击“插入目标路径”按钮⊕，弹出“插入目标路径”对话框。

6）从“插入目标路径”对话框中选择目标对象，从 b0 影片剪辑中选择 b1 按钮，确保选中“相对路径”选项，然后单击“确定”按钮，如图 21-28 所示。

7）此时，目标对象的路径添加到事件处理函数中，如图 21-29 所示。

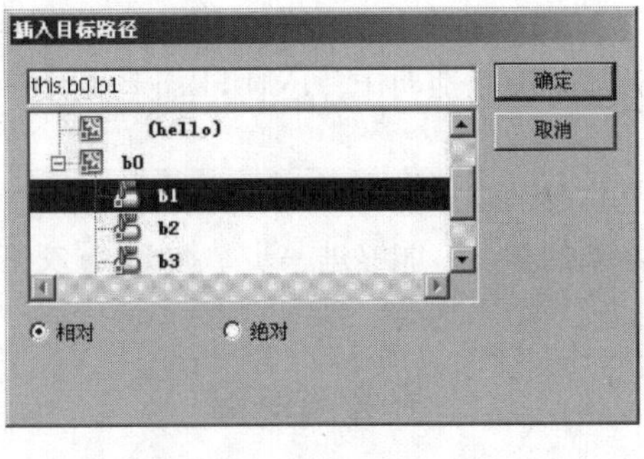

图 21-28　插入目标路径

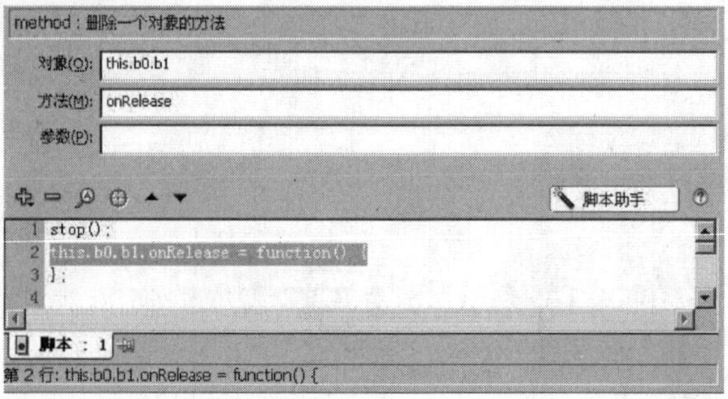

图 21-29 目标对象的路径添加到事件处理函数中

8）单击按钮，选择【全局函数】/【时间轴控制】命令子集中的 goto 函数。

9）在“脚本助手”窗格中，选择“转到并停止”选项；通过从“类型”弹出菜单中选择“帧标签”，将“类型”设置为“帧标签”；在“帧”文本框中，输入 morning。图 21-30 所示为已经设置完成的时间轴脚本。

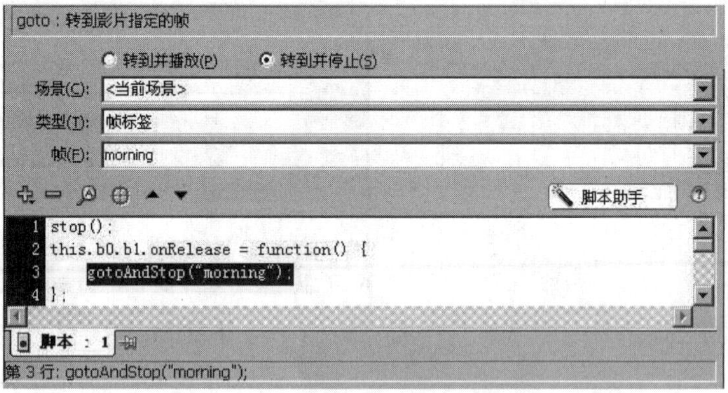

图 21-30 已经设置完成的时间轴脚本

10）对“b2”、“b3”、“b4”按钮重复此过程。在每一种情况下，将 gotoAndStop（）函数的目标帧设置为“noon”、“afternoon”和“night”帧。

11）对主时间轴设置脚本完成后，至此，整个动画制作完成，保存文档，并按“Enter”键测试动画效果。

本章小结

本章详细地介绍了“行为”和“动作”面板的应用，以及如何编辑处理事件、如何使用 ActionScript 脚本语言为动画影片添加交互性动作，还对 Flash 动画中最常用的基本动作的应用方法作了具体介绍。

交互性动画设计与制作是本书的难点部分，为了使读者有效地掌握本章的知识内容，实例介绍得比较详细。读者通过对本章的学习，能够进一步掌握 Flash 交互性动画的设计方法，从而更有效地控制影片效果。

思考与练习

1. 向“动作”面板中添加脚本的方法有哪几种？

2. 如何更改“脚本”窗格中代码行的顺序?
3. 简述使用 play 与 stop 命令制作动画片头。
4. 如何制作具有超链接功能的下拉列表框?
5. 设计制作 CD 中的文件“CH21_ car. swf”动画效果，画面如图 21-31 所示。

图 21-31　按钮动作动画

第 22 章 发布 Flash 动画

在准备将 Flash 作品提供给浏览网页的观众时，可以将 Flash 文件进行发布和导出。利用“发布”命令可以根据在 Flash 中编辑的影片创建出用于网页的文件，此外该命令还可以创建不同格式的图形文件和用于播放该电影的图形文档。

如果想以特定格式快速输出单个文件，可以使用“导出”命令。在创建发布配置文件之后，可以利用“导出”命令将其导出，以便在其他文档中使用，或供在同一项目上工作的其他人使用。

本章将介绍对 Flash 动画的优化处理，以及发布和导出 Flash 影片的方法。这是应用 Flash CS5 来完成作品的最后一部分工作，也是至关重要的一项工作。

本章要点：

- 优化 Flash 文档
- 动画的发布
- 动画的导出
- 制作可执行文件

22.1 优化 Flash 动画

Flash 影片主要通过互联网发布，如果文件体积很大，下载和回放的时间也会变长。为了获得较快的速度及最优的回放质量，可以采取多个步骤来准备文档。作为发布过程的一部分，Flash 会自动对文档执行一些优化：例如，它会在导出时检测重复的形状，并在文件中只放入一个这些形状，而且会将嵌套的组合转换成单个组合。

在导出文档之前，可以使用多种方法来减小文件的大小，从而对其进行进一步的优化处理。

1. 优化文档

在对文档进行优化处理时应考虑以下几点：

1）对于每个多次出现的元素，使用元件、动画或者其他对象。

2）创建动画序列时，尽可能使用补间动画。补间动画所占用的文件空间要小于一系列的关键帧。

3）对于动画序列，使用影片剪辑而不是图形元件。

4）限制每个关键帧中的改变区域；在尽可能小的区域内执行动作。

5）避免使用动画式的位图元素；使用位图图像作为背景或者使用静态元素。

6）尽可能使用 MP3 这种占用空间最小的声音格式。

2. 优化元素和线条

1）尽量组合元素。

2）使用层将在动画播放过程中发生改变的元素与不发生改变的元素分开。

3）使用菜单【修改】/【曲线】/【优化】命令，将用于描述形状的分隔线的数量减到最小。

4）尽可能限制使用一些特殊线条类型，如虚线、点线、锯齿状线等。实线所需的内存较少。用“铅笔”工具产生的线条比刷子笔触产生的线条所需的内存少。

3. 优化文本和字体

1）限制字体和字体样式的数量。尽量少使用嵌入字体，因为它们会增加文件的大小。

2）对于“嵌入字体”选项，只选择需要的字符，而不要包括整个字体。

4. 优化颜色

1）在元件的“属性”面板中，使用“颜色”菜单创建一个元件的具有不同颜色的多个实例。

2）使用“混色器”使文档的调色板与浏览器专用的调色板匹配。

3）尽量少使用渐变色，使用渐变色填充区域时比使用纯色填充时大概多50B。

4）尽量少使用alpha透明度，因为它会减慢播放速度。

22.2 发布Flash动画

利用“发布”命令可以创建Flash SWF文件，可以以如GIF、JPEG、PNG和QuickTime等其他文件格式发布FLA文件，可以将Flash内容插入浏览器窗口中的HTML文档。此外，为了以多种方式快速地发布文档，可以创建发布配置文件，以便命名和保存“发布设置”对话框的不同配置。

Adobe Flash CS5使用了改进的发布界面，简化后的“发布设置”对话框，使得对SWF文件发布的控制更加轻松。

选择菜单【文件】/【发布设置】命令，将弹出如图22-1所示的“发布设置”对话框。在此对话框中选择格式和特定的设置，一旦把所有必要的发布设置选项都设定完成，用户可以单击一次“发布”命令，而将源文件发布成所有选择格式的文件。下面就各种格式文件的发布设置分别进行介绍。

22.2.1 使用Flash设置发布

1）选择菜单【文件】/【发布设置】命令，在打开的对话框中单击“Flash”选项卡，如图22-2所示，并从“播放器”弹出菜单中选择播放器版本。在Flash Professional CS5中，如果在发布设置中将Flash Player目标设置为Flash Player 10时，则目标实际是FlashPlayer 10.1。

2）从“脚本”弹出的菜单中选择ActionScript版本。如果选择ActionScript 2.0或3.0并创建了类，则单击“设置”来设置类文件的相对类路径，该路径与在“首选参数”中设置的默认目录的路径不同。

3）若要控制位图压缩，则调整“JPEG品质”滑块或输入一个值。图像品质越低，生成的文件就越小；图像品质越高，生成的文件就越大。若要使高度压缩的JPEG图像显得更加平滑，则选择“启用JPEG解决”，选中此选项后，一些JPEG图像可能会丢失少量细节。

4）若要为SWF文件中的所有声音流或事件声音设置采样率和压缩，则单击“音频流”或“音频事件”旁边的“设置”，然后根据需要选择相应的选项。

5）若要覆盖在属性检查器的“声音”部分中为个别声音指定的设置，则选择“覆盖声音设置”。若要创建一个较小的低保真版本的SWF文件，则选择此选项。

6）若要导出适合于设备（包括移动设备）的声音而不是原始库声音，则选择“导出设备声音”，单击“确定”按钮。

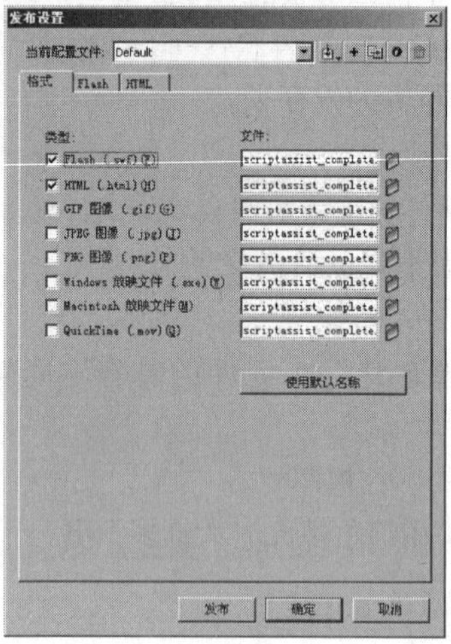

图 22-1 “发布设置”对话框

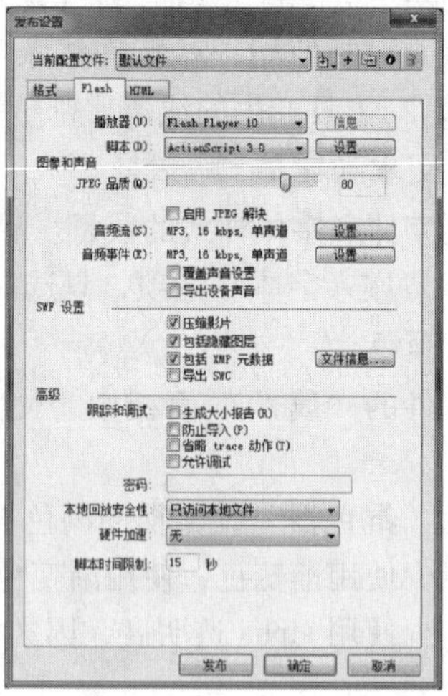

图 22-2 Flash 发布设置

7）若要设置 SWF 设置，选择下列任一选项。

- 压缩影片：（默认设置）压缩 SWF 文件以减小文件大小和缩短下载时间。当文件包含大量文本或 ActionScript 时，使用此选项十分有益。经过压缩的文件只能在 Flash Player 6 或更高版本中播放。
- 包括隐藏图层：（默认设置）导出 Flash 文档中所有隐藏的图层。
- 包括 XMP 元数据：默认情况下，将在“文件信息”对话框中导出输入的所有元数据。单击“文件信息”按钮打开此对话框。在 Adobe Bridge 中选定 SWF 文件后，可以查看元数据。
- 导出 SWC：导出 . swc 文件，该文件用于分发组件。. swc 文件包含一个编译剪辑、组件的 ActionScript 类文件，以及描述组件的其他文件。

8）若要使用高级设置或启用对已发布 Flash SWF 文件的调试操作，则选择下列任一选项。

- 生成大小报告：生成一个报告，按文件列出最终 Flash 内容中的数据量。
- 防止导入：防止其他人导入 SWF 文件并将其转换回 FLA 文档，可使用密码来保护 Flash SWF 文件。
- 省略 Trace 动作：使 Flash 忽略当前 SWF 文件中的 ActionScript trace 语句。
- 允许调试：激活调试器并允许远程调试 Flash SWF 文件，可使用密码来保护 SWF 文件。

9）如果使用的是 ActionScript 2.0，并且选择了“允许调试”或“防止导入”复选框，则在“密码”文本字段中输入密码。如果添加了密码，则其他用户必须输入该密码才能调试或导入 SWF 文件。

10）从“本地回放安全性”弹出的菜单中，选择要使用的 Flash 安全模型，指定是授予已发布的 SWF 文件本地安全性访问权，还是网络安全性访问权。“只访问本地”可使已发布的 SWF 文件与本地系统上的文件和资源交互，但不能与网络上的文件和资源交互；“只访问网络”可使已发布的 SWF 文件与网络上的文件和资源交互，但不能与本地系统上的文件和资源交互。

22.2.2 使用 HTML 设置发布

在 Web 浏览器中播放影片需要 HTML 文件，它将激活影片和确定浏览器设置，这个文件可以通过发布命令根据模板文件中的HTML参数自动生成。

HTML参数决定Flash影片在窗口的位置、背景色、影片大小等属性，这些属性可以通过“发布设置”对话框的“HTML”选项卡下进行改变。

发布HTML文件的设置方法如下：选择菜单【文件】/【发布设置】命令，打开“发布设置”对话框。在“发布设置”对话框的“格式”选项卡中选中“HTML”复选框，然后单击“HTML”选项卡，如图22-3所示。

在该选项卡中，可以进行以下选项的设定。

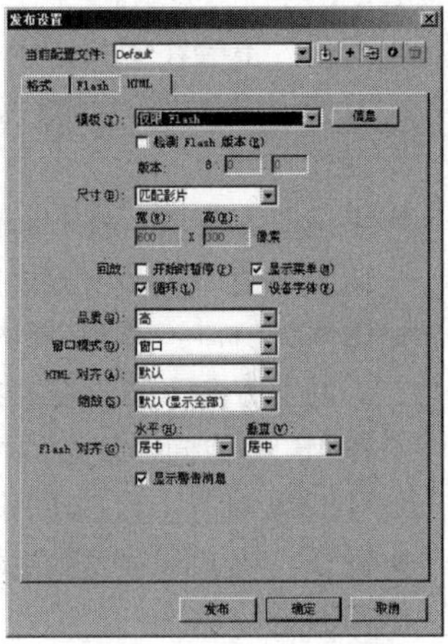

图22-3 HTML发布设置

1）模板：指定使用哪一个模板。从“模板”弹出的菜单中选择要使用的已安装模板。如果希望了解每一种模板的信息描述，可以单击右边的“信息”按钮，以显示选定模板的说明。如果不选择模板类型，则默认选项是“仅限Flash”。

2）尺寸：用于设置HTML语言中object和embed标记的width和height属性的值。在菜单中有以下3个选项。

- 匹配影片：（默认设置）使用SWF文件的大小。
- 像素：在“宽度”和“高度”文本中输入宽度和高度的像素数量。
- 百分比：指定SWF文件将占浏览器窗口的百分比。

3）回放：此选项可以控制SWF文件的回放和各种功能，这里有4个选项可以设定。

- 开始时暂停：一直暂停播放SWF文件，直到用户单击按钮或从快捷菜单中选择“播放”后才开始播放。默认情况下，该选项处于取消选择状态，Flash内容一旦加载就立即开始播放（PLAY参数值设置为true）。
- 循环：将在Flash内容到达最后一帧后再重复播放。取消选择此选项会使Flash内容在到达最后一帧后停止播放。（默认情况下，LOOP参数处于启用状态。）
- 显示菜单：用户在用鼠标右键单击SWF文件时，显示一个快捷菜单。如果取消选择此选项，那么快捷菜单中就只有“关于Flash”一项。默认情况下，此选项处于选中状态（MENU参数设置为true）。
- 设备字体：用消除锯齿（边缘平滑）的系统字体替换用户系统上未安装的字体。使用设备字体可使小号字体清晰易辨，并能减小SWF文件的大小。此选项只影响那些包含用设备字体显示的静态文本（在创作SWF文件时创建并且在Flash内容播放时不会改变的文本）的SWF文件。

4）品质：此选项用于设定在处理时间和外观之间确定一个平衡点。此选项设置object和embed标记中的QUALITY参数值，并且决定边缘平滑执行的程度。

- 低：主要考虑回放速度，基本不考虑外观，并且不使用消除锯齿功能。
- 自动降低：主要强调速度，但是也会尽可能改善外观。回放开始时，消除锯齿功能处于关闭状态。如果Flash Player检测到处理器可以处理消除锯齿功能，就会打开该功能。
- 自动升高：在开始时同等强调回放速度和外观，但在必要时会牺牲外观来保证回放速度。回放开始时，消除锯齿功能处于打开状态。如果实际帧频降到指定帧频之下，就会关闭消除锯齿功能以提高回放速度。
- 中：此选项会应用一些消除锯齿功能，但并不会平滑位图。该设置生成的图像品质要高于“低”设置生成的图像品质，但低于“高”设置生成的图像品质。
- 高：（默认设置）主要考虑外观，基本不考虑回放速度，它始终使用消除锯齿功能。如果

SWF 文件不包含动画，则会对位图进行平滑处理；如果 SWF 文件包含动画，则不会对位图进行平滑处理。

- 最佳：提供最佳的显示品质，而不考虑回放速度。所有的输出都已消除锯齿，而且始终对位图进行光滑处理。

5）窗口模式：该选项控制 object 和 embed 标记中的 HTML wmode 属性。这个参数让用户在 IE 中充分利用透明影像、绝对位置和可使用层的性能，从而修改 Flash 内容限制框或虚拟窗口与 HTML 页中内容的关系。

- 窗口：不会在 object 和 embed 标记中嵌入任何窗口相关属性。Flash 内容的背景不透明，并使用 HTML 背景颜色。HTML 无法呈现在 Flash 内容的上方或下方。“窗口”为默认设置。
- 不透明无窗口：将 Flash 内容的背景设置为不透明，并遮蔽 Flash 内容下面的任何内容。此选项使 HTML 内容可以显示在 Flash 内容的上方或顶部。
- 透明无窗口：将 Flash 内容的背景设置为透明。此选项使 HTML 内容可以显示在 Flash 内容的上方和下方。在某些情况下，透明无窗口模式中复杂的呈现方式可能会导致动画在 HTML 图像同样复杂的情况下速度变慢。

6）HTML 对齐：该选项用于确定 Flash SWF 窗口在浏览器窗口中的位置。

- 默认：使 Flash 内容在浏览器窗口内居中显示，如果浏览器窗口小于应用程序，则会裁剪边缘。
- “左对齐”、“右对齐”、“上对齐”或“下对齐”对齐选项：会将 SWF 文件与浏览器窗口的相应边缘对齐，并根据需要裁剪其余的三边。
- 缩放：如果已经改变了文档的原始宽度和高度，选择“缩放”选项可将 Flash 内容放到指定的边界内。“缩放”选项设置 object 和 embed 标记中的 SCALE 参数。
- 默认（显示全部）：在指定的区域显示整个文档，并且不会发生扭曲，同时保持 SWF 文件的原始高宽比。边框可能会出现在应用程序的两侧。
- 无边框：对文档进行缩放，以使它填充指定的区域，并保持 SWF 文件的原始高宽比，同时不会发生扭曲，并根据需要裁剪 SWF 文件边缘。
- 精确匹配：在指定区域显示整个文档，它不保持原始高宽比，这可能会导致发生扭曲。
- 无缩放：将禁止文档在调整 Flash Player 窗口大小时进行缩放。
- Flash 对齐：该选项可设置如何在应用程序窗口内放置 Flash 内容以及在必要时如何裁剪它的边缘。此选项设置 object 和 embed 标记的 SALIGN 参数。
- “水平”对齐：可以选择“左对齐”、“居中”或“右对齐”。
- “垂直”对齐：可以选择“上对齐”、“居中”或“下对齐”。

7）显示警告消息：可在标记设置发生冲突时显示错误消息，例如在某个模板的代码引用了尚未指定的替代图像时。

以上是 HTML 文件发布设置内容，要保存当前文件中的设置，单击“确定”按钮即可。

22.2.3　使用其他格式设置发布

在“发布设置”对话框中，可以看到除了以 Flash SWF 和 HTML 格式设置发布动画以外，还可以对 GIF 图像、JPEG 图像、PNG 图像、Windows 放映文件（EXE）以及 Quick Time 等设置发布。

1. 指定 GIF 文件设置发布

GIF 文件提供了一种简单的方法来导出绘画和简单动画，以供在 Web 页中使用。标准 GIF 文件是一种简单的压缩位图。

将 Flash 文件发布为 GIF 文件，需要进行发布设置操作，在“发布设置”对话框的“格式”选项卡中选中“GIF”复选框，在如图 22-4 所示的对话框中，可以进行选项设定。

在 GIF 格式选项卡中，可以进行如下设定。

1）尺寸：输入导出的位图图像的宽度和高度值，以像素为单位，或者选择“匹配影片”使 GIF 和 Flash SWF 文件大小相同并保持原始图像的高宽比。

2）回放：此选项确定 Flash 创建的是静止（“静态”选项）图像还是 GIF 动画（“动画”选项）。如果选择“动画”，还可选择“不断循环”或输入重复次数。

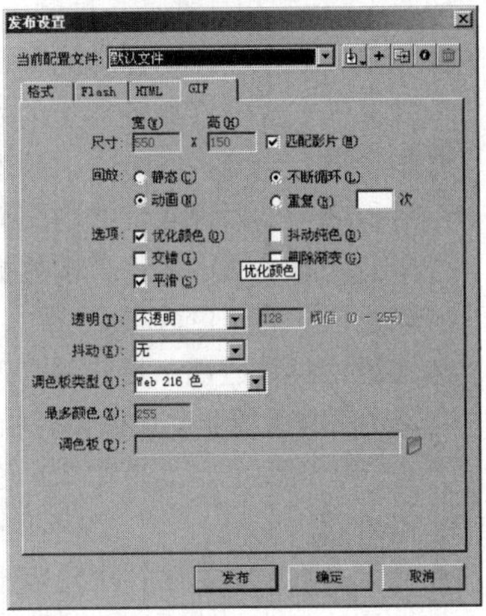

图 22-4　GIF 发布设置

提示：

除非通过“属性”面板输入帧标签#Static 来标记要导出的其他关键帧，否则 Flash 会将 SWF 文件的第 1 帧导出为 GIF 文件（选择“静态”选项）。除非通过在相应的关键帧中输入帧标签#First 和#Last 来指定导出帧的范围，否则 Flash 会将当前 SWF 文件中的所有帧导出为一个 GIF 动画文件（选择“动画”选项）。

3）选项：选择一个选项以指定导出的 GIF 文件的外观设置范围，它包括以下几个选项。

- 优化颜色：将从 GIF 文件的颜色表中删除所有不使用的颜色。此选项会使文件大小减小 1000～1500B，而且不影响图像品质，只是稍稍提高了内存要求。该选项对最适色彩调色板没有影响。
- 交错：使导出的 GIF 文件在下载时在浏览器中逐步显示。交错使用户可以在文件完全下载之前看到基本的图形内容，并可以在网络速度较慢时以较快的速度下载。不要交错 GIF 动画图像。
- 平滑：消除导出位图的锯齿，从而生成较高品质的位图图像，并改善文本的显示品质。不过，平滑可能导致彩色背景上的已消除锯齿的图像周围出现灰色像素的光晕，并且它也会增大 GIF 文件的大小。如果出现光晕，或者如果要将透明的 GIF 放置在彩色背景上，那么在导出图像时不要使用平滑操作。
- 抖动纯色：用于抖动纯色和渐变色。
- 删除渐变：默认情况下是关闭的，该选项使用渐变色中的第一种颜色将 SWF 文件中的所有渐变填充转换为纯色。渐变色会增大 GIF 文件的大小，而且通常品质欠佳。

4）透明：选择一种透明选项，以确定应用程序背景的透明度以及将 Alpha 设置转换为 GIF 时采用的方式。

- 不透明：会将背景变为纯色。
- 透明：使背景透明。
- Alpha：设置局部透明度，可以输入一个介于 0～255 的阈值。值越低，透明度越高。值 128 对应 50% 的透明度。

5）抖动：选择一种抖动选项，指定如何组合可用颜色的像素以模拟当前调色板中不可用的颜色。抖动可以改善颜色品质，但是也会增加文件大小。从以下选项中进行选择。

- 无：会关闭抖动，并用基本颜色表中最接近指定颜色的纯色替代该表中没有的颜色。如果关闭抖动，则产生的文件较小，但颜色不能令人满意。

- 有序：可以提供高质量的抖动，同时文件大小的增长幅度也最小。
- 扩散：可以提供最佳的抖动品质，但会增加文件大小和延长处理时间。而且，它只能在选定了“网页216色”调色板时才起作用。

6）调色板类型：选择一种调色板类型，以便定义图像的调色板。

- 网页216色：使用标准的216色浏览器安全调色板来创建GIF图像，这样会获得较好的图像品质，并且在服务器上的处理速度最快。
- 最合适：会分析图像中的颜色，并为选定的GIF文件创建一个唯一的颜色表。此选项对于显示成千上万种颜色的系统而言最佳；它可以创建最精确的图像颜色，但会增加文件大小。要减小用最适色彩调色板创建的GIF文件的大小，可使用“最多颜色”选项来减少调色板中的颜色数量。
- 接近网页最适色：与“最合适”调色板选项相同，只是它将非常接近的颜色转换为网页216色调色板。生成的调色板已针对图像进行优化，但Flash会尽可能使用网页216色调色板中的颜色。如果在256色系统上启用了网页216色调色板，此选项将使图像的颜色更出色。
- 自定：可以指定已针对选定图像优化的调色板。自定调色板的处理速度与网页216色调色板的处理速度相同。要使用此选项，用户需知道如何创建和使用自定调色板。为选择自定调色板，单击对话框底部“调色板”框右边的省略号（...）按钮，然后选择一个调色板文件。Flash支持以ACT格式保存的调色板和由Adobe Fireworks及其他主要图形应用程序导出的调色板。

7）最多颜色：如果选择了“最合适”或“接近网页最适色”调色板，可输入“最多颜色”的值来设置GIF图像中使用的颜色数量。选择颜色数量较少，生成的文件就会较小，却可能会降低图像的颜色品质。

设置完毕后，单击“确定”按钮，以保存当前GIF文件的设置。

2. 指定JPEG设置发布

JPEG能够以高压缩率，并以24位的位图模式保存图像。通常，GIF适合于导出线条与色块分明的图片，而JPEG适合于导出包含连续色调的图像，如照片、渐进色较多的图片等。

在“发布设置”对话框的“格式”选项卡中，勾选“JPEG”复选框，并选中“JPEG”选项卡，如图22-5所示。

在JPEG选项卡设置中，可以针对图像尺寸、品质及渐进等属性进行设定。

1）尺寸：输入导出的位图图像的宽度和高度值，单位为像素。或者选择“匹配影片”，使JPEG图像和舞台大小相同并保持原始图像的高宽比。

2）品质：拖动滑块或输入一个值来控制所使用的JPEG文件压缩量。图像品质越低则文件越小，反之亦然。用户可尝试使用不同的设置，来确定文件大小和图像品质之间的最佳平衡点。

3）渐进：可在Web浏览器中逐步显示连续的JPEG图像，从而以较快的速度在低速网络连接上显示加载的图像。此选项类似于GIF和PNG图像中的交错选项。

要保存当前文件中的设置，单击“确定”按钮即可。

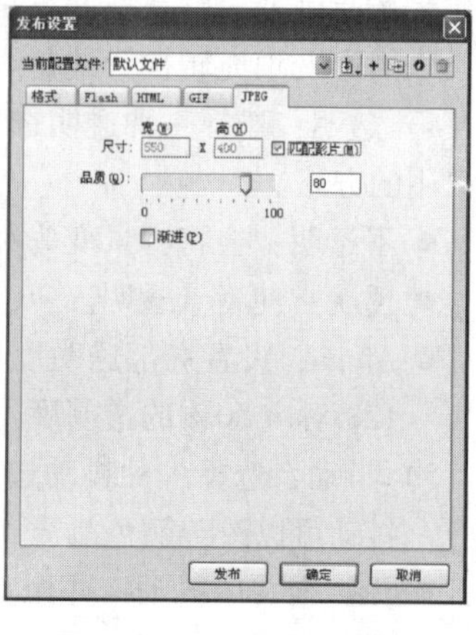

图22-5 JPEG发布设置

3. 指定EXE设置发布

使用发布命令可以创建可执行文件。由于EXE文件里内建有 Flash 播放器，因此，即使计算机里没有安装 Flash Player，也能看到 Flash 影片。

在“发布设置”对话框的“格式”选项卡中，勾选“Windows 放映文件”复选框，再单击“确定”按钮，就可以发布 EXE 可执行文件了。

22.3 导出 Flash 电影

Adobe Flash CS5 中的“导出影片”命令可以创建用于在其他应用程序中进行编辑的内容，并将 Flash 内容直接导出为单一的格式。例如，可以用以下文件格式导出整个文档。

- Flash SWF 文件。
- 一系列位图图像。
- 单一的帧或图像文件。
- 不同格式的活动和静止图像，包括 GIF、JPEG、PNG、BMP、PICT、QuickTime 或 AVI。

将 Flash 影片导出为不同格式的文件时，需要注意两点。

1）在将 Flash 图像导出为矢量图形文件（Adobe Illustrator 格式）时，可以保留其矢量信息。这样可以在其他基于矢量的绘画程序中编辑这些文件，但是不能将这些图像导入大多数的页面布局和字处理程序中。

2）将 Flash 图像保存为位图 GIF、JPEG 或 BMP 文件时，图像会丢失其矢量信息，仅以像素信息保存。这些文件可以在如 Adobe Photoshop 等图像编辑器中编辑导出为位图的 Flash 图像，但是不能再在基于矢量的绘画程序中编辑它们了。

要导出 Flash 文档文件或图像，可以按照下述步骤操作完成：

1）打开要导出的 Flash 文档，或在当前文档中选择要导出的帧或图像。

2）选择菜单【文件】/【导出影片】命令，或是【文件】/【导出图像】命令。

3）在弹出的“导出图像”（或“导出影片”）对话框中，输入要导出的文件名称。

4）从“保存类型”下拉列表框中选择一种文件格式。

5）单击“保存”按钮，即可导出 Flash 影片。

22.4 边学边做（更新用于 Dreamweaver 的 Flash 内容）

本节介绍的实例是将一个已经生成的 SWF 文件导入到 Dreamweaver 中，并更新用于 Dreamweaver 的 Flash 内容。具体操作步骤如下：

1）在 Flash 中创建动画文件并保存（FLA 文件）到 Dreamweaver 站点，然后发布生成 .swf 文件，以便从 Dreamweaver 中启动 Flash 及时更新这些内容。

2）在 Dreamweaver 中，打开 HTML 页面，插入 Flash 动画。

3）选择 HTML 页面中的 Flash 内容，然后单击“属性”面板中的“编辑”按钮，如图 22-6 所示。或者在“设计”视图中，按住“Ctrl”键双击 Flash 内容。

4）如果动画的原始文件（FLA 文件）还没有在 Flash 中打开，则在随后的 Flash 弹出对话框中需要选择源文件，然后单击“打开”按钮。

5）在 Flash 中根据需要更新 FLA 文件。

6）若要保存 FLA 文件并将其重新导出到 Dreamweaver 中，则单击舞台左上角的“完成”按钮，如图 22-7 所示。

7）Flash 动画完成更新，关闭 Flash 窗口。

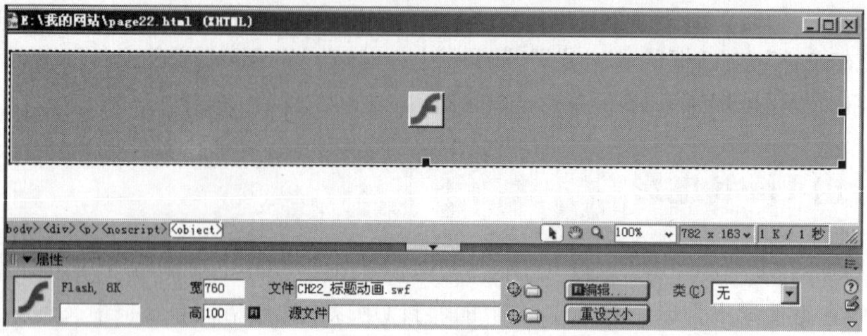

图 22-6 在 Dreamweaver 中编辑 Flash 动画

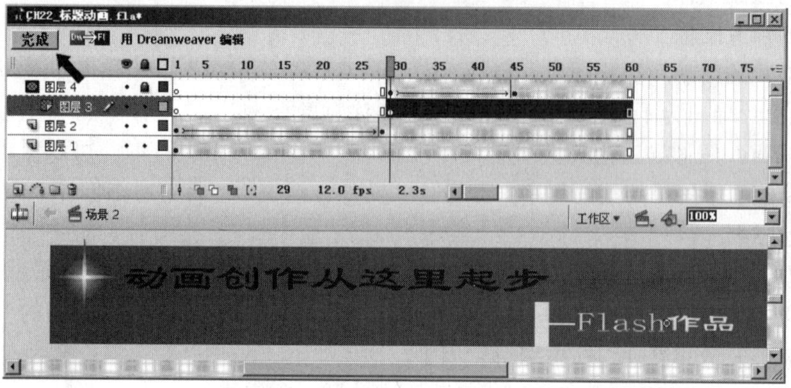

图 22-7 编辑并退出 Flash 动画

本章小结

本章主要介绍了将已经制作完成的 Flash 动画进行发布与输出的方法。

Flash 动画通过发布，能够生成多种媒体格式的文件，以便用户能够在网页浏览器或其他播放器中观看，或生成 EXE 可执行文件直接观看。发布之前要对 Flash 动画文件进行发布设置，这项工作很有必要，它可以根据用户的需求生成不同格式和不同品质的文件。

通过导出影片或图像，可以将 Flash 内容用于其他应用程序，或以特定文件格式导出当前 Flash 文档的内容。

思考与练习

1. 如何指定 Flash 文档的发布格式?
2. 出版网页前的 HTML 设置需要指定哪些内容?
3. 如何将影片输出为可执行文件格式? 其优点是什么?

参 考 文 献

[1] 邓文达. Flash CS5 动画设计宝典 [M]. 北京：清华大学出版社，2011.

[2] 杨彧. 网页设计与制作 [M]. 西安：西安电子科技大学出版社，2008.

[3] 王诚君. 网页设计三合一实用教程 [M]. 北京：清华大学出版社，2007.

[4] 张兵义. 网站规划与网页设计 [M]. 北京：电子工业出版社，2006.

[5] 吴振峰. 网站建设与管理 [M]. 北京：高等教育出版社，2005.

[6] 王任华. 网页设计三合一实用教程 [M]. 北京：北京理工大学出版社，2004.